高等学校安全工程类系列教材

安全检测技术

（第三版）

张乃禄　主编

西安电子科技大学出版社

内容简介

本书全面系统地介绍了安全检测技术的基本理论、技术原理、检测方法以及监控系统应用技术。

全书共分为8章。其中，第1～3章阐述安全检测技术及其基本理论，包括安全检测技术概述、检测技术基础和安全检测常用传感器；第4、5章重点介绍生产过程工艺参数、环境及灾害检测技术；第6章介绍生产装置安全检测技术；第7、8章着重讨论安全检测与系统的应用技术，主要包括安全检测仪表与系统的防爆技术，安全检测与监控系统的组成、设计开发及应用实例。

本书系统性强，内容全面丰富，重点突出，理论联系实际，注重应用，可作为高等院校相关专业本科生和硕士研究生的专业教材或教学参考书，也可以作为安全管理和安全技术人员的实用参考书，以及企业工程技术人员和广大工人的培训教材与自学用书。

★本书配有电子教案，需要的老师可登录出版社网站，免费下载。

图书在版编目(CIP)数据

安全检测技术/张乃禄主编. —3版. —西安：西安电子科技大学出版社，2018.8
(2023.10重印)
ISBN 978-7-5606-4969-6

Ⅰ.①安… Ⅱ.①张… Ⅲ.①安全监测—技术—高等学校—教材 Ⅳ.X924.2

中国版本图书馆CIP数据核字(2018)第171573号

策　　划　戚文艳
责任编辑　戚文艳
出版发行　西安电子科技大学出版社(西安市太白南路2号)
电　　话　(029)88202421　88201467　　邮　　编　710071
网　　址　www.xduph.com　　电子邮箱　xdupfxb001@163.com
经　　销　新华书店
印刷单位　陕西天意印务有限责任公司
版　　次　2018年8月第3版　　2023年10月第18次印刷
开　　本　787毫米×1092毫米　1/16　印张26
字　　数　614千字
印　　数　42 501～44 500册
定　　价　58.00元
ISBN 978-7-5606-4969-6/X
XDUP 5271003-18

前言

进入新时代，随着以电子技术类、计算机技术、网络与信息工程、安全工程、新能源、功能材料等专业为代表"新工科"的兴起，加速培养以互联网和工业智能为核心，以新型信息、能源、控制等领域为主干，具有创新创业意识、数字化思维和跨界整合能力的"新工科"人才，已经成为全社会的共识。安全工程基本工作概括为"危险辨识、安全评价、风险控制"。安全检测工作是辨识、评价、控制的基础，对生产过程危险参数、特种设备安全状态、作业环境与卫生条件等不安全因素进行检测与监控。安全检测技术已成为安全生产重要的技术保障措施之一，也是培养具有较强工程实践能力、较高创新意识的高素质复合型安全工程技术人才的基础。

《安全检测技术(第二版)》从2012年出版到现在，已过去了7年。7年间该书得到了许多高校安全工程专业师生和专家学者的厚爱，安全工程领域的前辈和教学一线同行也提出了宝贵意见和建议。为了保证本书的内容能满足教学的需要，作者结合近年安全检测监控的新技术进展和最新研究成果，以及读者的意见和建议，对本书进行了再次修订，更新和增加了安全检测相关法律法规与技术标准，修改和完善了环境与灾害检测方法和分级与控制，补充了安全检测监控系统新技术和安全检测监控系统应用案例，完善了习题与思考题。修订后，本书在内容上更具实用性和操作性。

本书增加、更新、修改、完善的具体内容包括：第1章更新了安全检测技术的发展；第5章增加了高温作业检测，修改完善有毒作业、工业粉尘、噪声分级与控制；第8章补充了安全检测监控系统新技术，增加了富锰渣安全生产检测监控系统和基于物联网的油田井场安全检测监控系统案例；在习题与思考题中，修改和增加了部分习题；另外，对全书的法律法规和国家标准进行了更新。

本书是由张乃禄教授带领其科研团队在第二版的基础上完成的，在此对参加修订工作的在读研究生张茹、叶泉浩、盛盟等做了大量文字工作表示感谢。在本书修订过程中，参考了国内许多相关书刊及研究报告，在此对相关作者表示衷心感谢！

由于编者水平有限，不妥之处在所难免，敬请广大读者批评指正。

编　者

2018年5月

第二版前言

中国共产党第十六届五中全会确立了“安全发展，以人为本”的原则，实现安全发展已成为我国的战略目标之一，“安全第一，预防为主，综合治理”是实现安全发展的指导方针。安全工程的基本工作可概括为“危险辨识、风险评价、风险控制”，安全检测是辨识、评价、控制的基础，为职业健康安全状态评价、安全管理及设施监督、安全技术措施的效果评价等提供可靠而准确的信息。安全检测对作业环境安全与卫生条件、特种设备安全状态、生产过程危险参数、操作人员不规范动作等各种不安全因素进行预测和监测监控。安全检测技术已成为安全生产重要的技术保障措施之一。

《安全检测技术》从2007年第一版出版到现在，已过去5年时间。该书得到许多高校安全工程专业师生和专家学者的厚爱，先后提出许多宝贵的意见和建议，特别是作者多次有幸参加全国高校安全工程专业学术年会暨安全工程人才培养研讨会，与安全工程领域的前辈以及教学一线的同行进行交流与讨论，广泛吸取了大家的意见和建议。同时，作者结合近年来安全检测监控的新技术进展和最新研究成果，对本书进行了重新修订，对原有内容进行了补充和完善，并增加了新的技术，确保了本书在内容上的时代性、实用性以及叙述上的可教性、可读性。在第3章安全检测常用传感器和第4章生产工艺参数检测仪表中，补充了大量的实物图片和例题；在第5章环境与灾害参数检测中，增加5.6小节防雷电安全检测、5.7小节防静电安全检测、

5.8小节放射性危害检测；在思考题中，增加了大量的新作业题。

本书的修订是由张乃禄教授带领其科研团队在第一版的基础上完成的，在此对第一版的作者表示崇高的敬意和感谢，同时，对参加修订工作的在读研究生胡伟、孙换春、姚萱萱等做了大量文字工作表示感谢。在本书修订过程中，参考了国内许多相关书刊及研究报告，还得到了西安电子科技大学出版社戚文艳编辑的指正与帮助，在此一并表示衷心感谢！

由于作者水平有限，错误和不妥之处在所难免，敬请读者批评指正，以使我们能够不断提高和完善。

编　者

2011年9月

第一版前言

安全科学诞生于20世纪50年代，发展于80年代。安全科学的诞生源于血的教训，标志着人类对劳动安全的认识发展到了比较高的层次，也是历史发展的必然。20世纪80年代以来，逐步建立了安全科学的学科体系，发展了本质安全、过程检测与控制、人的行为控制等事故理论与方法。

目前，我国正处于经济的转型期，随着我国工业化和市场经济的快速发展，安全生产形势比较严峻，各种空难、海难、煤矿透水、瓦斯爆炸、天然气井喷、油气泄漏和火灾等灾难性事故不断发生，每年发生的特别重大安全事故数和因安全事故死亡的人数，令人触目惊心。煤矿、道路交通、建筑、能源、化工、危险化学品等领域安全事故的频繁发生，给人民群众的生命与财产造成了重大的损失。开展安全检测与监控技术研究，全面提高我国安全检测与监控的科学技术水平，对有效减少事故隐患，预防和控制重特大事故的发生，遏制群死群伤和重大经济损失以及保障国家经济与社会的可持续发展具有重大现实意义。

现代安全检测技术是一门多学科交叉的技术科学，其理论与工程技术相结合，涉及的内容非常广泛。本书作者结合多年从事安全检测技术教学和科研工作的经验，在西安石油大学安全工程专业《安全检测技术》讲义的基础上编写了此书。本书系统地阐述了安全检测技术的基本理论、技术原理、检测方法以及监控系统应用技术，主要介绍了安全检测技术基础和常用传感器，重点介绍了生产过程工艺参数、环境及灾害、生产装置安全检测技术、安全检测仪表与系统的防爆技术、安全检测与监控系统组成、设计开发及应用技术，同时介绍了安全检测与监控系统应用实例。

张乃禄教授提出本书选题、担任主编并组织编写和统稿。全书共8章，其中第1、7、8章由张乃禄编写，第4、5章由徐竟天编写，第2、6章由薛朝妹编写，第3章由刘灿编写，各章的习题与思考题由张建华、张源编写。硕士研究生刘峰、郭晶、郝佳、石瑞等为本书完成了大量文字录入和制图工作。西安石油大学汤楠教授和胡长岭高级工程师对本书进行了审读，并提出了许多有益的建议。本书编写过程中，参考了国内多位专家教授的相关著作、文章及研究报告，还得到了西安石油大学电子工程学院和自动化系领导、同仁的大力支持。西安电子科技大学出版社编辑戚文艳和薛媛为本书的出版做了大量的工作，在此一并表示衷心感谢！

由于作者水平有限且编写时间紧迫，不妥之处在所难免，敬请读者提出宝贵意见。

编　者

2007年5月于西安

目　录

第1章　绪　　论

1.1　安全生产技术

1.1.1　我国安全生产现状

目前，我国经济已由高速增长转向高质量发展阶段，安全生产形势明显得到改善，各类安全生产特大事故发生总量持续下降。2018年一季度，全国事故总量、较大事故、重大事故同比下降，其中，重大事故发生4起，死亡43人；较大事故发生135起，死亡558人。尽管安全生产形势有所好转，但是以往的教训触目惊心。2017年3月29日，吉林省白山市江源区通化矿业有限公司八宝煤矿发生瓦斯爆炸事故，造成28人遇难，13人受伤；仅仅两天之后，即2017年4月1日，该公司再次发生瓦斯爆炸，造成6人死亡。2016年6月26日，湖南宜凤高速上，一辆旅游大巴车与高速中央护栏相撞，发生起火，造成33人死亡。同年10月31日，重庆市永川区来苏镇金山沟煤矿发生瓦斯爆炸事故，造成33人死亡。2016年11月24日，江西丰城发电厂三期在建项目工地冷却塔施工平台坍塌，造成74人死亡，2人受伤，损失惨重。2015年6月1日"东方之星"号游轮翻沉，造成442人死亡；仅仅2个多月之后，天津港瑞海公司危险化学品仓库发生特大火灾爆炸事故，造成100多人死亡，500多人受伤入院，并造成严重环境污染，对事故周围居民的生活健康造成严重威胁；2014年8月2日江苏昆山发生特大火灾，死伤200多人；2013年全国共发生一次死亡50人以上特大重大事故5起，共死亡925人，特别重大事故由于伤亡人数多，经济损失重，在国内外造成严重社会影响；2013年6月3日吉林宝源丰发生特大火灾，死亡121人，造成17 234平方米主厂房及主厂房内生产设备损毁，直接经济损失1.82亿元；同年11月22日青岛市黄岛新技术开发区中石化输油管线泄露导致特大爆炸事故发生，死亡62人，重伤入院136人，直接经济损失75 172万元，造成人民群众生命财产重大损失；2012年12月31日，山西天脊煤化工集团股份有限公司发生苯胺泄漏事故，8.7吨苯胺排入浊漳河，事故造成河北邯郸市区突发大面积停水，严重影响了附近人民群众的生产生活。

安全生产是社会文明和进步的重要标志，是国民经济稳定运行的重要保障，是坚持以人为本安全理念的必然要求，是坚持人与自然和谐发展的前提条件，是新时代人民美好生活的重要内容。尽快改变我国安全生产科技相对落后的局面，为安全生产提供足够的技术支撑和保障，已成为我国科技界的共识。发展和提高我国的安全检测技术水平，识别各种危险源和确定事故隐患分布，有效控制事故与灾害发生，将直接影响我国经济的可持续、健康发展和全面建设小康社会目标的实现。

1.1.2 我国安全生产科技的主要差距

目前，我国安全生产形势虽然有所好转，但安全生产科技基础依然薄弱，安全技术滞后于生产技术的发展，安全科技不能为安全生产提供强有力的支撑和保障。与发达国家相比，我国安全科技的主要差距主要表现在如下几方面。

1. 安全生产科学理论需要不断发展

安全生产科学理论是发展安全科技的基础，超前的科学理论能够有效地指导安全科技研究和安全生产工作实践。我国的安全科学最早是从劳动保护工作中发展起来的，到目前为止，安全科学的学科性质、研究对象、研究范畴还没有统一的认识；与相关学科和专业关系还没有理清。因此，安全理论的发展应该放到"科技兴安"战略的地位中。

2. 危险源辨识、风险分析和风险评估技术需要不断完善

风险辨识、评价和控制的技术和方法是安全科学技术中前沿的课题之一。我国高危行业的特种设备和一些涉及生命安全的危险装置受先天制造质量和后天维护技术水平等因素制约，存在诸多缺陷。由于缺乏适合于我国国情的检验检测、安全评估、寿命预测技和基础数据库，因而造成各类潜在危险大量存在，缺乏有效预控手段。对大型承压装置、电梯、游乐设施等与人身安全息息相关装置的风险评估分析技术目前尚处于研究起步阶段。

3. 安全检测、危险源监测和灾害事故预警需要逐步建立

危害检测和危险监控是事故预防的基本技术手段，现代化生产迫切需要发展在线、智能化检测监测技术和手段。发达国家已有先进技术对关键装备、大型承压设备和危险装置进行在线检测，对埋地燃气管道腐蚀与泄漏实施不开挖在线检测监测，生产装置除有良好的安全监测技术外，还建立了完善、严格的机械完好性保证制度，以预防性检修为准则，很少发生现场泄漏问题。我国在这方面的研究起步较晚，大多数企业仍采用坏了才修的原则，现场跑冒滴漏严重，既造成环境污染，又潜存事故隐患。

对矿山等自然灾害预测、预警和监测技术，我国普遍存在着技术相对落后、使用面不宽、传感器种类少、稳定性差、使用寿命短等问题，与国外存在相当大的差距。

4. 风险控制和灾害事故防治技术需要不断更新

风险控制是实现系统安全的最终目的。根据危害识别和风险评价辨识危险、事故隐患，采用先进的防治技术进行有效的风险控制以及重大突变事故的预防措施研究远远不够，要形成体系还需要相当长的时间。

5. 应急救援技术能力和水平需要不断提高

科学的事故防范体系不仅要有预防措施，还需要有应急对策。在危险化学品应急救援方面，还停留在化学品登记、物化性质咨询方面，对应急救援技术与装备的研究开发方面与发达国家差距很大；在特种设备应急救援方面，尚未建立起应对各类特种设备恶性事故应急救援系统及有效的应急抢险装备；在矿山、交通、建筑、电力供应等方面，对重大突发性灾害应急预案缺乏深入的研究，应急预案与演练脱钩，很难有效实施；在应急数据库建设方面，存在数据信息输入不全，数据更新不及时等问题；全国各级各类应急救援力量缺乏有效整合。而发达国家目前已有完整的体系，特别在城市公共安全应急救援方面，技术装备先进，应急机制健全。

6. 事故调查分析处理需要不断改善

事前预防、事中应急、事后补救是安全保障的基本方法体系。发生事故后的科学调查处理是事后补救的基础。我国在事故调查分析的组织、目的、程序以及相关技术手段等方面与国外差距很大。必须改变重大事故发生后只重视责任原因，而忽视本质和预防原因的调查。

7. 安全技术标准体系需要不断完善，并改善其科学性和有效性

安全技术标准是发挥安全科技功能的支持条件。目前我国安全技术标准缺口大、已有标准的科技含量低，大多缺少详细的安全技术设计要求，与发达国家的差距很大，要与国际安全技术标准接轨还有大量工作要做。

8. 安全信息管理技术需要加强和提高

安全信息是科学决策和管理的基础。发达国家利用先进管理理论和现代信息技术，通过互联网连接各种静态、动态安全信息，共享资源，实现国家安全生产的动态监管，提高时效性、准确性。

9. 安全生产科技投入有待加强

安全科技的投入水平既是国家经济实力的体现，同时也是社会管理者意识的表现。作为以社会公益性为主导的事业，我国对安全生产科技工作的投入与发达国家相比存在巨大的差距。需要建立多元化的安全科学投入机制。

10. 安全生产科技人才培养有待提高

安全科技人才是安全生产科学理论、技术发展与创新的动力，同时也是管控安全事故发生的主要决策者和参与者。我国安全科技人才、配置不合理，人才培养机制不完善。因而需要建立科学的安全科技人才培养机制、用人制度。

1.1.3　生产安全科技现状与发展趋势

1. 国外

发达国家主要依靠自动化的检测与控制技术、预警技术，严格的预警机制以及规范的管理保证生产的安全进行，其先进的危险辨识技术、智能化检测技术、评估技术和软件已广泛应用于企业安全管理。在危险辨识和风险评估方面，发达国家的大型公司普遍开发了先进的危险辨识、评估技术和相关软件，并广泛应用于企业的生产的安全管理之中。这些公司利用风险分析软件，建立电脑数据分析模型，纳入预警系统，确定公司设施的设计和运行中存在的严重环境缺陷，并进行校正。他们几十年前就已开展特种设备安全检测、评估、寿命预测和风险评估技术方面的研究，并建立了大量的基础数据库。

在危险源监测、预警方面，发达国家已有先进的技术和设备可以对大型承压设备、储罐进行在线检测，对埋地燃气管道腐蚀和泄漏实施不开挖在线检测监测，并将红外成像技术和激光扫描技术应用于天然气管道的泄漏检测之中。

在灾害事故防治方面，发达国家通过采用先进的防雷、防静电和抑爆等安全技术，已基本控制重、特大灾害事故，研究重点逐步转移到创造安全健康的工作环境。

在安全生产信息化方面，国外已普遍利用现代网络化技术建立先进的信息管理系统，实现统一管理、数据规范和资源共享。

2. 国内

近年来，我国安全生产科技也得到了较大的发展，具备了一定规模，安全生产法律体系逐步完善，安全生产监管体制不断健全，管理水平逐步提高，成为我国科技事业的重要组成部分，对推动安全生产事业的发展起到了重要作用。这些发展主要表现为安全科学体系和专业教育体系基本形成，安全科学技术发展纳入国家科学技术发展的规划，安全科学技术研究取得一大批科研成果。我国安全生产工作的现状是：安全生产法律体系初步形成；国家安全监管体制日趋健全；安全生产应急体系开始建立；总体形势稳定、趋于好转，良好的发展趋势与依然严峻的现状并存。

目前，信息技术的突飞猛进和安全监测、监控的重要性，促进了各类传感器、数据传输技术、信息接口和地理信息系统(GIS)、遥测系统(TS)、全球定位系统(GPS)等技术在安全生产领域的大量应用，提高了安全生产信息化水平。

3. 发展趋势

发达国家主要依靠自动化安全检测与控制技术、预警技术，严格的预警机制以及规范化管理保证生产的安全进行，先进的危险辨识技术、智能检测技术、评估技术和软件已广泛应用于企业安全管理。我国主要以日常安全监督为主，安全生产监测、监控自动化程度较低，预警及应急技术逐步发展。

1.1.4　生产安全关键技术

灾害的发生是难以避免的。如何有效地抑制和监测预警，如何合理地利用高技术手段，对事故实行有效的控制，减少人员伤亡和财产损失，仍是一系列关键技术需要重点解决的现实问题。通过对事故早期的物理、化学性质的研究，结合智能材料、阻燃材料在常规和灾害环境中的综合性能，发展自动修复和阻燃技术，可以有效地进行灾前抑制，使得可能成灾的事故被先期控制。新材料、新的高科技检测技术的发展，对危险源致灾的前兆检测提供了越来越先进的手段，大大提高了由人为干预主动消除危险源的技术水平，定期检测也是日常安全管理工作的一项重要内容。由被动式的灭救技术向新一代的主动式防治技术转变的关键是以智能监测技术为核心，结合灾前抑制和高效扑救技术，实施最直接的灾害防治。

1. 灾前抑制

灾前抑制措施可以感知外界的异常，并通过自身变化弥补或消除热量等能量意外集中释放的变化，达到最大程度地抑制事故发生的目的。其抑制作用可以持续到事故已经发生、发展阶段，起到延缓进程，保护结构不受损的作用。

例如，作为火灾及其相关灾害防治的有效技术之一——阻燃。降低可燃性、提高耐火性以及无毒、抑烟、耐用是对清洁高效阻燃的要求。目前阻燃技术研究重点是聚合物阻燃剂和材料的分子设计，涉及分子动力学和聚合物热降解，聚合物夹层无机物纳米复合材料的结构控制。

2. 前兆检测

很多火灾、爆炸等事故是因为物体过热或热量相对集中造成的，根据事故发生前表现出来的温度或热特性，已经形成很多检测设备，例如热像技术以其独有的方便直观等特点被广泛应用，超声波等材料缺陷检测技术对事故前兆检测具有重要作用。

红外热像技术通过扫描热力设备表面温度场，形成红外温度场图像，根据能量准则，可实现热安全故障隐患在线诊断。

早期隐患检测技术的发展日新月异，在事故前兆检查、消除方面的应用也越来越广泛，其发展方向是微型化和自动化，以期实现长期监测。

3. 早期监测

早期监测向新一代的主动式防治技术转变的关键是以智能监测技术为核心，结合灾前抑制和高效扑救技术，实施最直接的灾害防治。传感、信号处理算法是智能探测的两个基本方面，新的监测技术一般都是从这两个方面入手，提高其智能程度、反应速度与稳定性。用于早期监测的传感器非常多，如化学传感器、声学传感器、机械传感器、磁传感器、辐射传感器、热传感器以及生物传感器、膜传感器、光纤传感器、硅传感器、应用 MEMS 的微传感器等。

4. 灾害扑救

灾害发生后，有效的扑救技术可以大幅度地减小灾害损失。扑救过程涉及清洁、高效救灾、人员疏散、人员防护、防排烟等技术。

智能机器人技术在灾害救援方面也得到了应用。研制机器人的初衷就是制造一种用来代替人在复杂、危险及人的生理条件所不能承受的环境中工作的机器，在“9·11”事件中，原本一直在实验室研究的救援机器人被投入实用，这是救援机器人参加的第一次救援活动。美国卡内基梅隆大学研发的机器人 Groundhog 利用液压系统作为动力，采用激光测距传感器，配有陀螺仪及在黑夜环境下工作的摄像机，能够比较准确地反映矿难现场的环境，可建立矿床的3D模型供救援人员参考；日本研发的机器人在福岛核泄漏事故中参与了救援；我国在2006年成功研制了第一台用于煤矿救援的CUMT－1型矿井搜索机器人。

1.2 安全检测技术

检测是人类认识世界的重要技术手段。人们可以通过检(监)测方式和检(监)测技术来获得信息，以助于了解周围环境，进而实现对环境参数的控制。现代检(监)测技术随着科学技术的发展已经成为一门独立的学科。在石油、化工、冶金、煤炭等生产部门，为了确保安全生产，改善劳动条件，提高劳动生产率，要求对生产过程，特别是处于分散生产状态中的生产环境参数进行实时、准确地检测，对环境参数实施有效地控制，逐步发展和形成了以检测技术为核心的安全检测监控技术。

1.2.1 检测技术

1. 检测与测量的概念

检测主要包括检验和测量两方面的含义。检验是分辨出被测参数量值所归属的某一范围带，以此来判别被测参数是否合格或现象是否存在。测量是把被测未知量与同性质的标准量进行比较，确定被测量对标准量的倍数，并用数字表示这个倍数的过程。

检测技术不仅是对成品或半成品进行检验和测量，更多地应用于检查、监督和控制某个生产过程或运动对象使之处于人们选定的最佳状况，而需要随时检验和测量各种参量的大小和变化。这种对生产过程和运动对象实时定性检验和定量测量的技术又称为工程检测技术。

检测方法依检测项目不同而异，种类繁多。根据检测的原理机制不同，大致可分为化学检测和物理检测两大类。

化学检测是指利用检测对象的化学性质指标，通过一定的仪器与方法，对检测对象进行定性或定量分析的一种检测方法。它主要用于有毒有害物质的检测，如有毒有害气体、水质和各种固体、液体毒物的测定。

物理检测是指利用检测对象的物理量(热、声、光、磁、力等)进行分析的一种检测方法，如噪声、电磁波、放射性、压力、水质物理参数(水温、浊度、电导率等)等的测定。

测量有两种方式，即直接测量和间接测量。

直接测量是指在对被测量进行测量时，对仪表读数不经任何运算，直接得出被测量的数值，如用温度计测量温度，用万用表测量电压。

间接测量是指测量几个与被测量有关的物理量，通过函数关系式计算出被测量的数值，如功率 P 与电压 U 和电流 I 有关，即 $P=I\cdot U$，通过测量的电压和电流，计算出功率。

直接测量简单、方便，在实际中使用较多。但在无法采用直接测量、直接测量不方便或直接测量误差大等情况下，可采用间接测量。

2. 传感器与敏感器的概念

传感器是将非电量转换为与之有确定对应关系的电量输出的器件或装置，它本质上是非电量系统与电量系统之间的接口。传感器是必不可少的转换器件。从能量的角度出发，可将传感器划分为两种类型，一类是能量控制型传感器(也称有源传感器)，一类是能量转换型传感器(也称无源传感器)。能量控制型传感器是指传感器将被测量的变化转换成电参数(如电阻、电容)的变化，传感器需外加激励电源。如铂电阻温度传感器中的铂电阻阻值随被测温度的变化而变化，需外加电桥电路，才可将阻值的变化转换成电压的变化。而能量转换型传感器可直接将被测量的变化转换成电压、电流的变化，不需外加激励电源，如热电偶、光电池、压电传感器等。

在很多情况下，要测量的非电量并不是我们所持有的传感器所能转换的那种非电量，这就需要在传感器前面增加一个能把被测非电量转换为该传感器能够接收和转换的非电量(即可用非电量)的装置或器件。这种把被测非电量转换为可用非电量的器件或装置称为敏感器。例如用电阻应变片测量电压时，就要将应变片粘贴到受压力的弹性元件上，弹性元件将压力转换为应变，应变片再将应变转换为电阻的变化。这里应变片便是传感器，而弹性元件便是敏感器。敏感器和传感器虽然都是对被测非电量进行转换的，但敏感器是把被测量转换为可用非电量，而传感器是把被测非电量转换为电量。

3. 安全检测系统

被测对象复杂多样，检测系统的组成也不尽相同。一般检测系统是由传感器、信号调理器和输出环节三部分组成的。

传感器处于被测对象与检测系统的接口处，是一个信号变换器。它直接从被测对象中提取被测量的信息，感受其变化，并转化成便于测量的电参数。由传感器检测到的信号一般为电信号，它不能直接满足输出的要求，需要进一步的变换、处理和分析，即通过信号调理电路将其转换为标准电信号，输出给输出环节。

传感器的信号调理电路是由传感器的类型和对输出信号的要求决定的。不同的传感器具有不同的输出信号。能量控制型传感器输出的是电参数的变化；需采用电桥电路将其转换成电压的变化，而电桥电路输出的电压信号幅值较小，共模电压又很大，需采用仪表放大器进行放大；在能量转换型传感器输出的电压、电流信号中一般都含有较大的噪声信号，需加滤波电路将有用信号提取，而滤除无用的噪声信号。一般能量型传感器输出的电压信号幅度都很低，也需采用仪表放大器进行放大。

根据检测系统输出的目的和形式不同，输出环节主要有：显示与记录装置，数据通信接口和控制装置。随着物联网、大数据、云计算等技术的快速发展，安全检测监控系统逐步向微型化、数字化、智能化、系统化和网络化发展。

1.2.2　安全检测的意义

工业事故属于工业危险源，通常指“人(劳动者)—机(生产过程和设备)—环境(工作场所)”有限空间的全部或一部分，属于“人造系统”，绝大多数具有观测性和可控性。表征工业危险源状态可观测的参数称为危险源“状态信息”。状态信息是一个广义的概念，包括对安全生产和人员身心健康有直接或间接危害的各种因素，如反映生产过程或设备的运行状况正常与否的参数、作业环境中化学和物理危害因素的浓度或强度等。安全状态信息出现异常，说明危险源正在从相对安全的状态向即将发生事故的临界状态转化，提示人们必须及时采取措施，以避免事故发生或将事故的伤害和损失降至最小程度。

随着现代工业生产的发展和科学技术的进步，生产工艺流程越来越复杂，机器设备的数量、品种繁多，各生产环节需要相互衔接和紧密配合。这些客观实际因素使工业生产发生事故的概率居高不下，相应的安全问题也日益严重，导致灾难性事故不断发生。例如，国内外曾经发生的各种核泄漏、煤矿透水、瓦斯爆炸、天然气井喷和火灾等恶性事故，其造成的人员伤亡、经济损失和社会影响都十分惊人。

在1990—2016年间世界部分国家发生的一些特大事故，事故的后果令人触目惊心，不但造成巨大的经济损失，而且造成重大人员伤亡和环境污染。例如，2011年日本福岛核电站发生泄漏事故，就是继美国三哩岛和前苏联切尔诺贝利事故之后又一次世界上重大核事故。在我国，煤矿透水、石油管道泄漏爆炸等恶性伤亡事故也已引起国际社会的关注。

因此，开展安全检测技术研究，全面提高我国安全检测的科学技术水平，对有效减少事故隐患，预防和控制重特大事故的发生，遏制群死群伤、重大经济损失和保障国家经济与社会的可持续发展具有重大现实意义。

1.2.3　安全检测的目的

安全检测的工作对象是劳动者作业场所的有毒有害物质和物理危害因素，安全监控的对象是生产设备和设施的安全状态和安全水平。安全工程中各种安全设备、安全设施是否处于安全运行状态？职业卫生工程中的防尘、防毒、通风与空调、辐射防护、生产噪声与振动控制等工程设施是否有效？作业场所的环境质量是否达到有关标准要求？这些安全基础信息都需要通过安全检测来获得。使生产过程或特定系统按预定的指标运行，避免和控制系统因受意外的干扰或波动而偏离正常运行状态并导致故障或事故，这属于安全监控的内容。因此，安全检测与安全监控是安全学科的先导和“耳目”。没有安全检测与监控技术，安全工程不能成为一门独立学科；离开了安全检测与监控，安全管理也只是“空中楼阁”。

安全检测的目的是为职业健康安全状态评价、安全技术及设施监督、安全技术措施的效果评价等提供可靠而准确的信息，达到改善劳动作业条件、改进生产工艺过程、控制系统或设备的事故(故障)发生。

1. 安全检测的目的

(1) 及时、正确地对设备运行参数和运行状况做出全面检测，预防和消除事故隐患。

(2) 对设备运行进行必要的监控，提高设备运行的安全性、可靠性和有效性，以期把运行设备发生事故的概率降低到最低水平，将事故造成的损失降低到最低程度。

(3) 通过对运行设备进行检测、隐患分析和性能评估等，为设备的结构修改、设计优化和安全运行提供数据和信息。

总的来说，进行安全检测的目的就是确保设备的安全运行，预防和消除事故隐患，避免事故发生。

2. 事故增加的原因

事实上，如果加强运行设备的安全检测，有许多事故是可以防患于未然的。下面是一些事故增加的原因，也正是安全检测技术所要解决的问题。

(1) 现代生产设备向大型化、连续化、快速化和自动化方向发展。一方面在提高劳动生产率、降低生产成本、节约资源和人力等方面带来很大好处；但另一方面，由于设备故障率增加而导致由事故所造成的损失却在成百倍地增长。

(2) 高新技术的采用对现代设备(特别是航天、航空、航海和核工业等部门)的安全性、可靠性提出了越来越高的要求，多年来航天、航空、核电站的多次灾难性事故，更说明了进行安全检测的迫切性。

(3) 生产设备老化，要求加强对其进行安全监测。许多老设备、老装置的服役接近其寿命期，进入“损耗故障期”后，其故障率会增大。

1.2.4 安全检测的任务

在工业生产过程中，各种有关因素，如烟、尘、水、气、热辐射、噪声、放射线、电流、电磁波以及化学因素，还有其他主、客观因素等，会造成对生产环境的污染，会对生产安全造成损害，也会对人体健康造成危害。查清、预测、排除和治理各种有害因素是安全工程的重要内容之一。安全检测的任务是为安全管理决策和安全技术有效实施提供丰富、可靠的安全因素信息。狭义的安全检测，侧重于测量，是对生产过程中某些与不安全、不卫生因素有关的量连续或断续监视测量，有时还要取得反馈信息，用以对生产过程进行检查、监督、保护、调整、预测，或者积累数据，寻求规律。广义的安全检测，整合了传统的安全检测与安全监控，安全检测是指借助于仪器、传感器、探测设备迅速而准确地了解生产系统与作业环境中危险因素与有毒因素的类型、危害程度、范围及动态变化。

为了获取工业危险源的状态信息，需要将这些信息通过物理的或化学的方法转化为可观测的物理量(模拟的或数字的信号)。这些可观测的物理量也就是通常所说的不安全因素。它是作业环境安全与卫生条件、特种设备安全状态、生产过程危险参数、操作人员不规范动作等各种不安全因素检测的总称。不安全因素具体包括如下几种类型。

(1) 粉尘危害因素：全尘或呼吸性粉尘，如煤尘、石棉尘、纤维尘、岩尘、沥青烟尘等的浓度、粒径分布。

(2) 化学危害因素：可燃气体、有毒有害气体在空气中的浓度和氧含量。

(3) 物理危害因素：噪声与振动、辐射(紫外线、红外线、射频、微波、激光、同位素)、静电、电磁场、照度等。

(4) 机械伤害因素：人体部位误入机械动作区域或运动机械偏离规定的轨迹。

(5) 电气伤害因素：触电、电灼伤。

(6) 气候条件因素：气温、气压、湿度、风速等。

(7) 生产过程因素：如压力、流量、物位等。

前三种危险因素的检测是安全检测的主要任务。担负信息转化任务的器件称为传感器(Sensor)或检测器(Detector)。由传感器或检测器及信号处理、显示单元便组成了"安全检测仪器"。如果将传感器或检测器及信号处理、显示单元集于一体，固定安装于现场，对安全状态信息进行实时检测，则称这种装置为安全监测仪器。如果只是将传感器或检测器固定安装于现场，而信号处理、显示、报警等单元安装在远离现场的控制室内，则称为安全监测系统。将监测系统与控制系统结合起来，把监测数据转变成控制信号，则称为监控系统。

如前所述，安全检测的任务是检测设备的运行状态，判断其是否正常，进行安全预测和诊断，指导设备的管理和维修。

1. 运行状态检测

设备运行状态检测的任务是了解和掌握设备的运行状态，包括采用各种检测、测量、监视、分析和判断方法，结合系统的历史和现状，考虑环境因素，对设备运行状态进行评估，判断其处于正常或非正常状态，并对状态进行显示和记录，对异常状态做出报警，以便运行人员及时加以处理，并为设备的隐患分析、性能评估、合理使用和安全评估提供信息和基础数据。

通常设备的状态可分为正常状态、异常状态和故障状态三种情况。

(1) 正常状态指设备的整体或其局部没有缺陷，或虽有缺陷但其性能仍在允许的限度以内。

(2) 异常状态指设备的缺陷已有一定程度的扩展，使设备状态信号发生一定程度的变化。设备性能已劣化，但仍能维持工作，此时应注意设备性能的发展趋势，即设备应在监护下运行。

(3) 故障状态则是指设备性能指标已有大的下降，设备已不能维持正常工作。设备的故障状态尚有严重程度之分，包括：已有故障萌生并有进一步发展趋势的早期故障；程度尚不严重，设备尚可勉强"带病"运行的一般功能性故障；已发展到设备不能运行必须停机的严重故障；已导致灾难性事故的破坏性故障；由于某种原因瞬间发生的突发紧急故障等。

2. 安全预测和诊断

安全预测和诊断的任务是根据设备运行状态监测所获得的信息，结合已知的结构特性、参数以及环境条件，并结合该设备的运行历史(包括运行记录、曾发生过的故障及维修记录等)，对设备可能要发生的或已经发生的故障进行预报、分析和判断，确定故障的性质、类别、程度、原因和部位，指出故障发生和发展的趋势及其后果，提出控制故障继续发展和消除故障的调整、维修和治理的对策措施，并加以实施，最终使设备复原到正常状态。

3. 设备的管理和维修

设备的管理和维修方式的发展经历了三个阶段，即从早期的事后维修(Run-to-Breakdown Maintenance)，发展到定期预防维修(Time-based Preventive Maintenance)，现在正向视情维修(Condition-based Maintenance)发展。定期预防维修制度可以预防事故的发生，但可能出现过剩维修和不足维修的弊病。视情维修是一种更科学、更合理的维修方式。但要做到视情维修，必须依赖于完善的状态监测和安全诊断技术的发展和实施。

1.3 安全检测技术发展

安全检测问题是随着生产的产生而产生，随着生产的发展而发展的。古时候，人们从事生产的工具很简单，所使用的能源也很少，所以相对来说发生安全问题及火灾事故的原因比较简单，往往凭经验和直觉就可找出事故发生的原因和防止事故发生以及减少事故损失的方法。事故随生产规模扩大而增加，安全问题逐渐被人们重视，保障生产安全的各种技术手段也随之发展起来。

1.3.1 安全检测仪表发展

改革开放以来，我国工业生产发展很快，在安全检测仪表的研究和生产制造方面投入了很大的力量，使安全仪表生产具备了相当的规模，形成了以北京、抚顺、重庆、西安、常州、上海等为中心的生产基地，可以生产多种型号环境参数、工业过程参数及安全参数的监测、遥测仪器。此外，发达国家的安全监测系统已开始装备我国的石油、化工、煤矿等工业生产部门；安全监测、报警及连锁控制装置等，也在我国自行设计的石化生产设备中获得了应用，这标志着我国安全监测仪器的研制和装备进入了新的水平。但必须指出，我国安全监测传感器目前种类较少，质量不稳定；监测数据处理、计算机应用与国外一些发达国家有一定差距。

目前，在我国安全检测仪表的发展趋势主要有以下三方面。

1. 仪表微型化

当今科学智能仪表在体积和大小方面更加微型化，微电子技术、微机械技术和信息技术等的集成推动着安全检测仪表体积的微型化，同时，其功能也更加齐全和高度整合。

2. 仪表多功能化

智能化仪表的多功能化是智能化技术的发展必然趋势，多功能本身就是安全检测仪表的一个功能特点，比单一功能的仪表更加稳定可靠。

3. 仪表虚拟化

仪表虚拟化是指在互联网技术和各种先进信息技术的基础上，利用PC软件和计算机数据分析技术组成虚拟仪表系统，通过PC测量虚拟，并且在虚拟中，不同软件系统都能得到不同的功能，增加了安全检测仪表的功能性。

1.3.2　安全检测与监控技术发展概况

安全检测技术，实际上自有工业生产以来就已存在。安全检测技术作为一门学科，则是 20 世纪 60 年代以后才发展起来的。安全检测技术涉及到各行各业，而且在不同行业的发展要求和发展现状也不尽相同，所以它们的发展趋势也不尽相同。但从安全科学的整体角度出发，现代生产工艺的过程控制和安全检控功能应融为一体，综合形成一个包括过程控制、安全状态信息检测、实时仿真、应急控制、自诊断以及专家决策等各项功能在内的综合系统。其总的发展趋势表现为以下五个方面：

(1) 开发综合性安全检测新系统；

(2) 拓展安全检测设备的测量范围，提高检测精度；

(3) 提高安全检测的可靠性、安全性；

(4) 传感器向集成化、数字化、多功能化方向发展；

(5) 发展非接触式、动态安全检测技术。

工业发达国家在安全检测监控技术领域的研究起步较早、投入较多，在安全检测技术这一领域的理论、方法、技术和装备等已遍及诸多行业，如航天、航空、核工业、石油、化工、电力、采矿、林业和建筑等各种社会支柱产业中。在我国，安全检测技术的发展，在国家经济建设中发挥了越来越大的作用，也取得了十分明显的社会经济效益。

1.3.3　安全监控技术发展

安全检测与控制常简称为安全监控，具有检测和控制的综合能力。在安全检测与控制技术学科中所称的控制可分为两种。

1. 过程控制

在一体化生产中，一些重要的工艺参数大都由变送器、工业仪表乃至计算机来测量和调节，以保证生产过程及产品质量的稳定，这就是过程控制。在比较完善的过程控制设计中，应考虑工艺参数的超限报警、外界危险因素(如可燃气体、有毒气体在环境中的浓度，烟雾、火焰信息等)的检测，甚至停车等连锁系统。

2. 应急控制

在对危险源的可控制性进行分析之后，选出若干个控制技术能将危险源从事故临界状态拉回到相对安全状态，以避免事故发生或将事故的伤害、损失降至最小程度，这种具有安全防范性质的控制技术称为应急控制。监测与控制功能合二为一称为监控，将安全监测与应急控制结合为一体的仪器仪表或系统，称为安全监控仪器或安全监控系统。

从安全科学的整体观点出发，现代生产工艺的过程控制和安全监控功能应融为一体，综合成一个包括过程控制、安全状态信息监测、实时仿真、应急控制、自诊断以及专家决策等各项功能在内的综合系统。这种系统既能够对生产工艺进行比较理想的控制，又能够在出现异常情况时及时给出预警信息，在紧急情况下恰到好处地自动采取措施，把安全技术措施渗透到生产工艺中去，避免事故的发生或将事故危害和损失降到最低程度。

监控技术的发展主要表现在：

(1) 监控网络集成化。它是将被监控对象按功能划分为若干系统，每个系统由相应的监控系统实行监控，所有监控系统都与中心控制计算机连接，形成监控网络，从而实现对生产系统实行全方位的安全监控(或监视)。

(2) 预测型监控。这种监控即控制计算机根据检测结果，按照一定的预测模型进行预测计算，根据计算结果发出控制指令。这种监控技术对安全具有重要的意义。

习题与思考题

1. 简述我国安全生产技术与发达国家的差距。
2. 安全生产关键技术有哪些?
3. 安全检测的意义是什么?
4. 安全检测主要任务是什么?
5. 简述安全检测技术的发展与趋势。

第 2 章　检测技术基础知识

2.1　测量误差分析与数据处理

2.1.1　测量误差的基本概念

测量是变换、放大、比较、显示、读数等环节的综合过程。在测量过程中，由于所选用的测试设备或实验手段不够完善，周围环境中存在各种干扰因素，以及检测技术水平的限制等原因，必然使测量值和真值(被测对象某个参数的真实量值)之间存在着一定的差值，这个差值被称为测量误差。虽然人们可以将测量误差控制得越来越小，但真值永远是难于测量得到的，测量误差自始至终都会存在于一切测量之中。

测量误差的存在会影响人们对事物及其状态认识的准确性，因此无论在理论上还是在实践中，研究测量误差都有非常重要的现实意义：

(1) 研究测量误差能正确认识误差的性质，分析误差产生的原因，以利于寻求减少产生误差的途径；

(2) 有助于正确处理实验数据，并通过合理计算，在一定的条件下获得更准确、更可靠的测量结果；

(3) 有助于合理设计或者选择检测或试验用的仪器仪表，选择合适的测量条件及测量方法，从而能够尽量在较经济的条件下，得到预期的结果。

1. 真值

被测量的真实值称为真值。

真值是客观存在的，一般无法通过测量知道。因此，在实际工作中常用约定真值或相对真值来代替理论真值。

1) 约定真值

根据国际计量委员会通过并发布的各种物理参量单位的定义，利用当今最先进的科学技术复现这些实物的单位基准，其值被公认为国际或国家基准，称为约定真值。

例如：保存在国际计量局的 1 kg 铂铱合金原器就是 1 kg 质量的约定真值。在各地的实践中通常用这些约定真值的国际基准或国家基准代替真值进行量值传递，也可对低一等级的标准量值(标准器)或标准仪器进行比对、计量和校准。

2) 相对真值

相对真值也叫实际值。

在实际的测量过程中，能够满足规定准确度的情况下，用来代替真值使用的值被称作相对真值。如果高一级检测仪器(计量器具)的误差仅为低一级检测仪器误差的1/3～1/10，则可认为前者是后者的相对真值。

例如，高精度石英钟的计时误差通常比普通机械闹钟的计时误差小1～2个数量级以上，因此高精度的石英钟可视为普通机械闹钟的相对真值。

2. 标称值

计量或测量器具上标注的量值，称为标称值。

例如：天平砝码上标注的1 g、精密电阻器上标注的100 Ω等。由于制造工艺的不完备或环境条件发生变化，使这些计量或测量器具的实际值与其标称值之间存在一定的误差，所以，在给出标称值的同时，也应给出它的误差范围或精度等级。

3. 示值

检测仪器(或系统)指示或显示(被测参量)的数值叫示值，也叫测量值或读数。

由于传感器不可能绝对精确，信号调理以及模数转换等都不可避免地存在误差，加上测量时环境因素和外界干扰的存在，以及测量过程可能会影响被测对象原有状态等原因，都可能使得示值与实际值存在偏差。

2.1.2 测量误差的表示方法

在实际测量中，可将测量误差表示为绝对误差、相对误差、引用误差、容许(允许)误差等。

1. 绝对误差

测量值(即示值)x与被测量的真值x_0之间的代数差值Δx称为测量值的绝对误差，即

$$\Delta x = x - x_0 \tag{2-1}$$

式中，真值x_0可为约定真值，也可以是由高精度标准器所测得的相对真值。

绝对误差Δx说明了系统示值偏离真值的大小，其值可正可负，具有和被测量相同的量纲。

在标定或校准检测系统样机时，常采用比较法，即对于同一被测量，将标准仪器(具有比样机更高的精度)的测量值作为近似真值x_0与被校检测系统的测量值x进行比较，它们的差值就是被校检测系统测量示值的绝对误差。

如果该绝对误差是一恒定值，即为检测系统的系统误差。该误差可能是系统在非正常工作条件下使用而产生的，也可能是其他原因所造成的附加误差。此时对检测仪表的测量示值应加以修正，修正后才可得到被测量的实际值x_0。

2. 相对误差

测量值(即示值)的绝对误差Δx与被测参量真值x_0的比值，称为检测系统测量值(示值)的相对误差δ，该值无量纲，常用百分数表示，即

$$\delta = \frac{\Delta x}{x_0} \times 100\% = \frac{x - x_0}{x_0} \times 100\% \tag{2-2}$$

这里的真值可以是约定真值，也可以是相对真值。工程上，在无法得到本次测量的约

定真值和相对真值时，常在被测参量(已消除系统误差)没有发生变化的条件下重复多次测量，用多次测量的平均值代替相对真值。

相对误差通常比绝对误差更能说明不同测量的精确程度，一般来说相对误差值越小，其测量精度就越高。

有时在评价测量仪表的精度或测量质量时，利用相对误差作为衡量标准也不是很准确。例如，用任一确定精度等级的检测仪表测量一个靠近测量范围下限的小量，计算得到的相对误差通常比测量接近上限的大量(如 2/3 量程处)得到的相对误差大得多。故引入引用误差的概念。

3. 引用误差

测量值的绝对误差 Δx 与仪表的满量程 L 之比值，称为引用误差 γ。引用误差 γ 通常以百分数表示：

$$\gamma = \frac{\Delta x}{L} \times 100\% \tag{2-3}$$

与相对误差的表达式比较可知：在 γ 的表达式中用量程 L 代替了真值 x_0，使用起来虽然更为方便，但引用误差的分子仍为绝对误差 Δx。由于仪器仪表测量范围内各示值的绝对误差 Δx 不同，为了更好地说明测量精度，引入最大引用误差的概念。

4. 最大引用误差

在规定的工作条件下，当被测量平稳增加或减少时，在仪表全量程内所测得的各示值的绝对误差最大值的绝对值与满量程 L 的比值的百分数，称为仪表的最大引用误差，用符号 γ_{max} 表示：

$$\gamma_{max} = \frac{|\Delta x_{max}|}{L} \times 100\% \tag{2-4}$$

最大引用误差是测量仪表基本误差的主要形式，故常称为测量仪表的基本误差。它是测量仪表最主要的质量指标，能很好地表征测量仪表的测量精度。

5. 容许(允许)误差

容许误差是指测量仪表在规定的使用条件下，可能产生的最大误差范围，它也是衡量测量仪表的最重要的质量指标之一。测量仪表的准确度、稳定度等指标都可用容许误差来表征。按照部颁标准《电子测量仪器误差的一般规定》(GB6592－1986)的规定，容许误差可用工作误差、固有误差、影响误差、稳定性误差来描述，通常直接用绝对误差表示。

2.1.3　测量误差的分类

在测量过程中，为了评定各种测量误差，从而对误差进行分析和处理，就需要对测量误差进行分类。按照不同的分类标准，测量误差可作如下分类。

1. 按误差出现的规律分类

1) 系统误差

在相同条件下，多次重复测量同一被测参数时，误差的大小和符号保持不变或按某一确定的规律变化，这种测量误差被称为系统误差。其中，误差值不变的称为定值系统误差，其他的系统误差称为变值系统误差。

系统误差表明测量结果偏离真值或实际值的程度。系统误差越小，测量就越准确。所以还经常用准确度一词来表征系统误差的大小。总之，系统误差的特征是测量误差出现的有规律性和产生原因的可知性。系统误差产生的原因和变化规律一般可通过实验和分析查出。因此，系统误差可被设法确定并消除。但应指出，系统误差是不容易被发现、不容易被确定的，因此在仪表的设计、制造和使用时应认真对待。

2）随机误差

随机误差又称偶然误差，它是指在相同条件下多次重复测量同一被测参数时，测量误差的大小与符号均无规律变化，这类误差被称为随机误差。随机误差服从大数统计规律。

随机误差表现了测量结果的分散性，通常用精密度来表征随机误差的大小。随机误差越大，精密度越低；反之，随机误差越小，精密度越高，即表明测量的重复性越好。

随机误差主要是由于检测仪器或测量过程中某些未知或无法控制的随机因素(如仪器的某些元器件性能不稳定，外界温度、湿度变化，空中电磁波扰动，电网的畸变与波动等)综合作用的结果。

随机误差的变化通常难以预测，因此也无法通过实验方法确定、修正和消除。但是通过足够多的测量比较可以发现随机误差服从某种统计规律(如正态分布、均匀分布、泊松分布等)。因此，通过多次测量后，对其总和可以用统计规律来描述，从而在理论上估计它对测量结果的影响。

3）粗大误差

在相同条件下，多次重复测量同一被测参数时，测量结果显著地偏离其实际值时所对应的误差，这类误差被称为粗大误差。

从性质上来看，粗大误差并不是单独的类别，它本身既可能具有系统误差的性质，也可能具有随机误差的性质，只不过在一定的测量条件下其绝对值特别大而已。

粗大误差一般由外界重大干扰、仪器故障或不正确的操作等原因引起。存在粗大误差的测量值被称为异常值或坏值，一般容易被发现，发现后应立即剔除。也就是说，正常的测量数据应是剔除了粗大误差的数据，所以我们通常研究的测量结果的误差中仅包含系统误差和随机误差两类误差。在评价测量结果时，常采用系统误差和随机误差来衡量。

前面虽然根据误差出现的规律将误差分为三类，但必须注意各类误差之间在一定条件下可以相互转化。对某项具体误差，在此条件下为系统误差，而在另一条件下可能为随机误差，反之亦然。如按一定基本尺寸制造的量块，存在着制造误差，对某一块量块，它的制造误差是确定的数值，可认为是系统误差；但对一批量块而言，制造误差是变化的，又成为随机误差。在使用某一量块时，没有检定出该量块的尺寸偏差，而按基本尺寸使用，则制造误差属随机误差；若已检定出量块的尺寸偏差，按实际尺寸使用，则制造误差属系统误差。应掌握误差转化的特点，将随机误差转化为系统误差，用修正方法减小其影响。

总之，系统误差和随机误差之间并不存在绝对的界限。随着研究的深入和技术的发展，有可能从过去认为的随机误差中分离出新的系统误差，如果对新的系统误差进行补偿，就可使仪器的测量精度得到提高。

2. 按误差来源分类

研究测量误差的来源，可以指导人们改进测量方法，提高测量的技术水平，采取相应的措施以降低误差对测量结果的影响。在测量过程中，根据误差产生的原因可将误差分为以下几种：

1）仪器误差

在测量过程中由于所使用的仪器本身及其附件的电气、机械等特性不完善所引起的误差称为设备误差。例如，由于刻度不准确、调节机构不完善等原因造成的读数误差，内部噪声引起的误差，元件老化、环境改变等原因造成的稳定性误差。在测量中，仪器误差往往是主要的。

2）理论误差与方法误差

由于所采用的测量原理或测量方法的不完善所引起的误差，如定义的不严密以及在测量结果的表达式中没有反映出其影响因素，而在实际测量中又在原理和方法上起作用的这些因素，所引起的并未能得到补偿或修正的误差，称为方法误差。

3）环境误差

测量过程中，周围环境对测量结果也有一定的影响。由于实际测量时的工作环境和条件与规定的标准状态不一致，而引起测量系统或被测量本身的状态变化所造成的误差，称为环境误差，如温度、大气压力、湿度、电源电压、电磁场等因素引起的误差。

4）人员误差

人员误差又称主观误差，是由进行测量的操作人员的素质条件所引起的误差。例如，由于测量人员的分辨能力、反应速度、感觉器官差异、情绪变化等心理或固有习惯（读数的偏大或偏小等）、操作经验等因素在测量过程中会引起一定的误差，这部分误差就称为人员误差。

总之，在测量工作中，对于误差的来源必须认真分析，采取相应的措施，以减小误差对测量结果的影响。

3. 按被测量随时间变化的速度分类

1）静态误差

静态误差是指在测量过程中，被测量随时间变化缓慢或基本不变时的测量误差。

2）动态误差

动态误差是指在被测量随时间变化很快的过程中测量所产生的附加误差。动态误差是由于测量系统（或仪表）的各种惯性对输入信号变化响应上的滞后，或者输入信号中不同频率成分通过测量系统时，受到不同程度的衰减或延迟所造成的误差。

4. 按使用条件分类

1）基本误差

基本误差是指测量系统在规定的标准条件下使用时所产生的误差。所谓标准条件，一般是指测量系统在实验室（或制造厂、计量部门）标定刻度时所保持的工作条件，如电源电压 220 V±5%，温度 20±5℃，湿度小于 80%，电源频率 50 Hz 等。测量系统的精确度就是由基本误差决定的。

2）附加误差

当使用条件偏离规定的标准条件时，除基本误差外还会产生附加误差，例如由于温度超过标准温度引起的温度附加误差，电源波动引起的电源附加误差以及频率变化引起的频率附加误差等。这些附加误差在使用时应叠加到基本误差上。

5. 按误差与被测量的关系分类

1) 定值误差

定值误差是指误差对被测量来说是一个定值，不随被测量变化。这类误差可以是系统误差，如直流测量回路中存在热电动势等，也可以是随机误差，如检测系统中执行电机的启动引起的电压误差等。

2) 累积误差

在整个检测系统量程内误差值 Δx 与被测量 x 成比例地变化，即

$$\Delta x = \gamma_s x \tag{2-5}$$

式中：γ_s 为比例常数。可见，Δx 随 x 的增大而逐步累积，故称为累积误差。

2.1.4 测量误差的分析与处理

1. 系统误差的分析与处理

测量过程中往往存在系统误差，在某些情况下的系统误差的数值还比较大。系统误差产生的原因大体上有：测量时所用的工具(仪器、量具等)本身性能不完善或安装、布置、调整不当而产生的误差；在测量过程中因温度、湿度、气压、电磁干扰等环境条件发生变化所产生的误差；因测量方法不完善、或者测量所依据的理论本身不完善等原因所产生的误差；因操作人员视读方式不当造成的读数误差等。

系统误差的研究涉及对测量设备和测量对象的全面分析，并与测量者的经验、水平以及测量技术的发展密切相关。因此，对系统误差的研究较为复杂和困难。研究新的，能有效地发现、减小或消除系统误差的方法，已成为误差理论的重要研究课题之一。

对于新购的测量仪表，尽管在出厂前生产厂家已经对仪表的系统误差进行过精确的校正，但一旦安装到用户使用现场，可能会因仪表的工况改变而产生新的，甚至是很大的系统误差，为此需要进行现场调试和校正。同时，由于测量仪表在使用过程中会因元器件老化、线路板及元器件上积尘、外部环境发生某种变化等原因而造成测量仪表系统误差的变化，因此需要对测量仪表进行定期检验与校准。

1) 系统误差的发现

系统误差的数值往往比较大，必须消除系统误差的影响，才能有效地提高测量精度。为了消除或减小系统误差，首先碰到的问题是如何发现系统误差。在测量过程中形成系统误差的因素是复杂的，通常人们还难于查明所有的系统误差，也不可能全部消除系统误差的影响。发现系统误差必须对具体测量过程和测量仪器进行全面的仔细的分析，这是一件既困难又复杂的工作。目前还没有能够适用于发现各种系统误差的普遍方法，下面只介绍适用于发现某些系统误差常用的几种方法。

(1) 定值系统误差的确定。当怀疑测量结果中有恒定系统误差时，可以采取下列一些方法来进行检查和判断。

① 校准和对比。由于测量仪器是系统误差的主要来源，因此，必须首先保证它的准确度符合要求。为此应对测量仪器定期检定，给出校正后的修正值(数值、曲线、表格或公式等)。发现恒定系统误差，利用修正值在相当程度上消除恒定系统误差的影响。有的自动测量系统可利用自校准方法来发现并消除恒定系统误差。当无法通过标准器具或自动校准装置来发现并消除恒定系统误差时，还可以通过多台同类或相近的仪器进行相互对比，观察

测量结果的差异，以便提供一致性的参考数据。

② 改变测量条件。不少恒定系统误差与测量条件及实际工作情况有关。即在某一测量条件下为一确定不变的值，而当测量条件改变时，又为另一确定的值。对这类检测系统需要通过逐个改变外界的测量条件，分别测出两组或两组以上数据，比较其差异，来发现和确定仪表在其允许的不同工况条件下的系统误差；同时还可以设法消除系统误差。

如果测量数据中含有明显的随机误差，则上述系统误差可能被随机误差的离散性所淹没。在这种情况下，需要借助于统计学的方法。

还应指出，由于各种原因需要改变测量条件进行测量时，也应判断在条件改变时是否引入系统误差。

③ 理论计算及分析。因测量原理或测量方法使用不当引入系统误差时，可以通过理论计算及分析的方法来加以修正。

(2) 变值系统误差的确定。变值系统误差是误差数值按某一确切规律变化的系统误差。因此，只要有意识地改变测量条件或分析测量数据变化的规律，便可以判明是否存在变值系统误差。一般对于确定含有变值系统误差的测量结果，原则上应舍去。

① 累进性系统误差的检查。由于累进性系统误差的特性是其数值随着某种因素的变化而不断增加或减小，因此，必须进行多次等精度测量，观察测量数据或相应的残差变化规律。把一系列等精度重复测量的测量值及其残差按测量时的先后次序分别列表，仔细观察和分析各测量数据残差值的大小和符号的变化情况，如果发现残差序列呈有规律递增或递减，且残差序列减去其中值后的新数列在以中值为原点的数轴上呈正负对称分布，则说明测量存在累进性的线性系统误差。如果累进性系统误差比随机误差大得多，则可以明显地看出其上升或下降的趋势。当累进性系统误差不比随机误差大很多时，可用马利科夫准则进行判断。

马利科夫提出了下列判断累进性系统误差的准则。

设对某一被测量进行 n 次等精度测量，按先后测量顺序得到测量值 x_1，x_2，…，x_n，相应的残差为 v_1，v_2，…，v_n。把前面一半以及后面一半数据的残差分别求和，然后取其差值。

当 n 为偶数时

$$M = \sum_{i=1}^{k} v_i - \sum_{k+1}^{n} v_i \qquad 取\ k = \frac{n}{2} \tag{2-6}$$

当 n 为奇数时

$$M = \sum_{i=1}^{k} v_i - \sum_{k}^{n} v_i \qquad 取\ k = \frac{n+1}{2} \tag{2-7}$$

如果 M 近似为零，则说明上述测量列中不含累进性系统误差；如果 M 与 v_i 值相当或更大，则说明测量列中存在累进性系统误差；如果 $0<M<v_i$，则说明不能肯定是否存在累进性系统误差。

② 周期性系统误差的检查。如果发现偏差序列呈有规律的交替重复变化，则说明测量存在周期性系统误差。当系统误差比随机误差小时，就不能通过观察来发现系统误差，只能通过专门的判断准则才能较好地发现和确定。这些判断准则实质上是检验误差的分布是否偏离正态分布，常用的有马利科夫准则和阿贝・赫梅特准则等。其中，应用比较普遍的

是阿贝·赫梅特准则。

设 $A=\left|\sum_{i=1}^{n-1}v_iv_{i+1}\right|$，当存在 $A>\sqrt{n-1}\sigma^2$ 时，则认为测量列中含有周期性系统误差。

2) 系统误差的消除

在测量过程中，发现有系统误差存在时，必须进一步分析比较，找出可能产生系统误差的因素以及减小和消除系统误差的方法。但这些方法和具体的测量对象、测量方法、测量人员的经验有关，因此要找出普遍有效的方法比较困难。下面介绍其中最基本的方法以及适应各种系统误差的特殊方法。

(1) 引入修正值法。

这种方法是预先将测量仪器的系统误差检定出来或计算出来，做出误差表或误差曲线，然后取与误差数值大小相同而符号相反的值作为修正值，将实际测得值加上相应的修正值，即可得到不包含该系统误差的测量结果。

由于修正值本身也包含有一定的误差，因此用修正值消除系统误差的方法，不可能将全部的系统误差修正掉，总要残留少量的系统误差。对这种残留的系统误差则应按随机误差进行处理。

修正值法还可以推广应用到环境误差上，例如，在干扰很大而又无法消除的场合，可以先使测量信号为零，测出干扰带来的指示值，然后再送入测量信号，将得到的读数减去干扰指示值。应注意的是，使用这种方法时应保证在上述两次测量中干扰的影响相同。

(2) 零位式测量法。

在测量过程中，用指零仪表的零位指示测量系统的平衡状态；在测量系统达到平衡时，用已知的基准量决定被测未知量的测量方法，称为零位式测量法。应用这种方法进行测量时，标准器具装在仪表内。在测量过程中，标准量直接与被测量相比较；调整标准量，一直到被测量与标准量相等，即使指零仪表回零。

零位式测量法的测量误差主要取决于参加比较的标准仪器的误差，而标准仪器的误差是可以做得很小的。零位式测量必须使检测系统有足够的灵敏度。

采用零位式测量法进行测量，优点是可以获得比较高的测量精度，但是测量过程比较复杂。采用自动平衡操作以后，虽然可以加快测量过程，但由于受工作原理所限，它的反应速度也不会很高。因此，这种测量方法不适用测量变化迅速的信号，只适用于测量变化较缓慢的信号。

在自动检测系统中广泛使用的自动平衡显示仪表就属于零位式测量。

(3) 替换法(替代法、代替法)。

替换法是用可调的标准器具代替被测量接入检测系统，然后调整标准器具，使检测系统的指示与被测量接入时相同，则此时标准器具的数值等于被测量。

与零位式测量法相比较，替换法在两次测量过程中，测量电路及指示器的工作状态均保持不变。因此，检测系统的精确度对测量结果基本上没有影响，从而消除了测量结果中的系统误差；测量的精确度主要取决于标准已知量，对指示器只要求有足够高的灵敏度即可。

替换法是检测工作中最常用的方法之一，不仅适用于精密测量，也常用于一般的技术测量。

(4) 对照法(交换法)。

在一个检测系统中，改变一下测量安排，测出两个结果，将这两个测量结果互相对照，并通过适当的数据处理，可对测量结果进行改正，这种方法称为对照法。

(5) 交叉读数法。

交叉读数法也称对称测量法，是减小线性系统误差的有效方法。如果测量仪表在测量的过程中存在线性系统误差，那么在被测参量保持不变的情况下，其重复测量值也会随时间的变化而线性增加或减小。若选定整个测量时间范围内的某时刻为中点，则对称于此点的各对测量值的和都相同。根据这一特点，可在时间上将测量顺序等间隔的对称安排，取各对称点两次交叉读入测量值，然后取其算术平均值作为测量值，即可有效地减小测量的线性系统误差。

(6) 半周期法。

对周期性系统误差，相隔半个周期进行一次测量，取两次读数的算术平均值作为测量值，此方法称为半周期法。因为相差半周期的两次测量，其误差在理论上具有大小相等、符号相反的特征，所以这种方法在理论上能有效地减小或消除周期性系统误差。

总之，要从产生系统误差的根源上消除系统误差。

2. 随机误差的分析与处理

1) 随机误差的分析

随机误差是由测量实验中许多独立因素的微小变化而引起的。例如温度、湿度均不停地围绕各自的平均值起伏变化，所有电源的电压值也时刻不停地围绕其平均值起伏变化等。这些互不相关的独立因素是人们不能控制的。它们中的某一项影响极其微小，但很多因素的综合影响就造成了每一次测量值的无规律变化。

就单次测量的随机误差的个体而言，其大小和方向都无法预测也不可控制，因此无法用实验的方法加以消除。但就随机误差的总体而言，则具有统计规律性，服从某种概率分布。随机误差的概率分布有：正态分布、均匀分布、t 分布、反正弦分布、梯形分布、三角分布等。绝大多数随机误差服从正态分布，因此，正态分布规律占有重要地位。正态分布的随机误差如图 2-1 所示。

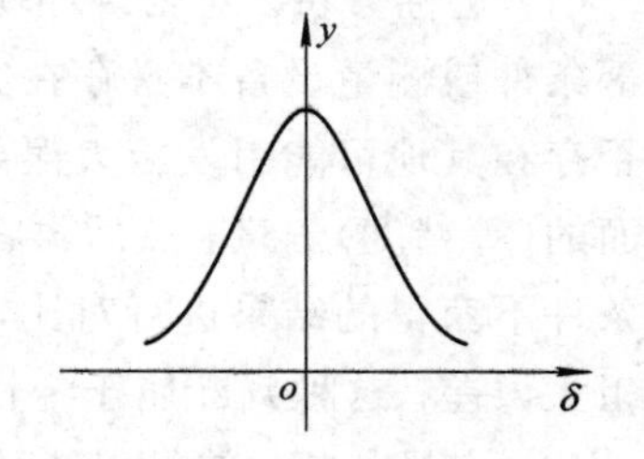

图 2-1　随机误差正态分布图

正态分布的随机误差，其概率密度函数为

$$y(\delta)=\frac{1}{\sigma\sqrt{2\pi}}\exp\left(\frac{-\delta^2}{2\sigma^2}\right)=\frac{1}{\sigma\sqrt{2\pi}}\exp\frac{-(X_i-X_0)^2}{2\sigma^2} \tag{2-8}$$

式中：σ^2 和 σ 为随机误差 δ 的方差和标准差；X_0 为被测值的真值；X_i 为测量值。

大量实验证明，随机误差服从以下统计特征：

(1) 对称性：绝对值相等的正误差与负误差出现的次数相等。

(2) 单峰性：绝对值小的误差比绝对值大的误差出现的次数多。

(3) 有界性：在一定的测量条件下，随机误差的绝对值不会超过一定的界限。

(4) 抵偿性：当测量次数增加时，随机误差的代数和趋于零。

因此，对于多次测量中的随机误差可以采用统计学方法来研究其规律和处理测量数据，以减弱其对测量结果的影响，并估计出其最终残留影响的大小。对于随机误差所做的概率统计处理是在完全排除了系统误差的前提下进行的。

2) 随机误差的处理方法

(1) 若无系统误差存在，当测量次数 n 无限增大时，测量值的算术平均值与真值就无限接近。因此，如果能对某一被测值进行无限次测量，就可以得到基本不受随机误差影响的测量结果。

(2) 极限误差也称最大误差，是对随机误差取值最大范围的概率统计。研究表明，若均方根误差为 σ，则随机误差落在 $\pm 3\sigma$ 范围内的概率为 99.7%以上，落在 $\pm 3\sigma$ 范围外的机会相当小。因此，工程上常用 $\pm 3\sigma$ 估计随机误差的范围。取 $\pm 3\sigma$ 作为极限误差，超过 $\pm 3\sigma$ 者作为疏失误差处理。

3. 粗大误差的分析与处理

粗大误差的数值比较大，它会对测量结果产生明显的歪曲。

一旦发现含有粗大误差的测量值，即坏值，应将其从测量结果中剔除。

1) 粗大误差产生的原因

产生粗大误差的原因很多，大致可归纳为以下两种。

(1) 测量人员的主观原因。由于测量者工作责任感不强、操作不当、工作过于疲劳或者缺乏经验等，从而造成了错误的读数或错误的记录，这是产生粗大误差的主要原因。

(2) 客观外界条件的原因。由于测量条件意外地改变(如机械冲击、外界振动等)，引起仪器示值或被测对象位置的改变而产生粗大误差。

2) 粗大误差的分析

(1) 定性分析。对测量环境、测量条件、测量设备、测量步骤进行分析，看是否有某种外部条件或测量设备本身存在突变而瞬时破坏；测量操作是否有差错或等精度测量过程中是否存在其他可能引发粗大误差的因素；由同一操作者或另换有经验操作者再次重复进行前面的(等精度)测量，然后再将两组测量数据进行分析比较，或再与由不同测量仪器在同等条件下获得的结果进行对比，以分析该异常数据出现是否“异常”，进而判定该数据是否为粗大误差。这种判断属于定性判断，无严格的规则，应细致、谨慎地实施。

(2) 定量分析。就是以统计学原理和误差理论等相关专业知识为依据，对测量数据中的异常值的“异常程度”进行定量计算，以确定该异常值是否为应剔除的坏值。这里所谓的定量计算是相对上面的定性分析而言的，它是建立在等精度测量符合一定的分布规律和置信概率基础上的，因此并不是绝对的。

3) 粗大误差的判别准则

如何科学地判别粗大误差，正确舍弃坏值呢？通常可以用判别准则予以确定。可采用的判别粗大误差的判别准则有：莱以特准则、格拉布斯准则、狄克松准则、罗曼诺夫斯基准则等。

(1) 莱以特准则(也称 3σ 准则)。

对于某一测量值，若各测量值只含有随机误差，则其残差落在 3σ 以外的概率为 0.3%。据此，莱以特准则认为凡剩余误差大于 3 倍标准偏差的就可以认为是粗大误差，它所对应的测量值就是坏值，应予以舍弃。

需要注意的是，在舍弃坏值后，剩余的测量值应重新计算算术平均值和标准偏差，再用莱以特准则鉴别各个测量值，看是否有新的坏值出现，直到无新的坏值出现。此时，所有测量值的残差均落在 3σ 范围之内。

莱以特准则是最简单最常用的判别粗大误差的准则，但它是建立在重复测量次数趋于无穷大前提下的一个近似的判别准则。所以，当测量次数有限时，尤其是测量次数较小时，莱以特准则就不是很可靠了。

(2) 格拉布斯准则。

格拉布斯准则是根据数理统计方法推导出来的比较严谨的结论，它具有明确的概率意义，是根据正态分布理论建立的一种比较好的判别粗大误差的准则。该准则的主要特点是考虑了测量次数 n 和标准差自身的误差影响等因素。

格拉布斯准则认为：凡剩余误差大于格拉布斯鉴别值的误差均是粗大误差，应予以舍弃。

4) 粗大误差的处理

对粗大误差，除了设法从测量结果中发现和鉴别而加以剔除外，更重要的是要加强测量者的工作责任心和以严格的科学态度对待测量工作。在测量过程中，必须实事求是地记录原始数据，并注明有关情况。在整理数据时，应舍弃有明显错误的数据。在充分分析和研究测量数据的基础上，判断测量值是否含有粗大误差。此外，还要保证测量条件的稳定，避免在外界大干扰下产生粗大误差。

在某些情况下，为了及时发现与防止测得值中含有粗大误差，可采用不等精度测量和互相之间进行校核的方法。例如，对某一被测值，可由两位测量者进行测量、读数和记录，或者用两种不同仪器、不同方法进行测量。

2.1.5　测量数据处理的基本方法

通过各种实验和测量得到数据，并不是工作的完结，还需对实验数据进行处理。

在日常生活中，我们遇到的是用数字表示出来的数。根据数字占有的位数是否有效，可把数分为两大类。一类是有效位数为无限的数，这类数多为纯数学计算的结果，如$\sqrt{2}$，π，…；另一类则是有效位数为有限的数，这类数多与实际相联系，不能单凭数学上的运算而任意确定其有效位数，而是要结合实际恰当地表示出所要表示的量或所具有的精度。后者的有效位数要受到原始数据所能达到的精度、获取数据的技术水平、获取数据所依据的理论等因素的限制。如人口普查得到的总人口数、产品检验中的合格品率、各种测量的测量结果、表示测量精度的各种精度参数等都属于这类数。

1. 有效数字

由多位数字组成的一个数，除最末一位数字是不确切值或可疑值外，其他数字皆为可靠值或确切值，则组成该数的所有数字包括末值数字就被称为有效数字，除有效数字外其余数字均为多余数字。

2. 有效数字的判定准则

在测量或计量中应取多少位有效数字，是由测量准确度决定的，即有效数字的位数应与测量准确度等级是同一量级。可根据下述准则判定：

(1) 对不需要标明误差的数据，其有效位数应取到最末一位数字为可疑数字(也称不确切或参考数字)。

(2) 对需要标明误差的数据，其有效位数应取到与误差同一数量级。

(3) 测量误差的有效位数应按以下四条准则判定：

① 一般情况下，只取一位有效数字；

② 对重要的或是比较精密的测量、处于中间计算过程的误差，为避免化整误差过大，表示误差的第一个数字为 1 或 2 时，应取三位有效数字；

③ 在进行误差计算的过程中，为使最后的计算结果可靠，最多取三位有效数字；

④ 根据需要有时应计算误差的误差，则误差的误差皆取一位有效数字，而误差的有效位数应取到与误差的误差相同的数量级。

(4) 算术平均值的有效位取到与所标注的误差同一数量级；用算术平均值计算出的剩余误差，大部分具有二位，对特别精密的测量可有三位有效数字；因计算和化整所引起的误差，不应超过最后一位有效数字的一个单位。

(5) 在各种运算中，数据的有效位数判定准则有以下五条。

① 在对多项数值进行加、减运算时，各运算数据以小数位数最少的数据位数为准，其余各数均向后多取一位，运算数据的项数过多时，可向后多取二位有效数字，但最后结果应与小数位数最少的数据的位数相同；

② 在几个数进行乘、除运算时，各运算数据应以有效位数最少的数据为准，其余各数据要比有效位数最少的数据位数多取一位数字，而最后结果应与有效位数最少的数据位数相同；

③ 在对一个数进行开方或乘方运算时，所得结果可比原数多取一位有效数字；

④ 在进行对数运算时，所取对数的位数应与真数的有效数字的位数相等；

⑤ 在进行三角运算时，所取函数值的位数应随角度误差的减小而增多。

以上是针对数据量较少的情况下提出的，对于大量数据的运算，还应当以概率论及数理统计的原理作进一步的研究。

3. 有效数字的化整规则

在对数值判定应取的有效位数以后，就应当把数中的多余数字舍弃并进行化整，为了尽量缩小因舍弃多余数字所引起的误差，应当根据下述原则把数字化整。

若舍去部分的数值小于保留部分末位的半个单位，则末位不变。例如，将下列数据保留到小数点后第二位：1.4348→1.43(因为 0.0048<0.005)。

若舍去部分的数值大于保留部分末位的半个单位，则末位加 1。例如，将下列数据保留到小数点后第二位：1.435 21→1.44(因为 0.005 21>0.005)。

若舍去部分的数值等于保留部分末位的半个单位，则末位凑成偶数，即末位为偶数时不变，为奇数时加 1。例如，将下列数据保留到小数点后第二位：1.2350→1.24(因为 0.0050=0.005)。

由于数字舍入引起的误差称为舍入误差，按上述规则进行数字舍入所产生的舍入误差不超过保留数字最末位的半个单位。

把带有舍入误差的有效数字进行各种运算后，所得计算结果的误差可用代数关系推导出各种运算结果的误差计算公式。

4. 数据处理方法

通过测量获取一系列数据，对这些数据进行深入的分析，就可以得到各参数之间的关系。可用数学解析的方法导出各参量之间的函数关系，这就是数据处理的任务。

测量数据处理采用的方法有表格法、图示法和经验公式法。

1）表格法

用表格来表示函数的方法称为表格法。在科学实验中，常将一系列测量数据填入事先列成的表格，然后再进行其他处理。表格法简单方便，但要进行深入的分析，表格就显得不适用了。原因主要有两点：① 它不能给出所有的函数关系；② 从表格中不易看出自变量变化时函数的变化规律。

2）图示法

所谓图示法，是指用图形来表示函数之间的关系。图示法的优点是一目了然，即从图形可非常直观地看出函数的变化规律，如递增性或递减性、最大值或最小值、是否具有周期性变化规律等。但是从图形上只能看出函数变化关系而不能进行数学分析。

3）经验公式法

测量数据不仅可用图形表示出函数之间的关系，而且可用与图形对应的公式来表示所有的测量数据。当然这个公式不能完全准确地表达全部数据，所以常把与曲线对应的公式称为经验公式。应用经验公式可以研究各自变量与函数之间的关系。

5. 一元线性与非线性回归

如果两个变量 x 和 y 之间存在一定关系，并通过测量获得 x 和 y 的一系列数据，用数学处理的方法得出这两个变量之间的关系式，这就是工程上所说的拟合问题，也是回归分析的内容之一。拟合所得关系式称为经验公式，也称拟合方程。

如果两个变量之间的关系是线性关系，就称为直线拟合，也称一元线性回归。如果两个变量之间的关系是非线性关系，则称为曲线拟合或称为一元非线性回归。

对于典型的曲线方程可通过曲线化直法转换为直线方程，即直线拟合问题。拟合方法通常有：端值法、平均法、最小二乘法。

在实际测量中，两个变量之间的关系除了一般常见的线性关系外，有时也呈现非线性关系，即两变量之间是某种曲线关系。对这种非线性的回归曲线的拟合问题，可根据以下方法和步骤处理：

（1）根据测量数据(x_i，y_i)绘制图形；

（2）由绘制的曲线图形分析确定其属于何种函数类型；

（3）根据已确定的函数类型确定坐标，将曲线方程变为直线方程，即曲线化直线；

（4）根据变换的直线方程，采取某种拟合方法确定直线方程中的未知量；

（5）求出直线方程中的未知量后，将该直线方程反变换为原来的曲线方程，即为最后所得的与曲线图形对应的曲线方程。

2.2 检测信号分析基础

信号是随时间变化的物理量(电、光、文字、符号、图像、数据等)，可以认为它是一种传载信息的函数。

一个信号，可以指一个实际的物理量(最常见的是电量)，也可以指一个数学函数，例如：$y(t)=A\sin(\omega t+\varphi)$，它既是正弦信号，也是正弦函数，在信号理论中，信号和函数可以通用。总之，我们可以认为：

(1) 信号是变化着的物理量或函数；

(2) 信号中包含着信息，是信息的载体；

(3) 信号不等于信息，必须对信号进行分析和处理后，才能从信号中提取出信息。

信号分析是将一复杂信号分解为若干简单信号分量的叠加，并根据这些分量的组成情况去考察信号的特性。这样的分解，可以抓住信号的主要成分进行分析、处理和传输，使复杂问题简单化。实际上，这也是解决所有复杂问题最基本、最常用的方法。

信号处理是指对信号进行某种变换或运算(滤波、变换、增强、压缩、估计、识别等)。其目的是消弱信号中的多余成分，滤除夹杂在信号中的噪声和干扰，或将信号变换成易于处理的形式。

广义的信号处理可把信号分析也包括在内。

信号处理包括时域处理和频域处理。时域处理中最典型的是波形分析，示波器就是一种最通用的波形分析和测量仪器。把信号从时域变换到频域进行分析和处理，可以获得更多的信息，因而频域处理更为重要。信号频域处理主要指滤波，即是把信号中的有效信号提取出来，抑制(削弱或滤除)干扰或噪声的一种处理。

进行信号分析的方法通常分为：时域分析和频域分析。

由于不同的检测信号需要采用不同的描述、分析和处理方法，因此，要对检测信号进行分类。

2.2.1　检测信号的分类

按照不同的分类标准，检测信号可分为以下几类：一是按信号是否随时间而变化，将信号分为静态信号与动态信号；二是按照信号是否连续变化，将信号分为连续信号和离散信号，通常又把这两种信号分别称为模拟信号与数字信号；三是按信号是否能够用一个确定性函数表示，将信号分为确定性信号与随机信号。

1. 静态信号、动态信号

静态信号：是指在一定的测量期间内，不随时间变化的信号。

动态信号：是指随时间的变化而变化的信号。

2. 连续信号、离散信号

连续信号(又称模拟信号)：是指信号的自变量和函数值都取连续值的信号。

离散信号：是指信号的时间自变量取离散值，但信号的函数值取连续值(采样值)，这类信号被称为时域离散信号。如果信号的自变量和函数值均取离散值(量化了的值)，则称为数字信号。

3. 确定性信号、随机信号

确定性信号：可以根据它的时间历程记录是否有规律地重复出现，或根据它是否能展开为傅里叶级数，而划分为周期信号和非周期信号两类。周期信号又可分为正弦周期信号和复杂周期信号；非周期信号又可分为准周期信号和瞬态信号。

随机信号：不能在合理的试验误差范围内预计未来时间历程记录的物理现象及描述此现象的信号和数据，就认为是随机信号，又称为不确定信号，指无法用不确定的时间函数来表达的信号。

2.2.2　检测信号的时域分析

测量所得到的信号一般都是时域信号，实际的时域信号往往是很复杂的，不但包含有确定性信号也包含有随机信号。直接在时域中对信号的幅值及与幅值有关的统计特性进行分析，称为信号的时域分析。这种分析具有直观、概念明确等特点，是最常用的分析方法之一。主要分析内容有：确定性信号幅值随时间的变化关系，随机信号幅值的统计特性分析，相关分析等。

1. 时域波形分析

时域波形分析包括幅值参数分析和一些由幅值参数演化而来的分析。

1）周期信号的幅值分析

周期信号幅值分析的主要内容是：均值、绝对均值、平均功率、有效值、峰值（正峰值或负峰值）、峰峰值、某一特定时刻的峰值、幅值随时间的变化关系等。这种分析方法主要用于谐波信号或主要成分为谐波信号的复杂周期信号，对于一般的周期信号，在分析前应先进行滤波处理，得到所需分析的谐波信号。

（1）均值和绝对均值。

均值是指信号中的直流分量，是信号幅值在分析区间内的算术平均。绝对均值是指信号绝对值的算术平均。设周期信号为 $x(t)$，则均值和绝对均值分别定义如下：

$$\bar{x} = m_x = \frac{1}{T_0}\int_0^{T_0} x(t)\,\mathrm{d}t \tag{2-9}$$

$$|\bar{x}| = m_{|x|} = \frac{1}{T_0}\int_0^{T_0} |x(t)|\,\mathrm{d}t \tag{2-10}$$

其中：T_0 为信号周期。

相应的有限离散数字信号序列 $\{x(k)\}(k=1, 2, \cdots, N)$ 的均值和绝对均值分别为

$$\bar{x} = \frac{1}{N}\sum_{k=1}^{N} x(k) \tag{2-11}$$

$$|\bar{x}| = \frac{1}{N}\sum_{k=1}^{N} |x(k)| \tag{2-12}$$

（2）平均功率（均方值）和有效值（均方根值）。

时域分析的另一个重要内容是求得信号在时域中的能量。信号能量定义为幅值平方在分析区间内的积分，能量有限的信号称为能量信号，如衰减的周期信号；对于非衰减的周期性信号，其能量积分为无穷大，只能用平均功率来反映能量，这种信号称为功率信号。平均功率是信号在分析区间内的均方值，它的均方根值称为有效值，具有幅值量纲，是反映确定性信号作用强度的主要时域参数。平均功率（均方值）和有效值（均方根值）分别定义如下：

$$x_{\mathrm{MS}} = \frac{1}{T}\int_0^{T} x^2(t)\,\mathrm{d}t \tag{2-13}$$

$$x_{\mathrm{RMB}} = \sqrt{\frac{1}{T}\int_0^T x^2(t)\ \mathrm{d}t} \tag{2-14}$$

相应的有限离散数字信号序列：$\{x(k)\}(k=1, 2, \cdots, N)$的平均功率(均方值)和有效值(均方根值)计算式分别为

$$x_{\mathrm{MS}} = \frac{1}{N}\sum_{k=1}^{N} x^2(k) \tag{2-15}$$

$$x_{\mathrm{RMB}} = \sqrt{\frac{1}{N}\sum_{k=1}^{N} x^2(k)} \tag{2-16}$$

(3) 峰值和双峰值。

峰值是指分析区间内出现的最大幅值，即单峰值 x_{p}。它可以是正峰值或负峰值的绝对值，反映了信号的瞬时最大作用强度。双峰值 $x_{\mathrm{p-p}}$是指正、负峰值间的差，也称峰峰值。它不仅反映了信号的瞬时作用强度，还反映了信号幅值的变化范围和偏离中心位置的情况。

峰值

$$x_{\mathrm{p}} = |\ x(t)\ |_{\max} \tag{2-17}$$

双峰值

$$x_{\mathrm{p-p}} = |\ x(t)\ |_{\max} - |\ x(t)\ |_{\min} \tag{2-18}$$

相应的有限离散数字信号序列：$\{x(k)\}(k=1, 2, \cdots, N)$的计算式分别为

峰值

$$x_{\mathrm{p}} = |\ x(k)\ |_{\max} \tag{2-19}$$

双峰值

$$x_{\mathrm{p-p}} = |\ x(k)\ |_{\max} - |\ x(k)\ |_{\min} \tag{2-20}$$

2) 随机信号的统计特征分析

随机信号在任一时刻的幅值和相位是不确定的，不可能用单个幅值或峰值来描述。主要统计特性有：均值、均方值、方差和标准差、概率密度函数、概率分布函数和自相关函数等。

(1) 均值。

均值表示集合平均值或数学期望值。对于各态历经的随机过程，可以用单个样本按时间历程来求取均值，称为子样均值(以下简称均值)，记为 m_x

$$m_x = E[x(t)] = \lim_{T\to\infty}\frac{1}{T}\int_0^T x(t)\mathrm{d}t \tag{2-21}$$

相应的有限离散数字信号序列$\{x(k)\}(k=1, 2, \cdots, N)$的计算式为

$$m_x = E[x(t)] = \lim_{N\to\infty}\frac{1}{N}\sum_{k=1}^{N.} x(k) \tag{2-22}$$

(2) 均方值。

均方值表示信号 $x(t)$的强度。对于各态历经的随机过程，可以用观测时间的幅度平方的平均值表示，记为 ψ_x^2

$$\psi_x^2 = E[x^2(t)] = \lim_{T\to\infty}\frac{1}{T}\int_0^T x(t)^2\mathrm{d}t \tag{2-23}$$

相应的有限离散数字信号序列$\{x(k)\}(k=1, 2, \cdots, N)$的计算式为

$$\psi_x^2 = E[x^2(t)] = \frac{1}{N}\sum_{k=1}^{N} x^2(k) \tag{2-24}$$

(3) 方差和均方差。

方差是 $x(t)$ 相对于均值波动的动态分量，反映了随机信号的分散程度，对于零均值随机信号，其均方值和方差是相同的。方差记为

$$\sigma_x^2 = E[x(t) - m_x]^2 = \lim_{T\to\infty}\frac{1}{T}\int_0^T [x(t) - m_x]^2\,\mathrm{d}t = \psi_x^2 - m_x^2 \tag{2-25}$$

相应的有限离散数字信号序列 $\{x(k)\}(k=1, 2, \cdots, N)$ 的计算式为

$$\sigma_x^2 = E[x(t) - m_x]^2 = \lim_{N\to\infty}\frac{1}{N}\sum_{k=1}^{N}[x(t) - m_x]^2 = \psi_x^2 - m_x^2 \tag{2-26}$$

2. 时域平均

时域平均就是从混有噪声干扰的信号中提取周期性信号的一种有效方法，也称相干检波。其方法为：对被分析的振动信号以一定的周期为间隔截取信号，然后将所截得的分段信号的对应点叠加后求得平均值，这样一来，就可以保留确定的周期分量，而消除信号中的非周期分量和随机干扰。原理如下：

设信号 $x(t)$ 由周期信号 $s(t)$ 和白噪声 $n(t)$ 组成，即

$$x(t) = s(t) + n(t) \tag{2-27}$$

若以 $s(t)$ 的周期去截取 $x(t)$，共截取 N 段，然后将各段对应点相加，则由白噪声的不相关性可得到

$$x(t_i) = Ns(t_i) + \sqrt{N}n(t_i) \tag{2-28}$$

再对 $x(t_i)$ 求平均，可得到输出信号

$$y(t_i) = s(t_i) + \frac{n(t_i)}{\sqrt{N}} \tag{2-29}$$

此时，由式(2-29)可知，输出信号中的白噪声是原来信号中的白噪声的 $1/\sqrt{N}$，因此信噪比将提高 $\sqrt{N}$ 倍。故时域平均可以消除与给定周期无关的其他信号分量，可应用于信噪比很低的场合。

相对应地，若用 $x_i(k)$ 表示离散信号第 i 段的第 k 个采样点，则有限离散数字信号序列 $\{x_I(k)\}(I=1, 2, \cdots, N; k=1, 2, \cdots, L)$ 的时域平均计算公式为

$$y(k) = \frac{\sum_{i=1}^{N} x_i(k)}{N} \tag{2-30}$$

3. 信号卷积

卷积运算是数据处理的重要工具，也是时域运算中最基本的内容之一。

1) 卷积的定义

函数 $x(t)$ 与 $h(t)$ 的卷积定义为

$$y(t) = x(t) * h(t) = \int_{-\infty}^{+\infty} x(\tau)h(t-\tau)\,\mathrm{d}\tau \tag{2-31}$$

或

$$y(t) = h(t) * x(t) = \int_{-\infty}^{+\infty} x(t-\tau)h(\tau)\,\mathrm{d}\tau \tag{2-32}$$

利用卷积运算可以很清楚地描述线性时不变系统的输出与输入的关系，即系统的输出 $y(t)$是输入 $x(t)$与系统脉冲相应函数 $h(t)$的卷积。

离散信号 $x(n)$与 $h(n)$的离散卷积定义为

$$y(n)=x(n)*h(n)=\sum_{m=-\infty}^{\infty}x(m)h(n-m) \tag{2-33}$$

或

$$y(n)=h(n)*x(n)=\sum_{m=-\infty}^{\infty}h(m)x(n-m) \tag{2-34}$$

以上定义的卷积又称为线性卷积。显然，若离散信号 $x(n)$与 $h(n)$均为周期信号，则它们的线性卷积是不收敛的，这种情况下，设 $x_N(n)$与 $h_N(n)$是周期均为 N 的周期信号，则 $x_N(n)$与 $h_N(n)$的周期卷积定义为

$$y_N(n)=x_N(n)*h_N(n)=\sum_{m=0}^{N-1}x_N(m)h_N(n-m) \tag{2-35}$$

或

$$y_N(n)=h_N(n)*x_N(n)=\sum_{m=0}^{N-1}h_N(m)x_N(n-m) \tag{2-36}$$

显然，周期卷积运算的结果仍为同周期的离散信号。

2) 离散卷积的差分性质和累加性质

卷积的差分性质为

$$\Delta[x(n)*h(n)]=x(n)*[\Delta h(n)]=[\Delta x(n)]*h(n) \tag{2-37}$$

这一性质的含义是：若 $x(n)$，$y(n)$分别为系统的输入、输出信号，$h(n)$为系统的单位冲击响应，有 $y(n)=x(n)*h(n)$，则系统输出的差分等于系统输入 $x(n)$卷积系统响应 $h(n)$的差分，或 $x(n)$的差分卷积。

卷积的累加性质为

$$\sum_{k=-\infty}^{n}[x(k)*h(k)]=x(n)*\left[\sum_{k=-\infty}^{n}h(k)\right]=\left[\sum_{k=-\infty}^{n}x(k)*h(n)\right] \tag{2-38}$$

这一性质的含义为：系统输出信号累加的计算结果等于输入信号卷积系统响应累加结果，或等于输入信号累加的结果卷积系统响应。

3) 单位冲激信号的卷积特性

单位冲激信号 $\delta(n)$参与卷积运算时，下列一些性质会使运算简化：

(1) 任意信号 $x(n)$与 $\sigma(n)$的卷积运算时，$x(n)*\delta(n)=x(n)$；

(2) $x(n)*\delta(n-n_0)=x(n-n_0)$；

(3) $x(n-n_1)*\delta(n-n_2)=x(n-n_1-n_2)$。

4. 相关分析

相关分析是信号分析的重要组成部分，是信号波形之间相似性或关联性的一种测度。在检测系统、控制系统、通信系统等领域应用广泛，它主要解决信号本身的关联问题，信号与信号之间的相似性问题。

1) 相关函数的定义

(1) 当连续信号 $x(t)$与 $y(t)$均为能量信号时，相关函数定义为

$$R_{xy}(\tau) = \int_{-\infty}^{\infty} x(t)y(t-\tau)\mathrm{d}t \tag{2-39}$$

或

$$R_{yx}(\tau) = \int_{-\infty}^{\infty} y(t)x(t-\tau)\mathrm{d}t \tag{2-40}$$

式中：$R_{xy}(\tau)$，$R_{yx}(\tau)$分别表示信号 $x(t)$与 $y(t)$在延时 τ 时的相似程度，又称为互相关函数。当 $y(t)=x(t)$时，称为自相关函数，记作 $R_x(\tau)$，即

$$R_x(\tau) = R_{xx}(\tau) = \int_{-\infty}^{\infty} x(t)x(t-\tau)\mathrm{d}t \tag{2-41}$$

当信号 $x(t)$与 $y(t)$均为功率信号时，相关函数定义为

$$R_{xy}(t) = \lim_{T\to\infty}\frac{1}{T}\int_0^T x(t)y(t-\tau)\mathrm{d}t \tag{2-42}$$

或

$$R_{yx}(t) = \lim_{T\to\infty}\frac{1}{T}\int_0^T y(t)x(t-\tau)\mathrm{d}t \tag{2-43}$$

自相关函数定义为

$$R_x(\tau) = R_{xx}(\tau) = \lim_{T\to\infty}\frac{1}{T}\int_0^T x(t)y(t-\tau)\mathrm{d}t \tag{2-44}$$

（2）当离散信号 $x(n)$与 $y(n)$均为能量信号时，相关函数定义为

$$R_{xy}(m) = \sum_{n=-\infty}^{\infty} x(n)y(n-m) \tag{2-45}$$

或

$$R_{yx}(m) = \sum_{n=-\infty}^{\infty} y(n)x(n-m) \tag{2-46}$$

式中：$R_{xy}(m)$，$R_{yx}(m)$分别表示信号 $x(n)$与 $y(n)$在延时 m 时的相似程度，又称为互相关函数。当 $y(m)=x(m)$时，称为自相关函数，记作 $R_x(m)$，即

$$R_x(m) = R_{xx}(m) = \sum_{n=-\infty}^{\infty} x(n)x(n-m) \tag{2-47}$$

当信号 $x(n)$与 $y(n)$均为功率信号时，相关函数定义为

$$R_{xy}(m) = \lim_{N\to\infty}\frac{1}{2N+1}\sum_{n=-N}^{N} x(n)y(n-m) \tag{2-48}$$

或

$$R_{yx}(m) = \lim_{N\to\infty}\frac{1}{2N+1}\sum_{n=-N}^{N} y(n)x(n-m) \tag{2-49}$$

自相关函数定义为

$$R_x(m) = R_{xx}(m) = \lim_{N\to\infty}\frac{1}{2N+1}\sum_{n=-N}^{N} x(n)x(n-m) \tag{2-50}$$

2）相关系数的定义

相关系数表示相关或关联程度，信号 $x(n)$与 $y(n)$的互相关系数为

$$\rho_{xy}(m) = \frac{R_{xy}(m) - m_x m_y}{\sigma_x \sigma_y} \tag{2-51}$$

式中：m_x，σ_x，m_y，σ_y 分别表示 $x(n)$与 $y(n)$的均值和方差。

可以证明：$|\rho_{xy}(m)|\leqslant 1$。当$|\rho_{xy}(m)|=1$ 时，表示两信号完全相关；当$|\rho_{xy}(m)|=0$ 时，表示两信号完全无关。一般情况下，$0<\rho_{xy}(m)<1$，$|\rho_{xy}(m)|$越接近于 1，表示两信号的相似程度越高。

信号 $x(n)$的自相关系数为

$$\rho_x(m)=\frac{R_x(m)-m_x^2}{\sigma_x^2} \tag{2-52}$$

当 $\rho_x(m)=1$ 时，表示 $x(n)$在 n 时刻与 $n+m$ 时刻的值完全相关；当 $\rho_x(m)=0$ 时，表示 $x(n)$在 n 时刻与 $n+m$ 时刻的值完全无关。

5. 概率密度函数与概率分布

随机信号的概率密度函数 $\rho(x)$表示信号幅值落在某指定范围内的概率密度，是随机变量幅值的函数、描述了随机信号的统计特性。

1）幅值概率密度的定义为

$$\rho(x)=\lim_{\Delta_x\to 0}\frac{\rho[x<x(t)\leqslant x+\Delta]}{\Delta_x} \tag{2-53}$$

概率密度提供了随机信号沿幅值分布的信息。

2）概率密度的物理意义

(1) 概率密度函数 $\rho(x)$是随机变量 $x(t)$取值中心为 x，幅值密度 $\Delta_x=1$ 的概率。

(2) 概率密度函数 $\rho(x)$唯一地由幅值确定，对平稳随机过程，$\rho(x)$与时间无关。

(3) 由于幅值间隔 Δ_x 不可能取无限小，观测时间 T 不可能为无穷大，故实际求得的只能是估计值 $\rho(\hat{x})$。

2.2.3 信号的频域分析

1. 信号的分解与合成

为了便于研究信号的传输与处理等问题，可以对信号进行分解，将其分解为基本的信号分量之和。

1）直流分量与交流分量

信号的直流分量就是信号的平均值，交流分量就是从原信号中去掉直流分量后的部分。

$$x(t)=x_{\mathrm{D}}(t)+x_{\mathrm{A}}(t) \tag{2-54}$$

式中：$x(t)$——原信号；

$x_{\mathrm{D}}(t)$——直流分量；

$x_{\mathrm{A}}(t)$——交流分量。

2）偶分量与奇分量

任何信号都可以分解为偶分量 $x_{\mathrm{e}}(t)$与奇分量 $x_{\mathrm{o}}(t)$两部分之和，即

$$x(t)=x_{\mathrm{e}}(t)+x_{\mathrm{o}}(t) \tag{2-55}$$

3）脉冲分量

一个信号可以分解为许多脉冲分量之和，有两种情况，一种情况是可以分解为矩形窄脉冲分量，当脉冲宽度取无穷小时，可以认为是冲击信号的叠加；另一种情况是可以分解

为阶跃信号分量之和。

另外，在描述某些变化过程的物理量时，会需要用复数量来描述，此时，可将信号分解为实部分量和虚部分量。同时，任意信号可由完备的正交函数集来表示，如果用正交函数集来表示一个信号，那么组成信号的各分量就是相互正交的。也就是说，一个信号或函数可以分解为相互正交的 n 个函数，即可以用正交函数集的 n 个分量之和来表示该函数。

2. 周期信号与离散频谱

频域分析是以频率 f 或角频率 ω 为横坐标变量来描述信号幅值、相位的变化规律。信号的频域分析或者说频谱分析，是研究信号的频率结构，即求其分量的幅值、相位按频率的分布规律，并建立以频率为横轴的各种“谱”。其目的之一是研究信号的组成成分，它所借助的数学工具是法国人傅立叶(Fourier)为分析热传导问题而建立的傅立叶级数和傅立叶积分。连续时间周期信号的傅立叶变换表示为傅立叶级数，计算结果为离散频谱；连续时间非周期信号的傅立叶变换表示为傅立叶积分，计算结果为连续频谱；离散时间周期信号的傅立叶变换表示为傅立叶级数。进行离散时间非周期信号的傅立叶变换时，必须将无限长离散序列截断，变成有限长离散序列，并等效将截断序列沿时间轴的正负方向开拓为离散时间周期信号。

从数学分析已知，任何周期函数在满足狄里赫利条件下，可以展成正交函数线性组合的无穷级数。这里将利用这一数学工具研究周期信号的频域特性，建立信号频谱的概念。

在有限区间$(t, t+T)$下，满足狄里赫利条件的周期函数 $x(t)$ 可以展开成傅立叶级数。傅立叶级数有两种基本的表达形式。

1) 傅立叶级数的三角函数展开式

$$\begin{aligned} x(t) &= \frac{a_0}{2} + a_1 \cos\omega t + b_1 \sin\omega t + \cdots + a_n \cos\omega t + b_n \sin\omega t + \cdots \\ &= \frac{a_0}{2} + \sum_{n=1}^{\infty}(a_n \cos\omega t + b_n \sin\omega t) \\ &= \frac{a_0}{2} + \sum_{n=1}^{\infty} A_n \sin(n\omega t + \varphi_n) \end{aligned} \tag{2-56}$$

式中：a_0——$x(t)$的直流分量；

a_n——余弦幅值；

b_n——正弦幅值；

A_n——各频率分量的幅值；

φ_n——各频率分量的相位。

2) 傅立叶级数的复指数函数展开式

$$x(t) = \sum_{m=-\infty}^{\infty} c_m e^{m\omega t} \tag{2-57}$$

其中：c_m 为傅立叶系数。

$$c_m = \frac{1}{T}\int_t^{t+T} x(t) e^{-jm\omega t} dt \tag{2-58}$$

3. 非周期信号与连续频谱

一般所说的非周期信号是指瞬变冲激信号，如矩形脉冲信号、指数衰减信号、衰减振荡、单脉冲等。对这些非周期信号，我们不能直接用傅立叶级数展开，而必须引入一个新的被称为频谱密度函数的量。

1) 频谱密度函数 $x(\omega)$

对于非周期信号，可以看成周期 T 为无穷大的周期信号。当周期 T 趋于无穷大时，则基波谱线及谱线间隔 $\omega=2\pi/T$ 趋于无穷小，从而离散的频谱就变为连续频谱。所以，非周期信号的频谱是连续的。同时，由于周期 T 趋于无穷大，谱线的长度 $|c_m|$ 趋于零。也就是说，按傅立叶级数所表示的频谱将趋于零，失去应有的意义。但是，从物理概念上考虑，既然成为一个信号，必然含有一定的能量，无论信号怎样分解，其所含能量是不变的。如果将这无限多个无穷小量相加，仍可等于一有限值，此值就是信号的能量。而且这些无穷小量也并不是同样大小的，它们的相对值之间仍有差别。所以，不管周期增大到什么程度，频谱的分布依然存在，各条谱线幅值比例保持不变。即当周期 $T\to\infty$ 时，$\omega\to d\omega\to 0$，$m\omega\to\omega$。因此，将傅立叶系数 c_m 放大 T 倍，得

$$\lim c_m T=\lim c_m\frac{2\pi}{\omega}=\lim_{T\to\infty}\int_{-\frac{2}{T}}^{\frac{2}{T}}x(t)e^{-jm\omega t}dt \tag{2-59}$$

当 $T\to\infty$ 时，$\omega\to d\omega$，上式变为

$$\lim_{d\omega\to 0}c_m\frac{2\pi}{d\omega}=\lim_{T\to\infty}\int_{-\infty}^{\infty}x(t)e^{-j\omega t}dt \tag{2-60}$$

由于时间 t 是积分变量，故上式积分后仅是频率 ω 的函数，可记作 $X(\omega)$ 或 $F[x(t)]$，即

$$X(\omega)=F[x(t)]=\int_{-\infty}^{\infty}x(t)e^{-j\omega t}dt \tag{2-61}$$

或

$$X(f)=F[x(t)]=\int_{-\infty}^{\infty}x(t)e^{-j2\pi ft}dt \tag{2-62}$$

2) 非周期信号的傅立叶积分表示

作为周期 T 为无穷大的非周期信号，当周期 $T\to\infty$ 时，频谱谱线间隔 $\omega\to d\omega$，$T\to\frac{2\pi}{d\omega}$，离散变量 $m\omega\to\omega$ 变为连续变量，求和运算变为积分运算，于是傅立叶级数的复指数函数的展开式变为

$$\begin{aligned}x(t)&=\lim_{T\to\infty}\frac{1}{T}\sum_{m=-\infty}^{\infty}c_m T e^{jm\omega t}\\&=\lim_{d\omega\to 0}\frac{d\omega}{2\pi}\int_{-\infty}^{\infty}X(\omega)e^{j\omega t}\,d\omega\\&=\frac{1}{2\pi}\int_{-\infty}^{\infty}X(\omega)e^{j\omega t}d\omega\end{aligned} \tag{2-63}$$

称为傅立叶积分。

当非周期信号用傅立叶积分来表示时，其频谱是连续的，它是由无限多个频率无限接近的频率分量所组成的。各频率上的谱线幅值趋于无穷小，故用频谱密度 $X(\omega)$ 来描述，它在数值上相当于将各分量放大 $T=\frac{2\pi}{d\omega}$ 倍，同时保持各频率分量幅值相对分布规律不变。

4. 离散时间信号的频谱

通过采样从模拟信号 $x(t)$ 中产生离散时间信号，称为采样信号 $x_s(t)$。经过模拟/数字

转换器在幅值上量化变为离散时间序列 $x(n)$，经过编码变成数字信号，从而在信号传输过程中，就以离散时间序列或数字信号替换了原来的连续信号。

这时有两个问题须弄清楚：① 采样信号的频谱与原连续信号的频谱有什么样的关系？② 信号被采样后，能否无失真地恢复到采样前的模拟信号？若要恢复成原连续信号，需要满足什么样的采样条件？

1）采样信号的频谱

由于采样信号的信息并不等于原连续信号的全部信息，所以，采样信号的频谱 $E^*(s)$ 与原连续信号的频谱 $E(s)$ 相比，要发生许多变化。研究采样信号的频谱就是要找出 $E^*(s)$ 与 $E(s)$ 之间的相互联系。

单位理想脉冲序列

$$\delta_T(t) = \sum_{n=-\infty}^{\infty} c_m \mathrm{e}^{\mathrm{j}m\omega_s(t)} \tag{2-64}$$

式中：$\omega_s = \dfrac{2\pi}{T}$，是采样角频率；$c_m$ 是傅氏系数，其值为

$$c_m = \frac{1}{T}\int_{-\frac{T}{2}}^{\frac{T}{2}} \delta_T(t)\mathrm{e}^{\mathrm{j}m\omega_s(t)}\,\mathrm{d}t \tag{2-65}$$

由于在$[-T/2,\ T/2]$区间中，$\delta_T(t)$仅在 $t=0$ 时有值，此时，$\mathrm{e}^{\mathrm{j}m\omega_s(t)}\big|_{t=0}=1$，所以

$$c_m = \frac{1}{T}\int_{0_-}^{0_+} \delta_T(t)\,\mathrm{d}t = \frac{1}{T} \tag{2-66}$$

将式(2-66)代入式(2-64)有

$$\delta_T(t) = \frac{1}{T}\sum_{n=-\infty}^{\infty} \mathrm{e}^{\mathrm{j}m\omega_s(t)} \tag{2-67}$$

因为采样信号

$$e^*(t) = e(t)\delta_T(t) \tag{2-68}$$

将式(2-67)代入式(2-68)有

$$e^*(t) = \frac{1}{T}\sum_{n=-\infty}^{\infty} e(t)\mathrm{e}^{\mathrm{j}m\omega_s(t)} \tag{2-69}$$

对式(2-69)两边取拉氏变换，并由拉氏变换的复数位移定理可得

$$E^*(s) = \frac{1}{T}\sum_{n=-\infty}^{\infty} E(s+\mathrm{j}m\omega_s) \tag{2-70}$$

如果 $E^*(s)$在 S 平面右半面没有极点，则可令 $s=\mathrm{j}\omega$，代入式(2-70)，就得到了采样信号的傅氏变换

$$E^*(\mathrm{j}\omega) = \frac{1}{T}\sum_{n=-\infty}^{\infty} E[\mathrm{j}(\omega+m\omega_s)] \tag{2-71}$$

一般来说，连续信号 $e(t)$的频谱$|E(\mathrm{j}\omega)|$是单一的连续谱，而采样信号 $e^*(t)$的频谱$|E^*(\mathrm{j}\omega)|$则是以采样角频率 ω_s 为周期的无穷多个频谱之和，仅在幅值上变化了$\dfrac{1}{T}$倍，其余频谱($m=1,\ 2,\ \cdots$)都是由采样引起的高频频谱，称为采样频谱的补分量。

2）采样定理与频率混叠

如果采样周期 T 增加，采样角频率 ω_s 就会相应的减少，当 $\omega_s<2\omega_h$（ω_h 为原连续信号

的最大截止频率)时，采样频谱中的补分量相互混叠，致使采样信号发生了波形畸变，理想滤波器也无法将采样信号恢复成原连续信号。

因此，要想从采样信号 $e^*(t)$ 中完全复现原连续信号 $e(t)$，对采样角频率有一定的要求。采样定理指出：如果采样器的输入信号 $e(t)$ 具有有限带宽，并且有直到 ω_h 的频率分量，则使信号完全从采样信号 $e^*(t)$ 复现，必须满足 $\omega_s \geqslant 2\omega_h$。

2.3　检测系统的基本特征

检测就是从客观事物获取有关信息的过程。以计算机为中心的现代检测系统，采用数据采集与传感器相结合的方式，能最大限度地完成检测工作的全过程。它既能实现对信号的检测，又能对所获取的信号进行分析和处理，以便求得有用信息。

通常把被测参量作为检测系统的输入(亦称为激励)信号，而把检测系统的输出信号称为响应。通过对检测系统在各种激励信号下响应的分析，可以推断、评价该检测系统的基本特性与主要技术指标。

理想的检测系统应具有单值、确定的输入/输出关系，其中，以输入/输出呈线性关系为最佳。但在实际工作中，一些检测系统无法在较大的工作范围内满足这项要求，而只能在较小的工作范围内、在一定的误差允许的范围内满足线性关系。如果非线性程度比较严重，就会影响到检测的准确性，就要进行校正。

检测系统的基本特性一般分为两类：静态特性和动态特性。这是因为被测参量的变化大致可分为两种情况，一种是被测参量基本不变或变化很缓慢的情况，即所谓“准静态量”。此时，可用检测系统的一系列静态参数(静态特性)来对这类“准静态量”的测量结果进行表示、分析和处理。另一种是被测参量变化很快的情况，它必然要求检测系统的响应更为迅速，此时，应用检测系统的一系列动态参数(动态特性)来对这类“动态量”测量结果进行表示、分析和处理。只有动态性能指标满足一定的快速性要求时，输出的测量值才能正确反映输入被测量的变化，保证动态测量时不失真。

检测系统的特性分析通常应用在下述三个主要方面：

(1) 已知检测系统的特性和输出信号，推断输入信号。通常应用于检测系统来测量未知量的测量过程。

(2) 已知检测系统的特性和输入信号，推断估计输出信号。通常应用于组建多个环节的检测系统。

(3) 由检测系统输入/输出信号，推断检测系统的特性。通常应用于检测系统的分析、设计和研究。

2.3.1　检测系统的数学模型

根据检测信号的不同，检测系统的数学模型可分为静态数学模型和动态数学模型两类。

1. 静态数学模型

静态数学模型是指在静态条件下(即输出量对时间的各阶导数均为零)得到的检测系统的数学模型。

若不考虑滞后和蠕变的影响，检测系统的静态数学模型可表示为

$$y = a_0 + a_1 x + a_2 x^2 + \cdots + a_n x^n \tag{2-72}$$

式中：y——系统的输出量；

x——系统的输入量。

通常，静态特性由线性项$(a_0 + a_1 x)$和 x 的高次项决定。在式中，当 $a_0 \neq 0$ 时，若输入为零，而系统的输出不为零，这种现象被称为检测系统的零点漂移。

2．动态数学模型

检测系统的动态数学模型主要有三种形式：时域分析用的微分方程；复频域分析用的传递函数；频域分析用的频率特性。

1）微分方程

对于线性时不变的检测系统来说，表征其动态特性的常系数线性微分方程式为

$$a_n \frac{\mathrm{d}^n y(t)}{\mathrm{d}t^n} + a_{n-1} \frac{\mathrm{d}^{n-1} y(t)}{\mathrm{d}t^{n-1}} + \cdots + a_1 \frac{\mathrm{d}y(t)}{\mathrm{d}t} + a_0 y(t)$$

$$= b_m \frac{\mathrm{d}^m x(t)}{\mathrm{d}t^m} + b_{m-1} \frac{\mathrm{d}^{m-1} x(t)}{\mathrm{d}t^{m-1}} + \cdots + b_1 \frac{\mathrm{d}x(t)}{\mathrm{d}t} + b_0 x(t) \tag{2-73}$$

式中：$y(t)$为输出量或响应；$x(t)$为输入量或激励；a_0，a_1，…，a_n；b_0，b_1，…，b_m 为与测量系统结构的物理参数有关的系数；$\frac{\mathrm{d}^n y(t)}{\mathrm{d}t^n}$为输出量 y 对时间 t 的 n 阶导数；$\frac{\mathrm{d}^m x(t)}{\mathrm{d}t^m}$为输入量 x 对时间 t 的 m 阶导数。

由上式可以求出在某一输入量作用下检测系统的动态特性。但是对一个复杂的检测系统和复杂的被测信号而言，求该方程的通解和特解颇为困难，往往采用传递函数和频率响应函数更为方便。

2）传递函数

若检测系统的初始条件为零，则把检测系统输出（响应函数）$y(t)$的拉氏变换 $Y(s)$，与检测系统输入（激励函数）$x(t)$的拉氏变换 $X(s)$之比，称为检测系统的传递函数 $G(s)$。

对式(2-73)所表示的常系数线性微分方程式左右两边实施拉氏变换，可得线性时不变的检测系统的传递函数为

$$G(s) = \frac{Y(s)}{X(s)} = \frac{b_m s^m + b_{m-1} s^{m-1} + \cdots + b_1 s + b_0}{a_n s^n + a_{n-1} s^{n-1} + \cdots + a_1 s + a_0} \tag{2-74}$$

上式分母中 s 的最高指数 n 即代表系统的阶次，当 $n=1$，$n=2$ 时，分别被称为一阶系统传递函数和二阶系统传递函数。

由式(2-74)可得

$$Y(s) = G(s) \cdot X(s) \tag{2-75}$$

这就是说，如果知道检测系统的传递函数和输入函数，就可求得系统的输出（测量结果）函数 $Y(s)$。然后利用拉氏反变换，求出 $Y(s)$的原函数 $y(t)$，$y(t)$就是输出响应。

$$y(t) = \mathscr{L}^{-1} Y(s) \tag{2-76}$$

传递函数具有以下特点：

(1) 传递函数是测量系统本身各环节固有特性的反映，它不受输入信号的影响，但包含瞬态、稳态时间和频率响应的全部信息；

(2) 传递函数 $G(s)$是通过把实际检测系统抽象成数学模型后经过拉氏变换得到的，它只反映检测系统的响应特性；

(3) 同一传递函数可能表征多个响应特性相似，但具体物理结构和形式却完全不同的设备。

3) 频率(响应)函数

在对检测系统进行实验研究的过程中，经常用正弦信号作为典型输入信号来求取检测系统的稳态响应。当输入信号 $x(t)=A\sin(\omega t)$时，对线性检测系统来说，其稳态输出是与输入的正弦信号同频率的正弦信号。在零初始条件下，输出信号的傅立叶变换与输入信号的傅立叶变换之比，就称作线性检测系统的频率特性，记作

$$G(\mathrm{j}\omega)=\frac{b_m(\mathrm{j}\omega)^m+b_{m-1}(\mathrm{j}\omega)^{m-1}+\cdots+b_1(\mathrm{j}\omega)+b_0}{a_n(\mathrm{j}\omega)^n+a_{n-1}(\mathrm{j}\omega)^{n-1}+\cdots+a_1(\mathrm{j}\omega)+a_0} \tag{2-77}$$

因此，频率响应函数是在频率域中反映测量系统对正弦输入信号的稳态响应，也被称为正弦传递函数。对同一正弦输入，不同测量系统稳态响应的频率虽相同，但幅度和相位角通常不同。同一测量系统当输入正弦信号的频率改变时，系统输出与输入正弦信号幅值之比随(输入信号)频率变化关系称为测量系统的幅频特性，通常用 $A(\omega)$表示；系统输出与输入正弦信号相位差随(输入信号)频率变化的关系称为测量系统的相频特性，通常用$\Phi(\omega)$表示。幅频特性和相频特性合起来统称为测量系统的频率(响应)特性。根据得到的频率特性可以方便地在频率域直观、形象和定量地分析研究测量系统的动态特性。

常用的频率特性的表示方法有：幅相频率特性(奈氏图)、对数频率特性(伯德图)、对数幅相频率特性(尼柯尔斯图)。

2.3.2 检测系统的静态特性

一般来说，研究检测系统的静态特性需要从精确性、稳定性及仪表的静态输入、输出特性三方面进行。

1. 精确性

1) 准确度

准确度说明检测仪表的指示值与被测量真值的偏离程度，准确度反映了测量结果中系统误差的影响程度。准确度高意味着系统误差小，但是，准确度高不一定精密度高。

2) 精密度

精密度说明测量仪表指示值的分散程度，即对某一稳定的被测量在相同的规定的工作条件下，由同一测量者，用同一仪表在相当短的时间内连续重复测量多次，其测量结果的不一致程度。精密度是随机误差大小的标志，精密度高，意味着随机误差小。但必须注意，精密度与准确度是两个概念，精密度高不一定准确度高。

3) 精确度

精确度是准确度与精密度两者的总和，即测量仪表给出接近于被测量真值的能力，精确度高表示精密度和准确度都比较高。在最简单的情况下，可取两者的代数和。精确度常以测量误差的相对值表示。

图 2-2 所示的射击例子有助于加深对准确度、精密度和精确度三个概念的理解，图 2-2(*a*) 表示准确度高而精密度低，图 2-2(*b*)表示精密度高而准确度低，所以以上两者的

精确度都低，图 2-2(c)表示准确度和精密度都高，因此它的精确度也高。

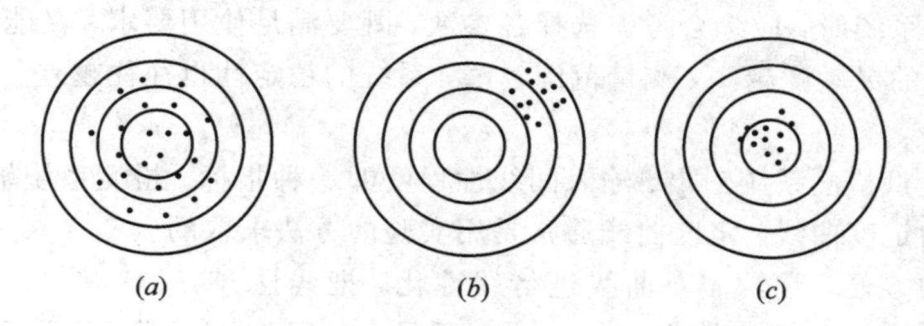

图 2-2　精确性关系示意图

2. 稳定性

稳定性有两种表示方式：一种是反映测量值随时间的变化程度，用稳定度表示；另一种是反映测量值随外部环境和工作条件变化而引起的变化程度，用影响系数表示。

1）稳定度 δ_s

测量仪表的稳定度是指在规定工作条件的范围内，在规定时间内仪表性能保持不变的能力。它是由于仪表内部的随机变动的因素引起的。例如仪表内部的某些因素做周期性变动、漂移或机械部分的摩擦力变动等引起仪表的测量值的变化，一般以重复性的数值和观测时间长短表示。时间间隔的选择是根据仪表的使用要求决定的，差别可以很大，如从几分钟到一年不等。有时也采用给出标定的有效期表示其稳定性，如电压波动，8 小时引起示值变化 1.5 mV，可写成稳定度 $\delta_s = 1.5\ \text{mV}/8\ \text{h}$。

2）影响系数

使用仪表由于周围环境，如环境温度、大气压、振动等外部状态变化引起仪表示值的变化，以及电源电压、波形、频率等工作条件变化引起仪表示值的变化，统称为影响量。

一般仪器都有给定的标准工作条件，如环境温度 20℃、相对湿度 65%、大气压力 101.33 kPa、电源电压 220 V 等。由于实际工作中难以完全达到这个条件，所以规定了一个标准工作条件的允许变化范围：环境温度(20±5)℃、相对湿度 65%±5%、电源电压(220±10)V 等。仪器实际工作条件偏离标准工作条件时，环境对仪器示值的影响用影响系数表示。影响系数为指示值变化量与影响量变化量的比值，如某压力表的温度影响系数为 200 Pa/K，即温度每变化 1 K，压力表示值变化 200 Pa。影响系数是仪表性能的重要指标。

3. 静态输入、输出特性

1）灵敏度

灵敏度表示检测系统输出信号对输入信号变化的一种反应能力。由输出量的增量 Δy 与引起输出量增量 Δy 的相应输入量增量 Δx 之比来表示，即表示引起输出量发生变化所必需的最小输入量的变化量

$$s = \frac{\Delta y}{\Delta x} \tag{2-78}$$

灵敏度的量纲取决于输入、输出的量纲。当检测系统的输入和输出的量纲相同时，它无量纲，则该检测系统的灵敏度为系统的放大倍数；当测试系统的输入和输出有不同的量纲时，其量纲可用输出的量纲与输入的量纲之比来表示。

对于数字式仪表，灵敏度以分辨率表示，分辨率等于数字式仪表最后一位数字所代表的值。选择检测系统时，应综合考虑选择各参数，既要满足使用要求，又能做到经济合理。一般来说，系统的灵敏度越高，测量范围越窄，系统的稳定性也往往越差。

2）线性度

线性度是度量检测系统输出、输入间线性程度的一种指标。检测系统输入和输出之间的关系曲线称为定度曲线。定度曲线通常是用实验的方法求取的。

为了使用的方便，常常需对曲线进行线性化，把线性化得到的这条直线称为理想直线，如图 2-3 所示。定度曲线和理想直线的最大偏差 B 与检测系统标称全量程输出范围 A 之比为检测系统的线性度，即

$$线性度=\frac{B}{A}\times 100\% \tag{2-79}$$

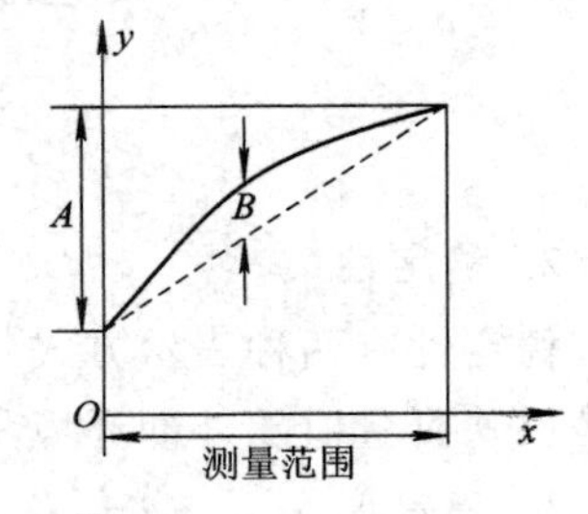

图 2-3　线性度

可见，测试系统的线性度是把定度曲线和理想直线相比较求取的，理想参考直线的不同位置在很大程度上影响线性度的评定。目前确定这条参考直线有多种方法，常用的有以下几种：

(1) 最小二乘直线法：根据实际的测试数据，按最小二乘原理进行直线拟合。优点是所求的线性度精度高，缺点是计算复杂，且定度曲线相对于该拟合曲线的误差并不一定最小。

(2) 两点连线法：以检测系统特性曲线的两点之间的连线作为基准直线。优点是简单、方便，缺点是误差大。

(3) 最大偏差比较法：使获得的参考直线和定度曲线的最大偏差 B 比起其他所有直线所形成的最大偏差都小，最大偏差比较法介于最小二乘直线法和两点连线法之间，是较常用的一种方法。线性度是度量系统输出、输入线性关系的重要参数，其数值越小说明测试系统特性越好。

3）滞后度(回程误差)

滞后度也称为回程误差或变差，它是用来评价实际检测系统的特性与理想检测系统特性差别的一项指标。理想线性检测系统的输出、输入是完全单调的一一对应的关系。而实际检测系统，当输入由小增大或由大减小时，对于同一个输入将得到大小不同的输出量。在等精度测量条件下，定义在全量程范围内，当输入量由小增大和由大减小时，对于同一个输入量所得到的两个数值不同的输出量之差的最大值与全量程 A 的比值称为滞后度，如图 2-4 所示。其表达式为

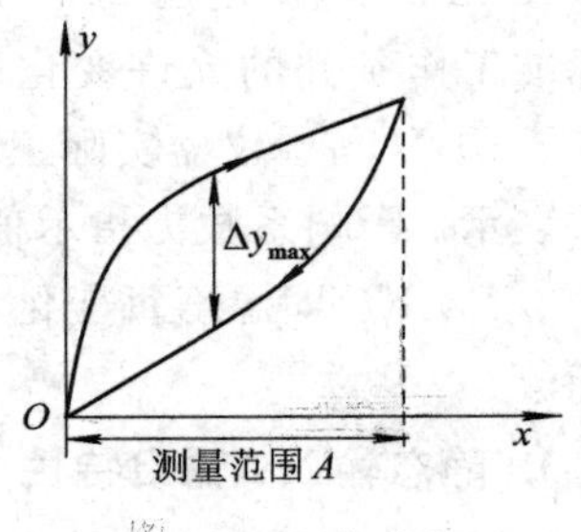

图 2-4　滞后度

$$滞后度=\frac{\Delta y_{\max}}{A}\times 100\% \tag{2-80}$$

式中：$\Delta y_{\max}$——输出量之差的最大值；

A——全量程的输出量。

产生这种现象的原因很多，如传动机构的间隙、摩擦以及弹性元件的滞后的影响等。由于机械结构中有间隙原因引起的输出量不符现象称为盲区。滞后一般与输入量量程的大

小有关，而盲区引起的误差在整个测量范围内几乎不变。理想的检测系统滞后与盲区为零，实际测试系统的滞后误差愈小愈好。

4）测量范围（量程）

测量范围指检测系统能够有效测量最大输入变化量的能力。当被测输入量在量程范围以内时，检测系统可以在预定的性能指标下正常工作；超越了量程范围，检测系统的输出就可能出现异常。

一般来讲，量程小的检测系统，其灵敏度高，分辨率强；量程大的检测系统，其灵敏度低，分辨率差。

5）分辨率

分辨率是指系统有效地辨别紧密相邻量值的能力，即检测系统在规定的测量范围内所能检测出被测输入量的最小变化量。一般认为数字装置的分辨力就是最后位数的一个字，模拟装置的分辨力为指示标尺分度值的一半。

6）阈值

阈值是能使检测系统输出端产生可测变化量的最小被测输入量值，即零位附近的分辨力。有的传感器在零位附近有严重的非线性，形成所谓“死区”，则将死区的大小作为阈值，更多情况下阈值主要取决于传感器的噪声大小，因而有的传感器只给出噪声电平。

7）重复性

重复性是指检测系统的输入在按同一方向变化时，在全量程内连续进行重复测试时所得到的各特性曲线的重复程度，如图 2－5 所示。多次重复测试的曲线越重合，说明重复性越好，误差也小。重复特性的好坏是与许多随机因素有关的，与产生迟滞现象具有相同的原因。为了衡量传感器的重复特性，一般采用输出最大重复性偏差 Δ_{max} 与满量程 A 的百分比来表示重复性指标，即

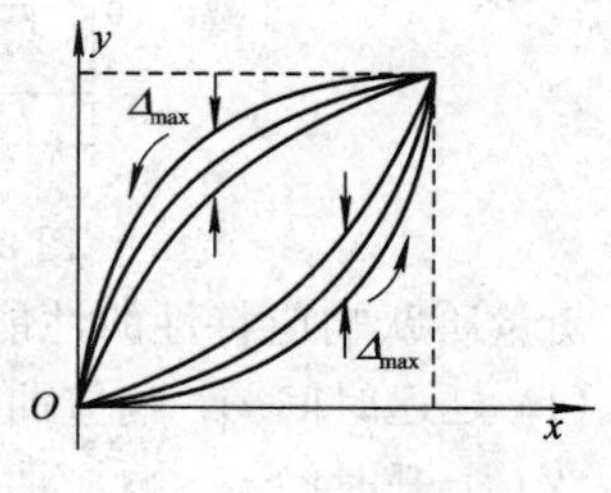

图 2－5　重复特性

$$\delta_R = \pm \frac{\Delta_{max}}{A} \times 100\% \tag{2-81}$$

重复性误差只能用实验方法确定。用实验方法分别测出正反行程时诸测试点在本行程内同一输入量时，输出量的偏差，取其最大值作为重复性误差，然后取其与满量程输出 y_{FS} 的比值，比值越大重复性越差。重复性误差也常用绝对误差表示。检测时也可选取几个测试点，对应每一点多次从同一方向趋近，获得输出系列值，算出最大值与最小值之差作为重复性偏差，然后在几个重复性偏差中取出最大值 Δ_{max} 作为重复性误差。

2.3.3　检测系统的动态特性

当被测量（输入量、激励）随时间变化时，由于系统总是存在着机械的、电气的和磁的各种惯性，而使检测系统（仪器）不能实时无失真地反映被测量值，这时的测量过程就被称为动态测量。检测系统的动态特性是指在动态测量时，输出量与随时间变化的输入量之间的关系。它反映仪表测量动态信号的能力，因此它也和仪表的静态性能一样，是仪表的重要性能指标。

研究测量系统动态特性的目的是：

(1) 根据信号频率范围及测量误差的要求确立测量系统;

(2) 已知测量系统的动态特性,估计可测信号的频率范围与对应的测量误差。

而研究动态特性时必须建立检测系统的动态数学模型。

1. 检测系统动态特性的分析方法

由于测量仪表测量的动态信号是多种多样的,因此在时域内主要通过对几种特殊的输入时间函数,如阶跃函数、脉冲函数和斜坡函数研究其动态响应特性,在频域内研究正弦信号的频率响应特性。为了比较、评价或动态定标,最常用的输入信号是阶跃信号和正弦信号,对应的方法是阶跃响应法和频率响应法。

1) 阶跃响应特性

当给检测仪表加入一单位阶跃信号时,其输出特性称为阶跃响应特性。图 2-6 为检测仪表的单位阶跃响应特性曲线。

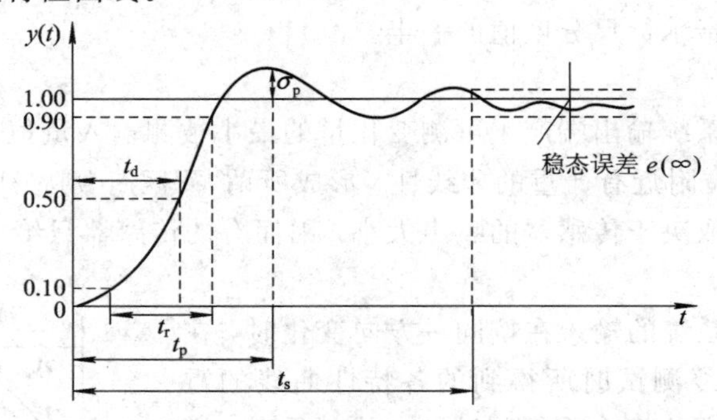

图 2-6 检测仪表的单位阶跃响应特性曲线

衡量阶跃响应特性的性能指标如下:

(1) 延迟时间 t_d。响应曲线第一次达到稳态值的一半所需要的时间被称为延迟时间。

(2) 上升时间 t_r。响应曲线从稳态值的 10%上升到 90%,或从稳态值的 5%上升到 95%,或从稳态值的 0%上升到 100%所需要的时间被称为上升时间。

(3) 峰值时间 t_p。响应曲线达到第一个峰值所需要的时间被称为峰值时间。

(4) 最大超调量 $\delta\%$。响应曲线偏离阶跃曲线的最大偏差与稳态值比值的百分数,即

$$\sigma\% = \frac{y(t_p) - y(\infty)}{y(\infty)} \times 100\% \tag{2-82}$$

(5) 调节时间 t_s。在响应曲线的稳态线上,用稳态值的绝对百分数(通常取 2%或 5%)当作一个允许的误差范围,响应曲线达到并永远保持在这一允许范围内所需要的时间被称作调节时间。

2) 频率响应特性

传递函数是在复数域 s 中来描述和考察系统特性的,这比在时域中用微分方程来描述系统具有许多优点。但工程中的检测系统所遇到的输入量大部分是正弦函数,或是可以分解成若干个正弦函数的函数,这些系统很难建立其微分方程式和传递函数,而且传递函数的物理概念也很难理解。因此,常采用频率特性来分析检测系统的动态特性。

频率响应特性就是将各种频率不同而幅值相同的正弦信号输入到检测仪表,其输出的正弦信号与输入的正弦信号之比。幅值之比与频率之间的关系称为幅频特性,相位之差与频率之间的关系称为相频特性。

线性定常连续系统的频率特性的表达式为

$$G(j\omega)=\frac{Y(\omega)}{X(\omega)}=\frac{b_m(j\omega)^m+b_{m-1}(j\omega)^{m-1}+\cdots+b_1(j\omega)+b_0}{a_n(j\omega)^n+a_{n-1}(j\omega)^{n-1}+\cdots+a_1(j\omega)+a_0} \tag{2-83}$$

$G(j\omega)$称为频率响应函数。它是输出 $y(t)$的傅立叶变换 $Y(\omega)$和输入 $x(t)$的傅立叶变换 $X(\omega)$之比。

对于最小相位系统，系统的幅频特性和相频特性是一一对应的，因此表示系统的频率特性及频率响应性能指标时，常用幅频特性。图 2-7 为典型的测量仪表的幅频特性曲线。

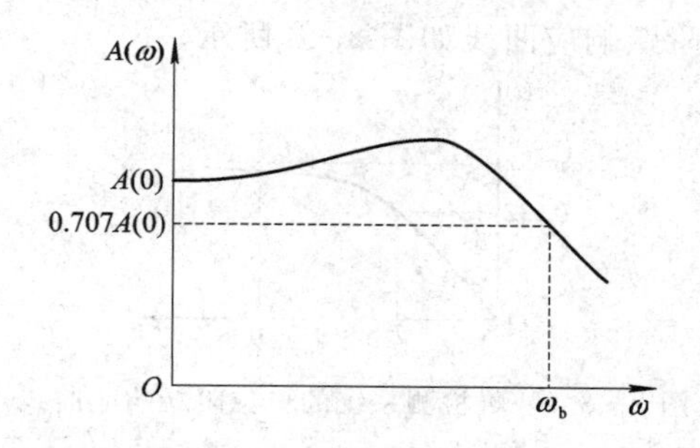

图 2-7　测量仪表的幅频特性曲线

衡量阶跃响应特性的性能指标主要有：

(1) 截止频率。幅频特性曲线上，对应于幅值为 $0.707A(0)$时的频率被称为截止频率 ω_b。

(2) 频带宽度。对应的频率范围 $0\leqslant\omega\leqslant\omega_b$ 称为频带宽度。它反映了测量仪表对快变信号的检测能力。

2. 一阶和二阶检测系统的数学模型、动态特性参数及动态性能指标

1) 一阶系统的数学模型、动态特性参数及动态性能指标

如果已知检测系统的数学模型，那么经过适当的运算，就可以推算出该检测系统对任何输入信号的动态输出响应。

(1) 一阶系统的数学模型。

不论是电学、力学，还是热工检测系统，其一阶系统的运动微分方程最终都可化成下式：

$$T\frac{dy(t)}{dt}+y(t)=Kx(t) \tag{2-84}$$

式中：$y(t)$——检测系统的输出量；

$x(t)$——检测系统的输入量；

T——检测系统的时间常数；

k——检测系统的放大倍数。

相应的一阶系统的传递函数为

$$G(s)=\frac{K}{Ts+1} \tag{2-85}$$

相应的一阶系统的频率特性为

$$G(j\omega)=\frac{K}{j\omega T+1} \tag{2-86}$$

(2) 一阶系统的动态特性参数及动态性能指标。

一阶系统的动态特性参数主要有两个：T 为一阶检测系统的时间常数，它反映了系统的惯性，T 越小，系统的响应过程就越快，反之，惯性越大，响应越慢；K 为一阶检测系统的放大倍数，K 与系统的稳定性成反比。

检测系统的时域动态性能指标一般都是用单位阶跃输入时检测系统的输出响应，即过渡过程曲线上的特性参数来表示的。一阶系统在单位阶跃激励下的输出为

$$y(t) = 1 - e^{-t/T} \tag{2-87}$$

一阶检测系统的单位阶跃响应曲线如图 2-8 所示。

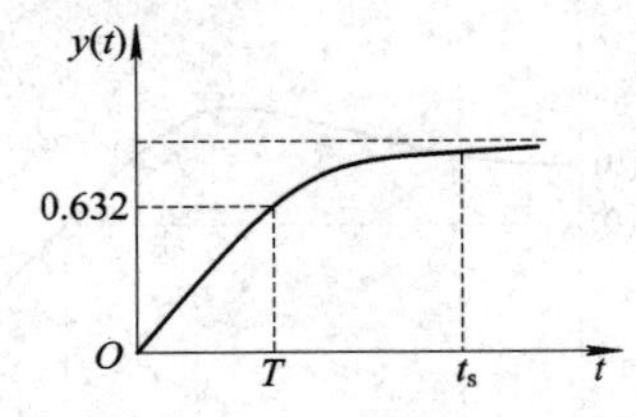

图 2-8　一阶检测系统的单位阶跃响应曲线

一阶检测系统的性能指标主要有：

(1) 时间常数 T。T 是一阶系统最重要的动态性能指标，一阶系统在阶跃输入时，其输出量上升到稳态值的 63.2% 所需的时间，就为时间常数 T。

(2) 响应时间 t_s。一阶系统在单位阶跃输入时的响应 $y(t)$ 随时间 t 的增加而增大，当 $t \to \infty$ 时趋于最终的稳态值，即 $y(\infty)=k$。理论上，在阶跃输入后的任何具体时刻都不能得到系统的最终稳态值，即总是 $y(t<\infty)<K$。但是，当 $t=3T$ 时，$y(t)=0.95$；当 $t=4T$ 时，$y(t)=0.98$。一般就认为一阶系统的响应时间 $t_s=3T \sim 4T$。

2) 二阶系统的数学模型及动态特性参数

(1) 二阶系统的数学模型。

无论是哪种具体的二阶系统，其运动微分方程最终都可化成如下通式：

$$\frac{1}{\omega_n^2}\frac{d^2 y(t)}{dt^2} + \frac{2\xi}{\omega_n}\frac{dy(t)}{dt} + y(t) = kx(t) \tag{2-88}$$

式中：ω_n，ξ，k 均由系统本身的结构和参数决定，是固有属性，与输入信号无关。

ω_n——系统的无阻尼自然振荡角频率(固有频率)；

ξ——系统的阻尼比；

k——二阶系统的放大倍数或系统的静态灵敏度。

上述二阶系统的传递函数表达式为

$$G(s) = \frac{K\omega_n^2}{s^2 + 2\xi\omega_n s + \omega_n^2} \tag{2-89}$$

上述二阶系统的频率特性表达式为

$$G(j\omega) = \frac{K\omega_n^2}{(j\omega)^2 + 2\xi\omega_n j\omega + \omega_n^2} \tag{2-90}$$

(2) 二阶系统的时域动态特性参数和性能指标。

对二阶检测系统来说，当输入信号 $x(t)$ 为单位阶跃信号时，常见二阶测量系统(通常为 $0<\xi<1$，称为欠阻尼)对单位阶跃输入的输出响应表达式

$$y(t)=K-\frac{1}{\sqrt{1-\xi^2}}e^{-\xi\omega_n t}\sin(\omega_d t+\beta) \tag{2-91}$$

由上式可以看出，输出由二项叠加而成。其中一项为不随时间变化的稳态响应 K，另一项为幅值随时间变化的阻尼衰减振荡(暂态响应)。

暂态响应的振荡角频率 ω_d 称为系统有阻尼自然振荡角频率。暂态响应的幅值按指数规律 $e^{-\xi\omega_n t}$ 衰减，阻尼比 ξ 愈大，衰减愈快。

如果 $\xi=0$，则二阶测量系统对单位阶跃的响应将为等幅无阻尼振荡；如果 $\xi=1$，称为临界阻尼，这时二阶测量系统对单位阶跃的响应为稳态响应 K 叠加上一项幅值随时间作指数减少的暂态项，系统响应无振荡；如果 $\xi>1$，称为过阻尼，其暂态响应为两个幅值随时间作指数衰减的暂态项，且因其中一个衰减很快(通常可忽略其影响)，整个系统响应与一阶系统对阶跃输入响应相近，可把其近似地作为一阶系统分析对待。

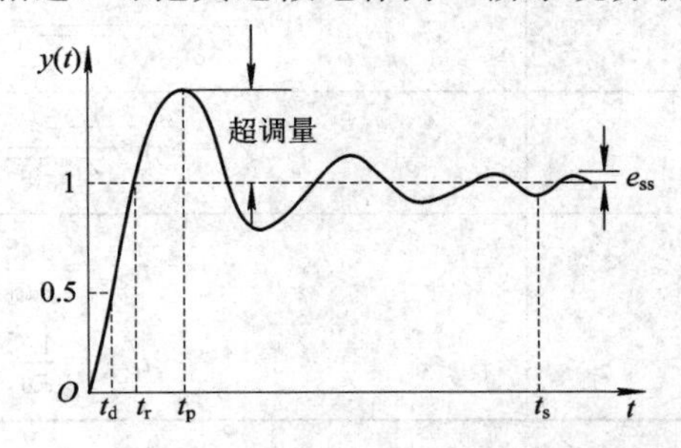

图 2-9　欠阻尼条件下二阶系统的单位阶跃曲线

在单位阶跃输入下，不同阻尼比对(二阶测量)系统响应有影响，阻尼比 ξ 和系统有阻尼自然振荡角频率 ω_d 是二阶测量系统最主要的动态时域特性参数。

常见 $0<\xi<1$ 衰减振荡型二阶系统的时域动态性能指标如图 2-9 所示。

表征二阶检测系统(欠阻尼条件下)在单位阶跃输入作用下时域性能指标主要有：

(1) 延迟时间 t_d。系统输出响应值达到稳态值的 50% 所需的时间，称为延迟时间。

(2) 上升时间 t_r。系统输出响应第一次到达稳态值所需的时间，称为上升时间。

(3) 响应时间 t_s。在响应曲线上，系统输出响应达到一个允许误差范围的稳态值，并永远保持在这一允许误差范围内所需的最小时间，称为响应时间。

根据不同的应用要求，允许误差范围取值不同，对应的响应时间也不同。工程中多数选系统输出响应第一次到达稳态值的 95%或 98%(也即允许误差为±5%或±2%)的时间为响应时间。

(4) 峰值时间 t_p。输出响应曲线达到第一个峰值所需的时间，称为峰值时间。因为峰值时间与超调量相对应，所以峰值时间等于阻尼振荡周期的一半，即 $t_p=T/2$。

(5) 超调量 $\delta\%$。超调量为输出响应曲线的最大偏差与稳态值比值的百分数，即

$$\sigma\%=\frac{y(t_p)-y(\infty)}{y(\infty)}\times 100\% \tag{2-92}$$

(6) 衰减率 d。衰减振荡型二阶系统过渡过程曲线上相差一个周期 T 的两个峰值之比称为衰减率。

上述欠阻尼振荡型二阶检测系统的动态性能指标、相互关系及计算公式如表 2-1 所示。

表 2-1　二阶检测系统在 $0<\xi<1$ 条件下时域动态性能指标的计算公式

名　称	计 算 公 式
上升时间 t_r	$t_r=\dfrac{1+0.9\xi+1.6\xi^2}{\omega_n}$
延迟时间 t_d	$t_d=\dfrac{1+0.6\xi+0.2\xi^2}{\omega_n}$
衰减率 d	$d=\exp\dfrac{2\pi\xi}{\sqrt{1-\xi^2}}$
振荡频率 ω_d	$\omega_d=\sqrt{1-\xi^2}\,\omega_n$
峰值时间 t_p	$t_p=\dfrac{\pi}{\omega_n\sqrt{1-\xi^2}}=\dfrac{\pi}{\omega_d}=\dfrac{T}{2}$
超调量 $\delta\%$	$\delta\%=\exp\dfrac{-\pi\xi}{\sqrt{1-\xi^2}}\times 100\%$
响应时间 t_s	$t_{0.05}=\dfrac{3.5}{\xi\omega_d}$ $t_{0.02}=\dfrac{4.5}{\xi\omega_d}$

3. 检测系统实现无失真测试的条件

一个检测系统，若其输出 $y(t)$ 与输入 $x(t)$ 之间的关系为

$$y(t)=A_0x(t-t_0) \tag{2-93}$$

其中：A_0，t_0 都是常量，则表明检测系统的输出波形与输入波形完全一致，也就是说检测系统实现了无失真测量。对该式两边做傅立叶变换，有

$$Y(\omega)=A_0(\omega)e^{jt_0\omega}X(\omega) \tag{2-94}$$

当 $t>t_0$ 时，有

$$G(\omega)=A(\omega)e^{j\varphi(\omega)}=\frac{Y(\omega)}{X(\omega)}=A_0e^{-jt_0\omega} \tag{2-95}$$

由此可见，若要实现检测装置的不失真测试，则其幅频特性和相频特性必须满足

$$A(\omega)=A_0=\text{常数},\ \varphi(\omega)=-t_0\omega \tag{2-96}$$

$A(\omega)$ 不等于常数所引起的失真称为幅值失真，$\varphi(\omega)$ 与 ω 之间的非线性关系所引起的失真称为相位失真。

对实际的测试装置，不可能在较宽的频段范围内工作，实现不失真测试。对于含有多种频率成分的信号，特别是频率成分跨越 ω_n 前、后的信号失真尤为严重。人们只能努力把波形失真限制在一定的误差范围内。为此，应对输入信号做必要的前置处理，及时滤去非信号频带内的噪声，以免某些位于检测装置共振区的噪声进入，而使信噪比变坏。

在装置特性的选择时也应分析并权衡幅值失真、相位失真对测试的影响。

从实现测试不失真条件和其他工作性能综合来看，对一阶装置而言，如果时间常数愈小，则装置的响应愈快，近于满足测试不失真条件的通频带也愈宽。所以，一阶装置的时间常数原则上愈小愈好。

若二阶装置输入信号的频率在 $0.3\omega_n \sim 2.5\omega_n$ 区间，装置的频率特性受到的影响就会很大，需做具体分析。一般来说，在 $\xi=0.6\sim0.8$ 时，可以获得较为合适的综合特性。计算表明，对二阶系统来说，当 $\xi=0.7$ 时，在 $0\sim0.58\omega_n$ 的频率范围内，幅频特性的变化小于 5%，相频特性也接近于直线，产生的相位失真也很小。

检测系统中，任何一个环节所产生的波形失真，都会引起整个系统的波形失真，因此，应使每个环节都在信号频带范围内基本上满足测量不失真的条件。

4. 检测系统静态、动态特性参数的测试

1）检测系统静态特性参数的测试

对于大多数检测系统来说，根据理论推导的方法很难给出准确的检测系统的特性参数。实践中，常通过实验测试的方法来获得实际系统的特性参数。主要方法是在检测的输入端输入一系列已知的标准量，记录对应的输出量。输入的标准量一般应考虑均分并达到检测系统的量程范围，点数视具体的装置和准确度等实际应用情况的要求而定，一般最少需要 5 点以上，每点应该重复多次实验并取平均值。根据记录的数据做出系统的静态特性曲线。这种方法简单易行，用得也最多。

然而，当用检测系统测量动态信号时，就必须了解动态特性。

2）检测系统动态特性参数的测试

影响检测系统动态特性的参数是：固有频率 ω_n、阻尼比 ξ 和时间常数 T。

(1) 固有频率 ω_n 的测试。固有频率 ω_n 的测试方法有两种：

① 最大幅值法。当激振频率达到或接近该阶固有频率时，系统处于共振状态，在幅频特性上出现了一个峰值，而其他阶的振型不处于共振状态。所以，在共振频率附近，可以把多自由度系统看成是一个单自由度系统，此时，它的幅频特性是

$$A(\omega)=\frac{1}{\sqrt{\left[1-\left(\frac{\omega}{\omega_n^2}\right)^2\right]^2+4\xi^2\left(\frac{\omega}{\omega_n}\right)^2}} \tag{2-97}$$

令 $\frac{dA}{d\omega}=0$，可得极值。此时的峰值频率是：$\omega_c=\omega_n\sqrt{1-2\xi^2}$。当 $\xi<0.2\ll1$ 时，就认为：$\omega_c=\omega_n$。也就是说，幅频特性的峰值所对应的频率就是固有频率。

这种方法的优点是简单易行，缺点是只适用于相邻的二阶固有频率分离较远的小阻尼系统，且只能用来测量前几阶的固有系统。

② 相位共振法。利用系统共振时相频特性来进行测试。

$$\beta=\arctan\left[\frac{2\xi\frac{\omega}{\omega_n}}{1-\left(\frac{\omega}{\omega_n}\right)^2}\right] \tag{2-98}$$

当 $\omega=\omega_n$ 时，无论 ξ 为多大，相位差 β 都发生在 $\frac{\pi}{2}$ 处。因此，用相位共振法可对固有频率 ω_n 进行测试。

(2) 阻尼比 ξ 的测试。机械振动中的阻尼常用相对阻尼比 ξ 来表示，要测出阻尼比 ξ，归根结底还是测量其他一些关于系统振动的基本参数，然后再由有关的公式计算出来。常用的方法有如下几种：阶跃响应法，共振曲线半功率点法，相频特性曲线估计法，虚部、实

部频率特性曲线估计法等。

(3) 时间常数 T 的测试。一阶系统的时间常数 T 可以通过测得它的单位阶跃响应函数来测得(可参见一阶检测系统的单位阶跃响应曲线图)。

值得一提的是，工程上常用阶跃和正弦两种形式的信号作为标定信号对检测系统的数学模型中的具体参数通过实验进行测定，这一过程又称动态标定。采用阶跃输入信号具有适用性广、实施简单、易于操作等特点。采用正弦输入信号对分析测量系统频率特性十分方便，但在对压力、流量、温度、物位等量的测量中一般难以碰到被测参量以正弦方式变化的情况，此时可把被测参量随时间的变化看作是在不同时刻一系列阶跃输入的叠加。

另外，工程上常见的各类检测系统的动态响应特性大都与理想的一阶或二阶系统相近，少数复杂系统也可近似地看作两个或多个二阶系统的串并联。

2.4 检测系统的可靠性技术

随着科学技术的发展，对检测与转换装置的可靠性要求愈来愈高。通常，检测系统的作用是不仅要提供实时测量数据，而且往往作为整个监控系统中必不可少的重要组成环节而直接参与和影响生产过程控制。因此，检测系统一旦出现故障就会导致整个监控系统瘫痪，甚至造成严重的生产事故。特别是对可靠性要求极为敏感的航天、航空及核工业等领域，都要求极其可靠的检测与控制，以便保证安全、正常的工作。为此，必须十分重视检测系统的可靠性。

所谓可靠性，是指在规定的工作条件和工作时间内，检测与转换装置保持原有产品技术性能的能力。

衡量检测系统可靠性的指标有：

(1) 平均无故障时间 MTBF(Mean Time Between Failure)。MTBF 指检测系统在正常工作条件下开始连续不间断工作，直至因系统本身发生故障丧失正常工作能力时为止的时间，单位通常为小时或天。

(2) 可信任概率 P。可信任概率表示在给定时间内检测系统在正常工作条件下保持规定技术指标(限内)的概率。

(3) 故障率。故障率也称失效率，它是 MTBF 的倒数。

(4) 有效度。衡量检测系统可靠性的综合指标是有效度，对于排除故障，修复后又可投入正常工作的检测系统，其有效度 A 定义为平均无故障时间与平均无故障时间、平均故障修复时间 MTTR(Mean Time To Repair)和的比值，即 $A=\text{MTBF}/(\text{MTBF}+\text{MTTR})$。

对于使用者来说，当然希望平均无故障时间尽可能长，同时又希望平均故障修复时间尽可能的短，也即有效度的数值越大越好。此值越接近 1，检测系统工作越可靠。

以上是检测系统的主要技术指标，此外检测系统还有经济方面的指标，如功耗、价格、使用寿命等。检测系统使用方面的指标有：操作维修是否方便，能否可靠安全运行，以及抗干扰与防护能力的强弱，重量、体积的大小，自动化程度的高低等。

2.4.1 检测系统的现场防护

工业生产现场通常会有易燃、易爆、高温、高压和有毒等介质，仪表在这些条件下工作，尤其是在现场，仪表、连接管线等直接与被测介质接触，将受到各种化学介质的侵蚀。因此，在这些地方，信号的传输、仪器的防护都有严格的要求，要求应用检测仪表时，不得引燃、引爆现场这些危险介质，必须采用相应的防护措施，才能确保仪表正常运行。

1. 防爆问题

1）仪表防爆的基本原理

爆炸是由于氧化或其他放热反应引起的温度和压力突然升高的一种化学现象，它具有极大的破坏力。产生爆炸的条件是：

(1) 氧气(空气)；

(2) 易爆气体；

(3) 引爆源。

2）爆炸性物质和危险场所的划分

在化工、炼油生产工艺装置中，爆炸性物质被分为矿井甲烷、爆炸性气体和蒸汽、爆炸性粉尘和纤维等三类。根据可能引爆的最小火花能量的大小、引燃温度的高低再进行分级分组。

爆炸危险场所划分为气体爆炸危险场所和粉尘爆炸危险场所。

3）防爆措施

仪表防爆就是要尽可能地减少产生爆炸的三个条件同时出现的概率。因此，控制易爆气体和引爆源就是两种最常见的防爆措施。另外，在仪表行业中还有另外一种防爆措施，就是控制爆炸范围。

仪表中常见的三种防爆措施是：

(1) 控制易爆气体。人为地在危险场所(我们把同时具备发生爆炸所需的三个条件的工业现场称为危险场所)营造出一个没有易爆气体的空间，将仪表安装在其中，典型代表为正压型防爆方法 Exp(Ex 为防爆标志，Exp 为正压型防爆标志)。其工作原理是：在一个密封的箱体内，充满不含易爆气体的洁净气体或惰性气体，并保持箱内气压略高于箱外气压，将仪表安装在箱内。常用于在线分析仪表的防爆和将计算机、PLC、操作站或其他仪表置于现场的正压型防爆仪表柜。

(2) 控制爆炸范围。人为地将爆炸限制在一个有限的局部范围内，使该范围内的爆炸不致于引起更大范围的爆炸。典型代表为隔爆型防爆方法 Exd(Exd 为隔爆型防爆标志)。其工作原理是：为仪表设计一个足够坚固的壳体，按标准严格地设计、制造和安装所有的界面，使在壳体内发生的爆炸不致于引发壳体外危险性气体(易爆气体)的爆炸。隔爆型防爆方法的设计与制造规范极其严格，而且安装、接线和维修的操作规程也非常严格。该方法决定了隔爆的电气设备、仪表往往非常笨重，操作时须断电等，但许多情况下也是最有效的办法。

(3) 控制引爆源。人为地消除引爆源，既消除足以引爆的火花，又消除足以引爆的表面温升，典型代表为本质安全型防爆方法 Exi(Exi 为本质安全型防爆标志)。其工作原理是：利用安全栅技术，将提供给现场仪表的电能量限制在既不能产生足以引爆的火花，又不能产生足以引爆的仪表表面温升的安全范围内。按照国际标准和我国的国家标准，当安全栅安全区一侧所接设备发生任何故障(不超过 250 V 电压)时，本质安全型防爆方法确保危险现场的防爆安全。Exia 级本质安全设备在正常工作、发生一个故障、发生两个故障时均不会使爆炸性气体混合物发生爆炸。因此，该方法是最安全可靠的防爆方法。

2. 防腐蚀问题

1) 防腐蚀的概念

由于化工介质多半有腐蚀性，所以通常把金属材料与外部介质接触而产生化学作用所引起的破坏称为腐蚀。例如，仪表的一次元件、调节阀等直接与被测介质接触，受到各种腐蚀介质的侵蚀。此外，现场仪表零件及连接管线也会受到腐蚀性气体的腐蚀。因此，为了确保仪表的正常运行，必须采取相应的措施来满足仪表精度和使用寿命的要求。

2) 防腐蚀措施

(1) 合理选择材料。针对性地选择耐腐蚀金属或非金属材料来制造仪表的零部件，是工业仪表防腐蚀的根本办法。

(2) 加保护层。在仪表零件或部件上加制保护层，是工业中十分普遍的防腐蚀方法。

(3) 采用隔离液。这是防止腐蚀介质与仪表直接接触的有效方法。

(4) 膜片隔离。利用耐腐蚀的膜片将隔离液或填充液与被测介质加以隔离，实现防腐目的。

(5) 吹气法。用吹入的空气(或氮气等惰性气体)来隔离被测介质对仪表测量部件的腐蚀作用。

3. 防冻及防热问题

1) 保温对象

(1) 伴热保温(防冻)对象。当被测介质通过测量管线传送到变送器时，测量管线内的被测介质在周围环境可能遇到的最低温度时会发生冻结、凝固、析出结晶，或因温度过低而影响测量的准确性。为此，必须对测量管线和仪表保温箱进行防冻处理。

(2) 绝热保温(防热)对象。当被测介质通过测量管线传送到变送器时，测量管线内的被测介质在较高温度(如阳光直射)下发生气化，这时就应采取防热或绝热保温。

2) 保温方式

按保温设计要求，仪表管线内介质的温度应在20℃～80℃，保温箱内的温度宜保持在15℃～20℃。为了补偿伴热仪表管线和容器保温箱散发损失的热量，大多采用传统的蒸汽伴热或热水伴热。近年来电伴热技术日趋成熟，并具有独特优点，其将成为继蒸汽伴热、热水伴热之后新一代的保温方法。

4. 防尘及防震问题

仪表外部的防尘方法是给仪表罩上防护罩或放在密封箱内。为了减少和防止震动对仪表元件及测量精确度等的影响，通常可以采用下列方法：增设缓冲器或节流器、安装橡皮软垫吸收震动、加入阻尼装置、选用耐震的仪表。

2.4.2 检测系统的抗干扰

测量中来自检测系统内部和外部，影响测量装置或传输环节正常工作和测试结果的各种因素的总和，称为干扰(噪声)。而把消除或削弱各种干扰影响的全部的技术措施，总称为抗干扰技术。

检测仪表或传感器工作现场的环境条件常常是很复杂的，各种干扰通过不同的耦合方式进入检测系统，使测量结果偏离准确值，严重时甚至使检测系统不能正常工作。为保证检测装置或检测系统在各种复杂的环境条件下能够正常工作，就必须研究检测系统的抗干扰技术。

抗干扰技术是检测技术中的一项重要内容，它直接影响测量工作的质量和测量结果的可靠性。因此，测量中必须对各种干扰给予充分的注意，并采取有关的技术措施，把干扰对检测的影响降到最低或容许的限度。

1. 干扰的类型

根据干扰产生的原因，通常将干扰分为以下几种类型。

1）电磁干扰

电和磁可以通过电路和磁路对测量仪表产生干扰作用，电场和磁场的变化在检测仪表的有关电路或导线中感应出干扰电压，从而影响检测仪表的正常工作。这种电和磁的干扰对于传感器或各种检测仪表来说是最为普遍、影响最严重的干扰。

2）机械干扰

机械干扰是指由于机械的振动或冲击，使仪表或装置中的电气元件发生振动、变形，使连接线发生位移，指针发生抖动，仪器接头松动等。对于机械类干扰主要是采取减振措施来解决，最简单的方法是采用减振弹簧、减振软垫、减振橡胶、隔板消振等措施。

3）热干扰

设备或元器件在工作时产生的热量所引起的温度波动以及环境温度的变化，都会引起仪表和装置的电路元器件的参数发生变化。另外，某些测量装置中因一些条件的变化产生某种附加电动势等，也会影响仪表或装置的正常工作。

对于热干扰，工程上通常采取下列几种方法进行抑制：

(1) 热屏蔽：把某些对温度比较敏感或电路中关键的元器件和部件，用导热性能良好的金属材料做成的屏蔽罩包围起来，使罩内温度场趋于均匀和恒定。

(2) 恒温法：例如将石英振荡晶体与基准稳压管等与精度有密切关系的元件置于恒温设备中。

(3) 对称平衡结构：采用差分放大电路、电桥电路等，使两个与温度有关的元件处于对称平衡的电路结构两侧，使温度对两者的影响在输出端互相抵消。

(4) 温度补偿：采用温度补偿元件以补偿环境温度的变化对电子元件或装置的影响。

4）光干扰

在检测仪表中广泛使用各种半导体元件，但半导体元件在光的作用下会改变其导电性能，产生电动势与引起阻值变化，从而影响检测仪表正常工作。因此，半导体元器件应封装在不透光的壳体内，对于具有光敏作用的元件，尤其应注意光的屏蔽问题。

5）湿度干扰

湿度增加会引起绝缘体的绝缘电阻下降，漏电流增加；电介质的介电系数增加，电容量增加；吸潮后骨架膨胀使线圈阻值增加，电感器变化；应变片粘贴后，胶质变软，精度下降等。通常采取的措施是：避免将其放在潮湿处；仪器装置定时通电加热去潮；电子器件和印刷电路浸漆或用环氧树脂封灌等。

6）化学干扰

酸、碱、盐等化学物品以及其他腐蚀性气体，除了其化学腐蚀性作用将损坏仪器设备和元器件外，还能与金属导体产生化学电动势，从而影响仪器设备的正常工作。因此，必须根据使用环境对仪器设备进行必要的防腐措施，将关键的元器件密封并保持仪器设备清洁干净。

7）射线辐射干扰

核辐射可产生很强的电磁波，射线会使气体电离，使金属逸出电子，从而影响到电测装置的正常工作。射线辐射的防护是一种专门的技术，主要用于原子能工业等方面。

2. 电磁干扰的产生

干扰产生的原因主要有放电干扰、电气设备干扰以及固有干扰等。

1）放电干扰

(1) 天体和天电干扰。天体干扰是由太阳或其他恒星辐射电磁波所产生的干扰；天电干扰是由雷电、大气的电离作用、火山爆发及地震等自然现象产生的电磁波和空间电位变化所引起的干扰。

(2) 电晕放电干扰。电晕放电干扰主要发生在超高压大功率输电线路和变压器、大功率互感器、高电压输变电等设备上。电晕放电具有间歇性，并产生脉冲电流。随着电晕放电过程将产生高频振荡，并向周围辐射电磁波。其衰减特性一般与距离的平方成反比，所以一般对检测系统影响不大。

(3) 火花放电干扰。如电动机的电刷和整流子间的周期性瞬间放电，电焊、电火花、加工机床、电气开关设备中的开关通断的放电，电气机车和电车导电线与电刷间的放电等。

(4) 辉光、弧光放电干扰。通常放电管具有负阻抗特性，当和外电路连接时容易引起高频振荡。如大量使用荧光灯、霓虹灯等。

2）电气设备干扰

(1) 射频干扰。电视、广播、雷达及无线电收发机等对邻近电子设备造成干扰。

(2) 工频干扰。大功率配电线与邻近检测系统的传输线通过耦合产生干扰。

(3) 感应干扰。当使用电子开关、脉冲发生器时，因为其工作中会使电流发生急剧变化，形成非常陡峭的电流、电压前沿，具有一定的能量和丰富的高次谐波分量，会在其周围产生交变电磁场，从而引起感应干扰。

3）固有干扰

固有干扰是指电子设备内部的固有噪声，主要包括：

(1) 热噪声(电阻噪声)。热噪声是由电阻中电子的热运动所形成的噪声。当输入信号的数量级为微伏级时，将会被热噪声所淹没。减少该环节的阻抗和信号带宽可以减少热噪声。

(2) 散粒噪声。在电子管里，散粒噪声来自阴极电子的随机发射；在半导体内，散粒噪声是通过晶体管某区的载流子的随机扩散以及电子-空穴对随机发生及其复合形成的。

(3) 接触噪声。接触噪声是两种材料之间的不完全接触，形成电导率的起伏而产生的噪声，它发生在两个导体连接的地方。接触噪声正比于直流电流的大小，其功率密度正比于频率的倒数。因此，在低频时，接触噪声是很大的。

3. 电磁干扰的输入方式

干扰通过各种耦合通道进入检测系统，根据干扰进入测量电路的方式不同，可将干扰分为差模干扰和共模干扰两种。

1）差模干扰

差模干扰信号是与有用信号叠加在一起的，它使信号接收器的一个输入端子电位相对于另一个输入端子电位发生变化。常见的差模干扰有外交变磁场对传感器的一端进行电磁耦合，外高压交变电场对传感器的一端进行漏电流耦合等。针对具体情况可采用双绞信号传输线、传感器耦合端加滤波器、金属隔离线和屏蔽等措施来消除差模干扰。

2）共模干扰

共模干扰是相对于公共的电位基准地(接地点)，在信号接收器的两个输入端子上同时出现的干扰，虽然它不直接影响测量结果，但当信号接收器的输入电路参数不对称时，将会产生测量误差。

常见的共模干扰耦合有下面几种：在仪表或检测系统附有大功率电气设备因绝缘不良漏电，或三相动力电网负载不平衡，零线有较大的电流时，都存在有较大的地电流和地电位差。如果这时检测系统有两个以上的接地点，则地电位差就会造成共模干扰。当电气设备的绝缘性能不良时，动力电源会通过漏电阻耦合到检测系统的信号回路，形成干扰。在交流供电的电子测量仪表中，动力电源会通过电源变压器的原边、副边绕组间的杂散电容、整流滤波电路、信号电路与地之间的杂散电容到地构成回路，形成共频共模干扰。

4. 常用的抑制电磁干扰的措施

为了保证测量系统正常工作，必须削弱和防止干扰的影响，如消除或抑制干扰源、破坏干扰途径以及削弱被干扰对象(接收电路)对干扰的敏感性等。通过采取各种抗干扰技术措施，使仪器设备能稳定可靠地工作，从而提高测量的精确度。对于电磁干扰的抑制，主要是要正确分析干扰的来源、性质、传播途径、耦合方式以及进入检测仪表或检测器电路的形式、干扰接收电路等。抑制干扰的基本方法是在噪声源、耦合通道、干扰接收电路三个方面采取措施。

在检测系统中，抑制电磁干扰的常用方法有以下几种。

1）屏蔽技术

利用铜或铝等低电阻材料制成的容器将需要防护的部分包起来，或者利用导磁性良好的铁磁材料制成的容器将需要防护的部分包起来，此种防止静电或电磁的相互感应所采用的技术措施称为屏蔽。屏蔽的目的就是隔断场的耦合通道。

(1) 静电屏蔽。在静电场作用下，导体内部无电力线，即各点等电位。静电屏蔽就是利用了与大地相连接的导电性良好的金属容器，使其内部的电力线不外传，同时，外部的电力线也不影响其内部。

使用静电屏蔽技术时，应注意屏蔽体必须接地，否则虽然导体内无电力线，但导体外仍有电力线，导体仍受到影响，起不到静电屏蔽的作用。

静电屏蔽能防止静电场的影响，用它可消除或削弱两电路之间由于寄生分布电容耦合而产生的干扰。

在电源变压器的原边与副边绕组之间插入一个梳齿形导体并将它接地，以此来防止两绕组间静电耦合，就是静电屏蔽的范例。

(2) 电磁屏蔽。电磁屏蔽是采用导电良好的金属材料制成屏蔽层的。利用高频干扰电磁场在屏蔽金属内产生的涡流，再利用涡流磁场抵消高频干扰磁场的影响，从而达到防止高频电磁场的影响。

电磁屏蔽依靠涡流产生作用，因此必须用良导体(如铜、铝等)制成屏蔽层。考虑到高频趋肤效应，高频涡流仅在屏蔽层表面一层，因此屏蔽层的厚度只需考虑机械强度。若将电磁屏蔽接地，则同时兼有静电屏蔽的作用。也就是说，用导电良好的金属材料制成的接地电磁屏蔽层，同时起到电磁屏蔽和静电屏蔽两种作用。

(3) 低频磁屏蔽。电磁屏蔽对低频磁场干扰的屏蔽效果是很差的，因此在低频磁场干扰时，要采用高导磁材料作屏蔽层，以便将干扰限制在磁阻很小的磁屏蔽体的内部，起到抗干扰的作用。为了有效地屏蔽低频磁场，屏蔽材料要选用坡莫合金之类对低频磁通有高导磁系数的材料，同时要有一定厚度，以减少磁阻。

(4) 驱动屏蔽。驱动屏蔽就是用被屏蔽导体的电位，通过1∶1电压跟随器来驱动屏蔽层导体的电位，其原理如图2-10所示。具有较高交变电位U_n干扰源的导体A与屏蔽层D间有寄生电容C_{s1}，而D与被防护导体B之间有寄生电容C_{s2}，Z_i为导体B对地阻抗。为了消除C_{s1}、C_{s2}的影响，图中采用了由运算放大器构成的1∶1电压跟随器R。设电压跟随器在理想状态下工作，导体B与屏蔽层D间绝缘电阻为无穷大，并且等电位。因此在导体B外，屏蔽层D内空间无电场，各点电位相等，寄生电容C_{s2}不起作用，故具有交变电位U_n的干扰源A不会对B产生干扰。

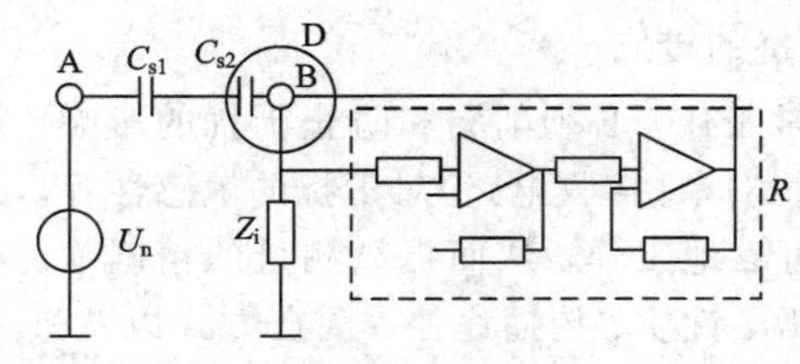

图2-10 驱动屏蔽

应该指出的是：驱动屏蔽中所应用的1∶1电压跟随器，不仅要求其输出电压与输入电压的幅值相同，而且要求两者相位一致。实际上，这些要求只能在一定程度上得到满足。

2) 接地技术

接地技术也是一种有效的抗干扰技术。接地技术不仅保护了设备和人身安全，而且成为抑制干扰、保证系统稳定可靠的关键技术。

接地的目的有：安全的需要，对信号电压有一个基准电压的需要，静电屏蔽的需要，抑制干扰噪声的需要。接地一般有两种含义：一是连接到系统基准地，二是连接到大地。

连接到系统基准地，是指各个电路部分通过低电阻导体与电气设备的金属底板或金属外壳实施的连接。而电气设备的金属底板或金属外壳并不连接到大地。

连接到大地，是指将电气设备的金属底板或金属外壳通过低电阻导体与大地实施的连接。

针对不同的情况和目的，可采用公共基准电位接地、抑制干扰接地、安全保护接地等方式。

(1) 公共基准电位接地。测量与控制电路中的基准电位是各回路工作的参考电位，该参考电位通常选用电路中直流电源(当电路系统中有两个以上电源时，则其中一个为直流电源)的零电压端。该参考电位与大地的连接方式有直接接地、悬浮接地、一点接地、多点接地等，可根据不同情况组合采用，以达到所要求的目的。

① 直接接地。直接接地适用于大规模的或高速高频的电路系统。因为大规模的电路系统对地分布电容较大，只要合理地选择接地位置，直接接地可消除分布电容构成的公共阻抗耦合，有效地抑制噪声，并同时起到安全接地的作用。

② 悬浮接地(简称浮地)。所谓“悬浮”，意即“浮”于共模电压上，无论共模电压大小如何，它只测量输入的常模电压数值。悬浮接地的优点是不受大地电流的影响，内部器件不会因高电压感应而击穿。

③ 一点接地。一点接地有串联式(干线式)和并联式接地两种方式，如图 2-11 和 2-12 所示。正确的接地布线原则是确定一个点作为系统的模拟参考点，所有的接地点均应只用印刷板铝箔或只用导线接到这一点上。

④ 多点接地。在大型的数字系统中，要使所有的模拟信号都接到单一的公共点上，就会使接地地线太长。为缩短接地地线长度，减少高频时的接地电阻，可采用多点接地的方式，如图 2-13 所示。

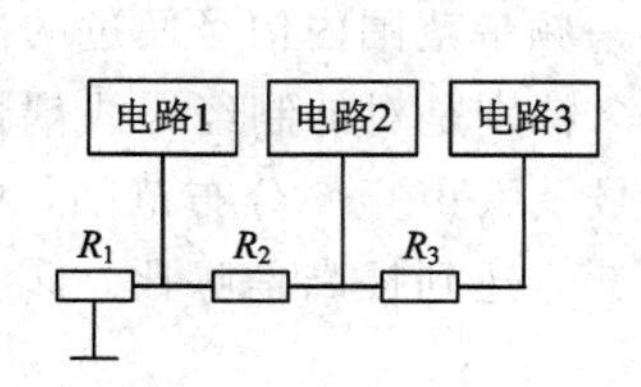

图 2-11　串联式接地

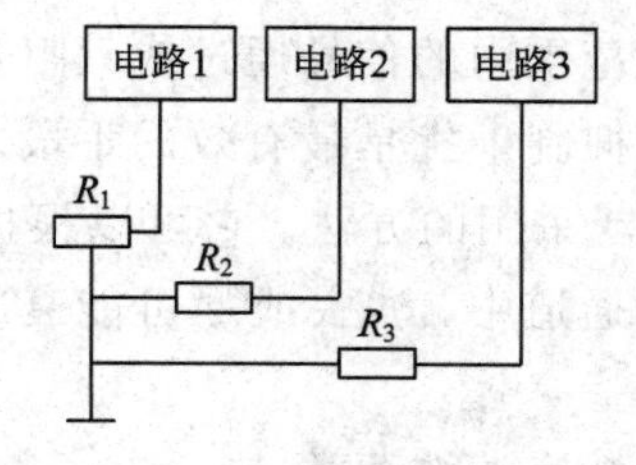

图 2-12　并联式接地

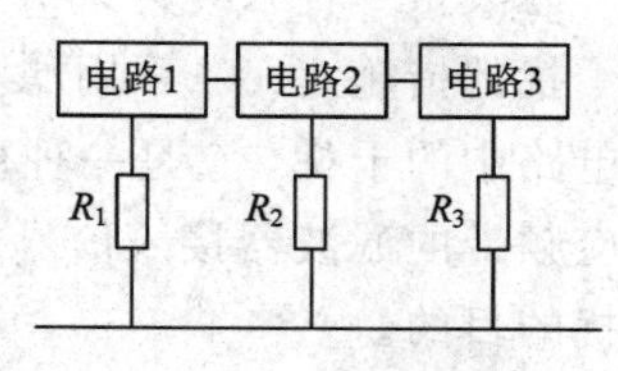

图 2-13　多点接地方式

(2) 抑制干扰和安全保护接地。当电气设备的绝缘因机械损伤、过电压等原因被破坏，或无损坏但处于强电磁环境时，电气设备的金属外壳、操作手柄等部分会出现相当高的对地电压，危及操作人员的安全。将电气设备的金属底板或金属外壳与大地连接，可消除触电危险。在进行安全接地连接时，要保证较小的接地电阻和可靠的连接方式，另外要坚持独立接地，也就是将地线通过专门的低阻导线与近处的大地进行连接。同时，将电气设备的某些部分与大地连接，以起到抑制干扰和噪声的作用。

抑制干扰接地从连接方式上讲，有部分接地和全部接地、一点接地和多点接地、直接接地和悬浮接地等类型，具体选哪种接地形式，常常无法用理论分析估算，可做一些模拟实验，以便设计制造时参考。

3) 浮置

浮置又称为浮空、浮接。它是指测量仪表的输入信号放大器公共线不接机壳也不接大地的一种抑制干扰的措施。浮空的目的是阻断干扰电流的通路。浮空后，检测电路的公共线与大地(或机壳)之间的阻抗很大，因此，浮空与接地相比对共模干扰的抑制能力更强。

采用浮接方式的测量系统，如图 2-14 所示。

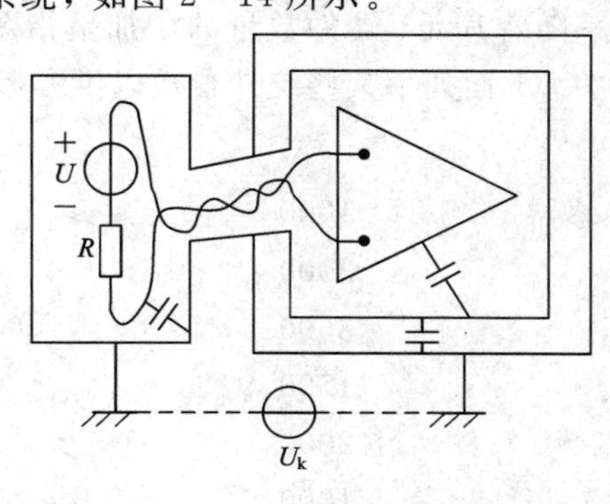

图 2-14　浮置的测量系统

信号放大器有相互绝缘的两层屏蔽，内屏蔽层延伸到信号源处接地，外屏蔽层也接地。但放大器两个输入端既不接地，也不接屏蔽层，整个测量系统与屏蔽层及大地之间无直接联系。这样就切断了地电位差 U_k 对系统影响的通道，抑制了干扰。

浮置与屏蔽接地相反，是阻断干扰电流的通路。测量系统被浮置后，明显地加大了系统的信号放大器公共线与大地(或外壳)之间的阻抗，因此，浮置能大大减小共模干扰电流。但浮置不是绝对的，不可能做到完全浮空。其原因是信号放大器公共线与地(或外壳)之间，虽然电阻值很大，可以减小电阻性漏电流干扰，但是它们之间仍然存在着寄生电容，即电容性漏电流干扰仍然存在。

4) 滤波

滤波是一种只允许某一频带范围内的信号通过或只阻止某一频带范围内信号通过的抑制干扰的措施之一。采用滤波器抑制干扰是最有效的手段之一，特别是对抑制经导线耦合到电路中的干扰，它是一种被广泛采用的方法。它可以根据信号及噪声频率分布范围，将相应频带的滤波器接入信号传输通道中，滤去或尽可能衰减噪声，达到提高信噪比，抑制干扰的目的。

滤波方式可分为模拟滤波和数字滤波两类。

模拟滤波的实现有无源滤波器和有源滤波器两种，它应用于信号滤波和电源滤波；数字滤波是依靠相应的软件程序来实现的，它主要用于信号滤波。

在电测装置中广泛使用的几个滤波器有交流电源进线的对称滤波器、直流电源输出的滤波器和去耦滤波器等。

5) 平衡电路

平衡电路又称对称电路，它是指双线电路中的两根导线与连接到导线的所有电路，对地或对电桥平衡电路其他导线，电路结构对称，对应阻抗相等，从而使对称电路所检测到的噪声大小相等，方向相反，在负载上自行抵消。

2.4.3 传感器的寿命、损坏原因分析以及元器件损坏等情况分析

传感器与转换装置结构的微型化和复杂化，在一定程度上影响了它的可靠性。近年来利用统计实验的方法来确定各种元、器件与个别零件的寿命。利用这种方法获得的数据可以估计出各种传感器和检测系统的概率寿命，这种寿命称为达到第一次损坏时的工作等待时间。

统计表明，仪器的损坏率随着其元、器件数量的增加呈指数规律上升。其总体寿命往往与内部元、器件的寿命有关。下面列举某些统计参数以供参考。

1. 寿命(小时)

小尺寸电位器式压力传感器	1000
电容式压力传感器	3000
压电式传感器	3500
振动器(激振器)	1500
快速继电器	2000
步进电机	1000

2. 传感器损坏原因分析(以%表示)

不正确的设计	35
错误的操作	30
产品的缺陷	25
材料老化及其他	10

3. 元器件等损坏情况分析(以%表示)

电阻	43.5
电容	18.0
变压器	7.0
线圈	4.0
开关	6.0
半导体器件	0.5
插件	3.0
测量表头	1.5
电动机	4.0
滤波器	1.4
导线	1.0
其他零部件	10.1

周围介质如温度及湿度的增加，或处于震动和加速状态时，元、器件或零件的寿命要降低。半导体器件和无线电零件在核辐射下寿命要大大减少。如受能量足够强的中子辐射后的锗、硅晶体管全部损坏，即使在轻微辐射下其寿命也降低很多。另外，如云母、陶瓷、塑料、电木及其他绝缘材料受辐射后寿命也会降低，且降低速度与辐射源强度和距离有关。

对元、器件或零件的寿命通常理解为保持产品原有特性所允许的极限工作小时数。对不正常生产的零件，在开始工作的最初 100 h 内有大幅度损坏的数据出现。

通常对检测系统，其损坏零件的百分数是在 1000 h 工作实验下确定的。在 1000 h 工作中损坏装置的百分数 λ_k 可由下式求得：

$$\lambda_k = \frac{1}{m} \times 100\% = \varepsilon \lambda_a n_a$$

式中：m——1000 h 计的装置概率寿命；

λ_a——1000 h 损坏零件百分数；

n_a——每种类型的元、器件或零件数。

根据统计实验，对于基本元、器件装置，其 1000 h 损坏零件百分数 λ_a 的平均值如下：(仅摘录数种作为参考)

继电器	0.27～1.5
开关	0.092～0.5
电动机	0.17
接插件	0.085
电阻	0.02～0.2

电容	0.016
印刷电路	0.1
晶体管及二极管	0.1
粘贴后的半导体应变片	5～10

上列数值是在实验室条件下统计的，对于工作条件恶劣的情况，这些数字可增加10倍。若检测系统工作在恒湿，并没有振动的情况下，则给出的λ_a值可减少90%。

习题与思考题

1. 什么是测量误差？测量误差的来源有哪些？测量误差可以分为哪几类？

2. 什么是系统误差？什么是随机误差？常用的消除系统误差的方法有哪些？

3. 测量数据处理常用的方法有哪些？

4. 用一只标准压力表检定甲、乙两只压力表时，读得标准表的指示值为100 kPa，甲、乙两只压力表的读数分别为101.0 kPa和99.5 kPa，求它们的绝对误差和修正值。

5. 若被测介质的实际温度为200℃，则测温仪表的示值为198℃。若测温仪表量程范围为0～600℃，试求该测温仪表的引用误差。

6. 仪表的灵敏度就是仪表的灵敏限，这种说法对吗？

7. 什么是静态信号？什么是动态信号？

8. 校验一台量程为0～250 mmH_2O的差压变送器，差压由0上升到100 mmH_2O时，差压变送器的读数为98 mmH_2O。当从250 mmH_2O下降至100 mmH_2O时，读数为103 mmH_2O，试问此仪表在该点的变差为多少？

9. 均值、均方值和方差的定义是什么？如何进行时域离散周期信号的傅立叶变换？

10. 采样信号的频谱与原连续信号的频谱有什么样的关系？试画图说明。

11. 信号被采样后，若要恢复成原连续信号，需要满足什么样的采样条件？

12. 检测系统的动态特性，主要用哪些数学模型来描述？

13. 什么是检测系统的幅频特性？什么是检测系统的相频特性？

14. 电磁的干扰产生的原因主要有哪些？常用的抑制电磁干扰的措施有哪些？

15. 衡量检测系统可靠性的指标有哪些？

16. 常用的抑制干扰的措施有哪些？试举例说明。

17. 检测系统中接地技术的应用有何意义？

18. 干扰进入被干扰对象的主要通道有哪些？

19. 试分析一台你所熟悉的测量仪器在工作过程中经常受到的干扰及应采取的防范措施。

第 3 章　安全检测常用传感器

3.1　传感器的作用及分类

传感器是一种将被测的非电量变换成电量的装置，是一种获得信息的手段，它在检测与控制系统中占有重要的位置。它获得信息的正确与否，关系到整个检测与控制系统的精度。如果传感器的误差很大，后面的测量电路、放大器、指示仪等的精度再高也将难以提高整个检测系统的精度。近些年来，由于计算机技术突飞猛进的发展和微处理器的广泛应用，各种物理量、化学量和生物量形态的信息都有可能通过计算机来进行正确、及时的处理。但是，首先都需要通过传感器来获得信息。所以，有人把计算机比喻为一个人的大脑，传感器则是人的五官。

从广义上讲，传感器是将被测物理量按一定规律转换为与其对应的另一种(或同种)物理量输出的装置。目前对传感器的定义，普遍的认识仍局限于非电物理量与电量的转换，即传感器是将被测非电物理量(如力、压力、重量、力矩、应力、应变、位移、速度、加速度、流量、振动、噪声等)转换成与之对应的并易于精确处理的电量或电参量(如电流、电压、电阻、电感、电容、电荷、频率、阻抗等)输出的一种检测装置。也有少部分传感器，其能量转换是可逆的，如压电式传感器与逆压电式传感器等。也就是说，传感器不但可以将非电量转换为电量，同时也可以根据需要将电量转换为非电量而加以利用。

3.1.1　传感器的作用

传感器是实现检测与自动控制(包括遥感、遥测、遥控)的首要环节，而传感技术是衡量科学技术现代化程度的重要标志。如果没有传感器对原始信息进行准确可靠的捕获与转换，一切准确的检测与控制都将无法实现。当今的世界正处在信息革命的新时代，而信息革命的两大重要支柱是信息采集与信息处理。信息的采集(捕获)与转换主要依赖于各种类型的传感器；信息的处理主要依靠电子技术和各种计算机。计算机与各种智能仪器将很快在各个科学技术部门发挥巨大作用。然而，如果没有各种类型的传感器去准确地捕获并转换信息，即使最现代化的计算机也无法充分发挥其应有的作用。

目前，传感器的应用已经渗透到各个学科领域，从高新技术直到每个家庭的日常生活。如空间技术、海洋开发、资源探测、生物工程、人体科学等高技术领域中许多新的进展和突破，都是以实验检测为基础并与传感器技术的发展密切相关的；工业生产过程的现代化，几乎主要依靠各种传感器来监测与控制生产过程的各种参数，使设备和系统正常运行在最佳状态，从而保证生产的高效率与高质量；传感器在生活领域中已进入每一个家庭，据不完全统计，现代高级轿车中所应用的传感器可达56种之多。又如，目前常用的19种家用电器中，总共应用了53个(21种)传感器。传感器应用的技术水平成为衡量一个国家的科技和工业水平的重要标志，传感器技术已形成一个完整独立的科学体系。相信在不久的将来，对传感器的研究将进入一个崭新的阶段。

3.1.2 传感器的分类

传感器的种类很多，目前尚没有统一的分类方法，下面介绍几种常用的分类方法。

1. 按输入量(被测对象)分类

输入量即被测对象。按输入量，传感器可分为物理量传感器、化学量传感器和生物量传感器三大类。其中，物理量传感器又可分为温度传感器、压力传感器、位移传感器等等。这种分类方法给使用者提供了方便，使其容易根据被测对象选择所需要的传感器。

2. 按转换原理分类

按传感器的转换原理，通常分为结构型、物性型两大类。

结构型传感器利用机械构件(如金属膜片等)在动力场或电磁场的作用下产生变形或位移，将外界被测参数转换成相应的电阻、电感、电容等物理量，它是利用物理学运动定律或电磁定律实现转换的。

物性型传感器利用材料的固态物理特性及其各种物理、化学效应(即物质定律，如虎克定律、欧姆定律等)实现非电量的转换。它是以半导体、电介质、铁电体等作为敏感材料的固态器件。

3. 按能量转换的方式分类

按转换元件的能量转换方式，传感器可分为有源型和无源型两类。有源型也称能量转换型或发电型，它把非电量直接变成电压量、电流量、电荷量等，如磁电式、压电式、光电池、热电偶等；无源型也称能量控制型或参数型，它把非电量变成电阻、电容、电感等量。

4. 按输出信号的形式分类

按输出信号的形式，传感器可分为开关式、模拟式和数字式。

5. 按输入和输出的特性分类

按输入、输出特性，传感器可分为线性和非线性两类。

3.2 结构型传感器

3.2.1 电阻式传感器

电阻式传感器是将非电量(如力、位移、形变、速度、加速度和扭矩等参数)转换为电阻变化的传感器。其核心转换元件是电阻元件。电阻式传感器将非电量的变化转换成相应的电阻值的变化，通过电测技术对电阻值进行测量，以达到对上述非电量测量的目的。

1. 电阻式传感器原理

金属体都有一定的电阻，电阻值因金属的种类而异。同样的材料，越细或越薄，则电阻值越大。当加有外力时，金属若变细变长，则阻值增加；若变粗变短，则阻值减小。如果发生应变的物体上安装有(通常是粘贴)金属电阻，当物体伸缩时，金属体也按某一比例发生伸缩，因而电阻值产生相应的变化。

设有一根长度为 l，截面积为 A，电阻率为 ρ 的金属丝，则它的电阻值 R 可用下式表示：

$$R = \rho \frac{l}{A} \tag{3-1}$$

由式(3-1)可见，若导体的三个参数(电阻率、长度和截面积)中的一个或数个发生变化，则电阻值随着变化，因此可利用此原理来构成传感器。例如，若改变长度 l，则可形成电位器式传感器；改变 l、A 和 ρ 则可做成电阻应变片；改变 ρ，则可形成热敏电阻、光导性光检测器等。下面介绍两种最常用的电阻式传感器：电位器式传感器和电阻应变式传感器。

2. 电位器式传感器

电位器式传感器通过滑动触点把位移转换为电阻丝的长度变化，从而改变电阻值大小，进而再将这种变化值转换成电压或电流的变化值。

电位器式传感器分为线绕式和非线绕式两大类，如图3-1所示。线绕电位器式传感器是最基本的电位器式传感器；非线绕电位器式传感器则是在线绕电位器式传感器的基础上，在电阻元件的形式和工作方式上有所发展，包括薄膜电位器式传感器、导电塑料电位器式传感器和光电电位器式传感器等。

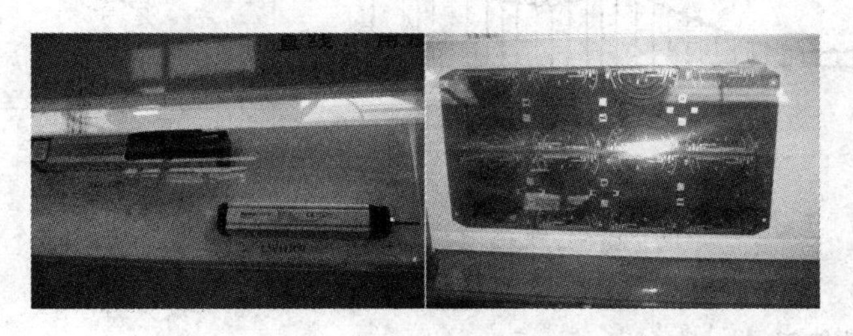

图3-1　电位器式传感器实物图

线绕电位器式传感器的核心(即转换元件)是精密电位器。它可实现机械位移信号与电信号的模拟转换，是一种重要的机电转换元件。线绕电位器式传感器原理图如图3-2所示。

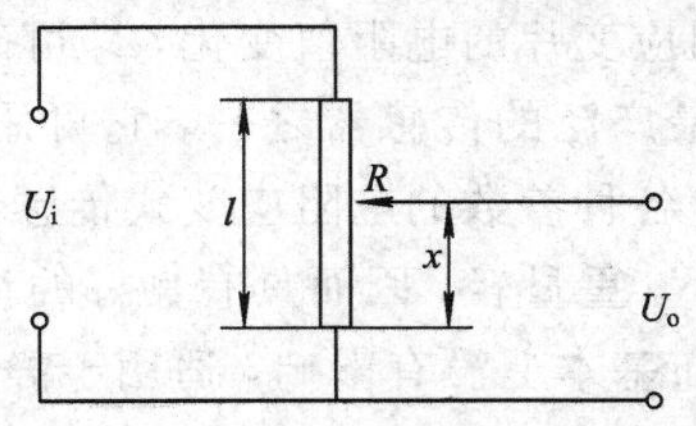

图3-2　线绕电位器式传感器原理图

工作时，在电阻元件的两端，即 U_i 端加上固定的直流工作电压，在 U_o 端就有电压输出，并且，这个输出电压的大小与电刷所处的位置有关。当电刷臂随着被测量产生位移 x 时，输出电压也发生相应的变化，这是精密电位器的基本工作原理。易见

$$U_o = \frac{x}{l} U_i \tag{3-2}$$

线绕电位器式传感器又分为直线位移型、角位移型和非线性型等。不管是哪种类型的传感器，都由线圈、骨架和滑动触头等组成。线圈绕于骨架上，触头可在绕线上滑动，当滑动触头在绕线上的位置改变时，即实现了将位移变化转换为电阻变化。

如图 3-3 所示，线绕电位器主要由骨架、绕组、电刷、导电环及转轴等部分组成。线绕电位器的骨架一般由胶木等绝缘材料或表面覆有绝缘层的金属骨架构成。根据需要，骨架可做成不同的形状，如环带状、弧状、长方体或螺旋状等。绕组即电阻元件，由漆包电阻丝整齐地绕制在骨架上构成，其两个引出端 A、B 是电压输入端。电刷由电刷头和电刷臂组成(电刷头一般焊接在电刷臂上)，电刷被绝缘地固定在电位器的转轴上，绕组与电刷头接触的工作端面用打磨和抛光的方法去掉漆层，以便与电刷接触。另外两个引出端 A、C 是电压输出端。

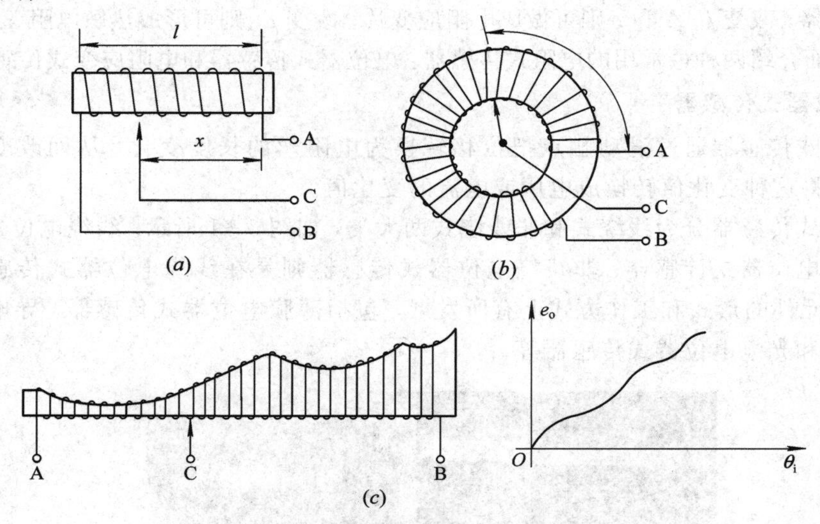

图 3-3 线绕电位器式传感器的组成

(a) 直线位移型；(b) 角位移型；(c) 非线性型

3. 电阻应变式传感器

电阻应变式传感器由弹性敏感元件和电阻应变片组成。当弹性敏感元件受到被测量作用时，将产生位移、应力和应变，则粘贴在弹性敏感元件上的电阻应变片将应变转换成电阻的变化。这样，通过测量电阻应变片的电阻值变化，即可确定被测量的大小。

电阻应变式传感器是应用最广泛的传感器之一，它可用于不同的弹性敏感元件形式，构成测量位移、加速度、压力等各种参数的电阻应变式传感器。它的主要优点是：

(1) 由于电阻应变片尺寸小，重量轻，因而具有良好的动态特性。另外，应变片粘贴在试件上对其工作状态和应力分布基本上没有影响，适用于静态和动态测量。

(2) 测量应变的灵敏度和精度高，可测量(1～2)μm 应变，误差小于 1%～2%。

(3) 测量范围上，既可测量弹性变形，也可测量塑性变形，变形范围为 1%～20%。

(4) 能适应各种环境，可在高(低)温、超低压、高压、水下、强磁场以及辐射和化学腐蚀等恶劣环境下使用。

电阻应变式传感器的缺点是输出信号微弱，在大应变状态下具有较明显的非线性等。

1) *工作原理及结构参数*

电阻应变片的工作原理如图 3-4 所示。它基于导体和半导体材料的“电阻应变效应”和“压阻效应”。电阻应变效应是指电阻材料的电阻值随机械变形而变化的物理现象；压阻效应是指电阻材料受到载荷作用而产生应力时，其电阻率发生变化的物理现象。下面以单根电阻丝为例说明电阻应变片的工作原理。

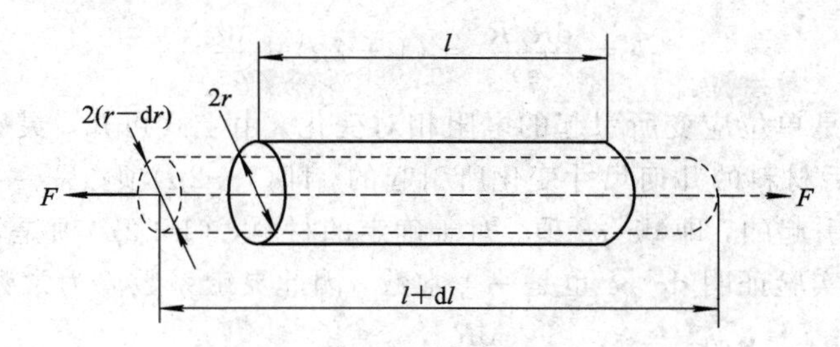

图 3-4　电阻应变片原理图

设电阻丝的长度为 l，截面积为 A，电阻率为 ρ，其初始电阻值为

$$R=\rho\frac{l}{A} \tag{3-3}$$

式中：R——电阻值(Ω)；

l——电阻丝的长度(m)；

A——电阻丝的截面积(mm^2)；

ρ——电阻丝的电阻率($\Omega\cdot\mathrm{mm}^2/\mathrm{m}$)。

如果对整条电阻丝长度作用均匀应力，由于 l、A、ρ 的变化而引起电阻的变化，可通过对式(3-3)的全微分求得

$$\mathrm{d}R=\frac{l}{A}\mathrm{d}\rho+\frac{\rho}{A}\mathrm{d}l-\frac{\rho l}{A^2}\mathrm{d}A \tag{3-4}$$

相对变化量

$$\frac{\mathrm{d}R}{R}=\frac{\mathrm{d}\rho}{\rho}+\frac{\mathrm{d}l}{l}-\frac{\mathrm{d}A}{A} \tag{3-5}$$

假设电阻丝是圆截面，则 $A=\pi r^2$，其中，r 为电阻丝的半径，微分后可得

$$\mathrm{d}A=2\pi r\ \mathrm{d}r$$

则

$$\frac{\mathrm{d}A}{A}=\frac{2\pi r\mathrm{d}r}{\pi r^2}=2\frac{\mathrm{d}r}{r} \tag{3-6}$$

令电阻丝轴向相对伸长，即轴向应变为

$$\frac{\mathrm{d}l}{l}=\varepsilon \tag{3-7}$$

电阻丝径向相对伸长，即径向应变为 $\mathrm{d}r/r$，在弹性范围内，金属丝沿长度方向伸长或缩短时，轴向应变和径向应变的关系如下：

$$\frac{\mathrm{d}r}{r}=-\mu\frac{\mathrm{d}l}{l}=-\mu\varepsilon \tag{3-8}$$

式中：μ 表示金属材料的泊松系数，即径向应变和轴向应变的比例系数。负号表示方向相反。所以

$$\frac{\mathrm{d}A}{A}=-2\mu\varepsilon$$

经整理后得

$$\frac{\mathrm{d}R}{R}=\left[(1+2\mu)+\frac{\mathrm{d}\rho}{\rho\varepsilon}\right]\varepsilon \tag{3-9}$$

定义金属丝的灵敏系数为

$$k=\frac{\mathrm{d}R/R}{\varepsilon}=(1+2\mu)+\frac{\mathrm{d}\rho}{\rho\varepsilon} \tag{3-10}$$

它的物理意义是单位应变所引起的电阻相对变化。由上式可知，灵敏系数由两个因素影响：一个是受力后材料的几何尺寸变化所引起的，即$(1+2\mu)$项；另一个是受力后材料的电阻率发生变化而引起的，即 $\mathrm{d}\rho/\rho\varepsilon$ 项。对于确定的材料，$(1+2\mu)$项是常数，其数值约为1～2之间，并且由实验证明 $\mathrm{d}\rho/\rho\varepsilon$ 也是一个常数，因此灵敏系数 k 为常数，则得

$$\frac{\mathrm{d}R}{R}=k\varepsilon \tag{3-11}$$

式(3-11)表示金属电阻丝的电阻相对变化与轴向应变成正比。

导体或半导体材料在外界作用下(如压力等)产生机械变形，其阻值将发生变化，这种现象称为“应变效应”。把依据这种效应制成的应变片粘贴于被测材料上，则被测材料受外界作用所产生的应变就会传送到应变片上，从而使应变片上电阻丝的阻值发生变化，通过测量阻值的变化量，就可反映出外界作用的大小。

2) 电阻应变片的分类和结构

(1) 电阻应变片的分类。电阻应变片的种类繁多，分类方法也各异。

按所选用的敏感材料可分为：金属应变片和半导体应变片。

按敏感栅结构可分为：单轴应变片和多轴应变片。

按基底材料可分为：纸质应变片、胶基应变片、金属基底应变片、浸胶基应变片。

按制栅工艺可分为：丝绕式应变片、短接式应变片、箔式应变片、薄膜式应变片。

按使用温度可分为：低温应变片(－30℃以下)、常温应变片(－30～60℃)、中温应变片(60～350℃)、高温应变片(350℃以上)。

按安装方式可分为：粘贴式应变片、焊接式应变片、喷涂式应变片、埋入式应变片。

按用途可分为：一般用途应变片、特殊用途应变片(水、疲劳寿命、抗磁感应、裂缝扩展等)。

按制造工艺可分为：体型半导体应变片、扩散(含外延)型半导体应变片、薄膜型半导体应变片、N-P元件半导体型应变片。

(2) 电阻应变片的结构。电阻应变片(简称应变片)的种类繁多，但基本构造大体相同，都由敏感栅、基底、覆盖层、引线和黏合剂等构成，如图3-5所示。

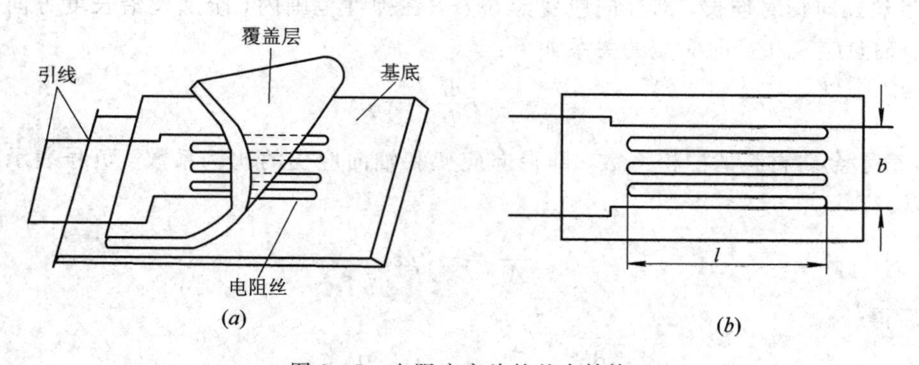

图3-5 电阻应变片的基本结构

敏感栅由金属或半导体材料制成，电阻丝(箔条)是用来感受应变的，是应变片的敏感元件；基底和覆盖层(厚度一般在 0.03 mm 左右)用来保护敏感栅，传递应变并使敏感栅和被测试件之间具有很好的绝缘性能，它通常根据应用范围的不同而采用不同的材料，常见的有纸基和胶基；引线用于将敏感栅接到测量电路中去，它由直径为(0.15～0.30)mm 镀银铜丝或镍铬铝丝制成。

金属薄膜应变片是采用真空蒸镀或溅射式阴极扩散等方法，在薄的基底材料上制成一层金属电阻材料薄膜而形成的应变片。这种应变片有较高的灵敏度系数，允许电流密度大，工作温度范围较广。

半导体应变片是利用半导体材料的压阻效应制成的一种纯电阻性元件。对半导体材料的某一轴向施加一定的载荷而产生应力时，它的电阻率会发生变化，这种物理现象称为压阻效应。半导体应变片主要有体型、薄膜型和扩散型等三种。

体型半导体应变片是将半导体材料硅或锗晶体按一定方向切割成片状小条，经腐蚀压焊粘贴在基片上而制成的应变片。

薄膜型半导体应变片是利用真空沉积技术将半导体材料沉积在带有绝缘层的试件上而制成的。

扩散型半导体应变片是将 P 型杂质扩散到 N 型硅单晶基底上，形成一层极薄的 P 型导电层，再通过超声波和热压焊法接上引出线形成的应变片。

半导体应变片比金属电阻应变片的灵敏度高 50～70 倍，其横向效应和机械滞后小。但它的温度稳定性差，在较大应变下，灵敏度的非线性误差大。

3) 电阻应变式传感器的测量电路

利用应变片可以感受被测量产生的应变，并得到电阻的相对变化。通常可以通过电桥将电阻的变化转变成电压或电流信号。图 3-6 给出了常用的全桥电路，U_o 为输出电压，R_1 为受感应变片，其余 R_2、R_3、R_4 为常值电阻。为便于讨论，假设电桥的输入电源内阻为零，输出为空载。

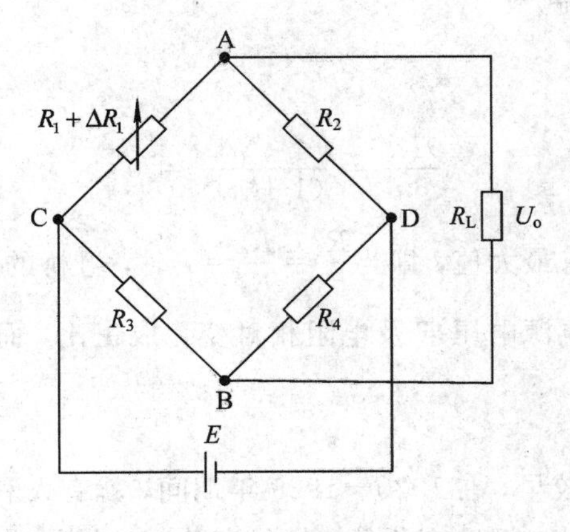

图 3-6　桥式电路

基于上面的假设，电桥的输出电压为

$$U_o=\left(\frac{R_1}{R_1+R_2}-\frac{R_3}{R_3+R_4}\right)E=\frac{R_1R_4-R_2R_3}{(R_1+R_2)(R_3+R_4)}E \tag{3-12}$$

平衡电桥就是指电桥的输出电压 U_o 为零的情况。当在电桥的输出端接有检流计时，流过检流计的电流为零，即平衡电桥应满足

$$\frac{R_1}{R_2}=\frac{R_3}{R_4} \tag{3-13}$$

在上述电桥中，R_1 为受感应变片，即单臂受感。当被测量变化引起 R_1 变化时，上述平衡关系被破坏，检流计有电流通过。此时

$$\begin{aligned} U_o &= \left(\frac{R_1+\Delta R_1}{(R_1+\Delta R_1)+R_2}-\frac{R_3}{R_3+R_4}\right)E=\frac{\Delta R_1 R_4}{(R_1+\Delta R_1+R_2)(R_3+R_4)}E \\ &= \frac{\frac{R_4}{R_3}\frac{\Delta R_1}{R_1}}{\left(1+\frac{\Delta R_1}{R_1}+\frac{R_2}{R_1}\right)\left(1+\frac{R_4}{R_3}\right)}E \end{aligned} \tag{3-14}$$

设桥臂比 $\frac{R_2}{R_1}=n$，由于 $\Delta R_1 \ll R_1$，则分母中 $\frac{\Delta R_1}{R_1}$ 项可忽略。考虑到初始电桥平衡时 $\frac{R_1}{R_2}=\frac{R_3}{R_4}$，可得到

$$U_o \approx \frac{n}{(1+n)^2}\frac{\Delta R_1}{R_1}E \tag{3-15}$$

电桥电压灵敏度定义为

$$K_v=\frac{U_o}{\Delta R_1/R_1}=\frac{n}{(1+n)^2}E \tag{3-16}$$

分析发现：① 电桥电压灵敏度正比于电桥供电电压(简称供桥电压)，电桥供电电压愈高，电桥电压灵敏度愈高，但是供桥电压的升高受到应变片允许功耗的限制，所以一般供桥电压应适当选择；② 电桥电压灵敏度是桥臂电阻比值 n 的函数，因此必须恰当地选择桥臂比 n 的值，保证电桥具有较高的电压灵敏度。下面分析当供桥电压 E 确定后，n 应取何值，电桥电压灵敏度才最高。

令 $\frac{\partial K_v}{\partial n}=0$，可得

$$\frac{\partial K_v}{\partial n}=\frac{1-n^2}{(1+n)^4}=0 \tag{3-17}$$

求得当 $n=1$ 时，K_v 有最大值，即当 $\frac{R_2}{R_1}=\frac{R_4}{R_3}=1$ 时，电桥的灵敏度最高。由式(3-15)可知，电桥的输出电压与电源电压 E 及电阻相对变化成正比，而与各桥臂阻值大小无关。

3.2.2　电容式传感器

电容式传感器发展的较早，在 1920—1925 年期间，就有人利用电容传感器成功地测量了大气压力变化及机械位移、温度变化等。但是实验室的结果应用到工业上，实现商品化、产品化有很多具体的困难，因此，电容式传感器在随后的几十年内发展缓慢。到了 20 世纪七八十年代，随着对电容式传感器检测原理及结构的深入研究，也随着对新材料、新工艺和新电路的开发，电容式传感器的一些缺点逐渐得到克服，应用也越来越广泛，特别是随着集成电路技术和计算机技术的发展，将电容式传感器与微型的二次仪表封装在一起，组

成集成电容传感器，能使分布电容等寄生因素的影响大为减小，电容传感器的传统缺点得到克服，成为一种很有发展前途的传感器，在非电测量和自动检测中得到了广泛的应用。

1. 电容式传感器的工作原理和结构

电容式传感器常用的是平板电容器和圆筒形电容器。

1）平板电容器

平板电容器由两个金属平行板组成，通常以空气为介质，如图 3-7 所示。

在忽略边缘效应时，平板电容器的电容为

$$C = \frac{\varepsilon_0 \varepsilon_r A}{d} \tag{3-18}$$

$$\begin{aligned}\varepsilon_0 &= \frac{1}{4\pi \times 9 \times 10^{11}}(\mathrm{F/m}) = \frac{1}{3.6\pi}(\mathrm{pF/m}) \\ &= 8.854 \times 10^{-12}(\mathrm{F/m})\end{aligned} \tag{3-19}$$

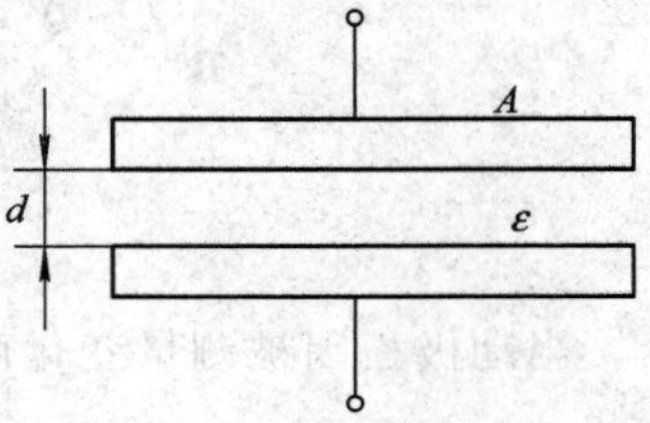

图 3-7　平板电容器

式中：C——电容量(F)；

ε_0——真空介电常数；

ε_r——极板间介质的相对介电常数；

A——极板的有效面积(m^2)；

d——两平行极板间的距离(m)。

2）圆筒形电容器

圆筒形电容器由内外两个金属圆筒组成，设动极筒的外半径为 r，定极筒的内半径为 R，动极筒伸进定极筒的长度为 l，如图 3-8 所示，则圆筒形电容器的电容为

$$C = \frac{2\pi\varepsilon_0\varepsilon_r l}{\ln\dfrac{R}{r}} \tag{3-20}$$

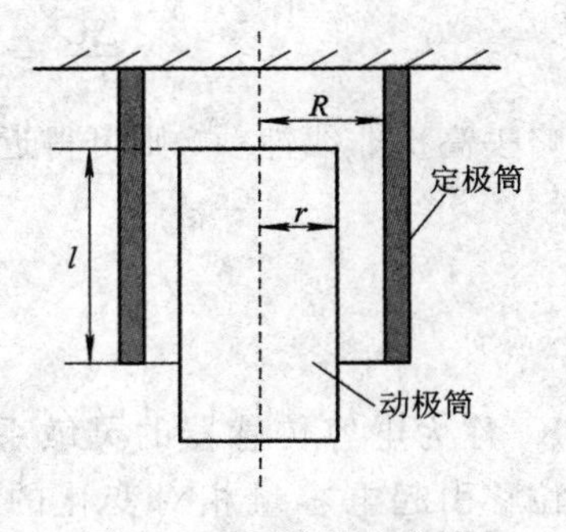

图 3-8　圆筒形电容器

当被测非电量使得式(3-18)中的 A、d 或 ε 发生变化时，电容量 C 也随之变化。如果保持其中两个参数不变而仅仅改变另一个参数，就可把被测参数的变化转换为电容量的变化。因此，电容量变化的大小与被测参数的大小成比例。这样，电容式传感器可依此划分为三种类型，即变间隙型(d 变化)、变面积型(A 变化)和变介质型(ε 变化)。在实际使用中，电容式传感器常通过改变平行板间距 d 来进行测量，因为这样获得的测量灵敏度高于另两种型式，变间隙型电容传感器可以测量微米数量级的位移，而变面积型电容传感器只适用于测量厘米数量级的位移。这里重点介绍变间隙型(变极距型)电容传感器。

2. 变极距型电容传感器

变极距型电容传感器如图 3-9 所示，它有一个定极板和一个动极板，其间为空气介质。当传感器的 ε_0 和 A 为常数、初始极距为 d 时，其初始电容量为

$$C = \frac{\varepsilon_0 \varepsilon_r A}{d} \tag{3-21}$$

一般地，取 C=20～300 pF，d=0.025～1 mm。

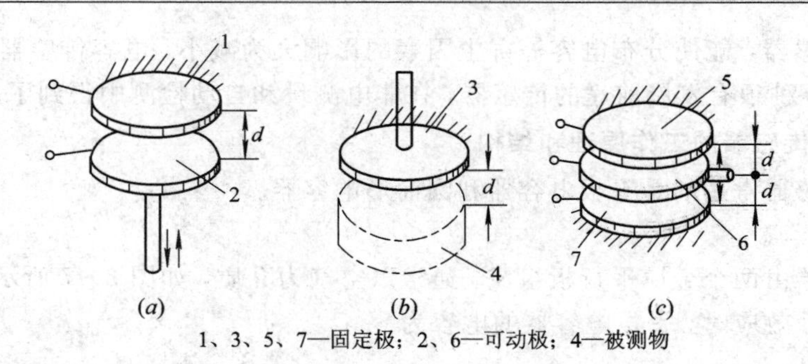

1、3、5、7—固定极；2、6—可动极；4—被测物

图 3-9 变极距型电容传感器

(a) 移动型；(b) 感应型；(c) 差动型

当动极板因被测量变化而向上移动使 d 减小 Δd 时，电容量增大 ΔC，则有

$$C+\Delta C=\frac{\varepsilon_0\varepsilon_r A}{d-\Delta d}=C\frac{1}{1-\dfrac{\Delta d}{d}}$$

等式两边同时除以 C，有

$$\frac{\Delta C}{C}=\frac{\Delta d}{d}\frac{1}{1-\Delta d/d} \tag{3-22}$$

如果满足 $\Delta d/d\ll 1$，则式(3-22)可用泰勒级数展开成

$$\frac{\Delta C}{C}=\frac{\Delta d}{d}\left(1+\frac{\Delta d}{d}+\left(\frac{\Delta d}{d}\right)^2+\left(\frac{\Delta d}{d}\right)^3+\cdots\right) \tag{3-23}$$

略去高次非线性项，则可得近似线性关系和灵敏度 K_c，其关系式分别为

$$\frac{\Delta C}{C}\approx\frac{\Delta d}{d} \tag{3-24}$$

$$K_c=\frac{\Delta C/C}{\Delta d}=\frac{1}{d} \tag{3-25}$$

K_c 称为电容传感器的灵敏系数。其物理意义是单位位移引起电容量相对变化的大小。其特性曲线如图3-10所示。如果考虑式(3-23)的前两项，则

$$\frac{\Delta C}{C}=\frac{\Delta d}{d}\left(1+\frac{\Delta d}{d}\right) \tag{3-26}$$

其非线性误差为

$$\delta=\frac{|(\Delta d/d)^2|}{\Delta d/d}\times 100\% \tag{3-27}$$

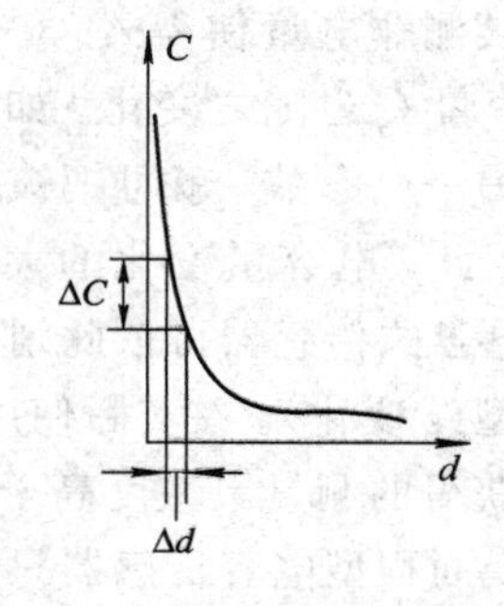

图 3-10 变极距型电容传感器的特性曲线

由上述讨论可知：

(1) 变极距型电容传感器只有在 Δd 很小，即小测量范围内时，才有近似的线性输出。

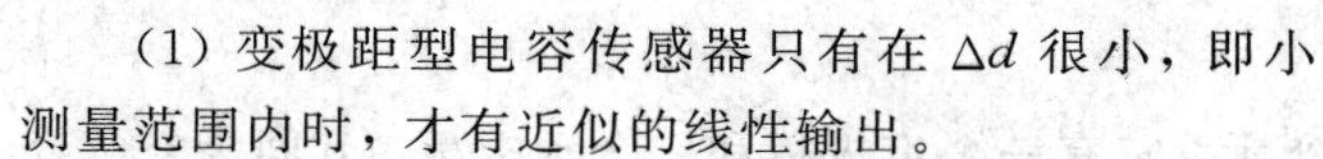

(2) 极距 d 越小，灵敏度越高，故可用减小极距的办法来提高灵敏度。

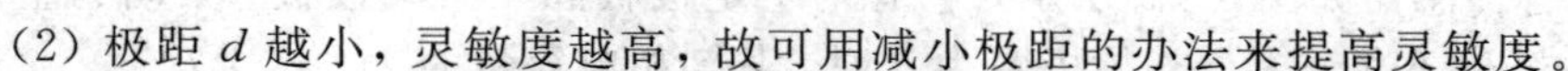

(3) 极距 d 过小会带来两个问题：一是使非线性误差 δ 增加，如图 3-11 所示；二是易造成极板间介质击穿，并增加极板的加工与安装的难度。解决这两个问题的办法：

① 既要提高灵敏度，又要减小非线性误差，可采用差动法解决。

② 既要提高灵敏度，又不使极板介质击穿，可在两极板之间加固定介质。

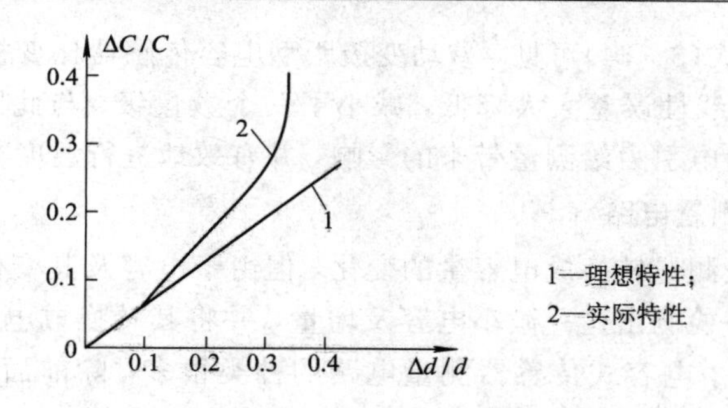

图 3-11　变极距型电容传感器的非线性特性

3. 差动变极距型电容传感器

差动变极距型电容传感器结构如图 3-12 所示，上下为定极板，中间为动极板，在初始位置时，$d_1=d_2=d$，$C_1=C_2=C$。

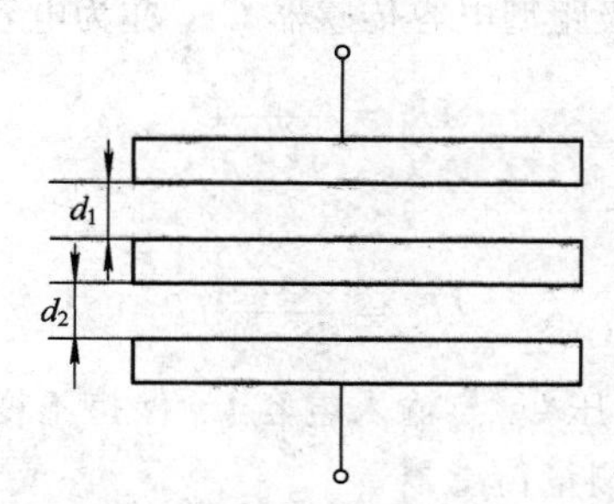

图 3-12　差动变极距型电容传感器

这种传感器工作时，如果动极板上移 Δd，则

$$d_1=d-\Delta d \qquad d_2=d+\Delta d \tag{3-28}$$

$$C_1=C+\Delta C=C\frac{1}{1-\dfrac{\Delta d}{d}}=C\left(1+\frac{\Delta d}{d}+\left(\frac{\Delta d}{d}\right)^2+\left(\frac{\Delta d}{d}\right)^3+\cdots\right) \tag{3-29}$$

$$C_2=C-\Delta C=C\frac{1}{1+\dfrac{\Delta d}{d}}=C\left(1-\frac{\Delta d}{d}+\left(\frac{\Delta d}{d}\right)^2-\left(\frac{\Delta d}{d}\right)^3+\cdots\right) \tag{3-30}$$

电容总的变化为

$$\Delta C=C_1-C_2=C\left(2\,\frac{\Delta d}{d}+2\left(\frac{\Delta d}{d}\right)^3+\cdots\right) \tag{3-31}$$

电容的相对变化为

$$\frac{\Delta C}{C}=2\,\frac{\Delta d}{d}\left(1+\left(\frac{\Delta d}{d}\right)^2+\left(\frac{\Delta d}{d}\right)^4+\cdots\right) \tag{3-32}$$

略去高次项，$\dfrac{\Delta C}{C}$与$\dfrac{\Delta d}{d}$的近似线性关系式为

$$\frac{\Delta C}{C}\approx 2\,\frac{\Delta d}{d} \tag{3-33}$$

则差动电容传感器的灵敏度为

$$K=\frac{\dfrac{\Delta C}{C}}{\Delta d}=\frac{2}{d}=2K_c \tag{3-34}$$

比较式(3-33)和式(3-34)可见，差动变极距型电容传感器比变极距型电容传感器的灵敏度提高了一倍，非线性误差大大降低，减小了一个数量级。与此同时，差动变极距型电容传感器还能减小静电引力给测量带来的影响，并有效地进行温度补偿。

4. 电容式传感器测量电路

电容式传感器将被测量转换成电容量的变化，但由于电容及其变化量均很小(pF 级)，因此必须借助测量电路检测出这一微小电容及增量，并将其转换成电压、电流或频率，以便于显示、记录或传输。电容式传感器测量电路的种类很多，除前面介绍的电桥电路外，还可采用运算放大器电路、调频电路和差动脉冲宽度调制电路等。

1) 运算放大器电路

为克服电容式传感器极距的变化呈非线性的缺点，最方便、简单的办法就是把变极距型电容传感器作为比例运算放大器的反馈环节，如图 3-13 所示。图中，运算放大器的输入端为电容 C_0，其反馈环节为变极距型电容传感器 C_x，亦为电容。根据比例放大的运算关系

$$U_o = \frac{-C_0}{C_x}U_i \tag{3-35}$$

故可得

$$U_o = \frac{-C_0 d}{\varepsilon_0 \varepsilon_r A}U_i \tag{3-36}$$

式(3-36)表明，若激励电压 U_i 与输入电容 C_0 保持不变，则输出电压 U_o 与极距 d 成线性关系。此电路常用于位移测量传感器。

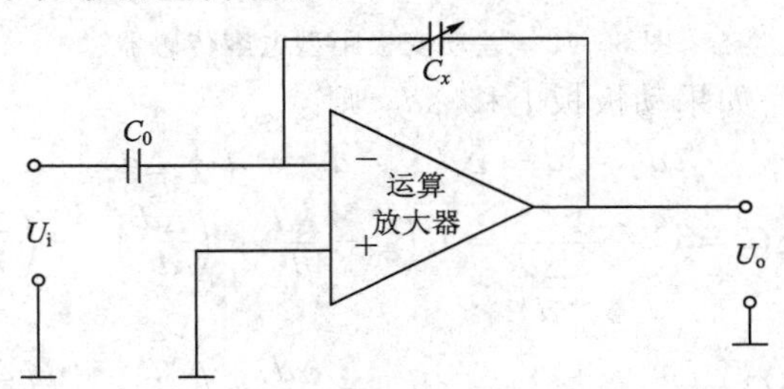

图 3-13　运算放大器电路

2) 电桥型电路

电桥型电路通常将电容式传感器接入电桥，作为桥路的一部分，如图 3-14 所示。差动电容 C_1、C_2 作为相邻两臂接入电桥，另一相邻两臂为电感，构成电容式传感器变压器电桥。电桥的输出是调幅波，经交流放大后，经过相敏检波和滤波便可得到与电容量变化相应的直流输出。此电路要求电源电压和频率非常稳定，否则会产生测量误差。另外，电容的变化范围亦不能太大，过大会使电桥输出产生非线性失真，造成较大误差。

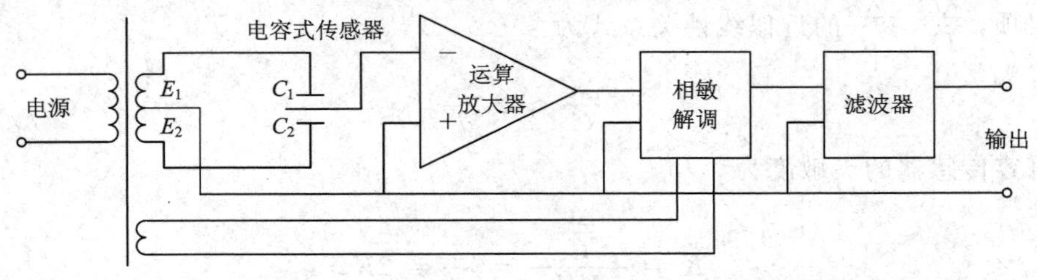

图 3-14　电容式传感器变压器电桥型电路

3）调频电路

图3-15所示为电容式传感器作为调频振荡器中谐振回路的一部分。当物体的振动作为输入量时便引起电容式传感器的电容量发生相应的变化，导致振荡器的振动频率的变化并输出相应的调频波，再由鉴频器转换为相应的电压变化，最后放大输出。此种电路具有抗干扰性强、灵敏度高等优点，可测得0.01 μm的位移变化量。其缺点是电缆的分布电容影响较大，对电路设计要求较高。

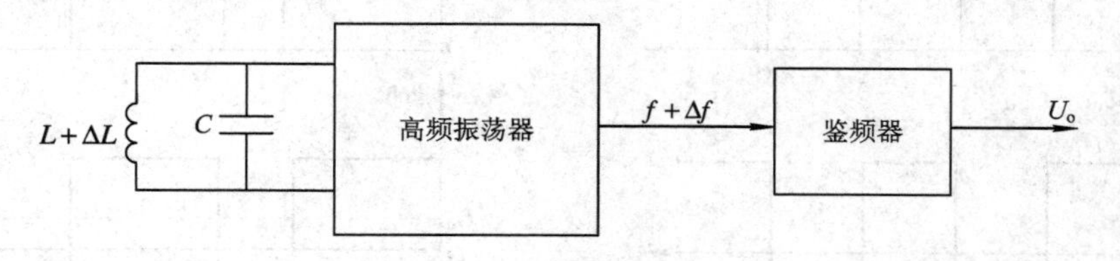

图3-15　电容式传感器调频电路

4）脉冲宽度调制电路

脉冲宽度调制电路如图3-16所示。它由比较器Ⅰ和Ⅱ、双稳态触发器及电容充放电回路组成。C_1、C_2为传感器的差动电容，双稳态触发器的两个输出端Q、$\overline{Q}$为电路的输出端。

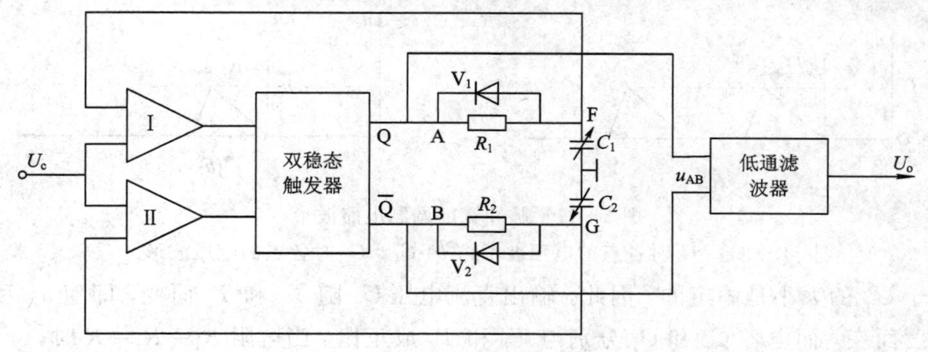

图3-16　脉冲宽度调制电路

当双稳态触发器的输出端Q为高电位时，通过R_1对C_1充电；当$\overline{Q}$端的输出为低电位时，电容C_2通过二极管V_2迅速放电，G点被钳制在低电位。当F点的电位高于参考电位U_c时，比较器Ⅰ的输出极性改变，产生脉冲，使双稳态触发器翻转，Q端输出变为低电位，而$\overline{Q}$端变为高电位。这时C_2充电，C_1放电，当G点电位高于U_c时，比较器Ⅱ的输出使触发器再一次翻转，如此重复，周而复始，使双稳态触发器的两个输出端各自产生一宽度受C_1和C_2调制的方波信号。当$C_1=C_2$时，各点的电压波形如图3-17(*a*)所示，输出电压的平均值为零。但在工作状态时$C_1\neq C_2$，C_1、C_2充电时间常数发生变化，若$C_1>C_2$，各点电压波形如图3-17(*b*)所示，输出电压u_{AB}的平均值不再是零。

输出电压u_{AB}经低通滤波后，便可得到一直流输出电压U_o，其值为A、B两点电压平均值U_A与U_B之差，即

$$U_o=U_A-U_B=\frac{T_1}{T_1+T_2}U_1-\frac{T_2}{T_1+T_2}U_1=\frac{T_1-T_2}{T_1+T_2}U_1 \tag{3-37}$$

式中：T_1、T_2——C_1、C_2充至U_c需要的时间，即A点和B点的脉冲宽度；

U_1——触发器输出的高电位。

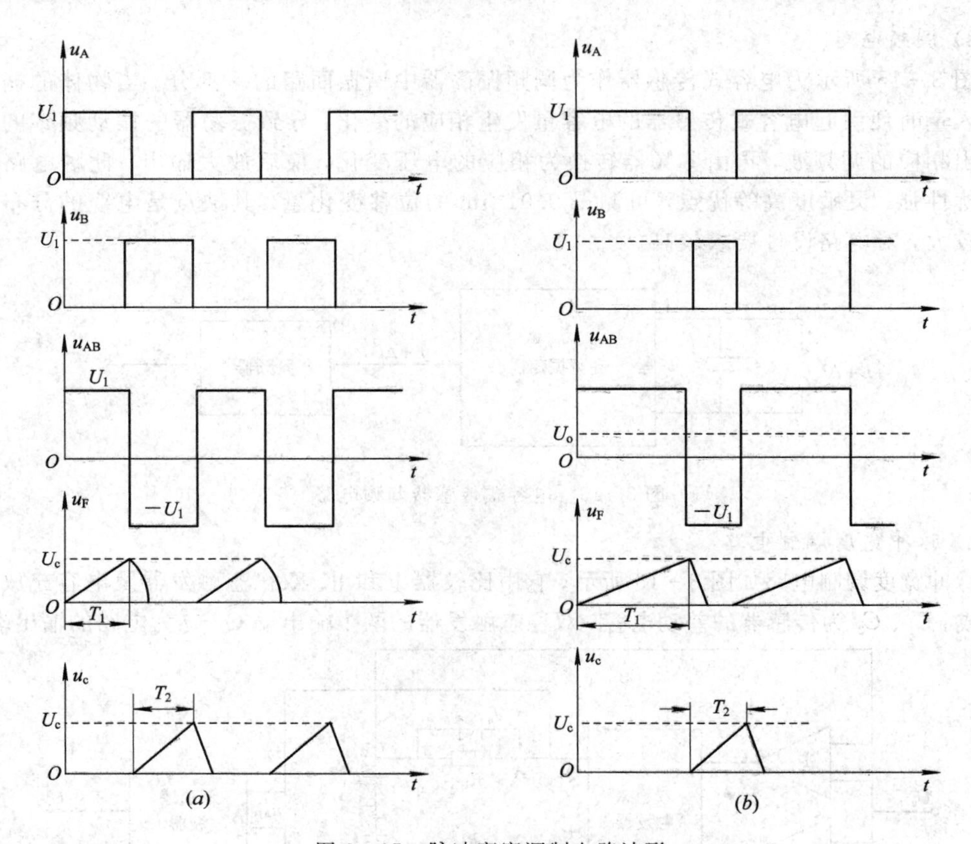

图 3-17　脉冲宽度调制电路波形

(a) $C_1=C_2$时各点的电压波形；(b) $C_1>C_2$ 时各点的电压波形

由于 U_1 的大小是固定的，因此，输出直流电压 U_o 随 T_1 和 T_2 而变，即随 u_A 和 u_B 的脉冲宽度而变，而电容 C_1 和 C_2 分别与 T_1 和 T_2 成正比。当电阻 $R_1=R_1=R$ 时，

$$U_o=\frac{C_1-C_2}{C_1+C_2}U_1=\frac{\Delta C}{C_0}U_1 \tag{3-38}$$

由此可知，直流输出电压 U_o 与电容 C_1 和 C_2 之差成比例，极性可正可负。

对于变极距型差动电容传感器

$$U_o=\frac{\Delta d}{d}U_1 \tag{3-39}$$

对于变面积型差动电容传感器

$$U_o=\frac{\Delta A}{A}U_1 \tag{3-40}$$

根据以上分析可知，电容式传感器测量电路具有如下特点：

(1) 不论是变极距型或变面积型，其输入与输出变化量都呈线性关系，而且脉冲宽度调制电路对传感元件的线性要求不高；

(2) 不需要解调电路，只要经过低通滤波器就可以得到直流输出；

(3) 调宽脉冲频率的变化对输出无影响；

(4) 由于采用直流稳压电源供电，因此不存在对其波形及频率的要求。

所有这些特点都是其他电容测量电路无法比拟的。

3.2.3　电感式传感器

电感式传感器利用电感元件把被测物理量的变化转换成电感的自感系数 L 或互感系数 M 的变化，再由测量电路转换为电压(或电流)信号。它可把各种物理量如位移、压力、流量等参数转换成电输出。因此，能满足信息的远距离传输、记录、显示和控制等方面的要求，在自动控制系统中应用十分广泛。电感式传感器有如下几个特点：

(1) 结构简单，无活动电触点，工作可靠，寿命较长；

(2) 灵敏度和分辨率高，一般每毫米的位移可达数百毫伏的输出；

(3) 线性度和重复性比较好，在一定位移(如几十微米至几毫米)内，传感器非线性误差可做到 0.05%～0.1%，并且稳定性好。

1. 自感式电感传感器

自感式电感传感器主要用来测量位移或者可以转换成位移的被测量，如振动、厚度、压力、流量等。工作时，衔铁通过测杆与被测物体相接触，被测物体的位移将引起线圈电感量的变化，当传感器线圈接入测量转换电路后，电感的变化将被转换成电压、电流或频率的变化，从而完成非电量到电量的转换。

由电工知识可知，线圈的自感量等于线圈中通入单位电流所产生的磁链数，即线圈的自感系数 $L=\psi/I=N\Phi/I$。$\psi=N\Phi$ 为磁链，Φ 为磁通(I 为流过线圈的电流，N 为线圈匝数。根据磁路欧姆定律：$\Phi=\mu NIS/l$，μ 为磁导率，S 为磁路截面积，l 为磁路总长度。令 $R_m=l/(\mu S)$为磁路的磁阻，可得线圈的电感量为

$$L=\frac{\psi}{I}=\frac{N\Phi}{I}=\frac{\mu N^2 S}{l}=\frac{N^2}{R_m} \tag{3-41}$$

磁路的总长度包括铁芯长度 l_{i1}、衔铁长度 l_{i2} 和两个空气间隙 l_0 的长度。因铁芯和衔铁均为导磁材料，磁阻可忽略不计，故式(3-41)可改写为

$$L=\frac{N^2}{R_m}\approx\frac{N^2\mu_0 S_0}{2l_0} \tag{3-42}$$

式中：S_0——气隙的等效截面积；

μ_0——空气的磁导率。

由式(3-42)可知，只要被测非电量能够引起空气间隙长度 l_0 或截面积 S_0 发生变化，线圈的电感量就会随之发生变化。因此，电感式传感器从原理上可分为变气隙长度式、变气隙截面式和螺管式三种类型。

1) 变气隙长度式电感传感器

变气隙长度式电感传感器的结构如图 3-18(a)所示。由式(3-41)可知，若 S 为常数，则 $L=f(l)$，即电感 L 是气隙厚度 l 的函数，故称这种传感器为变气隙长度式电感传感器。由于电感量 L 与气隙厚度 l 成反比，故输入/输出是非线性关系，输出特性如图 3-19(a)所示。

可见，l 越小，灵敏度越高。为提高灵敏度，保证一定的线性度，将这种传感器用于较小位移的测量，测量范围约在(0.001～1)mm。由于行程小，而且衔铁在运行方向上受铁芯限制，制造装配困难，所以近年来较少使用该类传感器。

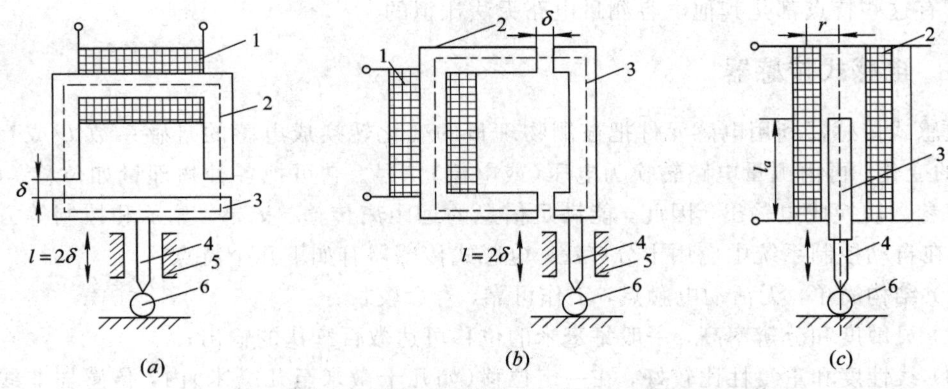

1—线圈；2—铁芯；3—衔铁；4—测杆；5—导轨；6—工件

图 3-18　自感式电感传感器结构示意图

(*a*) 变气隙长度式；(*b*) 变气隙截面式；(*c*) 螺管式

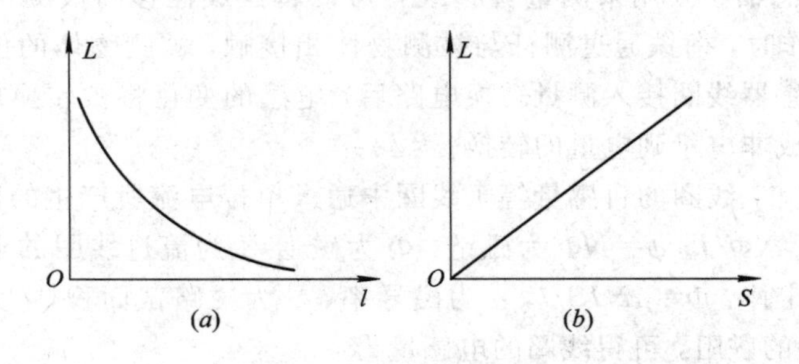

图 3-19　电感式传感器的输出特性

(*a*) 变气隙长度式输出特性；(*b*) 变气隙截面式输出特性

2) 变气隙截面式电感传感器

变气隙截面式电感传感器的结构如图 3-18(*b*)所示。由式(3-41)可知，若保持气隙厚度 l 为常数，则 $L=f(S)$，即电感 L 是气隙截面积 S 的函数，故称这种传感器为变截面式电感传感器。但是，由于漏感等原因，变截面式电感传感器在 $S=0$ 时，仍有一定的电感，所以其线性区较小，为了提高灵敏度，常将 l 做得很小。变截面式电感传感器的灵敏度比变间隙式小，但线性较好，量程也比变间隙式大，使用比较广泛。这种传感器的输出特性如图 3-19(*b*)所示。

3) 螺管式电感传感器

螺管式电感传感器的结构如图 3-18(*c*)所示。螺管式电感传感器由一柱型衔铁插入螺管圈内构成。其衔铁随被测对象移动，线圈磁力线路径上的磁阻发生变化，线圈电感量也因此而变化。线圈电感量的大小与衔铁插入深度有关。理论上，电感相对变化量与衔铁位移相对变化量成正比，但由于线圈内磁场强度沿轴线分布不均匀，所以实际上它的输出仍有非线性。

设线圈长度为 l、线圈的平均半径为 r、线圈的匝数为 n、衔铁进入线圈的长度为 l_a、衔铁的半径为 r_a、铁芯的有效磁导率为 μ_m，则线圈的电感量 L 与衔铁进入线圈的长度 l_a 的关系为

$$L = \frac{4\pi^2 n^2}{l^2}[lr^2(\mu_m - 1)l_a r_a^2] \tag{3-43}$$

由式(3-43)可知，螺管式电感传感器的灵敏度较低，但由于其量程大且结构简单，易于制作和批量生产，因此它是使用最广泛的一种电感式传感器。

以上三种类型的传感器，由于线圈中流过负载的电流不等于零，存在起始电流，非线性较大，而且有电磁吸力作用于活动衔铁，易受外界干扰的影响，如电源电压和频率的波动、温度变化等都将使输出产生误差，所以不适用于精密测量，只用在一些继电信号装置中。在实际应用中，广泛采用的是将两个电感式传感器组合在一起，形成差动自感传感器。

两只完全对称的单个自感传感器合用一个活动衔铁，构成差动自感传感器。差动自感传感器的结构各异。图 3-20 是差动 E 型自感传感器，其结构特点是：上下两个磁体的几何尺寸、材料、电气参数均完全一致，传感器的两只电感线圈接成交流电桥的相邻桥臂，另外两只桥臂由电阻组成，构成交流电桥的四个臂，供桥电源为 $\dot{U}_{AC}$(交流)，桥路输出为交流电压 $\dot{U}_o$。

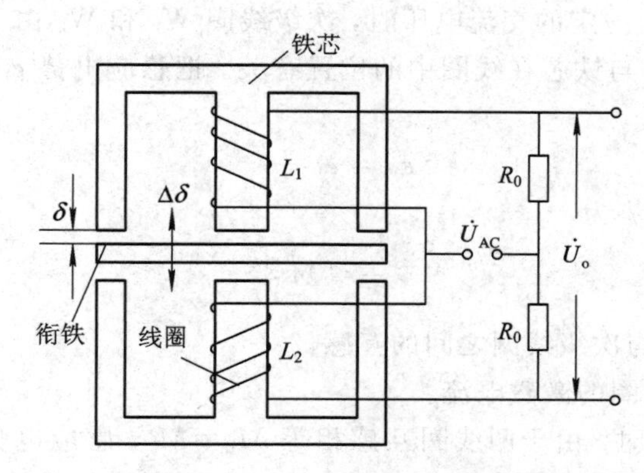

图 3-20　差动 E 型自感传感器结构原理

初始状态时，衔铁位于中间位置，两边气隙宽度相等，因此两只电感线圈的电感量相等，接在电桥相邻臂上，电桥输出 $\dot{U}_o=0$，即电桥处于平衡状态。

当衔铁偏离中心位置，向上或向下移动时，造成两边气隙宽度不一样，使两只电感线圈的电感量一增一减，电桥不平衡，电桥输出电压的大小与衔铁移动的大小成比例，其相位则与衔铁移动量的方向有关。因此，只要能测量出输出电压的大小和相位，就可以决定衔铁位移的大小和方向，衔铁带动连动机构就可以测量多种非电量，如位移、液面高度、速度等。差动自感传感器不仅可使灵敏度提高一倍，而且使非线性误差大为减小，当单边式非线性误差为 10%时，非线性误差可小于 1%。

2. 互感式电感传感器

互感式电感传感器利用线圈的互感作用将位移转换成感应电势的变化。互感式电感传感器实际上是一个具有可动铁芯和两个次级线圈的变压器。变压器初级线圈接入交流电源时，次级线圈因互感作用产生感应电动势，当互感变化时，输出电势亦发生变化。由于它的两个次级线圈常接成差动的形式，故又称为差动变压器式电感传感器，简称差动变压器。差动变压器的结构形式较多，下面介绍目前广泛采用的螺管式差动变压器。

1) 工作原理

螺管式差动变压器主要由线圈框架 A、绕在框架上的一组初级线圈 W 和两个完全相

同的次级线圈 W_1、W_2 及插入线圈中心的圆柱形铁芯 B 组成，如图 3-21(*a*)所示。

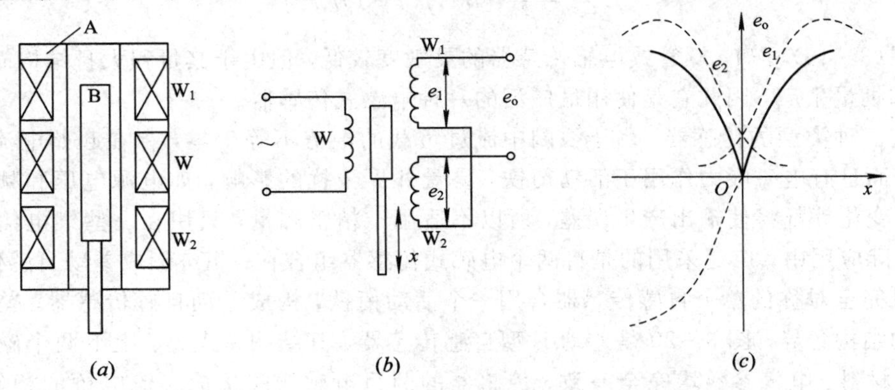

图 3-21　差动变压器

(*a*) 结构原理；(*b*) 等效电路；(*c*)输出特性

当初级线圈 W 加上一定的交流电压时，次级线圈 W_1 和 W_2 由于电磁感应分别产生感应电势 e_1 和 e_2，其大小与铁芯在线圈中的位置有关。把感应电势 e_1 和 e_2 反极性串联，则输出电势为

$$e_o = e_1 - e_2$$

次级线圈产生的感应电势为

$$e = -M\frac{\mathrm{d}i}{\mathrm{d}t} \tag{3-44}$$

式中：M——初级线圈与次级线圈之间的互感；

i——流过初级线圈的激磁电流。

当铁芯在中间位置时，由于两线圈互感相等 $M_1=M_2$，感应电势 $e_1=e_2$，故输出电压 $e_o=0$；当铁芯偏离中间位置时，由于磁通变化使互感系数一个增大，一个减小，$M_1 \neq M_2$，$e_1 \neq e_2$，随着铁芯偏离中间位置，e_o 逐渐增大，其输出特性如图 3-21(*c*)所示。

以上分析表明，差动变压器输出电压的大小反映了铁芯位移的大小，输出电压的极性反映了铁芯运动的方向。从特性曲线看出，差动变压器输出特性的非线性得到很大的改善。实际上，当铁芯位于中间位置时，差动变压器输出电压 e_o 并不等于零，把差动变压器在零位移时的输出电压称为零点残余电压。零点残余电压主要是传感器在制作时两个次级线圈的电气参数与几何尺寸不对称，以及磁性材料的非线性等问题引起的。零点残余电压一般在几十毫伏以下。在实际应用时，应设法减小零点残余电压，否则将会影响传感器的测量结果。

2）测量电路

差动变压器的输出是一个调幅波，且存在一定的零点残余电压，因此为了判别铁芯移动的大小和方向，必须进行解调和滤波。另外，为消除零点残余电压的影响，差动变压器的后接电路常采用差动整流电路和相敏检波电路。差动整流电路就是把差动变压器的两个次级线圈的感应电动势分别整流，然后将整流后的两个电压或电流的差值作为输出。现以电压输出型全波差动整流电路为例来说明其工作原理，电路连接如图 3-22(*a*)所示。

由图 3-22(*a*)可见，无论两个次级线圈的输出瞬时电压极性如何，流过两个电阻 R 的电流总是从 a 到 b，从 d 到 c，故整流电路的输出电压

$$u_o = u_{ab} + u_{cd} = u_{ab} - u_{dc} \tag{3-45}$$

其波形图如图 3 - 22(*b*)所示，当铁芯在零位时，$u_o=0$，当铁芯在零位以上或零位以下时，输出电压的极性相反，于是零点残余电压会自动抵消。差动变压器具有测量精度高、线性范围大(±100 mm)、灵敏度高、稳定性好和结构简单等优点，被广泛用于直线位移的测量。

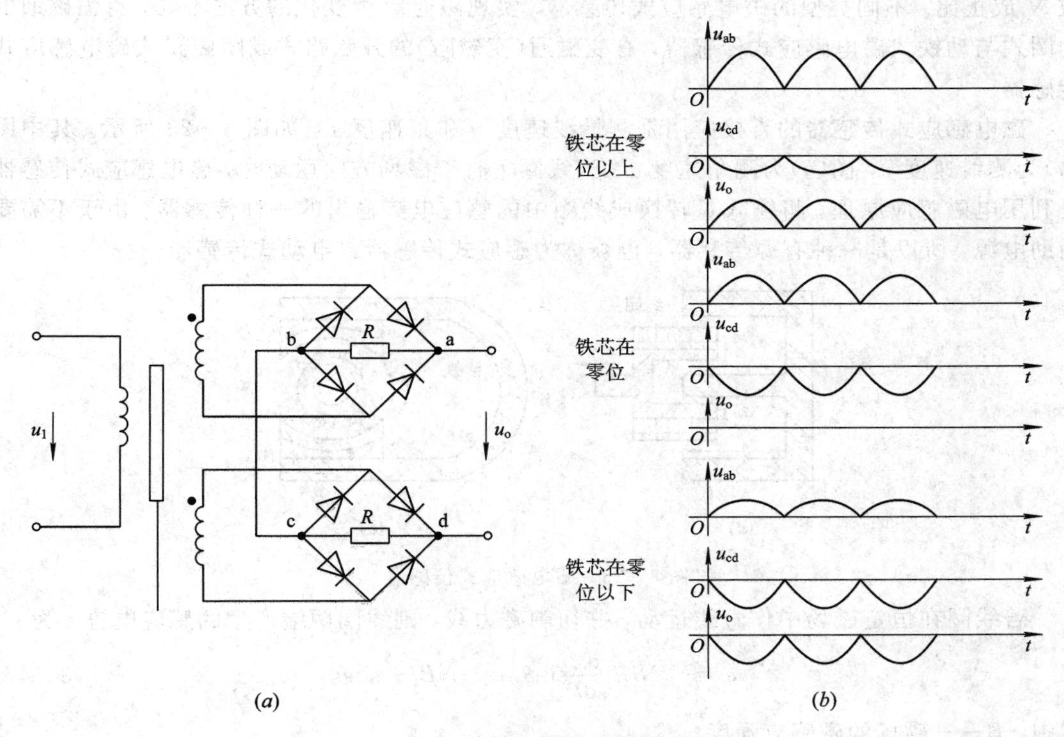

图 3 - 22　差动变压器测量电路及波形

(*a*) 电路图；(*b*) 波形图

3.2.4　磁电式传感器

磁电传感器是利用电磁感应原理，将输入运动速度变换成感应电势输出的传感器。它不需要辅助电源就能把被测对象的机械能转换为易于测量的电信号，是一种有源传感器，有时也称为电动式或感应式传感器。制作磁电式传感器的材料有导体、半导体、磁性体、超导体等。利用导体和磁场的相对运动产生感应电动势的电磁感应原理，可制成各种类型的磁电式传感器和磁记录装置；利用强磁性体金属的各向异性磁阻效应，可制成强磁性金属磁敏器件；利用半导体材料的磁阻效应可制成磁敏电阻、磁敏二极管、磁敏三极管等。

1. 磁电感应式传感器

磁电感应式传感器利用导体和磁场发生相对运动而在导体两端输出感应电动势，是一种机 - 电能量转换型传感器，不需要供电电源，电路简单，性能稳定，输出阻抗小，又具有一定的频率范围(一般为 10～1000 Hz)，适应于振动、转速、扭矩等测量。

根据法拉第电磁感应定律，N 匝线圈在磁场中作切割磁力线运动或穿过线圈的磁通量变化时，线圈中产生的感应电动势 e 与磁通的变化率有如下关系：

$$e=-N\frac{\mathrm{d}\Phi}{\mathrm{d}t} \tag{3-46}$$

在电磁感应现象中，磁通量的变化是关键。进入线圈的磁通量越大，$\mathrm{d}\Phi$ 也越大，如果相对运动速度越快，即 v 或 ω 越大，相当于 $\mathrm{d}t$ 越小，$\frac{\mathrm{d}\Phi}{\mathrm{d}t}$就越大。感应电动势 e 还与线圈匝数 N 成正比。不同类型的磁电感应式传感器，实现磁通量 Φ 变化的方法不同，有恒磁通的动圈式与动铁式磁电感应式传感器，有变磁通(变磁阻)的开磁路式或闭磁路式磁电感应式传感器。

磁电感应式传感器的直接应用是测量线速度 v 和角速度 ω，如图 3-23 所示。其中图(*a*)为测线速度 v，图(*b*)为测角速度 ω。当线圈垂直于磁场方向运动时，磁电感应式传感器是利用电磁感应原理，将输入量转换成线圈中的感应电势输出的一种传感器。由于不需要辅助电源，所以是一种有源传感器，也被称为感应式传感器或电动式传感器。

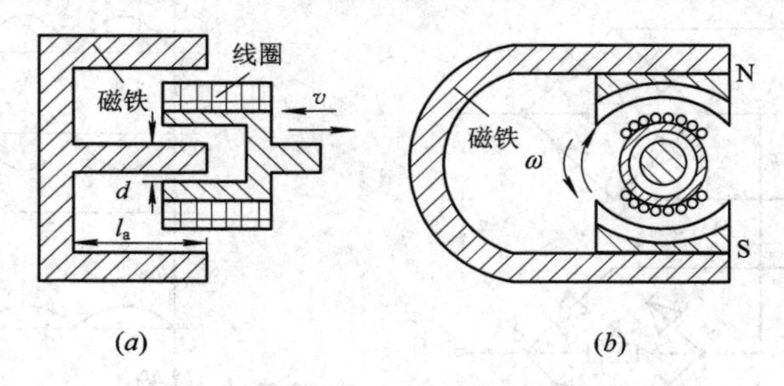

图 3-23　磁电感应式传感器

若线圈在恒定磁场中作直线运动，并切割磁力线，则线圈两端产生的感应电势 e 为

$$e=-NBl\frac{\mathrm{d}x}{\mathrm{d}t}\sin\theta=-NBlv\sin\theta \tag{3-47}$$

式中：B——磁场的磁感应强度；

x——线圈与磁场相对运动的位移；

v——线圈与磁场相对运动的速度；

θ——线圈运动方向与磁场方向之间的夹角；

N——线圈的有效匝数；

l——每匝线圈的平均长度。

当 $\theta=90°$(线圈垂直切割磁力线)时，式(3-47)可写成

$$e=-NBl\frac{\mathrm{d}x}{\mathrm{d}t}\sin 90°=-NBlv \tag{3-48}$$

若线圈相对磁场作旋转运动切割磁力线，则线圈的感应电势为

$$e=-NBS\frac{\mathrm{d}\theta}{\mathrm{d}t}\sin\theta=-NBS\omega\sin\theta \tag{3-49}$$

式中：ω——旋转运动的相对角速度，$\omega=\frac{\mathrm{d}\theta}{\mathrm{d}t}$；

S——每匝线圈的截面积；

θ——线圈平面的法线方向与磁场方向的夹角。

当 $\theta=90°$时，式(3-49)可写成

$$e=-NBS\frac{\mathrm{d}\theta}{\mathrm{d}t}\sin 90^{\circ}=-NBS\omega \tag{3-50}$$

由式(3-48)和式(3-50)可知，当传感器的结构确定后，B、S、N、l 均为定值，因此，感应电势 e 与相对速度 v(或 ω)成正比。由磁电感应式传感器的工作原理可知，它只适宜于动态测量。如果在其测量电路中接入积分电路，输出的感应电势就会与位移成正比；如果接入微分电路，输出的感应电势就与加速度成正比。因此，磁电感应式传感器还可用来测位移和加速度。

2. 变磁阻式磁电式传感器

这类传感器的线圈和磁铁都是静止不动的，利用磁性材料制成的一个齿轮在运动中不断地改变磁路的磁阻，从而改变贯穿线圈的磁通量$\frac{\mathrm{d}\Phi}{\mathrm{d}t}$，使线圈中感应出电动势。

变磁阻式传感器一般都做成转速传感器，将产生感应电势的频率作为输出，其频率值取决于磁通变化的频率。变磁阻式转速传感器在结构上分为开磁路式和闭磁路式两种。

1) 开磁路变磁阻式转速传感器

传感器由永久磁铁、感应线圈、软铁、齿轮组成，如图3-24所示。齿轮安装在被测转轴上，与转轴一起旋转。当齿轮旋转时，由齿轮的凹凸引起磁阻变化，以使磁通发生变化，因而在线圈中感应出交变电势，其频率等于齿轮的齿数 z 和转速 n 的乘积，即

$$f=\frac{z\cdot n}{60} \tag{3-51}$$

式中：z——齿轮的齿数；

n——被测轴转速(r/min)；

f——感应电势频率(s^{-1})。

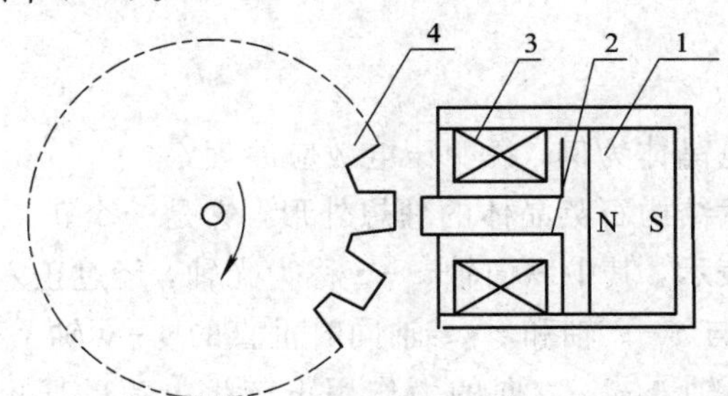

1—永久磁铁；2—软铁；3—感应线圈；4—齿轮

图3-24　开磁路变磁阻式转速传感器

当齿轮的齿数 z 确定以后，若能测出频率 f 就可求出转速 n($n=60f/z$)。这种传感器结构简单，但输出信号小，转速高时信号失真也大，在振动强或转速高的场合，往往采用闭磁路变磁阻式转速传感器。

2) 闭磁路变磁阻式转速传感器

闭磁路变磁阻式转速传感器的结构如图3-25所示。它是由安装在转轴上的内齿轮和永久磁铁、外齿轮及线圈构成的。内、外齿轮的齿数相等。测量时，转轴与被测轴相连，当旋转时，内、外齿的相对运动使磁路气隙发生变化，从而使磁阻发生变化，并使贯穿于线圈的磁通量变化，在线圈中感应出电势。与开磁路相同，闭磁路变磁阻式转速传感器也可通过感应电势频率测量转速。

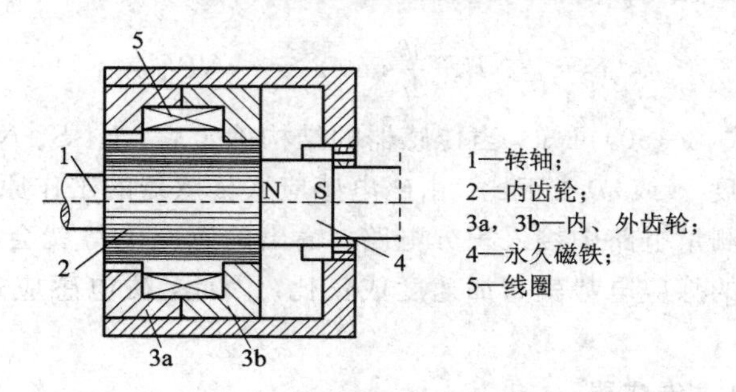

图 3-25　闭磁路变磁阻式转速传感器

传感器的输出电势取决于线圈中磁场的变化速度，它与被测速度成一定比例。当转速太低时，输出电势很小，以致无法测量，所以这种传感器有一个下限工作频率，一般为 50 Hz 左右，最多可低到 30 Hz 左右，其上限工作频率可达 100 Hz。

3.3　物性传感器

3.3.1　压电式传感器

某些电介质，当沿着一定方向对其施力而使它变形时，内部就产生极化现象，同时在它的两个表面上产生符号相反的电荷，当外力去掉后，又重新恢复不带电状态，这种现象称为压电效应。当作用力方向改变时，电荷极性也随着改变。

逆向压电效应是指当某晶体沿一定方向受到电场作用时，相应地在一定的晶轴方向将产生机械变形或机械应力，又称电致伸缩效应。当外加电场撤去后，晶体内部的应力或变形也随之消失。

1. 压电效应

下面以石英单晶压电晶体为例，说明压电效应原理。

图 3-26 表示了天然结构石英晶体的理想外形，它是一个正六面体，在晶体学中它可用三根互相垂直的轴来表示，其中纵向轴 $z-z$ 称为光轴，经过正六面体棱线，并垂直于光轴的 $x-x$ 轴称为电轴，与 $x-x$ 轴和 $z-z$ 轴同时垂直的 $y-y$ 轴（垂直于正六面体的棱面）称为机械轴。通常把沿电轴 $x-x$ 方向的力作用下产生电荷的压电效应称为“纵向压电效应”，而把沿机械轴 $y-y$ 方向的力作用下产生电荷的压电效应称为“横向压电效应”，沿光轴 $z-z$ 方向受力但不产生压电效应。

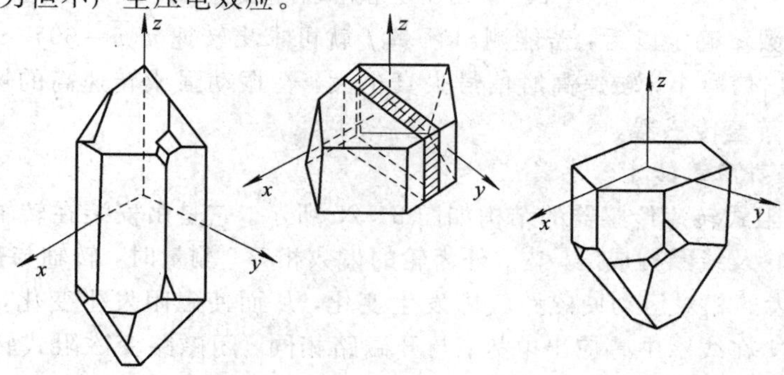

图 3-26　石英晶体的理想外形及坐标系

石英晶体之所以具有压电效应，是与它的内部结构分不开的。组成石英晶体的硅离子和氧离子O在M平面上的投影，如图3-27所示。为讨论方便，将这些硅、氧离子等效为图中正六边形排列，图中"⊕"代表Si^{4+}离子，"⊖"代表$2O^{2-}$离子。下面讨论石英晶体受外力作用时晶格的变化情况。当无作用力F_x时，正、负离子正好分布在正六边形顶角上，形成三个互成120°夹角的偶极矩，如图3-27(a)所示。此时正负电荷中心重合，电偶极矩的矢量和等于零。当沿电轴$x-x$施加作用力F_x时，在上方正离子局部占优，在下方负离子局部占优，于是上方带正电，下方带负电，如图3-27(b)所示。当沿机械轴$y-y$轴施加作用力F_y时，在上方负离子局部占优，在下方正离子局部占优，于是上方带负电，下方带正电，如图3-27(c)所示。

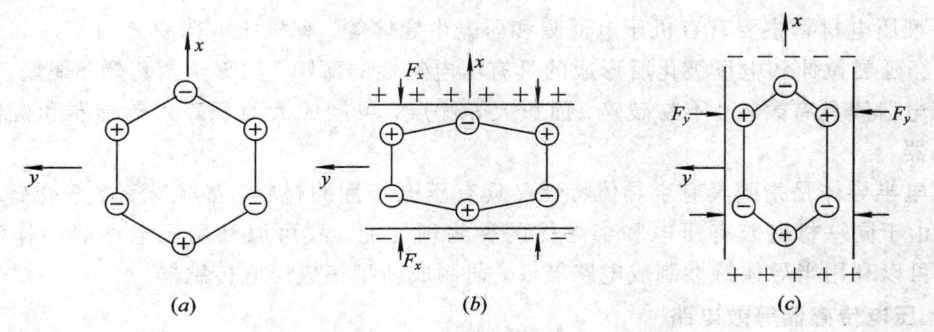

图3-27　压电效应原理图

当压电晶片受到沿x轴方向的力F_x时，就在与x轴垂直的平面上产生电荷

$$Q_x = d_{11} F_x \tag{3-52}$$

式中：d_{11}——压电系数，而石英晶体$d_{11}=2.3\times10^{-12}$ C/N。若在同一压电晶片上的作用力是沿y轴方向，电荷仍在与x轴垂直的平面上出现，电荷大小为

$$Q_x = d_{12}\frac{a}{b}F_y = -d_{11}\frac{a}{b}F_y \tag{3-53}$$

式中：a、b——晶体切片的长度和厚度；

d_{12}——石英晶体在y轴方向受力时的压电系数。

据石英晶体轴对称条件可知，$d_{11}=-d_{12}$。

式(3-53)表明，沿y轴方向的力作用在压电晶片上所产生的电荷量与晶体切片的尺寸有关。式中，负号表明沿y轴的压力和沿x轴的压力所引起的电荷极性相反。

2. 压电材料

具有压电效应的电介质叫压电材料。常见的压电材料分为三类：压电晶体、多晶压电陶瓷和新型压电材料。

1）压电晶体

石英是典型的压电晶体，其化学成分是二氧化硅（SiO_2），压电系数较低，$d_{11}=2.3\times10^{-12}$ C/N。它在几百度的温度范围内不随温度而变，但到573℃时，完全丧失压电性质，这是它的居里点。石英具有很大的机械强度，在研磨质量好时，可以承受700～1000 kg/mm^2 的压力，并且机械性质也较稳定。

除天然石英和人造石英晶体外，近年来铌酸锂$LiNbO_3$、钽酸锂$LiTaO_3$、锗酸锂$LiGeO_3$等许多压电单晶在传感技术中也获得了广泛应用。

2) 多晶压电陶瓷

多晶压电陶瓷是一种经极化处理后的人工多晶体，主要有极化的铁电陶瓷(钛酸钡)、锆钛酸铅等。钛酸钡是使用最早的压电陶瓷，它具有较高的压电系数，约为石英晶体的50倍。但它的居里点低，约为120℃，机械强度和温度稳定性都不如石英晶体。锆钛酸铅系列压电陶瓷(PZT)，随配方和掺杂的变化可获得不同的性能。它的压电系数很高，约为$(200\sim500)\times10^{-12}$ C/N，居里点约为310℃，温度稳定性比较好，是目前使用最多的压电陶瓷。

由于压电陶瓷的压电系数大，灵敏度高，价格低廉，因此在一般情况下，都采用它作为压电式传感器的压电元件。

3) 新型压电材料

新型压电材料主要有有机压电薄膜和压电半导体等。有机压电薄膜是由某些高分子聚合物，经延展拉伸和电场极化后形成的具有压电特性的薄膜，如聚仿氟乙烯、聚氟乙烯等。有机压电薄膜具有柔软、不易破碎、面积大等优点，可制成大面积阵列传感器和机器人触觉传感器。

压电半导体是指既具有半导体特性又具有压电特性的材料，如硫化锌、氧化锌、硫化钙等。由于同一材料兼有压电和半导体两种物理性能，故可以利用压电性能制作敏感元件，又可以利用半导体特性制成电路器件，研制成新型集成压电传感器。

3. 压电传感器等效电路

当压电晶片受力时，在它的两个电极上会产生极性相反、电量相等的电荷。这样可以把压电传感器看成一个静电发生器。由于两个极板上聚集电荷，中间为绝缘体，因此它又可以看成一个电容器，如图3-28(a)所示。其电容量为

$$C_a=\frac{\varepsilon_0\varepsilon_r S}{d} \tag{3-54}$$

式中：S——极板面积；

d——压电晶片厚度；

ε_0——真空介电常数($\varepsilon_0=8.85\times10^{-12}$ F/m)；

ε_r——压电材料的相对介电常数(石英晶体为4.85)。

由于电容器上的开路电压U_a、电荷量Q与电容C_a三者之间存在以下关系：

$$U_a=\frac{Q}{C_a}$$

因此压电式传感器可以等效为一个电压源U_a和一个电容C_a的串联电路，如图3-28(b)所示，也可以等效为一个电流源I和一个电容C_a的并联电路，如图3-28 (c)所示。

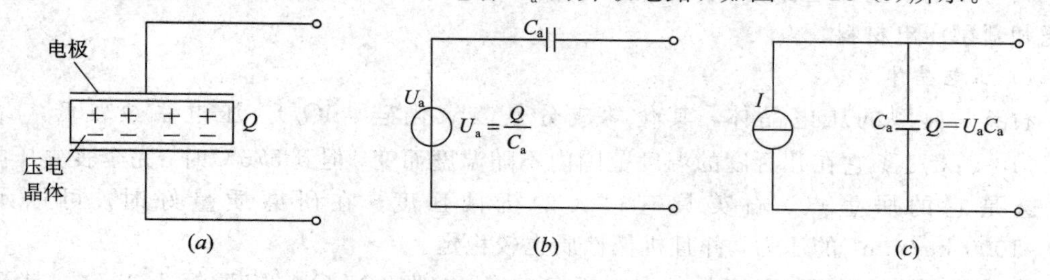

图3-28 压电传感器

(a) 压电元件；(b) 电压等效电路；(c) 电荷等效电路

由等效电路可知，只有在外电路负载无穷大，内部信号电荷无“漏损”时，压电传感器受力后产生的电压或电荷才能长期保存下来。但事实上，传感器内部不可能没有泄漏，外电路负载也不可能无穷大，只有外力以较高频率不断地作用，传感器的电荷能得以补充时才适于使用，因此压电晶片不适合于静态测量。

当把压电式传感器和测量仪表连接时，还需考虑连接导线的等效电容 C_c、前置放大器的输入电阻 R_i、输入电容 C_i。因此，压电传感器完整的等效电路如图 3－29 所示。图中，R_a 为压电传感器绝缘电阻，C_a 为压电式传感器的等效电容。

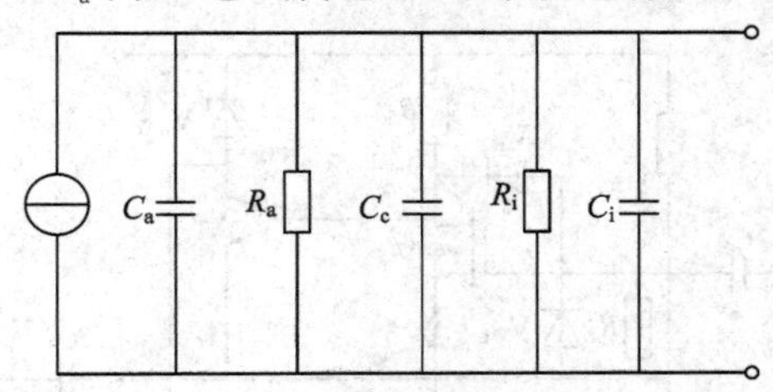

图 3－29　压电传感器完整的等效电路

在压电式传感器中，往往采用多片压电晶片黏结在一起，其连接方式有两种(如图 3－30 所示)。

图(a)为串联接法，其输出电容 C'、输出电压 U'及电荷量 Q'与单片间的关系为

$$Q' = Q,\quad U' = 2U,\quad C' = \frac{C}{2} \tag{3-55}$$

图(b)为并联接法，其输出电容 C'、输出电压 U'及电荷量 Q'与单片间的关系为

$$Q' = 2Q,\quad U' = U,\quad C' = 2C \tag{3-56}$$

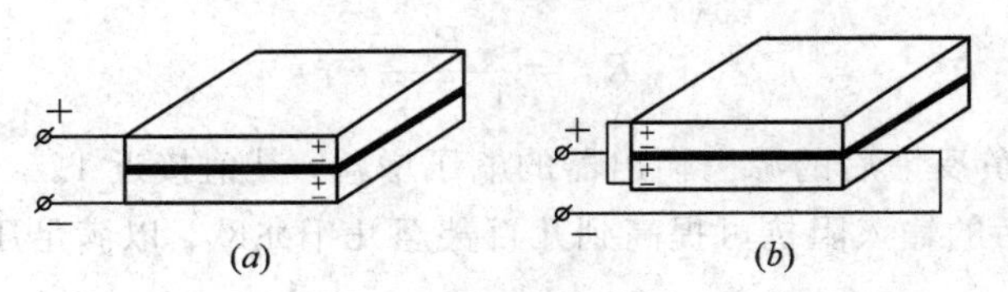

图 3－30　压电晶片的串、并联

(a) 串联接法；(b) 并联接法

由于串联接法输出电压大，本身电容小，因此适合于以电压作为输出信号，且测量电路输入阻抗很高的场合；而并联接法输出电荷大，时间常数大，适合于测量以电荷为输出量且慢变信号的场合。

4. 压电式传感器的测量电路

压电式传感器的输出信号很微弱，而且内阻很高，一般不能直接显示和记录，需要采用低噪声电缆把信号送到具有高输入阻抗的前置放大器。前置放大器有两个作用：一是放大压电传感器的微弱输出信号；另一作用是把传感器的高阻抗输出变换成低阻抗输出。

1) 电压放大器(阻抗变换器)

图 3－31 是一种电压放大器(阻抗变换器)电路图。它具有很高的输入阻抗(一般在 1000 MΩ 以上)和很低的输出阻抗(小于 100 Ω，频率范围为 2～100 kHz)。因此用该阻抗变换器可将高内阻的压电式传感器与一般放大器相匹配。该阻抗变换器第一级采用 MOS 场效应管构成源极输出器，第二级是用锗管构成对输入端的负反馈，以提高输入阻抗。电

路中的 R_1、R_2 是场效应管 V 的偏置电阻；R_3 是一个 100 MΩ 的大电阻，主要起提高输入阻抗的作用；R_5 是场效应管的漏极负载电阻，根据 V 漏极电流大小即可确定 R_5 的数值(在调试中确定)；R_4 是源极接地电阻，也是 V_T 的负载。R_4 上的交流电压通过 C_2 反馈到场效应管的输入端，使 A 点电位提高，保证了较高的交流输入阻抗。二极管 V_{D1}、V_{D2} 起保护场效应管的作用，同时又可以起温度补偿作用。该电路利用二极管的反向电流随温度的变化来补偿场效应管泄漏电流 I_{SG} 和 I_{DG} 随温度的变化。由于 V 和 V_T 是直接耦合，所以采用稳压管 V_{DW}，起稳定 V_T 的固定偏压作用。R_6 是限流电阻，使 V_{DW} 工作在稳定区。

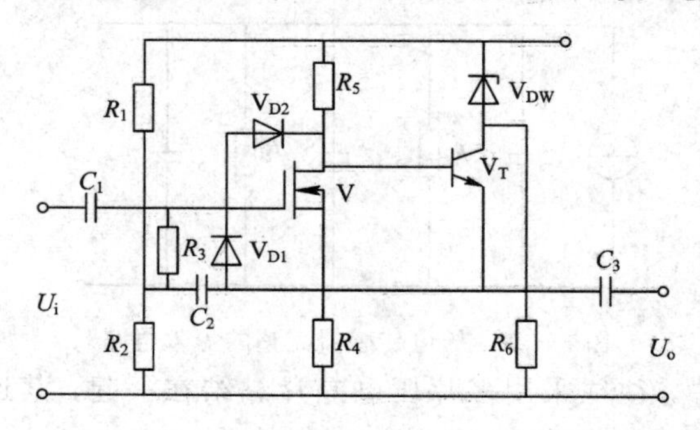

图 3-31　阻抗变换器电路图

图 3-31 中，如果只考虑 V 构成的场效应管源极输出器，则输入阻抗

$$R_i = R_3 + \frac{R_1 R_2}{R_1 + R_2} \tag{3-57}$$

通过 C_2 从输出端引入负反馈电压后，输入阻抗为

$$R_{if} = \frac{R_i}{1 - K_u}$$

式中：K_u 表示加上负反馈后的源极输出器的电压增益，其值接近 1。

因此加负反馈后的输入阻抗可提高到几百甚至几千兆欧，以满足压电传感器对前置放大器的要求。

图 3-31 中，如果只考虑场效应管构成的源极输出器，其输出阻抗为

$$R_o = \frac{1}{g_m} \mathbin{/\!/} R_4 \tag{3-58}$$

式中：g_m 表示场效应管跨导。

由于引入负反馈，所以使输出阻抗减小。

2) 电荷放大器

电荷放大器是一个有反馈电容 C_f 的高增益运算放大器。当略去 R_a 与 R_f 并联的等效电阻 R 后，压电式传感器和电荷放大器连接的等效电路可用图 3-32 表示。图中 A 是运算放大器。由于放大器的输入阻抗极高，因此认为放大器输入端没有分流。根据运算放大器的基本特性，当工作频率足够高时，$\frac{1}{R_f} \ll \omega \cdot C_f$，忽略$(1+A)\frac{1}{R_f}$，可以求得电荷放大器的输出电压

$$U_o = \frac{-Aq}{C_a + C_c + C_i + (1+A)C_f} \tag{3-59}$$

式中：A 表示运算放大器的开环增益；负号表示放大器的输入和输出反相。

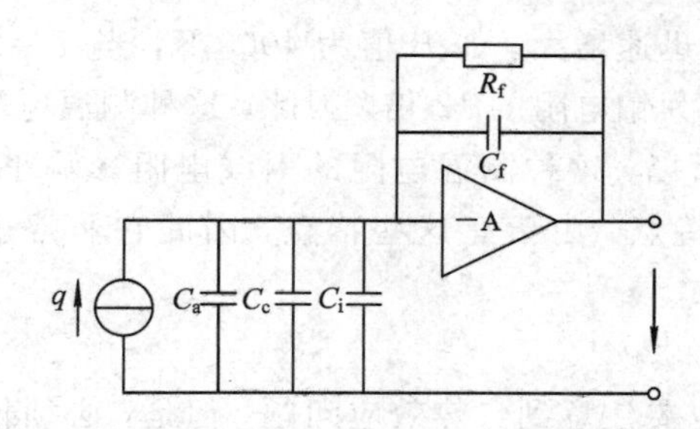

图 3-32　压电式传感器与电荷放大器连接的等效电路

当 $A\gg 1$，满足 $(1+A)C_f>10(C_a+C_c+C_i)$ 时，就可以认为

$$U_o=\frac{-q}{C_f}\tag{3-60}$$

可见，在电荷放大器中，输出电压 U_o 与电缆电容 C_c 无关，而与 q 成正比，这是电荷放大器的突出优点。

3.3.2　半导体敏感元件

随着材料科学的发展，各种新型半导体材料不断被研制出来，以这些新型半导体材料制成的各种类型的传感器，按照前面的分类方法，也可以分为结构型（如各种电阻敏感元件及敏感电极等）和物性型（如各种光电、热电、磁电转换元件）两大类。

1. 半导体热敏电阻

1）分类及特性

半导体热敏电阻按半导体电阻随温度变化的典型特性分为三种类型，即负电阻温度系数热敏电阻（NTC）、正电阻温度系数热敏电阻（PTC）和在某一特性温度下电阻值会发生突变的临界温度热敏电阻（CTR）。它们的特性曲线如图 3-33 所示。由图可见，使用 CTR 组成热控制开关是十分理想的，但在温度测量中，则主要采用 NTC，其温度特性如下式所示

$$R_t=R_0 e^{B\left(\frac{1}{T}-\frac{1}{T_0}\right)}\tag{3-61}$$

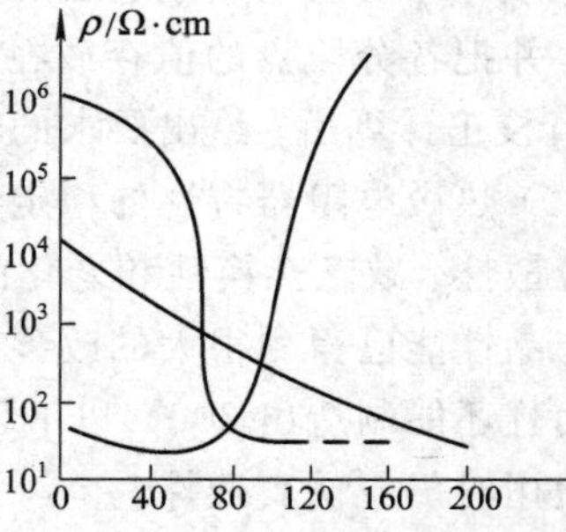

图 3-33　三种类型热敏电阻的典型特性

式中：R_t，R_0——温度为 T 和 T_0 时的热敏电阻值；

T——被测温度；

B——热敏电阻的材料常数，其值主要取决于热敏电阻的材料，一般情况下 B=2000 K～6000 K。在高温下使用时，B 值将增大。

若定义热敏电阻的温度系数为

$$\alpha=\frac{1}{R_t}\cdot\frac{dR_t}{dT}\tag{3-62}$$

则由式(3-61)有

$$\alpha=\frac{1}{R_t}\cdot R_0\cdot e^{B\left(\frac{1}{T}-\frac{1}{T_0}\right)}\cdot B\left(-\frac{1}{T^2}\right)=-\frac{B}{T^2}$$

可见，α 随温度降低而迅速增大。如 B 值为 4000 K，当 $T=293.15$ K(20℃)时，用上式可求得 $\alpha=4.7\%/℃$，约为铂电阻的 12 倍，因此，这种测温电阻灵敏度高。R_0 的常用范围是几百欧到一百千欧，所以，这种测温电阻的引线电阻影响小，可以忽略。体积小也是半导体热敏电阻的又一个特点。由于有这些特点，因此它非常适合于测量微弱的温度变化、温差以及温度场的分布。

2) 使用时的注意事项

在使用热敏电阻时，也要注意到自热效应问题，但是，必须特别注意的有如下两点。

(1) 热敏电阻温度特性的非线性。由式(3-61)可知，热敏电阻随温度变化呈指数规律，也就是说，其非线性是十分严重的。当需要进行线性转换时，就应考虑其线性化处理。常用的线性化方法如下：

① 线性化网络，即利用包含有热敏电阻的电阻网络(常称线性化网络)来代替单个的热敏电阻。

② 利用电子装置中其他部件的特性进行综合修正。图 3-34 是一个温度-频率转换电路。它实际是一个三角波-方波变换器，电容 C 的充电特性是非线性特性。适当地选取线路中的电阻 r 和 R 加上 R_t 可以在一定的温度范围内，得到近似于线性的温度-频率转换特性。

$$T = 2R_1C\ln\left(1+2\frac{R+R_t}{r}\right) \tag{3-63}$$

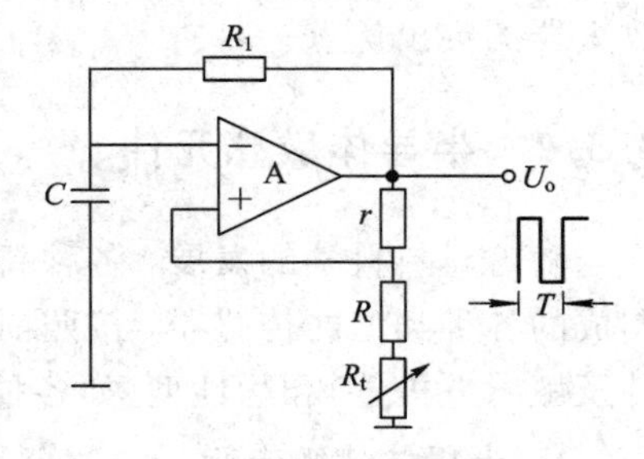

图 3-34 温度-频率转换电路

③ 计算修正法。在带有微处理机(或微型计算机)的测量系统中，当已知热敏电阻的实际特性和要求的理想特性时，可采用线性插值法将特性分段，并把各分段点的值存放在计算机的存储器内。计算机将根据热敏电阻器的实际输出值进行校正计算后，给出要求的输出值。

(2) 热敏电阻器特性的稳定性和老化问题。早期热敏电阻器的应用曾因其特性的不稳定、分散性、缺乏互换性和老化问题而受到限制。近十几年来，随着半导体工艺水平的提高，产品性能已得到很大的改善。现在已研制出精度优于热电偶，并具有互换性的热敏电阻，而且还能制造出 300℃以下可忽略老化影响的产品。但不同厂家产品质量差异还比较大，使用时仍应认真选择。

一般来说，正电阻温度系数热敏电阻和临界温度热敏电阻特性的均匀性要差于负电阻温度系数热敏电阻。在辐射热检测器中，人们采用薄膜式金属电阻和热敏电阻薄膜，构成热量型检测器，将辐射热转换成电阻的变化。

3) 应用举例

电动机过热保护装置组成电路原理如图 3-35 所示。把三只特性相同的负电阻温度系数热敏电阻(如 RRC6 型，经过测试，阻值在 20℃时为 10 kΩ，100℃时为 1 kΩ，110℃时为 0.6 kΩ)放置在电动机内绕组旁，紧靠绕组，每相各放置一只，用万能胶固定。当电动机正常运转时，温度较低，热敏电阻阻值较高，三极管 V_1 截止，继电器 K 不动作。当电动机过负荷，或断相，或一相通地时，电动机温度急剧上升，热敏电阻阻值急剧减小，小到一定值，使三极管 V_1 完全导通，继电器 K 动作，使 S 闭合，红灯亮，起到报警保护作用。

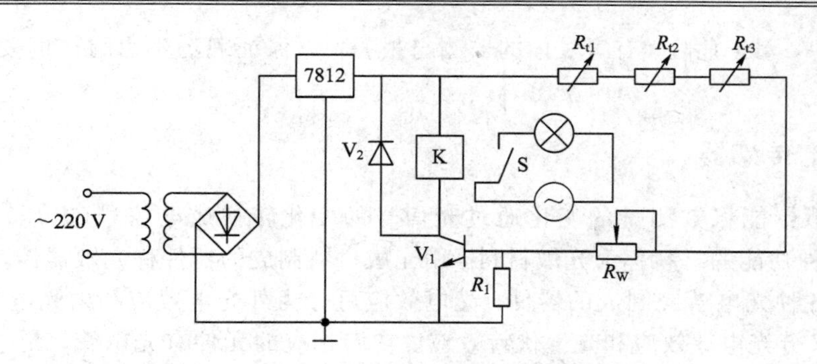

图 3－35　电动机过热保护装置组成电路原理

2. 气敏电阻

气敏电阻是由金属氧化物烧结而成的半导体电阻元件，当环境中气体的成分或浓度发生变化时，导致气敏电阻的阻值发生变化，其变化范围在 $10^3 \sim 10^5$ Ω 数量级之间。

气敏电阻半导体材料亦分为 N 型半导体与 P 型半导体两种。N 型材料如 SnO_2、ZnO、CdO、W_2O_3、MnO_2、ThO_2、TiO_2 等，P 型材料如 MoO_2、NiO、CoO、Cu_2O、Cr_2O_3 等，均为金属氧化物。

其工作机理主要是：由于各种可燃性气体的离解能比较小，容易失去电子，在遇到 N 型半导体材料时，由于其晶格氧离子缺位，气体中的电子向半导体移动，使半导体中载流子浓度增加，内阻减小；当遇到 P 型－导体材料时，由于其阳离子缺位，呈空穴导电性，使半导体中载流子浓度下降，内阻增加。

气敏电阻的结构如图 3－36 所示。图中 1 为气敏半导体材料，体积很小，直径在 1 mm 以内；2 为加热电极；3 为引出端电极，为 Φ0.05 mm 铂电阻丝。在四个电极的支撑下封装在不锈钢防爆网内，构成气敏电阻。

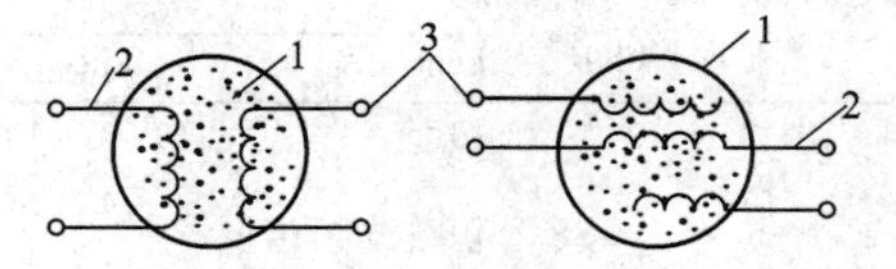

1—气敏半导体材料；2—加热电极；3—引出端电极

图 3－36　气敏电阻

气敏电阻构成的传感器，具有对气体辨别的功能，对不同组分和浓度的气体，其输出特性也不同。图 3－37 所示为气敏电阻输出电压与不同气体浓度间的特性曲线。由图可看出，其对乙醇、乙醚、氢气等具有较高的灵敏度；对甲烷的灵敏度最低；对一氧化碳具有较宽的线性范围。

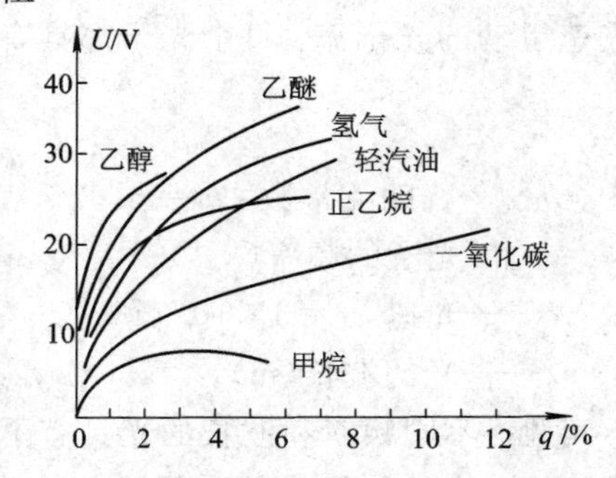

图 3－37　气敏传感器在各种气体浓度 q 下电路输出电压 U 的曲线

在实际使用当中，为提高其灵敏度，需要通以加热电流，亦可用提高电源电压的办法来提高灵敏度，但不可过高，否则气敏电阻在接触高浓度可燃气体时，易被击穿损坏。

气敏电阻在安全检测领域中具有广泛的用途，在许多工业部门如石油、化工、采矿以及生活环境中，用于危险、有害气体的监测与报警，以保证现场生命财产的安全和生产的正常进行。

3.3.3 光电传感器

光电传感器能将被测量的变化通过光信号的变化转换成电信号(电压、电流、电阻等)，具有这种功能的材料称为光敏材料，用光敏材料制成的器件称光敏器件。传统的光敏器件是利用各种光电效应制成的器件。光电效应可分为外光电效应和内光电效应两大类，内光电效应又分光电导效应和光生伏特效应。它们相应的元件有光电管、光电倍增管、光敏电阻、光敏二极管、光敏三极管和光电池等。新发展的光电传感器主要是光纤传感器和电荷耦合器件 CCD。光电传感器的精度高，分辨力高，可靠性高，抗干扰能力强，并可进行非接触测量，除可直接检测光信号外，还可间接测量位移、速度、加速度、温度、压力等物理量，所以它的发展很快，获得了广泛应用。

1. 光的特性

光具有波粒二象性，既具有波动的本性，又具有粒子的特性。

(1) 光的电磁说。光是一种电磁波，由电磁理论可知，光是电磁波谱中的一员，不同波长光的分布如图 3-38 所示。这些光的频率(波长)各不相同，但都具有反射、折射、散射、衍射、干涉和吸收等特性。可见光只是电磁波谱中的一小部分，波长在 380～780 nm 之间，红光频率最低，紫光频率最高。光的频率越高，携带的能量越大。

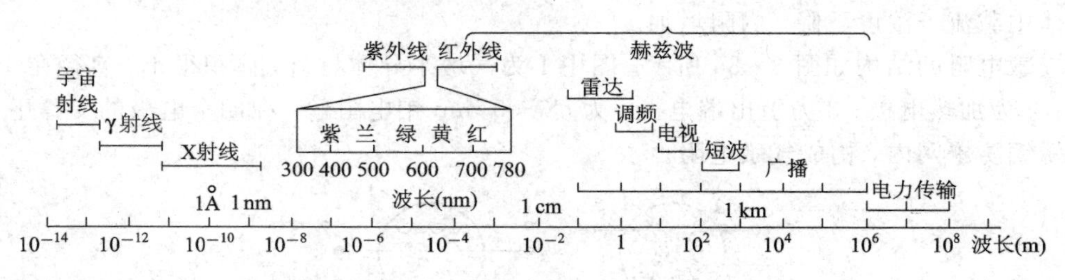

图 3-38 电磁波频谱图

(2) 光的粒子说。光是一种带有能量的粒子(称为光子)所形成的粒子流。由光的粒子说可知，光又是由具有一定能量、动量和质量的粒子所组成的，这种粒子称为光子。光是以光速运动的光子流。每个光子都具有一定的能量，其大小与它的频率成正比，即

$$E = h\nu = \frac{hc}{\lambda} \tag{3-64}$$

式中：h——普朗克常数，$h=6.626\times10^{-34}$ J·s；

ν——光子的频率(s^{-1})；

c——光速，$c=3\times10^{8}$ m/s；

λ——光的波长(m)。

可见，不同频率和波长的光具有不同的能量，光的频率愈高(即波长愈短)，光子的能量就愈大，光的能量就是光子能量的总和。光照射在物体上可以看成一连串具有一定能量的光子轰击这些物体。根据爱因斯坦假说：一个光子的能量只能给一个电子，因此电子增加的能量为 $h\nu$。电子获得能量后释放出来，参加导电。这种物体吸收光的能量后产生电效应的现象叫做光电效应。光电效应可以分为以下三种类型。

1）外光电效应

在光的作用下，物体内的电子逸出物体表面、向外发射的现象叫外光电效应。物体中的电子吸收的入射光子能量若足以克服逸出功，电子就逸出物体表面，产生光电发射。如果逸出电子的能量为 $mv^2/2$，m 为电子质量，v 为逸出速度，则有

$$h\nu = \frac{1}{2}mv^2 + A_0 \tag{3-65}$$

式(3－65)称为爱因斯坦光电效应方程式，A_0 为逸出功。可见，只有当光子能量大于逸出功，即 $h\nu > A_0$ 时，才有电子发射出来；当光子的能量等于逸出功，即 $h\nu_0 = A_0$ 时，逸出的电子初速度为零，此时光子的频率为该物质产生外光电效应的最低频率，称为红限频率。由于光子的能量与光的频率成正比，因此要使物体发射光电子，光的频率必须高于红限频率。小于红限频率的入射光，光再强也不会激发光电子；大于红限频率的入射光，光再弱也会激发光电子。单位时间内发射的光电子数称为光电流，它与入射光的光强成正比。对光敏管，即使阳极电压为零也会有光电流产生。欲使光电流为零，必须加负向的截止电压，截止电压应与入射光的频率成正比。利用外光电效应制成的光电器件有真空光电管、充气光电管和光电倍增管。

2）光电导效应

在光的作用下，电子吸收光子能量从键合状态过渡到自由状态，引起物体电阻率的变化，这种现象称为光电导效应。由于这里没有电子从物体向外发射，仅改变物体内部的电阻或电导，因此与外光电效应对照，有时也称为内光电效应。光电导效应是由于在光线的照射下，半导体中的原子受激发成为自由电子或空穴，它们参加导电使半导体的电导率增加了。与外光电效应一样，要产生光电导效应，也要受到红限频率限制。利用光电导效应可制成半导体光敏电阻。

3）光生伏特效应

在光的作用下，能够使物体内部产生一定方向的电动势的现象叫光生伏特效应。光生伏特效应是由于在光线照射下，PN 结附近被束缚的价电子吸收光子能量，受激发产生电子空穴对。在内电场的作用下，空穴移向 P 区，电子移向 N 区，使 P 区带正电，N 区带负电，于是在 P 区和 N 区之间产生电动势。利用光生伏特效应制成的光电器件有光敏二极管、光敏三极管和光电池等。

2. 光电器件的基本特性

各种光电器件的基本特性包括以下几方面。

1）光电流

光敏元件的两端加上一定偏置电压后，在某种光源的特定照度下产生或增加的电流称为光电流。

2）暗电流

光敏元件在无光照时，两端加电压后产生的电流称为暗电流。暗电流在电路设计中被认为是一种噪声电流。在高照度情况下，由于光电流与暗电流的比值大，还不会产生问题；但在低照度时，因光电流与暗电流的比值较小，如果电路各级间没有耦合电容隔断直流电流，则容易使线路产生误动作。因此，暗电流对测量微弱光强及精密测量的影响很大。在选择时，应选择暗电流小的光电器件。

3) 光照特性

当光敏元件加一定电压时，光电流 I 与光敏元件上光照度 E 之间的关系，称为光照特性。一般可表示为 $I=f(E)$。

4) 光谱特性

当光敏元件加一定电压时，如果照射在光敏元件上的是一单色光，且入射光功率不变，光电流随入射光波长变化而变化的关系，则称为光谱特性。

光谱特性对选择光电器件和光源有重要意义。当光电器件的光谱特性与光源的光谱分布协调一致时，光电传感器的性能较好，效率也高。在检测中，应选择最大灵敏度在需要测量的光谱范围内的光敏元件，才有可能获得最高灵敏度。

5) 伏安特性

在一定照度下，光电流 I 与光敏元件两端的电压 U 的关系 $I=f(U)$ 称为伏安特性。同晶体管的伏安特性一样，光敏元件的伏安特性可以用来确定光敏元件的负载电阻，设计应用电路。

6) 频率特性

在相同的电压和相同幅值的光强度下，当入射光受不同的正弦交变频率调制时，光敏元件输出的光电流 I 和灵敏度 K 随调制频率 f 变化的关系 $I=f_1(f)$，$K=f_2(f)$ 称为频率特性。

7) 温度特性

环境温度变化后，光敏元件的光学性质也将随之改变，这种现象称为温度特性。温度升高时，电子热运动增强，引起光敏元件的光电流及光谱特性等变化。温度超过一定值时，光电器件的性质会有显著的改变。

光电器件都有极限工作条件，正常使用时都不允许超过这些指标，否则会影响光电器件的正常工作，甚至使器件损坏。通常各种光电器件都规定了工作电压、工作电流、工作温度等的允许范围，使用时要注意。

3. 光电管

1) 结构和工作原理

典型的光电管有真空光电管和充气光电管两类，两者结构相似。图 3-39(*a*)所示为光电管的结构示意图，它由一个阴极和一个阳极构成，它们一起装在一个被抽成真空的玻璃泡内，阴极装在光电管玻璃泡内壁或特殊的薄片上，光线通过玻璃泡的透明部分投射到阴极。要求阴极镀有光电发射材料，并有足够的面积来接受光的照射。阳极要既能有效地收集阴极所发射的电子，而又不妨碍光线照到阴极上，因此用一细长的金属丝弯成圆形或矩形制成，放在玻璃管的中心。

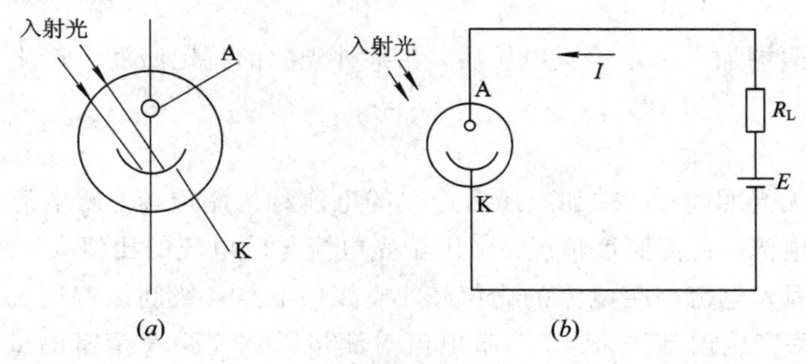

图 3-39　光电管结构示意图和连接电路

光电管的连接电路图如图 3-39(*b*)所示。光电管的阴极 K 和电源的负极相连，阳极 A 通过负载电阻 R_L 接电源正极，当阴极受到光线照射时，电子从阴极逸出，在电场作用下被阳极收集，形成光电流 I，该电流及负载电阻 R_L 上的电压将随光照的强弱而改变，达到把光信号变化转换为电信号变化的目的。

充气光电管的结构基本与真空光电管相同，只是管内充以少量的惰性气体，如氖气等。当光电管阴极被光线照射产生电子后，在趋向阳极的过程中，由于电子对气体分子的撞击，将使惰性气体分子电离，从而得到正离子和更多的自由电子，使电流增加，提高了光电管的灵敏度。但充气光电管的频率特性较差，温度影响大，伏安特性为非线性，所以在自动检测仪表中多采用真空光电管。

2）主要特性

（1）光电管的伏安特性。

在一定的光照下，对光电管阴极所加电压与阳极所产生的电流之间的关系称为光电管的伏安特性。真空光电管和充气光电管的伏安特性分别如图 3-40(*a*)、(*b*)所示，它们是光电传感器的主要参数依据，充气光电管的灵敏度更高。

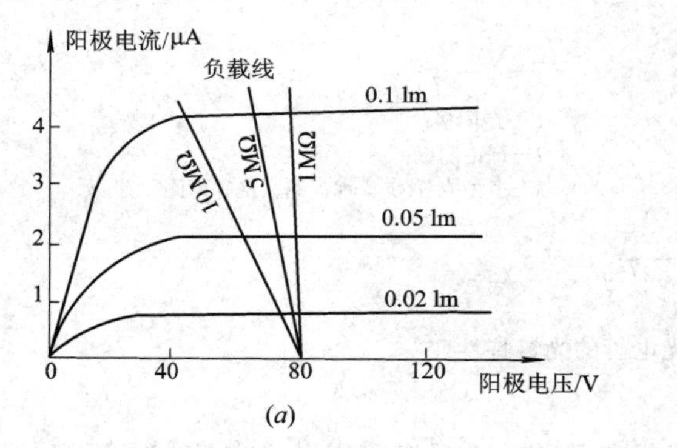

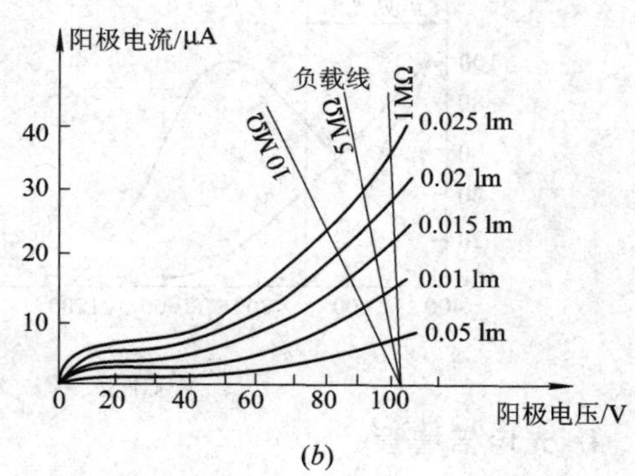

图 3-40　光电管的伏安特性

(*a*) 真空光电管；(*b*) 充气光电管

（2）光电管的光照特性。

当光电管的阳极和阴极之间所加电压一定时，光通量与光电流之间的关系称为光照特性。图 3-41 为光电管的光照特性，曲线 1 是氧铯阴极光电管的特性，光电流 I 与光通量呈线性关系；曲线 2 是锑铯阴极光电管的光照特性，呈非线性关系。光照特性曲线的斜率(光电流与入射光光通量之比)称为光电管的灵敏度。

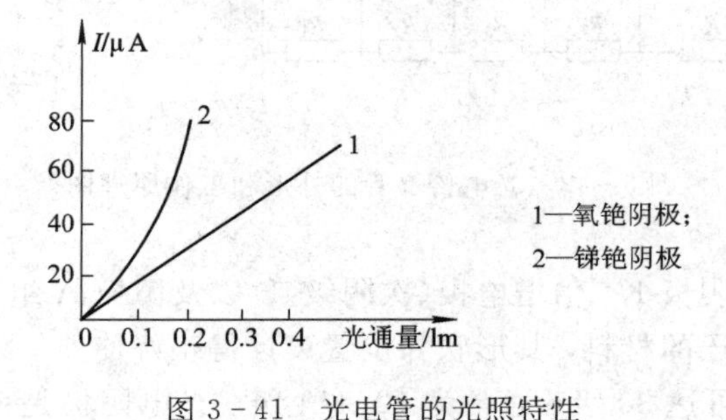

图 3-41　光电管的光照特性

(3) 光电管的光谱特性。

一般对于光电阴极材料不同的光电管，它们有不同的红限频率 ν_0，因此，它们可用于不同的光谱范围。除此之外，即使照射在阴极上的入射光的频率高于红限频率 ν_0，并且强度相同，随着入射光频率的不同，阴极发射的光电子的数量还会不同，即同一光电管对于不同频率的光的灵敏度不同，这就是光电管的光谱特性。所以，对各种不同波长区域的光，应选用不同材料的光电阴极。图 3-42 为光电管的光谱特性。国产 GD-4 型的光电管，阴极是用锑铯材料制成的，其红限为 7000 nm，它对可见光范围的入射光灵敏度比较高，转换效率可达 25%～30%。这种管子适用于白光光源，因而被广泛地应用于各种光电式自动检测仪表中。对红外光源，常用银氧铯阴极，构成红外传感器。对紫外光源，常用锑铯阴极和镁镉阴极。另外，锑、钾、钠、铯阴极的光谱范围较宽，为 3000～8500 nm，灵敏度也较高，与人的视觉光谱特性很接近，是一种新型的光电阴极。但也有些光电管的光谱特性和人的视觉光谱特性有很大差异，因而在测量和控制技术中，这些光电管可以担负人眼所不能胜任的工作，如坦克和装甲车的夜视镜等。

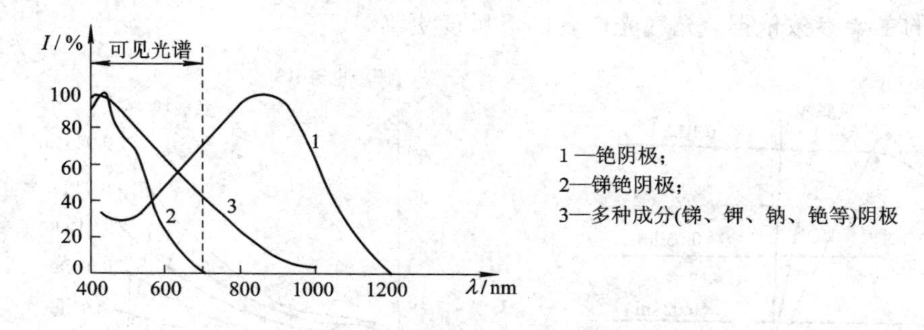

图 3-42　光电管的光谱特性

4. 光电倍增管

当入射光很微弱时，普通光电管产生的光电流很小，只有零点几个微安，很不容易探测。这时，常用光电倍增管对电流进行放大。图 3-43 是光电倍增管的外形和工作原理图。

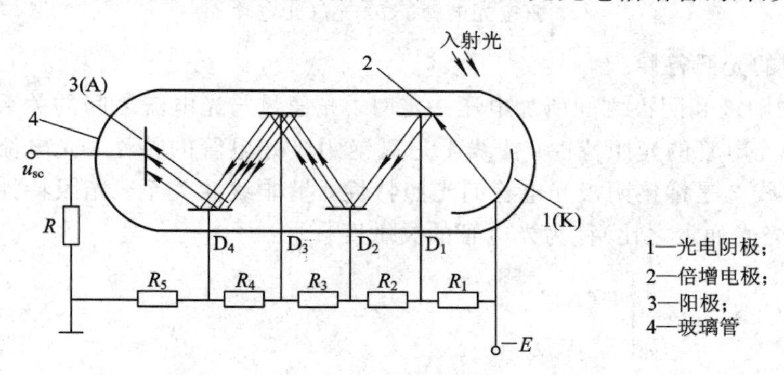

图 3-43　光电倍增管的外形和工作原理图

1) 光电倍增管的结构

光电倍增管由光电阴极 K、倍增电极(次阴级)D 以及阳极 A 组成。倍增电极上涂有电子轰击下能发射更多电子的材料，其形状和位置设计得正好使前一级发射的电子继续轰击下一级，倍增电极多的可达 30 级，通常为 12～14 级。光电阴极是由半导体光电材料锑铯做成的。次阴极是在镍或铜一边的衬底上涂上锑铯材料而形成的。阳极是最后用来收集电子的，它输出的是电压脉冲。

2）工作原理

光电倍增管除光电阴极外，还有若干个倍增电极。使用时在各个倍增电极上均匀加上电压。阴极电位最低，从阴极开始，各个倍增电极的电位依次升高，阳极电位最高。同时这些倍增电极用次阴极发射材料制成，这种材料在具有一定能量的电子轰击下，能够产生更多的"次级电子"。由于相邻两个倍增电极之间有电位差，因此存在加速电场，对电子加速。从阴极发出的光电子，在电场的加速下，打到第一个倍增电极上，引起二次电子发射。每个电子能从这个倍增电极上打出 3～6 倍个次级电子，被打出来的次级电子再经过电场的加速后，打在第二个倍增电极上，电子数又增加 3～6 倍，如此不断倍增，阳极最后收集到的电子数将达到阴极发射电子数的 10^5～10^6 倍，即光电倍增管的放大倍数可达几万倍到几百万倍。因此，光电倍增管的灵敏度就比普通光电管高几万倍到几百万倍。

3）主要参数

（1）倍增系数 M。

倍增系数 M 等于各倍增电极的二次电子发射系数 δ_i 的乘积。如果 n 个倍增电极的 δ_i 相等，则 $M=\delta_i^n$，阳极电流 I 为 $I=i\delta_i^n$，式中，i 是光电阴极的光电流。

光电倍增管的电流放大系数 β 为

$$\beta = \frac{I}{i} = \delta_i^n \tag{3-66}$$

倍增系数 M 与所加电压有关，一般阳极和阴极之间的电压为 1000～2500 V，两个相邻倍增电极的电位差为 50～100 V。

（2）光电特性。

图 3－44(*a*)是光电倍增管的光电特性，当光通量不大时，阳极电流 I 和光通量 Φ 之间有良好的线性关系，但当光通量很大(Φ>0.01 lm)时，出现严重的非线性。光电倍增管的光谱特性与相同材料的光电管的光谱特性相似。

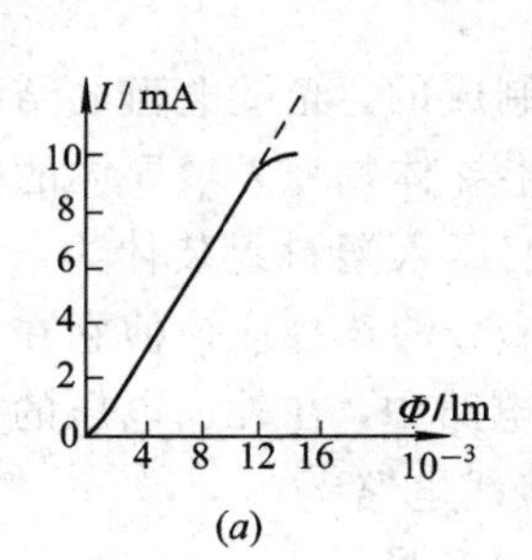

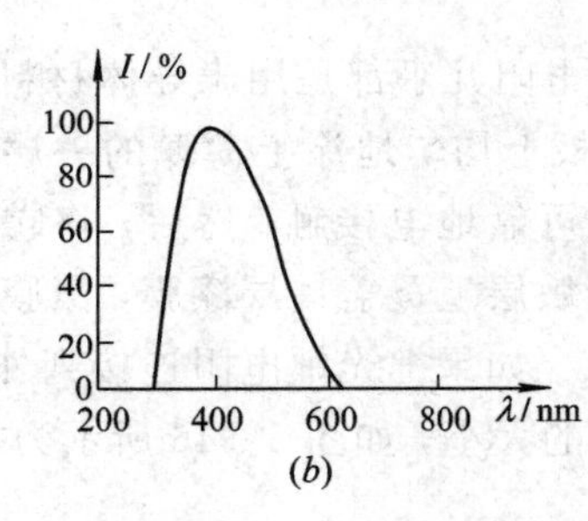

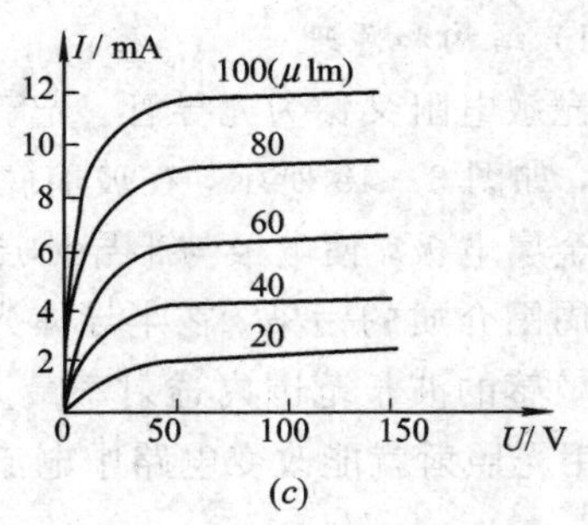

图 3－44　光电倍增管的特性曲线

(*a*) 光电特性；(*b*) 光谱特性；(*c*) 伏安特性

（3）光谱特性。

图 3－44(*b*)是锑钾铯光电阴极的光电倍增管的光谱特性。

（4）伏安特性。

光电倍增管的阳极电流与最后一级倍增极的阳极电压的关系，称为光电倍增管的伏安特性。图 3－44(*c*)为光电倍增管的伏安特性，此时其余各电极的电压保持恒定。由图可见，实际照到光电阴极上的光通量愈大，相应地达到饱和时的阳极电流也愈大。使用时，应工作在特性曲线的饱和区。

(5) 灵敏度。

一个光子在阴极上能够打出的平均电子数叫做光电阴极的灵敏度。而一个光子在阳极上产生的平均电子数叫光电倍增管的总灵敏度。光电倍增管的灵敏度高，频率特性好，频率可达 10^8 Hz，甚至更高，但它需要高压直流电源，价格贵，体积大，经不起机械冲击。

(6) 暗电流。

光电倍增管由于环境温度、热辐射等因素的影响，即使没有光信号输入，加上电压后仍有电流，这种电流称为暗电流。光电倍增管的暗电流对于测量微弱的光强和确定管子灵敏度的影响很大。产生暗电流的主要原因是光电阴极和倍增极的热电子发射，它随温度增加而增加。一般在使用光电倍增管时，必须将其放在暗室里避光使用，只对入射光起作用。这种暗电流通常可以用补偿电路加以消除。表 3-1 为常见光电倍增管的特性参数。

表 3-1　常见光电倍增管的特性参数

型　号	光谱响应范围/nm	光谱峰值波长/nm	阴极灵敏度/(μA/lm)	阳极灵敏度/(A/lm)	暗电流/nA	倍增极数	直径/mm	长度/mm	主要用途
GDB-106	200～700	400±50	30	30(860 V)	7(30 A/lm)	9	14	68	光度测量
GDB-143	300～850	400±20	20	1(800 V)	20(1 A/lm)	9	30	100	光度测量
GDB-235	300～650	400±20	40	1(750 V)	60(10 A/lm)	8	30	110	闪烁计数器
GDB-413	300～700	400±20	40	100(1250 V)	10(100 A/lm)	11	30	120	分光光度计
GDB-546	300～850	420±20	70	20(1300 V)	100(200 A/lm)	11	51	154	激光接收器

5. 光敏电阻

1) 结构和原理

光敏电阻又称为光导管。光敏电阻几乎都是用半导体材料制成的。光敏电阻的结构较简单，如图 3-45 所示，在玻璃底板上均匀地涂上薄薄的一层半导体物质，半导体的两端装上金属电极，使电极与半导体层可靠地电接触，然后，将它们压入塑料封装体内。为了防止周围介质的污染，在半导体光敏层上覆盖一层漆膜，漆膜成分的选择应该使它在光敏层最敏感的波长范围内透射率最大。如果把光敏电阻连接到外电路中，在外加电压的作用下，用光照射就能改变电路中电流的大小，如图 3-46 所示为接线电路。

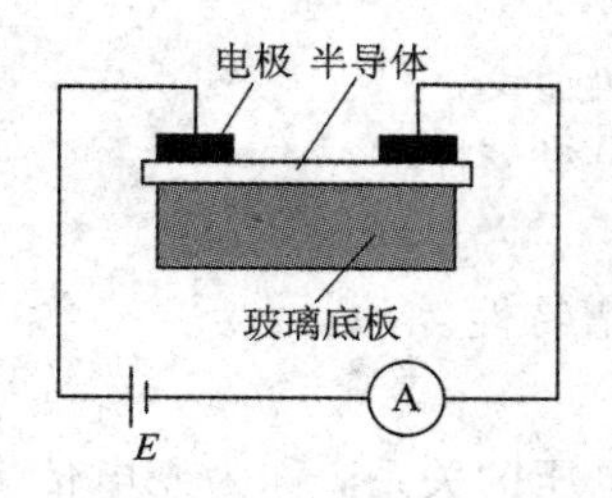

图 3-45　光敏电阻结构

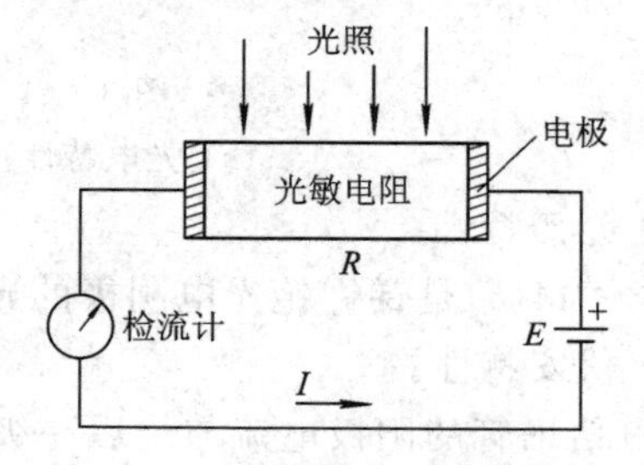

图 3-46　光敏电阻接线电路

半导体的导电能力完全取决于半导体导带内载流子数目的多少。当光敏电阻受到光照时，若光子能量大于该半导体材料的禁带宽度，则价带中的电子吸收光子能量后跃迁到导带，成为自由电子，同时产生空穴，电子空穴对的出现使电阻率变小。光照愈强，光生电子空穴对就越多，阻值就愈低。入射光消失，电子空穴对逐渐复合，电阻也逐渐恢复为原值。光敏电阻在受到光的照射时，由于内光电效应使其导电性能增强，电阻 R 下降，所以流过负载电阻 R 的电流及其两端的电压也随之变化。光线越强，电流越大。当光照停止时，光电效应消失，电阻恢复为原值，因而可将光信号转换为电信号。

并非一切纯半导体都能显示出光电特性，对于不具备这一条件的物质可以加入杂质使之产生光电效应特性。用来产生这种效应的物质由金属的硫化物、硒化物、碲化物等组成，如硫化镉、硫化铅、硫化铊、硫化铋、硒化镉、硒化铅、碲化铅等。光敏电阻的使用取决于它的一系列特性，如暗电流、光电流、伏安特性、光照特性、光谱特性、频率特性等。

2）光敏电阻种类

光敏电阻是一个纯电阻性两端器件，适用于交、直流电路，因而应用广泛，种类很多。对光照敏感的半导体光敏元件都可以制成光敏电阻，目前人类已开发应用的光波频谱范围为 0.1～10^{21} Hz，相应的波长为 3×10^{9} m～0.3 pm。半导体光敏元件的敏感光波长为纳米波，按其最佳工作波长范围可分为三类。

（1）对紫外光敏感元件。

紫外光是指紫外线（波长 $\lambda=10\sim380$ nm）的内侧光波，波长约 300～380 nm。对这类光敏感的材料有氧化锌（ZnO）、硫化锌（ZnS）、硫化镉（CdS）、硒化镉（CdSe）等，这类敏感元件适于作 α、β、γ 射线检测及光电控制电路。

（2）对可见光敏感元件。

可见光波长范围约 380～760 nm，对这类光敏感的材料有硒（Se）、硅（Si）、锗（Ge）及硫化铊（TlS）、硫化镉（CdS）等，尤其是 TlS 光敏元件，它既适用于可见光，也适用于红外光。这类敏感元件适用于光电计数、光电耦合、光电控制等场合。

（3）对红外光敏感元件。

红外光是红外线（波长 $\lambda=760\sim10^{6}$ nm）的内侧光波，波长约 760～6000 nm。对这类光敏感的材料有硫化铅（PbS）、硒化铅（PbSe）、锑化铟（InSb）等，这类敏感元件主要用来探测不可见目标。

3）光敏电阻的特性

（1）暗电阻、亮电阻与光电流。

光敏电阻在未受到光照射时的阻值称为暗电阻，此时流过的电流称为暗电流；在受到光照射时的电阻称为亮电阻，此时的电流称为亮电流。亮电流与暗电流之差称为光电流。

一般暗电阻越大，亮电阻越小，光敏电阻的灵敏度越高。光敏电阻的暗电阻的阻值一般在兆欧数量级，亮电阻在几千欧以下。暗电阻与亮电阻之比一般在 $10^{2}\sim10^{6}$ 之间，这个数值是相当可观的。

（2）光敏电阻的伏安特性。

一般光敏电阻如硫化铅、硫化铊的伏安特性曲线如图 3-47 所示。由曲线可知，所加的电压越高，光电流越大，而且没有饱和现象。在给定的电压下，光电流的数值将随光照增强而增大。

(3) 光敏电阻的光照特性。

光敏电阻的光照特性用于描述光电流 I 和光照强度之间的关系。绝大多数光敏电阻的光照特性曲线是非线性的，如图 3-48 所示。不同光敏电阻的光照特性是不相同的。光敏电阻不宜作线性测量元件，一般用做开关式的光电转换器。

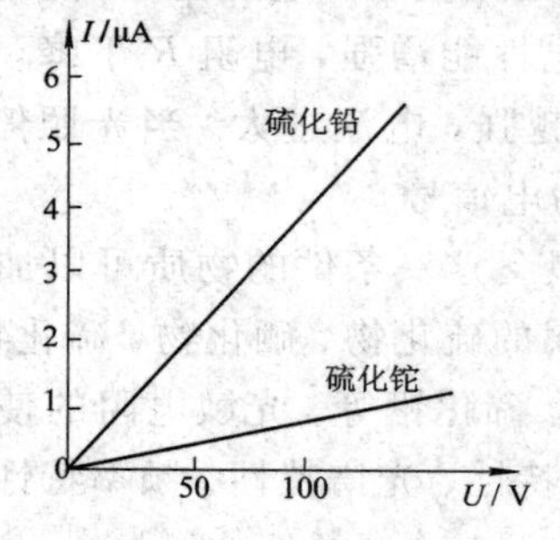

图 3-47 光敏电阻的伏安特性

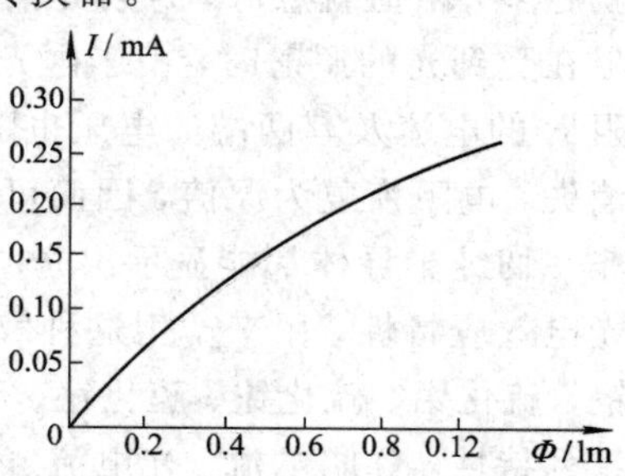

图 3-48 光敏电阻的光照特性

(4) 光敏电阻的光谱特性。

几种常用光敏电阻材料的光谱特性如图 3-49 所示。对于不同波长的光，光敏电阻的灵敏度是不同的。从图中可以看出，硫化铊的峰值在可见光区域，而硫化铅的峰值在红外区域。因此，在选用光敏电阻时，应当把元件和光源的种类结合起来考虑，才能获得满意的结果。

(5) 光敏电阻的温度特性。

随着温度不断升高，光敏电阻的暗电阻和灵敏度都要下降，同时温度变化也影响它的光谱特性。图 3-50 表示出硫化铅的光谱温度特性曲线。从图中可以看出，它的峰值随着温度上升向波长短的方向移动。因此，有时为了提高元件的灵敏度，或为了能够接受较长波段的红外辐射，而采取一些致冷措施。

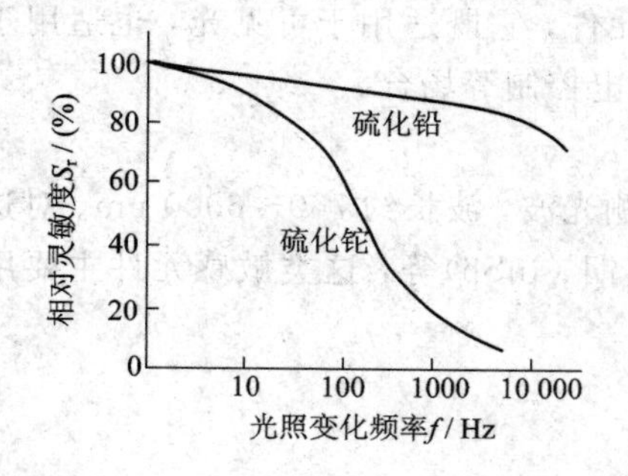

图 3-49 光敏电阻的光谱特性

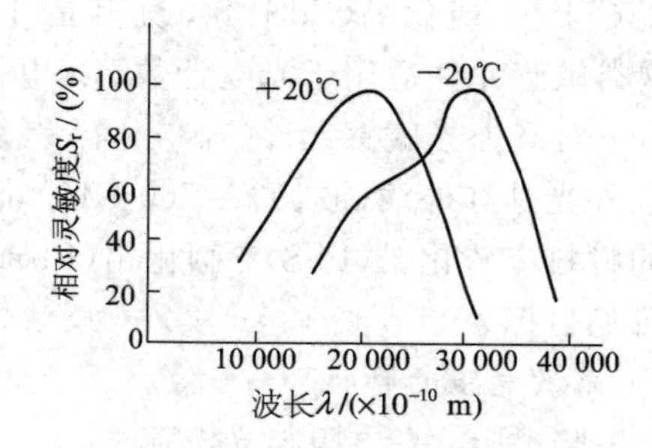

图 3-50 光敏电阻的温度特性

(6) 光敏电阻的响应时间和频率特性。

实验证明，光敏电阻的光电流不能立刻随着光照量的改变而改变，即光敏电阻产生的光电流有一定的延迟性，这个延迟性通常用时间常数 t 来描述。所谓时间常数，即为光敏电阻自停止光照起到电流下降为原来的 63%所需要的时间，因此，时间常数越小，响应越迅速。但大多数光敏电阻的时间常数都较大，这是它的缺点之一。

6. 光敏二极管和光敏三极管

1) 结构及工作原理

(1) 光敏二极管。

光敏二极管的结构与一般二极管相似，它装在透明玻璃外壳中，PN结位于管顶，可直接受到光照射。光敏二极管在电路中一般处于反向工作状态，见图3-51(*a*)。在没有光照射时，反向电阻很大，反向电流很小，反向电流也叫暗电流，这时光敏二极管处于截止状态。当光照射时，光敏二极管处于导通状态，工作原理与光电池类似。图3-51(*b*)是光敏二极管的符号图。

光敏二极管的光电流 I 与照度之间呈线性关系，适合于检测等方面的应用。光敏二极管接线法如图3-52所示。

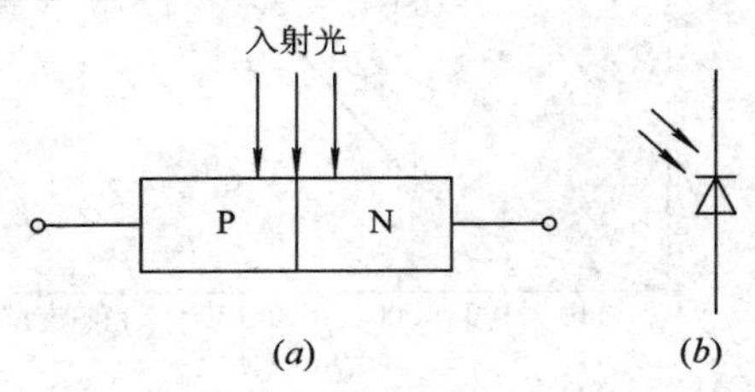

图3-51 光敏二极管结构与符号图

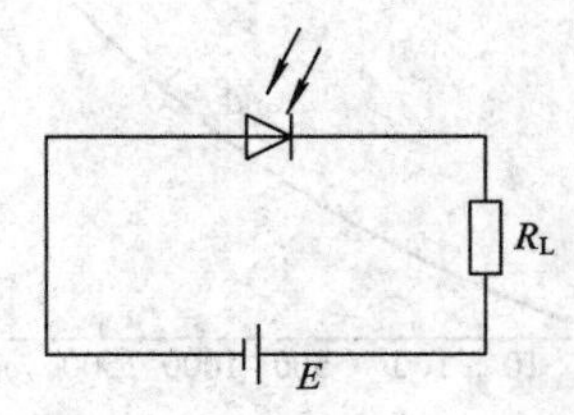

图3-52 光敏二极管接线法

(2) 光敏三极管。

光敏三极管的结构与一般三极管很相似，有PNP型和NPN型两种，只是它的发射极一边做得很大，以扩大光的照射面积，且基极往往不接引线。如图3-53所示，光敏三极管也有两个PN结，因此具有电流增益。以NPN型为例，当集电极加上正电压，基极开路时，集电结处于反向偏置状态。当光线照在发射结时，会产生电子-空穴对，光生电子被拉到集电极，基区留下空穴，使基极相对发射极电位升高，这样便有大量的电子流向集电极，形成输出电流，且集电极电流为光电流的 β 倍。

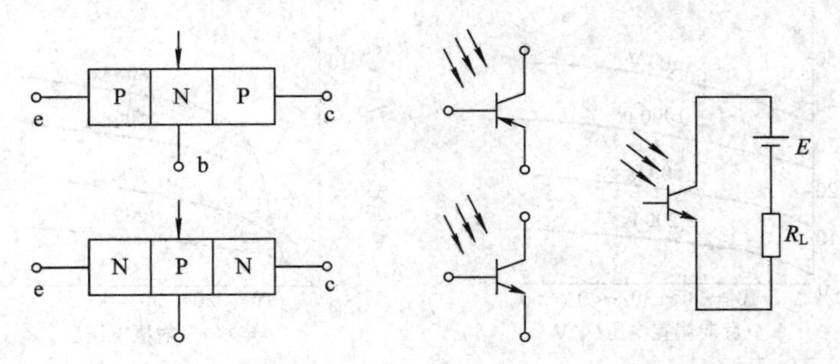

图3-53 光敏三极管结构图、符号图及工作电路

2) 光敏二极管的主要特性

(1) 光谱特性。

光敏二极管和光敏晶体管都由硅或锗材料作敏感元件，这两种敏感元件的光谱特性如图3-54所示。锗管的敏感波长范围是500～1800 nm，峰值波长约为1500 nm。显然，锗管的光敏感范围比硅管大。由于锗管温度性能比较差，因而测可见光时，主要用硅管，探测红外光时，主要用锗管。

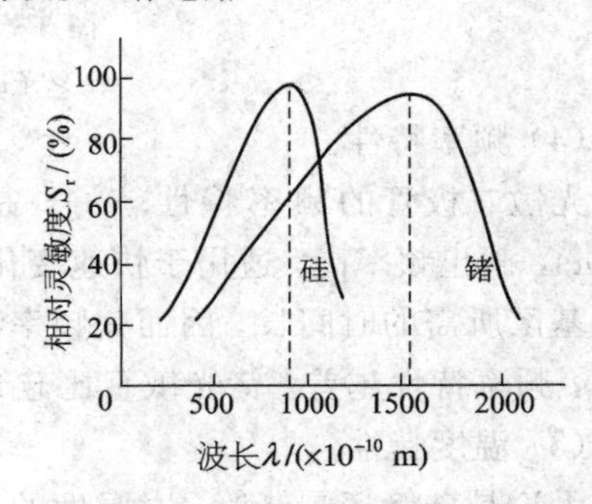

图3-54 光敏二极管的光谱特性

(2) 光照特性。

光敏二极管与光敏晶体管的光照特性有明显不同，如图 3-55 所示。以硅管为例，光敏二极管的光照特性近似为线性关系；光敏晶体管的光照特性为非线性。光照度 E(单位：勒克斯 lx)较小时，光电流随光照度加强而缓慢增加；当光照度较大时，光电流又趋于饱和。

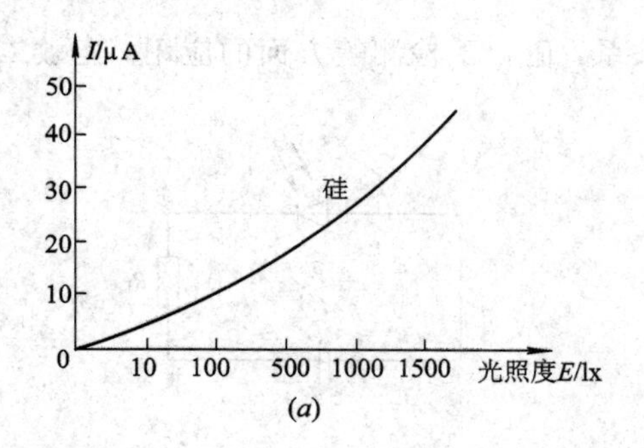

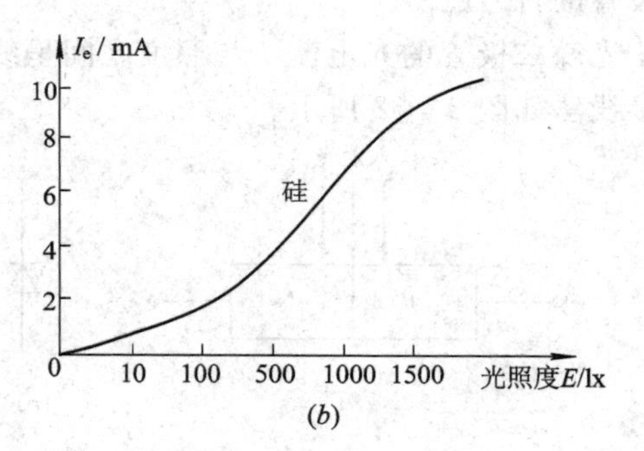

图 3-55 硅光敏管的光照特性

(a) 光敏二极管；(b) 光敏晶体管

(3) 伏安特性。

图 3-56 为硅光敏管在不同照度下的伏安特性。由图可见，光敏管的输出电流与所加的偏置电压关系不大，具有近似的恒流特性；光敏晶体管比光敏二极管的光电流大近百倍，因而具有更高的灵敏度；光敏二极管在零偏压下就有一定的电流输出，光敏晶体管却有一段死区电压。

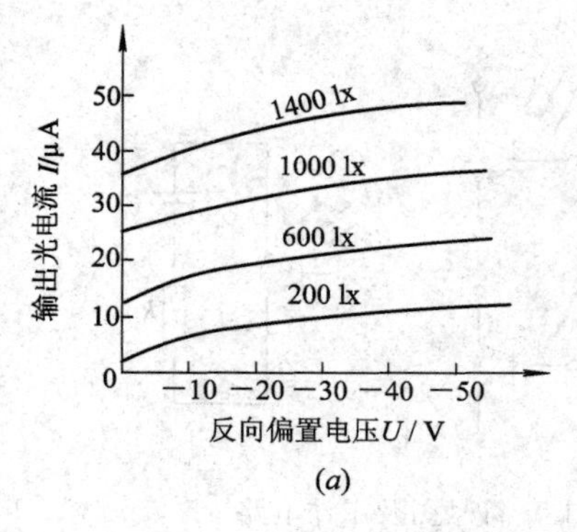

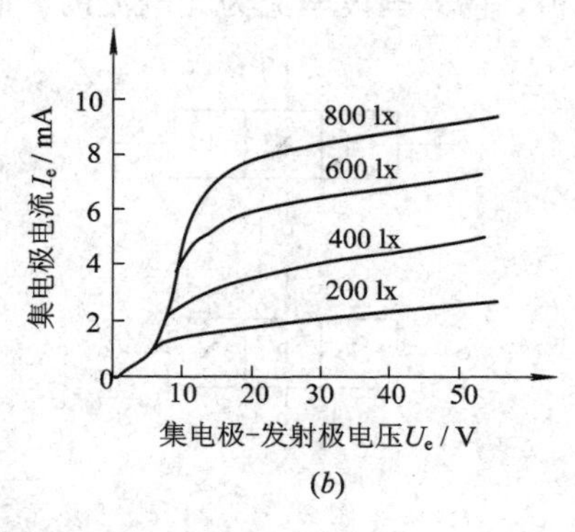

图 3-56 硅光敏管的伏安特性

(a) 光敏二极管；(b) 光敏晶体管

(4) 频率特性。

光敏二极管的频率特性较好，是半导体光敏器件中最好的一种，其响应速度可达 0.1 μs，截止频率高，适用于快速变化的光调制信号。光敏晶体管由于基区面积大，载流子穿越基区所需的时间长，因而其频率特性比二极管差。无论是哪一类光敏管，其负载电阻越大，频率特性越差。锗光敏管比硅光敏管频率特性差。

(5) 温度特性。

无论是硅管还是锗管，对温度的变化都比较敏感，温度升高，热激发产生的电子-空穴对增加，使暗电流上升。尤其是锗管，其暗电流较大，温度特性较差，如图 3-57(a)所示。

温度升高对光电流影响不大，如图 3－57(*b*)所示。对于在高温低照度下工作的光敏晶体管，此时暗电流上升、亮电流下降，使信噪比减小。为了提高信噪比，应采取相应的温度补偿或降温措施。

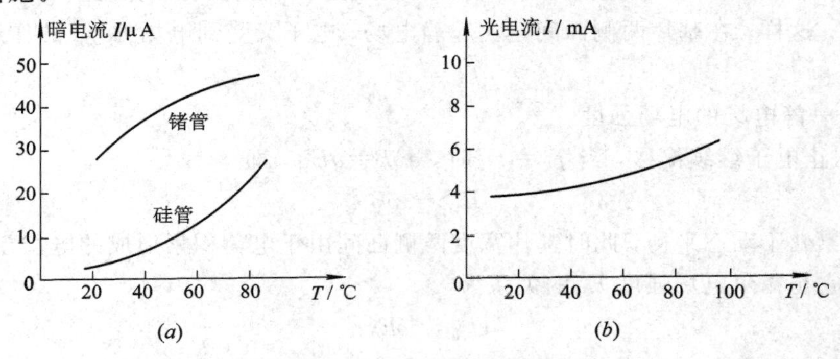

图 3－57　光敏管的温度特性

(*a*) 暗电流与温度关系；(*b*) 光电流与温度关系

3.3.4　霍尔传感器

1. 霍尔效应

1879 年，霍尔发现在通有电流的金属板上加一匀强磁场，当电流方向与磁场方向垂直时，在与电流和磁场都垂直的金属板的两表面间出现电势差，这个现象称为霍尔效应，这个电势差称为霍尔电动势，其成因可用带电粒子在磁场中所受到的洛仑兹力来解释。如图 3－58 所示，将金属或半导体薄片置于磁感应强度为 B 的磁场中，当有电流流过薄片时，电子受到洛仑兹力 f_L 的作用向一侧偏移，电子向一侧堆积形成电场，该电场对电子又产生电场力。电子积累越多，电场力越大。洛仑兹力的方向可用左手定则判断，它与电场力的方向恰好相反。当两个力达到动态平衡时，在薄片的 cd 方向建立稳定电场，即霍尔电动势。

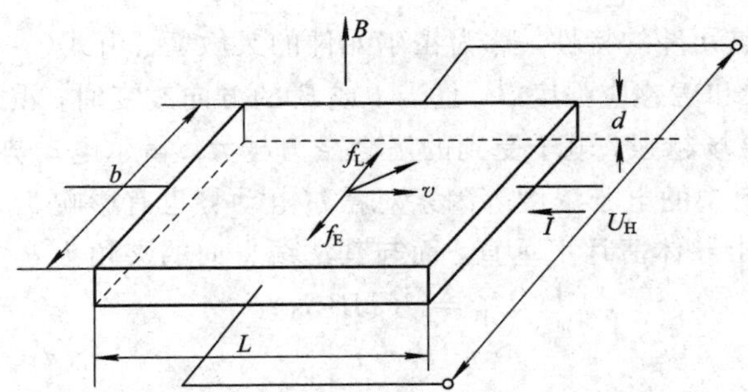

图 3－58　霍尔效应原理图

霍尔效应是由于电荷受磁场中洛仑兹力作用的结果。如图 3－58 所示，一块长为 L，宽为 b、厚度为 d 的 N 型半导体薄片(称为霍尔基片)，沿基片长度通以电流 I(称激励电流或控制电流)，在垂直于半导体薄片平面的方向上加以磁感应强度为 B 的磁场，则半导体中的载流电子要受到洛仑兹力的作用，由物理学知

$$f_L = qvB \tag{3-67}$$

式中：q——电子的电荷量，$q=1.602\times10^{-19}$ C；

v——半导体中电子运动速度；

B——外磁场的磁感应强度。

在力 f_L 的作用下，电子被推向半导体的一侧，并在该侧面积累负电荷，而在另一侧面积累正电荷。这样，在基片两侧面间建立起静电场。电子又受到电场力 f_E 的作用，且

$$f_E = qE_H \tag{3-68}$$

式中：E_H——静电场的电场强度。

f_E 将阻止电子继续偏移，当 $f_E = f_L$ 时，$qvB = qE_H$，即

$$E_H = vB \tag{3-69}$$

时，电荷积累处于动态平衡，此时基片宽度两侧面间由于电荷积累形成的电位差 U_H，称为霍尔电势。它与霍尔电场强度 E_H 的关系为

$$U_H = bE_H \tag{3-70}$$

将式(3-69)代入式(3-70)得

$$U_H = bvB \tag{3-71}$$

假设流过基片的电流 I 分布均匀，则有

$$I = nqvbd \tag{3-72}$$

式中：n——N 型半导体载流子浓度(单位体积中的电子数)；

bd——与电流方向垂直的截面积。

将式(3-71)与式(3-72)合并整理得

$$U_H = \frac{BI}{nqd} = R_H \frac{BI}{d} \tag{3-73}$$

式中：R_H——霍尔系数，它是由材料性质决定的常数，对 N 型半导体有 $R_H = \frac{1}{nq}$。

令 $K_H = \frac{R_H}{d}$，则有

$$U_H = K_H IB \tag{3-74}$$

比例系数 K_H 表征霍尔元件的特性，称为霍尔元件的灵敏度。由式(3-74)可见，霍尔电势 U_H 正比于激励电流 I 和磁感应强度 B，且当 I 或 B 的方向改变时，霍尔电动势的方向也随之改变。电流越大，磁场越强，电子受到的洛仑兹力越大，霍尔电动势也就越高。另外，薄片的厚度、半导体材料中的电子浓度等因素对霍尔电动势也有影响。

如果磁场方向与半导体薄片不垂直，而与其法线方向的夹角为 θ，则霍尔电动势为

$$U_H = K_H IB \cos\theta \tag{3-75}$$

2. 霍尔元件

由于导体的霍尔效应很弱，霍尔元件都用半导体材料制作。目前常用的霍尔元件材料是 N 型硅，它的霍尔灵敏度系数、温度特性、线性度均较好。锑化铟(InSb)、砷化铟(InAs)、N 型锗(Ge)等也是常用的霍尔元件材料。锑化铟元件的输出较大，受温度影响也较大；砷化铟和锗输出不及锑化铟大，但温度系数小，线性度好。砷化镓(GaAs)是新型的霍尔元件材料，温度特性和输出线性都好，但价格贵，今后将逐渐得到应用。

霍尔元件是一种半导体四端薄片，它一般做成正方形，在薄片的相对两侧对称地焊上两对电极引出线。一对对称极为激励电流端，另外一对对称极为霍尔电动势输出端。霍尔

元件的结构很简单，它由霍尔片、引线和壳体组成。霍尔片是一块半导体(多采用N型半导体)矩形薄片，见图3-59(a)。在短边的两个端面上焊上两根控制电流端(称控制电极或激励电极)引线1和$1'$，在元件长边的中间以点的形式焊上两根霍尔输出端(称霍尔电极)引线2和$2'$。在焊接处要求接触电阻小，而且呈纯电阻性质(欧姆接触)。霍尔片一般用非磁性金属、陶瓷或环氧树脂封装。在电路中霍尔元件可用三种符号表示，见图3-59(b)。

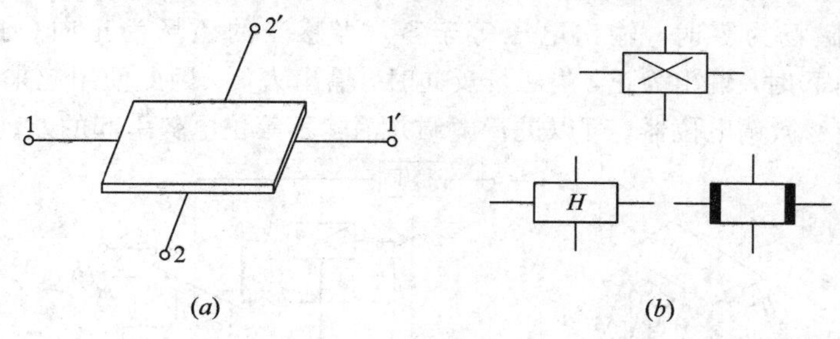

图3-59　霍尔元件结构及符号图

依据霍尔电动势的表达式(3-75)，霍尔元件的应用可分为下述三个方面：

1) 利用U_H与I的关系

当磁场恒定时，在一定温度下，霍尔电势U_H与控制电流I呈很好的线性关系，利用这一特性，霍尔元件可用于直接测量电流，也可用于测量能转换为电流的其他物理量。

2) 利用U_H与B的关系

当控制电流一定时，霍尔电势与磁感应强度成正比。利用这个关系可以测量交、直流磁感应强度和磁场强度等。利用霍尔元件制作的钳形电流表可以在不切断电路的情况下，通过测量电流产生的磁场而测得该电流值，可测最大电流达100 kA以上。

如果保持霍尔元件的激励电流不变，而让它在一个均匀梯度的磁场中移动，则其输出的霍尔电势就取决于它在磁场中的位置。利用这一原理可以测量微位移和可转换为微位移的其他量如压力、加速度、振动等。

利用霍尔元件的“U_H-B”关系还研制出了霍尔式罗盘、方位传感器、转速传感器、接近开关、无触点开关、导磁产品计数器等。

3) 利用U_H与I、B的关系

如果控制电流为I_1，磁感应强度B由励磁电流I_2产生，则据式(3-75)，霍尔电势可表示为

$$U_H = KI_1I_2 \tag{3-76}$$

利用上述乘法关系，将霍尔元件与激励线圈、放大器等组合起来，可以做成模拟运算的乘法器、开方器、平方器、除法器等各种运算器。同样道理，依据式(3-76)也可利用霍尔元件进行功率测量。

3. 集成霍尔传感器

集成霍尔传感器是利用硅集成电路工艺将霍尔元件、放大器、稳压电源、功能电路及输出电路等集成在一起的单片集成传感器。集成霍尔传感器中霍尔元件的材料仍以半导体硅为主，按输出信号的形式可分为线性型(又称模拟型)和开关型两类。集成霍尔电路有扁平封装、双列直插封装和软封装几种。

1）线性集成霍尔传感器

线性集成霍尔传感器将霍尔元件、恒流源、线性放大电路等集成在一个芯片上，输出模拟电压与外加磁场呈线性关系，输出电压较高(伏级)，使用非常方便。线性集成霍尔传感器用于无触点电位器、无刷直流电动机、速度传感器和位置传感器等。

UGN3501M 是具有双端差动输出的线性霍尔器件，其外形、内部电路框图如图 3－60 所示。当感受的磁场为零时，输出电压等于零，当感受的磁场为正向(磁钢的 S 极对准 UGN3501M 的正面)时，输出为正，当磁场反向时，输出为负，因此使用起来非常方便。它的第 5、6、7 脚外接一微调电位器，可以进行微调并消除不等位电势引起的差动输出零点漂移。

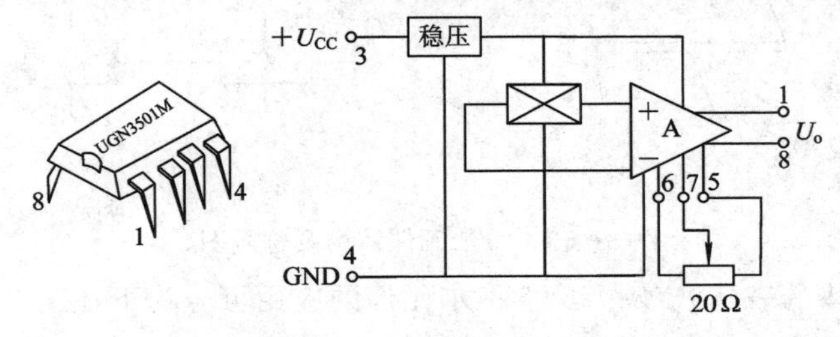

图 3－60　具有差动输出的线性集成霍尔传感器

2）开关型集成霍尔传感器

开关型集成霍尔传感器由霍尔元件、稳压器、差分放大器、施密特触发器、OC 门(集电极开路输出门)等电路做在同一芯片上组成。当外加磁场强度达到或超过规定的工作点时，OC 门由高阻态变为导通状态，输出为低电平；当外加磁场强度低于释放点时，OC 门重新变为高阻态，输出变为高电平。开关型集成霍尔传感器用于键盘开关、接近开关、速度传感器和位置传感器。

开关型集成霍尔传感器有单稳态和双稳态两种，如 UGN(S)3019T 和 UGN(S)3020T 均属于单稳开关型霍尔器件，而 UGN(S)3030T 和 UGN(S)3075T 为双稳开关型霍尔器件。双稳开关型霍尔器件内部包含双稳态电路，其特点是当外加磁场强度达到规定的工作点时，霍尔器件导通，磁场消失后器件仍保持导通状态。只有施加反向极性的磁场，而且磁场强度达到规定的工作点时，器件才能回到关闭状态，也就是说，具有“锁键”功能。因此，这类器件又称为锁键型集成霍尔传感器。开关型集成霍尔传感器如图 3－61 所示。

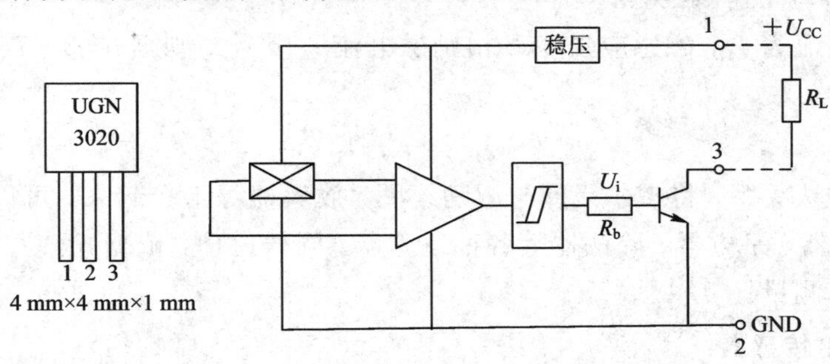

图 3－61　开关型集成霍尔传感器

4．霍尔传感器的应用

保持霍尔元件的控制电流不变，使其在一个均匀梯度的磁场中移动时，其输出的霍尔电势只取决于它在磁场中的位移量。利用这个原理，即可进行微位移的测量。如图 3－62

所示，在极性相反、磁场强度相同的两个磁钢气隙中放置一块霍尔片，当霍尔元件沿 x 方向移动时，霍尔电势的变化为

$$U_{\mathrm{H}} = Kx \tag{3-77}$$

式中：K——霍尔位移传感器输出灵敏度。

可见，霍尔电势与位移量 x 成线性关系(如图 3-63 所示)，并且霍尔电势的极性反映了元件位移的方向。实践证明，磁场变化率越大，灵敏度越高；磁场变化率越小，线性度越好。式(3-77)还表示当霍尔元件位于磁钢中间位置时，即 $x=0$ 时，$U_{\mathrm{H}}=0$，这是由于在此位置元件同时受到方向相反、大小相等的磁通作用。基于霍尔效应制成的位移传感器一般可以测量 1～2 mm 的小位移。

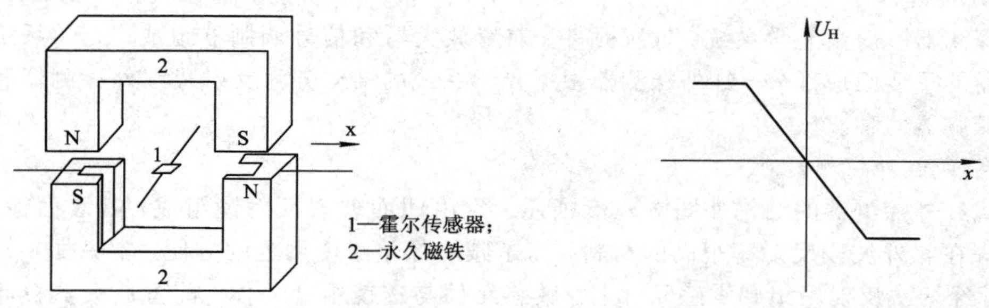

图 3-62　霍尔微位移测量示意图　　图 3-63　霍尔接近开关特性

霍尔元件测量微位移的特点是惯性小，反应速度快。霍尔元件除了与被测部件连动外，无其他活动部件。同时，霍尔元件可以避免摩擦力、机械故障等弊病。

3.4　其他类型传感器

1. 超声波传感器

为了以超声波作为检测手段，必须产生超声波和接收超声波。完成这种功能的装置就是超声波传感器，习惯上称为超声波换能器，或超声波探头。超声波发射探头发出的超声波脉冲在介质中传到相界面经过反射后，再返回到接收探头，这就是超声波测距原理。超声波探头常用的材料是压电晶体和压电陶瓷，这种探头统称为压电式超声波探头，它是利用压电材料的压电效应来工作的。逆压电效应将高频电振动转换成高频机械振动，以产生超声波，可作为发射探头；而利用正压电效应则将接收的超声振动转换成电信号，可作为接收探头。超声波探头的具体结构如图 3-64 所示。

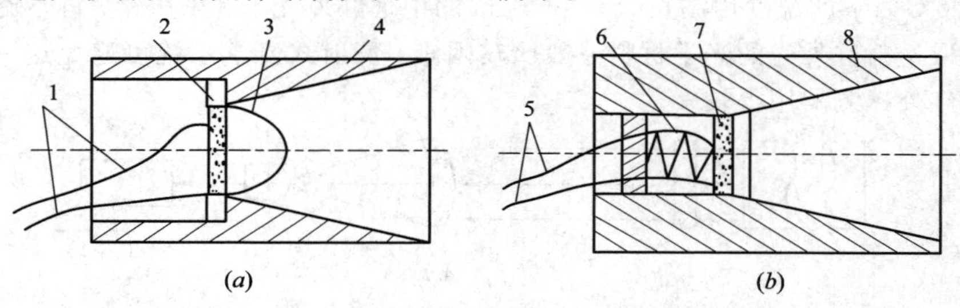

1、5—导线；2、7—压电晶片；3、6—音膜；4、8—锥形罩

图 3-64　超声波探头结构

(*a*) 发射探头；(*b*) 接收探头

2. 微波传感器

由发射天线发出的微波，遇到被测物体时将被吸收或反射，使功率发生变化。若利用接收天线接收通过被测物或由被测物反射回来的微波，并将它转换成电信号，再由测量电路处理，就实现了微波检测。根据这一原理，微波传感器可分为反射式与遮断式两种。

(1) 反射式传感器通过检测被测物反射回来的微波功率或经过的时间间隔，来表达被测物的位置、厚度等参数。

(2) 遮断式传感器通过检测接收天线接收到的微波功率的大小，来判断发射天线与接收天线间有无被测物或被测物的位置等参数。

3. 红外探测器

红外探测器一般由光学系统、敏感元件、前置放大器和信号调制器组成。光学系统是红外探测器的重要组成部分。红外探测器根据光学系统的结构分为反射式红外探测器和透射式红外探测器两种。

1) 反射式红外探测器

反射式红外探测器的结构如图 3-65 所示。它由凹面玻璃反射镜组成，其表面镀金、铝和镍铬等在红外波段反射率很高的材料。为了减小像差或使用上的方便，常另加一片次镜，使目标经两次反射聚集到敏感元件上。敏感元件与透镜组合一体，前置放大器接收热电转换后的电信号，并对其进行放大。

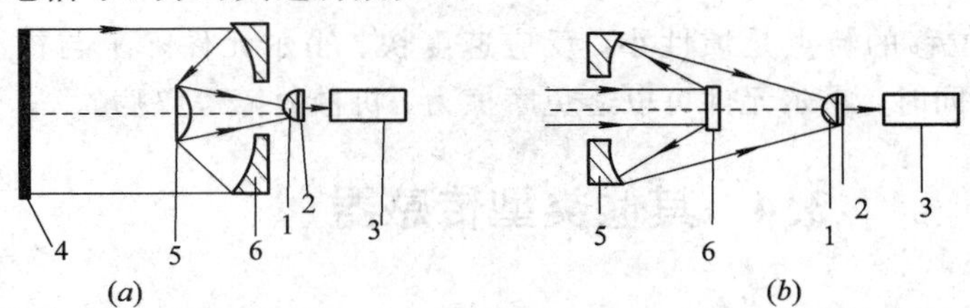

1—浸没透镜；2—敏感元件；3—前置放大器；4—聚乙烯薄膜；5—次反射镜；6—主反射镜

图 3-65 反射式红外探测器示意图

2) 透射式红外探测器

透射式红外探测器如图 3-66 所示。透射式红外探测器的部件用红外光学材料做成，不同的红外光波长应选用不同的红外光学材料：在测量 700℃以上的高温时，用波长为0.75～3 μm 范围内的近红外光，用一般光学玻璃和石英等材料作透镜材料；当测量100～700℃ 范围的温度时，一般用 3～5 μm 的中红外光，多用氟化镁、氧化镁等热敏材料；测量 100℃以下的温度用波长为 5～14 μm 的中远红外光，多采用锗、硅、硫化锌等热敏材料。获取透射红外光的光学材料一般比较困难，反射式光学系统可避免这一困难，所以，反射式红外探测器用得较多。

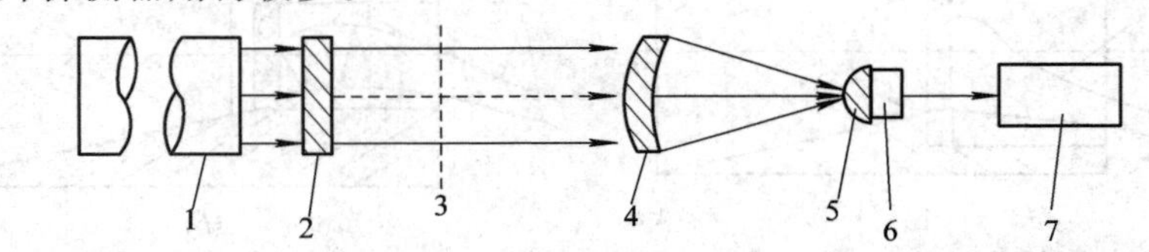

1—光管；2—保护窗口；3—光栅；4—透镜；5—浸没透镜；6—敏感元件；7—前置放大器

图 3-66 透射式红外探测器示意图

4. 射线式传感器

射线式传感器主要由放射源和探测器组成。利用射线式传感器进行测量时，都要有可发射出粒子 α、β 或 γ 射线的辐射源。选择射线源时应尽量提高检测灵敏度和减小统计误差。为避免经常更换放射源，要求采用的同位素有较长的半衰期及合适的放射强度。因此，尽管放射性同位素种类很多，但能用于测量的有 20 种左右。

放射源的结构应使射线从测量方向射出，而其他方向则必须使射线的剂量尽可能小，以减少对人体的危害。β 射线放射源一般为圆盘状，γ 射线放射源一般为丝状、圆柱状或圆片状。图 3-67 所示为 β 厚度计放射源容器，射线出口处装有辐射薄膜，以防灰尘浸入，并能防止放射源受到意外损伤而造成污染。

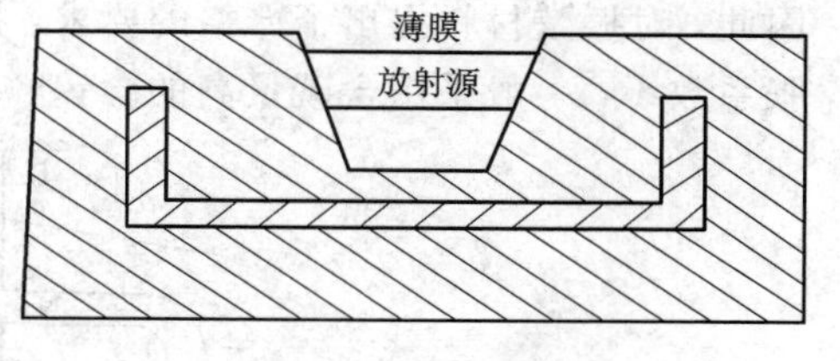

图 3-67 放射源容器

探测器就是核辐射的接收器，常用的有电离室、闪烁计数器和盖革计数管。

5. 离子敏传感器

离子敏传感器是一种对离子具有选择敏感作用的场效应晶体管，它是由离子选择性电极(ISE)与金属-氧化物-半导体场效应晶体管(MOSFET)组合而成的，简称 ISFET。ISFET 是用来测量溶液(或体检)小离子浓度的微型固态电化学敏感器件。如果将普通 MOSFET 的金属栅去掉，让绝缘氧化层直接与溶液相接触，或者将栅极用铂膜作引出线，并在铂膜上涂覆一层离子敏感膜，就构成了一只 ISFET，如图 3-68 所示。

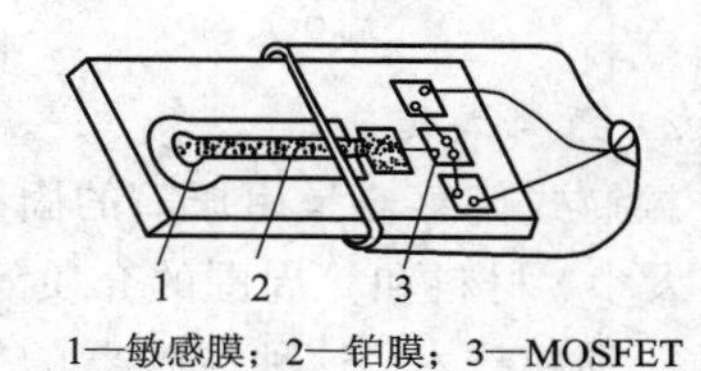

1—敏感膜；2—铂膜；3—MOSFET

图 3-68 敏感膜涂覆在 MOSFET 栅极的 ISFET 示意图

离子敏传感器的工作原理是 MOS 场效应。晶体管是利用金属栅上所加电压大小来控制漏源电流的，ISFET 则是利用其对溶液中离子有选择作用而改变栅极电位，以此来控制漏源电流变化的。当将 ISFET 插入溶液时，在测溶液与敏感膜接触处会产生一定的界面电势，其大小取决于溶液中被测离子的浓度。

6. 谐振式传感器

谐振式传感器能直接将被测量转换为振动频率信号，故也称为频率式传感器。它很容易进行数字显示，因此具有数字化技术的许多优点：① 测量精度和分辨力比模拟式的要高得多，有很高的抗干扰性和稳定性；② 便于信号的传输、处理和存储；③ 易于实现多路检测。

谐振式传感器的种类很多，按照它们谐振的原理可分为电的、机械的和原子的三类。这里只讨论机械式谐振传感器。

1) 振弦式传感器

振弦式传感器以被拉紧了的钢弦作为敏感元件，其振动频率与拉紧力的大小、弦的长度有关。当振弦的长度确定后，弦振动频率的变化量便表示拉力的大小，且输入是力，输出是频率。

振弦式传感器的优点是：结构简单牢固，测量范围大，灵敏度高，测量线路简单，因此，广泛用于大压力的测试，也可用来测量位移、扭矩、力和加速度等。其缺点是：对传感器的材料和加工工艺要求很高，而传感器的精度较低，总精度约±1.5%。

振弦式传感器的原理结构如图 3-69 所示。振弦固定在上、下夹块之间，用固紧螺钉固紧，给弦加一定的初始张力 T。在振弦的中部固定着软铁块、永久磁铁和线圈，构成弦的激励器，同时兼作弦的拾振器。永久磁铁一般用 $AlNiCO_5$ 硬磁合金。磁力线的通路是磁铁—软铁块—振弦—磁铁，从而形成一个封闭的磁回路。下夹块和膜片相连，感受被测压力 P。振弦是传感器的敏感元件，对传感器的精度、灵敏度、稳定性有着举足轻重的作用。因此，对振弦材料提出了严格的要求：抗拉强度高，弹性模量大，磁性和导电性能好，线膨胀系数小，一般采用含碳量高的含钨、含钛的材料制造。

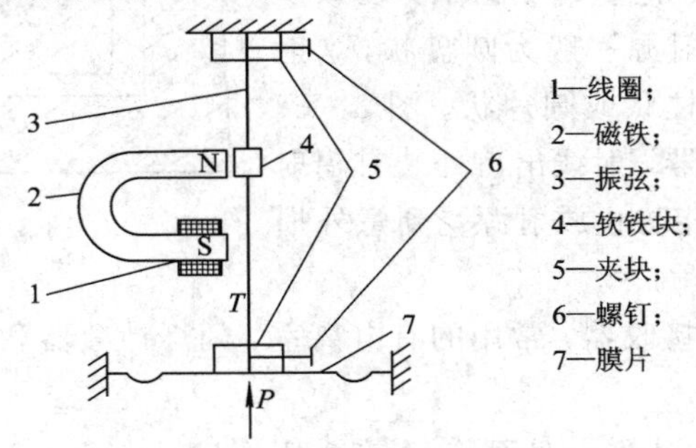

图 3-69　振弦式传感器原理

2) 振筒式传感器

振筒式传感器是用振筒的固有振动频率来测量有关参数的，其固有频率取决于筒的形状、大小、材料和筒周围的介质等。应用均匀薄壁圆筒作敏感元件，是近十多年来发展起来的一种新技术。这种传感器的优点是迟滞误差和漂移误差极小，固定性好，分辨率高，轻便，成本低。它主要用于测量气体的压力和密度等。

振筒式传感器的结构原理如图 3-70 所示。振筒是一个薄壁金属圆筒，它是传感器的敏感元件，壁厚为 0.07～0.12 mm，其一端固定，另一端密封可以自由运动。圆筒材料必须是能够构成闭合磁回路的磁性材料，并且弹性温度系数很低(如用合金材料)，用冷挤压和热处理等工艺加工制成。外保护筒用来防止外磁场的干扰并起机械保护作用。振筒和外保护筒之间为真空参考室，作为参考标准。

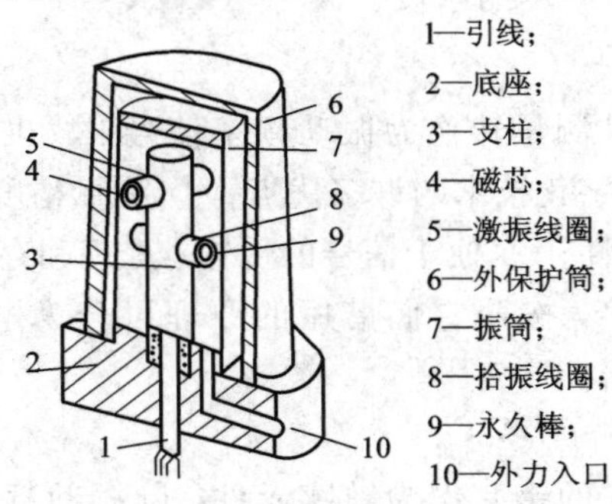

图 3-70　振筒式传感器的结构原理

3.5　传感器的选用原则

前面介绍了部分常用传感器的一些初步知识，使读者对传感器的类型及变换原理有了一些基本的了解。然而在实际工作中，如何根据测试目的和实际条件合理地选用传感器，是经常遇到的问题。本节将概略介绍选用传感器的一些原则与注意事项。

3.5.1　传感器的选用指标

1. 灵敏度

我们总希望传感器的灵敏度越高越好。因为灵敏度越高，意味着传感器感知的变化量越小，即被测量稍有一微小变化时，传感器就有较大反响。一般来讲，检测精度越高，要求传感器的灵敏度就越高。然而要考虑到，当灵敏度高时，与测量信号无关的外界噪声也容易混入，并且噪声也会被放大系统放大。因此，必须考虑既要求检测微小量值，又要噪声小。为保证此点，往往要求信噪比越大越好，即要求传感器本身噪声小，且不易从外界引入干扰噪声。当输入量增大时，除非有专门的非线性校正措施，传感器不应进入非线性区，更不能进入饱和区域。有些检测工作在较强的噪声干扰下进行，这时对传感器来讲，其输入量不仅包括被测量，也包括干扰量，两者的叠加不能进入非线性区。显然，过高的灵敏度将会影响其适用测量范围。

此外，当被测量是一个向量，并且是一个单向向量时，那么要求传感器的单向灵敏度越高越好，而横向灵敏度越低越好。若被测量是二维或三维向量，那么对传感器还应要求交叉灵敏度越低越好。

2. 响应特性

传感器的响应特性是指在所测频率范围内保持不失真的测量条件。实际传感器的响应总有一定的延迟，但希望延迟时间越小越好。

一般来讲，利用光电效应、压电效应等制作的物性型传感器，其响应时间短，可工作频率范围宽，而结构型(如电感、电容、磁电式)传感器等，由于受结构特性的影响，以及机械系统惯性质量的限制，其固有频率较低。

在动态测量中，传感器的响应特性对测试结果有直接影响。在选用时，应充分考虑到被测物理量的变化特点(如稳态、瞬变、随机等)。

3. 线性范围

任何传感器都有一定的线性范围，在线性范围内输出与输入成比例关系。传感器工作在线性区域内，是保证测量精度的基本条件。线性范围越宽，表明传感器的工作量程越大。

然而，任何传感器都不容易保证其绝对线性。某些情况下，在保证检测精度的前提下，可利用其近似线性区。例如，变间隙型电容传感器、电感式传感器等，均在初始间隙附近的近似线性区内工作。选用时必须考虑被测物理量的变化范围，令其非线性误差在允许的范围之内。在进行自动检测的情况下，利用微机系统，通过软件对传感器的输出特性进行线性补偿，往往可以使其线性范围扩大很多。

4. 稳定性

稳定性表示传感器经过长时间使用以后，其输出特性不发生变化的性能，它是传感器在正常工作条件下，环境参数(如温度、湿度、大气压力等)的变化对其输出特性影响程度的指标。因而，影响传感器稳定性的因素是时间与环境。

为了保证稳定性，在选定传感器之前，应对使用环境进行调查，以选择较合适的传感器类型。例如湿度会影响电阻应变式传感器的绝缘性能；温度的变化将产生零点漂移；长期使用会发生蠕变现象等。又如：变间隙型电容传感器，环境湿度或油剂侵入间隙改变时，相当于电容器的介质发生变化；光电式传感器感光表面有尘埃或水气时，会导致灵敏度下降；磁电式传感器在电场或磁场中工作时，亦会带来测量误差等等。

5. 精确度

传感器的精确度表示传感器的输出与被测量的对应程度。传感器处于检测系统的输入端，因此，传感器能否真实地反映被测量值，对整个系统具有直接影响。

在实际工作中，并非要求传感器的精确度越高越好。传感器的精确度越高，价格也越昂贵。因此应考虑到经济性从实际出发来选择。

在确定传感器的精确度时，首先应了解检测的目的和要求，判定是定性分析还是定量分析。如果是属于相对比较性的试验研究，只需获得相对比较值即可，那么要求传感器的精密度高，而无需要求绝对量值。如果是进行定量分析，那就必须获得精确量值，因而要求传感器要有足够高的精确度。例如，超精密切削机床，为研究其运动部件的定位精度、主轴回转运动误差、振动及热变形等，往往要求测量精度在 0.15～0.015 m 范围内，要测得这样的量值，必须选用高精度的传感器。

6. 测量方式

在实际检测工作中，传感器的工作方式(如接触测量、在线测量与非在线测量等)也是选用传感器时应考虑的重要因素。条件的不同，对传感器的要求也不同。

在机械系统中，运动部件的被测参数(例如回转轴的运动误差、振动、扭矩等)往往采用接触测量，有许多实际因素，诸如测量头的磨损、接触状态的变动等都不易妥善解决，也易造成测量误差，同时给信号的采集带来困难。若采用电容式、电涡流式等非接触传感器，将带来很大方便。若选用电阻应变片，则需配以遥测应变仪。

在某些情况下，有时要求对测试件进行破坏性检验。如果合理地选择检测方法，可以把破坏性检测用非破坏性检测(如涡流探伤、超声探伤、核辐射探伤、测厚等)来代替。由于非破坏性检测可带来直接经济效益，最好尽可能地选用非破坏性检测。在线实时检测是与实际情况更接近一致的检测方法。特别是实现自动化过程的控制与检测系统，往往对真实性与可靠性要求很高，因此必须进行在线实时检测才能达到检测的要求。而实现在线实时检测是比较困难的，对传感器和测试系统都有一定的特殊要求。例如在加工过程中进行表面粗糙度的检测时，以往的静态检测方法(如光切法、触针法、干扰法等)都无法运用，而需要采用激光检测法。各种新型在线实时检测传感器的研制，是当前检测技术发展的一个重要方向。

选用传感器时，除应充分考虑以上因素外，还应尽可能兼顾结构简单、使用方便、体积小、重量轻、价格便宜、互换性好、易于维修等条件。

3.5.2　传感器的选择与应用

1. 传感器的选择与方法

如何根据具体的测量目的、测量对象以及测量环境合理地选用传感器，是在进行某个量的测量时首先要解决的问题。当传感器确定之后，与之相配套的测量方法和测量设备也就可以确定了。测量结果的成败，在很大程度上取决于传感器的选用是否合理。为此，要从系统总体考虑，明确使用的目的以及采用传感器的必要性，绝对不要采用不适宜的传感器与不必要的传感器。因此，有必要根据不同的测试目的，规定选择传感器的某些标准。选择传感器所应考虑的项目是各种各样的，可是要满足所有项目要求也未必是必要的。应根据传感器实际使用目的、指标、环境条件和成本，从不同的侧重点，优先考虑几个重要的条件。

选择传感器应从以下几个方面来考虑。

1）测试条件与目的

(1) 测试的目的；
(2) 被测量的选择；
(3) 测量范围；
(4) 过载的发生频度；
(5) 输入信号的频带；
(6) 测量要求精度；
(7) 测量时间。

2）传感器的性能

(1) 精度；
(2) 稳定性；
(3) 响应速度；
(4) 输出信号类型(模拟或数字)；
(5) 静态特性、动态特性和环境特性；
(6) 传感器的工作寿命或循环寿命；
(7) 标定周期；
(8) 信噪比。

3）传感器的使用条件

(1) 所测量的流体、固体对传感器的影响；
(2) 传感器对被测对象的质量(负荷)效应；
(3) 安装现场条件及环境条件(温度、湿度、振动等)；
(4) 信号的传输距离；
(5) 传感器的输出端的连接方式；
(6) 传感器对所测量物理量的实际值的影响；
(7) 传感器是否符合国家标准或工业规范；
(8) 传感器的失效形式；
(9) 传感器的维护、安装、使用工作人员所具备的最低技术能力；
(10) 传感器的标定方法；
(11) 传感器的安装方式；
(12) 过载保护。

4）传感器所接数据采集系统及辅助设备

(1) 传感器所连接数据系统的一般性质；

(2) 数据系统主要单元的性质，其中包括数据传输连接方式、数据处理方法、数据存储方法、数据显示方式；

(3) 数据系统的精确性和频率的响应特性；

(4) 传感器系统的负荷阻抗特性；

(5) 传感器的输出是否需要进行频率滤波、幅值变换等处理；

(6) 数据系统对传感器输出误差的检测或校正能力。

5) 关于购置与维护项目

(1) 传感器的价格；

(2) 出厂日期；

(3) 服务体制；

(4) 备件；

(5) 保修期间。

以上是与选择传感器有关的主要项目。另外，在选择测量范围或刻度范围时，希望平时使用的指标是在满量程的50%以上，以保证其精度。传感器的响应速度要与输入信号的频带相符，以便得到良好的信噪比。同时还要考虑传感器的精度保持范围。精度高的一般售价高，而且也不能随便使用。除传感器的设置场所以外，其安装方法也要给予注意，有关的外形尺寸和重量等也有必要了解。对于工作在危险地点和苛刻环境下的传感器，最重要的是可靠性和安全性。从已作为标准产品的商品中选择传感器，无论从价格上还是从维修上都是上策。某些特殊使用场合，无法选到合适的传感器，则需自行设计制造传感器。自制传感器的性能要符合有关标准。

2. 传感器的应用及注意事项

每一个传感器都有自己的性能和使用条件，因此对于特定传感器的适应性很大程度上取决于传感器的使用方法。传感器的种类繁多，应用场合也各种各样，不可能将各种传感器的使用方法及注意事项一一列举，因此，用户在使用传感器之前应特别注意阅读较详细的说明书。这里列出传感器一些常见的使用方法：

(1) 使用前必须要认真阅读使用说明书。

(2) 正确地选择安装点和正确安装传感器都是非常重要的环节。若在安装环节失误，轻者影响测量精度，重者会影响传感器的使用寿命，甚至损坏传感器。安装固定传感器的方式要简单可靠。在某一周期内，传感器的功能将会达到连续可靠，该周期长达30天。传感器在工业环境下至少工作两年或更长，应在合理的费用基础之上进行更新和替换。

(3) 一定要注意传感器的使用安全性，比如传感器自身和操作人员的安全性，特别是注意在说明书中所标注的“注意”和危险项目。

(4) 传感器和测量仪表必须可靠连接，系统应有良好的接地，远离强电场、强磁场。传感器和仪表应远离强腐蚀性物体，远离易燃、易爆物品。

(5) 仪器输入端与输出端必须保持干燥和清洁。传感器在不用时，保持传感器的插头和插座的清洁。

(6) 传感器通过插头与供电电源和二次仪表连接时，应注意引线号不能接错、颠倒，连接传感器与测量仪表之间的连接电缆必须符合传感器及使用条件的要求。

(7) 精度较高的传感器都需要定期校准，一般来说，需要3～6周校准一次。

(8) 各种传感器都有一定的过载能力，但使用时应尽量不要超量程。

(9) 在插拔仪表与外部设备连接线前，必须先切断仪表及相应设备电源。

(10) 传感器不使用时，应存放在温度为10～35℃，相对湿度不大于85%，无酸、无碱和无腐蚀性气体的房间内。

(11) 传感器如果出现异常或故障应及时与厂家联系，不得擅自拆卸传感器。

习题与思考题

1. 简述电阻应变式传感器的工作原理。

2. 采用应变片进行测量时，为什么要进行温度补偿？常用的补偿方法有哪些？

3. 如何减小电位器式传感器的负载误差？

4. 电感式传感器分为哪几类？各有何特点？

5. 简述差动变压器式传感器的工作原理。

6. 如何提高差动变压器的灵敏度？

7. 简述电容式传感器的工作原理。

8. 电容式传感器的测量电路有哪些？

9. 简述电容式传感器的误差分析与补偿方法。

10. 简述电容式传感器的主要性能。

11. 简述电容式传感器的应用。

12. 简述电容式传感器的优缺点。

13. 采用运算放大器作为电容式传感器的测量电路，其输出特性是否为线性？为什么？

14. 简述变磁阻式磁电式传感器结构及工作原理。

15. 在磁电式传感器磁路设计中，工作气隙选取原则是什么？

16. 分析并说明磁电式传感器的误差有哪些。

17. 何谓压电效应？压电材料分为哪几种？

18. 能否用压电式传感器测量静态信号？试说明其理由。

19. 什么是纵向压电效应及横向压电效应？

20. 压电式传感器的前置放大器的作用是什么？比较电压和电荷放大器的特点，说明为何电压灵敏度与电缆长度有关，而电荷灵敏度与电缆长度无关。

21. 分析压电式传感器测量误差产生的原因。

22. 有一压电晶体，其面积$S=3\ \mathrm{cm}^2$，厚度$d=0.3\ \mathrm{mm}$，x切型纵向石英晶体压电系数$d_{11}=2.31\times10^{-12}\ \mathrm{C/N}$。求受到压力$p=10\ \mathrm{MPa}$作用时产生的电荷$q$及输出电压$U_o$。

23. 光电效应可分几类？说明其原理并指出相应的光电器件。

24. 光电器件的基本特性有哪些？它们各是如何定义的？

25. 传感器的选用指标有哪些？

26. 传感器的选择要注意哪些方面？

第4章　生产工艺参数检测仪表

在工业生产过程安全检测中，为了对各种工业参数，如压力、温度、流量、液位等进行检测与控制，首先要把这些参数转换成便于传送的信息，这就要用到各种传感器，把传感器与其他装置组合在一起，组成一个检测系统或调节系统，完成对工业参数的检测与控制。

4.1　温度检测与仪表

温度是表征平衡系统冷热程度的物理量。从分子物理学角度来看，温度反映了系统内部分子无规则运动物体或系统的冷热程度的物理量。温度单位是国际单位制中七个基本单位之一。从能量角度来看，温度是描述系统不同自由度间能量分配状况的物理量；从热平衡观点来看，温度是描述热的剧烈程度。

4.1.1　温标及测温方法分类

各种温度计和温度传感器的温度数值均由温标确定。历史上提出过多种温标，如早期的经验温标(摄氏温标和华氏温标)，理论上的热力学温标，当前世界通用的是国际温标。热力学温标是以热力学第二定律为基础的一种理论温标，热力学温标确定的温度数值为热力学温度(符号为 T)，单位为开尔文(符号为 K)。

1. 温标

为了保证温度量值的统一，必须建立一个用来衡量温度高低的标准尺度，这个标准尺度称为温标。温度的高低必须用数字来说明，温标就是温度的一种数值表示方法，并给出了温度数值化的一套规则和方法，同时明确了温度的测量单位。人们一般是借助于随温度变化而变化的物理量(如体积、压力、电阻、热电势等)来定义温度数值，建立温标和制造各种各样的温度检测仪表。各种温度计和温度传感器的温度数值均由温标确定，温标三要素为：

(1) 可实现的固定点温度；

(2) 表示固定点之间温度的内插仪器；

(3) 确定相邻固定温度点之间的内插公式。

下面对常用温标作一简介。

1) 经验温标

借助于某一种物质的物理量与温度变化的关系，用实验的方法或经验公式所确定的温标称为经验温标。常用的有摄氏温标、华氏温标和列氏温标。

(1) 摄氏温标。摄氏温标是把在标准大气压下水的冰点定为零摄氏度，把水的沸点定为 100 摄氏度的一种温标。在零摄氏度到 100 摄氏度之间进行 100 等分，每一等分为 1 摄氏度，单位符号为℃，如图 4-1 所示。

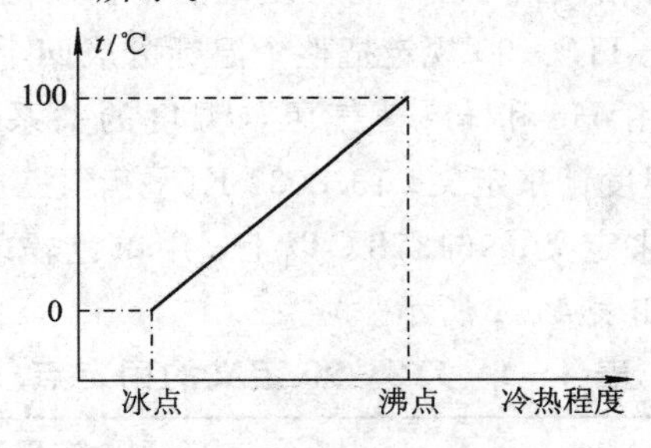

图 4-1　摄氏温标

(2) 华氏温标。人们规定标准大气压下的纯水的冰点温度为 32 华氏度，水的沸点定为 212 华氏度，中间划分 180 等分。每一等分称为 1 华氏度。单位符号为℉。

(3) 列氏温标。列氏温标规定标准大气压下纯水的冰融点为 0 列氏度，水沸点为 80 列氏度，中间等分为 80 等分，每一等分为 1 列氏度。单位符号为°R。

摄氏、华氏、列氏温度之间的换算关系为

$$C = \frac{5}{9}(F - 32) = \frac{5}{4}R \tag{4-1}$$

式中：C——摄氏温度值；

F——华氏温度值；

R——列氏温度值。

摄氏温标、华氏温标都是用水银作为温度计的测温介质，而列氏温标则是用水和酒精的混合物来作为测温物质的。但它们均是依据液体受热膨胀的原理建立温标和制造温度计的。

2) 热力学温标

1848 年英国科学家开尔文(Kelvin)提出以卡诺循环为基础建立热力学温标。他根据热力学理论，认为物质有一个最低温度点存在，定为 0 K，把水的三相点温度 273.15 K 选作唯一的参考点，在该温标中不会出现负温度值。从理想气体状态方程入手可以复现热力学温标，称做绝对气体温标。这两种温标在数值上完全相同，而且与测温物质无关。由于不存在理想气体和理想卡诺热机，故这类温标是无法实现的。在使用气体温度计测量温度时，要对其读数进行许多修正，修正过程又依赖于许多精确的测量，于是就导致了国际实用温标的问世。

3) 国际温标

国际温标是用来复现热力学温标的，其指导思想是采用气体温度计测出一系列标准固定温度(相平衡点)，以它们为依据在固定点中间规定传递的仪器及温度值的内插公式。第一个国际温标制定于 1927 年，此后随着社会生产和科学技术的进步，温标的探索也在不断地进展，1989 年 7 月国际计量委员会批准了新的国际温标，简称 ITS-90。我国于 1994 年起全面推行 ITS-90 新温标。

ITS-90 同时定义国际开尔文温度(变量符号为 T_{90})和国际摄氏温度(变量符号为 t_{90})。水三相点热力学温度为 273.15 K，摄氏度与开尔文度保留原有简单的关系式

$$t_{90}=(T_{90}-273.15)℃ \tag{4-2}$$

ITS－90 对某些纯物质各相(固、液体)间可复现的平衡态之温度赋予给定值，即给予了定义，定义的固定点共 17 个。ITS－90 规定把整个温标分成四个温区，其相应的标准仪器如下：0.65～5.0 K 之间，T_{90} 用 ^{3}He 和 ^{4}He 蒸气压与温度的关系式来定义；3.0～24.5561 K (氖三相点)之间，用氦气体温度计来定义；13.8033 K(平衡氢三相点)～961.78℃(银凝固点)之间，用基准铂电阻温度计来定义；961.78℃以上，用单色辐射温度计或光电高温计来复现。ITS－90 定义的固定点如表 4－1 所示。

表 4－1　ITS－90 定义的固定点

序　号	定义固定点	国际实用温标的规定值	
		T_{90}/K	t_{90}/℃
1	氦蒸气压点	3～5	－270.15～－268.15
2	平衡氢三相点	13.8033	－259.3467
3	平衡氢(或氦)蒸气压点	≈17	≈－256.15
4	平衡氢(或氦)蒸气压点	≈20.3	≈－252.85
5	氖三相点	24.5561	－248.5939
6	氧三相点	54.3584	－218.7916
7	氩三相点	83.8058	－189.3442
8	贡三相点	234.3156	－38.8344
9	水三相点	273.16	0.01
10	镓熔点	302.9146	29.7646
11	铟凝固点	429.7485	156.5985
12	锡凝固点	505.078	231.928
13	锌凝固点	692.677	419.527
14	铝凝固点	933.473	660.323
15	银凝固点	1234.93	961.78
16	金凝固点	1337.33	1064.18
17	铜凝固点	1357.77	1084.62

2. 温度检测的主要方法及分类

温度检测方法一般可以分为两大类，即接触式测温方法和非接触式测温方法。

1) *接触式测温方法*

接触式测温方法是使温度敏感元件和被测温度对象相接触，当被测温度与感温元件达到热平衡时，温度敏感元件与被测温度对象的温度相等。这类温度传感器具有结构简单，工作可靠，精度高，稳定性好，价格低廉等优点。这类测温方法的温度传感器主要有：基于物体受热体积膨胀性质的膨胀式温度传感器；基于导体或半导体电阻值随温度变化的电阻式温度传感器；基于热电效应的热电偶温度传感器。

2）非接触式测温方法

非接触式测温方法是应用物体的热辐射能量随温度的变化而变化的原理。物体辐射能量的大小与温度有关，并且以电磁波形式向四周辐射，当选择合适的接收检测装置时，便可测得被测对象发出的热辐射能量，并且转换成可测量和显示的各种信号，实现温度的测量。这类测温方法的温度传感器主要有光电高温传感器、红外辐射温度传感器、光纤高温传感器等。非接触式温度传感器理论上不存在热接触式温度传感器的测量滞后和在温度范围上的限制，可测高温、腐蚀、有毒、运动物体及固体、液体表面的温度，不干扰被测温度场，但精度较低，使用不太方便。

各种温度检测方法各有自己的特点和各自的测温范围，常用的测温方法、类型及特点如表 4－2 所示。

表 4－2　温度检测方法的分类

<table>
<tr><th>测温方式</th><th colspan="3">温度计或传感器类型</th><th>测量范围/℃</th><th>精度/(%)</th><th>特　点</th></tr>
<tr><td rowspan="10">接触式</td><td rowspan="4">热膨胀式</td><td colspan="2">水银</td><td>50～650</td><td>0.1～1</td><td>简单方便，易损坏(水银污染)</td></tr>
<tr><td colspan="2">双金属</td><td>0～300</td><td>0.1～1</td><td>结构紧凑，牢固可靠</td></tr>
<tr><td rowspan="2">压力</td><td>液体</td><td>30～600</td><td rowspan="2">1</td><td rowspan="2">耐震，坚固，价格低廉</td></tr>
<tr><td>气体</td><td>20～350</td></tr>
<tr><td rowspan="2">热电偶</td><td colspan="2">铂铑—铂</td><td>0～1600</td><td>0.2～0.5</td><td rowspan="2">种类多，适应性强，结构简单，经济方便，应用广泛。需注意寄生热电势及动圈式仪表电阻对测量结果的影响</td></tr>
<tr><td colspan="2">其他</td><td>200～1100</td><td>0.4～1.0</td></tr>
<tr><td rowspan="4">热电阻</td><td colspan="2">铂</td><td>260～600</td><td>0.1～0.3</td><td rowspan="3">精度及灵敏度均较好，需注意环境温度的影响</td></tr>
<tr><td colspan="2">镍</td><td>50～300</td><td>0.2～0.5</td></tr>
<tr><td colspan="2">铜</td><td>0～180</td><td>0.1～0.3</td></tr>
<tr><td colspan="2">热敏电阻</td><td>50～350</td><td>0.3～0.5</td><td>体积小，响应快，灵敏度高，线性差，需注意环境温度影响</td></tr>
<tr><td rowspan="5">非接触式</td><td colspan="3">辐射温度计</td><td>800～3500</td><td>1</td><td rowspan="2">非接触测温，不干扰被测温度场，辐射率影响小，应用简便</td></tr>
<tr><td colspan="3">光高温计</td><td>700～3000</td><td>1</td></tr>
<tr><td colspan="3">热探测器</td><td>200～2000</td><td>1</td><td rowspan="3">非接触测温，不干扰被测温度场，响应快，测温范围大，适于测温度分布，易受外界干扰，标定困难</td></tr>
<tr><td colspan="3">热敏电阻探测器</td><td>50～3200</td><td>1</td></tr>
<tr><td colspan="3">光子探测器</td><td>0～3500</td><td>1</td></tr>
<tr><td>其他</td><td colspan="3">碘化银，二碘化汞，氯化铁，液晶等</td><td>35～2000</td><td><1</td><td>测温范围大，经济方便，特别适于大面积连续运转零件上的测温，精度低，人为误差大</td></tr>
</table>

4.1.2　接触式温度检测

1. 热膨胀式温度计

热膨胀式温度计是利用液体、气体或固体热胀冷缩的性质，即测温敏感元件在受热后尺寸或体积会发生变化，根据尺寸或体积的变化值得到温度的变化值。热膨胀式温度计分为液体膨胀式温度计和固体膨胀式温度计两大类。这里以固体膨胀式温度计中的双金属温度计和压力式温度计为例进行介绍。

1）双金属温度计

固体膨胀式温度计中最常见的是双金属温度计，其典型的敏感元件为两种粘在一起且膨胀系数有差异的金属。双金属片组合成温度检测元件，也可以直接制成温度测量的仪表。通常的制造材料是高锰合金与殷钢。殷钢的膨胀系数仅为高锰合金的1/20，两种材料制成叠合在一起的簿片，其中膨胀系数大的材料为主动层，小的为被动层。将复合材料的一端固定，另一端自由。在温度升高时，自由端将向被动层一侧弯曲，弯曲程度与温度相关。自由端焊上指针和转轴则随温度可以自由旋转，构成了室温计和工业用的双金属温度计。它也可用来实现简单的温度控制。

固体膨胀式温度仪表的型号较多，WTJ-1型测量范围为－40～500℃，耐震，适合航空、航海的应用；WTJ-150型测量范围为－60～100℃，精度为一级，其优点是刻度盘大，读数和使用方便，不易折损，且有耐震与耐冲击力，缺点是热惯性大、精度低。

双金属温度计敏感元件如图4-2所示。它们由两种热膨胀系数 a 不同的金属片组合而成，例如一片用黄铜，$a=22.8\times10^{-6}℃^{-1}$，另一片用镍钢 $a=1\times10^{-6}℃^{-1}\sim2\times10^{-6}℃^{-1}$，将两片粘贴在一起，并将其一端固定，另一端设为自由端，自由端与指示系统相连接。当温度由 t_0 变化到 t_1 时，由于A、B两者热膨胀不一致而发生弯曲，即双金属片由 t_0 时初始位置AB变化到 t_1 时的相应位置A′B′，最后导致自由端产生一定的角位移，角位移的大小与温度成一定的函数关系，通过标定刻度，即可测量温度。双金属温度计一般应用在－80～600℃范围内，最佳状况下的精度可达0.5～1.0级，常被用作恒定温度的控制元件，如一般用途的恒温箱、加热炉等就是采用双金属片来控制和调节恒温的，如图4-3所示。

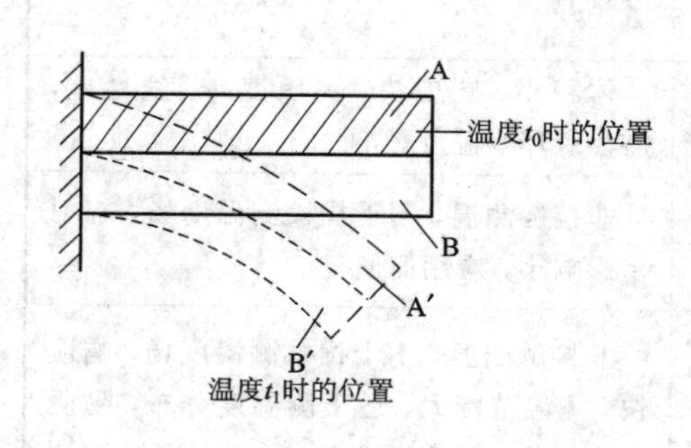

图4-2　双金属温度计敏感元件

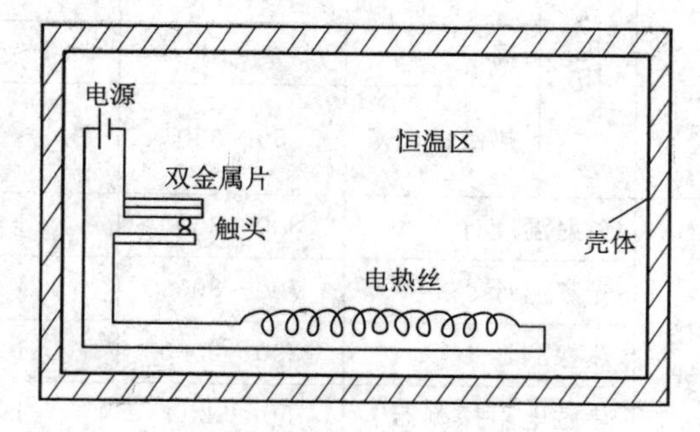

图4-3　双金属控制恒温箱示意图

双金属温度计的突出特点是：抗振性能好，结构简单，牢固可靠，读数方便，但它的精度不高，测量范围也不大。

2）压力式温度计

压力式温度计是根据一定质量的液体、气体在定容条件下其压力与温度呈确定函数关系的原理制成的。主要由感温包、传递压力元件(毛细管)、压力敏感元件(弹簧管、膜盒、波纹管等)、齿轮或杠杆传动机构、指针和读数盘组成。温包、毛细管和弹簧管的内腔共同构成一个封闭容器，其中充满了感温介质。当温包受热后，内部介质因温度升高而压力增大，压力的变化经毛细管传递给弹簧管使其变形，并通过传动系统带动指针偏转，指示出相应的温度数值。因此，这种温度计的指示仪表实际上就是普通的压力表。压力式温度计的主要特点是结构简单，强度较高，抗振性较好。

为了利于传热，温包的表面面积与其体积的比值应尽量大，所以通常采用细而长的圆筒型温包。虽然扁平断面要比圆断面更利于传热，但耐压能力远不如圆断面好。压力式温度计的毛细管细而长，其作用是传递压力，常用铜或不锈钢冷轧无缝管制作，内径为 0.4 mm。为了减小周围环境温度变化引起的附加误差，毛细管的容积应远小于温包的容积，为了实现远距离传递，这就要求其内径小。当然，长度加长内径减小会使传递阻力增大、温度计的响应变慢，在长度相等的条件下，管越细则准确度越高。一般检测温度点的位置与显示温度的地方可相距 20 米(特殊需要场合可制作到 60 米)，故它又被称为隔离温度计。

压力式温度计主要由温包、毛细管和压力敏感元件(如弹簧管、膜盒、波纹管等)组成，如图 4-4 所示。温包、毛细管和弹簧管三者的内腔共同构成一个封闭容器。其中充满工作物质。温包直接与被测介质接触，把温度变化充分地传递给内部的工作物质。所以，其材料应具有防腐能力，并有良好的热导率。为了提高灵敏度，温包本身的受热膨胀应远远小于其内部工作物质的膨胀，故材料的体膨胀系数要小。此外，还应有足够的机械强度，以便在较薄的容器壁上承受较大的内外压力差。通常用不锈钢或黄铜制造温包，黄铜只能用在非腐蚀性介质里。当温包受热后，将使内部工作物质温度升高而压力增大，此压力经毛细管传到弹簧管内，使弹簧管产生变形，并由传动系统带动指针，指示相应的温度值。

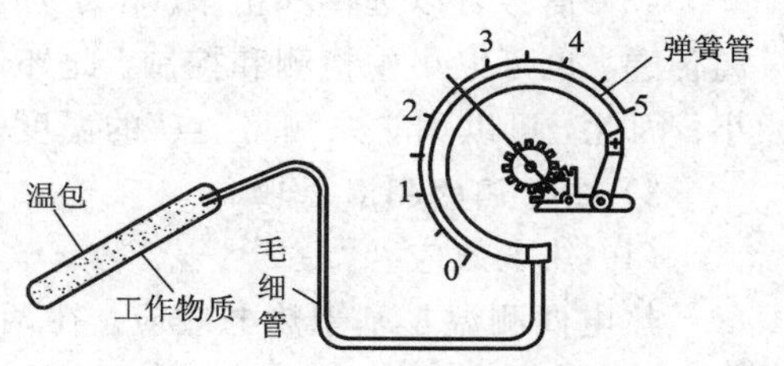

图 4-4　压力式温度计

目前生产的压力式温度计，根据充入密闭系统内工作物质的不同可分为充气体的压力式温度计和充蒸气的压力式温度计。

(1) 充气体的压力式温度计。

气体状态方程式 $pV=mRT$ 表明，对一定质量 m 的气体，如果它的体积 V 一定，则它的温度 T 与压力 p 成正比。因此，在密封容器内充以气体，就构成充气体的压力温度计。工业上用的充气体的压力式温度计通常充氮气，它能测量的最高温度为 500～550℃；在低温下则充氢气，它的测温下限可达－120℃。在过高的温度下，温包中充填的气体会较多地透过金属壁而扩散，这样会使仪表读数偏低。

(2) 充蒸气的压力式温度计。

充蒸气的压力式温度计是根据低沸点液体的饱和蒸气压只和气液分界面的温度有关这一原理制成的。其感温包中充入约占 2/3 容积的低沸点液体，其余容积则充满液体的饱和蒸气。当感温包温度变化时，蒸气的饱和蒸气压发生相应变化，这一压力变化通过一插入到感温包底部的毛细管进行传递。在毛细管和弹簧管中充满上述液体，或充满不溶于感温包中液体的、在常温下不蒸发的高沸点液体，称为辅助液体，以传递压力。感温包中充入的低沸点液体常用的有氯甲烷、氯乙烷和丙酮等。

充蒸气的压力式温度计的优点是感温包的尺寸比较小、灵敏度高。其缺点是测量范围小、标尺刻度不均匀(向测量上限方向扩展)，而且由于充入蒸气的原始压力与大气压力相差较小，故其测量精度易受大气压力的影响。

2. 热电偶

热电偶是目前应用广泛、发展比较完善的温度传感器，它在很多方面都具备了一种理想温度传感器的条件。

1）热电偶的特点

(1) 温度测量范围宽。随着科学技术的发展，目前热电偶的品种较多，它可以测量自−271～2800℃ 乃至更高的温度。

(2) 性能稳定、准确可靠。在正确使用的情况下，热电偶的性能是很稳定的，其精度高，测量准确可靠。

(3) 信号可以远传和记录。由于热电偶能将温度信号转换成电压信号，因此可以远距离传递，也可以集中检测和控制。此外，热电偶的结构简单，使用方便，其测量端能做得很小。因此，可以用它来测量“点”的温度。又由于它的热容量小，因此反应速度很快。

2）热电偶的测温原理

(1) 热电效应。

热电偶测温是基于热电效应。在两种不同的导体(或半导体)A 和 B 组成的闭合回路中，如果它们两个结点的温度不同，则回路中产生一个电动势，通常我们称这种电动势为热电势，这种现象就是热电效应，如图 4-5 所示。

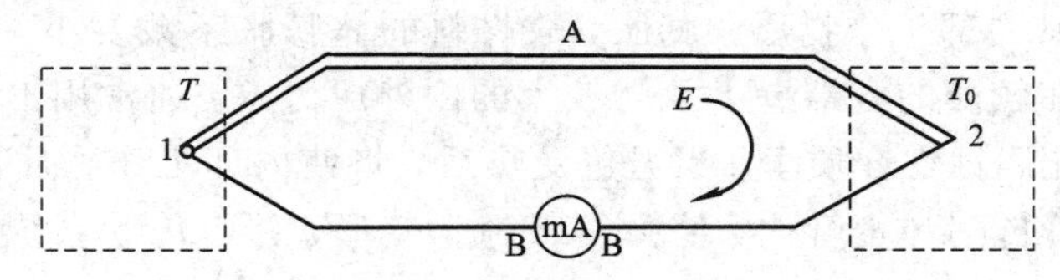

图 4-5　热电偶的测温原理

热电偶的基本工作原理是基于热电效应。所谓热电效应，即将两种不同的导体组成一个闭合回路，只要两个结点处的温度不同，则回路中就有电流产生，这一现象称为热电效应。如图 4-5 所示，导体 A、B 称为热电极。在热电偶的两个结点中，位于被测温度(T)中的结点 1 称为工作端(热端)，而处于恒定温度(T_0)中的结点 2 称为参考端(冷端)。

由于热电效应，回路中产生的电动势称为热电势 E。当两个结点间的温差越大，产生的电动势就越大。通过测量热电偶输出的电动势的大小，就可以得到被测温度的大小。热电偶的热电势是由两种导体的接触电势和单一导体的温差电势组成的。

(2) 接触电势。

两种材料不同的导体 A 和 B 接触在一起时，由于自由浓度不同，便在接触处发生电子扩散，若导体 A、B 的电子浓度分别为 N_A、N_B，且 $N_A > N_B$，则在单位时间内，由 A 扩散到 B 的电子数要多于由 B 扩散到 A 的电子数。所以，导体 A 因失去电子而带正电，导体 B 因得到电子而带负电，在 A、B 的接触面处便形成一个从 A 到 B 的静电场，如图 4-6 所示。这个电场又阻止电子继续由 A 向 B 扩散。当电子扩散能力与此电场阻力相平衡时，自由电子的扩散达到了动态平衡，这样在接触处形成一个稳定的电动势，称为接触电势，如图 4-7 所示。

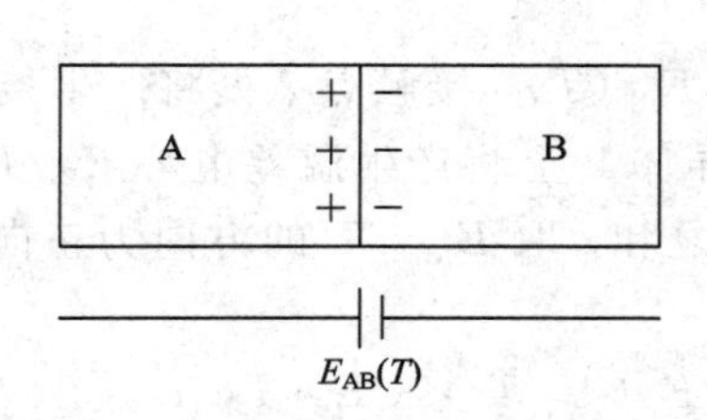

图 4-6　热电偶的接触电势示意图

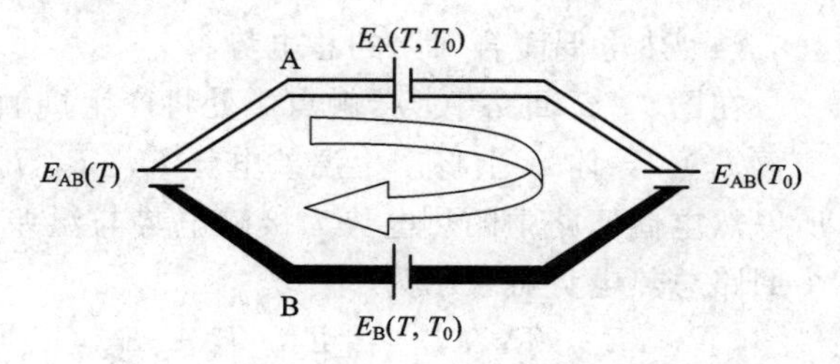

图 4-7　两端接触电势形成示意图

在图 4-5 回路中，T_0 点的接触电势其大小为

$$E_{AB}(t)=\frac{KT}{e}\ln\frac{N_A(t)}{N_B(t)} \tag{4-3}$$

上式中：$E_{AB}(t)$为导体 A、B 在温度 t 的接触电势；T 为接触处绝对温度；K 为波耳兹曼常数，$K=1.38\times10^{-23}$ J/K；e 为电子电荷，$e=1.60\times10^{-19}$C。

可以看出，如果热电偶的两个电极材料相同($N_A=N_B$)，则不会产生接触电势。因此，热电偶的两个电极材料必须不同。

在图 4-5 回路中，T_0 点的接触电势为

$$E_{AB}(t_0)=\frac{KT}{e}\ln\frac{N_A(t_0)}{N_B(t_0)} \tag{4-4}$$

如果以顺时针方向为接触电势正方向，则回路中 $E_{AB}(T_0)$与 $E_{AB}(T)$的方向相反，热电偶回路中的总接触电势应为

$$E_{AB}(t)-E_{AB}(t_0)=\frac{K}{e}\left[T\cdot\ln\frac{N_A(t_0)}{N_B(t_0)}-T_0\cdot\ln\frac{N_A(t_0)}{N_B(t_0)}\right] \tag{4-5}$$

由上式可见，热电偶回路总接触电势的大小只与热电极材料及两接点的温度有关，当两接点的温度相等时，总接触电势为零。

(3) 温差电势。

温差电势(也称汤姆逊电势)是指在同一根导体中，由于两端温度不同而产生的电动势。导体 A 两端的温度分别为 T_0 和 T 时的温差电势表示为 $E_A(T, T_0)$。设导体 A(或 B)两端温度分别为 T_0 和 T，且 $T>T_0$。此时导体 A(或 B)内形成温度梯度，使高温端的电子能量大于低温端的电子能量，因此从高温端扩散到低温端的电子数比从低温端扩散到高温端的要多，结果高温端因失去电子而带正电荷，低温端因获得电子而带负电荷。因而，在同一导体两端便产生电位差，并阻止电子从高温端向低温端扩散，最后使电子扩散达到动平衡，此时形成温差电势。

在图 4-5 回路中，A 导体上的温差电势 $E_A(T, T_0)$为

$$E_A(T, T_0)=\frac{K}{e}\int_{T_0}^{T}\frac{1}{N_A(T)}\mathrm{d}[T\cdot N_A(T)] \tag{4-6}$$

B 导体上的温差电势 $E_B(T, T_0)$为

$$E_B(T, T_0)=\frac{K}{e}\int_{T_0}^{T}\frac{1}{N_B(T)}\mathrm{d}[T\cdot N_B(T)] \tag{4-7}$$

则在导体 A、B 组成的热电偶回路中，两导体上产生的温差电势之和为

$$E_A(T,T_0)-E_B(T,T_0)=\frac{K}{e}\left\{\int_{T_0}^{T}\frac{1}{N_A(T)}\mathrm{d}[T\cdot N_A(T)]-\int_{T_0}^{T}\frac{1}{N_B(T)}\mathrm{d}[T\cdot N_B(T)]\right\} \tag{4-8}$$

(4) 热电偶闭合回路的总电势。

在图 4-5 回路中，接触点 1 处将产生接触电势 $E_{AB}(T)$，接触点 2 处将产生接触电势 $E_{AB}(T_0)$，导体 A 上将产生温差电势 $E_A(T, T_0)$，导体 B 上将产生温差电势 $E_B(T, T_0)$，所以热电偶回路中的热电势为接触电势与温差电势之和，取 $E_{AB}(T)$的方向为正向，则整个回路总热电势可表示为

$$E_{AB}(T, T_0) = [E_{AB}(T) - E_{AB}(T_0)] + [E_A(T, T_0) - E_B(T, T_0)] \tag{4-9}$$

通常情况下，温差电势比较小，因此

$$E_{AB}(T, T_0) \approx E_{AB}(T) - E_{AB}(T_0) \tag{4-10}$$

如果能使冷端温度 T_0 固定，即 $E_{AB}(T_0)=C$(常数)，则对确定的热电偶材料，其总电势 $E_{AB}(T, T_0)$就只与热端温度呈单值函数关系，即

$$E_{AB}(T, T_0) \approx E_{AB}(T) - C \tag{4-11}$$

由此可见，当保持热电偶冷端温度 T_0 不变时，只要用仪表测得热电势 $E_{AB}(T, T_0)$，就可求得被测温度 T。

根据国际温标规定：在 $T_0=0$℃时，用实验的方法测出各种不同热电极组合的热电偶在不同的工作温度下所产生的热电势值，并将其列成一张表格，这就是常说的分度表。温度与热电势之间的关系也可以用函数关系表示，称为参考函数。同时，需注意以下几点：

① 两种相同材料的导体构成热电偶时，其热电势为零；

② 当两种导体材料不同，但两端温度相同时，其热电偶的热电势为零；

③ 热电势的大小只与电极的材料和结点的温度有关，与热电偶的尺寸、形状无关。

3) 热电偶基本定律

(1) 中间导体定律。

热电偶回路中接入中间导体，只要中间导体两端温度相同，则对热电偶回路总的热电势没有影响，如图 4-8 所示。

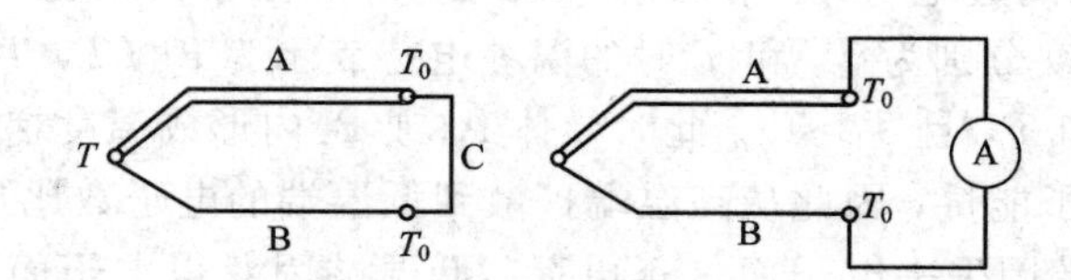

图 4-8　中间导体定律

热电偶回路中接入中间导体 C 后的热电势为

$$E_{ABC}(T, T_0) = E_{AB}(T) + E_{BC}(T_0) + E_{CA}(T_0) \tag{4-12}$$

若回路各接触温度为 T_0，则回路的总电动势为零，即

$$E_{AB}(T_0) + E_{BC}(T_0) + E_{CA}(T_0) = 0 \tag{4-13}$$

即

$$E_{BC}(T_0) + E_{CA}(T_0) = -E_{AB}(T_0) \tag{4-14}$$

所以

$$E_{ABC}(T, T_0) = E_{AB}(T) - E_{AB}(T_0) = E_{AB}(T, T_0) \tag{4-15}$$

根据这个定律，热电偶回路中可以接入各种类型的仪表，也允许热电偶采用任意焊接方法来焊接热电极。

（2）中间温度定律。

热电偶在结点温度为(T，T_0)时的热电势，等于在结点温度为(T，T_n)及(T_n，T_0)时的热电势之和，其中，T_n 称为中间温度，如图 4－9 所示。其热电势可用下式表示：

$$E_{AB}(T,T_0)=E_{AB}(T,T_n)+E_{AB}(T_n,T_0) \tag{4-16}$$

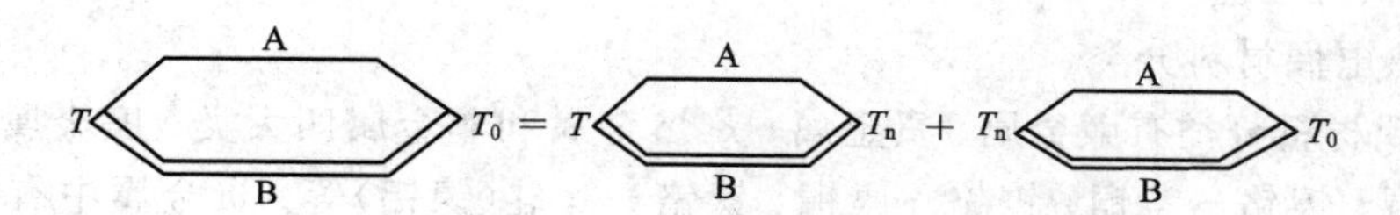

图 4－9　中间温度定律

中间温度定律的实用价值在于：

① 当热电偶冷端不为 0℃ 时，可用中间温度定律加以修正；

② 由于热电偶电极不能做得很长，可根据中间温度定律选用适当的补偿导线。

（3）标准电极定律。

如图 4－10 所示，如果 A、B 两种导体分别与第 3 种导体 C 组成热电偶，当两结点温度为(T，T_0)时热电势分别为 $E_{AC}(T,T_0)$和 $E_{BC}(T,T_0)$，那么在相同温度下，由 A、B 两种热电偶配对后的热电势为

$$E_{AB}(T,T_0)=E_{AC}(T,T_0)-E_{BC}(T,T_0) \tag{4-17}$$

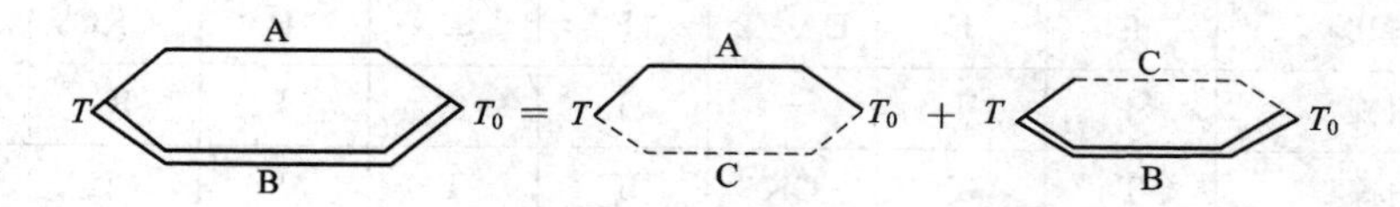

图 4－10　标准电极定律

因此，采用同一个标准热电极与不同的材料组成热电偶，先测试出各热电势，再计算合成热电势，这是测试热电偶材料的通用方法，可大大简化热电偶的选配工作。由于纯铂丝的物理和化学性能稳定、熔点高、易提纯，它常被用作标准电极。

（4）均质导体定律。

由一种均质导体组成的闭合回路中，不论导体的截面和长度如何，以及各处的温度分布如何，都不能产生热电势。这条定理说明，热电偶必须由两种不同性质的均质材料构成。

4）热电偶的材料

根据上述热电偶的测温原则，理论上任何两种导体均可配成热电偶，但因实际测温时对测量精度及使用等有一定要求，故对制造热电偶的热电极材料也有一定要求。除满足上述对温度传感器的一般要求外，还应注意如下要求：

（1）在测温范围内，热电性质稳定，不随时间和被测介质而变化，物理化学性能稳定，不易氧化或腐蚀；

（2）电导率要高，并且电阻温度系数要小；

（3）它们组成的热电偶的热电势随温度的变化率要大，并且希望该变化率在测温范围内接近常数；

（4）材料的机械强度要高，复制性好，复制工艺要简单，价格便宜。

完全满足上述条件要求的材料很难找到，故一般只根据被测温度的高低选择适当的热电极材料。下面分别介绍国内生产的几种常用热电偶。它们又分为标准化热电偶与非标准化热电偶。标准化热电偶是指国家标准规定了其热电势与温度的关系和允许误差，并有统一的标准分度表。

5）热电偶的分类

(1）按热电偶材料分类。

按热电偶材料分类有廉金属、贵金属、难熔金属和非金属四大类。廉金属中有铁—康铜、铜—康铜、镍铬—考铜、镍铬—康铜、镍铬—镍硅(镍铝)等；贵金属中有铂铑$_{10}$—铂、铂铑$_{30}$—铂铑$_{6}$、铂铑系、铱铑系、铱钌系和铂铱系等；难熔金属中有钨铼系、钨铂系、铱钨系和铌钛系等；非金属中有二碳化钨—二碳化钼、石墨—碳化物等。如表 4-3 所示。

表 4-3　热电偶的分类

名　称	IEC	中国		美国	英国	日本		俄国
		新	旧			新	旧	
铂铑 10—铂	S	S	LB-3	S	S	S	—	ПП-1
铂铑 13—铂	R	R	—	R	R	R	PR	—
铂铑 30—铂铑 6	B	B	LL-2	B	B	B	—	П-30/6
镍铬—镍铝(硅)	K	K	EU-2	K	K	K	CA	XA
镍铬—铜镍	E	E	EA-2	E	E	E	CRC	XK
铁—铜镍	J	J	—	J	J	J	IC	—
铜—铜镍	T	T	CK	T	T	T	CC	—

注：① 我国不准备发展 R 型热电偶；
② 含 40%镍、1.5%锰的铜合金过去我国称为康铜；
③ 含 43%～45%镍，0.5%锰的铜合金过去我国称为考铜；
④ XK 为镍铬—考铜热电偶。

① 铂铑$_{10}$—铂热电偶(S 型)。这是一种贵金属热电偶，由直径为 0.5 mm 以下的铂铑合金丝(铂 90%，铑 10%)或纯铂丝制成。由于容易得到高纯度的铂和铂铑，故这种热电偶的复制精度和测量准确度较高，可用于精密温度测量。在氧化性或中性介质中具有较好的物理化学稳定性，在 1300℃以下范围内可长时间使用。其主要缺点是金属材料的价格昂贵；热电势小，而且热电特性曲线非线性较大；在高温时易受还原性气体所发出的蒸汽和金属蒸汽的侵害而变质，失去测量准确度。

② 铂铑$_{30}$—铂铑热电偶(B 型)。它也是贵金属热电偶，长期使用的最高温度可达600℃，短期使用可达 1800℃，它宜在氧化性和中性介质中使用，在真空中可短期使用。它不能在还原性介质及含有金属或非金属蒸汽的介质中使用，除非外面套有合适的非金属保护管才能使用。它具有铂铑$_{10}$—铂的各种优点，抗污染能力强；主要缺点是灵敏度低、热电势小，因此，冷端在 40℃以上使用时，可不必进行冷端温度补偿。

③ 镍铬—镍硅(镍铬—镍铝)热电偶(K 型)。由镍铬与镍硅制成，热电偶丝直径一般为1.2～2.5 mm。镍铬为正极，镍硅为负极。该热电偶化学稳定性较高，可在氧化性介质或中

性介质中长时间地测量900℃以下的温度，短期测量可达1200℃；如果用于还原性介质中，就会很快地受到腐蚀，在此情况下只能用于测量500℃以下温度。这种热电偶具有复制性好，产生热电势大，线性好，价格便宜等优点。虽然测量精度偏低，但完全能满足工业测量要求，是工业生产中最常用的一种热电偶。表4-4为其分度表。

表4-4　K型热电偶分度表

电动势值/mV 分度 温度/℃	0	10	20	30	40	50	60	70	80	90
−0	0	−0.392	−0.777	−1.156	−1.527	−10.89	−2.243	−2.586	−2.92	−3.242
+0	0	0.397	0.798	1.203	1.611	2.022	2.436	2.85	3.266	3.681
100	4.095	4.508	4.919	5.327	5.733	6.137	6.539	6.939	7.338	7.737
200	8.137	8.537	8.938	9.341	9.745	10.151	10.56	10.969	11.381	11.793
300	12.207	12.623	13.039	13.456	13.874	14.292	14.712	15.132	15.552	15.974
400	16.395	16.818	17.241	17.664	18.088	18.513	18.938	19.363	19.788	20.214
500	20.64	21.066	21.493	21.919	22.346	22.772	23.198	23.624	24.05	24.476
600	24.902	25.327	25.751	26.176	26.599	27.022	27.445	27.867	28.288	28.709
700	29.128	29.547	29.965	30.383	30.799	31.214	31.629	32.042	32.455	32.866
800	33.277	33.686	34.095	34.502	34.909	35.314	35.718	36.121	36.524	36.925
900	37.325	37.724	38.122	38.519	38.915	39.31	39.703	40.096	40.488	40.897
1000	41.269	41.657	42.045	42.432	42.817	43.202	43.585	43.968	44.349	44.729
1100	45.108	45.486	45.863	46.238	46.612	46.985	47.356	47.726	48.095	48.462
1200	48.828	49.192	49.555	49.916	50.276	50.633	50.99	51.344	51.697	52.049

注：① 参考端温度为0℃；

② K为镍铬—镍硅热电偶的新分度号，旧分度号为EU-2。

例　用镍铬—镍硅(K型)热电偶测量某一物体温度，已知热电偶参考端温度为30℃，测得热电动势为33.686 mV，求被测物体温度为多少？

解　查K型热电偶分度表可知，$E_n(30, 0)=1.203$ mV，$E_k(T, 30)=33.686$ mV，$E_k(T, 0)=E_k(T, 30)+E_n(30, 0)=33.686+1.203=34.889$ mV。

再查表可知：被测物体温度大约为840℃。

④ 镍铬—康铜热电偶(E型)。其正极为镍铬合金，9%～10%铬，0.4%硅，其余为镍；负极为康铜，56%铜，44%硅。镍铬—康铜热电偶的热电势是所有热电偶中最大的，如$E_A(100.0)=6.95$ mV，比铂锗—铂热电偶高了十倍左右，其热电特性的线性也好，价格又便宜。它的缺点是不能用于高温，长期使用温度上限为600℃，短期使用可达800℃。另外，康铜易氧化而变质，使用时应加保护套管。以上几种标准热电偶的温度与电势特性曲线如图4-11所示。

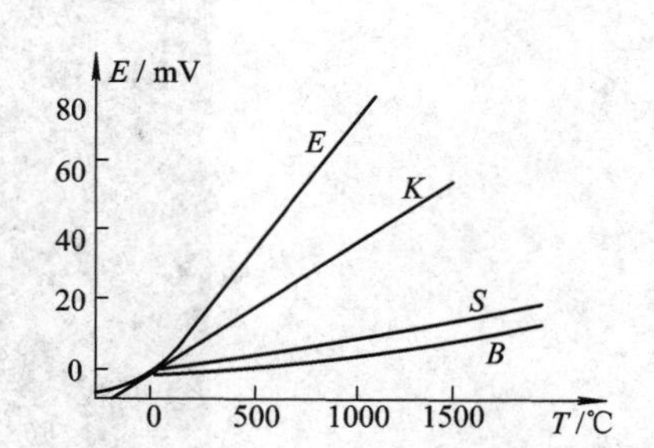

图4-11　热电偶的温度与电势特性曲线

非标准热电偶无论在使用范围或数量上均不及标准热电偶，但在某些特殊场合，譬如在高温、低温、超低温、高真空等被测对象中，这些热电偶则具有某些特别良好的特性。随着生产和科学技术的发展，人们正在不断地研究和探索新的热电极材料，以满足特殊测温的需要。下面三种热电偶为非标准热电偶。

⑤ 钨铼系热电偶。该热电偶属廉价热电偶，可用来测量高达2760℃的温度，通常用于测量低于2316℃的温度，短时间测量可达3000℃。这种系列热电偶可用于干燥的氢气、中性介质和真空中，不宜用在还原性介质、潮湿的氢气及氧化性介质中。常用的钨铼系热电偶有钨—钨铼26，钨铼—钨铼25，钨铼5—钨铼20和钨锌5—钨铼26，这些热电偶的常用温度为300～2000℃，分度误差为±1%。

⑥ 铱铑系热电偶。该热电偶属贵金属热电偶。铱铑—铱热电偶可用在中性介质和真空中，但不宜在还原性介质中，在氧化性介质中使用将缩短寿命。它们在中性介质和真空中测温可长期使用到2000℃左右。它们热电势虽较小，但线性好。

⑦ 镍钴—镍铝热电偶。测温范围为300～1000℃。其特点是在300℃以下热电势很小，因此不需要冷端温度补偿。

(2) 按用途和结构分类。

热电偶按照用途和结构分为普通工业用和专用两类。普通工业用的热电偶分为直形、角形和锥形(其中包括无固定装置、螺纹固定装置和法兰固定装置等品种)。专用的热电偶分为钢水测温的消耗式热电偶、多点式热电偶和表面测温热电偶等。

6) 热电偶的结构

热电偶的基本组成包括热电极、绝缘套管、保护套管和接线盒等部分，其结构如图4-12所示，其实物如图4-13所示。

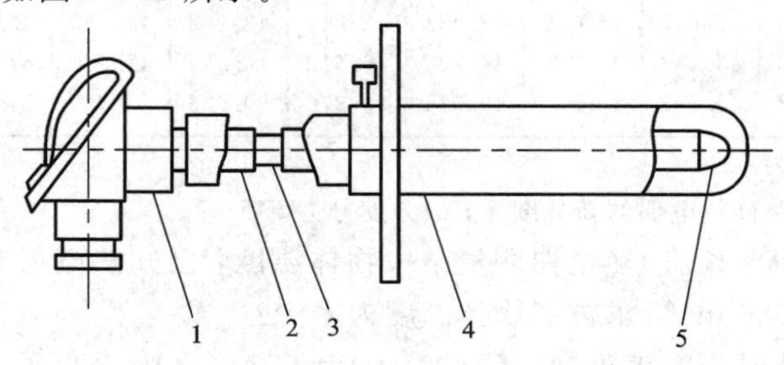

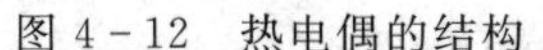
1—接线盒；2—绝缘套管；3—电热极；4—保护套管；5—热端

图4-12　热电偶的结构

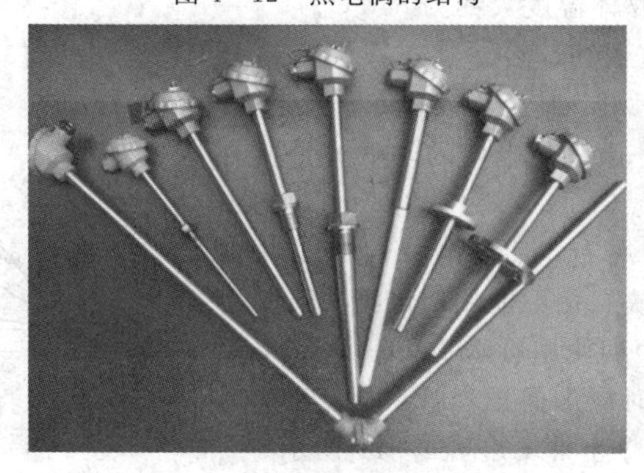

图4-13　热电偶外形

热电偶的结构形式各种各样，按其结构形式，热电偶可分为以下4种形式：

(1) 普通型热电偶。

这类热电偶主要用来测量气体、蒸气和液体介质的温度，目前已经标准化、系列化。

（2）铠装热电偶。

铠装热电偶又称缆式热电偶，它是将热电极、绝缘材料和金属保护套三者结合成一体的特殊结构形式，其断面结构如图4-14所示。它具有体积小、热惯性小、精度高、响应快、柔性强的特点，广泛用于航空、原子能、冶金、电力、化工等行业中。

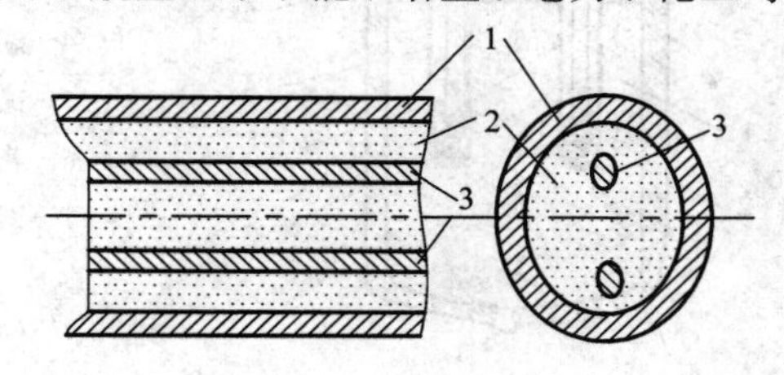

1—保护套管；2—绝缘套管；3—热电极

图4-14　铠装热电偶断面结构

（3）薄膜热电偶。

薄膜热电偶是采用真空蒸镀的方法，将热电偶材料蒸镀在绝缘基板上而成的热电偶。它可以做得很薄，具有热容量小、响应速度快的特点，适于测量微小面积上的瞬变温度。

（4）快速消耗型热电偶。

这种热电偶是一种专用热电偶，主要用于测量高温熔融物质的温度，如钢水温度，通常是一次性使用。这种热电偶可直接用补偿导线接到专用的快速电子电位差计上，直接读取温度。

7）热电偶的参考端的处理

从热电偶测温基本公式可以看到，对某一种热电偶来说热电偶产生的热电势只与工作端温度 t 和自由端温度 t_0 有关，即热电偶的分度表是以 $t_0=0$℃作为基准进行分度的。而在实际使用过程中，参考端温度往往不为0℃，因此需要对热电偶参考端温度进行处理。热电偶的冷端温度补偿有下面几种方法：

（1）温度修正法。采用补偿导线可使热电偶的参考端延伸到温度比较稳定的地方，但只要参考端温度不等于0℃，需要对热电偶回路的电势值加以修正，修正值为 $E_{AB}(t_0, 0)$。经修正后的实际热电势可由分度表中查出被测实际温度值。温度修正法分硬件法和软件法，硬件法如图4-15所示，软件法如图4-16所示。

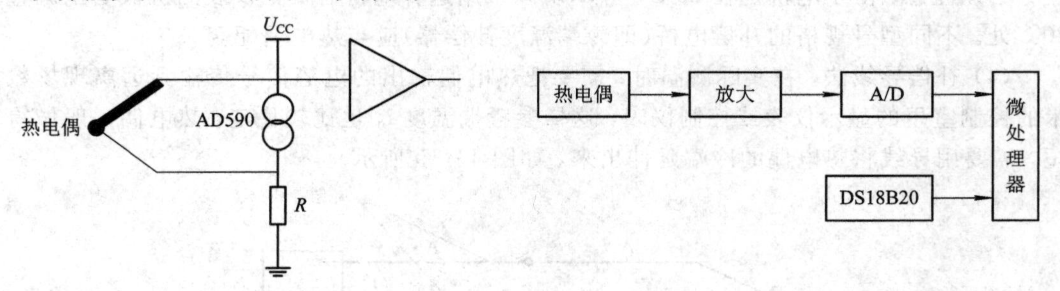

图4-15　硬件温度修正法　　图4-16　软件温度修正法

（2）冰浴法。在实验室及精密测量中，通常把参考端放入装满冰水混合物的容器中，以便参考端温度保持0℃，这种方法又称冰浴法。冰点槽如图4-17所示。

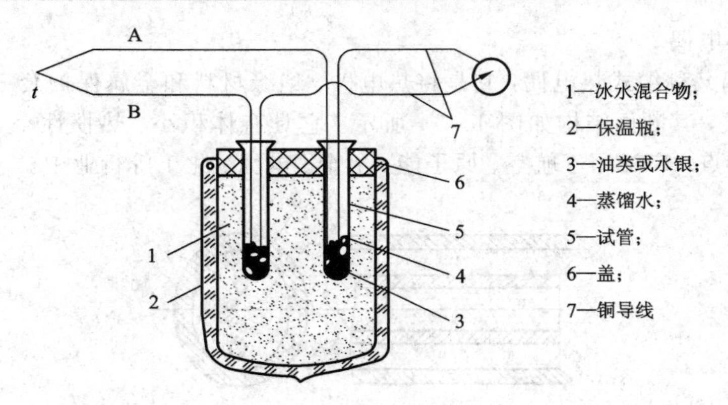

图 4-17　冰点槽

(3) 补偿电桥法。补偿电桥法是在热电偶与显示仪表之间接入一个直流不平衡电桥，也称冷端温度补偿器，如图 4-18 所示。图中经稳压后的直流电压 E 经过电阻 R 对电桥供电，电桥的 4 个桥臂由电阻 R_1、R_2、R_3(均由锰铜丝绕成)及 R_{Cu}(铜线绕制)组成，R_{Cu}与热电偶冷端感受同样的温度。设计时使电桥在 20℃处于平衡状态，此时电桥的 a、b 两端无电压输出，电桥对仪表无影响。当环境温度变化时，热电偶冷端温度也变化，则热电动势将随其冷端温度的变化而改变。但此时 R_{Cu}阻值也随温度而变化，电桥平衡被破坏，电桥输出不平衡电压，此时不平衡电压与热电偶电动势叠加在一起送到仪表，以此起到补偿作用。应该设计出这样的电桥，使它产生的不平衡电压正好补偿由于冷端温度变化而引起的热电动势变化值，仪表便可以指示正确的测温值。

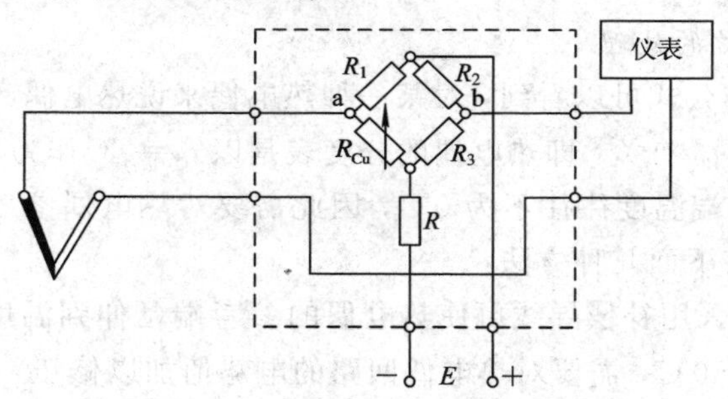

图 4-18　具有补偿电桥的热电偶测量线路

必须注意，由于电桥是在 20℃平衡，所以采用这种电桥需要把仪表的机械零位调整到 20℃处。不同型号规格的补偿电桥(即冷端温度补偿器)应与热电偶配套。

(4) 补偿导线法。在实际测温时，需要把热电偶输出的电势信号传输到远离现场数十米的控制室里的显示仪表或控制仪表，这样参考端温度 t_0 也比较稳定。热电偶一般做得较短，需要用导线将热电偶的冷端延伸出来，如图 4-19 所示。

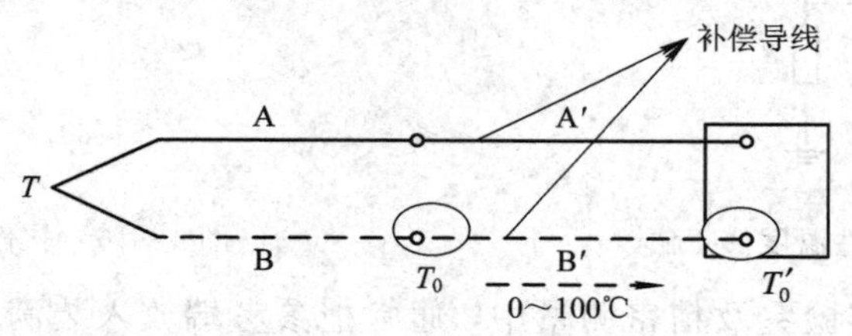

图 4-19　补偿导线法

工程中采用一种补偿导线，它通常由两种不同性质的廉价金属导线制成，而且要求在 0～100℃的温度范围内，补偿导线和所配热电偶具有相同的热电特性。常用热电偶的补偿导线如表 4-5 所示。

表 4-5　常用热电偶的补偿导线规格

热电偶	补偿导线				热端为 100℃，冷端为 0℃时的标准电动势/mV
	正极		负极		
	材料	颜色	材料	颜色	
铂铑一铂铑	铜	红	镍铜	白	0.64±0.03
镍铬一镍铝(硅)	铜	红	康铜	白	4.10±0.15
镍铬一考铜	镍、铬	褐、绿	考铜	白	6.95±0.30
铁一考铜	铁	白	考铜	白	5.75±0.25
铜一康铜	铜	红	康铜	白	4.10±0.15

3. 热电阻

利用热电阻和热敏电阻的温度系数制成的温度传感器，均称为热电阻温度传感器。工业上广泛利用热电阻来测量－200～500℃范围内的温度。

热电偶由电阻体、保护套管和接线盒等部分组成。作为测量用的热电阻应具有下述要求：电阻温度系数要尽可能大和稳定，电阻率大，电阻与温度变化关系最好成线性，在整个测温范围内应具有稳定的物理和化学性质。

1）工作原理

大多数金属导体的电阻具有随温度变化的特性，其特性方程如下：

$$R_t = R_0[1 + a(t - t_0)] \tag{4-18}$$

式中：R_t 表示任意绝对温度 t 时金属的电阻值；R_0 表示基准状态 t_0 时的电阻值；a 是热电阻的温度系数(1/℃)。对于绝大多数金属导体，a 并不是一个常数，而是有关温度的函数，但在一定的温度范围内，可近似地看成一个常数。不同的金属导体，a 保持常数所对应的温度范围也不同。

一般选作感温电阻的材料必须满足如下要求：① 电阻温度系数 a 要高，这样在同样条件下可加快热响应速度，提高灵敏度。通常纯金属的温度系数比合金大，一般均采用纯金属材料；② 在测温范围内，化学、物理性能稳定，以保证热电阻的测温准确性；③ 具有良好的输出特性，即在测温范围内电阻与温度之间必须有线性或接近线性的关系；④ 具有比较高的电阻率，以减小热电阻的体积和重量；⑤ 具有良好的可加工性，且价格便宜。比较适合的材料有铂、铜、铁和镍等。它们的阻值随温度的升高而增大，具有正温度系数。

2）热电阻类型

(1) 铂热电阻(WZP 型号)。

铂的物理、化学性能稳定，是目前制造热电阻的最好材料。铂电阻主要作为标准电阻温度计，广泛应用于温度的基准、标准的传递。它是目前测温复现性最好的一种温度计。铂丝的电阻值与温度之间的关系在 0～850℃范围内为

$$R_t = R_0(1 + At + Bt^2)] \quad (4-19)$$

在−190～0℃范围内为

$$R_t = R_0[1 + At + Bt^2 + C(t - 100)t^3] \quad (4-20)$$

式中：R_t 为温度在 t℃时的电阻值；R_0 为温度在0℃时的电阻值；t 为任意温度值；A，B，C均为分度系数，其值分别为 $A = 3.908\ 02 \times 10^{-3}$℃$^{-1}$，$B = 5.802 \times 10^{-7}$℃$^{-2}$，$C = 4.273\ 50 \times 10^{-12}$℃$^{-4}$。

由式(4-19)和式(4-20)可见，0℃时的阻值 R_0 十分重要，它与材质纯度和制造工艺水平有关，另一个对测温有直接作用的因素是电阻温度系数，即温度每变化1℃时阻值的相对变化量，它本身也随温度变化。为便于比较，常选共同的温度范围0～100℃内阻值变化的倍数，即 R_{100}/R_0 的比值来比较，这个比值相当于0～100℃范围内，平均电阻系数的100倍，此值越大越灵敏。

铂热电阻中的铂丝纯度用电阻比 $W(100)$ 表示，即

$$W(100) = \frac{R_{100}}{R_0} \quad (4-21)$$

式中：R_{100} 为铂热电阻在100℃时的电阻值；R_0 为铂热电阻在0℃时的电阻值。

电阻比 $W(100)$ 越大，其纯度越高。按IEC标准，工业使用的铂热电阻的 $W(100) \geqslant 1.3850$。目前技术水平可达到 $W(100) = 1.3930$ 其对应铂的纯度为99.9995%。

我国规定工业用铂热电阻有 $R_0 = 10\ \Omega$ 和 $R_0 = 100\ \Omega$ 两种，它们的分度号分别为Pt10和Pt100，其中以Pt100为常用。铂热电阻不同分度号亦有相应分度表，即 $R_t \sim t$ 的关系表，这样在实际测量中，只要测得热电阻的阻值 R_t，便可从分度表上查出对应的温度值。表4-6为 R_t 的分度表。

表4-6　铂热电阻Pt100的分度表　　$R_0 = 100\ \Omega$

温度/℃	0	10	20	30	40	50	60	70	80	90
	电阻/Ω									
−200	18.49									
−100	60.25	56.19	52.11	48.00	43.87	39.71	35.53	31.32	27.08	22.80
0	100.00	96.09	92.16	88.22	84.27	80.31	76.33	72.33	68.33	64.30
0	100.00	103.90	107.79	111.67	115.54	119.41	123.24	127.07	130.89	134.70
100	138.50	142.29	146.06	149.82	153.58	157.31	161.04	164.76	168.46	172.16
200	175.84	179.51	183.17	186.82	190.45	194.07	197.69	201.29	204.88	208.45
300	212.02	215.57	219.12	222.65	226.17	229.69	233.17	236.65	240.13	243.59
400	247.04	250.48	253.90	257.32	260.72	264.11	267.49	270.86	274.22	277.56
500	280.90	284.22	287.53	290.83	294.11	297.39	300.65	303.91	307.15	310.38
600	313.59	316.80	319.99	323.18	326.35	329.51	332.66	335.79	338.92	342.03
700	345.13	348.22	351.30	354.37	357.37	360.47	363.50	366.52	369.53	372.52
800	375.51	378.48	381.45	384.40	387.34	390.26				

由于铂为贵金属，因此一般用于高精度工业测量。铂电阻主要作为标准电阻温度计，广泛应用于温度的基准，长时间稳定的重现性使它成为目前测温重现性最好的温度计。在一般测量精度和测量范围较小时采用铜电阻。

(2) 铜热电阻(WZC型号)。

铂电阻虽然优点多，但价格昂贵。铜易于提纯，价格低廉，电阻－温度特性线性较好。在测量精度要求不高且温度较低的场合，铜电阻得到广泛应用。铜的电阻温度系数大，易加工提纯，其电阻值与温度呈线性关系，价格便宜，在－50～150℃内有很好的稳定性。但温度超过150℃后易被氧化而失去线性特性，因此，它的工作温度一般不超过150℃。

铜的电阻率小，要具有一定的电阻值，铜电阻丝必须较细且长，则热电阻体积较大，机械强度低。

在－50～150℃的温度范围内，铜电阻与温度近似呈线性关系，可用下式表示，即

$$R_t = R_0(1 + At + Bt^2 + Ct^3) \tag{4-22}$$

由于B、C比A小得多，所以可以简化为

$$R_t = R_0(1 + At) \tag{4-23}$$

上式中：R_t是温度为t℃时铜电阻值；R_0是温度为0℃时铜电阻值；A是常数，$A=4.28\times10^{-3}$℃$^{-1}$。

铜电阻的R_0分度表号Cu50为50 Ω；Cu100为100 Ω。铜的电阻率仅为铂的几分之一。因此，铜电阻所用阻丝细而且长，机械强度较差，热惯性较大，在温度高于100℃以上或侵蚀性介质中使用时，易氧化，稳定性较差。因此，只能用于低温及无侵蚀性的介质中。热电阻新、旧分度号如表4-7所示。

表4-7 热电阻新、旧分度号

名称	新 型	旧 型
铂电阻	—	$BA_1(R_0=46\ \Omega)$ ($a=0.00391$℃$^{-1}$)
	$Pt100(R_0=100\ \Omega)$ ($a=0.00385$℃$^{-1}$)	$BA_2(R_0=100\ \Omega)$ ($a=0.00391$℃$^{-1}$)
	$Pt10(R_0=10\ \Omega)$	—
铜电阻	$Cu50(R_0=50\ \Omega)$ $Cu100(R_0=100\ \Omega)$	$G(R_0=53\ \Omega)$

注：① R_0—温度为0℃时热电阻电阻值；② α—电阻温度系数。

(3) 其他热电阻。

近年来，对低温和超低温测量方面，采用了新型热电阻。

铟电阻是用99.999%高纯度的铟绕成电阻。可在室温到42 K温度范围内使用，42～15 K温度范围内，灵敏度比铂高10倍。缺点是材料软，复制性差。

3) 热电阻传感器的结构

热电阻传感器是由电阻体、绝缘管、保护套管、引线和接线盒等组成，如图4-20所示。

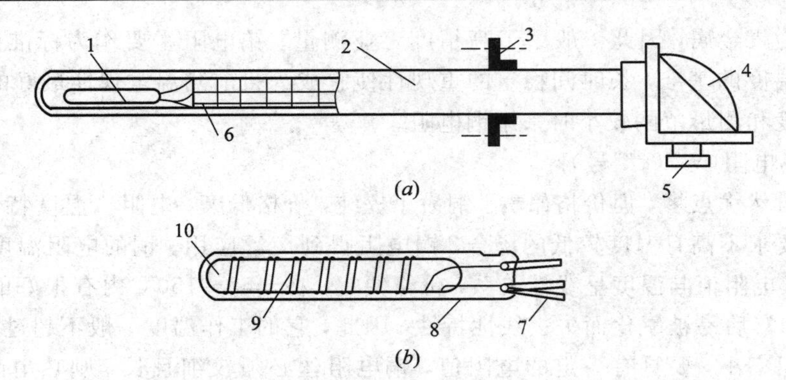

1—电阻体；2—不锈钢套管；3—安装固定件；4—接线盒；5—引线口；
6—瓷绝缘套管；7—引线端；8—保护膜；9—电阻丝；10—芯柱

图 4-20　热电阻传感器结构

(a) 热电阻传感器结构；(b)电阻体结构

热电阻传感器外形如图 4-21 所示。

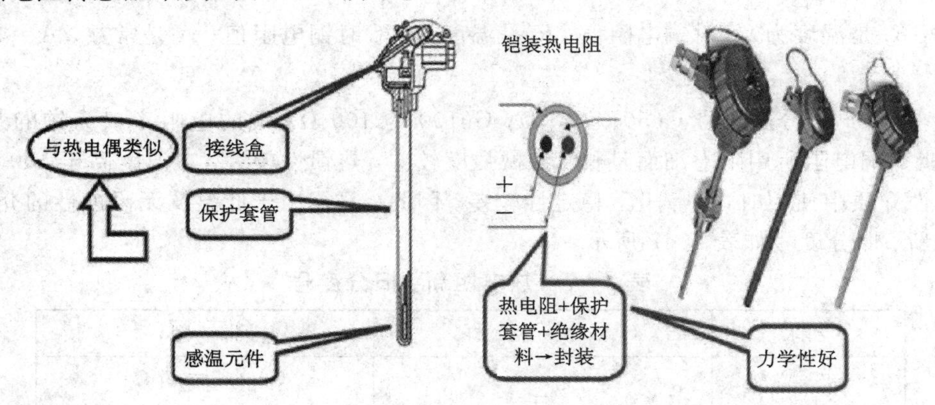

图 4-21　热电阻传感器外形

热电阻传感器外接引线如果较长时，引线电阻的变化会使测量结果有较大误差，为减小误差，可采用三线式电桥连接法测量电路或四线电阻测量电路，具体可参考有关资料。

例　用分度号为 Cu50(R_0=50 Ω)的铜热电阻测温，测得某介质温度为 100℃，若 α= 4.28×10^{-3}/℃，求：

(1) 此时的热电阻值是多少？

(2) 检定时发现该电阻的 R_0=51 Ω，求由此引起的热电阻值绝对误差和相对误差。

解　(1) 根据 $R_t=R_0[1+at]$，代入数值，可求得 120℃时的热电阻值

$$R_t = 50\times[1+4.28\times10^{-3}\times100] = 71.4\ \Omega$$

(2) 当 R_0=51 Ω 时，计算得

$$R_t' = 51\times[1+4.28\times10^{-3}\times100] = 72.82\ \Omega$$

则绝对误差：

$$\Delta R = R_t' - R_t = 72.82 - 71.4 = 1.42\ \Omega$$

相对误差：

$$\delta=\frac{\Delta R}{R_t}\times 100\%=\frac{1.42}{71.4}\times 100\%=1\%$$

4. 温度变送器

温度变送器与测温元件配合使用将温度信号转换成为统一的标准信号 4～20 mA DC 或 1～5 V DC，以实现对温度的自动检测或自动控制。温度变送器还可以作为直流毫伏变送器或电阻变送器使用，配接能够输出直流毫伏信号或电阻信号的传感器，实现对其他工艺参数的测量。

温度变送器可分为以 DDZ—Ⅲ温度变送器为主流的模拟温度变送器和智能化温度变送器两大类。在结构上，温度变送器有测温元件和变送器连成一个整体的一体化结构及测温元件另配的分体式结构。

DDZ—Ⅲ温度变送器主要有三种：直流毫伏变送器、热电偶温度变送器和热电阻温度变送器。其原理和结构形式大致相同。直流毫伏变送器是将直流毫伏信号转换成 4～20 mA DC 电流信号，而热电偶、热电阻温度变送器是将温度信号线性地转换成 4～20 mA DC 电流信号。这三种变送器均属安全火花防爆仪表，采用四线制连接方式，都分为量程单元和放大单元两部分，它们分别设置在两块印刷电路板上，用接插件相连接，其中，放大单元是通用的，而量程单元随品种、测量范围的不同而不同。

1）直流毫伏变送器

直流毫伏变送器作用是把直流毫伏信号 E_i 转换成 4～20 mA DC 电流信号。直流毫伏变送器的构成框图如图 4-22 所示。它把由检测元件送来的直流毫伏信号 E_i 和桥路产生的调零信号 U_z 以及同反馈电路产生的反馈信号 U_f 进行比较，其差值送入前置运放进行电压放大，再经功率放大器转换成具有一定带负载能力的电流信号，同时把该电流调制成交流信号，通过 1∶1 的隔离变压器实现隔离输出。

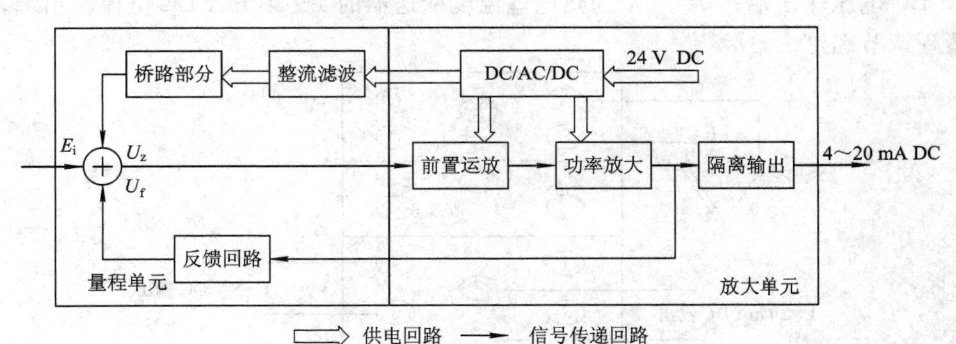

图 4-22　直流毫伏变送器构成框图

从图 4-22 中不难看出，在量程单元中调 U_z 可实现调零，调反馈信号 U_f 可实现调量程功能，放大单元实现信号放大、调制和隔离。

2）热电偶温度变送器

热电偶温度变送器与热电偶配合使用，要求将温度信号线性地转换为 4～20 mA DC 电流信号或 1～5 V DC 电压信号。由于热电偶测量温度的两个特点，一是需冷端温度恒定，二是热电偶的热电势与热端温度成非线性的关系，故热电偶温度变送器线路需在直流毫伏线路的基础上做两点修改：

(1) 在量程单元的桥路中，用铜电阻代替原桥路中的恒电阻，并组成正确的冷端补偿回路；

(2) 在原来的反馈回路中，构造与热电偶温度特性相似的非线性反馈电路，利用深度负反馈电路来实现温度与热电偶温度变送器输出电流成线性关系。热电偶温度变送器的构成框图如图 4-23 所示。

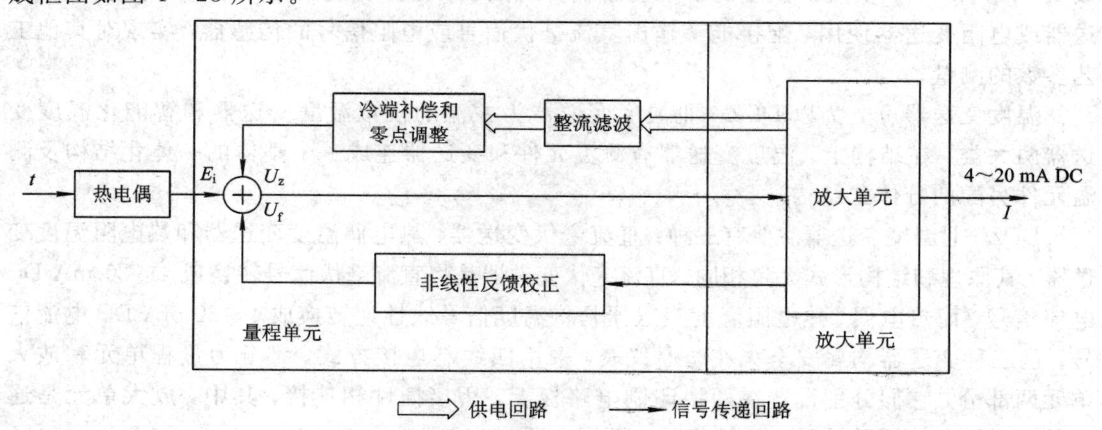

图 4-23 热电偶温度变送器的构成框图

需要注意的是，由于不同分度号热电偶的热电特性不相同，故与热电偶配套的温度变送器中的非线性反馈电路也是随热电偶的分度号和测温范围的不同而变化的，这也正是热电偶温度变送器量程单元不能通用的原因。

热电偶温度变送器接线端子如图 4-24 所示。“A”、“B”分别代表热电偶正、负极连接端；“+”、“−”为 24 V DC 电源的正、负极接线端；“4”、“5”为热电偶温度变送器的 1～5 V DC 电压输出端；“7”、“8”为热电偶温度变送器的 4～20 mA DC 电流输出端；有零点和量程调节螺钉。

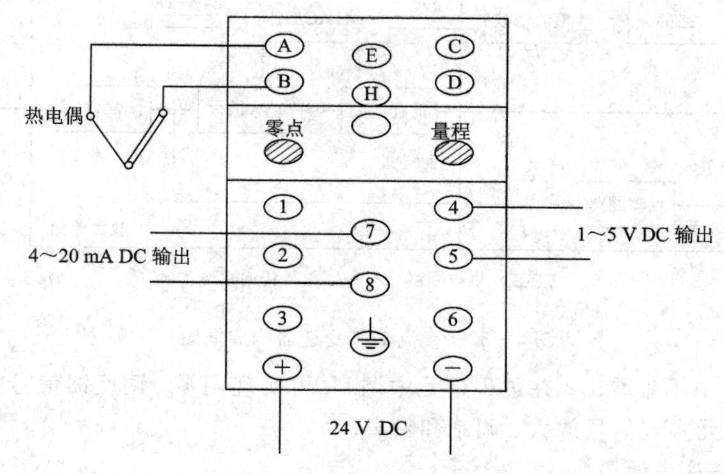

图 4-24 热电偶温度变送器接线端子

3) 热电阻温度变送器

热电阻温度变送器与热电阻配合使用，要求将温度信号线性地转换为 4～20 mA DC 电流信号或 1～5 V DC 电压信号。由于热电阻传感器的输出量是电阻的变化，故需引入桥路，将电阻的变化转换成电压的变化。又由于热电阻温度特性具有非线性，故在直流毫伏线路的基础上需引入线性化环节。热电阻温度变送器的构成框图如图 4-25 所示。

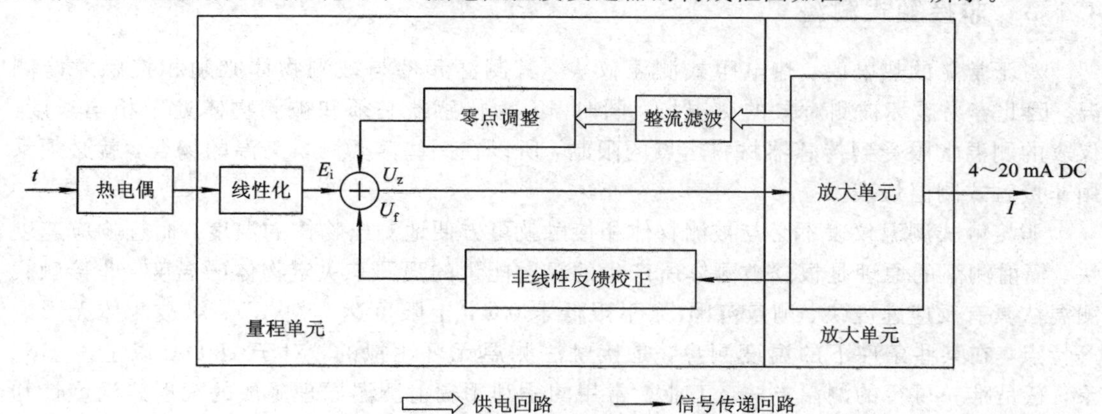

图 4-25　热电阻温度变送器构成框图

需要注意的是，热电阻温度变送器的线性化电路不同于热电偶温度变送器。它采用的是热电阻两端电压信号正反馈的方法，使流过热电阻的电流随电压增大而增大，即电流随温度的增高而增大，从而补偿热电阻引线电阻由于环境温度增加而导致输出变化量减小的趋势，最终使热电阻两端的电压信号与被测温度成线性关系。

由于热电阻温度变送器本质上测量的是电阻的变化，故它引线电阻的要求较高，一般采用三线制接法。

热电阻温度变送器接线端子如图 4-26 所示。“A”、“B”、“H”分别代表热电阻连接端；“+”、“−”为 24 V DC 电源的正、负极接线端；“4”、“5”为热电阻温度变送器的 1～5 V DC 电压输出端；“7”、“8”为热电阻温度变送器的 4～20 mA DC 电流输出端；有零点和量程调节螺钉。

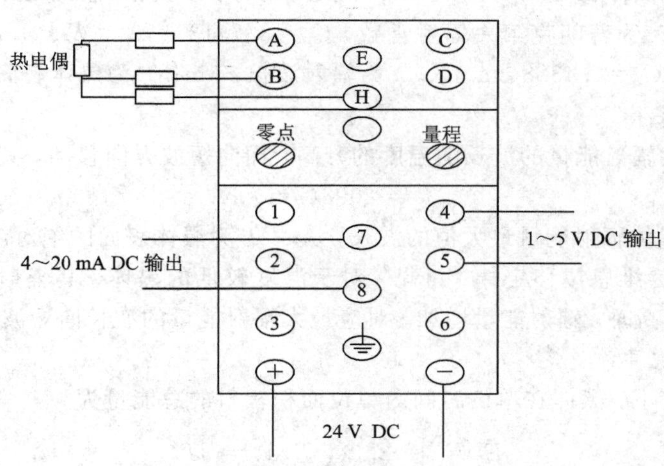

图 4-26　热电阻温度变送器接线端子

4）DDZ—Ⅲ温度变送器防爆措施

DDZ—Ⅲ温度变送器安全火花防爆措施有三条：在输入、输出及电源回路之间通过变压器而相互隔离；在输入端设有限压和限流元件；在输出端及电源端装有大功率二极管及熔断丝。以上三条措施使 DDZ—Ⅲ温度变送器能适用于防爆等级为 $H_{Ⅲe}$的场所。

4.1.3　非接触式测温

对于常见的热电偶、热电阻式测温仪表，其测温元件与被测物体必须相接触才能测温，因此容易破坏被测对象的测温场。同时，因为传感器必须和被测物体处于相同温度，仪表的测温上限受到传感器材料熔点的限制，所以在一些需要测量高温的场合，就必须采用非接触式测温仪表。

非接触式测温仪表不必与被测物体相接触就可方便地测出物体的温度，而且响应速度快。辐射测温的原理是根据被测体所产生的辐射能量的强弱来决定物体的温度。非接触式测温法具有反应速度快、测量范围广(下限低于 0℃，上限可达 2500℃)、对被测体无影响等特点，在某些条件下的温度测量，是接触法测温无可比拟的。对于 1800℃以上测温对象，它是唯一可行的测温方法。工业上常用的是利用辐射测温原理制成的辐射式温度计和光学高温计等。

1. 黑体辐射定律

辐射测温的理论基础是黑体辐射定律，黑体是指能对落在它上面的辐射能量全部吸收的物体。自然界中任何物体只要其温度在绝对零点以上，就会不断地向周围空间辐射能量。温度愈高，辐射能量就愈多。黑体辐射满足下述各定律。

1) 普朗克定律

当黑体的温度为 T(K)时，它的每单位面积向半球面方向发射的对应于某个波长的单位波长间隔、单位时间内的辐射能量与波长、温度的函数关系为

$$E_b(\lambda, T) = \frac{C_1}{\lambda^5 (e^{\frac{C_2}{\lambda T}} - 1)} \tag{4-24}$$

式中：$E_b(\lambda, T)$为黑体在温度 T、波长 λ、单位时间、单位波长间隔辐射的能量，其单位为 $W/(cm^2 \cdot \mu m)$；C_1 为普朗克第一辐射常数，$C_1 = 3.7413 \times 10^{-12}\ W \cdot \mu m/cm^2$；$C_2$ 为普朗克第二辐射常数，$C_2 = 1.4388\ cm \cdot K$；λ 为辐射波长，μm；T 为黑体表面的绝对温度，K。

2) 维恩位移定律

黑体对应最大辐射能量的波长随温度的升高，而向短波方向移动，其关系为

$$\lambda_m T = 2998(\mu m \cdot K) \tag{4-25}$$

式中：λ_m 为对应黑体辐射能量最大值的波长，μm；T 为黑体表面的绝对温度，K。

式(4-25)称为维恩位移定律。可见，对于温度较低的黑体，其辐射能量主要在长波段。当它的温度升高时，辐射能量增加。对应最大辐射能量的波长向短波方向移动。

3) 斯忒藩—玻耳兹曼定律

在一定的温度下，黑体在单位时间内单位面积辐射的总能量为

$$E_b = \int_0^{\infty} E_b(\lambda, T) d\lambda = \alpha T^4 \tag{4-26}$$

式中：α 为斯忒藩—玻耳兹曼常数，$\alpha = 5.67 \times 10^{-12}\ W/(cm^2 \cdot K^4)$。

由式(4-26)可见，黑体辐射的所有波长总能量与它的绝对温度的四次方成正比。当黑体的温度升高时，辐射能量将迅速增加。

上述各定律只适用于黑体。实际物体都是非黑体，它们的辐射能力均低于黑体。实际物

体的辐射能量与黑体在相同温度下的辐射能量之比称为该物体的比辐射率或黑度，记为ε，则

$$E = \varepsilon E_b \tag{4-27}$$

式中：E为实际物体的辐射能量；E_b为黑体在相同温度下的辐射能量。

2. 辐射测温方法

被测体的温度在不同的条件下以黑体的温度表示，有以下三种测温方法。

1）亮度测温法

亮度温度的定义是：某一被测体在温度为T、波长为λ时的光谱辐射能量，等于黑体在同一波长下的光谱辐射能量。此时，黑体的温度称为该物体在该波长下的亮度温度（简称亮温）。由普朗克定律可以得到

$$\frac{1}{T} = \frac{\lambda_e}{C_2}\ln\varepsilon_\lambda + \frac{1}{T_L} \tag{4-28}$$

式中：λ_e为有效波长；ε_λ为有效波长λ_e的比辐射率；T为被测体的真温；T_L为被测体的亮温。

物体的亮温比真温要低，测得亮温后尚需校正。一般选有效波长为0.65～0.66 μm。

2）比色测温法

比色温度的定义是：黑体在波长λ_1和λ_2下的光谱辐射能量之比等于被测体在这两个波长下的光谱辐射能量之比，此时黑体的温度称为被测体的比色温度（简称色温）。

由普朗克定律可求得被测体的温度与其色温的关系为

$$\frac{1}{T} - \frac{1}{T_c} = \frac{\ln\dfrac{\varepsilon_1}{\varepsilon_2}}{C_2\left(\dfrac{1}{\lambda_1} - \dfrac{1}{\lambda_2}\right)} \tag{4-29}$$

式中：T_c为被测体的色温；T为被测体温度；ε_1、ε_2分别为被测体对应于波长λ_1和λ_2的比辐射率。当比辐射率ε_1、ε_2为已知时，根据式(4-29)可由测得的色温求出被测体的真温。

如果物体的比辐射率不随波长而变，该物体称为灰体。显然，对于灰体，色温与真温是相等的。

3）全辐射测温法

全辐射测温的理论依据是斯忒藩—玻耳兹曼定律。全辐射温度的定义是：当某一被测体的全波长范围的辐射总能量与黑体的全波长范围的辐射总能量相等时，黑体的温度瓦就称为该被测体的全辐射温度。此时有

$$T = T_b\sqrt[4]{\frac{1}{\varepsilon}} \tag{4-30}$$

当被测体的全波比辐射率ε为已知时，可由式(4-30)校正后，求得真温T。

由上述三种测温原理可知，比色测温与亮度测温都具有较高的精度。比色测温的抗干扰能力强，在一定程度上可以消除电源电压的影响和背景杂散光的影响等。全辐射测温容易受背景干扰。

从三种辐射测温原理可见，辐射法测温并非直接测得物体的真温，每种方法都需要由已知的比辐射率校正后求出真温。这样，由于比辐射率的测量误差将会影响辐射测温结果的准确性，这是辐射测温法的缺点。因此，尽管辐射测温具有很多优点，但测温精度还不够高，这在一定程度上影响了它的使用。加之，辐射测温仪器复杂，价格较贵，因此它的使

用范围远不及接触式测温仪表广泛。

3. 辐射测温仪表

1) 光学高温计

光学高温计按其结构可分为灯丝隐灭式和灯丝恒亮式两类。灯丝隐灭式是光学高温计中最完善的一类，这里只介绍灯丝隐灭式光学高温计的工作原理。

当被测物体辐射的单色亮度与光学高温计内灯丝的单色亮度相等时，两者的温度便是一致的，而灯丝的温度可由流过它的电流的大小来确定。测量时，将光学高温计对准被测体。调节灯丝电流、改变灯丝的亮度，使之与被测物体亮度相等。这时被测体辐射强度就等于标准灯泡灯丝的辐射强度，灯丝便消失在被测物的背景之中。灯丝的电流与它的温度有着确定的关系，因此可把电流值直接刻度成温度值。

光电高温计的工作原理如图 4 - 27 所示。被测体的辐射光由物镜、聚焦后经光栏、调制遮光板的上方孔、滤光片，投射到光敏元件上。另一路光是由参比光源灯泡发出的一束光经透镜、调制遮光板的下方孔、滤光片后投射到光敏元件的同一位置。调制遮光板将来自被测体和参比光源的两束光变成脉冲光束，并交替地投射到光敏元件上。如果两束光存在亮度差，则差值将被放大推动可逆电动机旋转带动滑线电阻的触点，调节灯泡的电源，直至两束光的亮度平衡为止。同时可逆电动机也带动显示记录仪表记录出相应的温度值。

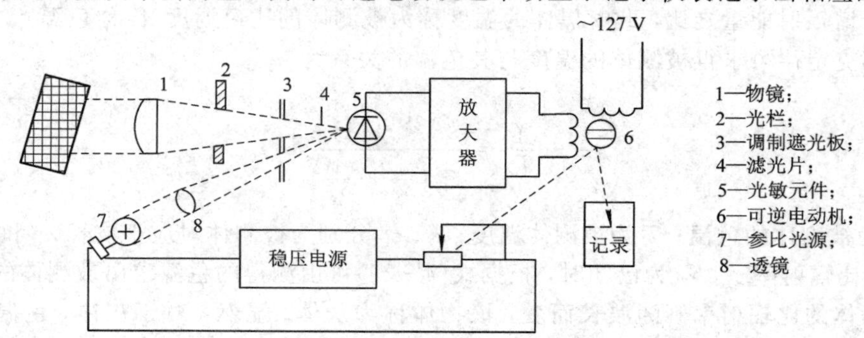

图 4 - 27　光电高温计原理图

2) 光电比色高温计

光电比色高温计在光路结构上与光电亮度高温计有很多相似之处，但它是利用被测对象两个不同波长的辐射能量之比与其温度之间的关系来实现辐射测量的。比色高温计有两种基本结构形式：单通道式和双通道式。图 4 - 28 是双通道式光电比色高温计的结构原理图。

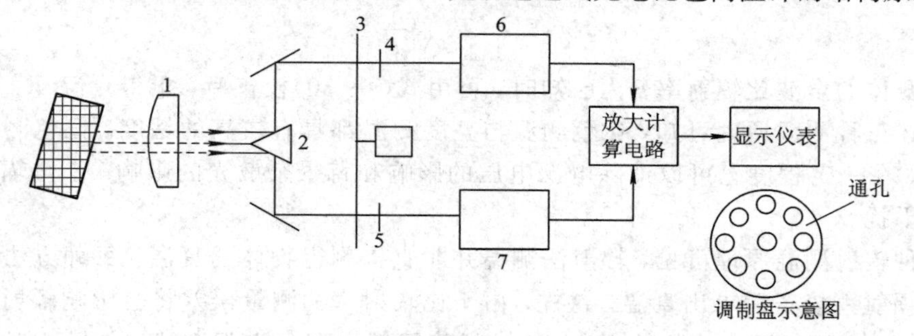

1—透镜；2—棱镜；3—调制盘；4、5—滤光片；6、7—光敏元件

图 4 - 28　双通道式光电比色高温计的结构原理图

它的原理是：来自被测体的光穿过透镜经棱镜分成两束平行光。两束光同时通过(或同时不通过)调制盘，然后再分别经过滤光片后投射到两个光敏元件上。由于两个滤光片的波长不同，因此投射到两个光敏元件上的是经过调制了的两束不同波长的光。它们在光敏元件上产生的电信号送入放大电路，经计算后即显示出被测体的温度。

3）全辐射温度计

全辐射温度计的工作原理如图4-29所示。与前面几种辐射温度计相比，它是把被测体的所有波长的能量全部接收下来，而不需要变为单色光。因此，全辐射式温度计要求光敏元件对整个光谱的光都能较好的响应。一般选用热电堆或热释电器件。热释电器件近年来应用较多。它的响应速度快，并且有很宽的动态范围，对光谱辐射的响应几乎与波长无关，直到远红外波段灵敏度都相当均匀。

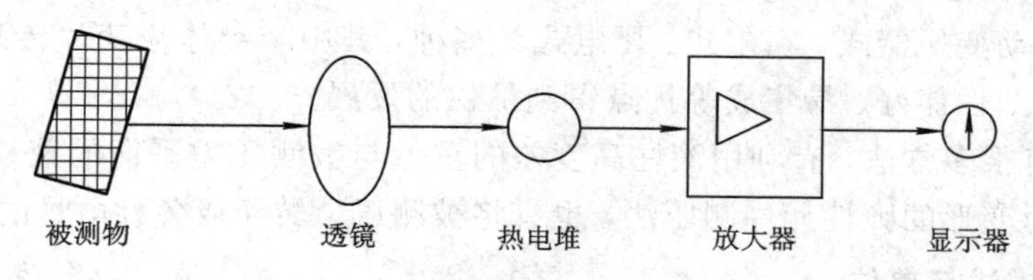

图4-29　全辐射温度计的工作原理

4.1.4　温度检测仪表的选用

温度检测仪表的选用应根据工艺要求，正确选择仪表的量程和精度。正常使用温度范围，一般为仪表量程的30%～90%。现场直接测量的仪表可按工艺要求选用。

玻璃液体温度计具有结构简单、使用方便、测量准确、价格便宜等优点，但强度差、容易损坏，通常用于指示精度较高，现场没有震动的场合，还可作温度报警和位式控制。

双金属温度计具有体积小、使用方便、刻度清晰、机械强度高等优点，但测量误差较大，适用于指示清晰，有震动的场合，也可作报警和位式控制。

压力式温度计有充气式、充液体式和充蒸汽式三种。可以实现温度指示、记录、调节、远传和报警，刻度清晰，但毛细管的机械强度较差，测量误差较大，一般用于就地集中测量或要求记录的场合。

热敏电阻温度计具有体积小、灵敏度高、惯性小、结实耐用等优点，但是热敏电阻的特性差异很大，可用于间断测量固体表面温度的场合。

测量微小物体和运动物体的温度或测量因高温、振动、冲击等原因而不能安装测温元件的物体的温度，应采用光学高温计、辐射感温器等辐射型温度计。

辐射型温度计测温度必须考虑现场环境条件，如受水蒸气、烟雾、一氧化碳、二氧化碳等影响，应采取相应措施，克服干扰。

光学高温计具有测温范围广、使用携带方便等优点，但是只能目测，不能记录或控制温度。

辐射感温器具有性能稳定、使用方便等优点，与显示仪表配套使用能连续指示记录和控制温度，但测出的物体温度和真实温度相差较大，使用时应进行修正。当与瞄准管配套测量时，可测得真实温度。

4.2　压力检测与仪表

4.2.1　压力检测的概念与分类

工程上把垂直均匀作用在单位面积上的力称为压力，即物理学中定义的压强，它是一个很重要的物理量；而差压是指两个测量压力间的差值，即压力差，工程上习惯叫做差压。压力测量在汽车、航空航天、舰船、石油、化工等测控领域有着广泛的应用。压力传感器是一种将压力转换成电流或电压的器件，用于测量压力、位移等物理量。压力传感器有应变式、电容式、差动变压器式、霍尔式、压电式等多种，其中半导体应变片传感器因体积小、重量轻、成本低、性能好、易集成等优点得到最快的发展。

压力测量有很多方法，有利用液柱高度差的重量与被测压力平衡的液柱测压法，有根据弹性元件受力变形的弹性元件测压法，也有将被测压力转换成各种电量的电测法等。

1. 压力的描述与单位

压力有几种不同的描述方法：

(1) 绝对压力。指作用于物体表面上的全部压力，其零点以绝对真空为基准，又称总压力或全压力，一般用大写字母 P 表示。

(2) 大气压力。指地球表面上的空气柱重量所产生的压力，以 P_0 表示。

(3) 相对压力。指绝对压力与大气压力之差，一般用 P 表示。当绝对压力大于大气压力时，称为正压力，简称压力，又称表压力；当绝对压力小于大气压力时，称为负压，负压又可用真空度表示，负压的绝对值称为真空度。测压仪表指示的压力一般都是表压力。

(4) 差压。任意两个压力之差称为差压。

压力在国际单位制中的单位是牛顿/米^2(N/m^2)，通常称为帕斯卡或简称帕(Pa)。由于帕的单位很小，工业上一般采用千帕(kPa)或兆帕(MPa)作为压力的单位。在工程上还有一些习惯使用的压力单位，如我国在实行法定计量单位前使用的工程大气压(kgf/cm^2)，它是指每平方厘米的面积上垂直作用 1 千克力的压力；标准大气压(760 mmHg)是指 0℃时水银密度为 13.5951 g/cm^3，在标准重力加速度 9.806 65 m/s^2 下高 760 mm 水银柱对底面的压力；毫米水柱(mmH_2O)是指标准状态下高 1 mm 的水柱对底面的压力；毫米汞柱(mmHg)指标准状态下高 1 mm 的水银柱对底面的压力等。一些西方国家尚有使用 bar(或 mbar)和 bf/in^2 等旧时压力单位的，这些压力单位的相互换算见表 4-8。

表 4-8　压力单位的相互换算

帕 /Pa	工程大气压 /(Kgf/cm^2)	标准大气压 /atm	毫米水柱 /mmH_2O	毫米水银柱 /mmHg	毫巴 /mbar	磅力/英寸^2 /(bf/in^2)
1	$1.019\ 71\times10^{-5}$	$0.986\ 92\times10^{-5}$	0.101 971	0.7500×10^{-2}	1×10^{-2}	$1.450\ 44\times10^{-4}$

2. 压力仪表的分类

由于在各个领域中都广泛地应用着不同的压力测量仪表，所以致使压力表的种类繁多，对压力表的分类也常采用不同的方法，如表4-9所示。为了测量方便，根据所测压力高低不同，习惯上把压力划分成不同的区间。在各个区间内，压力的发生和测量都有很大差别，压力范围的划分对仪表分类也很有影响。下面首先介绍常用的压力范围的划分方法。

表4-9　压力仪表的分类

类别	压力表形式	测压范围/kPa	精度等级	输出信号	性能特点
液柱式压力计	U形管	$-10\sim10$	0.2，0.5	水柱高度	实验室低，微压测量
	补偿式	$-2.5\sim2.5$	0.02，0.1	旋转刻度	用作微压基准仪器
	自动液柱式	$-10^2\sim10^2$	0.005，0.01	自动计数	用光、电信号自动跟踪液面，用作压力基准仪器
弹性式压力表	弹簧管	$-10^2\sim10^6$	0.1～4.0	位移，转角或力	就地测量或校验
	膜片	$-10^2\sim10^2$	1.5～2.5		用于腐蚀性、高黏度介质测量
	膜盒	$-10^2\sim10^2$	1.0～2.5		微压测量与控制
	波纹管	$0\sim10^2$	1.5，2.5		生产过程低压测控
负荷式压力计	活塞式	$0\sim10^6$	0.01～0.1	砝码负荷	结构简单，坚实，精度极高，用作压力基准器
	浮球式	$0\sim10^4$	0.02，0.05		
电气式压力表（压力传感式）	电阻式	$-10^2\sim10^4$	1.0，1.5	电压，电流	结构简单，耐震动性差
	电感式	$0\sim10^5$	0.2～1.5	毫伏，毫安	环境要求低，信号处理灵活
	电容式	$0\sim10^4$	0.05～0.5	伏，毫安	响应速度极快，限于动态测量
	压阻式	$0\sim10^5$	0.02～0.2	毫伏，毫安	性能稳定可靠，结构简单
	压电式	$0\sim10^4$	0.1～1.0	伏	响应速度极快，限于动态测量
	应变式	$-10^2\sim10^4$	0.1～0.5	毫伏	冲击，温湿度影响小，电路复杂
	振频式	$0\sim10^4$	0.05～0.5	频率	性能稳定，精度高
	霍尔式	$0\sim10^4$	0.5～1.5	毫伏	灵敏度高，易受外界干扰

1）压力范围的划分

(1) 微压压力在0～0.1 MPa以内；

(2) 低压压力在0.1～10 MPa以内；

(3) 高压压力在10～600 MPa以内；

(4) 超高压压力高于600 MPa；

(5) 真空(以绝对压力表示)：

① 粗真空 $1.3332\times10^3\sim1.0133\times10^5$ Pa；

② 低真空 $0.133\,32\sim1.3332\times10^3$ Pa；

③ 高真空 $1.3332\times10^{-6}\sim0.133\,32$ Pa；

④ 超高真空 $1.3332\times10^{-10}\sim1.3332\times10^{-6}$ Pa；

⑤ 极高真空 $<1.3332\times10^{-10}$ Pa。

2）压力仪表的分类

(1) 按敏感元件和转换原理的特性不同分类。

① 液柱式压力计。根据液体静力学原理，把被测压力转换为液柱的高度来实现测量。如U形管压力计、单管压力计和斜管压力计等；

② 弹性式压力计。根据弹性元件受力变形的原理，把被测压力转换为位移来实现测量。如弹簧管压力计、膜片压力计和波纹管压力计等；

③ 负荷式压力计。基于静力平衡原理测量。如活塞式压力计、浮球式压力计等；

④ 电测式压力仪表。利用敏感元件将被测压力转换为各种电量，根据电量的大小间接进行检测。

电阻、电感、感应式压力计是把弹性元件的变形转换成相应的电阻、电感或者感应电势的变化，再通过对电阻、电感或电势的测量来测量压力；霍尔式压力计是弹性元件的变形经霍尔元件的变换，变成霍尔电势输出，再根据电势大小测量压力；应变式压力计是应用应变片(丝)直接测量弹性元件的应变来测量压力；电容式压力计是把弹性膜片作为测量电容的一个极，当压力变化时使极向电容发生变化，根据电容变化测量压力；振弦式压力计是用测量弹性元件位移的方法通过测量一端固定在膜片(弹性元件)中心的钢弦频率，从而测量出压力；压电式压力计是利用压电晶体的压电效应测量压力。

(2) 按测量压力的种类分类。可分为压力表、真空表、绝对压力表和差压压力表。

(3) 按仪表的精确度等级分类。

① 一般压力表精确度等级有1级、1.5级、2.5级和4级；

② 精密压力表精确度等级有0.4级、0.25级、0.16级、0.1级和0.05级数字压力表；

③ 活塞式压力计0.2级(三等)、0.05级(二等)、0.02级(一等)。

除上述一些分类方法外，还有根据使用用途划分的，如标准压力计、实验室压力计、工业用压力计等。

4.2.2 液柱式压力计

液柱式压力计是利用液柱高度和被测介质压力相平衡的原理所制成的测压仪表。它具有结构简单、使用方便，测量准确度比较高、价格便宜，并能测量微小压力，还能自行自造等优点，因此在生产上和实验室应用较多。液柱式压力计外形如图4-30所示。

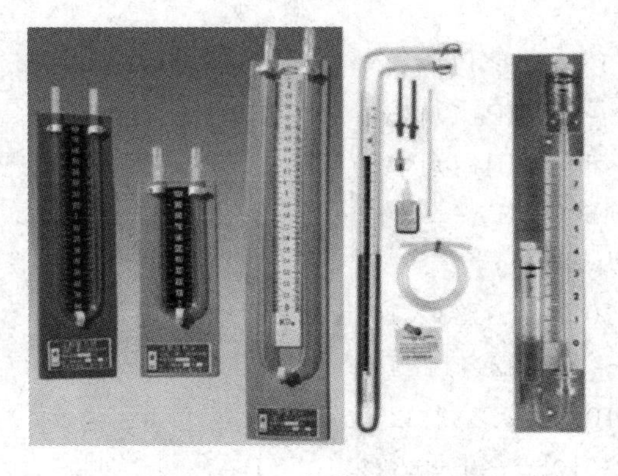

图4-30 液柱式压力计外形

液柱式压力计按其结构形式不同，可分为 U 形管压力计、单管压力计和倾斜管压力计。

1. U 形管压力计

U 形管压力计可以测量表压、真空以及压力差，其测量上限可达 1500 mm 液柱高度。U 形管压力计的示意图如图 4-31 所示，它由 U 形玻璃管、刻度盘和固定板三部分组成。根据液体静力平衡原理可知，在 U 形管的右端接入待测压力，作用在其液面上的力为左边一段高度为 h 的液柱，和大气压力 P_0 作用在液面上的力所平衡，即

$$P_{绝} A = (\rho g h + P_0)A \tag{4-31}$$

如将上式左右部分的 A 消去，得

$$h = \frac{P_{绝} - P_0}{\rho g} = \frac{P_{表}}{\rho g}$$

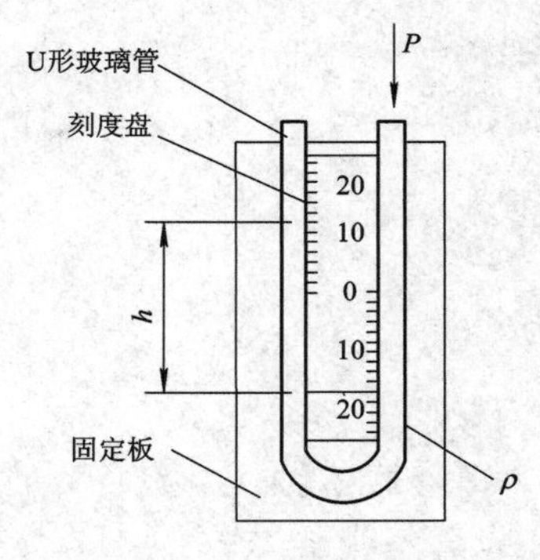

图 4-31 U 形管压力计

或

$$P_{表} = \rho g h \tag{4-32}$$

式中：A 为 U 形管截面积；ρ 为 U 形管内所充入的工作液体密度；$P_{绝}$、P_0 分别为绝对压力和大气压力；$P_{表}$ 为被测压力的表压力，$P = P_{绝} - P_0$；h 为左右两边液面高度差。

可见，使用 U 形管压力计测得的表压力值，与玻璃管断面积的大小无关，这个值等于 U 形管两边液面高度差与液柱密度的乘积。而且，液柱高度 h 与被测压力的表压值成正比。

U 形管压力计的“零”位刻度在刻度板中间，液柱高度需两次读数。在使用之前，可以不调零，但在使用时应垂直安装。测量准确度受读数精度和工作液体毛细管作用的影响，绝对误差可达 2 mm。玻璃管内径为 5～8 mm，截面积要保持一致。

2. 单管压力计

U 形管压力计在读数时，需读取两边液位高度。为了能够直接从一边读出压力值，人们将 U 形压力计改成单管压力计形式，其结构如图 4-32 所示。即把 U 形管压力计的一个管改换成杯形容器，就成为单管压力计。杯内充有水银或水，当杯内通入待测压力时，杯内液柱下降的体积与玻璃管内液柱上升的体积是相等的。这样，就可以用杯形容器液面作为零点，液柱差可直接从玻璃管刻度上读出。

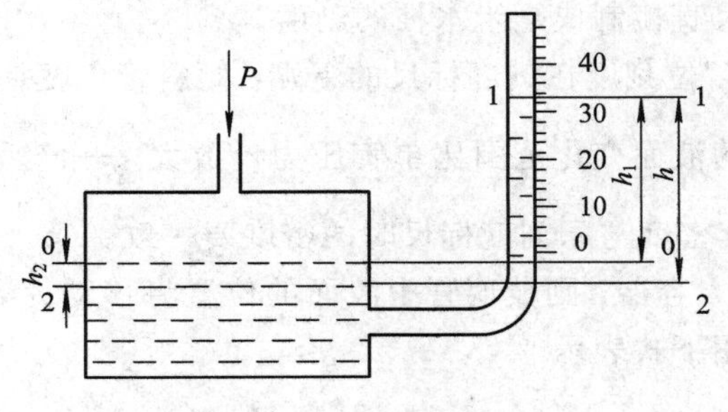

图 4-32 单管压力计

由于左边杯的内径 D 远大于右边管子的内径 d，当压力 $P_{绝}$ 加于杯上，杯内液面由 0 - 0 截面下降到 2 - 2 截面处，其高度为 h_2，玻璃管内液柱由 0 - 0 截面上升到 1 - 1 截面处，其高度为 h_1，而杯内减少的工作液的体积等于玻璃管内增加的工作液的体积，即

$$\frac{\pi D^2}{4} \cdot h_2 = \frac{\pi d^2}{4} \cdot h_1 \tag{4-33}$$

或

$$h_2 = \left(\frac{d}{D}\right)^2 \cdot h_1 \tag{4-34}$$

因为

$$h = h_1 + h_2 \tag{4-35}$$

故

$$h = h_1 + \left(\frac{d}{D}\right)^2 \cdot h_1 \tag{4-36}$$

由于 $D \gg d$，所以 $\left(\frac{d}{D}\right)^2$ 项可以忽略

$$h \approx h_1 \tag{4-37}$$

被测压力 $P_{表}$ 可写成

$$P_{表} = \rho g h_1 \tag{4-38}$$

单管压力计的“零”位刻度在刻度标尺的下端，也可以在上端。液柱高度只需一次读数。使用前需调好零点，使用时要检查是否垂直安装。单管压力计的玻璃管直径，一般选用 3～5 mm。

3. 斜管压力计

一般当测量的压力较低，并要求有较高的测量精确度时，不应采用 U 形或单管压力计。这时，通常改用斜管压力计。

斜管压力计就是将单管压力计的玻璃管倾斜放置，如图 4 - 33 所示。由于 h_1 读数标尺连同单管一起被倾斜放置，使刻度标尺的分度间距离得以放大，这样就可以测量到 1/10 mm 水柱的微压，所以有时又把斜管压力计叫做微压力计。

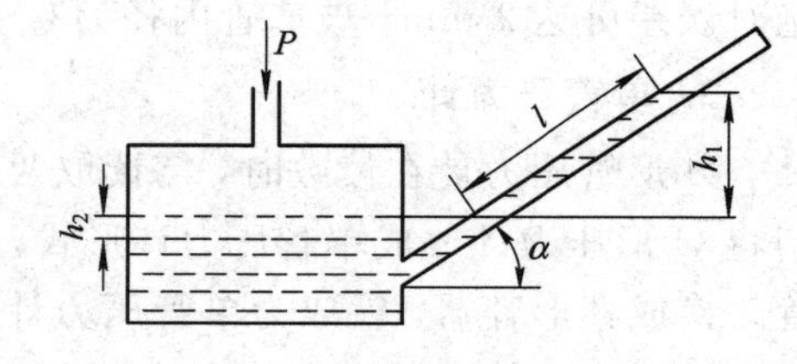

图 4 - 33 斜管压力计

斜管压力计有倾斜角固定的和变动的两种。使用时注入容器内的液体密度一定要和刻度时所用的液体密度一致，否则要加以校正。为了使用方便，通常把标尺直接制成毫米水柱的刻度。

倾斜管压力计的“零”位刻度在刻度标尺的下端。倾斜管角度是可以根据生产需要改变的，固定的斜管压力计的液面变化范围比单管压力计放大 $\frac{1}{\sin\alpha}$ 倍。使用前需放置水平调好零位。更换工作液时，其密度与原刻度标尺时的密度要一致。

若将被测压力 P 通入容器，则玻璃管中液面的位置将移动为 l。如忽视容器中波面的降低，则测得的压力可用下式表示

$$h_1 = \rho g l \sin\alpha \tag{4-39}$$

式中：l 为液体自标尺零位向上移动的毫米数；α 为玻璃管的倾斜角；ρ 为液体密度。

可见，斜管压力计所测量的压力等于倾斜管中液面移动的距离，与该液体密度和玻璃管倾斜角 α 的正弦之乘积。

4.2.3　弹性式压力计

弹性式压力表是以弹性元件受压产生弹性变形作为测量基础的，它结构简单、价格低廉、使用方便、测量范围宽、易于维修，在工程中得到广泛的应用。

1. 弹性元件

不同材料、不同形状的弹性元件适配于不同场合、不同范围的压力测量。常用的弹性元件有弹簧管、波纹管和膜片等，图 4-34 为一些弹性元件的示意图。

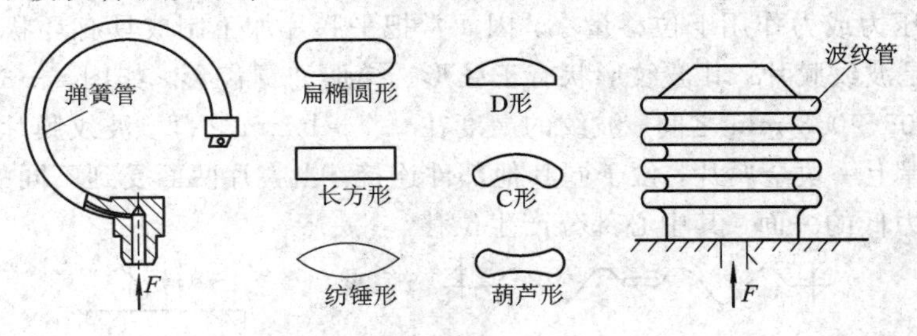

图 4-34　弹簧管与波纹管

1）弹簧管

它是一端封闭并且弯成圆弧形的管子，管子的截面为扁圆形或椭圆形。当被测压力从固定端输入后，它的自由端会产生弹性位移，通过位移大小进行测压。弹簧管式压力计测量范围最高可达 10^9 Pa，在工业上应用普遍。这一类压力计的弹簧管又有单圈管和多圈管之分，多圈弹簧管自由端的位移量较大，测量灵敏度也较单圈弹簧管高。弹簧管压力计如图 4-35 所示。

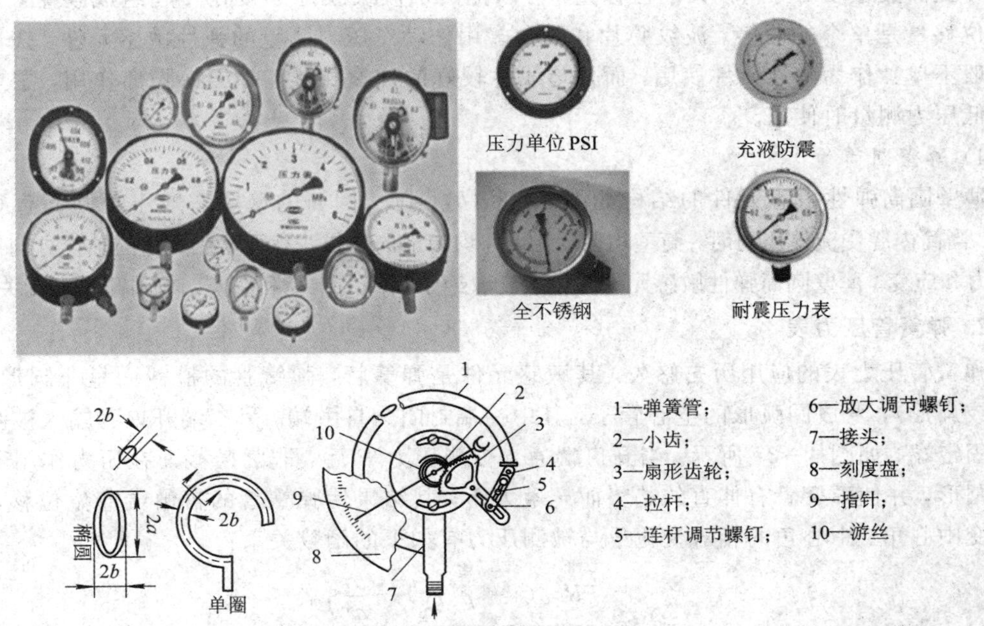

图 4-35　弹簧管压力计

2）波纹管

这是一种表面上有多个同心环形状波纹的薄壁筒体，用金属薄管制成。当输入压力时，其自由端产生伸缩变形，籍此测取压力大小。波纹管对压力灵敏度较高，可以用来测量较低的压力或压差。

3）波纹膜片和膜盒

波纹膜片由金属薄片或橡皮膜做成，在外力作用下膜片中心产生一定的位移，反映外力的大小。薄膜式压力计中膜片又分为平膜片、波纹膜片和挠性膜片。其中，平膜片可以承受较大被测压力，平膜片变形量较小，灵敏度不高，一般在测量较大的压力而且要求变形不很大的场合使用。波纹膜片测压灵敏度较高，常用在小量程的压力测量中。

平膜片在压力或力作用下位移量小，因而常把平膜片加工制成具有环状同心波纹的圆形薄膜，这就是波纹膜片。其波纹形状有正弦形、梯形和锯齿形，如图 4-36(*a*)所示。膜片的厚度在 0.05～0.3 mm 之间，波纹的高度在 0.7～1 mm 之间。波纹膜片中心部分留有一个平面，可焊上一块金属片，便于同其他部件连接。当膜片两面受到不同的压力作用时，膜片将弯向压力低的一面，其中心部分产生位移。

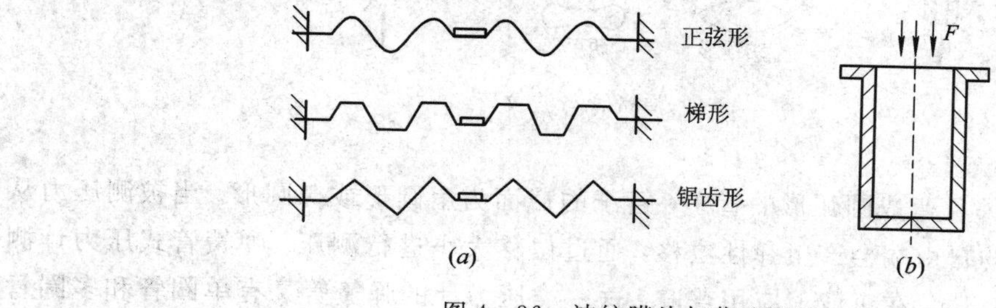

图 4-36　波纹膜片与薄壁圆筒

(*a*) 波纹膜片；(*b*) 薄壁圆筒

为提高灵敏度，得到较大的位移量，可以把两个波纹膜片焊接在一起组成膜盒，它的挠度位移量是单个的两倍。波纹膜片和膜盒多用作动态压力测量的弹性敏感元件。挠性膜片一般不单独作为弹性元件使用，而是与线性较好的弹簧相连，起压力隔离作用，主要是在较低压力测量时使用。

4）薄壁圆筒

薄壁圆筒弹性敏感元件的结构如图 4-36(*b*)所示。圆筒的壁厚一般小于圆筒直径的1/20，当筒内腔受流体压力时，筒壁均匀受力，并均匀地向外扩张，所以在筒壁的轴线方向产生拉伸力和应变。薄壁圆筒弹性敏感元件的灵敏度取绝于圆筒的半径和壁厚，与圆筒长度无关。

2. 弹簧管压力表

弹簧管压力表的应用历史悠久，其敏感元件是弹簧管，弹簧管的横截面呈非圆形(椭圆形或扁形)，弯成圆弧形的空心管子，其中一端封闭为自由端、另一端开口为输入被测压力的固定端，如图 4-37 所示。当开口端通入被测压力 P 后，非圆横截面在压力作用下将趋向圆形，并使弹簧管有伸直的趋势而产生力矩，其结果使弹簧管的自由端产生位移，同时改变中心角。中心角的相对变化量与被测压力有如下的函数关系：

$$\frac{\Delta y}{y}=\frac{PR^2\alpha(1-\mu^2)\left(1-\dfrac{b^2}{a^2}\right)}{Ebh(\beta+k^2)} \tag{4-40}$$

式中：μ、E 为弹簧管材料的泊松系数和弹性模数；h 为弹簧管的壁厚；a、b 为扁形或椭圆形弹簧管截面的长半轴、短半轴；k 为弹簧管的几何参数，$k=Rh/a^2$；α、β 为与 a/b 比值有关的系数。

由式(4-40)可知，要使弹簧管在被测压力 P 作用下其自由端的相对角位移 $\Delta y/y$ 与 P 成正比，必须保持由弹簧材料和结构尺寸决定的其余参数不变，而且扁圆管截面的长、短轴差距愈大，相对角位移愈大，测量的灵敏度愈高。当 $b=a$ 时，由于 $1-\frac{b^2}{a^2}=0$，相对角位移量 $\Delta y/y=0$，说明具有均匀壁厚的完全圆形弹簧管不能作为测压元件。

弹簧管压力计如图4-38所示。被测压力由下部通入，迫使弹簧管的自由端产生位移，通过拉杆使扇形齿轮传动机构作逆时针偏转，于是指针通过同轴的中心齿轮的带动而作顺时针偏转，在面板的刻度标尺上显示出被测压力的数值。

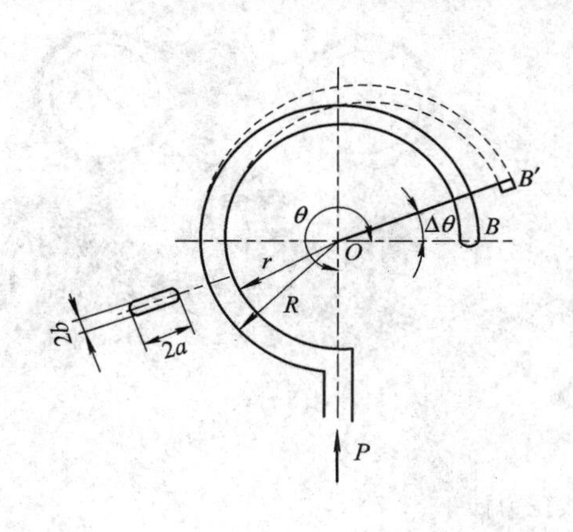

图4-37　单圈弹簧管结构

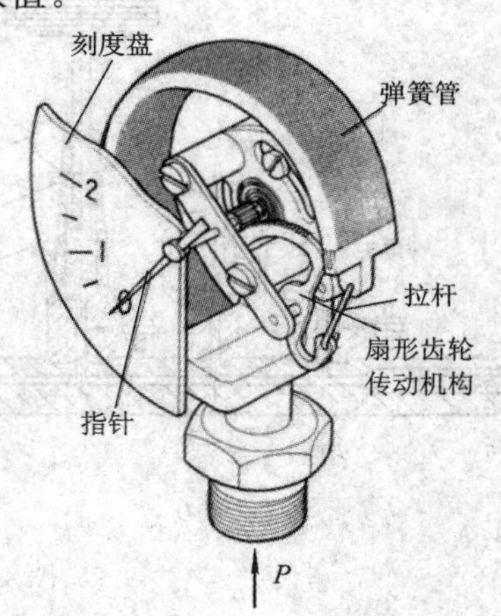

图4-38　弹簧管压力计

弹簧管压力计测量范围宽，包括负压、微压、低压、中压和高压的测量。弹簧管的材料因被测介质的性质、被测压力的大小而不同。一般在 $p<20$ MPa 时采用磷铜；$p>20$ MPa 时，则采用不锈钢或合金钢。使用压力表时，必须注意被测介质的化学性质。例如，测量氨气压力时必须采用不锈钢弹簧管，而不能采用铜质材料；测量氧气压力时，严禁沾有油脂，以免着火甚至爆炸。

弹性式压力表价格低廉，结构简单，坚实牢固，因此得到广泛应用。其测量范围从微压或负压到高压，精确度等级一般为1～2.5级，精密型压力表可达0.1级。它可直接安装在各种设备上或用于露天作业场合，制成特殊形式的压力表还能在恶劣的环境(如高温、低温、振动、冲击、腐蚀、黏稠、易堵和易爆)条件下工作。但因其频率响应低，所以不宜用于测量动态压力。

4.2.4　负荷式压力计

1. 活塞式压力计

活塞式压力计也称为压力天平，主要用于计量室、实验室以及生产或科学实验环节作为压力基准器使用，也有将活塞式压力计直接应用于高可靠性监测的环节，对其他压力仪表进行校验。活塞式压力计是基于帕斯卡定律及流体静力学平衡原理产生的一种高准确度、高复现性和高可信度的标准压力计量仪器。活塞式压力计是通过将专用砝码加载在已知有效面积的活塞上所产生的压强来表达精确压力量值的，由于活塞式压力计较其他压力量仪其测量结果极具真值可信、性能更显稳定，因此，活塞式压力计在其领域内有着相当广泛的应用。国际上常将活塞式压力计作为国家基准和工作基准或压力计量标准器。

0.05 级的活塞式压力计是用来检定 0.25 级和 0.4 级精密压力表的基准仪器。此种仪器是按国家标准进行生产的，其测量范围有 0.04～0.6 MPa，0.1～6 MPa，0.5～25 MPa，1～60 MPa，5～250 MPa。另外，−0.1～0.25 MPa 的活塞式压力真空计是按企业标准进行生产的。

活塞式压力计如图 4-39 所示。由图 4-39(*a*)的原理图可知，仪表的测量变换部分包括：活塞、活塞筒和砝码。

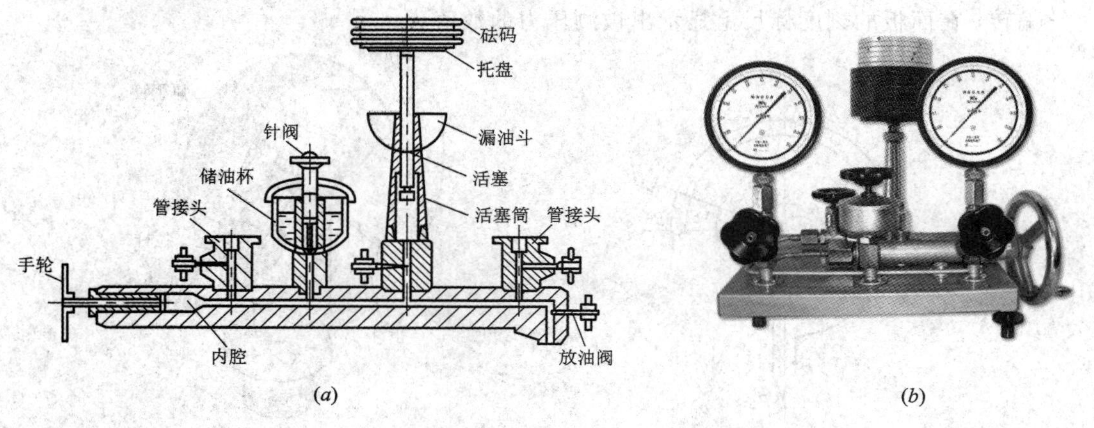

图 4-39　活塞式压力计

(*a*) 原理图；(b) 实物图

活塞一般由钢制成，在它上边有承受重物的圆盘，而在活塞下边为了防止活塞从活塞筒中滑出，装了一个比活塞直径稍大的限程螺帽。活塞筒的内径是经过仔细研磨的，它的下部与底座相连，而上部装有漏油斗，用它可以把系统中漏出的油积聚起来。活塞筒下边的孔道是与螺旋压力计的内腔相连的，转动螺旋压力计手轮，可以压缩内腔中的工作液体，以产生所需的压力。与活塞系统相连的还有管接头，通过它可以把被校压力表接在系统中。往系统中注油或放油通过针阀和放油阀来实现。工作时，把工作液(变压器油或蓖麻油等)注入系统中，再在活塞承重盘上部加上必要的砝码，旋转手轮，使系统压力提高，当压力达到一定程度时，由于系统内压力的作用，使活塞浮起。

在活塞压力计工作中，应使活塞及重物旋转。旋转的目的是使活塞与活塞筒之间不会有机械接触，产生摩擦。这样也便于发现活塞工作中的一些不正常现象，如点接触、偏心、阻力过大等等。活塞旋转以后，如果能很平稳地转动，并且保持足够的旋转持续时间，说明仪表在最佳状态下工作。

当系统处于平衡时，即系统内的压力作用在活塞上的力与重物及活塞本身的质量相平衡，系统内部的压力为

$$P=\frac{G}{S_0} \tag{4-41}$$

式中：G 为重物(砝码)加活塞及上部圆盘的总质量；S_0 为活塞的有效面积。

对于一定的活塞压力计，它的活塞有效面积是一个常数，这样为了得到不同的压力可以在承重盘上加上适当的砝码。由于活塞有效面积及砝码等参数都可以准确知道，所以所得的压力值也可以准确知道，可用它来校准其他压力表。

2. 浮球式压力计

浮球式压力计是以压缩空气或氮气作为压力源，以精密浮球处于工作状态时的球体下部的压力作用面积为浮球有效面积的一种气动负荷式压力计。如图 4-40(*a*)所示，精密浮球置于筒形的喷嘴内部，专用砝码通过砝码架作用在球体的顶端，喷嘴内的气压作用在球体下部，使浮球在喷嘴内飘浮起来。当已知质量的专用砝码所产生的重力与气压的作用力相平衡时，浮球式压力计便输出一个稳定而精确的压力值。

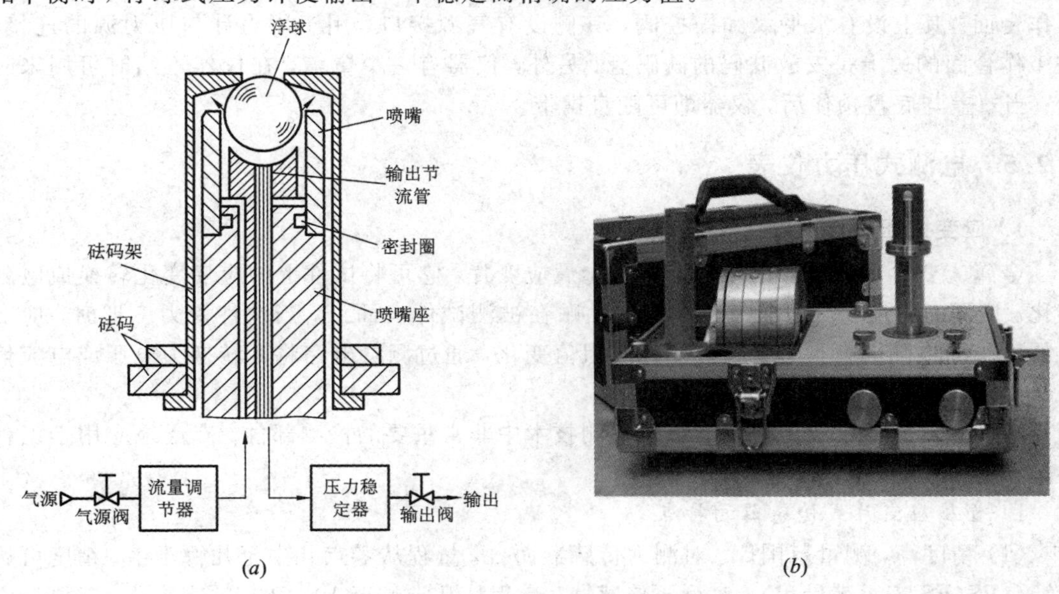

图 4-40　浮球式压力计

(*a*) 原理图；(*b*) 实物图

在浮球式压力计的砝码架上增、减砝码时，会改变测量系统的平衡状态，致使浮球下降或上升，排入大气的气体流量随即发生改变，浮球下部的压力则发生变化，流量调节器会及时准确地改变气体的流入量，使系统重新达到平衡状态，保持浮球的有效面积恒定，保持输出压力与砝码负荷之间的比例关系。确保了浮球式压力计的高准确度。

浮球式压力计原理图如图 4-40(*a*)所示，压缩空气或氮气通过流量调节器进入球体的下部，并通过球体和喷嘴之间的缝隙排入大气，在球体下部形成的压力将球体连同砝码向上托起。当排气体流量等于来自调节器的流量时，系统处于平衡状态。这时，球体将浮起一定高度，球体下部的压力作用面积(即浮球的有效面积)也就一定。由于球体下部的压力通过压力稳定器后作为输出压力，因此输出压力将与砝码负荷成比例。

在砝码架上增、减砝码时，将破坏上述的平衡状态，使浮球下降或上升。从而也改变了排入大气的气体流量，使浮球下部的压力发生变化。调节器测出压力变化后，立即改变气体的流入量，使系统重新达到平衡状态，以保持浮球的有效面积不变。因而，保持了输出压力与砝码负荷之间的固定比例关系，使浮球式压力计达到很高的精确度。

与传统的活塞式压力计相比，浮球式压力计具有下列特点：

(1) 浮球式压力计内置自动流量调节器，增减砝码后无需再作任何操作，即可得到精确的输出压力；

(2) 工作时浮球不下降，可连续、稳定地输出精确的压力信号；

(3) 浮球式压力计具有流量自行调节功能，其精确度与操作者的技术水平无关；

(4) 仪器工作时气流使浮球悬浮于喷嘴内，球体与喷嘴之间处于非接触状态。其摩擦小、重复性好、分辨能力高，且免除了旋转砝码的必要，这是浮球式压力计所独具的特性；

(5) 工作进程中，气流能不断地对浮球体进行自清洗，确保了仪器的高可靠性。

如图 4-40(*b*)所示，浮球式压力计的底盘安装在一个箱式底座上，底盘即为压力计的工作台面。其上设有水平仪和操控阀，其侧设有气源接口，用于压力计与压力源的连接。在工作台面的边上是安放砝码的砝码盘。另外，仪器有一个罩盖，在仪器不用时可用来防尘；当罩盖与底盘锁住后，仪器即可随身携带。

4.2.5　电测式压力仪表

1. 应变式压力传感器

金属应变片式传感器的核心元件是金属应变片，它可将试件上的应变变化转换成电阻变化。应用时将应变片用粘结剂牢固地粘贴在被测试件表面上，当试件受力变形时，应变片的敏感栅也随同变形，引起应变片电阻值变化，通过测量电路将其转换为电压或电流信号输出。

应变式传感器已成为目前非电量电测技术中非常重要的检测部件，广泛地应用于工程测量和科学实验中。

1) 金属应变片式传感器的特点

(1) 精度高，测量范围广。对测力传感器而言，量程从零点几牛至几百千牛，精度可达 0.05%FS(FS 表示满量程)；对测压传感器，量程从几十帕至 10^{11} Pa，精度为 0.1%FS。应变测量范围一般可由数微应变($\mu\varepsilon$)至数千微应变(1 $\mu\varepsilon$ 相当于长度为 1 m 的试件，其变形为 1 μm 时的相对变形量。

(2) 频率响应特性较好。一般电阻应变式传感器的响应时间为 10^{-7} s，半导体应变式传感器可达 10^{-11} s，若能在弹性元件设计上采取措施，则应变式传感器可测几十甚至上百上千赫的动态过程。

(3) 结构简单，尺寸小，重量轻。因此，应变片粘贴在被测试件上对其工作状态和应力分布的影响很小，同时使用维修方便。

(4) 可在高(低)温、高速、高压、强烈振动、强磁场及核辐射和化学腐蚀等恶劣条件下正常工作。

(5) 易实现小型化、固态化。随着大规模集成电路工艺的发展，目前已有将测量电路，甚至 A/D 转换器，与传感器组成一个整体。传感器输出可直接接入计算机进行数据处理。

(6) 价格低廉，品种多样，便于选择。

但是应变式传感器也存在一定的缺点：在大应变状态中具有较明显的非线性，半导体应变式传感器的非线性更为严重；应变式传感器输出信号微弱，故它的抗干扰能力较差，因此，信号线需要采取屏蔽措施；应变式传感器测出的只是一点或应变栅范围内的平均应变，不能显示应力场中应力梯度的变化等。

这种压力传感器是将应变片粘贴到压力敏感型弹性元件上或粘贴到与压力敏感型弹性元件相衔接的力敏感型弹性元件上，由弹性元件或弹性元件组合将压力转换为应变，再由应变电桥将应变转换为电压输出。

应变式压力传感器常设计成两种不同的形式，即膜式及测力计式。前者是应变片直接贴在感受被测压力的弹性膜上；后者则是把被测压力转换成集中力以后，再用应变测力计的原理测出压力的大小。

2）膜式应变传感器

图 4-41 是一种最简单的平膜式压力传感器。由膜片直接感受被测压力而产生的变形，应变片贴在膜片的内表面，在膜片产生应变时，使应变片有一定的电阻变化输出。

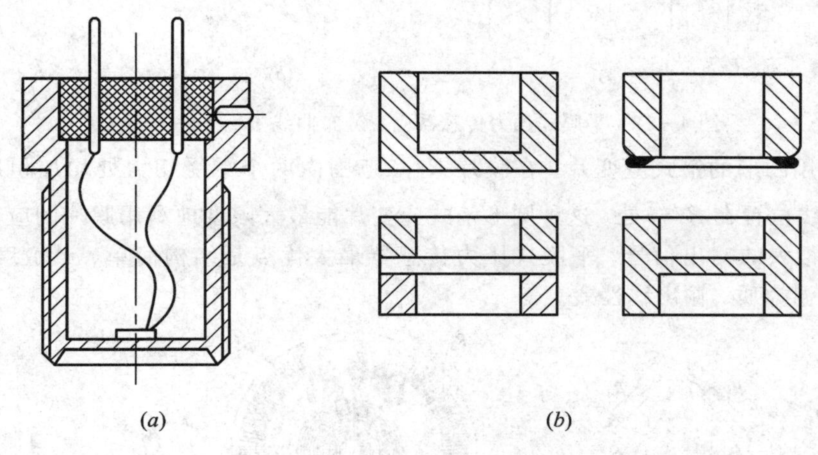

图 4-41　平膜式压力传感器

对于边缘固定的圆形膜片，在受到均匀分布的压力 p 后，膜片中一方面要产生径向应力，同时还有切向应力，由此引起的径向应变 ε_r 和切向应变 ε_τ 分别为

$$\varepsilon_r = \frac{3p}{8h^3E}(1-\mu^2)(R^2-3x^2)\times 10^{-4} \tag{4-42}$$

$$\varepsilon_\tau = \frac{3p}{8h^3E}(1-\mu^2)(R^2-x^2)\times 10^{-4} \tag{4-43}$$

式中：R、h 为平膜片工作部分半径和厚度；E、μ 为膜片的弹性模量和材料泊松比；x 为任意点离圆心的径向距离。

由式(4-42)和式(4-43)可知，在膜片中心处，即 $x=0$，ε_r 和 ε_τ 均达到正的最大值，即

$$\varepsilon_{r\,\max} = \varepsilon_{\tau\,\max} = \frac{3p}{8h^3E}(1-\mu^2)R^2 \tag{4-44}$$

而在膜的边缘，即 $x=R$ 处，$\varepsilon_\tau=0$，而 ε_r 达到负的最小值

$$\varepsilon_{r\,\min} = \frac{-3p}{4h^3E}(1-\mu^2)R^2 \tag{4-45}$$

在 $x=R/\sqrt{3}$，$\varepsilon_r=0$

$$\varepsilon_\tau = \frac{p}{4h^3E}(1-\mu^2)R^2 \tag{4-46}$$

由式(4-42)和式(4-43)可画出在均匀载荷下应变分布曲线，如图 4-42 所示。为充

分利用膜片的工作压限，可以把两片应变片中的一片贴在正应变最大区(即膜片中心附近)，另一片贴在负应变最大区(靠近边缘附近)，这时可得到最大差动灵敏度，并且具有温度补偿特性。图 4-42(a)中的 R_1、R_2 所在位置以及将两片应变片接成相邻桥臂的半桥电路就是按上述特性设计的。

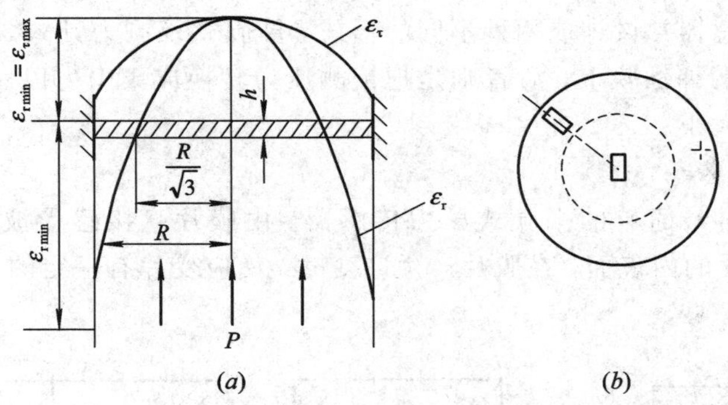

图 4-42　平膜式压力传感器应变分布曲线

图 4-43 是专用圆形的箔式应变片，在膜片 $R/\sqrt{3}$范围内两个承受切力处均加粗以减小变形的影响，引线位置在 $R/\sqrt{3}$处。这种圆形箔式应变片能最大限度地利用膜片的应变形态，使传感器得到很大的输出信号。平膜式压力传感器最大优点是结构简单、灵敏度高，但它不适于测量高温介质，输出线性差。

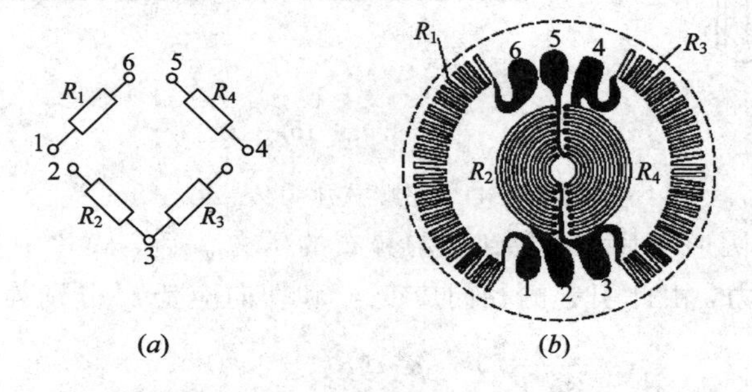

图 4-43　专用圆形的箔式应变片

(a) 箔式应变片半桥电路；(b) 箔式应变片结构图

3) 电阻应变片的粘贴技术

应变片在使用时通常是用黏合剂粘贴在弹性体上的，粘贴技术对传感器的质量起着重要的作用。

应变片的黏合剂必须适合应变片基底材料和被测材料，另外还要根据应变片的工作条件、工作温度和湿度、有无腐蚀、加温加压固化的可能性、粘贴时间长短等因素来进行选择。常用的黏合剂有硝化纤维素粘合剂、酚醛树脂胶、环氧树脂胶、502 胶水等。

应变片在粘贴时，必须遵循正确的粘贴工艺，保证粘贴质量，这些都与最终的测量精度有关。应变片的粘贴步骤如下。

(1) 应变片的检查与选择。首先应对采用的应变片进行外观检查，观察应变片的敏感栅是否整齐、均匀，是否有锈斑以及断路、短路或折弯等现象。其次要对选用的应变片的阻值进行测量，确定是否选用了正确阻值的应变片。

(2) 试件的表面处理。为了获得良好的粘合强度，必须对试件表面进行处理，清除试件表面杂质、油污及疏松层等。一般的处理方法可采用砂纸打磨，较好的处理方法是采用无油喷砂法，这样不但能得到比抛光更大的表面积，而且可以获得质量均匀的效果。为了表面的清洁，可用化学清洗剂如四氯化碳、甲苯等进行反复清洗，也可采用超声波清洗。为了避免氧化，应变片的粘贴应尽快进行。如果不立刻贴片，可涂上一层凡士林暂做保护层。

(3) 底层处理。为了保证应变片能牢固粘贴在试件上，并具有足够的绝缘电阻，改善胶接性能，可在粘贴位置涂上一层底胶。

(4) 贴片。将应变片底面用清洁剂清洗干净，然后在试件表面和应变片底面各涂上一层薄而均匀的黏合剂，待稍干后，将应变片对准划线位置迅速贴上，然后盖一层玻璃纸，用手指或胶辊加压，挤出气泡及多余的胶水，保证胶层尽可能薄而均匀。

(5) 固化。黏合剂的固化是否完全，直接影响到胶的物理机械性能。关键是要掌握好温度、时间和循环周期。无论是自然干燥还是加热固化都要严格按照工艺规范进行。为了防止强度降低、绝缘破坏以及电化腐蚀，在固化后的应变片上应涂上防潮保护层，防潮层一般可采用稀释的黏合剂。

(6) 粘贴质量检查。首先从外观上检查粘贴位置是否正确，黏合层是否有气泡、漏粘、破损等，然后测量应变片敏感栅是否有断路或短路现象，以及测量敏感栅的绝缘电阻。

(7) 引线焊接与组桥连线。检查合格后即可焊接引出导线，引线应适当加以固定。应变片之间通过粗细合适的漆包线连接组成桥路，连接长度应尽量一致，且不宜过长。

2. 压电式压力计

压电式压力计灵敏度高、线性范围大、体积小、结构简单、可靠性高、寿命长，应用非常广泛。尤其是它的动态响应频带宽、动态误差小的特点，使它在动态力(如振动压力、冲击力、振动加速度)的测量中占据了主导地位。它可用来测量压力范围为 $10^4 \sim 10^8$ Pa、频率为几赫兹至几十千赫兹(甚至上百千赫兹)的动态压力。但不能应用于静态压力的测量。

压电式压力计内含有弹性敏感元件和压电转换元件，弹性敏感元件接受压力并传递给压电元件。压电元件通常采用石英晶体。

压电式压力计的结构如图 4-44 所示，它主要由石英晶片、膜片、薄壁管、外壳等组成。石英晶片由多片叠堆放在薄壁管内，并由拉紧的薄壁管对石英晶片施加预载力。感受外部压力的是位于外壳和薄壁管之间的膜片，它由挠性很好的材料制成。

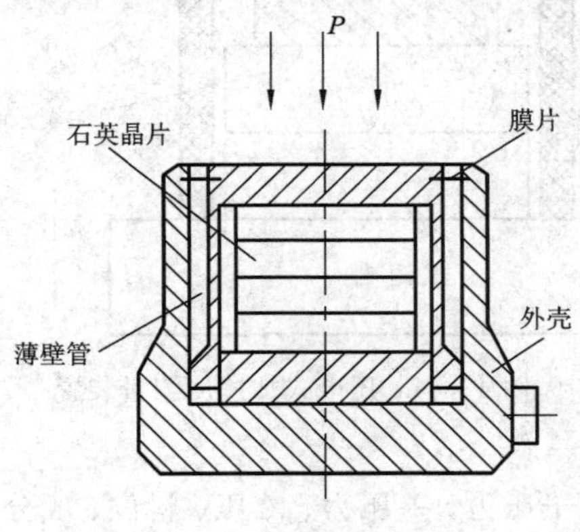

图 4-44　压电式压力计结构

1）压电式压力计

压电式压力计由本体(用途不同结构不同)、弹性敏感元件(平膜片)和压电转换元件组成。实际中由传力块将加于膜片上的压力加于压电转换元件(两片石英并联)组成，如图4-45所示。膜片受到压力P作用时，两片石英输出总电荷量为$Q=2d_{11}AP$，式中：d_{11}为纵向压电系数；A为受力面积；P为压力通过电荷放大器电路读出产生电荷值，即可测量压力。

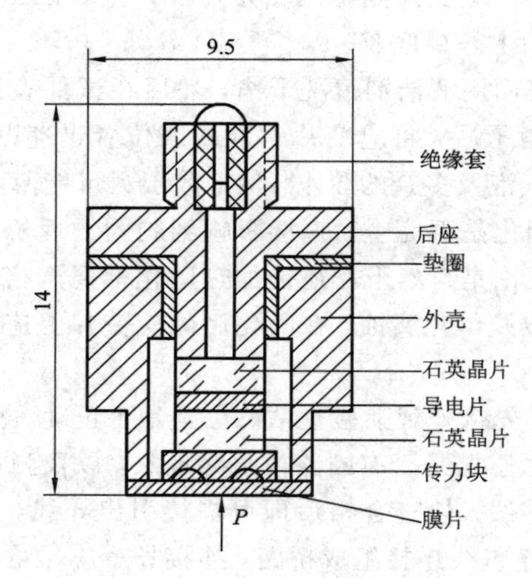

图 4-45　膜片式压电压力计

2）压电式加速度计

图4-46为一压电式加速度测量装置。图中压电片上放置一质量块，利用弹簧对压电元件及质量块施加预紧力，并一起装于基座上，用壳子封装。测量时质量块应与基座相同的振动，并受到与加速度a相反的惯性力作用。石英受到的力$T=ma$(m为压电元件上的有效质量)作用时，产生与力正比的电荷Q，测量时再将Q经电荷放大电路放大后输出，按照$Q=d_{ij}F=d_{ij}ma$式计算出加速度值。

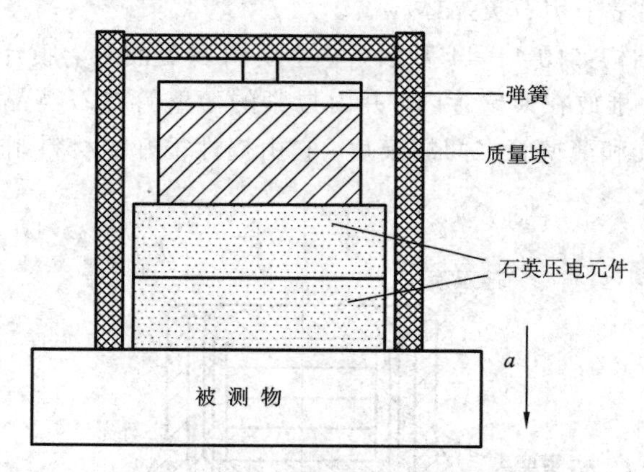

图 4-46　压电式加速度测量装置

3. 电容式压力计

电容式压力计不但应用于压力、差压力、液压、料位、成分含量等热工参数测量，也广泛用于位移、振动、加速度、荷重等机械量的测量。

1）电容式差压计

电容式差压计的核心部分如图 4-47 所示。将左右对称的不锈钢基座的外侧加工成环状波纹沟槽，并焊上波纹隔离膜片。基座内侧有玻璃层，基座和玻璃层中央都有孔。玻璃层内表面磨成凹球面，球面除边缘部分外镀以金属膜，此金属膜层为电容的定极板并有导线通往外部。左右对称的上述结构中央夹入并焊接弹性平膜片，即测量膜片，为电容的中央动极板。测量膜片左右空间被分隔成两个室，故有两室结构之称。

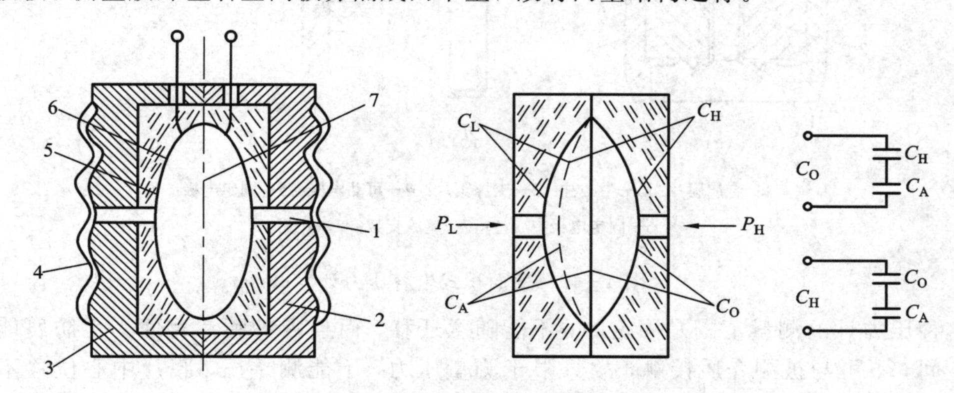

1、4—隔离膜片；2、3—不锈钢基座；5—玻璃层；6—金属膜；7—测量膜片

图 4-47　两室结构的电容差压计

在测量膜片左右两室中充满硅油，当左右隔离膜片分别承受高压 P_H 和低压 P_L 时，硅油的不可压缩性和流动性便能将差压 $\Delta P = P_H - P_L$ 传递到测量膜片的左右面上。因为测量膜片在焊接前加有预张力，所以当 $\Delta P = 0$ 时处于中间平衡位置并十分平整，此时定极板左右两电容的电容值完全相等，即 $C_H = C_L$，电容量的差值等于 0。当有差压作用时，测量膜片发生变形，也就是动极板向低压侧定极板靠近，同时远离高压侧定极板，使得电容 $C_L > C_H$。这就是差动电容压力计对压力或差压的测量工作过程。

电容式差压计的特点是灵敏度高、线性好，并减少了由于介电常数受温度影响引起的不稳定性。能实现高可靠性的简单盒式结构，测量范围为 $(-1 \sim 5) \times 10^7$ Pa，可在 $-40 \sim 100$℃的环境温度下工作。

2）变面积式压力计

这种传感器的结构原理如图 4-48(a)所示。被测压力作用在金属膜片上，通过中心柱、支撑簧片，使可动电极随膜片中心位移而动作。

可动电极与固定电极都是由金属材质切削成的同心环形槽构成的，有套筒状突起，断面呈梳齿形，两电极交错重叠部分的面积决定电容量。

固定电极的中心柱与外壳间有绝缘支架，可动电极则与外壳连通。压力引起的极间电容变化由中心柱引至电子线路，变为直流信号 4～20 mA 输出。电子线路与上述可变电容安装在同一外壳中，整体小巧紧凑。

此种压力计可利用软导线悬挂在被测介质中，如图 4-48(b)所示，也可用螺纹或法兰安装在容器壁上，如图 4-48(c)所示。金属膜片为不锈钢材质或加镀金层，使其具有一定的防腐蚀能力，外壳为塑料或不锈钢。为保护膜片在过大压力下不致损坏，在其背面有带波纹表面的挡块，压力过高时膜片与挡块贴紧可避免变形过大。

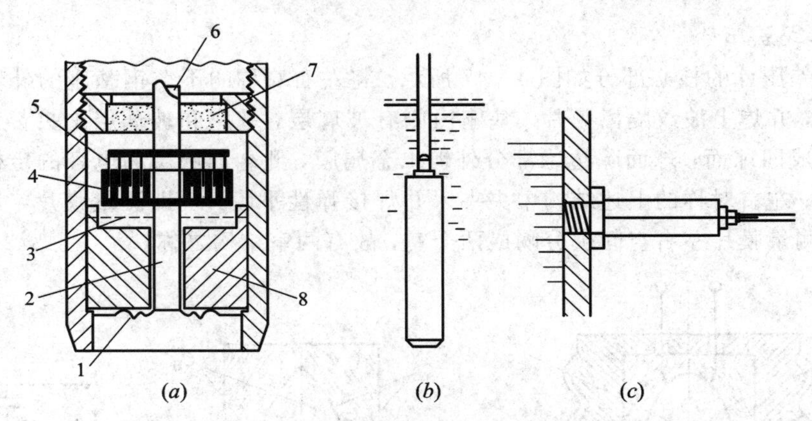

1—金属膜片；2—中心柱；3—支撑簧片；4—可动电极；5—固定电极；
6—固定电极中心柱；7—绝缘支架；8—外壳

图 4-48 变面积式电容压力计

这种压力计的测量范围是固定的，不能随意迁移，而且因其膜片背面为无防腐能力的封闭空间，不可与被测介质接触，故只限于测量压力，不能测差压。膜片中心位移不超过 0.3 mm，其背面无硅油，可视为恒定的大气压力。采用两线制连接方式，由直流 12～36 V 供电，精度为 0.25～0.5 级。允许在－10～150℃环境中工作。

除用于一般压力测量之外，这种传感器还常用于开口容器的液位测量，即使介质有腐蚀性或粘稠不易流动，也可使用。

4. 电感式压力计

在电感式压力计中，大都采用变隙式电感作为检测元件，它和弹性元件组合在一起构成电感式压力计。图 4-49 为这种压力计的工作原理图。

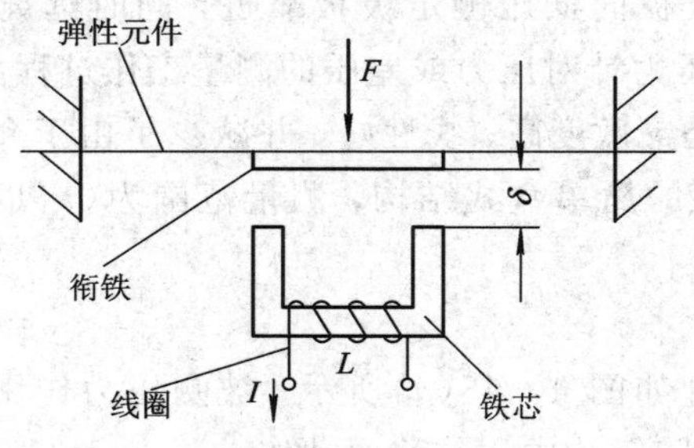

图 4-49 变隙式电感压力计工作原理图

图 4-49 中，检测元件由线圈、铁芯、衔铁组成，衔铁安装在弹性元件上。在衔铁和铁芯之间存在着气隙 δ，它的大小随着外力 F 的变化而变化。其线圈的电感 L 可按下式计算

$$L = \frac{N^2}{R_m} \tag{4-47}$$

式中：N 为线圈匝数；R_m 为磁路总磁阻($1/h$)，表示物质对磁通量所呈现的阻力。磁通量的大小不但和磁势有关，而且也和磁阻的大小有关。当磁势一定时，磁路上的磁阻越大，则磁通量越小。磁路上气隙的磁阻比导体的磁阻大得多。假设气隙是均匀的，且导磁截面与铁芯的截面相同，在不考虑磁路中的铁损时，磁阻可表示为

$$R_m = \frac{L}{\mu A} + \frac{2\delta}{\mu_0 A} \tag{4-48}$$

式中：L 为磁路长度(m)；μ 为导磁体的导磁率(H/m)；A 为导磁体的截面积(m^2)；δ 为气隙量(m)；μ_0 为空气的导磁率($4\pi\times10^{-7}$ H/m)。

由于 $\mu_0 \ll \mu$，因此式(4-48)中的第一项可以忽略，代入式(4-47)可得到

$$L = \frac{N^2 \mu_0 A}{2\delta} \tag{4-49}$$

如果给传感器线圈通以交流电源，流过线圈电流 I 与气隙之间有如下关系：

$$I = \frac{2U\delta}{\mu_0 \omega N^2 A} \tag{4-50}$$

式中：U 为交流电压(V)；ω 为交流电源角频率(rad/s)。

从以上各式可以看出，当压力引起衔铁的位置变化时，衔铁与铁芯的气隙发生变化时，传感器线圈的电感量会发生相应的变化，流过传感器的电流 I 也发生相应变化。因此，通过测量线圈中电流的变化便可得知压力的大小。

5. 霍尔式压力计

图 4-50(*a*)为 HWY-1 型霍尔式微压计，当被测压力 P 送到膜盒中使膜盒变形时，膜盒中心处的硬芯及与之相连的推杆产生位移，从而使杠杆绕其支点轴转动，杠杆的一端装上霍尔元件。霍尔元件在两个磁铁形成的梯度磁场中运动，产生的霍尔电势与其位移成正比，若膜盒中心的位移与被测压力 P 成线性关系，则霍尔电势的大小即反映压力的大小。

图 4-50(*b*)为 HYD 霍尔式压力计，弹簧管在压力作用下，自由端的位移使霍尔元件在梯度磁场中移动，从而产生与压力成正比的霍尔电势。

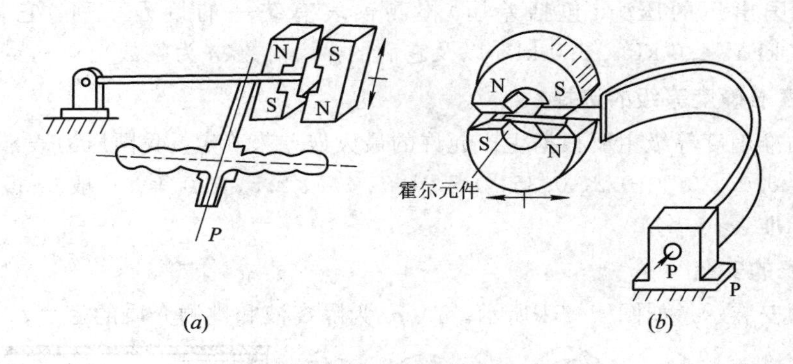

图 4-50　霍尔式压力计结构图

4.2.6　压力仪表的选用

压力仪表的选用应根据工艺生产过程对压力测量的要求、被测介质的性质、现场环境条件等来考虑仪表的类型、量程和精度等级，并确定是否需要带有远传、报警等附加装置，这样才能达到经济、合理和有效的目的。

1. 压力仪表种类和型号的选择

1) 从被测介质压力大小来考虑

如测量微压(几百至几千帕)，宜采用液柱式压力管表或膜盒压力计；如被测介质压力

不大，在 15 kPa 以下，且不要求迅速读数的，可选 U 形管压力计或单管压力计；如要求迅速读数，可选用膜盒压力表；如测高压(>50 kPa)，应选用弹簧管压力表。

2）从被测介质的性质来考虑

对稀硝酸、酸、氨及其他腐蚀性介质应选用防腐压力表，如以不锈钢为膜片的膜片压力表；对易结晶、黏度大的介质应选用膜片压力表；对氧、乙炔等介质应选用专用压力表。

3）从使用环境来考虑

对爆炸性气氛环境，使用电气压力表时，应选择防爆型；机械振动强烈的场合，应选用船用压力表；对温度特别高或特别低的环境，应选择温度系数小的敏感元件以及其他变换元件。

4）从仪表输出信号的要求来考虑

若只需就地观察压力变化，应选用弹簧管压力计；若需远传，则应选用电气式压力计，如霍尔式压力计等；若需报警或位式调节，应选用带电接点的压力计；若需检测快速变化的压力，应选压阻式压力计等电气式压力计；若被检测的是管道水流压力且压力脉动频率较高，应选电阻应变式压力计。

2. 压力仪表量程的选择

为了保证压力计能在安全的范围内可靠工作，并兼顾到被测对象可能发生的异常超压情况，对仪表的量程选择必须留有余地。测量稳定压力时，最大工作压力不应超过量程的 3/4；测量脉动压力时，最大工作压力则不应超过量程的 2/3；测高压时，则不应超过量程的 3/5。为了保证测量准确度，最小工作压力不应低于量程的 1/3。当被测压力变化范围大，最大和最小工作压力可能不能同时满足上述要求时，应首先满足最大工作压力条件。

目前，我国出厂的压力(包括差压)检测仪表有统一的量程系列，它们是 1 kPa、1.6 kPa、2.5 kPa、4.0 kPa、6.0 kPa 以及它们的 10^n 倍数(n 为整数)。

3. 压力表准确度等级的选择

压力表的准确度等级主要根据生产允许的最大误差来确定。我国压力表准确度等级有 0.005、0.02、0.05、0.1、0.2、0.35、0.5、1.0、1.5、2.5、4.0 等。一般 0.35 级以上的表为校验用的标准表。

4. 压力表的安装

压力表的安装示意如图 4－51 所示。ρ_1、ρ_2 为隔离液和被测介质的密度。

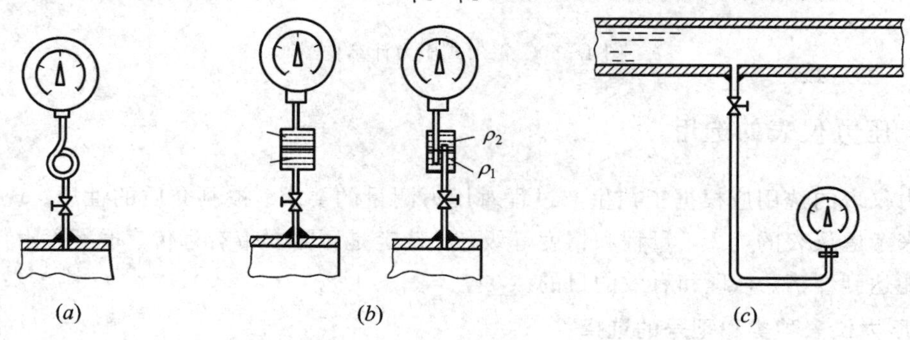

图 4－51　压力表安装示意

(a) 测量蒸汽；(b) 测量有腐蚀性介质；(c) 压力表位于生产设备之下

(1) 取压口的选择原则。

① 取压口要选在被测介质直线流动的管段部分，不要选在管道弯曲、分叉及流束形成涡流的地方。

② 当管道中有突出物(如温度计套管)时，取压口应在突出物的上游方向一侧。

③ 取压口处在管道阀门、挡板之前或之后时，其与阀门、挡板的距离应大于 $2D$ 及 $3D$ (D 为管道内径)。

④ 流体为液体介质时，取压口应开在管道横截面的下侧部分，以防止介质中气泡进入压力信号导管，引起测量延迟，但也不宜开口在最低部，以防沉渣堵塞取压口。

⑤ 如果是气体介质，取压口应开在管道横截面上侧，以免气体中析出液体进入压力信号导管，产生测量误差，但对水蒸气压力测量时，由于压力信号导管中总是充满凝结水，因此应按液体压力测量办法处理。

(2) 压力信号导管安装。

① 为了减小管道阻力而引起的测量迟延，导管总长一般不应超过 60 m，内径一般在 6～10 mm。

② 应防止压力信号导管内积水(当被测介质为气体时)或积气(被测介质为液体时)，以避免产生测量误差，因此对于水平敷设的压力信号导管应有 3%以上的坡度。

③ 当压力信号管路较长并需要通过露天或热源附近时，还应在管道表面敷设保温层，以防管内截止汽化或结冰，为检修方便，在取压口到压力表之间应装切断阀，并应靠近取压口。

(3) 压力表的安装。

① 压力表应安装在易观察和检修的地方。

② 安装地点应避免振动、高温、潮湿和粉尘等影响。

③ 测量蒸汽压力时应加凝液管，以防高温蒸汽直接与测压元件接触；测量腐蚀性介质压力时，应加装充有中性介质的隔离罐等。总之，针对具体情况，要采取相应的防护措施。

④ 压力表连接处要加装密封垫，一般低于 80℃及 2 MPa 压力，用石棉纸或铝片，温度和压力更高时用退火紫铜或铅垫。另外还要考虑介质影响。

4.3　流量检测与仪表

流量是指单位时间内流过管道某截面流体的体积或质量。前者称为体积流量，后者称为质量流量。在一段时间内流过的流体量就是流体总量，即瞬时流量对时间的累积。流体的总量对于计量物质的损耗与储存、流体的贸易等都具有重要的意义。测量总量的仪表一般叫做流体计量表或流量计。

为满足各种状况流量测量，目前已出现一百多种流量计，它们适用于不同的测量对象和场合。本节主要介绍常见的差压式、容积式、速度式、质量式等流量计。

4.3.1　流量检测的概念与方法

1. 流量的概念

流量有瞬时流量与累积流量两种。瞬时流量指单位时间内通过管道横截面的流体的数量；累积流量指一段时间内的总流量。瞬时流量可以用体积流量、质量流量两种方法来表示。

1）瞬时体积流量

体积流量 Q_v 是以体积计算的单位时间内通过的流体量，在工程中可用 l/h(升/小时)或 m^3/h(立方米/小时)等单位表示。

若设被测管道内某个横截面 S 的截面积为 $A(m^2)$，取其上的面积微元 ds，对应流速为 $v(m/s)$，则

$$Q_v = \int_s v\ ds \tag{4-51}$$

若设被测管道内整个横截面 S 上的各处流速相等，均为 $v(m/s)$，则 $Q_v = vA$。但在工程中，管道内各处的流体流速往往是不相等的。为了解决流体中各点速度往往不相等的问题，设定截面 S 上各点有一个平均流速 $\bar{v}(m/s)$，则有

$$\bar{v} = \frac{Q_v}{A} = \frac{\int_s v ds}{A} \tag{4-52}$$

2）瞬时质量流量

质量流量 Q_m 是以质量表示单位时间内通过的流体量，工程中常用 kg/h(千克/小时)表示。显然，质量流量 Q_m 等于体积流量 Q_v 与流体密度 ρ 的乘积，用数学表达式可以表示为

$$Q_m = Q_v \cdot \rho \tag{4-53}$$

除了上述瞬时流量之外，生产过程中有时还需要测量某段时间之内流体通过的累积总量，称为累积流量，也常被称为总流量。质量总量以 M 表示，体积流量以 V 表示。

3）累积体积流量

累积体积流量 V 是以体积计算的单位时间内通过的流体量，在工程中可用 l(升)或 m^3(立方米)等单位表示。

若设被测管道内某个横截面 S 上的瞬时体积流量为 Q_v，则在 t 时间内流体的累积体积流量则为

$$V = \int_t Q_v ds \tag{4-54}$$

若设被测管道内整个横截面 S 上的瞬时体积流量在 t 时刻内相等，则 $V = Q_v t$。

4）累积质量流量

累积质量流量 M 等于累积体积流量 V 与流体密度 ρ 的乘积。

2. 流量的检测方法

流体的性质各不相同，例如液体和气体在可压缩性上差别很大，其密度受温度、压力的影响也相差悬殊。况且各种流体的黏度、腐蚀性、导电性等也不一样，很难用同一种方法测量其流量。尤其是工业生产过程情况复杂，某些场合的流体伴随着高温、高压，甚至是气液两相或液固两相的混合流体流动。

为满足各种状况流量测量，目前已出现一百多种流量计，它们适用于不同的测量对象和场合。流体流量检测的方法大致有下面几种：

1）节流差压法

在管道中安装一个直径比管径小的节流件，如孔板、喷嘴、文丘利管等，当充满管道

的单相流体流经节流件时，由于流道截面突然缩小，流速将在节流件处形成局部收缩，使流速加快。由能量守恒定律可知，动压能和静压能在一定条件下可以互相转换，流速加快必然导致静压力降低，于是在节流件前后产生静压差，而静压差的大小和流过的流体流量有一定的函数关系，所以通过测量节流件前后的压差即可求得流量。

2）容积法

应用容积法可连续地测量密闭管道中流体的流量，它是由壳体和活动壁构成流体计量室。当流体流经该测量装置时，在其入、出口之间产生压力差，此流体压力差推动活动壁旋转，将流体一份一份地排出，记录总的排出份数，则可得出一段时间内的累积流量。容积式流量计有椭圆齿轮流量计、腰轮(罗茨式)流量计、刮板式流量计、膜式煤气表及旋转叶轮式水表等。

3）速度法

测出流体的流速，再乘以管道截面积即可得出流量。显然，对于给定的管道，其截面积是个常数。流量的大小仅与流体流速大小有关，流速大流量大，流速小流量小。由于该方法是根据流速而来的，故称为速度法。根据测量流速方法的不同，有不同的流量计，如动压管式、热量式、电磁式和超声式等。

4）流体阻力法

流体阻力法是利用流体流动给设置在管道中的阻力体以作用力，而作用力大小和流量大小有关的原理来测流体流量。常用的靶式流量计其阻力体是靶，由力平衡传感器把靶的受力转换为电量，实现测量流量的目的；转子流量计是利用设置在锥形测量管中可以自由运动的转子(浮子)作为阻力体，它受流体自下而上的作用力而悬浮在锥形管道中某个位置，其位置高低和流体流量大小有关。

5）涡轮法

在测管入口处装一组固定的螺旋叶片，使流体流入后产生旋转运动。叶片后面是一个先缩后扩的管段，旋转流被收缩段加速，在管道轴线上形成一条高速旋转的涡线。该涡线进入扩张段后，受到从扩张段后返回的回流部分流体的作用，使其偏离管道中心，涡线发生进动运动，而进动频率与流量成正比。利用灵敏的压力或速度检测元件将其频率测出，即可测出流体流量。

6）卡门涡街法

在被测流体的管道中插入一个断面为非流线型的柱状体，如三角柱体或圆柱体，称为旋涡发生体。旋涡分离的频率与流速成正比，通过测量旋涡分离频率可测出流体的流速和瞬时流量。当流体流过柱体两侧时，会产生两列交替出现而又有规则的旋涡列。由于旋涡在柱体后部两侧产生压力脉动，在柱体后面尾流中安装测压元件，则能测出压力的脉动频率，经信号变换即可输出流量信号。

7）质量流量测量

质量流量测量分为间接式和直接式。间接式质量流量测量是在直接测出体积流量的同时，再测出被测流体的密度或测出压力、温度等参数，求出流体的密度。因此，测量系统的构成将由测量体积流量的流量计(如节流差压式、涡轮式等)和密度计或带有温度、压力等的补偿环节组成，其中还有相应的计算环节。

直接式质量流量测量是直接利用热、差压或动量来检测，如双涡轮质量流量计，它是一根轴上装有两个涡轮，两涡轮间由弹簧联系，当流体由导流器进入涡轮后，推动涡轮转动，涡轮受到的转矩和质量流量成正比。由于两涡轮叶片倾角不同，受到的转矩是不同的。因此，使弹簧受到扭转，产生扭角，扭角大小正比于两个转矩之差，即正比于质量流量，通过两个磁电式传感器分别把涡轮转矩变换成交变电势，两个电势的相位差即是扭角。又如科里奥利力质量流量计就是利用动量来检测质量流量。

4.3.2　差压式流量计

差压式流量计是目前流量测量中用得最多的一种流量仪表，它的使用量大概占整个流量仪表的60%～70%，应用范围特别广泛，例如工作环境可以是清洁的，也可是脏污的；工作条件则有高温、常温、低温、高压、常压、真空等不同情况；测量管径也可从几个毫米到几米，全部单相流体，包括液、气、蒸汽皆可测量，部分混相流，如气固、气液、液固等亦可应用，一般生产过程的管径、工作状态(压力、温度)皆有产品。其他优点还包括性能稳定、结构牢固、便于规模生产；测量的重复性、精确度在流量计中属于中等水平。节流式差压流量计应用最普遍的节流件标准孔板，其结构简单、牢固，易于复制，性能稳定可靠，使用期限长，价格低廉；应用范围极广泛，至今尚无任何一类流量计可与之相比。节流式差压流量计也存在有测量精度普遍偏低、压力损失大、测量范围窄、现场安装要求高等缺点。使用范围度窄，一般范围度仅为3：1～4：1；现场安装条件要求较高，如需较长的直管段；检测件与差压显示仪表之间引压管线为薄弱环节，易产生泄露、堵塞、冻结及信号失真等故障；孔板、喷嘴的压损大；流量刻度为非线形。

差压式流量计是安装在管道中，根据流量检测件产生的差压、已知的流体条件以及检测件与管道的几何尺寸来推算流量的仪表。差压式流量计由一次装置(节流装置)和二次装置(差压转换和流量显示仪表)组成。差压计既可以测量流量参数，也可以测量其他参数(如压力、液位、密度)。

1. 差压式流量计原理

当连续流动的流体遇到安插在管道内的节流装置时，由于节流的截面积比管道的截面积小，形成流体流通面积的突然缩小，在压头作用下流体的流速增大，挤过节流孔，形成孔板附近的流动图束收缩。在挤过节流孔后，流速又由于流通面积的变大和流束的扩大而降低。与此同时，在节流装置前后的管壁处的流体静压力产生差异，形成静压力差 $\Delta P = P_1 - P_2$，并且 $P_1 > P_2$，此即节流现象。也就是节流装置的作用在于造成流束的局部收缩，从而产生压差。并且流过的流量愈大，在节流装置前后所产生的压差也就越大，因此可通过测量压差来衡量流体流量的大小。这种测量方法是以流体流动的连续性方程(质量守恒定律)和伯努利方程(能量守恒定律)为基础的。压差的大小不仅与流量有关，还与其他许多因素有关。图4-52所示为孔板附近的流速和压力状况。

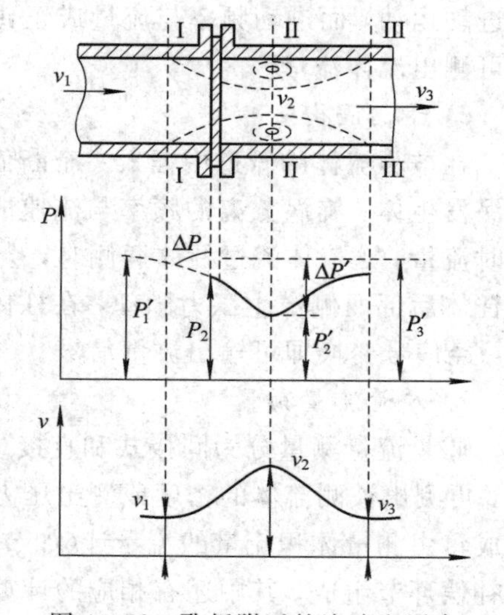

图4-52　孔板附近的流速和压力

流量方程为

$$Q_V = \alpha\varepsilon a\sqrt{\frac{2\Delta p}{\rho}},\quad Q_m = \alpha\varepsilon a\sqrt{2\Delta p\rho} \tag{4-55}$$

式中：α 为流量系数，它与节流件的结构形式、取压方式、孔口截面积与管道截面积之比、直径、雷诺数、孔口边缘锐度、管壁粗糙度等因素有关；ε 为膨胀校正系数，它与孔板前后压力的相对变化量、介质的等熵指数、孔口截面积与管道截面积之比等因素有关；a 为节流件的开孔截面积；Δp 为节流件前后实际测得的压力差；ρ 为节流件前的流体密度。

2. 标准节流装置与取压方式

1）标准节流装置

人们对节流装置作了大量的研究工作，一些节流装置已经标准化了。对于标准化的节流装置，只要按照规定进行设计、安装和使用，不必进行标定就能准确地得到其精确的流量系数，从而进行准确的流量测量。图 4-53 为全套标准节流装置。

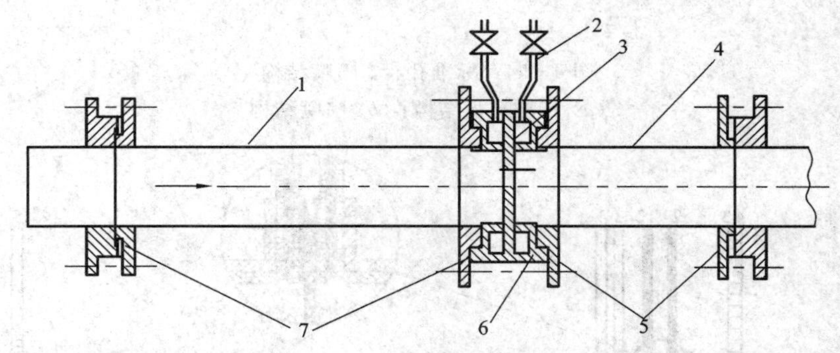

1—上游直管段；2—导压管；3—孔板；4—下游直管段；5、7—联连法兰；6—取压环室

图 4-53　全套标准节流装置

标准节流装置的使用条件：

(1) 被测介质应充满全部管道截面并连续地流动；

(2) 管道内的流束(流动状态)是稳定的；

(3) 在节流装置前后要有足够长的直管段，并且要求节流装置前后长度为二倍管道直径，管道的内表面上不能有凸出物和明显的粗糙不平现象。

2）节流装置取压方式

目前，对各种节流装置取压的方式均不同，即取压孔在节流装置前后的位置不同。即使在同一位置上，为了达到压力均衡，也采用不同的方法。对标准节流装置的每种节流元件的取压方式都有明确规定。

以孔板为例，通常采用的取压方式有：角接取压法、理论取压法、径距取压法、法兰取压法和管接取压法五种。标准孔板、喷嘴结构如图 4-54 所示。

(1) 角接取压法。上、下游的取压管位于孔板前后端面处，如图 4-55 中 1-1 所示。通常用环室或夹紧环取压，环室取压是在紧贴孔板的上、下游形成两个环室，通过取压管测量两个环室的压力差。夹紧环取压是在紧靠孔板上、下游两侧钻孔，直接取出着道压力进行测量。两种方法相比，环室取压均匀，测量误差小，对直管段长度要求较短，多用于管道直径小于 400 mm 处，而夹紧环取压多用于管道直径大于 200 mm 处。

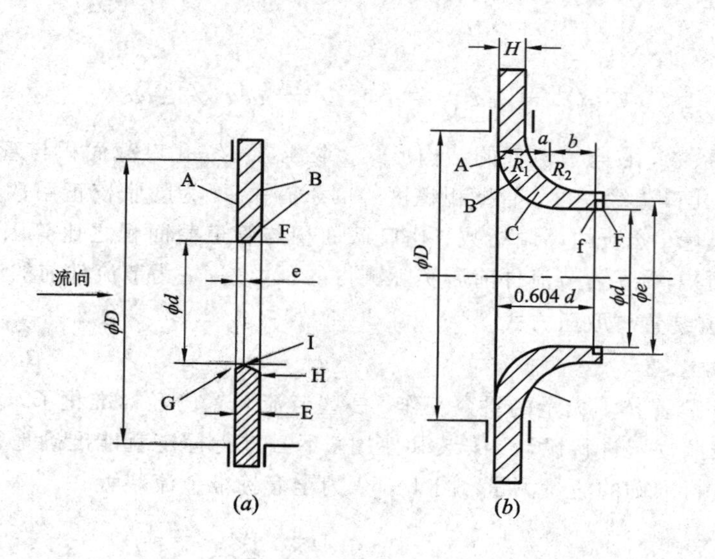

图 4-54　标准孔板、喷嘴结构

(*a*) 标准孔板结构；(*b*) 喷嘴结构

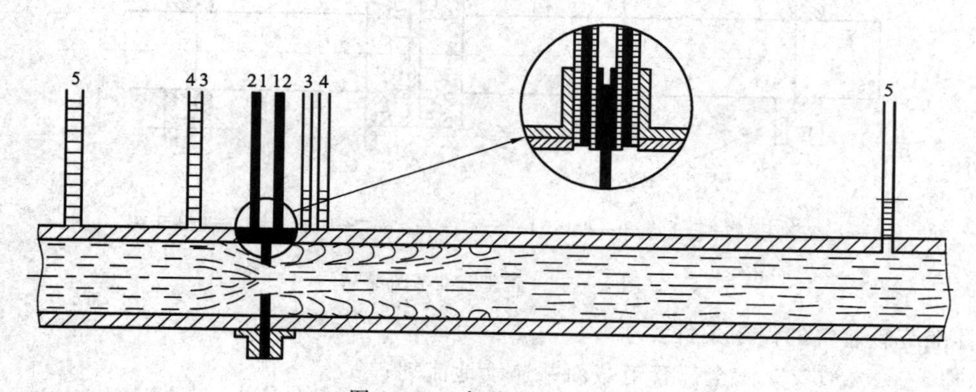

图 4-55　各种取压位置图

(2) 法兰取压法。不论管道直径大小，上、下游取压管中心均位于距离孔板两侧相应端面 25.4 mm 处，如图 4-55 中 2-2 所示。

(3) 理论取压法。上游取压管的中心位于距孔板前端面一倍管道直径 D 处，下游取压管的中心位于流速最大的最小收缩断面处，如图 4-55 中 3-3 所示。通常最小收缩断面位置和面积比 m 有关，而且有时因为法兰很厚，取压管的中心不一定能准确地放置在该位置上。这就需要对差压流量计的示值进行修正。特别是由于孔板流束的最小断面位置随着流量的变化也在变化，而取压点不变。因此，在流量的整个测量范围内，流量系数不能保持恒定。通常这种取压方法应用于管道内径 $D>100$ mm 的情况，对于小直径管道，因为法兰的相对厚度较大，不易采用该法。

(4) 径距取压法。上游取压管的中心位于距离孔板前端一倍管道直径 D 处，下游取压管的中心位于距离孔板前端面 $D/2$ 处，如图 4-55 中 4-4 所示。径距取压法和理论取压法的差别仅为其下游取压点是固定的。

(5) 管接取压法。上游取压管中心位于距孔板前端面 $2.5D$ 处，下游取压管中心位于

距孔板后端面 $8D$ 处，如图 4-55 中 5-5 所示。这种取压方式测得的压差值，即为流体流经孔板的压力损失值，所以也叫损失压降法。

3. 节流装置前后差压测量方法

节流装置前后的压差测量是应用各种差压计实现的。差压计的种类很多，如膜片差压变送器、双波纹管差压计和力平衡式差压计等。

1）*双波纹管差压计*

双波纹管差压计主要由两个波纹管、量程弹簧、扭力管及外壳等部分组成。当被测流体的压力 p_1 和 p_2 分别由导压管引入高、低压室后，在压差 $\Delta p=p_1-p_2>0$ 的作用下，高压室的波纹管 B_1 被压缩，容积减小，内部充填的不可压缩液体将流向 B_2，使低压侧的波纹管 B_2 伸长，容积增大，从而带动连接轴自左向右运动。当连接轴移动时，将带动量程弹簧伸长，直至其弹性变形与压差值产生的测量力平衡为止。而连接中心上的挡板将推动扭管转动，通过扭管的心轴将连接轴的位移传给指针或显示单元，指示差压值。

CW-612-Y 型双波纹管差压计如图 4-56 所示。该差压计附加有压力自动补偿装置，与节流装置相配合测量工业锅炉饱和蒸气的流量，并可连续地对流量进行累计。还可用于其他气体流量的测量和计量。它具有现场记录装置，可将被测流体(蒸气)的瞬时流量记录在直径为 300 mm 的圆图记录纸上，还有差压、压力及流量的现场指示及变送功能，输出 0～10 mA 的标准电流信号，并可与 DDZ～Ⅱ 型电动单元组合仪表配合使用进行远距离传送，对被测流体(蒸气)进行自动控制和调节。

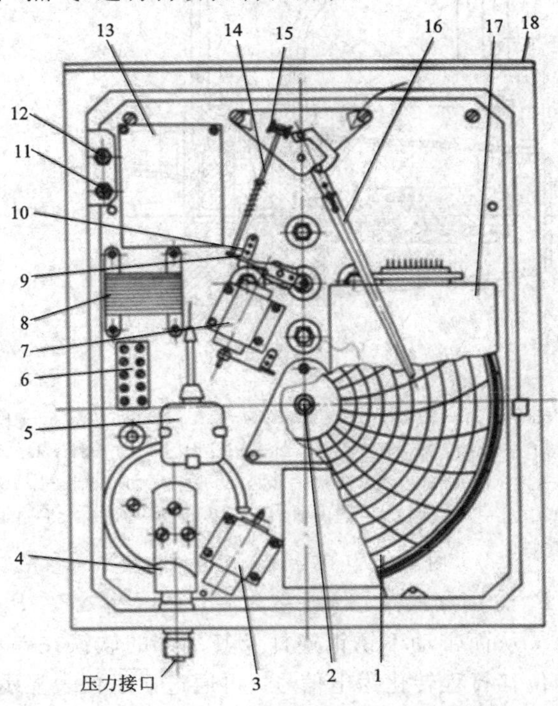

1—记录图纸；2—驱纸机构；3—差动线圈；4—压力弹簧管；
5—记录墨水瓶；6—接线架；7—连杆机构；8—变压器；9—拨杆；10—限位件；11—保险丝座；
12—电源开关；13—电源印板；14—连杆；15—量程微调器；16—记录笔；17—运算部分印板；18—表壳

图 4-56　双波纹管差压计结构图

仪表机械记录系统是一个简单的四连杆机构。当差压计部分加入某一差压值时，差压计输出轴便转动一角度，带动拨杆(主动杆)动作，然后通过连杆传给装在记录笔转轴上的量程微调器(被动杆)，使记录笔转过相应的角度。记录笔转过的角度与被加入的差压值成正比例关系。

差压、压力、流量变送系统的功能，一方面在于将被测流体变化差压和压力值转换成与之成比例的直流电信号；另一方面将压力电信号和差压电信号同时送入运算器，进行一系列模拟数学运算，以实现差压与流量的转换及压力对流量的补偿，最后转换成流量电信号。差压和压力变送部分的工作原理相同，均采用差动线圈作检测敏感元件。

2）膜片式差压计

膜片式差压计主要由差压测量室(高压和低压室)、三通导压阀和差动变压器三大部件构成，如图 4-57 所示。

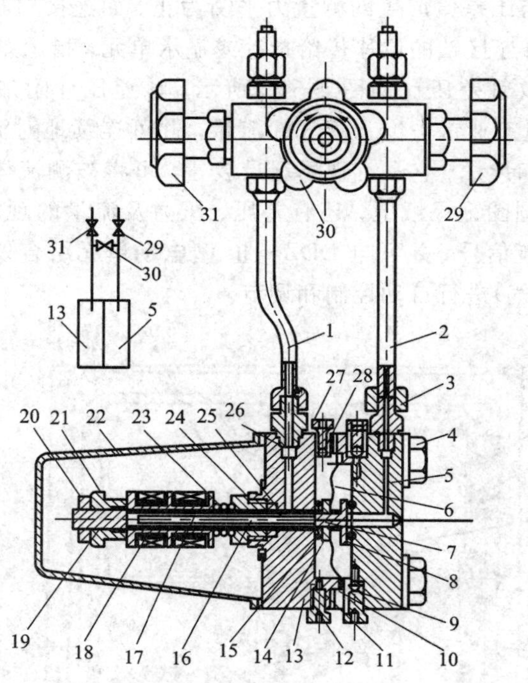

1—低压导管；2—高压导管；3—连接螺母；4—螺栓；5—高压容室；6—膜片；7—挡板；8，15—密封环；9—密封垫圈；10，28—滚珠；11，12，27—螺钉；13—低压容室；14—挡板；16—连杆；17—差动变压器线圈；18—铁芯；19—套管；20—紧固螺母；21—调整螺母；22—罩壳；23—弹簧；24—空心螺栓；25—密封垫圈浮；26—垫片；29—高压阀；30—平衡阀；31—低压阀

图 4-57　膜片式差压计结构图

当高压 P_1 和低压 P_2 分别导入高、低压室之后，在压差 $\Delta P=P_1-P_2$ 的作用下，膜片向低压室方向产生位移，从而带动不锈钢连杆及其端部的软铁在差动变压器线圈内移动，通过电磁感应将膜片的位移行程转化为电信号，再通过显示仪表显示。

膜片式差压计安装的正确和可靠与否，对能否保证将节流装置输出的差压信号准确地传送到差压计或差压变送器上，是十分重要的。因此，流量计的安装必须符合要求。

(1) 安装时必须保证节流件的开孔和管道同心，节流装置端面与管道的轴线垂直。在节流件的上、下游，必须配有一定长度的直管段。

(2) 导压管尽量按最短距离敷设在3～50 m之内。为了不致在此管路中积聚气体和水分，导压管应垂直安装。水平安装时，其倾斜率不应小于1∶10，导压管为直径10～12 mm的铜、铝或钢管。

(3) 测量液体流量时，应将差压计安装在低于节流装置处。如一定要装在上方时，应在连接管路的最高点处安装带阀门的集气器，在最低点处安装带阀门的沉降器，以便排出导压管内的气体和沉积物。

例　油田联合站采用差压流量计测量回注水流量，其差压变送器的测量范围(量程)为0～16 kPa，对应输出信号为4～20 mA，相应的流量为0～100 m^3/h。油田联合站正常工作时，此时差压流量计测量输出信号为12 mA。

计算：(1) 此时差压是多少？

(2) 相应的回注水流量是多少？

解　设差压为x kPa，相应的流量y m^3/h。

根据差压流量计的计量原理，流量方程为：

$$Q_V = \alpha\varepsilon a\sqrt{\frac{2\Delta p}{\rho}},\quad Q_m = \alpha\varepsilon a\ \sqrt{2\Delta p\rho}$$

式中：α为流量系数(它与节流件的结构形式、取压方式、孔口截面积与管道截面积之比、直径、雷诺数、孔口边缘锐度、管壁粗糙度等因素有关)；ε为膨胀校正系数(它与孔板前后压力的相对变化量、介质的等熵指数、孔口截面积与管道截面积之比等因素有关)；a为节流件的开孔截面积；Δp为节流件前后实际测得的压力差；ρ为节流件前的流体密度。

可有：

$$\frac{\sqrt{x-0}}{\sqrt{16-0}} = \frac{12-4}{20-4} = \frac{y-0}{100-0}$$

由上可计算得：

$$x = 4\ \text{kPa},\quad y = 50\ \text{m}^3/\text{h}$$

4.3.3　容积式流量计

容积式流量计又称定排量流量计，是一种很早就使用的流量测量仪表，用来测量各种液体和气体的体积流量。由于它是使被测流体充满具有一定容积的空间，然后再把这部分流体从出口排出，所以叫容积式流量计。它的优点是测量精度高，在流量仪表中是精度最高的一类仪表。它利用机械测量元件将流体连续不断地分割成单个已知的体积部分，根据计量室逐次、重复地充满和排放该体积部分流体的次数来测量流体体积总量。因此，受测流体黏度影响小，不要求前后直管段等，但要求被测流体干净，不含有固体颗粒，否则应在流量计前加过滤器。容积式流量计一般不具有时间基准，为得到瞬时流量值，需要另外附加测量时间的装置。

容积式流量计精度高，基本误差一般为±0.5%R(在流量测量中常用两种方法表示相对误差：一种为测量上限值的百分数，以%FS表示；另一种为被测量的百分数，以%R表示)，特殊的可达±0.2%R或更高，通常在昂贵介质或需要精确计量的场合使用；没有前置直管段要求；可用于高黏度流体的测量；范围度宽，一般为10∶1到5∶1，特殊的可达

30∶1或更大；它属于直读式仪表，无需外部能源，可直接获得累积总量。

容积式流量计结构复杂，体积大，一般只适用于中、小口径；被测介质种类、介质工况(温度、压力)、口径局限性大，适应范围窄；由于高温下零件热膨胀、变形，低温下材质变脆等问题，一般不适用于高、低温场合，目前可使用温度范围大致在－30～＋160℃，压力最高为10 MPa；大部分只适用洁净单相流体，含有颗粒、脏污物时上游需装过滤器，既增加压损，又增加维护工作；如测量含有气体的液体，必须装设气体分离器；安全性差，如检测活动件卡死，流体就无法通过；部分形式仪表(如椭圆齿轮式、腰轮式、卵轮式、旋转活塞式、往复活塞式)在测量过程中会给流动带来脉动，较大口径仪表还会产生噪声，甚至使管道产生振动。

容积式流量计由于具有精确的计量特性，在石油、化工、涂料、医药、食品以及能源等工业部门计量昂贵介质的总量或流量。容积式流量计需要定期维护，在放射性或有毒流体等不允许人们接近维护的场所则不宜采用。

1. 椭圆齿轮流量计

椭圆齿轮流量计由流量变送器和计数机构组成。变送器与计数机构之间加装散热器，则构成高温型流量计。送变器由装有一对椭圆齿轮转子的计量室和密封联轴器组成，计数机构则包含减速机构、调节机构、计数器、发讯器。椭圆齿轮流量计如图4-58所示，其结构图如图4-59所示。

美国塔海尔椭圆齿轮流量计FPP

上海西派埃气体腰轮流量计

图4-58 椭圆齿轮流量计

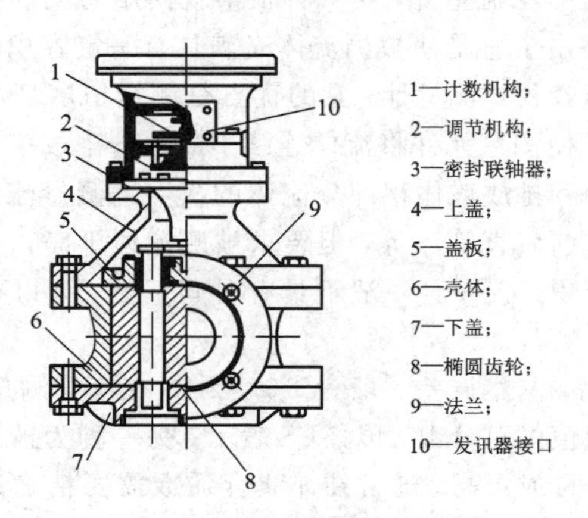

图4-59 椭圆齿轮流量计结构图

计量室内由一对椭圆齿轮与盖板构成初月形空腔作为流量的计量单位。椭圆齿轮靠流量计进出口压力差推动而旋转，从而不断地将液体经初月形空腔计量后送到出口处，每转流过的液体是初月形空腔的四倍，由密封联轴器将椭圆齿轮旋转的总数以及旋转的快慢传递给计数机构或发讯器，便可知道通过管道中液体总量和瞬时流量。

椭圆齿轮流量计的工作原理见图 4－60。在仪表的测量室中安装两个互相啮合的椭圆形齿轮，可绕轴自己转动。当被测介质流入仪表时，推动齿轮旋转。由于两个齿轮所处位置不同，分别起主、从动轮作用。在图 4－60(*a*)位置时，由于 p_1 大于 p_2，轮Ⅰ受到一个顺时针的转矩，而轮Ⅱ虽受到 p_1 和 p_2 的作用，但合力矩为 0，此时轮Ⅰ将带动轮Ⅱ旋转，于是将外壳与轮Ⅰ之间标准测量室内液体排入下游。当齿轮转至图 4－60(*b*)所示位置时，轮Ⅰ受顺时针力矩，轮Ⅱ受逆时针力矩，两齿轮在 p_1、p_2 作用下继续转动。当齿轮转至图 4－60(*c*)位置时，类似图 4－60(*a*)，只不过此时轮Ⅱ为主动轮，轮Ⅰ为从动轮。上游流体又被封入轮Ⅱ形成的测量室内。这样，每个齿轮转一周，两个齿轮共送出四个标准体积的流体(阴影部)。

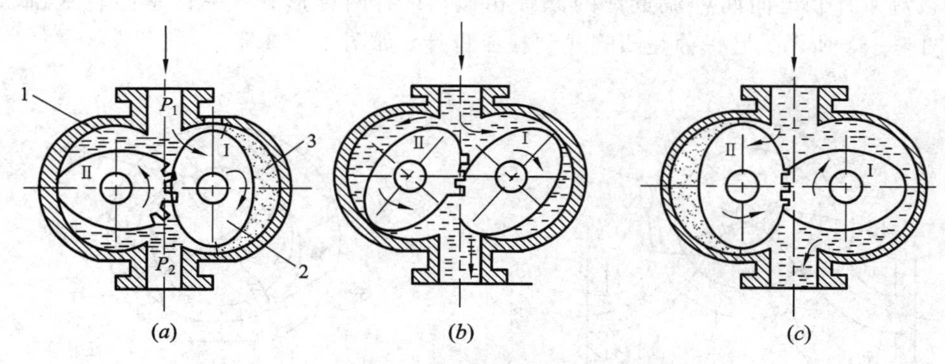

1—外壳；2—椭圆形转子(齿轮)；3—测量室

图 4－60　椭圆齿轮流量计原理图

椭圆齿轮的转数通过设在测量室外部的机械式齿轮减速机构及滚轮计数机构累计。为了减小密封轴的摩擦，这里多采用永久磁铁做成的磁联轴节传递主轴转动，既保证了良好的密封，又减小了摩擦。设流量计“循环体积”为 v，一定时间内齿轮转动次数为 N，则在该时间内流过流量计的流体体积为 V，则

$$V = Nv$$

由于齿轮在一周内受力不均，其瞬时角速度也不均匀。其次，被测介质是由固定容积分成一份份地送出，因此不宜用于瞬时流量的测量。椭圆齿轮流量计有时虽可以外加等速化机构，输出等速脉冲，但也很少用于瞬时流量的测量。

2. 腰轮流量计

腰轮流量计如图 4－61 所示，其工作原理与椭圆齿轮流量计相同，只是转子形状不同。腰轮流量计的两个轮子是两个摆线齿轮，故它们的传动比恒为常数。为减小两转子的磨损，在壳体外装有一对渐开线齿轮作为传递转动之用。每个渐开线齿轮与每个转子同轴。为了使大口径的腰轮流量计转动平稳，每个腰轮均作成上下两层，而且两层错开 45°，称为组合式结构。

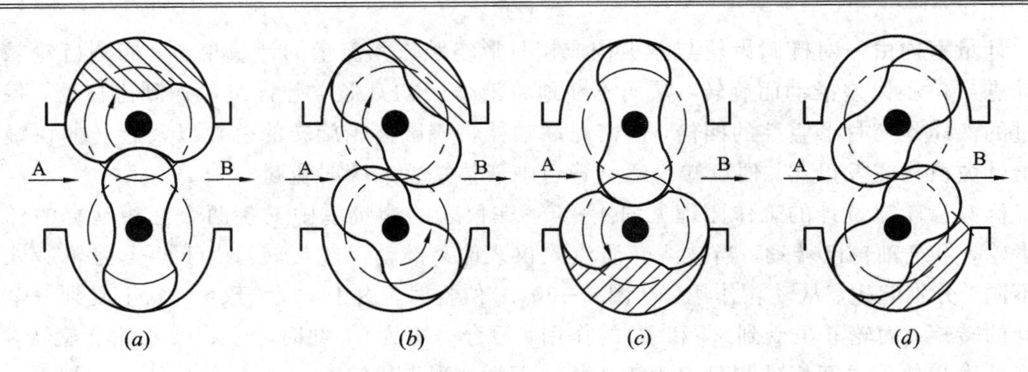

图 4-61　腰轮流量计原理图

腰轮流量计有测液体的，也有测气体的，测液体的口径为 10～600 mm；测气体的口径为 15～250 mm，可见腰轮流量计既可测小流量也可测大流量。

3. 刮板式流量计

刮板流量计和上面两种流量计的原理相似，它有两种形式：一种是凸轮式刮板流量计，如图 4-62 所示；另一种是凹陷式刮板流量计，如图 4-63 所示。

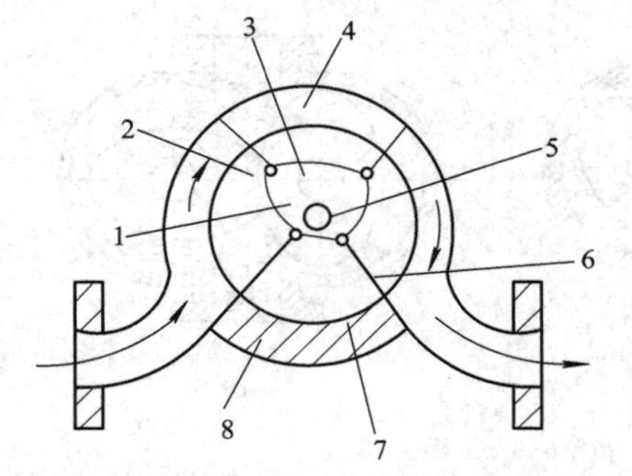

1—连杆；2—空心转子(筒)；3—凸轮；4—计量室；5—转轴；6—刮板；7—滚柱；8—外壳

图 4-62　凸轮式刮板流量计原理图

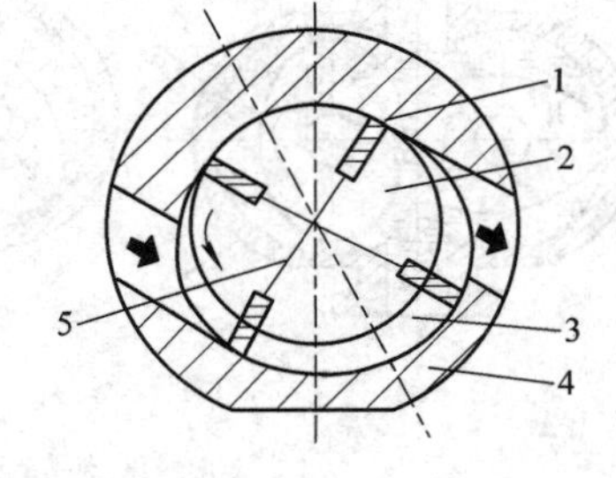

1—刮板；2—空心转子；3—计量部分；4—外壳；5—连杆

图 4-63　凹陷式刮板流量计原理图

凸轮式刮板流量计的计量部分由转子、凸轮、轮轴、刮板、连杆、滚柱和外壳构成。外壳内腔是一个圆柱形空腔，转子为一空心薄壁圆筒。流量的转子中开有四个两两垂直的槽，槽中装有可以伸出、缩进的刮板，伸出的刮板在被测流体的推动下带动转子旋转。伸出的两个刮板与壳体内腔之间形成计量容积，转子每旋转一周便有四个这样容积的被测流体通过流量计。因此，计量转子的转数即可测得流过流体的体积。凸轮式刮板流量计的转子是一个空心圆筒，中间固定一个不动的凸轮，刮板一端的滚子压在凸轮上，刮板在与转子一起运动的过程中还按凸轮外廓曲线形状从转子中伸出和缩进。

凹陷式刮板流量计其工作原理和凸轮式类似。相对的刮板之间仍用定长连杆连接，刮板的滑动是靠壳内壁凹陷控制的。凹陷式刮板流量计的转子是实心的，中间有槽，槽中安装刮板，刮板从转子中伸出和缩进是由壳体内腔的轮廓线决定的。当被测介质从左向右流入流量计时，将推动刮板和转子旋转，与此同时刮板会沿着滑槽滑进滑出。两个相对刮板之间的距离是一定的，因此，当刮板连续转动时，在两个相邻刮板、转子、壳内壁及前后端盖之间形成一个固定容积的计量空间(即标准容积)，转子每转一周就排出四个精确的计量空间的体积的流体。为了提高测量精度，必须设法减少刮板根、梢两处的泄漏，因此，加工精度要高。

刮板式流量计具有测量精度高、量程比大、受流体黏度影响小等优点，而且运转平稳，振动和噪音均小，适合测量中等到较大的流量。

1）凸轮式刮板流量计的特点

（1）凸轮小，厚度也小，加工制造容易；

（2）壳体内壁呈圆形，工艺性好，易于加工，易做成大口径流量计；

（3）运转时刮板不接触壳体内壁，磨损小；

（4）结构复杂，加工量大；

（5）量程比小。

2）凹陷式刮板流量计的特点

（1）壳体内腔是非圆曲线，与凸轮式相比加工难度较大，不宜制成大口径刮板流量计；

（2）运转时刮板与壳体内壁接触，有磨损，而且压损也比凸轮式压损稍大；

（3）密封性好，泄漏量小，刮板磨损后可自动补偿，不影响计量精度；

（4）结构比较简单；

（5）通用性好，大口径组合式计量腔，零件通用性强。

由于刮板的特殊运动轨迹，使被测流体在通过流量计时，完全不受扰动，不产生漩涡。因此，精度可达±0.2%，甚至±0.1%；压力损失也很小，在最大流量下也低于3×10^4 Pa。刮板式流量计在石油、石化工业中均得到了广泛应用。

4.3.4 速度式流量计

1. 电磁流量计

电磁流量计是基于电磁感应原理工作的流量测量仪表，如图4-64所示。它能测量具有一定电导率的液体的体积流量。由于它的测量精度不受被测液体的黏度、密度及温度等因素变化的影响，且测量管道中没有任何阻碍液体流体的部件，所以几乎没有压力损失。适当选用测量管中绝缘内衬和测量电极的材料，就可以测量各种腐蚀性(酸、碱、盐)溶液流量，尤其在测量含有固体颗粒的液体，如泥浆、纸浆、矿浆等的流量时，更显示出其优越性。

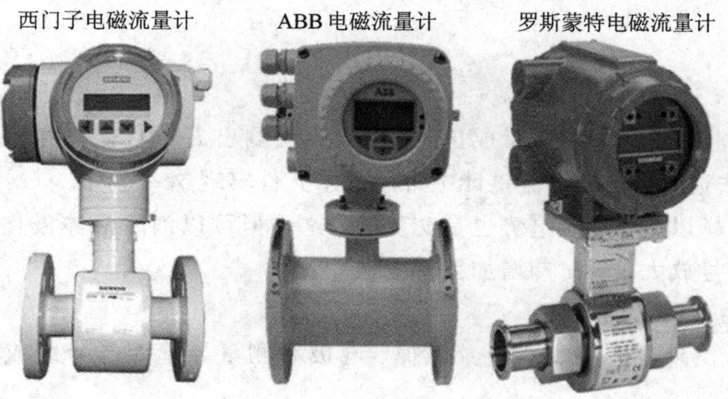

图4-64 电磁流量计

1) 电磁流量计原理

图 4-65 为电磁流量计原理图。磁场方向有一个直径为 D 的管道。管道由不导磁材料制成，管道内表面衬挂衬里。当导电的液体在导管中流动时，导电液体切割磁力线，于是在和磁场及其流动方向垂直的方向上产生感应电动势，如安装一对电极，则电极间产生和流速成比例的电位差，即

$$E = BDv \tag{4-56}$$

式中：E 为感应电动势；B 为磁感应强度；D 为管道内径；v 为流体在管道内平均流速。

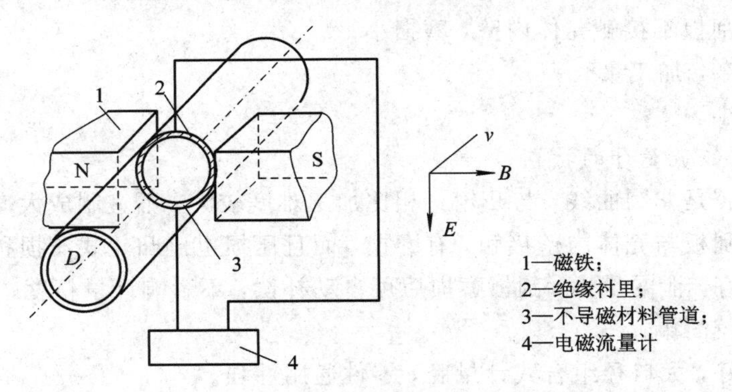

图 4-65　电磁流量计的工作原理

由上式得

$$v = \frac{E}{BD} \tag{4-57}$$

所以得流量为

$$Q_v = \frac{\pi D^2}{4} v = \frac{\pi DE}{4B} \tag{4-58}$$

从式(4-58)可见，流体在管道中流过的体积流量与感应电动势成正比。在实际工作中由于永久磁场产生的感应电动势为直流，会导致电极极化或介质电解，引起测量误差，所以在工业用仪表中多采用交变磁场。设 $B=B_{\max}\sin\omega t$，则感应电动势为

$$E = DvB_{\max}\sin\omega t = \frac{4Q_v}{\pi D}B_{\max}\sin\omega t = KQ_v \tag{4-59}$$

式中

$$K = \frac{4B_{\max}}{\pi D}\sin\omega t$$

可见，感应电动势和体积流量成正比，只要设法测出 E，Q_v 就知道了。在求 Q_v 时，应进行 E/B 的除法运算，在电磁流量计中常用霍尔元件实现这一运算。

采用交变磁场以后，感应电势也是交变的，这不但可以消除液体极化的影响，而且便于后面环节的信号放大，同时却增加了感应误差。

2) 电磁流量计的结构

电磁流量计由外壳、激磁线圈及磁扼、电极和测量导管四部分组成，内部结构如图 4-66 所示。

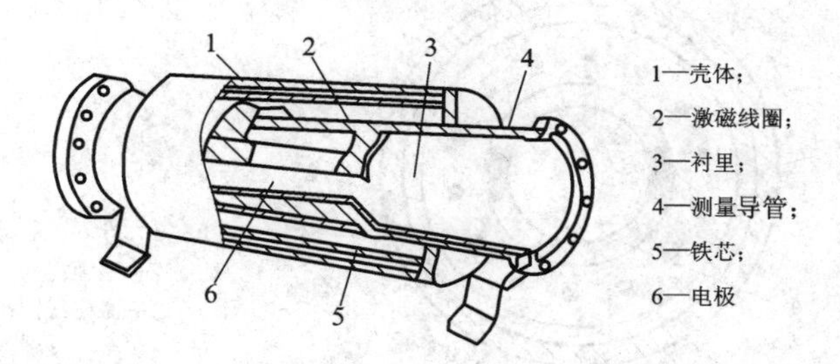

图 4-66 电磁流量计传感器典型结构图

(1) 激磁线圈及磁轭。磁场是用 50 Hz 工频电源激励产生,激磁线圈有三种绕制方法。

① 变压器铁芯型:适用于 Φ25 以下的小口径变送器,如图 4-67 所示。

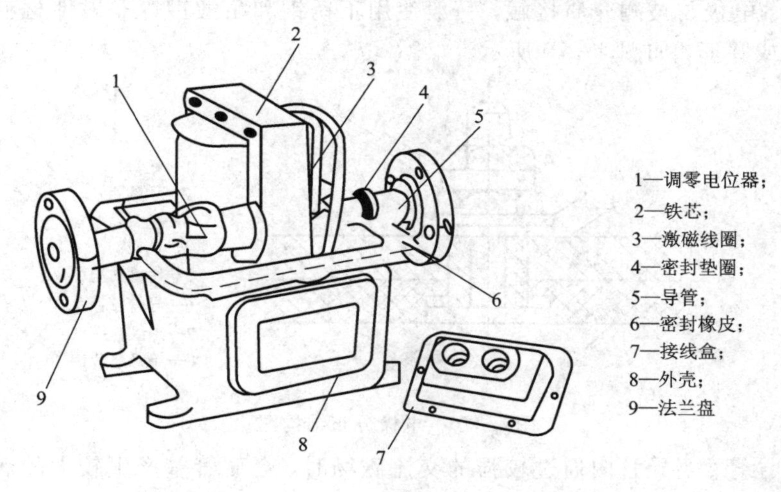

图 4-67 变压器铁芯型电磁流量计

② 集中绕组型:适用于中等口径,它有上下两个马鞍型线圈。为了保证磁场均匀,一般加极靴,在线圈的外面加一层磁轭,如图 4-68 所示。

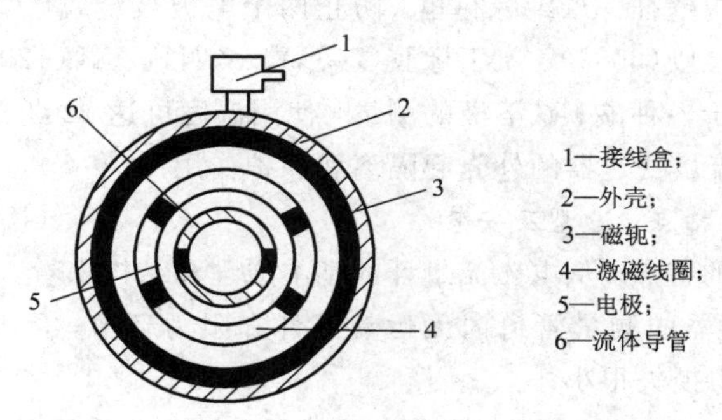

图 4-68 集中绕组型电磁流量计(剖面)

③ 分段绕制型:适用于大于 Φ10 口径的变送器,按余弦分布绕制,线圈的外部加一层磁轭,无极靴。分段绕制可减小体积,并使磁场均匀,如图 4-69 所示。

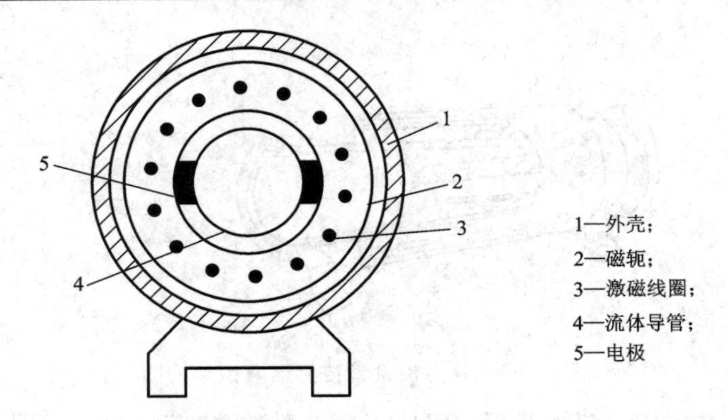

图 4－69　分段绕制型电磁流量计

(2) 电极。电极与被测介质接触，一般使用不锈钢和耐酸钢等非磁性材料制造，通过加工，成矩形或圆形，如图 4－70 所示。

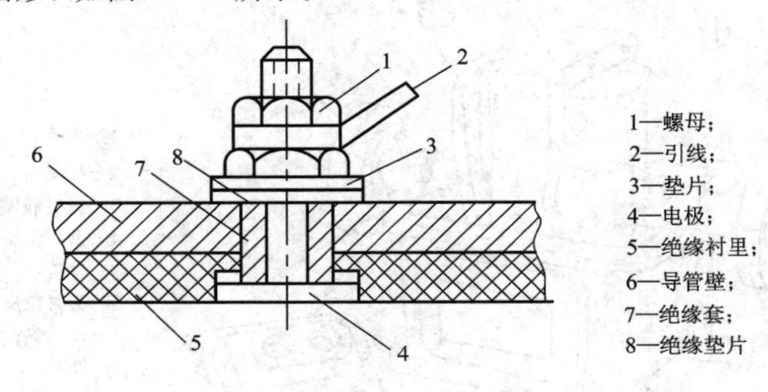

图 4－70　电极分布结构图

(3) 测量导管。当导管内通过较强的交流磁场时，会使管壁产生较大的涡流，因而产生二次磁通，这是产生噪声的原因之一。因此，为了能让磁力线穿过，使用非磁性材料制造测量导管，以免造成磁分流。中小口径电磁流量计的导管用不导磁的不锈钢或玻璃钢等制造；大口径的导管用离心浇铸的方法把橡胶和线圈、电极浇铸在一起，可减小因涡流引起的误差。金属管的内壁挂一层绝缘衬里，防止两个电极被金属导管短路，同时还可以防腐蚀，一般使用天然橡胶(60℃)、氯丁橡胶(70℃)、聚四氟乙烯(120℃)等。除氟酸和高温碱外，玻璃衬里适用于各种酸、碱溶液的测量，使用温度可达 120℃以上。

(4) 外壳。电磁流量变送器的外壳起隔离和保护作用。

3) 电磁流量计的特点、选型及安装

(1) 电磁流量计的特点。从电磁流量计的基本原理和结构来看，它有如下主要特点：

① 电磁流量变送器的测量管道内无运动部件和阻力环节，因此，使用可靠、维护方便、寿命长，而且压力损失很小；

② 只要流体具有一定的导电性，测量过程就不受被测介质的温度、密度、黏度、压力、流动状态(层流或紊流)的影响；

③ 测量管道为绝缘衬里，只要选择合适的衬里材料，就可测量腐蚀性介质的流量；

④ 测量中无惯性、滞后现象，流量信号反应快，可测脉冲流量；

⑤ 测量范围大，满刻度量程连续可调；

⑥ 仪表呈均匀刻度和线性输出，便于配套。

但是，在使用电磁流量计时，被测介质必须有足够的电导率，故不能测量气体、蒸气和石油制品等的流量。

(2) 电磁流量变送器的选择。电磁流量计用于测量管道内导电液体的体积流量。选择电磁流量计的前提是介质必须具有足够的电导率。标准型仪表要求介质电导率不低于 10 μs/cm，低电导率型仪表其被测介质电导率不低于 0.1 μs/cm，低电导率型仪表其流量信号传输电缆需采用双芯双重屏蔽电缆。

电磁流量计的选用应综合使用场合、被测介质、测量要求等因素来考虑。一般的化工、冶金、污水处理等行业可以选用通用型电磁流量计，有爆炸性危险的场合应选用防爆型，医药卫生等行业则可选用卫生型。

对于测量精度的选择也应视具体情况而定，应在经济允许范围内追求精度等级高的流量计，例如一些高精度的电磁流量计误差可以达到±0.5%～±1%，可用于昂贵介质的精确测量；而一些低精度流量计成本较为低廉，用于对控制调节等一般要求的场合。

被测介质的腐蚀性、磨蚀性、流速、流量等因素也会影响电磁流量计的选择，测量腐蚀性大的介质应选用具有耐腐蚀衬里和电极的电磁流量计。

① 量程的选择。变送器量程的选择对提高电磁流量计的可靠性及测量精度十分重要。量程可根据不低于最大流量值的原则来确定。常用流量超过测量上限的 50%，流量上限测定值在转换器上设定，转换器有单量程、双量程、可变量程三种可供选择。

② 口径的选择。变送器的口径可采用与管道相同的口径，或者略小一些，如果在量程确定的条件下，其口径可根据不同的测量对象在测量管道内的流速大小来决定。在一般使用条件下，流速以 2～4 m/s 为最适宜，但在有些场合，其流速可达 10 m/s。

当介质对衬里有磨损危害或沉淀物易粘附电极的场合，可考虑改变口径。介质对衬里有磨损时，可增大变送器口径，使流速在 3 m/s 以下，并加装保护法兰；介质容易产生沉淀物粘附电极时，可减小变送器口径，使流速在 2 m/s 以上。

③ 压力的选择。根据工业生产要求，目前生产的电磁流量计的工作压力为：

a. 小于 Φ50 mm 口径的为 1.6 MPa；

b. Φ80～Φ900 mm 口径的为 1.0 MPa；

c. 大于 Φ1000 mm 口径的为 0.6 MPa。

④ 使用温度的选择。被测介质的温度不能超过内衬材料的容许使用温度。

(3) 传感器的安装。传感器的安装应注意以下问题：

① 避免安装在周围有强腐蚀性气体的场所；避免安装在周围有电动机、变压器等可能带来电磁场干扰的场合；如果测量对象是两相或多相流体，应避免可能会使流体相分离的场所；避免安装在可能被雨水浸没的场所，避免阳光直射。

② 水平安装时，电极轴应处于水平，防止流体夹带气泡可能引起的电极短时间绝缘；垂直安装时流动方向应向上，可使较轻颗粒上浮离开传感电极区。

③ 传感器应采取接地措施以减小干扰的影响。在一般情况下，可通过将参比电极或金属管将管中流体接地，将传感器的接地片与地线相连。如果是非导电的管道或者没有参比电极，可以将流体通过接地环接地。

2. 超声波流量计

超声波在流动介质中传播时，如果其方向与介质运动方向相同，则传播速度加快；如果其方向与介质运动方向相反，则传播速度减低。超声波流量计正是根据传播速度和流体流速有关这样一个基本的物理现象而工作的。超声波流量计适合于测量大管径、非导电性、强腐蚀性的液体或气体的流量，并且不会造成压力损失。超声波流量计如图 4-71 所示。

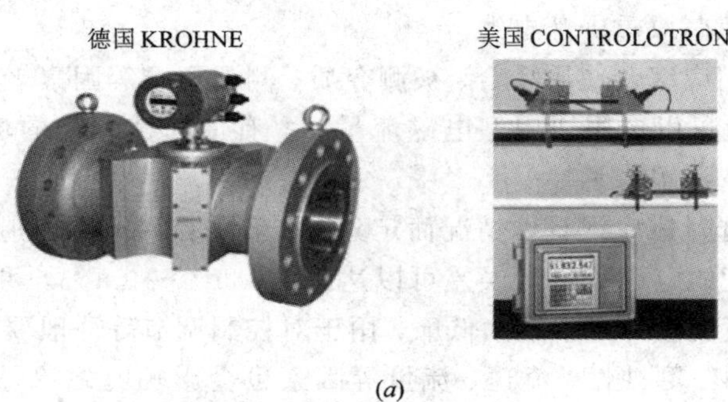

(*a*)

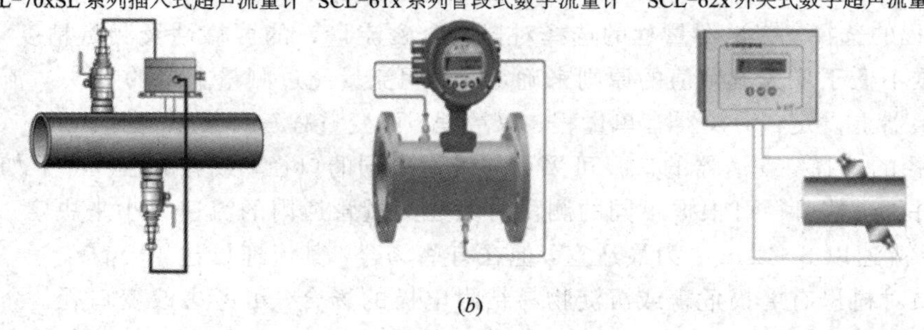

(*b*)

图 4-71　超声波流量计

(*a*) 国外超声波流量计；(*b*) 国产超声波流量计

超声波流量计是在管道的两侧斜向上分别安装一个发射换能器和一个接收换能器，如图 4-72 所示，两个换能器的轴线重合在一条斜线上，换能器多由压电陶瓷元件制成，接收换能器利用压电效应，发射换能器则利用逆压电效应。

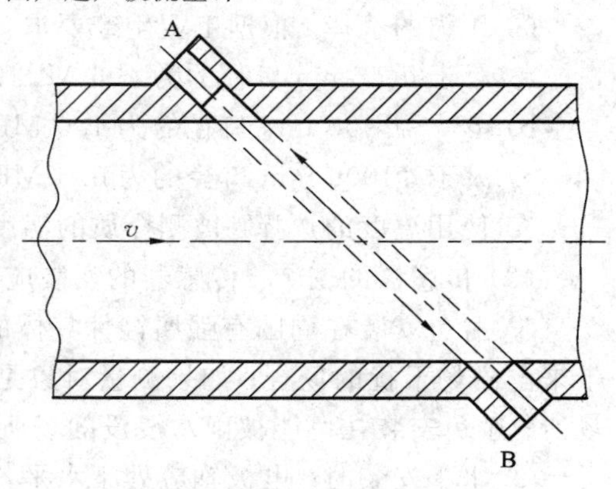

图 4-72　超声波流量计结构示意图

假定流体静止时的声速为 c，流体流速为 v，则顺流时超声波传播速度 $v_1=c+v$，逆流时传播速度 $v_2=c-v$。若两换能器间距离为 L，则

顺流传播时间为

$$t_1=\frac{L}{c+v} \tag{4-60}$$

逆流传播时间为

$$t_2=\frac{L}{c-v} \tag{4-61}$$

超声波流量计的测量方案有如下几种。

1）时差法

超声波顺流传播，速度快，时间短；逆流传播，速度慢，时间长。时间差 Δt 可写为

$$\Delta t = t_1 - t_2 = \frac{2Lv}{c^2 - v^2} \tag{4-62}$$

因 $v \ll c$，故 v^2 可忽略，可得

$$\Delta t = t_1 - t_2 \approx \frac{2Lv}{c^2} \tag{4-63}$$

或

$$v = t_1 - t_2 \approx \frac{2L}{c^2}\Delta t \tag{4-64}$$

当流体中的声速 c 为常数时，流速 v 便和 Δt 成正比，测出时间差，即可求出流速，进而得到流量。

值得注意的是，一般液体中的声速往往在 1500 m/s 左右，而流速只有每秒几米，如要求流速测量的精确度达到 1%，则对声速测量的精确度需为 $10^{-5} \sim 10^{-6}$ 数量级。这是难以做到的，何况声速受温度的影响不容忽略。所以，直接利用式(4-64)不易实现精确的流量测量。

2）速差法

顺流速度 v_1 与逆流速度 v_2 的差为

$$\Delta v = v_1 - v_2 = 2v = \frac{L}{t_1} - \frac{L}{t_2} = \frac{L\Delta t}{t_1 t_2} \tag{4-65}$$

$$v = \frac{L\Delta t}{2t_1 t_2} = \frac{L\Delta t}{2t_1(t_1 + \Delta t)} \tag{4-66}$$

此式中的 L 为常数，只要测出顺流传播时间 t_1 和时间差 Δt，就能求出 v，进而得到流量，这就避免了求声速 c 的困难。这种方法不受温度的影响，容易得到可靠的数据。

3）频差法

发射换能器和接收换能器可以经过放大器接成闭环，使接收到的脉冲放大之后去驱动发射换能器，这就构成了振荡器。振荡频率取决于从发射到接收的时间，即上述 t_1 或 t_2。如果 A 发射，B 接收，则频率为

$$f_1 = \frac{1}{t_1} = \frac{c + v}{L} \tag{4-67}$$

反之，如果 B 发射，A 接收，则频率为

$$f_2 = \frac{1}{t_2} = \frac{c - v}{L} \tag{4-68}$$

以上两个频率之差为

$$\Delta f = f_1 - f_2 = \frac{2}{L}v \tag{4-69}$$

可见，频差和流速成正比，式(4-69)中也不含声速 c，测量结果不受温度影响，这种方法更为简单实用。不过一般频率差 Δf 很小，直接测量不易精确，往往采用倍频电路。

因为两个换能器是轮流担任发射和接收的，所以要有控制其转换的电路，两个方向闭环振荡的倍频利用可逆计数器求差，然后经数模转换，并放大成 0～10 mA 或 4～20 mA。

4) 多普勒法

这种流量计是利用流体中的散射体(微粒物质)对声能的反射原理工作的，即将超声波射束放射于与流体同一速度流动的微粒子，并由接收器接收从微粒子反射回来的超声波信号，通过测量多普勒频移来求出流速，从而求出体积流量。可以用发射器本身，即同一个换能器做接收器，也可以用另一个单独的换能器做接收器，如图 4-73 所示。设定接收器和发射器构成指向方向的角度为 θ 且相等，这样，若流体的流速为 v，流体的音速为 c，发射器发出的超声波频率 f_t，则接收器检测到的由微粒所反射的超声波频率 f_r 有

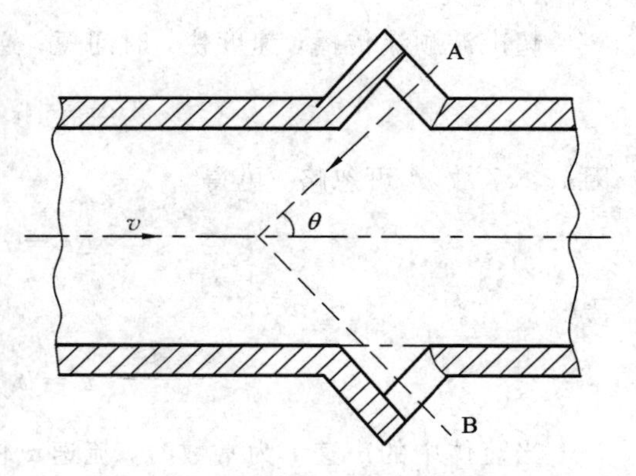

图 4-73　超声波多普勒流量计原理

$$f_r = \frac{c + v\cos\theta}{c - v\cos\theta} f_t \tag{4-70}$$

通常水中音速约为 1500 m/s，流体流速为数 m/s，因此，$v \ll c$ 上式可改为

$$f_r \approx \left(1 + \frac{2v\cos\theta}{c}\right) f_t \tag{4-71}$$

多普勒频移 f_d 可由下式求出

$$f_d = |f_r - f_t| = \frac{2v\cos\theta}{c} f_t \tag{4-72}$$

从而流速 v 为

$$v = \frac{2v\cos\theta}{c} \frac{f_d}{f_t} \tag{4-73}$$

通过测量多普勒频移 f_d，就可以测得流速，从而求出体积流量。

因为多普勒超声流量计是利用频率来测量流速的，故不易受信号接收波振幅变化的影响，即使是含有大量杂质的流体也能够测量，适合测量比较脏污的流体。与超声波传输时间差的测量方式相比，其最大的特点是相对于流速变化的灵敏度非常大。

5) 相关法

超声技术与相关法结合也可测流量。在管道上相距 L 处设置两组收发换能器，流体中的随机旋涡、气泡或杂质都会在接收换能器上引起扰动信号，将上游某截面处收到的这种随机扰动信号与下游相距 L 处另一截面处的扰动信号比较，如发现两者变化规律相同，则证明流体已运动到下游截面。将距离 L 除以两相关信号出现在不同截面所经历的时间，就得到流速，从而求出流量。这种方法特别适合于气液、液固、气固等两相流甚至多相流的流量测量，它也不需在管道内设置任何阻力体，而且与温度无关。

超声波流量计的主要优点是可以实现非接触测量，对测量管道来讲，无插入零件，没有流体附加阻力，不受介质黏度、导电性及腐蚀性影响。不论哪种方案，均为线性特性。

超声波流量计的主要缺点是精度不太高，约为 1%，温度对声速影响较大，一般不适于温度波动大、介质物理性质变化大的流量测量；也不适于小流量、小管径的流量测量，因为这时相对误差将增大。

4.3.5　质量流量计

质量流量检测对于在工业生产中的物料平衡、热平衡以及储存、经济核算等都起着重要的作用。由于 $Q_m = Q_V\rho$，所以对于质量流量的检测，往往根据已测出的体积流量乘以密度，换算成质量流量。而密度是随流体的温度、压力的变化而变化的，因此，在检测体积流量时，必须同时检测出流体的温度和压力，以便将体积流量换算成标准状态下的数值，从而求出质量流量。这样，在温度、压力变化比较频繁的情况下，因换算工作麻烦，而难以满足检测的要求。所以，直接地检测质量流量，不仅有利于提供准确流量，同时有利于工业生产中的经济核算等。

通常质量流量检测的方法包括：

（1）直接式。检测元件的输出直接反映出质量流量；

（2）推导式。同时检测出被测流体的体积流量和密度，通过计算得出与质量流量有关的输出信号。

本节主要介绍一种直接式的常用的新型质量流量计——科里奥利质量流量计（简称CMF）。科里奥利质量流量计是基于科里奥利效应原理制成的。科里奥利力又简称为科氏力，是对旋转体系中进行直线运动的质点由于惯性相对于旋转体系产生的直线运动的偏移的一种描述。假设有一个旋转圆盘以恒定的角速度 ω 旋转，在旋转盘的边缘 A 点插一面小红旗。你站在圆盘的中心 O 像那面红旗走去。你会发现，尽管你是朝着 A 点走去，但脚步却不知不觉地向侧面迈步，最后你会走到边缘的另一点。这就是说，人在径向走动时，会受到一个侧面的惯性力，这个惯性力称为科里奥利力。法国物理学家科里奥利于1835年第一次详细地研究了这种现象，因此这种现象称为“科里奥利效应”，有时也把它称为“科里奥利力”。但它并不真是一种力，它只不过是惯性的结果。

利用科里奥利原理设计质量流量计始于19世纪中期，但发明家们始终未能解决以简便方法使流体在直线运动同时处于一旋转系中的难题。直到美国 MicroMotion 公司的创始人于1976年发明了基于振动方法的、结构简单的、将两种运动巧妙地结合起来的振动管式质量流量计，才使科里奥利质量流量计的设计走出困境，并于十多年内获得长足的发展。

科里奥利质量流量计由两部分组成：一是流体从中流过的传感器；另一部分是电子组件组成的转换器，使传感器产生振动并处理来自传感器的信息，以实现质量流量检测。

传感器所用的检测管道（振动管）有U形、环形（双环、多环）、直管形（单直、双直）及螺旋形等几种形状，但基本原理相同。下面介绍U形管式的质量流量计。

U形管科里奥利质量流量计的基本结构如图4-74所示。

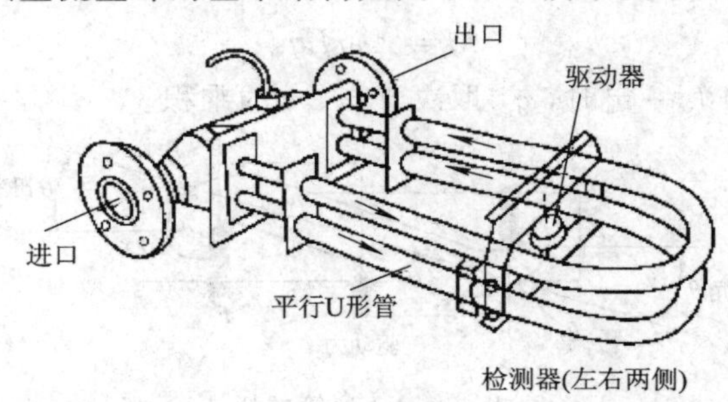

图4-74　U形管科里奥利质量流量计结构原理

流量计的检测管道是两根平行的U形管(也可以是一根),驱动器是由激振线圈和永久磁铁组成,它使U形管产生垂直于管道的角运动。位于U形管的两个直管管端的两个检测器用于监控驱动器的振动情况、检测管端的位移情况及两个振动管之间的振动时间差(Δt),以便通过转换器(二次仪表),给出流经传感器的质量流量。

1. 检测原理

当U形管内充满流体且流速为零时,在驱动器的作用下,如图4-75所示,使U形管产生振动,U形管要绕O-O轴(按其本身的性质和流体的质量所决定的固有频率)上、下同时的振动(见图4-76)。当流体的流速为v时,则流体在直线运动速度v和旋转运动角速度ω的作用下,对管壁产生一个反作用力,即科里奥利力为

$$\boldsymbol{F} = 2m\boldsymbol{v} \cdot \boldsymbol{\omega} \tag{4-74}$$

式中:$\boldsymbol{F}$、$\boldsymbol{\omega}$、$\boldsymbol{v}$都是向量;m为流体的质量。

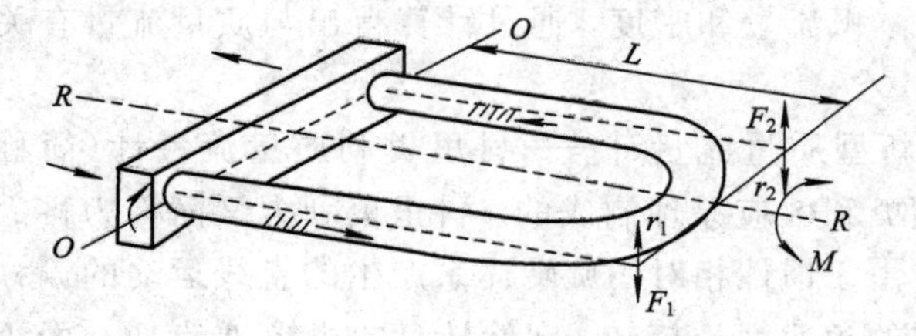

图4-75　U形管的受力分析

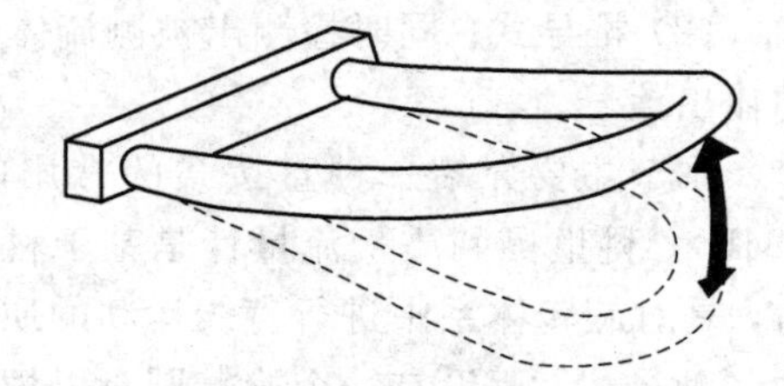

图4-76　U形管的振动

由于入口侧和出口侧的流向相反,越靠近U形管管端的振动越大,流体在垂直方向的速度变化也越大,由于流体在垂直方向具有相同的加速度a,因此,当U形管向上振动时,流体作用于入口侧管端的是向下的力F_1,作用于出口侧管端的是向上的力F_2,如图4-77所示,并且大小相等,r_1为F_1的力臂,r_2为F_2的力臂。向下振动时,情况相似。

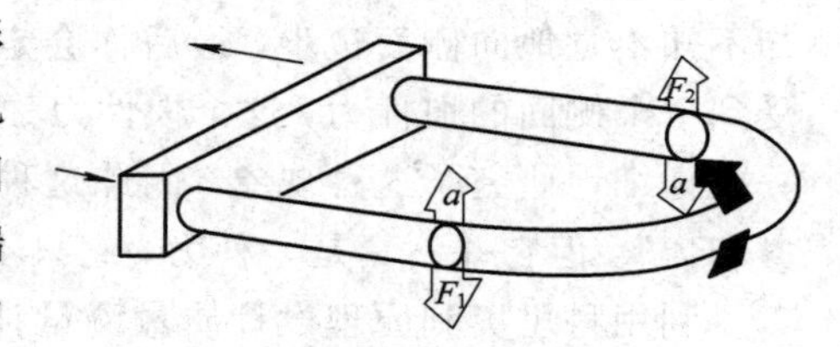

图4-77　加速度与科里奥利力

由于在U形管的两侧,受到两个大小相等方向相反的作用力,则使U形管产生扭曲运动,U形管管端绕R-R轴扭曲(如图4-78所示)。其扭力矩为

$$M = F_1 r_1 + F_2 r_2 \tag{4-75}$$

因$F_1 = F_2 = F$,$r_1 = r_2 = r$,则

$$M = 2Fr = 4m\omega vr \tag{4-76}$$

又因质量流量$q_m = m/t$,流速$v = L/t$,t为时间,则上式可写成

$$M = 4\omega rLq_m \tag{4-77}$$

由式(4-77)知,当L一定时,q_m取决于m、v的乘积。

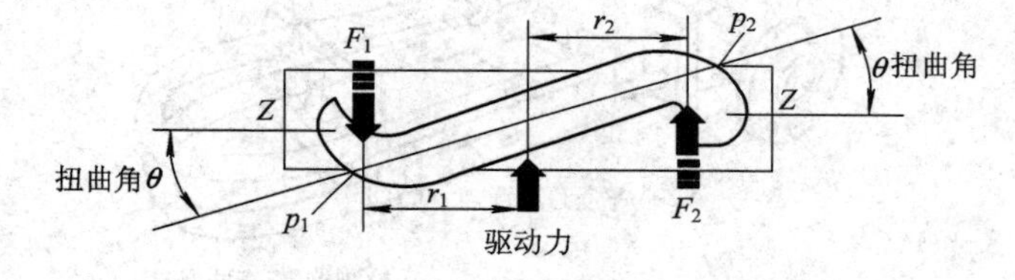

图4-78　U形管的扭转

设 U 形管的弹性模量为 K_s，扭曲角为 θ，由 U 形管的刚性作用所形成的反作用力矩为

$$T = K_s\theta \tag{4-78}$$

因 $T=M$，则由式(4-77)和式(4-78)可得出如下公式：

$$q_m = \frac{K_s}{4\omega rL}\theta \tag{4-79}$$

在扭曲运动中，U 形管管端处于不同位置时，其管端轴线与 $Z-Z$ 水平线间的夹角是在不断变化的，只有在其管端轴线越过振动中心位置时 θ 角最大。在稳定流动时，这个最大 θ 角是恒定的。在如图 4-78 中 $Z-Z$ 所示的位置上安装两个位移检测器，就可以分别检测出入口管端和出口管端越过中心位置的 θ 角。前面提到，当流体的流速为零时，即流体不流动时，U 形管只作简单的上、下振动，入口管端和出口管端同时越过中心位置，此时管端的扭曲角 θ 为零。随着流量的增大，扭转角 θ 也增大，而且入口管端先于出口管端，越过中心位置的时间差 Δt 也增大。

假定管端在中心位置时的振动速度为 v_t，从图 4-78 可知存在如下关系：

$$\sin\theta = \frac{v_t}{2r}\Delta t \tag{4-80}$$

式中：Δt 表示图 4-78 中 P_1 和 P_2 点横穿 $Z-Z$ 水平线的时间差。由于 θ 很小，则 $\sin\theta=\theta$，且 $v_t=L\omega$，则可得出

$$\theta = \frac{\omega L}{2r}\Delta t \tag{4-81}$$

并由式 (4-79)、式(4-81)可得如下关系：

$$q_m = \frac{K_s}{4\omega rL} \times \frac{\omega L}{2r}\Delta t = \frac{K_s}{8r^2}\Delta t \tag{4-82}$$

式中：K_s 和 r 是由 U 形管所用材料和几何尺寸所确定的常数。因而科氏力质量流量计中的质量流量 q_m 与时间差 Δt 成比例。而这个时间差 Δt 可以通过安装在 U 形管端部的两个位移检测器所输出的电压的相位差检测出来，在二次仪表中将相位差信号进行整形放大之后，对时间积分得出与质量流量成比例的信号，得到质量流量。

2. 科里奥力流量计的特点及选用

1）科里奥力流量计的主要特点

(1) 优点。由于科里奥力流量计是一种直接式质量流量计，因而具有许多其他流量计无可比拟的优点。

① 实现了真正的、高精度的直接质量流量测量。精度一般可达 0.1%～0.2%，重复性优于 0.1%。

② 可以测量多种介质，如油品、化工介质、造纸黑液、浆体及天然气等。

③ 可测量多个参数，在测量质量流量的同时，获取密度、温度、体积流量等参数。

④ 流体的介质密度、黏度、温度、压力、导电率、流速分布等特性对测量结果影响较小。安装时无上下直管段要求。

⑤ 无可动部件，流量管内无障碍物，便于维护。

(2) 缺点。

① 零点漂移较大。科里奥力流量计的零点不稳定性是它的最主要缺陷，这与它本身的高精度很不相称。

② 对外界振动干扰较敏感。为防止管内振动的影响，流量传感器安装要求较高。

③ 流体中气泡含量超过某一界限会显著影响测量值。

④ 价格较贵。

2) 科里奥力流量计的选用

科里奥力流量计用于测量液体、悬浮液、乳浊液和高压气体的质量流量、密度和温度，主要用于要求精确测量的场合。对于强振动、强磁场场合，以及管道内流体有强水击效应、强脉动流、夹带气流等场合不宜采用。另外，要根据被测流体的腐蚀性、温度、压力等选用相应型号的科里奥力流量计。如安装在需要保温的场合，应选用带保温夹套的；危险场合应选用防爆产品。

科里奥力流量计的选择一般主要考虑其性能和可靠性。性能包括各种指标，如准确度、量程利用率、压力损失和量程能力等。可靠性需要实践的检验。

准确度主要包括：偏差、重复性、线性和回滞。有3种描述方式：流量百分比准确度、满量程准确度和带零点稳定度的准确度。不同的厂家可能以不同的方式给出，比较时应考虑到这一点。其中，带零点稳定度的准确度更能体现科里奥力流量计在整个流量范围内的准确度，因为零点稳定度表示了流量计测量实际零流量的能力。

根据操作条件和传感器的最大流量，预选出传感器的规格(公称管径)，计算出压力损失是选型工作的一个重要环节。不实际的高流量会引起高的压力损失，但由于灵敏度高，准确度就好；相反，低流量会使压力损失降低，灵敏度低，准确度较差。所以，选择的时候要综合考虑，在尽可能低的压力损失下得到高的流量灵敏度和准确度。

量程能力(相对 mA 输出，最大量程和最小量程的比值)也是一个考虑因素。如果使用 mA 输出信号的话，与许多其他常规仪表的选择一样。量程利用率(额定流量与瞬时流量的比值)也很重要，一般可通过厂家给出的科里奥力流量计在各种流速下的量程利用率、压力损失和准确度曲线来计算其在给定应用中的性能。

3. 科里奥力质量流量计的安装、使用及维护

1) 安装

(1) 流量传感器应安装在平稳坚固的基础上，避免因振动而造成对流量检测的影响。在需要多台流量计串联或并联使用时，各流量传感器之间的距离应足够远，管卡和支承应分别设置在各自独立的基础上。

(2) 流量传感器在使用时不应存积气体或液体残渣，对于弯管型流量计，最好垂直安装，需要水平安装时传感器的外壳与工艺管道保持水平，便于弯曲的检测管道内气泡上升，固体颗粒下沉；对于直管型流量计，水平安装时应避免安装在最高点上，以免气团积存。

(3) 传感器和工艺管道连接时，要做到无应力安装。

2) 使用

(1) 流量计零点调整。流量计零点调整的方法是在流量传感器充满被测流体后关闭传感器下游阀门，在接近工作温度的条件下，调整流量计的零点。需要注意的是：调整零点时一定要保证下游阀门彻底关闭。若调零点时阀门存在泄漏，将会带来很大的检测误差。

(2) 正确设置流量和密度校准系数。流量校准系数代表传感器的灵敏度及流量温度系数，灵敏度表示每微秒时差代表多大的流量(单位为 g/s)，流量温度系数表示传感器弹性模量受温度的影响程度；密度校准系数代表传感器在 0℃下管内为空气和管内为水时的自振周期(单位为 μs)和密度温度系数，显然，这些与流量计的检测准确度都有直接关系，一定要正确设置。

3）维护

在使用时，及时发现和排除故障对流量计正常工作很重要，常见的有以下几种故障现象。

(1) 无输出。有流量通过传感器而传感器没有信号输出。

(2) 输出不变化。流量变化了，输出却保持不变。

(3) 输出不正常。输出随意变化(即与流量的变化无关)。

(4) 断续地有输出。断续输出，开始和结束都无规律，但当有输出时，输出信号能正确反映流量大小。

对于故障现象应仔细检查，找出原因所在，消除故障现象，保证仪表正常工作；对于一些智能型质量流量计，可利用仪表具有的自诊断程序检查排除，必要时应请制造厂家维修服务。

4.3.6　其他流量计

1. 涡轮流量计

涡轮流量计是叶轮式流量(流速)计的主要品种。叶轮式流量计还有风速计、水表等。涡轮流量计由传感器和转换显示仪组成，传感器采用多叶片的转子感受流体的平均流速，从而推导出流量或总量。转子的转速(或转数)可用机械、磁感应、光电方式检出并由读出装置进行显示和传送记录。

涡轮流量计的结构如图 4-79 所示。当被测流体流过传感器时，叶轮受力旋转，其转速与管道平均流速成正比，叶轮的转动周期地改变磁电转换器的磁阻值。检测线圈中的磁通随之发生周期性的变化，产生周期性的感应电势，即电脉冲信号，经放大器放大后，送至显示仪表显示。

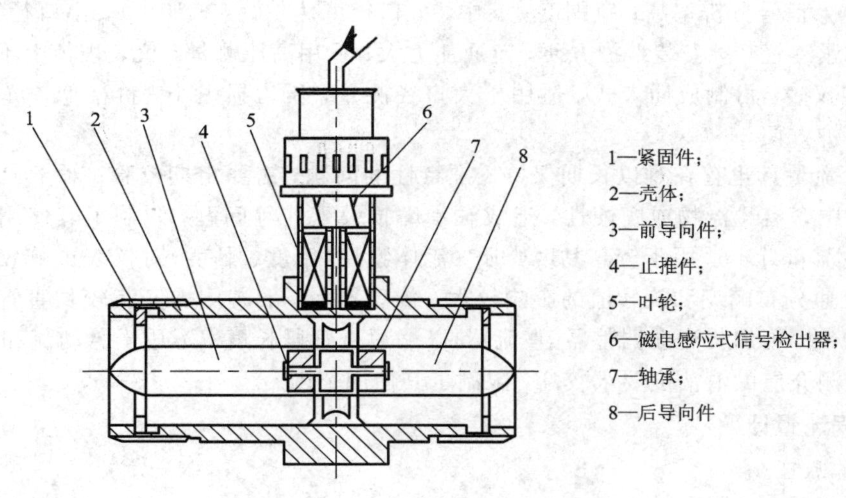

图 4-79　涡轮式流量计

涡轮式流量计在管形壳体的内壁上装有导流器，一方面促使流体沿轴线方向平行流动，另一方面支承了涡轮的前后轴承和涡轮上装有螺旋桨形的叶片，在流体冲击下旋转。为了测出涡轮的转速，管壁外装有带线圈的永久磁铁，并将线圈两端引出。由于涡轮具有一定的铁磁性，当叶片在永久磁铁前扫过时，会引起磁通的变化，因而在线圈两端产生感应电动势，此感应交流电信号的频率与被测流体的体积流量成正比。如将该频率信号送入脉冲计数器即可得到累积总流量。

假设涡轮流量计的仪表常数为 K(它完全取决于结构参数)，则输出的体积流量 Q_V 与信号频率 f 的关系为

$$Q_V = \frac{f}{K} \tag{4-83}$$

理想情况下，仪表结构常数 K 恒定不变，则 Q_V 与 f 成线性关系。但实际情况是涡轮有轴承摩擦力矩、电磁阻力矩、流体对涡轮的粘性摩擦阻力等因素，所以 K 并不严格保持常数。特别是在流量很小的情况下，由于阻力矩的影响相对较大，K 也不稳定，所以最好应用在量程上限为 5%以上，这时有比较好的线性关系。

涡轮流量计传感器由表体、导向体(导流器)、叶轮、轴、轴承及信号检测器组成。表体是传感器的主要部件，它起到承受被测流体的压力、固定安装检测部件、连接管道的作用。表体采用不导磁不锈钢或硬铝合金制作。在传感器进、出口装有导向体，它对流体起导向整流以及支撑叶轮的作用，通常选用不导磁不锈钢或硬铝合金制作。涡轮也称叶轮，是传感器的检测元件，它由高导磁性材料制成。轴和轴承支撑叶轮旋转，需有足够的刚度、强度和硬度、耐磨性及耐腐蚀性等，它决定着传感器的可靠性和使用期限。信号检测器由永久磁铁、导磁棒(铁芯)、线圈等组成，输出信号有效值在 10 mV 以上的可直接配用流量计算机。

涡轮流量计测量精度高，可以达到 0.5 级以上；反应迅速，可测脉动流量；耐高压。适用于清洁液体、气体的测量。在所有流量计中，它属于最精确的；重复性好；输出脉冲频率信号适于总量计量及与计算机连接，无零点漂移，抗干扰能力强；可获得很高的频率信号(3～4 kHz)，信号分辨率高；范围度宽，中、大口径可达 40：1～10：1，小口径为 6：1～5：1；结构紧凑轻巧，安装维护方便，流通能力大；适用高压测量，仪表表体上不开孔，易制成高压型仪表；可制成插入式，适用于大口径测量，压力损失小，价格低，可不断流取出，安装维护方便。

但涡轮流量计也存在难以长期保持校准特性的问题，需要定期校验；对于无润滑性的液体，液体中含有悬浮物或腐蚀性，造成轴承磨损及卡住等问题，限制了其使用范围。一般液体涡轮流量计不适用于较高黏度介质，流体物性(密度、黏度)对仪表影响较大；流量计受来流流速分布畸变和旋转流的影响较大，传感器上、下游侧需安装较长直管段，如安装空间有限制，可加装流动调整器(整流器)以缩短直管段长度；不适于脉动流和混相流的测量；对被测介质的清洁度要求较高，限制了其使用范围。

2. 旋涡流量计

1) 工作原理

旋涡流量计是利用流体力学中卡门涡街的原理制作的一种仪表，如图 4-80 所示。它是把一个称做旋涡发生体的对称形状的物体(如圆柱体、三角柱体等)垂直插在管道中，流

体绕过旋涡发生体时，出现附面层分离，在旋涡发生体的左右两侧后方会交替产生旋涡，如图 4－81 所示，左右两侧旋涡的旋转方向相反。这种旋涡列通常被称为卡门旋涡列，也称卡门涡街。

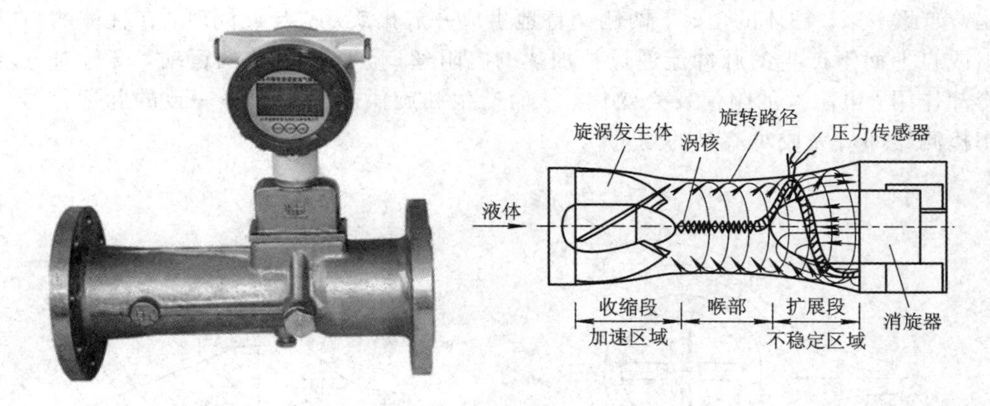

图 4－80　漩涡流量计

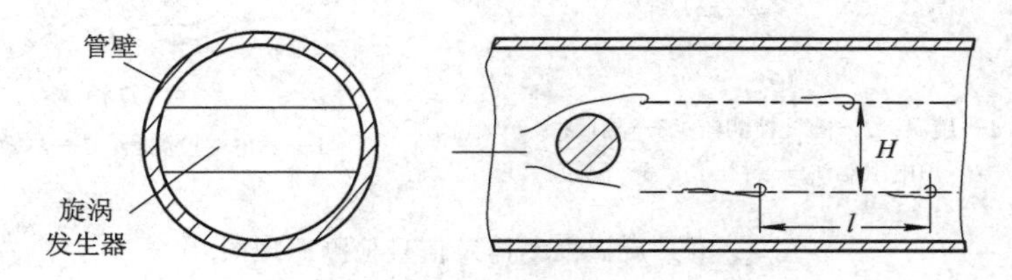

图 4－81　旋涡流量计原理图

由于旋涡之间的相互影响，旋涡列一般是不稳定的，但卡门从理论上证明了当两旋涡列之间的距离 H 和同列的两个旋涡之间的距离 l 满足公式 $H/l=0.281$ 时，非对称的旋涡列就能保持稳定。旋涡列在旋涡发生体下游非对称地排列。设旋涡的发生频率为 f，被测介质的平均流速为 v，旋涡发生体迎面宽度为 d，表体通径为 D，根据卡曼涡街原理，有

$$f=S_t\frac{v_1}{d}=S_t\frac{v}{md} \tag{4-84}$$

式中：v_1 为旋涡发生体两侧平均流速；S_t 为斯特劳哈尔系数；m 为旋涡发生体两侧弓形面积与管道横截面面积之比。

管道内体积流量 Q_V 为

$$Q_V=\frac{\pi D^2 v}{4}=\frac{md}{4S_t}f \tag{4-85}$$

2）旋涡频率的检测

旋涡频率的检测是通过旋涡检测器来实现的。旋涡检测器的任务是一方面使流体绕过检测器时，在其后能形成稳定的涡列，另一方面能准确地测出旋涡产生的频率。目前使用的旋涡检测器主要有两种形式，一种是圆柱形，另一种是三棱柱形。

圆柱形检测器如图 4－82(*a*)所示，它是一根中空的长管，管中空腔由隔板分成两部分。管的两侧开两排小孔。隔板中间开孔，孔上贴有铂电阻丝。铂丝通常被通电加热到高于流体温度 10℃左右。当流体绕过圆柱时，如在下侧产生旋涡，由于旋涡的作用使圆柱体

的下部压力高于上部压力，部分流体从下孔被吸入，从上部小孔吹出。结果将使下部旋涡被吸在圆柱表面，越转越大，而没有旋涡的一侧由于流体的吹出作用，将使旋涡不易发生。下侧旋涡生成之后，它将脱离开圆柱表面向下运动，这时柱体的上侧将重复上述过程生成旋涡。如此一来，柱体的上、下两侧交替地生成并放出旋涡。与此同时，在柱体的内腔自下而上或自上而下产生的脉冲流通过被加热的电阻丝。空腔内流体的运动，交替对电阻丝产生冷却作用，电阻丝的阻值发生变化，从而产生和旋涡的生成频率一致的脉冲信号，通过频率检测器即可完成对流量的测量。

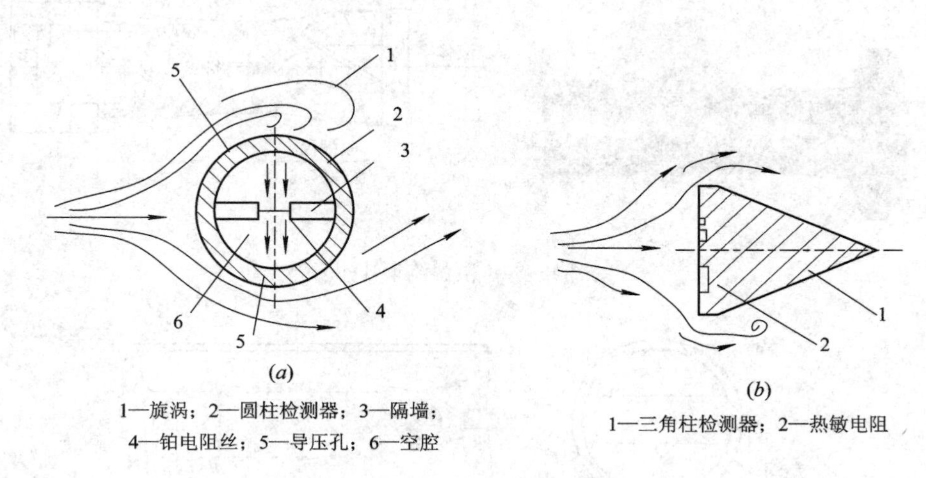

图 4-82　旋涡发生体及信号检测原理图
(a) 圆柱检测器；(b) 三角柱检测器

如图 4-82(b)所示的三棱柱体检测器可以得到更稳定、更强烈的旋涡。埋在三角柱体正面的两支热敏电阻组成电桥的两臂，并以恒流源供以微弱的电流进行加热。在产生旋涡的一侧，因流速变低，使热敏电阻的温度升高，阻值减小。因此，电桥失去平衡，产生不平衡输出。随着旋涡的交替形成，电桥将输出一个与旋涡频率相等的交变电压信号，该信号送至累积器计算就可给出流体流过的流量。

使用时要求在旋涡检测器前有 $15D$，检测器后有 $5D$ 的直管段，并要求直管段内部光滑。此外，热敏元件表面应保持清洁无垢，所以需要经常清洗，以保证其特性稳定。

4.3.7　流量计选型原则

流量计选型是指按照生产要求，从仪表产品供应的实际情况出发，综合地考虑测量的安全、准确和经济性，并根据被测流体的性质及流动情况确定流量取样装置的方式和测量仪表的型式和规格。

流量测量的安全可靠，首先是测量方式可靠，即取样装置在运行中不会发生机械强度或电气回路故障而引起事故；其次是测量仪表无论在正常生产或故障情况下都不致影响生产系统的安全。例如，对发电厂高温高压主蒸气流量的测量，其安装于管道中的一次测量元件必须牢固，以确保在高速汽流冲刷下不发生机构损坏。因此，一般都优先选用标准节流装置，而不选用悬臂梁式双重喇叭管或插入式流量计等非标准测速装置，以及结构强度低的靶式、涡轮流量计等。燃油电厂和有可燃性气体的场合，应选用防爆型仪表。

在保证仪表安全运行的基础上，力求提高仪表的准确性和节能性。为此，不仅要选用满足准确度要求的显示仪表，而且要根据被测介质的特点选择合理的测量方式。发电厂主蒸气流量测量，由于其对电厂安全和经济性至关重要，一般都采用成熟的标准节流装置配差压流量计，化学水处理的污水和燃油分别属脏污流和低雷诺数粘性流，都不适用标准节流件。对脏污流一般选用圆缺孔板等非标准节流件配差压计或超声多普勒式流量计，而粘性流可分别采用容积式、靶式或楔形流量计等。水轮机入口水量、凝汽器循环水量及回热机组的回热蒸汽等都是大管径(400 mm 以上)的流量测量参数，由于加工创造困难和压损大，一般都不选用标准节流装置。根据被测介质特件及测量准确度要求，分别采用插入式流量计、测速元件配差压计、超声波流量计，或采用标记法、模拟法等无能损方式测流量。

为保证流量计使用寿命及准确性，选型时还要注意仪表的防振要求。在湿热地区要选择湿热式仪表。

正确地选择仪表的规格，也是保证仪表使用寿命和准确度的重要一环。应特别注意静压及耐温的选择。仪表的静压即耐压程度，它应稍大于被测介质的工作压力，一般取 1.25 倍，以保证不发生泄漏或意外。量程范围的选择，主要是仪表刻度上限的选择。选小了，易过载，损坏仪表；选大了，有碍于测量的准确性。一般选为实际运行中最大流量值的 1.2～1.3 倍。

安装在生产管道上长期运行的接触式仪表，还应考虑流量测量元件所造成的能量损失。一般情况下，在同一生产管道中不应选用多个压损较大的测量元件，如节流元件等。

总之，没有一种测量方式或流量计对各种流体及流动情况都能适应的。不同的测量方式和结构，要求不同的测量操作、使用方法和使用条件。每种形式都有它特有的优缺点。因此，应在对各种测量方式和仪表特性作全面比较的基础上，选择适于生产要求的，既安全可靠又经济耐用的最佳型式。几种流量检测仪表相互比较如表 4-10 所示。

表 4-10　几种流量检测仪表比较

名称	刻度特性	量程比	精度	适用场合	价格
转子流量计	线型	10∶1	1.5～2.5	小流量	便宜
差压流量计	平方根	3∶1	1	已标准化，耐高温高压中大流量应用广泛	中等
靶式流量计	平方根	3∶1	2	粘稠、脏污、腐蚀性介质，耐高温及高压	中等
涡轮流量计	线型	10∶1	0.5～1	低黏度、清洁液体，耐高压、中温中大流量	贵
旋涡流量计	线型	10∶1	1.5	气体及低黏度液体，大口径、大流量	较贵
电磁流量计	线型	10∶1	1～1.5	导电液体、大流量	贵
齿轮流量计	线型	10∶1	0.2～0.5	清洁、黏性液体	较贵
罗次流量计	线型	10∶1	0.2～0.5	清洁及高黏度液体，耐较高温度、中压，中等流量	较贵

4.4　物位检测与仪表

在物位检测中，由于被测对象不同，介质状态、特性不同以及检测条件不同，其检测方法也不同，需要根据具体情况和要求进行选择或设计。在物位检测中液位检测相对简单些，且使用场合较多，本节予以重点介绍。物位检测方法在总体上可分为直接检测和间接检测两种，由于测量状况及条件复杂多样，因而往往采用将物位信号转化为其他相关信号进行间接测量，如压力法、电磁法等。其他应用激光、微波、声波、核辐射等原理也可组成液位测量仪器。

4.4.1 浮力式液位计

浮力式液位检测的基本原理是通过测量漂浮于被测液面上的浮子(也称浮标)随液面变化而产生的位移来检测液位；或利用沉浸在被测液体中的浮筒(也称沉筒)所受的浮力与液面位置的关系来检测液位，如图 4-83 所示。前者一般称为恒浮力式检测，后者一般称为变浮力式检测。

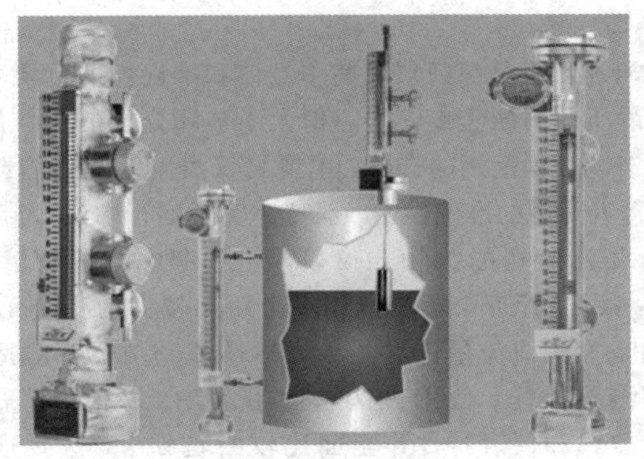

图 4-83 浮力式液位计

1. 恒浮力式液位计

恒浮力式液位检测原理如图 4-84 所示。将液面上的浮子用绳索连接并悬挂在滑轮上，绳索的另一端挂有平衡重锤，利用浮子所受重力和浮力之差与平衡重锤的重力相平衡，使浮子漂浮在液面上。其平衡关系为

$$W-F=G \tag{4-86}$$

式中：W 为浮子的重力；F 为浮力；G 为重锤的重力。

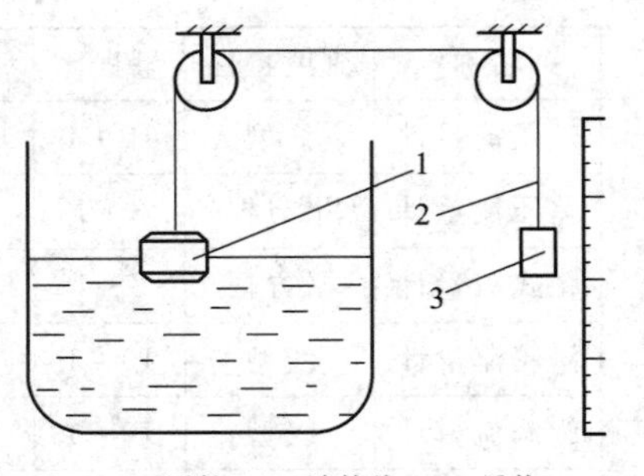

1—浮筒；2—连接线；3—重物

图 4-84 恒浮力式液位计原理图

当液位上升时，浮子所受浮力 F 增加，则 $W-F<G$，使原有平衡关系被破坏，浮子向上移动。但浮子向上移动的同时，浮力 F 下降，$W-F$ 增加，直到 $W-F$ 又重新等于 G 时，浮子将停留在新的液位上，反之亦然。因而实现了浮子对液位的跟踪。由于式(4-86)中 W 和 G 可认为是常数，因此浮子停留在任何高度的液面上时，F 值不变，故称此法为恒浮力法。该方法的实质是通过浮子把液位的变化转换成机械位移(线位移或角位移)的变化。上面所讲的只是一种转换方式，在实际应用中，还可采用各种各样的结构形式来实现液位—机械位移的转换，并可通过机械传动机构带动指针对液位进行指示，如果需要远传，还可通过电或气的转换器把机械位移转换为电信号或气信号。

浮力液位计只能用于常压或敞口容器，通常只能就地指示，由于传动部分暴露在周围

环境中，使用日久摩擦增大，液位计的误差就会相应增大，因此这种液位计只能用于不太重要的场合。

2. 变浮力式液位计

变浮力式液位计原理如图 4-85 所示，它是利用浮筒实现液位检测的。由于被液体浸没高度不同，以致所受的浮力不同来检测液位的变化。将一横截面积为 S，质量为 m 的圆筒形空心金属浮筒挂在弹簧上，由于弹簧的下端被固定，因此弹簧因浮筒的重力被压缩，当浮筒的重力与弹簧的弹力达到平衡时，浮筒才停止移动，平衡条件为

$$Cx_0 = G \tag{4-87}$$

式中：G 为浮筒的重力；C 为弹簧的刚度；x_0 为弹簧由于浮筒重力被压缩所产生的位移。

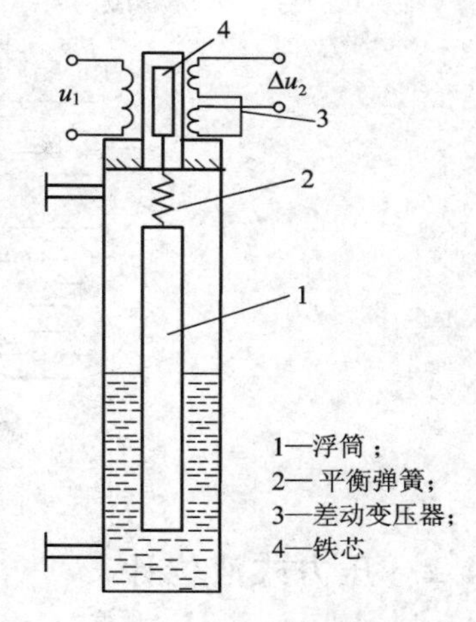

图 4-85　变浮力式液位计原理图

当浮筒的一部分被浸没时，浮筒受到液位对它的浮力作用而向上移动，当它与弹力和浮筒的重力平衡时，浮筒停止移动。设液位高度为 H，浮筒由于向上移动实际浸没在液体中的长度为 h，浮筒移动的距离即弹簧的位移改变量 Δx 为

$$\Delta x = H - h \tag{4-88}$$

根据力平衡可知

$$G - Sh\rho = C(x_0 - \Delta x) \tag{4-89}$$

式中：ρ 为浸没浮筒的液体密度。

将式(4-87)代入式(4-89)，可得

$$Sh\rho = C\Delta x$$

一般情况下，$h \gg \Delta x$，由式(4-88)可得 $H \approx h$，从而被测液位 H 可表示为

$$H = \frac{C\Delta x}{S\rho} \tag{4-90}$$

由式(4-90)可知，当液位变化时，使浮筒产生位移，其位移量 Δx 与液位高度 H 成正比关系。因此变浮力液位检测方法实质上就是将液位转换成敏感元件浮筒的位移变化。可应用信号变换技术，进一步将位移转换成电信号，配上显示仪表在现场或控制室进行液位指示和控制。

变浮力式液位检测是在浮筒的连杆上安装一铁芯，可随浮筒一起上、下移动，通过差动变压器使输出电压与位移成正比关系，从而检测液位。

除此之外，还可以将浮筒所受的浮力通过扭力管达到力矩平衡，把浮筒的位移变成扭力管的角位移，进一步用其他转换元件转换为电信号，构成一个完整的液位计。浮筒式液位计不仅能检测液位，而且还能检测界面。

3. 磁性浮子式液位计

图 4-86 是磁性浮子式液位计，置于连通器内的磁性浮子随液位上、下移动，使相应的磁性指示翻板或磁性开关的状态发生变化。该液位计可以用作就地指示，也可变换成电触点信号进行远传控制。

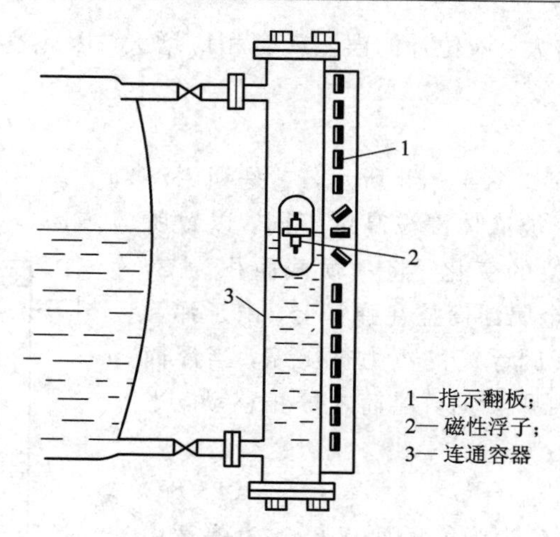

图 4-86 磁性浮子式液压计

4.4.2 压力式液位计

1. 压力式液位计测量原理

静压式液位检测方法是根据液柱静压与液柱高度成正比的原理来实现的，其原理如图 4-87(a)所示。根据流体静力学原理可得 A、B 两点之间的压力差为

$$\Delta p = p_B - p_A = H\rho g \tag{4-91}$$

式中：p_A 为容器中 A 点的静压；p_B 为容器中 B 点的静压；H 为液柱的高度；ρ 为液体的密度。

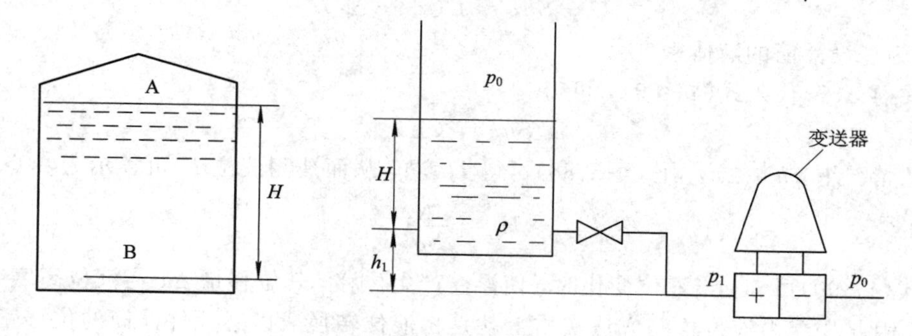

图 4-87 压力式液位计原理与检测

(a) 静压式液位计原理；(b) 压力式液位检测

当被测对象为敞口容器时，则 p_A 为大气压，即 $p_A = p_0$，上式变为

$$p = p_B - p_0 = H\rho g \tag{4-92}$$

在检测过程中，当 ρ 为一常数时，则密闭容器中 A、B 两点压差与液位高度 H 成正比；而在敞口容器中则 p 与 H 成正比，就是说只要测出 Δp 或 p 就可知道敞口容器或密闭容器中的液位高度。因此，凡是能够测量压力或差压的仪表，均可测量液位。通过测静压来测量容器液位的静压式液位计分为两类，一类是测量敞口容器液位的压力式液位计，另一类是测量密闭容器液位的差压式液位计。

2. 压力式液位计

图 4-87(b)是一敞口容器的液位测量示意图，图中的检测仪表可以用压力表，可以用

压力变送器，也可以用差压变送器。当用差压变送器时，其负压室可通大气。

当检测仪表的安装位置与容器的底部在同一水平线上时，压力 p 与液位 H 的关系为

$$p = H\rho g$$

则容器中待测液体的高度为

$$H = \frac{p}{\rho g} \tag{4-93}$$

当检测仪表的安装位置与容器的底部不在同一水平线上，如图 4-87(b)所示，此时压力 p 与液位 H 的关系为

$$p = H\rho g + h_1\rho g$$

则容器中待测液体的高度为

$$H = \frac{p}{\rho g} - h_1 \tag{4-94}$$

3. 差压式液位计

在测量密闭容器的液位时，检测仪表的输出除了与液柱的静压力有关外，还与液位上面的气相压力有关。为了消除气相压力对液位检测的影响，往往采用测量差压的方法来测量液位，所用仪表采用差压计或差压变送器。

1）无隔离罐的密闭容器的液位检测

如图 4-88 所示，将差压变送器高、低压室分别与容器上部和下部的取压点相连，如果被测液体的密度为 ρ，则作用于变送器高、低压室的压差为

$$\Delta p = p_1 - p_2 = H\rho g$$

$$H = \frac{\Delta p}{\rho g} \tag{4-95}$$

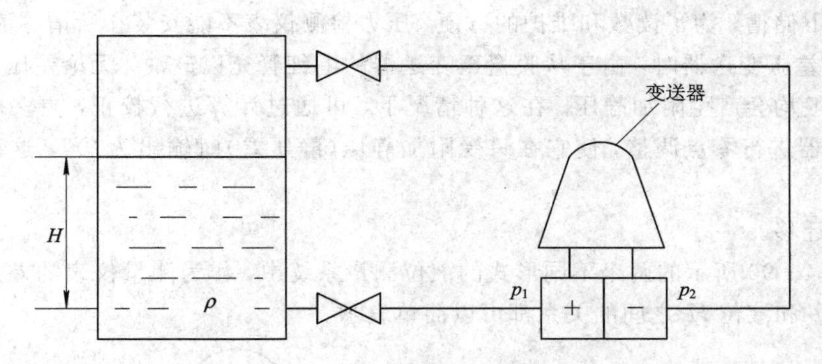

图 4-88　无隔离罐的密闭容器的液位检测

2）有隔离罐的密闭容器的液位检测

在实际应用中，为了防止容器内液体和气体进入变送器的取压室造成管路堵塞或腐蚀，以及为了保持变送器低压室的液柱高度恒定，在变送器的高、低压室与取压点之间分别装有隔离罐，如图 4-89 所示。在隔离罐内充满隔离液，密度为 ρ_1，通常 $\rho_1 \gg \rho$。这时高、低压室的压力分别为

$$p_1 = \rho g H + \rho_1 g h_1 + p$$

$$p_2 = \rho_1 g h_2 + p$$

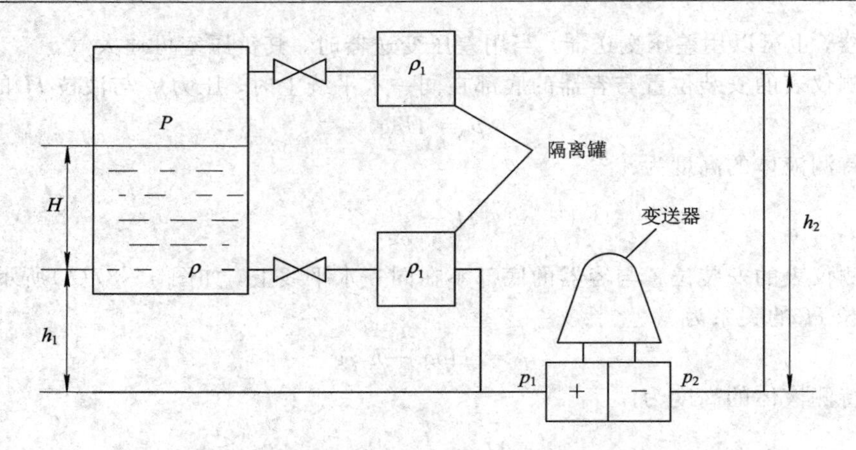

图 4-89 有隔离罐的密闭容器的液位检测

高、低压室的压差为

$$\Delta p = p_1 - p_2 = \rho g H + \rho_1 g h_1 - \rho_1 g h_2 = \rho g H + \rho_1 g(h_1 - h_2) \tag{4-96}$$

式中：Δp 为表压；p_1 p_2 分别为变送器的高、低压室的压力；ρ、ρ_1 分别为被测液体及隔离液的密度；h_1、h_2 为隔离液的最低液位及最高液位至变送器的高度；p 为容器上部气体的压力。则容器中待测液体的高度为

$$H = \frac{\Delta p + \rho_1 g(h_2 - h_1)}{\rho g} \tag{4-97}$$

3）量程迁移

无论是压力检测法还是差压检测法，都要求取压口(零液位)与压力(差压)检测仪表的入口在同一水平高度，否则会产生附加静压误差。但是，在实际安装时不一定能满足这个要求。如地下储槽，为了读数和维护的方便，压力检测仪表不能安装在所谓零液位的地方。采用法兰式差压变送器时，由于从膜盒至变送器的毛细管充以硅油，无论差压变送器在什么高度，一般均会产生附加静压。在这种情况下，可通过计算进行校正，更多的是对压力(差压)变送器进行零点调整，使它在只受附加静压(静压差)时输出为“0”，这种方法称为“量程迁移”。

(1) 无迁移。

在如图 4-90 所示的两个不同形式的液位测量系统中，作为测量仪表的差压变送器的输入差压 Δp 和液位 H 之间的关系都可以简单表示。

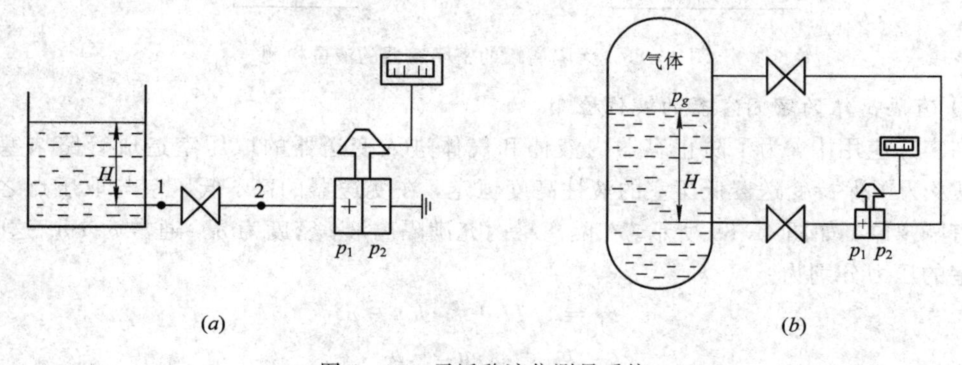

图 4-90 无迁移液位测量系统

当 $H=0$ 时，差压变送器的输入 Δp 亦为 0，可用下式表示：

$$\Delta p\,|_{H=0}=0 \tag{4-98}$$

显然，当 $H=0$ 时，差压变送器的输出亦为 0(下限值)，如采用 DDZ－Ⅱ型差压变送器，则其输出 $I_0=0$ mA，相应的显示仪表指示为 0，这时不存在零点迁移问题。

(2) 正迁移。

出于安装、检修等方面的考虑，差压变送器往往不安装在液位基准面上。如图 4－91 所示的液位测量系统，它和如图 4－90(*a*)所示的测量系统的区别仅在于差压变送器安装在液位基准面下方 h 处，这时，作用在差压变送器正、负压室的压力分别为

$$p_1=\rho g(H+h)+p_0$$

$$p_2=p_0$$

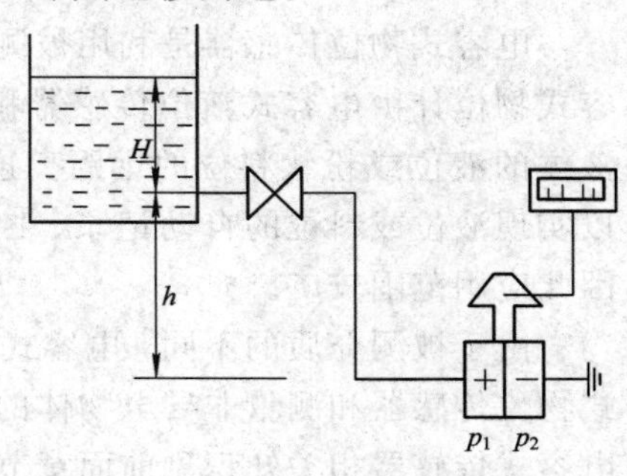

图 4－91　正迁移液位测量系统

差压变送器的差压输入为

$$\Delta p=p_1-p_2=\rho g(H+h) \tag{4-99}$$

所以

$$\Delta p\,|_{H=0}=\rho gh \tag{4-100}$$

就是说，当液位 H 为零时，差压变送器仍有一个固定差压输入 ρgh，这就是从液体储槽底面到差压变送器正压室之间那一段液相引压管液柱的压力。因此，差压变送器在液位为零时会有一个相当大的输出值，给测量过程带来诸多不便。为了保持差压变送器的零点(输出下限)与液位零点的一致，就有必要抵消这一固定差压的作用。由于这一固定差压是一个正值，因此称之为正迁移。

(3) 负迁移。

如图 4－92 所示的液位测量系统，它和如图 4－90(*b*)所示系统的区别在于它的气相是蒸气，因此，在它的气相引压管中充满的不是气体而是冷凝水(其密度与容器中的水的密度近似相等)。这时，差压变送器正、负压室的压力分别为

$$p_1=p_g+\rho gH$$

$$p_2=p_g+\rho gH_0$$

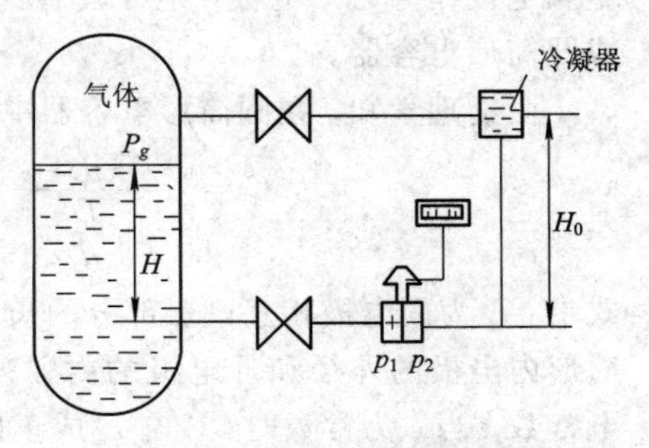

图 4－92　负迁移液位测量系统

差压变送器差压输入为

$$\Delta p=p_1-p_2=\rho g(H-H_0) \tag{4-101}$$

所以

$$\Delta p\,|_{H=0}=-\rho gH_0 \tag{4-102}$$

就是说，当液位为零时，差压变送器将有一个很大的负的固定差压输入，为了保持差压变送器的零点(输出下限)与液位零点一致，就必须抵消这一个固定差压的作用。又因为这个固定差压是一个负值，所以称之为负迁移。

需要特别指出的是，对于如图 4－92 所示的液位测量系统，由于液位 H 不可能超过气相引压管的高度 H_0，所以 $\Delta p=\rho g(H-H_0)$ 必然是一个负值。如果差压变送器不进行迁移处理，无论液位有多高，变送器都不会有输出，测量就无法进行。

由上述可知，正、负迁移的实质是通过迁移弹簧改变变送器的零点，即同时改变量程的上、下限，而量程的大小不变。

4.4.3 电容式物位计

电容式物位传感器是利用被测物的介电常数与空气(或真空)不同的特点进行检测，电容式物位计由电容式液位传感器和检测电容的测量线路组成。它适用于各种导电、非导电液体的液位或粉状料位的远距离连续测量和指示，也可以和电动单元组合仪表配套使用，以实现液位或料位的自动记录、控制和调节。由于它的传感器结构简单，没有可动部分，因此应用范围较广。

由于被测介质的不同，电容式物位传感器也有不同的形式，现以测量导电物体的电容式物位传感器和测量非导电物体的电容式物位传感器为例对电容式物位传感器进行简介。电容式传感器相关知识见前面章节。

1. 测导电物体的电容式液位传感器

电容式物位计是将物位的变化转换成电容量的变化，通过测量电容量的大小来间接测量液位高低的物位测量仪表，则它由电容物位传感器和检测电容的测量线路组成，如图 4-93 所示。由于被测介质的不同，电容式物位传感器有多种不同形式，不妨取被测物体为导电液体举例说明。

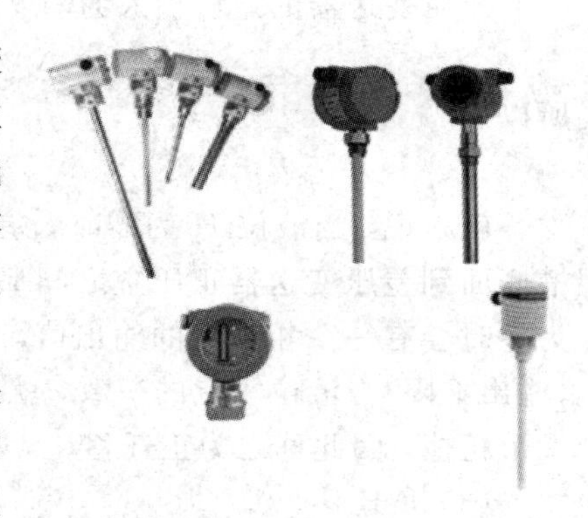

图 4-93 电容式液位计

在液体中插入一根带绝缘套管的电极。由于液体是导电的，容器和液体可视为电容器的一个电极，插入的金属电极作为另一电极，绝缘套管为中间介质，三者组成圆筒形电容器。

由物理学知，在圆筒形电容器中的电容量为

$$C = \frac{2\pi\varepsilon L}{\ln\dfrac{D}{d}} \tag{4-103}$$

式中：L 为两电极相互遮盖部分的长度；d、D 分别为圆筒形内电极的外径和外电极的内径；ε 为中间介质的介电常数。当 ε 为常数时，C 与 L 成正比。

在图 4-94 中，由于中间介质为绝缘套管，所以组成的电容器的介电常数 ε 就为常数。当液位变化时，电容器两极被浸没的长度也随之而变。液位越高，电极被浸没的就越多。

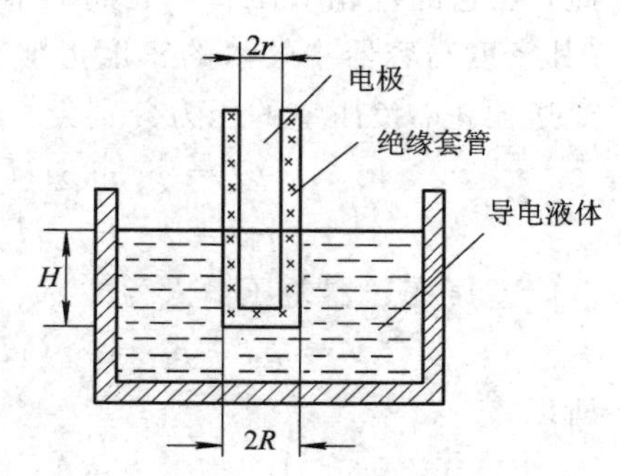

图 4-94 导电液体的电容式液位传感器原理示意图

电容式物位计可实现液位的连续测量和指示，也可与其他仪表配套进行自动记录、控制和调节。

2. 测量非导电物体的电容式液位传感器

由于被测介质的不同，电容式物位传感器有多种不同形式，不妨取被测物体为非导电液体举例说明。当测量非导电液体，如轻油、某些有机液体以及液态气体的液位时，可采用一个内电极，外部套上一根金属管(如不锈钢)，两者彼此绝缘，以被测介质为中间绝缘物质构成同轴套管筒形电容器，如图 4-95 所示，绝缘垫上有小孔，外套管上也有孔和槽，以便被测液体自由地流进或流出。由于电极浸没的长度 l 与电容量 ΔC 成正比关系，因此，测出电容增量的数值便可知道液位的高度。

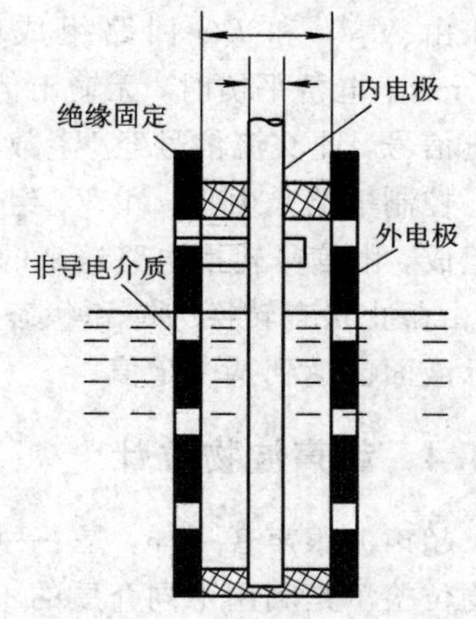

图 4-95　非导电液体的电容式液位传感器原理示意图

当测量粉状导电固体料位和粘滞非导电液体液位时，可采用光电极直接插入圆筒形容器的中央，将仪表地线与容器相连，以容器作为外电极，物料或液体作为绝缘物质构成圆筒形电容器，其测量原理与上述相同。

电容液位传感器主要由电极(敏感元件)和电容检测电路组成。可用于导电和非导电液体之间，及两种介电常数不同的非导电液体之间的界面测量。因测量过程中电容的变化都很小，因此，准确地检测电容量的大小是液位检测的关键。

3. 电容式液位传感器应用举例

现以晶体管电容液位指示仪为例进行简述。晶体管电容液位指示仪是用来监视密封大罐内导电性液体的液位，并能对加液系统进行自动控制。在仪器的面板上装有指示灯，红灯指示“液位上限”，绿灯指示“液位下限”。当红灯亮时表示液面已经达到上限，此时应停止加液；当红灯熄灭，绿灯仍然亮时，表示液面在上下限之间；当绿灯熄灭时，表示料面低于下限，这时应加料。

晶体管电容液位指示仪的电路原理如图 4-96 所示，电容传感器是悬挂在料仓里的金属探头，利用它对大地的分布电容进行检测。在大罐中上、下限各设有一个金属探头。整个电路由信号转换电路和控制电路两部分组成。

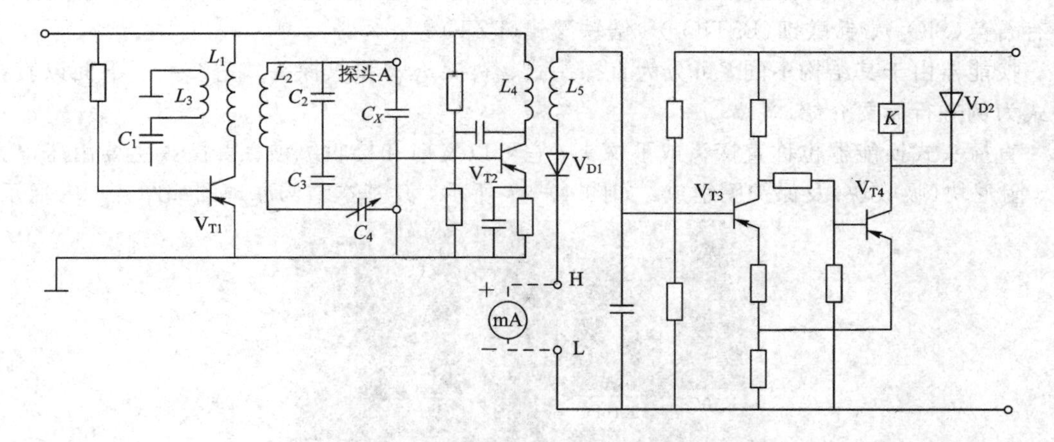

图 4-96　晶体管电容液位指示仪的电路原理

信号转换电路是通过阻抗平衡电桥来实现的，当 $C_2C_4 \approx C_3C_x$ 时，电桥平衡。由于 $C_2=C_3$，则调整 C_4，使 $C_2=C_x$ 时电桥平衡。C_x 是探头对地的分布电容，它直接和液面有关，当液面增加时，C_x 值将随着增加，使电桥失去平衡，按其大小可判断料面情况。电桥电压由 V_{T1}，和 LC 回路组成的振荡器供电，其振荡频率约为 70 kHz，其幅值约为 250 mV。电桥平衡时，无输出信号；当液面变化引起 C_x 变化，使电桥失去平衡。电桥输出交流信号，此交流信号经 V_{T2} 放大后，由 V_D 检波变成直流信号。

控制电路是由 V_{T3} 和 V_{T4} 组成的射极耦合触发器(史密特触发器)和它所带动的继电器 K 组成，由信号转换电路送来的直流信号，当其幅值达到一定值后，使触发器翻转，此时，V_{T4} 由截止状态转换为饱和状态，使继电器 K 吸合，其触点去控制相应的电路和指示灯，指示液面已达到某一定值。

4.4.4 超声波物位计

超声波跟声音一样，是一种机械振动波，是机械振动在弹性介质中的传播过程。超声波物位检测是利用不同介质的不同声学特性，进行物位测量的一门技术。

1. 超声传感器

在超声波检测技术中，主要是利用它的反射、折射、衰减等物理性质。不管哪一种超声仪器，都必须把超声波发射出去，然后再把超声波接收回来，变换成电信号。完成这一部分工作的装置，就是超声传感器。但是在习惯上，把这个发射部分和接收部分均称为超声换能器，有时也称为超声探头。

超声换能器根据其工作原理，有压电式、磁滞伸缩式和电磁式等多种，在检测技术中主要是采用压电式。

压电式换能器的原理是以压电效应为基础的。关于压电效应以前讲过，这里不再赘述。作为发射超声波的换能器是利用压电材料的逆压电效应，而接收用的换能器则利用其压电效应。在实际使用中，由于压电效应的可逆性，有时将换能器作为“发射”与“接收”兼用，亦即将脉冲交流电压加到压电元件上，使其向介质发射超声波，同时又利用它作为接收元件，接收从介质中反射回来的超声波，并将反射波转换为电信号送到后面的放大器。因此，压电式超声换能器实质上是压电式传感器。在压电式超声换能器中，常用的压电材料有石英(SiO_2)、钛酸钡($BaTiO_3$)、锆铁酸铅(PZT)等。

换能器由于其结构不同，可分为直探头式、斜探头式和双探头式等多种。下面以直探头式为例进行简要介绍。

直探头式换能器也称直探头或平探头，它可以发射和接收纵波。直探头主要由压电元件、阻尼块(吸收块)及保护膜组成，如图 4－97 所示，其基本结构原理图如图 4－98 所示。

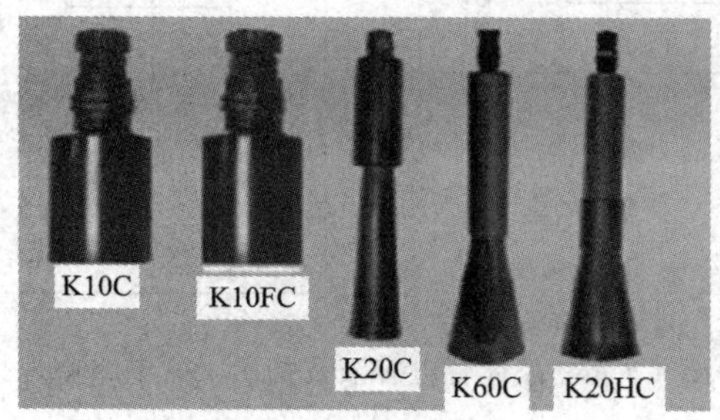

图 4－97 超声波探头

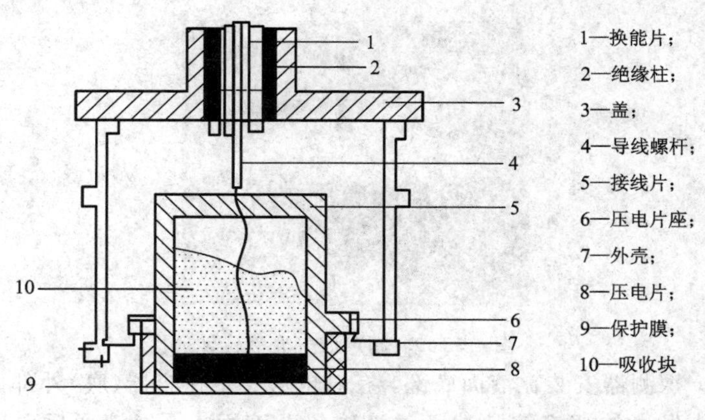

图 4－98　直探头式换能器结构

压电片是换能器中的主要元件，大多做成圆板形。压电片的厚度与超声波频率成反比。例如锆铁酸铅的频率厚度常数为 1890 kHz/mm，压电片的厚度为 1 mm 时，固有振动频率为 1.89 MHz。压电片的直径与扩散角成反比。压电片的两面敷有银层，作为导电的极板，压电片的底面接地线，上面接导线引至电路中。

为了避免压电片与被测体直接接触而磨损压电片，在压电片下粘合一层保护膜。保护膜的厚度为 1/2 波长的整倍数时(在保护膜中波长)，声波穿透率最大；厚度为 1/4 波长的奇数倍时，穿透率最小。保护膜材料性质要注意声阻抗的匹配，设保护膜的声阻抗为 Z，晶体的声阻抗为 Z_1，被测工件的声阻抗为 Z_2，则最佳条件为 $Z=(Z_1Z_2)^{1/2}$。压电片与保护膜粘合后，谐振频率将降低。阻抗块又称吸收块，它作为降低压电片的机械品质因素 Q，吸收声能量。如果没有阻尼块，电振荡脉冲停止时，压电片因惯性作用，仍继续振动，加长了超声波的脉冲宽度，使盲区扩大，分辨力差。当吸收块的声阻抗等于晶体的声阻抗时，效果最佳。

2. 超声波测物位

1) 工作原理及方案

超声波液位计是利用回声测距原理进行工作的。由于超声波可以在不同介质中传播，所以超声波液位计也分为：气介式、液介式及固介式三类，最常用的是气介式和液介式。如图 4－99 所示，是液介式与气介式超声波液位计的几种测量方案，图(a)、(b)为液介式，图(c)、(d)为气介式，超声波气介液位计如图 4－100 所示。而图(a)、(c)两种方案是发射和接收都由一个探测器完成的单探头式；图(b)、(d)是一个发射和一个接收的双探头式。

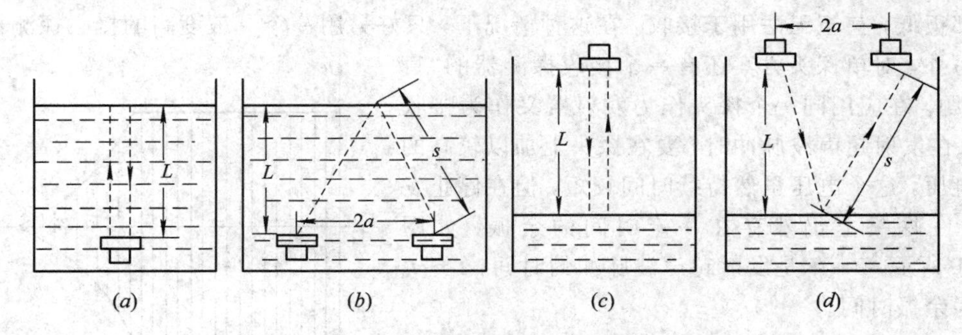

图 4－99　超声波液位计的几种测量方案

(a) 液介式单探头；(b) 液介式双探头；(c) 气介式单探头；(d) 气介式双探头

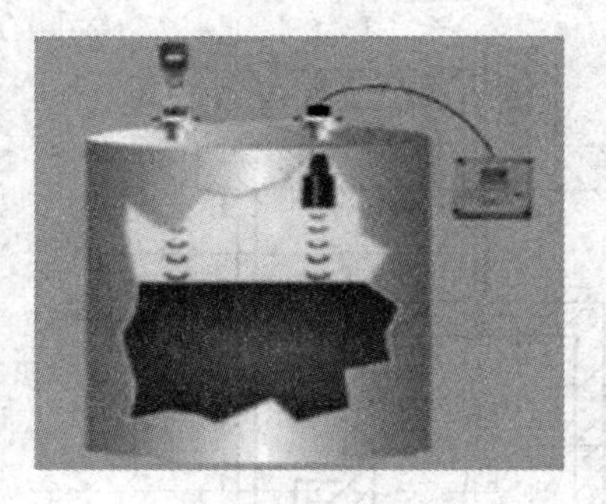

图 4-100 超声波气介液位计

对于液介式，探测器安装在液面底部，有时也可安装在容器(底)外部。图 4-99(*a*)的单探头形式，探头发出的超声波脉冲经过液体传至液面，再经液面反射回到原来的发射器，此时发射器又变成了接收器，接收了超声波脉冲。如果探头距液面高度为 L，从发射到接收超声波脉冲的时间间隔为 t，则可表示为

$$L = \frac{1}{2}ct \tag{4-104}$$

式中：c 为该超声波在被测介质中传播的速度。

由式(4-104)可见，如果准确知道介质中声波传播的速度 c，再能测得时间 t，就可以准确测量液位高度。

对于图 4-99(*c*)的方案，与图 4-99(*a*)的方案基本一致，只是这里声波是在空气介质中传播，探头应放在高出液面可能达到的高度以上。

图 4-99(*b*)、(*d*)是双探头式，声波经过的路程是 $2s$，即

$$s = \frac{1}{2}ct \tag{4-105}$$

$$L = \sqrt{s^2 + a^2} \tag{4-106}$$

式中：a 为两个探测器之间的距离之半。

对于单探头与双探头方案的选择，主要应从测量对象具体情况来考虑。一般多采用单探头方案，因为单探头简单、安装方便、维修工作量也较小。另外，它可直接测出距离，不必修正。

但是在一些特殊情况下，也不得不选择双探头方案。例如探测距离较远，为了保证一定灵敏度，必须加大发射功率，用大功率换能器。但这些大功率换能器作为接收探测器灵敏度都很低，甚至无法用于接收。在这种情况下，只好另用一个灵敏度高的接收探测器。

另外，对单探头方案还有一个接收探测器的“盲区”问题。在应用同一个探头作为发射器又作为接收器时，在发射超声波脉冲时，要在探头上加以较高的激励电压，这个电压虽然持续时间较短，但在停止发射时，在探头上仍然存在一定时间的余振，如图 4-101 所示，$0\sim t_1$ 是发射超声波脉冲的时间，$t_1\sim t_2$ 时间为余振时间。

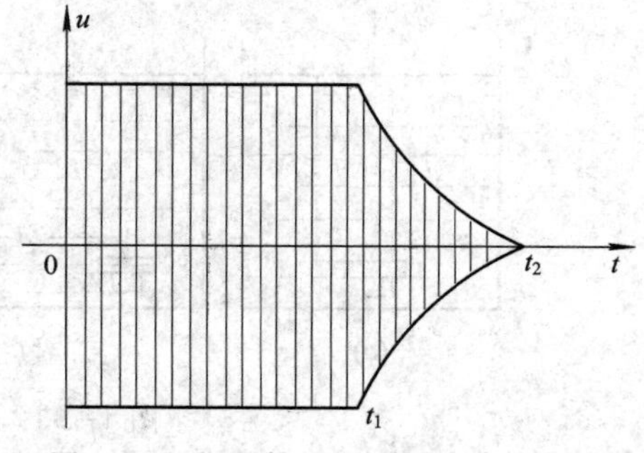

图 4-101 发射的超声波脉冲波形

如果在余振时间将探测器转向接收放大线路，则放大器的输入端将还有一个足够强的信号。显然，

在这段时间内，即不能收到回波信号，也很难被分辨出来，因此称这段时间为盲区时间。过了盲区时间后，接收器才能分辨出回波信号。探测器的盲区时间与结构参数、工作电压、频率等因素有关，可以通过实验确定。在知道了盲区时间以后，再求得声速，就可以确定盲区距离。由于盲区距离的限制，采用单探头方案时不能测量小于盲区距离的液位。采用双探头方案时，实际上由于难于避免的电路耦合及非定向声波对接收器的作用，在发射超声脉冲时，接收线路中也将产生微弱的输出，也可以认为是有一定的盲区，但它要比单探头小得多。

2）*超声波物位计的应用*

超声波物位计具有安装使用方便、可多点检测、精确度高、直接用数字显示液面高度等优点。同时，它存在着当被测介质温度、成分经常变动时，由于声速随之变化，故测量精度较低。

超声波物位测量优点如下：

(1) 与介质不接触，无可动部件，电子元件只以声频振动，振幅小，仪器寿命长；

(2) 超声波传播速度比较稳定，光线、介质黏度、湿度、介电常数、电导率、热导率等对检测几乎无影响，因此适用于有毒、腐蚀性或高黏度等特殊场合的液位测量；

(3) 不仅可进行连续测量和定点测量，还能方便地提供遥测或遥控信号；

(4) 能测量高速运动或倾斜晃动的液体的液位，如置于汽车、飞机、轮船的容器中液位。

但超声波仪器结构复杂，价格昂贵，而且有些物质对超声波有强烈吸收作用，使用仪器时要考虑具体情况和条件。此外，声速受温度的影响较大，需要进行校正，如控制在一定的温度范围内，误差就不会很大。

4.4.5　雷达物位计

雷达物位计是一种采用微波测量技术的物位测量仪表。它没有可动部件、不接触介质、没有测量盲区，可以用来对普通物位仪表难以高精度测量的大型固定顶罐、浮顶罐内腐蚀性液体、高黏度液体、有毒液体的液位进行连续测量。而且在雷达物位计可用范围内其测量精度几乎不受被测介质温度、压力、相对介电常数及其易燃、易爆等恶劣工况的限制，应用范围日益广泛。特别是它的高精度得到了国际计量机构的认证，满足国际贸易交接的物料计量要求。

1. 雷达物位计的类型及原理

雷达物位计按精度分类，可分为工业级和计量级两大类。工业级雷达物位计的精度一般为 10～20 mm，适用于生产过程中的物位测量和控制，不宜用于贸易交接计量。这类产品有德国 E＋H 公司生产的 FMR130，德国 KROHNE 公司生产的 BM70 等。计量级雷达物位计的精度在 1 mm 以内。它既可以用于工业生产，也可以用于贸易交接计量。这类产品有荷兰 Enraf 公司的 UEAZ873 和瑞典 SAAB 公司的 RTG1820 等。雷达物位计如图 4－102 所示。

图 4－102　雷达物位计

1）基本测量原理

雷达物位计的基本原理是雷达波由天线发出，抵达物面后反射，被同一天线接收，雷达波往返的时间正比于天线到液面的距离。其运行时间与物位距离关系见图 4-103。

$$d = \frac{1}{2}ct \tag{4-107}$$

$$L = H - d = H - \frac{1}{2}ct \tag{4-108}$$

式中：c 为电磁波传播速度，一般取 300 000 km/s；d 为被测介质与天线之间的距离；t 为天线发射与接收到反射波的时间差；H 为天线距罐底高度；L 为液位高度。

由式(4-108)可知，只要测得微波的往返时间即可计算得到液位的高度 L。

目前有几种不同的时间测量方式。一种是 E+H 和 VEGA 等公司采用的微波脉冲(PTOF)测量方法，另一种是 KROHNE 和 SAAB 等公司采用的连续调频法(FMCW)。此外还有其他的时间测量方法，如 Enraf 的雷达液位计采用合成脉冲雷达技术(SPR)等。

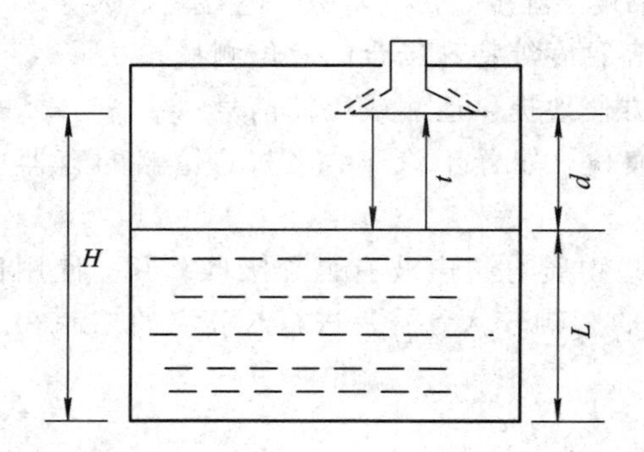

图 4-103　雷达物位计基本测量原理

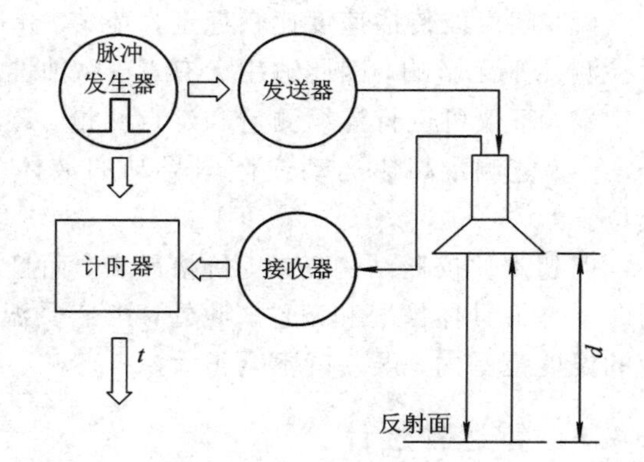

图 4-104　微波脉冲法的原理

2）微波脉冲法

微波脉冲法制造成本低，精度相对较低，多应用于工业级雷达物位计。微波脉冲法的原理见图 4-104 所示。

由发送器将脉冲发生器生成的一串脉冲信号通过天线发出，经液面反射后由接收器接收，再将信号传给计时器，从计时器得到脉冲的往返时间 t。用这种方法测量的最大难点在于必须精确地测量时间 t，这是由于雷达波的传播速度非常快，以及对液位测量精度的要求造成的。通过式(4-109)可知，液位变化 1 mm，微波运行时间变化 6 ps。微波脉冲法通过采样处理将测量时间延伸至微秒级，由此来测量微波运行时间。

3）连续调频法

连续调频法采用线形调制的高频信号提高所发射信号的频率。由于在信号传播中延迟了时间，改变了信号的频率，返回信号的频率低于发出信号的频率，一般相差几千赫兹。发射波与接收波送入混频器测出频率差 Δf 与被测距离 d 成线性关系，这样就将雷达波的往返 t 转换成了可精确测量的频率信号 Δf。其基本原理如图 4-105 所示。

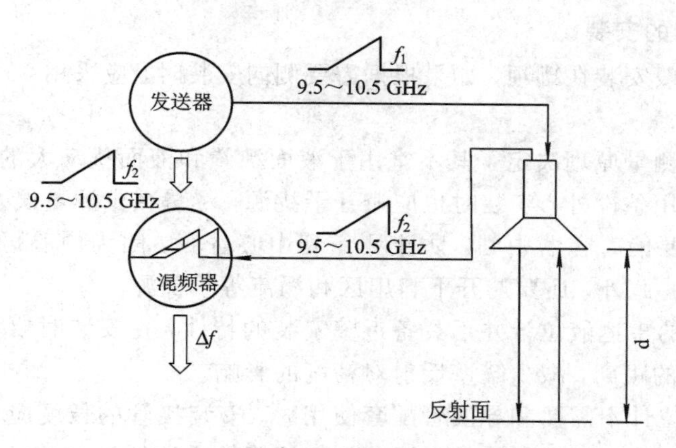

图 4－105　连续调频法的原理示意图

2. 雷达物位计的应用问题

1）介质的相对介电常数

由于雷达物位计发射的微波沿直线传播，在物面处产生反射和折射时，微波有效的反射信号强度被衰减，当相对介电常数小到一定值时，会使微波有效信号衰减过大，导致雷达液位计无法正常工作。

为避免上述情况的发生，被测介质的相对介电常数必须大于产品所要求的最小值。不同型号的雷达液位计所要求的最小介电常数是不同的，如 KROHNE 公司的 BM70 要求介质的相对介电常数大于 4，当 BM70 用于汽油、柴油、煤油、变压器油等(相对介电常数小于 4)的液面测量时，需要用导波管。

2）温度和压力

雷达物位计发射的微波传播速度 c 取决于传播媒介的相对介电常数和磁导率，所以微波的传播速度不受温度变化的影响。但是对高温介质进行测量时，需要对雷达物位计的传感器和天线部分采取冷却措施，以便保证传感器在允许的温度范围内正常工作，或使雷达天线的喇叭口与最高液面间留有一定的安全距离，以避免高温对天线的影响。

由于微波的传播速度仅与相对介电常数和磁导率有关，所以雷达物位计可以在真空或受压状态下正常工作。但是当容器内操作压力高到一定程度时，压力对雷达测量带来的误差就不容忽视。有关文献指出，当压力为 10 MPa 时，压力对微波传播时间的影响为 2.9％；当压力为 100 MPa 时，影响可高达 29％。

目前推出的雷达液位计产品一般都有压力限制，如 Enraf 的产品允许最高压力为 4 MPa；E＋H 的产品允许最高压力为 6.4 MPa。

3）导波管(稳态管)

使用导波管主要是为了消除有可能因容器的形状而导致多重回波所产生的干扰影响，或是在测量相对介电常数较小的介质液面时，用来提高反射回波能量，以确保测量准确度。当测量浮顶罐和球罐的液位时，一般要使用导波管；当介质的相对介电常数小于制造厂所要求的最小值时，也需要采用导波管。

导波管并不由制造厂随雷达物位计一起供货，而是由设计单位按照制造厂的要求设计，由施工单位制造和安装。在安装时应将导波管妥善固定，并使物位计位于导波管的中心。导波管的焊缝应处理平整，无焊疤和毛刺，并且清除铁锈或杂质。以确保测量的精度。

3. 雷达物位计的安装

雷达物位计一般安装在罐顶，如果根据需要侧向安装时，应采用45°或90°的弯管进行安装。

雷达物位计的测量原理决定了其不宜用于液面沸腾和液面扰动大的场合，因此，除了在选型时应注意适用条件外，安装时也应避开干扰源，尽量减少测量误差。

(1) 安装位置要偏离容器中心，防止测量到中心谷底。因为中心可能形成旋涡涡底，从而造成测量误差。此外，还要避开下料扇区和涡流等干扰源。

(2) 如果选用的雷达液位计并不具备近壁安装的特性，在安装时要注意制造厂的要求与容器壁保持适当的距离，减少罐壁反射对精度的影响。

(3) 当雷达物位计不需要和导波管配套使用时，安装接管的长度应使天线喇叭口伸入罐内一定距离，以减少由于安装接管和设备间焊缝所造成的发射能量损失。

(4) 雷达物位计用于测量有搅拌器的容器液面时，其安装位置应尽量避开搅拌器，不要使雷达反射面总处于搅拌器叶片附近，以消除搅拌时产生的旋涡的不规则液面对微波信号散射所造成的衰减，消除搅拌器叶片对微波信号所造成的虚假回波影响。

4.4.6 物位仪表的选用

1. 检测精度的选择

对用于计量和进行经济核算的，应选用精度等级较高的物位检测仪表，如超声波物位计的误差为±2 mm。对于一般检测精度，可以选用其他物位计。

2. 工作条件的选择

对于测量高温、高压、低温、高黏度、腐蚀性、泥浆等特殊介质，或在用其他方法检测的各种恶劣条件下的某些特殊场合，可以选用电容式物位计。对于一般情况，可选用其他物位计。

3. 测量范围的选择

如果测量范围较大，可选用电容式物位计。对于测量范围在2 m以上的一般介质，可选用压力式物位计。

4. 刻度选择

在选择刻度时，最高物位或上限报警点为最大刻度的90%；正常物位为最大刻度的50%；最低物位或下限报警点为最大刻度的10%。

5. 其他

在具体选用液位检测仪表时一般还需考虑容器的条件(形状、大小)；测量介质的状态(重度、黏度、温度、压力及液位变化)；现场安装条件(安装位置、周围是否有振动冲击等)；安全(防火、防爆等)；信号输出方式(现场显示或远距离显示、变送或调节)等问题。

习题与思考题

1. 试比较热电偶测温与热电阻测温有什么不同。
2. 中间导体定律和标准电极定律的实用价值是什么？

3. 正确使用补偿导线和引入中间导体的条件是什么？

4. 分度号分别为 S、K、B 的三种热电偶，它们在单位温度变化下其热电势值哪个最大？哪个最小？

5. 热电偶测温时为什么要进行冷端温度补偿？有哪些补偿方法？各适用于什么场合？

6. 用镍铬—镍硅热电偶测量炉温，如果热电偶在工作时的冷端温度为 30℃，测得的热电势指示值为 33.34 mV，求被测炉温的实际值是多少？

7. 用分度号为 Cu50 的铜热电阻测温，测得 $R_t=71.02\ \Omega$。若 $\alpha=4.28\times10^{-3}/℃$，求此时的被测温度。

8. 用分度号为 Cu50 的热电阻测得某介质温度为 84℃，但检定时发现该电阻的 $R_0=50.4\ \Omega$。若电阻温度系数为 $\alpha=4.28\times10^{-3}/℃$，求由此引起的绝对误差和相对误差。

9. 用分度号为 Pt100 铂电阻测温，但错用了 Cu100 铜电阻的分度表，查得温度为 140℃，求实际的被测温度？

10. 当一个热电阻温度计所处的温度为 20℃时，电阻是 100 Ω；当温度是 25℃时，它的电阻是 101.5 Ω。假设温度与电阻间的变换关系为线性关系，试计算当温度计分别处在 −100℃和 150℃时的电阻值。

11. 请解释如下术语：压力、压强、绝对压力、大气压力、表压、差压、负压、真空度，并说明它们之间的关系。

12. 某压力表的指示压力(表压力)为 1.3 kPa，当时当地的大气压力正好为 0.1 MPa，求该被测压力的绝对压力。

13. 应变片式压力计采用什么测压元件？说明为什么应变片测量应变时要进行温度补偿及补偿方法。

14. 试述生产中测量流量的意义，写出体积流量、质量流量、累积流量、瞬时流量的表达式及其相互之间的关系。

15. 试述节流现象及节流原理。

16. 测量流量，配接一差压变送器，设其测量范围为 0～10 kPa，对应输出信号为 4～20 mA，相应的流量为 0～320 m^3/h。求输出信号为 16 mA 时，差压是多少？相应的流量是多少？

17. 原来测量水的差压式流量计，现在用来测量相同测量范围的油的流量，读数是否正确？为什么？

18. 从涡轮流量计的基本原理分析其结构特点、输出方法和使用要求。

19. 涡街流量计是怎样工作的？它有什么特点？应用时有何限制？

20. 分析电磁流量计结构原理及其使用特点。

21. 分析恒浮力法与变浮力法测量液位的原理、结构特点与适用的场合。

22. 差压式液位计的工作原理是什么？当测量有压容器的液位时，差压计的负压室为什么一定要与容器的气相连接？

23. 试述电容式物位计的工作原理。

24. 超声波液位计是怎样测量液位的？有哪些形式与方法？

25. 选用流量仪表时应考虑哪些问题？

26. 简述质量流量计的原理。

第5章　环境与灾害参数检测

5.1　可燃性气体和有毒气体的检测

在工业生产环境中，可燃性气体或有毒气体引起的工业事故主要有：由可燃性气体引起的燃烧、爆炸事故，由有毒气体引起的急性或慢性中毒事故，由缺氧引起的缺氧窒息事故。为了防止这些事故的发生，除了其他措施之外，对一氧化碳、硫化氢、二氧化硫、一氧化氮、二氧化氮、氟化氢、氰化氢、氨气、溴气等可燃、有毒气体和氧气进行及时监测是十分重要的。近年来，工业生产作业环境监测用的可燃性气体浓度监测仪表、有毒气体检测报警仪、多种气体和氧气快速检测报警仪，以及气体安全监控仪和区域安全监测报警系统等，发展迅速，应用日益广泛。正确地选择、使用和维护这些仪器、仪表与系统，可以有效地防止事故的发生。

5.1.1　可燃性气体和有毒气体的性质

1. 可燃性气体

可燃性气体的涉及面十分广泛，在空气中可以燃烧的气体都属于可燃性气体，如日常生活中的城市煤气、液化石油气、工业原料气(乙烯、丙烷)、煤矿中的甲烷等。在石油化工生产中，有关规则规定：表5-1所示气体中的32种气体以及爆炸下限含量在10%以下，或爆炸上限与爆炸下限含量差大于20%的气体称为可燃性气体。表5-1所列的32种可燃性气体均为最常见的可燃气体或可燃有毒气体，也是石化生产环境有可能存在的气体。

表5-1　常见的可燃性气体和有毒气体

序号	归属		物质名称	化学式	爆炸极限/%		允许浓度	
	可燃	有毒			LEL	UEL	$\times10^{-6}$	mg/m^3
1	√		乙炔	$HC\equiv CH$	2.5	100		
2	√		乙醛	CH_3CHO	4.0	60		
3	√		乙烷	C_2H_6	3.0	12.4		
4	√		乙胺	$C_2H_5NH_2$	3.5	13.95		
5	√		乙苯	$C_6H_5C_2H_5$	1.0	6.7		
6	√		乙烯	$CH_2=CH_2$	2.7	36		
7	√		氯乙烷	C_2H_5Cl	3.8	15.4		
8	√		氯乙烯	$CH_2=CHCl$	3.6	33		

续表

序号	归属		物质名称	化学式	爆炸极限/%		允许浓度	
	可燃	有毒			LEL	UEL	$\times 10^{-6}$	mg/m^3
9	√		环氧丙烷	CH_2CHCH_2O	2.1	21.5		
10	√		环丙烷		2.4	10.4		
11	√		二甲胺	$(CH_3)_2NH$	2.8	14.4		
12	√		氢气	H_2	4.0	75		
13	√		丁二烯	$CH_2=CHCH=CH_2$	2.0	12		
14	√		丁烷	$CH_3(CH_2)_2CH_3$	1.8	8.4		
15	√		丁烯	C_4H_8	9.7			
16	√		丙烷	$CH_3CH_2CH_3$	2.1	9.5		
17	√		丙烯	$CH_3CH=CH_2$	2.4	11		
18	√		甲烷	CH_4	5.0	15.0		
19	√		二甲醚	CH_3OCH_3	3.4	27		
20	√	√	丙烯腈	$CH_2=CHCN$	3.0	17.0	20	2
21	√	√	一氧化碳	CO	12.5	74	50	30
22	√	√	丙烯醛	$CH_2=CHCHO$	2.8	31	0.1	0.3
23	√	√	氨气	NH_3	15	28	25	30
24	√	√	一氯甲烷	CH_3Cl	7	17.4	100	—
25	√	√	氧乙烯	$(CH_2)_2O$	3	100	50	—
26	√	√	氰化氢	HCN	6	41	10	0.3
27	√	√	三甲基胺	$(CH_3)_3N$	2.0	12	10	—
28	√	√	二硫化碳	CS_2	1.3	50	10	10
29	√	√	溴甲烷	CH_3Br	10	15	15	1
30	√	√	苯	C_6H_6	1.3	7.9	10	40
31	√	√	甲胺	CH_3NH_2	4.9	20.7	10	5
32	√	√	硫化氢	H_2S	4	4.4	10	10
33		√	二氧化硫	SO_2	—	5	15	
34		√	氯气	Cl_2	—	—	1	1
35		√	二乙胺	$(C_2H_5)_2NH$	1.8	10	25	—
36		√	氟	F_2	—	—	1	1
37		√	光气	$COCl_2$	—	—	0.1	0.5
38		√	氯丁二烯	C_4H_5Cl	4.0	20	25	2

对生产环境常见的可燃性气体进行安全监测时，以可燃性气体浓度为检测对象，以可燃性气体的爆炸极限为标准来确定测量与报警指标。能使火焰蔓延或爆炸的可燃性气体或蒸汽的最低浓度，称为该气体或蒸汽的爆炸下限。同理，能使火焰蔓延的最高浓度称为该气体或蒸汽的爆炸上限。爆炸极限浓度通常用可燃性气体的体积分数表示，爆炸下限用 LEL 表示，即 Lower Explosive Limit 的缩写；爆炸上限用 UEL 表示，即 Upper Explosive Limit 的缩写。有些可燃性气体测量报警仪表以 LEL(%)作测量单位，此即以某种可燃性气体的爆炸下限为满刻度(100%)，例如丁烷的 LEL=1.8%，若以 1.8%作为 100%，则有 1LEL%相当于 0.018%丁烷。

链烷烃类的爆炸下限可用下式估算：

$$\text{LEL} = 0.55 \times C_0 \tag{5-1}$$

式中，C_0 为可燃性气体完全燃烧时的化学计量浓度。

当某些作业环境中，由于存在多种可燃性气体，与空气形成具有复杂组成的可燃性气体混合物时，混合可燃气体爆炸下限可根据各组分已知的爆炸下限求出，见下式：

$$\text{LEL}_{\text{混}} = \frac{100}{\dfrac{C_1}{\text{LEL}_1} + \dfrac{C_2}{\text{LEL}_2} + \cdots + \dfrac{C_n}{\text{LEL}_n}} \tag{5-2}$$

式中：$\text{LEL}_{\text{混}}$ 为混合物爆炸下限；$C_1 \sim C_n$ 为各组分在总体积中所占的体积分数，且 $C_1 + C_2 + \cdots + C_n = 100$；$\text{LEL}_1 \sim \text{LEL}_n$ 为各组分爆炸下限。

2. 有毒气体

在工业生产过程中使用或产生的对人体有害，能引起慢性或急性中毒的气体或蒸汽称为有毒气体。我国《工业企业设计卫生标准》(GBZ1—2010)中列有有毒物质共计 111 种，其中绝大部分为气体或蒸汽。我国现已制定出毒物毒性分级标准和毒物管理分级标准，有毒气体方面的规定与表 5-1 所列的有毒气体及参数规定相似，这里不做详细叙述。需指出，表 5-1 中列出的 32 种可燃性气体和 19 种有毒气体，其中有 13 种重叠，即这 13 种气体既是可燃性气体又是有毒气体，因此在测量仪表的选用上要特别加以注意。

在工业生产过程中进行有毒气体监测时，是以有毒气体浓度为检测对象，并以有毒气体的最高允许浓度为标准确定监测与报警指标的。所谓最高允许浓度，是指人员工作地点空气中的有害物质在长期分次有代表性的采样测定中均不应超过的浓度值，以确保现场工作人员在经常性的生产劳动中不致受到急性和慢性职业危害。我国采用最高允许浓度作为卫生标准。除最高允许浓度(MAC)外，有毒气体还有以 TLV 作为卫生标准的。TLV 即阈限值(Threshold Limit Values)，是指空气中有毒物质的浓度。在此浓度下，几乎全体现场工作人员每日重复接触不会受到有害影响。

有毒气体的浓度单位一般不采用质量分数表示，而是采用 ppm 值或 mg/m^3 来表示。ppm 值是指一百万份气体总体积中，该气体所占的体积分数(ppm 为非法定计量单位)。它使用相对浓度表示法，与体积分数的换算关系为：ppm=(体积分数%)×10^4。mg/m^3 是气体浓度的绝对表示法，是指 1 立方米气体(空气)中含该种气体的毫克数。我国卫生标准中的最高允许浓度是以 mg/m^3 为单位的。两种单位的换算关系为

$$(\text{mg/m}^3) = (\text{ppm}) \times \frac{M}{24.45} \tag{5-3}$$

$$(\mathrm{ppm}) = (\mathrm{mg/m^3}) \times \frac{24.45}{M} \tag{5-4}$$

式中：M为有毒气体的相对分子质量；24.45为常数，是25℃、101 325 Pa时气体的摩尔体积。

5.1.2　可燃性气体和有毒气体的检测原理

1. 可燃性气体和有毒气体的监测标准

为了保护环境，保障人的身体健康，保证安全生产和预防火灾爆炸事故发生，必须首先确知生产和生活环境中可燃性气体的爆炸下限和有毒气体的最高允许浓度的阈限值，以及氧气的最低浓度阈限值，以便通过应用各种类型的测量仪器、仪表对这些气体进行检测。通过检测可了解生产环境的火灾危险程度和有毒气体的恶劣程度，以便采取措施或通过自动监测系统实现对生产、生活环境的监控。

1）可燃性气体的监测标准

可燃性气体的监测标准取决于可燃物质的危险特性，且主要是由可燃性气体的爆炸下限决定的。从监测和控制两方面的要求来看，监测首先应做到可燃性气体与空气混合物中可燃性气体的浓度达到阈限值时，给出报警或预警指示，以便采取相应的措施，而其中规定的浓度阈值和可燃性气体与空气混合物的爆炸下限直接相关。一般取爆炸下限的10％左右作为报警阈值，当可燃性气体的浓度继续上升，一般达到其爆炸下限的20％～25％时，监控功能中的联动控制装置将产生动作，以免形成火灾及爆炸事故。

必须说明，当生产环境可能存在多种可燃气体时，它们与空气混合时的爆炸极限的下限和上限均可按式(5-2)进行计算。该算式引入算术平均的概念，它的物理意义是：各种可燃气体同时着火，达到爆炸下限所必需的最低发热量由各组分可燃气体共同提供。

2）有害气体的监测标准

有害气体即有毒气体，其监测标准由多种气体的环境卫生标准来确定。这里的多种气体是指氧气及各种有害气体。我国制定的《环境空气质量标准》(GB3095—2012)中规定了空气污染物三级标准浓度限值。《工业企业设计卫生标准》(GBZ1－2012)中列出了居住区大气有害气体的最高允许浓度值，以及工矿车间环境有害气体的最高允许浓度值。此外，我国对煤矿井下环境也做了必要的规定。

2. 各类气体测量仪表的工作原理

为了实现对可燃性气体与多种有害气体的测量和预防，采用各种气体传感器构成的测量仪表品种繁多，其结构原理、测定范围、性能、操作使用等互不相同，无法一一分析。但是，从所用气体传感器的基本工作方式和原理来划分，目前用于测量可燃气体和多种气体的仪器、仪表可归纳划分成如下几种主要类型。

1）接触(催化)燃烧式气体传感器

此类仪器利用可燃性气体在有足够氧气和一定高温条件下发生催化燃烧(无焰燃烧)，放出热量，从而引起电阻变化的特性，达到对可燃性气体浓度进行测量的目的。这类可燃气体测量仪器采用有代表性的气体传感材料Pt丝＋催化剂(Pd^-、Pt^-、Al_2O_3、CuO)，其具有体积小、质量轻的特点。

可燃性气体(H_2、CO和CH_4等)与空气中的氧接触，发生氧化反应，产生反应热(无焰接触燃烧热)，使得作为敏感材料的铂丝温度升高，具有正的温度系数的金属铂的电阻值相应增加，并且在温度不太高时，电阻率与温度的关系具有良好的线性关系。一般情况下，空气中可燃性气体的浓度都不太高(低于 10%)，可以完全燃烧，其发热量与可燃性气体的浓度成正比。这样，铂电阻值的增大量就与可燃性气体浓度成正比。因此，只要测定铂丝的电阻变化值(ΔR)，就可以检测到空气中可燃性气体的浓度。但是，使用单纯的铂丝线圈作为检测元件，其使用寿命较短。所以实际应用的检测元件，都是在铂丝线圈外面涂覆一层氧化物触媒，以延长其寿命，提高其响应特性。

气敏元件的结构一般是用直径 50～60 μm 的高纯(99.999%)铂丝，绕制成直径约为 0.5 mm 的线圈。为了使线圈具有适当的阻值(1～2 Ω)，一般应绕 10 圈以上，在线圈外面涂以氧化铝(或者由氧化铝和氧化硅组成)的膏状涂覆层，干燥后在一定温度下烧结成球状多孔体。烧结后，放在贵金属铂、钯等的盐溶液中，充分浸渍后取出烘干，然后经过高温热处理，使在氧化铝载体上形成贵金属接触媒层，最后组装成气体敏感元件。除此之外，也可以将贵金属触媒粉体与氧化铝等载体充分混合后配成膏状，涂覆在铂丝绕成的线圈上，直接烧成后使用。

催化燃烧式气体检测原理及其电路如图 5－1 所示。所用检测元件有铂丝催化型和载体催化型两种。其中，铂丝催化型元件没有专门的催化外壳，是由铂丝承担三种工作的：铂丝表面完成可燃气体氧化催化功能，同时铂丝又兼作加热丝和测温元件。载体催化型元件由加热芯丝和载体催化外壳组成，催化外壳对可燃气体的氧化过程起催化作用，加热电流通过芯丝将催化外壳加热到正常工作温度，而芯丝又兼作电阻测温元件来检测催化外壳的温度变化。

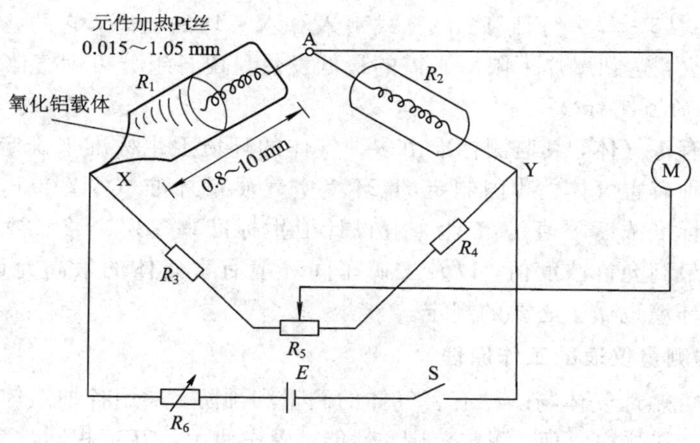

图 5－1 催化燃烧式气体检测原理及其电路

2) 热传导式气体传感器

热传导式气体传感器利用被测气体与纯净空气的热传导率之差和在金属氧化物表面燃烧的特性，将被测气体浓度转换成热丝温度或电阻的变化，达到测定气体浓度的目的。热传导式气体传感器可分为气体热传导式和固体热传导式两种。

(1) 气体热传导式气体传感器。它是利用被测气体的热传导率与铂丝(发热体)的热传导率之差所引起的温度变化的特性测定气体的浓度的。这类气体传感器主要用于测定氢气(H_2)、一氧化碳(CO)、二氧化碳(CO_2)、氮气(N_2)、氧气(O_2)等气体的浓度，多制成携带式仪器。

(2) 固体热传导式气体传感器。它是利用被测气体的不同浓度在金属氧化物表面燃烧引起的电阻变化特性，来达到测定被测气体浓度的目的的。这类仪器多制成携带式仪器，用于测定氢气(H_2)、一氧化碳(CO)、氨气(NH_3)等气体的浓度，也可用于测定其他可燃性气体的浓度。

热传导式气体传感器的测量仪器仪表的检测电路原理与催化燃烧式气体检测电路原理相同，只是其中 R_1 用热传导式元件。热导式气体浓度检测方法的优点是在测量范围内具有线性输出，不存在催化元件中毒问题，工作温度低，使用寿命长，防爆性能好。其缺点是背景气会干扰测量结果（如二氧化碳、水蒸气等），在环境温度骤变时输出也会受影响，在低浓度检测时有效信号较弱。

3) 半导体式气敏传感器

半导体式气敏传感器的品种也是很多的，其中金属氧化物半导体材料制成的数量最多(占气敏传感器的首位)，其特性和用途也各不相同。金属氧化物半导体材料主要有 SnO_2 系列、ZnO 系列及 Fe_2O_3 系列，由于它们的添加物质各不相同，因此能检测的气体也不同。半导体式气敏传感器适用于检测低浓度的可燃性气体及毒性气体，如 CO、H_2S、NO_x 及 C_2H_5OH、CH_4 等碳氢气体。其测量范围为百万分之几到百万分之几千。

半导体式气敏传感器的基本工作电路如图 5-2 所示。负载电阻 R_L 串联在传感器中，其两端加工作电压，加热丝 f 两端加上加热电压 U_f。在洁净空气中，传感器的电阻较大，在负载电阻上的输出电压较小；当遇到待测气体时，传感器的电阻变得较小(N 型半导体型气敏传感器检测还原性气体)，则 R_L 上的输出电压较大。气敏传感器主要用于报警器，超过规定浓度时，发出声光报警。

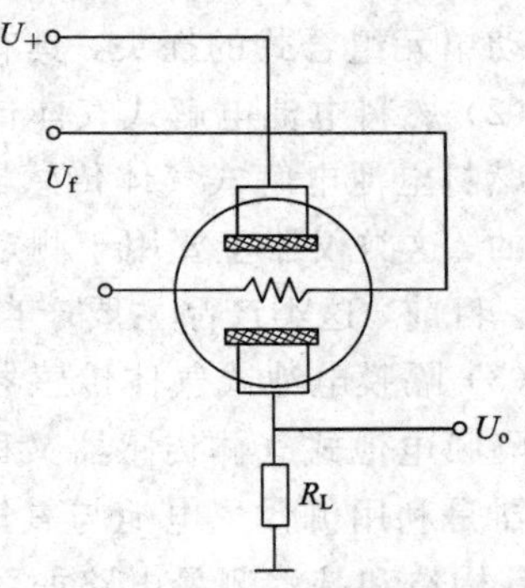

图 5-2 半导体式气敏传感器的基本工作电路

众所周知，对于某些危害健康，引起窒息、中毒或容易燃烧爆炸的气体，应注意其含量为何值时达到危险程度，有的时候并不一定要求测出其含量的具体数值。在这种情况下，就需要一种气敏元件，它可以及时提供报警，以便及早采取措施，保证生命和财产的安全。一般来说，半导体气敏元件对气体的选择性比较差，并不适合精确地测定气体成分，这种元件一般只能够检查某种气体的存在与否，却不一定能够精确地分辨出是哪一种气体。尽管如此，这类元件在环境保护和安全监督中仍然有极其重要的作用。

4) 湿式电化学气体传感器

湿式电化学气体传感器有恒电位电解式、燃料电池电解式、隔膜电池式气体传感器等几种形式。

(1) 恒电位电解式气体传感器。

恒电位电解式气体传感器利用的是定电位电解法原理，其构造是在电解池内安置了三个电极，即工作电极、对电极和参比电极，并施加一定的极化电压，以薄膜同外部隔开，被测气体透过此膜到达工作电极，发生氧化还原反应，从而使传感器有一输出电流，该电流与被测气体浓度呈正比关系。由于该传感器具有三个电极，因此也称为三端电化学传感器。应用恒电位电解式气体传感器的结构和测量电路如图 5-3 所示。传感器电极薄膜由三块催化膜组成，在催化膜的外面覆盖多孔透气膜。测定不同的气体时，选择不同的催化剂，并将电解电位控制为一定数值。其中，传感器电极一般是采用外加电源的燃烧电池(也称极谱电池)，电解液用硫酸，一面使电极与电解质溶液的界面保持一定电位，一面进行电解，通过改变其设定电位，有选择地使用气体进行氧化还原反应，从而在工作极间形成电流，以此电流可定量检测气体的浓度。

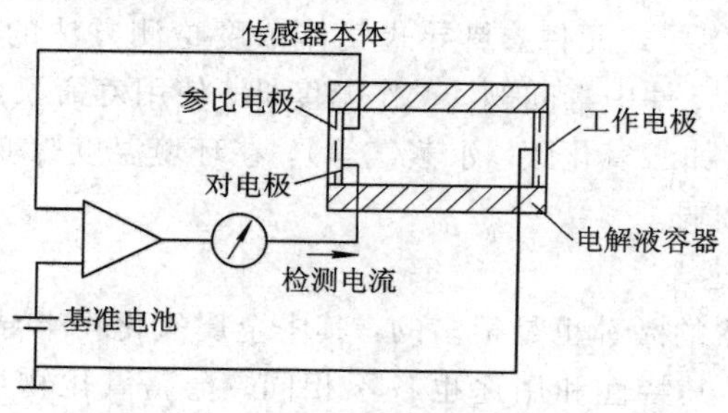

图 5-3　恒电位电解式气体传感器的结构和测量电路

采用三端电化学传感器的气体测量仪表主要用于测定可燃气体混合物的爆炸下限和 NO_2、CO、H_2S、NO、AsH_3、PH_3、SiH_4、B_2H_6、GeH_4 等气体的浓度。仪器可制成携带式或电动单元组合式的探头，具有选择性强、干扰气体的影响小等优点，缺点是寿命较短。

(2) 燃料电池电解式气体传感器。

燃料电池电解式气体传感器是利用被测气体可引起电流变化的特性来测定被测气体的浓度的。这类仪器主要用于测定 H_2S、HCN、$COCl_2$(二氯甲烷)、NO_2、Cl_2、SO_2 等气体的浓度。目前，这类产品主要产自国外。

(3) 隔膜电池式气体传感器。

隔膜电池式气体传感器又称伽伐尼电池式气体传感器或原电池式气体传感器。这类测量仪器是利用伽伐尼电池与氧气(O_2)或被测气体接触产生电流的特性来测定气体的浓度的，其构造和基本测量电路如图 5-4 所示。它由两个电极、隔膜及电解液构成。阳极是铅(Pb)，阴极是铂(Pt)或银(Ag)等贵金属，电解池中充满电解质溶液(氢氧化钾，KOH)，在阴极上覆盖有一层有机氟材料薄膜(聚四氟乙烯薄膜)。被测气体溶于电解液中，在电极上产生电化学反应，从而在两极间形成电位差，产生与被测气体浓度成正比的电流。

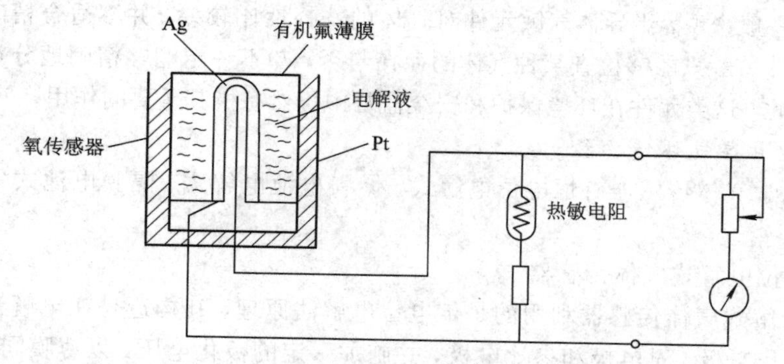

图 5-4　隔膜电池式气体传感器的构造及基本测量电路

使用这类仪器测氧气时，不需任何外接电源就可满足要求，是较理想的便携式测氧仪器。隔膜电池式传感器除用于测氧气外，还可用于测其他多种气体。

5.1.3　可燃性气体和有毒气体的检测仪表

下面介绍各种类型的气体测量仪器、仪表及其性能。

1. 气体检测报警仪表的分类

工业生产环境所用气体测量及报警仪表，可按其功能、检测对象、检测原理、使用方式、使用场所等分为以下几类。

(1) 按其功能分类，有气体检测仪表、气体报警仪表和气体检测报警仪表三种类型。

(2) 按其检测对象分类，有可燃性气体检测报警仪表、有毒气体检测报警仪表和氧气检测报警仪表三种类型，或者将适于多种气体检测的通称为多种气体检测报警仪表。

(3) 按其检测原理分类，一般可燃气体检测有催化燃烧型、半导体型、热导型和红外线吸收型等，有毒气体检测有电化学型、半导体型等，氧气检测有电化学型等。

(4) 根据使用方式不同，气体测量仪表一般分为携带式和固定式两种类型。其中，固定式装置多用于连续监测报警；携带式多用于携带检查泄漏和事故预测。

(5) 根据工业生产环境，尤其是石油化工场所防爆安全的要求，气体测量仪表有常规型和防爆型之分。其中，防爆型多制成固定式，用在危险场所进行连续安全监测。

2. 常见的气体检测报警仪表

1) 煤气报警控制器

当厨房由于油烟污染或液化石油气(或其他燃气)泄漏达到一定浓度时，它能自动开启排风扇，净化空气，防止事故的发生。

家用煤气报警器电路如图5-5所示，采用QM—N10型气敏传感器，它对天然气、煤气、液化石油气均有较高的灵敏度，并且对油烟也敏感。传感器的加热电压直接由变压器次级(6 V)经R_1降压提供。工件电压由全波整流后，经C_1滤波及R_1、V_{D5}稳压后提供。传感器负载电阻由R_2及R_3组成(更换R_3大小，可调节控制信号与待测气体的浓度的关系)。R_4、V_{D6}、C_2及C_1组成开机延时电路，调整R_4，使延时为60 s左右(防止初始稳定状态误动作)。

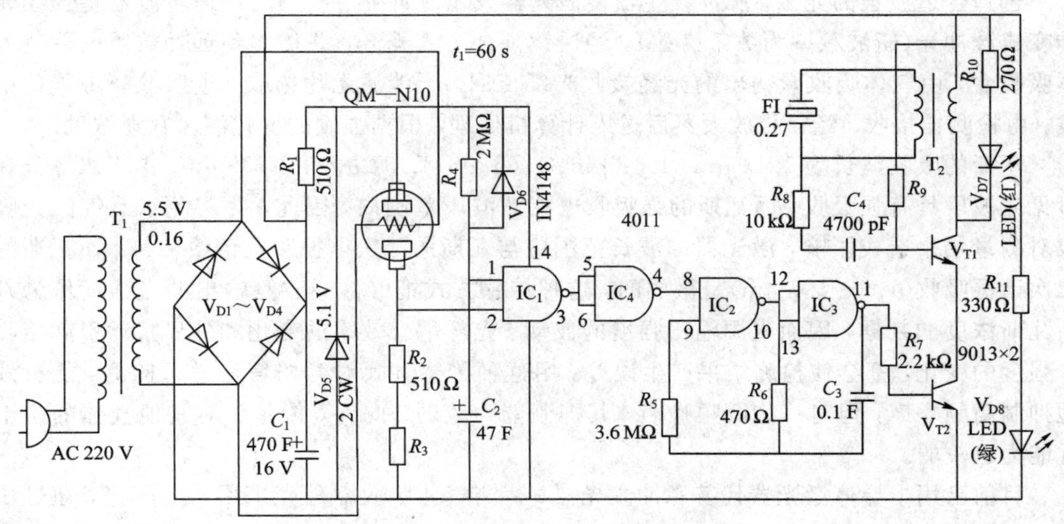

图5-5　家用煤气报警器电路

当达到报警浓度时，IC_1 的 2 脚为高电平，使 IC_4 输出为高电平，此信号使 V_{T2} 导通，继电器吸合(启动排气扇)。R_5、C_3 组成排气扇延迟停电电路，使 IC_4 出现低电平并持续 10 s 后才使继电器释放。另外，IC_4 输出高电平使 IC_2、IC_3 组成的压控振荡器起振，其输出使 V_{T1} 导通时截止，则 LED(红)产生闪光报警信号。LED(绿)为工作指示灯。

2) 瓦斯检测仪

瓦斯检测的方法主要有两种：一是利用瓦斯气体的光谱吸收检测浓度；二是利用瓦斯浓度和折射率的关系以及干涉法测折射率。

(1) 单波长吸收比较型瓦斯传感器。吸收法的基本原理均是基于光谱吸收，不同的物质具有不同特征的吸收谱线。单波长吸收比较型瓦斯传感器属吸收光谱型传感器，根据的是 Lambert 定律：

$$I = I_0 e^{-\mu c L} \tag{5-5}$$

式中：I、I_0 为吸收后和吸收前的射线强度；μ 为吸收系数；L 为介质厚度；c 为介质的浓度。从式(5-5)可以看出，根据透射和入射光强之比，可以得知气体的浓度。单波长吸收比较型瓦斯传感器的原理图见图 5-6。

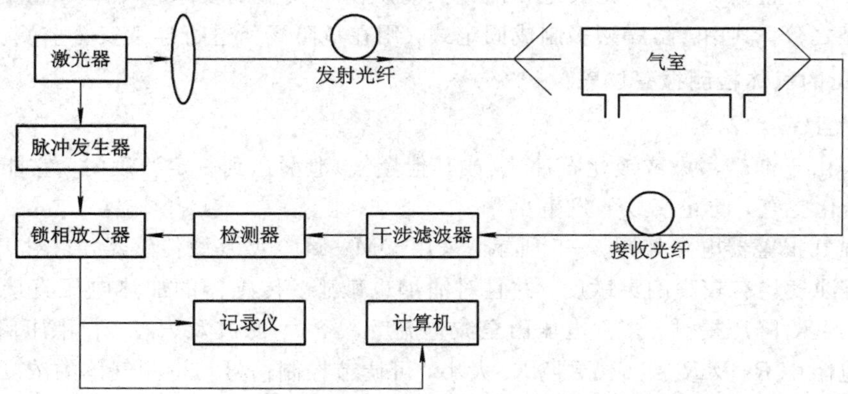

图 5-6　单波长吸收比较型瓦斯传感器的原理图

选择合适波长的光源。脉冲发生器使激光器发出脉冲光，或采用快速斩波器将连续光转变成脉冲光(斩波频率为数千赫兹)，经透镜耦合进入光纤，并传输到远处放置的待测气体吸收盒，由气体吸收盒输出的光经接收光纤传回。干涉滤光片选取瓦斯吸收率最强的谱线，由检测器接收，经锁相放大器后送入计算机处理，根据强度的变化测量瓦斯浓度。

瓦斯的吸收波长为 1.14 μm、1.16 μm、1.66 μm、2.37 μm 和 2.39 μm。由于水蒸气在可见光波段具有强吸收，而瓦斯的强吸收也在此波段范围内，因此，为避免水蒸气的光吸收对测量结果造成影响，激光器的波长范围应与瓦斯的二次谐振吸收谱线相符。而瓦斯的二次谐振吸收(1.6～1.7 μm)是微弱的，这种传感方式把气体吸收盘输出的光强度作为判断瓦斯浓度的判据，因而光源输出强度的波动、光纤耦合效率的变化和外界扰动引起接收光强度的变化，都会使检测结果产生误差。用这种传感方式对微弱信号进行监测，能有效地抑制高频噪声，但对一些低频噪声，其抑制能力较弱。此外，传感头对其他气体的抗干扰能力也较弱。

目前已用半导体激光器代替脉冲激光器，待测气体吸收盒外壳采用压电陶瓷，通过压电陶瓷对吸收盒的调制，来实现对微弱吸收信号的测量。这种方案解决了光源体积大、成本高的问题。

(2) 干涉型光纤瓦斯传感器。此类传感器采用两束光干涉的方法检测气室中折射率的变化，而折射率的变化直接与浓度有关。事实上，目前我国普遍使用的便携式瓦斯检测仪均是基于此原理。此类传感器存在需经常调校、易受其他气体干涉、其可靠性及稳定性均较差等不足。

3) 感烟探测器

现代建筑必须有防灾报警装置。火灾出现时往往伴随着烟雾、火光、高温及有害气体。感烟探测器是很重要的一类探测器。下面分别介绍常见的 3 种感烟探测器：透射式感烟探测器、散射式感烟探测器和离子式感烟探测器。

(1) 透射式感烟探测器是利用烟雾的颗粒性来进行探测的，这是因为烟雾由微小的颗粒组成。在发光管和光敏元件之间，如果为纯净空气，则完全透光；如果有烟雾，则接收的光强减少。这种方法适合于长距离的直线段自动监测，称为“线型探测器”。最好用半导体激光器发射脉冲光，这样光线强，且体积小，寿命长。

(2) 散射式感烟探测器由发光管和光敏元件构成，在两者之间有遮挡屏，其结构如图 5-7 所示。图中虚线圆圈代表了金属丝网或多孔板。

平时在纯净空气中，因为有遮挡屏，光敏元件接收不到发光管的信号。但是空气中含有烟雾时，烟雾的微粒对光有散射作用，光敏元件就接收到了信号，经过放大后就可以驱动报警电路。为了避免环境可见光引起的错误报警，选用红外光谱，或采取避光保护措施。通常用脉冲光，每 3～5 s 有 1 个脉冲，每个脉冲的宽度是 100 μs，这样有利于环境的干扰。

(3) 离子式感烟探测器的原理如图 5-8 所示，在两个金属平板之间加上直流电压，并在附近放上一小块同位素镅 241。当周围空气无烟雾时，镅 241 放射出微量的 α 射线，使附近的空气电离。于是在平板电极之间的直流电压的作用下，空气中就会有离子电流产生。当周围空气有烟雾时，烟雾是由微粒组成的，微粒会将一部分离子吸附，使空气中的离子减少，而且微粒本身也吸收 α 射线，这两个因素使得离子电流减小。烟雾浓度越高，离子电流就越小。

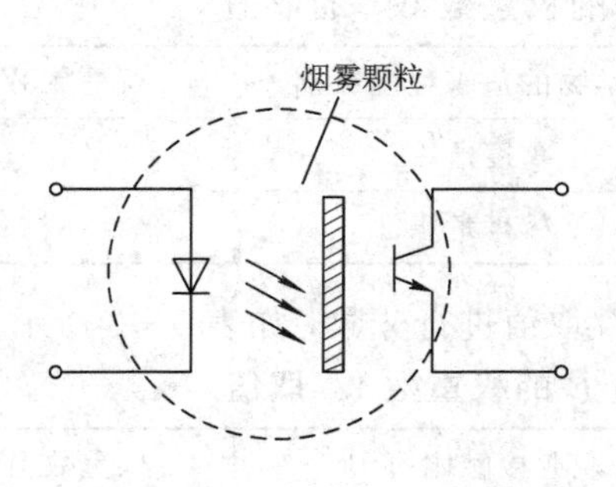

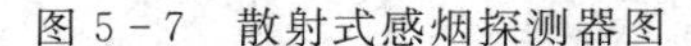
图 5-7　散射式感烟探测器图

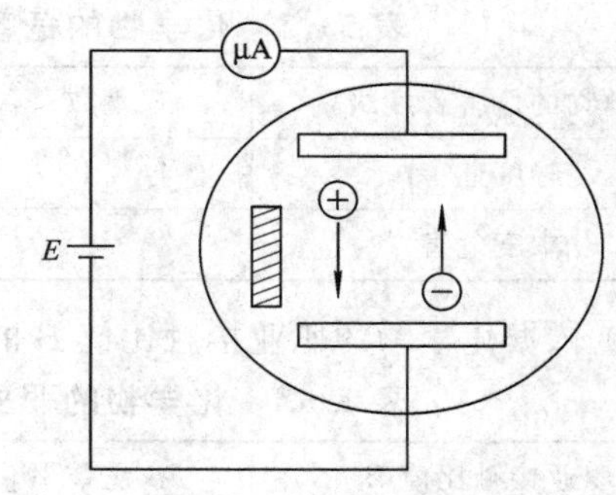

图 5-8　离子式感烟探测器

另外，在封闭的纯净空气的离子室中，将两者的离子电流进行比较，就可以排除干扰，检测出烟雾的有无。除了上面介绍的感烟探测器外，在火灾的预报中，感温探测器和感光探测器也都是经常用到的。而在实际的应用中，为了提高检测的可靠性和灵敏度，经常是 3 种探测器一同使用。

3. 其他气体检测报警仪器

(1) 光干涉式气体测量仪器。这类仪器是利用被测气体与新鲜空气的光干涉形成的光谱来测定某气体的浓度的。该类仪器主要用于测定甲烷(CH_4)、二氧化碳(CO_2)、氢气(H_2)以及其他多种气体的浓度。

(2) 红外线气体分析仪。这类仪器利用选择性检测器测定气样中特定成分引起的红外线吸收量的变化，从而求出气样中特定成分的浓度。该类仪器主要用于测定 CO、CO_2 和 CH_4 等气体的浓度。

(3) 气相色谱仪。这类仪器是在色谱柱内，用载气把气体试样展开，使气体的各组分完全分离，对气体进行全面分析的仪器。该类仪器较笨重，只适于实验室环境中使用。

(4) 气体检定管与多种气体采样器组合类型仪器。这类仪器中的检定管是利用填充于玻璃管内的指示剂与被测气体起反应来测定各种被测气体的浓度的。这类检测气体的仪器结构简单，使用方便、迅速，具有相当高的灵敏度，一般制成携带式，最适于在各种环境中现场采集、测定 CO、H_2S、NO、NO_2、NH_3、CO_2 以及烷烃、烯烃、苯、酮等多种有机化合物气体，应用十分广泛。

5.1.4　有毒作业分级与控制

《工作场所职业病危害作业分级第 2 部分：化学物》(GBZ/T229.2－2010)中规定了从事有毒作业危害条件分级的技术规则。

1. 职业性接触毒物作业危害的分级依据

(1) 依据包括化学物的危害程度、化学物的职业接触比值和劳动者的体力劳动强度三个要素的权数进行分级。

(2) 依据化学物的毒作用类型进行分级。以慢性毒性作用为主同时具有急性毒性作用的物质，应根据时间加权平均浓度、短时间接触容许浓度进行分级，只有急性毒性作用的物质可根据最高容许浓度进行分级。

(3) 依据化学物的危害程度级别的权重数 W_D 取值进行分级，如表 5－2 所示。

表 5－2　化学物的危害程度级别的权重数 W_D 的取值

化学物的危害程度级别	权重数 W_D	化学物的危害程度级别	权重数 W_D
轻度危害	1	重度危害	4
中度危害	2	极度危害	8

(4) 依据化学物的职业接触比值 B 的权重数 W_B 取值进行分数，如表 5－3 所示。

表 5－3　化学物的职业接触比值 B 的权重数 W_B 取值

职业接触比值 B	权重数 W_B	职业接触比值 B	权重数 W_B
$B\leqslant 1$	0	$B>1$	B

工作场所空气中化学物的职业接触比值 B 可按下面几种表示方式计算。

① 职业接触限值以 PC－TWA 表示的：

$$B=\frac{C_{\mathrm{TWA}}}{\mathrm{PC}-\mathrm{TWA}}$$

式中：B 为化学物职业接触比值；C_{TWA} 为现场测量的工作场所空气中化学物时间权平均浓度；PC－TWA 为时间加权平均容许浓度，其取值按《工作场所有害因素职业触限值第1部分：化学有害因素》(GBZ2.1－2007)执行。

② 职业接触限值以 PC－STEL 表示的：

$$B = \frac{C_{STEL}}{PC - STEL}$$

式中：B 为化学物职业接触比值；C_{STEL} 为现场测量的工作场所空气中化学物短时加权平均浓度；PC－STEL 为短时间接触容许浓度，其取值按《工作场所有害因素职业触限值第1部分：化学有害因素》(GBZ2.1－2007)执行。

③ 职业接触限值以最高容许浓度表示的：

$$B = \frac{C_{MAC}}{MAC}$$

式中：B 为化学物职业接触比值；C_{MAC} 为现场测量的工作场所空气中化学物瞬(短)时浓度；MAC 为最高容许浓度，其取值按《工作场所有害因素职业接触限值第1部分：化学有害因素》(GBZ2.1－2007)执行。

(5) 依据劳动者体力劳动强度的权重数 W_L 取值进行分级，如表5-4所示。

表5-4　劳动者体力劳动强度的权重数 W_L 的取值

体力劳动强度级别	权重数(W_L)	体力劳动强度级别	权重数(W_L)
Ⅰ(轻)	1.0	Ⅲ(重)	2.0
Ⅱ(中)	1.5	Ⅳ(极重)	2.5

2. 有毒作业分级及分级方法

(1) 有毒作业按危害程度分为四级：相对无害作业(0级)、轻度危害作业(Ⅰ级)、中度危害作业(Ⅱ级)和重度危害作业(Ⅲ级)。

(2) 有毒作业的分级指数 G，可按下式计算：

$$G = W_D \times W_B \times W_L$$

式中：G 为分级指数；W_D 为化学物的危害程度级别的权重数；W_B 为工作场所空气中化学物的职业接触比值的权重数；W_L 为劳动者体力劳动强度的权重数。

根据分级指数 G，有毒作业可分为四级，如表5-5所示。

表5-5　有毒作业分级

分级指数 G	作业级别	分级指数 G	作业级别
$G \leqslant 1$	0级(相对无害作业)	$6 < G \leqslant 24$	Ⅱ级(中度危害作业)
$1 < G \leqslant 6$	Ⅰ级(轻度危害作业)	$G > 24$	Ⅲ级(重度危害作业)

3. 有毒作业分级控制

根据分级结果对有毒作业采取相应的控制措施。

(1) 0级(相对无害作业)：在目前的作业条件下，对劳动者健康不会产生明显影响，应继续保持目前的作业方式和防护措施。一旦作业方式或防护效果发生变化，应重新分级。

(2) Ⅰ级(轻度危害作业)：在目前的作业条件下，可能对劳动者的健康存在不良影响。

应改善工作环境，降低劳动者实际接触水平，设置警告及防护标识，强化劳动者的安全操作及职业卫生培训，采取定期作业场所监测、职业健康监护等行动。

(3) Ⅱ级(中度危害作业)：在目前的作业条件下，很可能引起劳动者的健康损害。应及时采取纠正和管理行动，限期完成整改措施。劳动者必须使用个人防护用品，使劳动者实际接触水平达到职业卫生标准的要求。

(4) Ⅲ级(重度危害作业)：在目前的作业条件下，极有可能引起劳动者严重的健康损害的作业。应在作业点明确标识，立即采取整改措施，劳动者必须使用个人防护用品，保证劳动者实际接触水平达到职业卫生标准的要求。对劳动者进行定期健康体检。整改完成后，应重新对作业场所进行职业卫生评价。

5.2　粉 尘 检 测

工业粉尘(如水泥生产粉尘、矿井粉尘及石化成品粉尘等)不仅影响生产人员的身体健康，而且当可燃物质粉尘浓度达到一定值时，就可能引起粉尘爆炸，给工业生产带来很大的危害。为了有效地采取防尘、灭尘措施，保证工业生产安全和人身健康，分析研究粉尘的特性和制定相应的安全标准，研制测量范围大、轻便安全、操作简单的粉尘浓度测定仪，尤其是快速连续测尘仪，具有十分重要的意义。

工业粉尘主要是在工业生产过程中破碎煤、岩时产生的煤尘和岩尘，以及在粮食加工、医药制造和石化生产中产生或使用的各种粉尘。粉尘的颗粒一般都比较小，很多粉尘颗粒是肉眼看不到的。通常，肉眼能看到的粉尘颗粒直径在 10 μm 以上，叫做可见尘粒；而通过显微镜才能看到的粉尘叫显微尘粒，它的直径在 0.1～10 μm 之间；直径小于 0.1 μm，要用高倍显微镜或电子显微镜才能看到的尘粒，叫做超显微尘粒。

5.2.1　粉尘的有关概念

1. 粉尘的种类

在工业粉尘检测过程中，常用到下列关于粉尘的术语。

1) 全尘

通常，将包括各种粒径(即粉尘颗粒直径)在内的粉尘总和叫做全尘。对于工业生产，工业粉尘常指粒径在 1 mm 以下的所有粉尘。

2) 呼吸性粉尘

呼吸性粉尘的粒径大小各国尚无严格统一的规定。严格地讲，能够通过人的上呼吸道而进入肺部的粉尘称为呼吸性粉尘。一般认为，粒径在 5 μm 以下的工业粉尘就是呼吸性粉尘。

3) 爆炸性粉尘

对悬浮于空气中，在一定浓度和有引爆源的条件下，本身能够发生爆炸或传播爆炸的可燃固体微粒称为爆炸性粉尘或可燃粉尘。典型的可燃粉尘有煤尘、易燃有机物粉尘、粮食粉尘等，它们的火灾危险性与工业生产安全密切相关。

4）无爆炸性粉尘

经过爆炸性鉴定，不能发生爆炸和传播爆炸的粉尘叫做无爆炸性粉尘。例如，由于粒径分布、浓度等不同，煤尘可能是爆炸性粉尘，也可能是无爆炸性粉尘。

5）惰性粉尘

能够减弱或阻止有爆炸性粉尘爆炸的粉尘叫做惰性粉尘，例如岩粉等。

6）硅尘

含游离二氧化硅在10%以上的岩尘称做硅尘。它的主要危害是有损人的健康。

7）游离粉尘

悬浮在空气中，能形成粉尘云的粉尘叫做游离粉尘，也称悬浮粉尘或浮游粉尘。

8）沉积粉尘

在平面上、周边上、设备上、物料上能形成粉尘层的粉尘叫做沉积粉尘。

2. 粉尘的危害

1）可燃粉尘的火灾及爆炸危害

可燃粉尘爆炸通常可分为两个步骤，即初次爆炸和二次爆炸。当粉尘悬浮于含有足以维持燃烧的氧气的环境中，并有合适的点火源时，初次爆炸能在封闭的空间中发生。如果发生初次爆炸的装置或空间是轻型结构，则燃烧着的粉尘颗粒产生的压力足以摧毁该装置或结构，其爆炸效应必然引起周围环境的扰动，使那些原来沉积在地面上的粉尘弥散，形成粉尘云。该粉尘云被初始的点火源或初次爆炸的燃烧产物所引燃，由此产生的二次爆炸的膨胀效应往往是灾难性的，压力波能传播到整个厂房而引起结构物倒塌。由于此压力效应，粉尘爆炸的火焰能传播到较远的地方，会把火焰蔓延到初次爆炸以外的地方。

从上述粉尘爆炸过程可见，涉及加工可燃的颗粒状物质的工厂应采取防止初次爆炸的措施，即对生产过程或加工过程中的粉尘浓度及时加以监测和清除集尘，并应同时采取二次爆炸的防护措施，对可能的爆炸加以预防，将爆炸产生的灾害减小到最小程度。

2）粉尘对人体的危害

粉尘对人体的危害是多方面的，但最突出的危害表现在肺部，粉尘引起的肺部疾患可分为三种情况。

第一种是尘肺。这是主要的职业病之一，我国已将它列为法定职业病范畴。这种病是由于较长时间吸入较高浓度的生产性粉尘所致，引起以肺组织纤维化为主要特征的全身性疾病。由于粉尘种类繁多，尘肺的种类也很多，主要有矽肺、石棉肺、滑石肺、云母肺、煤肺、煤矽肺、炭素尘肺等。

第二种是肺部粉尘沉着症，它是由于吸入某些金属性粉尘或其他粉尘而引起粉尘沉着于肺组织，从而呈现异物反应的疾病，其危害比尘肺小。

第三种是粉尘引起的肺部病变反应和过敏性疾病。这类疾病主要是由有机粉尘引起的，如棉尘、麻尘、皮毛粉尘、木尘等。

另外，长期接触生产性粉尘还可能引起其他一些疾病。例如，大麻、棉花等粉尘可引起支气管哮喘、哮喘性支气管炎、湿疹及偏头痛等变态反应性疾病；破烂布屑及某些农作物粉尘可能成为病源微生物的携带者，如带有丝菌属、放射菌属的粉尘进入肺内，可引起肺霉菌病；石棉粉尘除引起石棉肺外，还可引起间皮瘤。经常接触生产性粉尘，还会引起皮肤、耳及眼的疾患。例如，粉尘堵塞皮脂腺可使皮肤干燥，易受机械性刺激和继发感染而发生粉刺、毛囊炎、脓皮病等；混于耳道内皮脂及耳垢中的粉尘，可促使形成耳垢栓塞；金属和磨料粉尘的长期反复作用可引起角膜损伤，导致角膜感觉丧失和角膜混浊。

减轻粉尘对人体的危害关键在于防护。经常注意防护，可以把危害降到最低限度，甚至可以完全控制和消除粉尘的危害。防尘应采取综合性措施，主要从以下几个方面着手解决。

(1) 加强组织领导，制定防尘规章制度，设有专、兼职人员，从组织上给予保证。对从业人员应作严格的健康检查，凡有活动性肺内外结核、各种呼吸道疾患(鼻炎、哮喘、支气管扩张、慢性支气管炎、肺气肿等)的人，都不宜担任接触粉尘的工作。与粉尘接触的工人，每年应定期作体检，如发现尘肺，则应立即调动工作，积极治疗。

(2) 逐步改革生产工艺和生产设备，进行湿式作业方式，减少粉尘的飞扬。

(3) 降低空气中粉尘浓度，密封机械，防止粉尘外逸，采用通风排气装置和空气净化除尘设备，使车间粉尘降低到国家职业接触限值标准以下。

(4) 加强个人卫生防护，从事粉尘作业者应穿戴工作服、工作帽，减少身体暴露部位。要根据粉尘的性质，选戴多种防尘口罩，以防止粉尘从呼吸道吸入，造成危害。

5.2.2 粉尘的检测方法

目前有关粉尘微粒的检测多用来进行大气污染的监测，如火山爆发、工厂烟囱排放的监测等方面。对于那些高粉尘的工厂或车间，大多主动清除粉尘，因而微粒检测技术的应用尚不广泛。现仅对常用检测方法进行简单介绍。

1. 光学显微镜法

通过光学显微镜法可以测定微粒的尺寸、形状以及数量。必要时可用电子显微镜测定更小的微粒尺寸。

在取样沉积后，将微粒刷在碳质透明塑料片或类似胶片上，通过光学显微镜进行观察。在观测时，微粒的尺寸通常都按水平面的尺寸来考虑，如图 5-9 所示。必要时可采用分别过筛的方法，对微粒进行尺寸分类。微粒个数可以以单位面积内的数量进行估算。

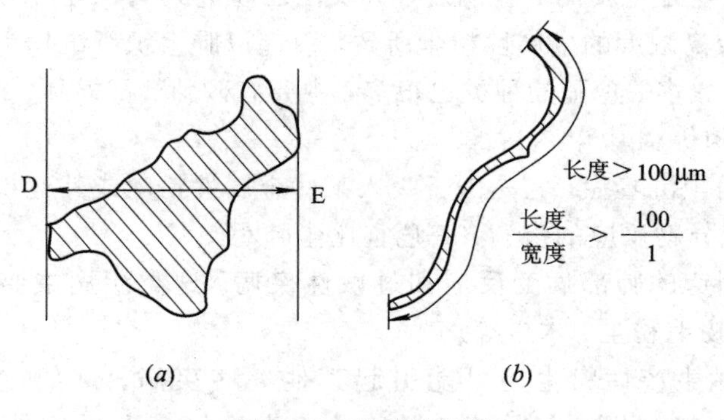

图 5-9 微粒的测量

(a) 最大尺寸；(b) 纤维测量的最大尺寸

2. 电集尘法

电集尘法属于重量浓度法，其测量结构如图 5－10 所示。这是一种使气体中的微粒子带电后进行捕捉的方法。含尘气体通过具有高电位差的两个电极间形成的强电场，利用电晕放电现象使气体带电的同时，也使粉尘带电，从而粉尘可以附着在电极上。然后根据捕捉到的粉尘的质量和流过集尘器的气体体积，便可计算出被污染气体中粉尘的浓度(g/m^3 或 mg/m^3)。

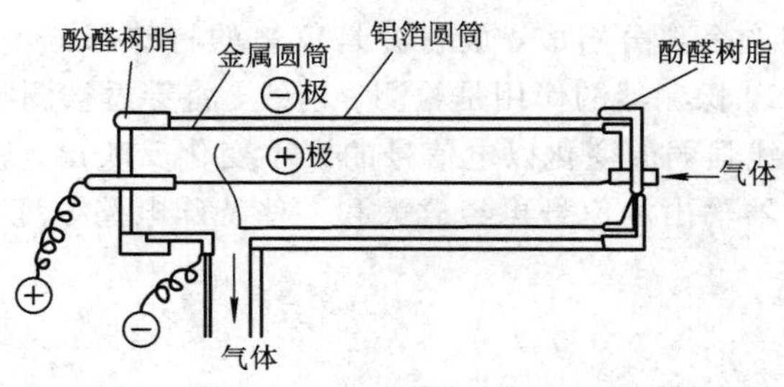

图 5－10　电集尘法的测量结构

3. 滤纸取样法

滤纸取样法的结构如图 5－11 所示。它利用带状滤纸对气体进行过滤的原理进行工作。图中，吸引泵以 10 L/min 的吸引流量从吸引口吸引气体，经过匀速移动的滤纸后，粉尘沉积在滤纸上。在光源的照射下，用光电管在下面检测滤纸的透光量。透光量与沉积的粉尘量成反比。由此根据流量计的流量，便可得到被污染气体的浓度，它属于相对浓度。

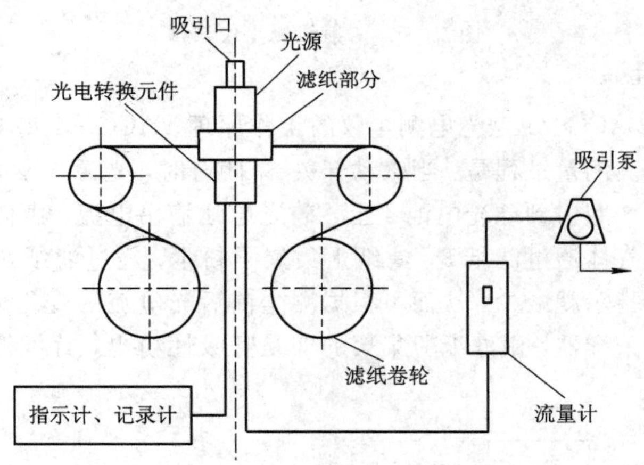

图 5－11　滤纸带空气取样法的结构图

4. 扫描显微镜检测法

对于燃烧产生的微粒，特别是煤的微粒、油的飞沫或煤烟粉尘，可以利用定量电子显微镜分析仪按形状和大小进行分析，也可通过视像管摄像机进行观察。其具体分析过程是将被检查的微粒样品放在普通的显微镜载物玻璃片上，此时显微镜便可进行正常的观察。同时，利用电子显微镜分析仪检测有关微粒数量、大小、形状等参数，通过计算机对这些数据进行处理，便可以很快地得到有关微粒的数量、各种形状、载距、面积以及在设定的尺寸上、下限范围内的统计分布。

5. β射线测尘原理

β射线测尘仪表是利用核辐射原理工作的。它利用粉尘对射线的吸收作用，当放射源产生的β射线穿过含有粉尘的空气时，一部分射线被粉尘吸收掉，一部分射线穿过被测物质(含尘空气)。空气中的粉尘含量越大，被吸收掉的β射线量越大。β射线的减少量与粉尘的浓度成正比关系。

β射线测尘仪的结构如图 5-12 所示。一般β射线测尘仪由放射源、探测器、电信号转换放大电路和显示电路四个部分组成。放射源是仪表的特殊部分，由放射性同位素制成，如β射线放射源可用^{14}C。探测器的作用是检测β射线，将穿过被测物质的射线接收并转换成电信号输出，即将射线强弱的变化以电信号的大小变化反映出来。常用的β射线检测管是盖格计数管。由探测器输出的信号再经放大和一些特殊电路处理，由显示部分指示出检测值。

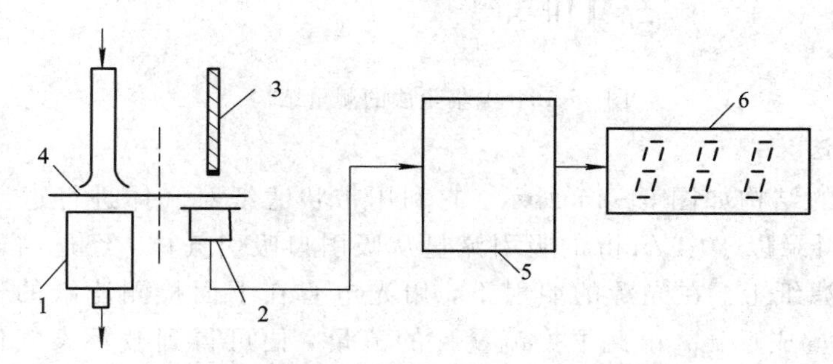

1—泵；2—探测器；3—放射源；4—可移动滤膜；5—信号处理及控制；6—显示器

图 5-12　β射线测尘仪结构

6. 光电测尘原理

图 5-13 所示为 ACG-1 型光电测尘仪的工作原理。ACG-1 型测尘仪由测量、采样和延时电路等组成，其测量过程是：当微动开关 S_1 闭合时，光源 1 发光，经过凸镜 2 变为近平行光，通过滤纸 3 照射到硅光电池 4 上，硅光电池输出电流，由微安表 5 读出光电流大小。若含有粉尘的气体通过滤纸 3，滤纸上集聚了粉尘，经过滤纸照射则硅光电池上的照度减弱，微安表的指示就减少，从而可根据测尘前后光电流的变化来反映粉尘浓度。显然，只要配置合适的采样器，由滤纸所集聚的即是呼吸性粉尘，就可得出呼吸性粉尘的浓度大小。

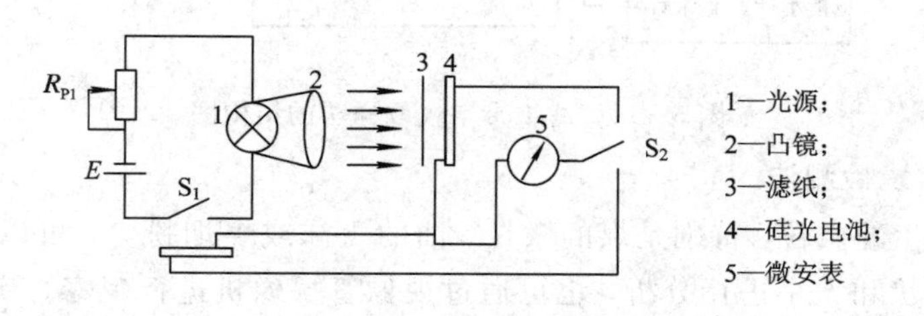

图 5-13　光电测尘仪原理

在实际应用条件下，可以获得硅光电池的输出电流 I 和光通量 φ 成线性关系，即

$$I = \alpha\varphi \tag{5-6}$$

式中：α 为比例因子。

$$\varphi = \varphi_0 e^{-KLC_1} \tag{5-7}$$

式中：φ_0、φ 为光通过含尘气体前、后的光通量；L 为含尘气体的厚度；K 为含尘气体的减光系数；C_1 为单位厚度含尘气体中的尘重。

若以 $C=LC_1$ 表示整个被测区内的尘重，则

$$\varphi = \varphi_0 e^{-KC} \tag{5-8}$$

由此得

$$C = \frac{1}{K}\ln\frac{\varphi_0}{\varphi} \tag{5-9}$$

显然，只要知道粉尘的减光系数 K 和通过滤纸吸尘前、后的 φ_0 与 φ，就能求出一定体积 V（其大小由 $V=Qt$ 确定，其中，Q 为采样流量，t 为取样时间）的含粉尘气体内粉尘的质量 C；C/V 就是单位体积含尘气体内的粉尘浓度，记为 mg/m^3。

若将式(5-6)代入式(5-9)，可得

$$C = \frac{1}{K}\ln\frac{I_0}{I} \tag{5-10}$$

式中：I_0、I 为光通过含尘气体前、后对应的硅光电池输出电流。

因此，可根据测尘前、后光电流的变化来求得粉尘的浓度 C（此时设 $V=1$）。

在图5-13中，为了使光源1在采样前后保持亮度不变以减小测量过程中产生的误差，设有硅光电池来监测采样前后光源的亮度（根据电表示值，调节主电路中光强电位器 R_{P1}，以确保亮度不变或对指示值修正）。采样气体流量由流量调节阀调节，抽气泵由微电机驱动。当采样体积达到一定值时，由延时开关自动断电，结束采样。

5.2.3　粉尘作业分级与控制

1. 粉尘作业分级基础

(1) 分级应在综合评估生产性粉尘的健康危害、劳动者接触程度等的基础上进行。

(2) 劳动者接触粉尘的程度应根据工作场所空气中粉尘的浓度、劳动者接触粉尘的作业时间和劳动者的劳动强度综合判定。

(3) 生产工艺及原料无改变，连续3次监测（每次间隔1个月以上），测定粉尘浓度未超过职业接触限值且无尘肺病人报告的作业可以直接确定为相对无害作业。

2. 粉尘作业分级依据

生产性粉尘作业分级的依据包括粉尘中游离二氧化硅含量、工作场所空气中粉尘的职业接触比值和劳动者的体力劳动强度等要素的权重数。生产性粉尘中游离二氧化硅含量 M 的分级和权重数 W_M 取值如表5-6所示。

表5-6　游离二氧化硅含量的分级和取值

游离 SiO_2 含量 M(%)	权重 W_M	游离 SiO_2 含量 M(%)	权重 W_M
$M<10$	1	$50<M\leqslant 80$	4
$10\leqslant M\leqslant 50$	2	$M>80$	6

工作场所空气中粉尘的职业接触比值(B)分级和权重数(W_B)取值如表5-7所示。

表 5－7　生产性粉尘职业接触比值的分级和取值

接触比值 B	权重 W_B	接触比值 B	权重 W_B
$B<1$	0	$B>2$	B
$1\leqslant B\leqslant 2$	1		

接触比值 B 的计算公式为

$$B=\frac{C_{TWA}}{PC-TWA}\times 100\%$$

式中：B 为生产性粉尘的接触比值；C_{TWA} 为工作场所空气中生产性粉尘 8 h 时间加权平均浓度的实测值，单位为毫克每立方米(mg/m^3)；多次检测得到的 C_{TWA} 不一致时，以最大值计算接触比值；PC－TWA 为工作场所空气中该种粉尘的时间加权平均容许浓度，单位为毫克每立方米(mg/m^3)。工作场所存在两种以上粉尘时，参照《工作场所有害因素职业接触限值第 1 部分：化学有害因素》(GBZ2.1－2007)标准进行粉尘浓度计算，游离二氧化硅权重数取各种粉尘中最大者。

劳动者的体力劳动强度分级和权重数 W_L 取值如表 5－8 所示。

表 5－8　体力劳动强度的分级和取值

体力劳动强度级别	权重数 W_L	体力劳动强度级别	权重数 W_L
Ⅰ(轻)	1.0	Ⅲ(重)	2.0
Ⅱ(中)	1.5	Ⅳ(极重)	2.5

3. 粉尘作业分级级别

生产性粉尘作业按危害程度分为四级：相对无害作业(0 级)、轻度危害作业(Ⅰ级)、中度危害作业(Ⅱ级)和高度危害作业(Ⅲ级)。

分级指数 G 可按下式计算

$$G=W_M\times W_B\times W_L$$

式中：G 为分级指数；W_M 为粉尘中游离二氧化硅含量的权重数；W_B 为工作场所空气中粉尘职业接触比值的权重数；W_L 为劳动者体力劳动强度的权重数。

根据分级指数 G，生产性粉尘作业可分为四级，如表 5－9 所示。

表 5－9　生产性粉尘作业级

分级指数 G	作 业 级 别	分级指数 G	作 业 级 别
0	0 级(相对无害作业)	$6<G\leqslant 16$	Ⅱ级(中度危害作业)
$0<G\leqslant 6$	Ⅰ级(轻度无害作业)	>16	Ⅲ级(高度危害作业)

在测得生产性粉尘中游离氧化硅含量、工作场所空气中粉尘的职业接触比和体力劳动强度分级后，可直接查阅表 5－10 进行生产性粉尘作业分级。

表5-10　生产性粉尘作业分级表

游离 SiO_2 含量 M	体力劳动强度	粉尘的职业接触比值权重数 W_B						
		<1	1～2	2～4	4～6	6～8	8～16	>16
$M<10$	Ⅰ	0	Ⅰ	Ⅰ	Ⅰ	Ⅱ	Ⅱ	Ⅲ
	Ⅱ	0	Ⅰ	Ⅰ	Ⅱ	Ⅱ	Ⅱ～Ⅲ	Ⅲ
	Ⅲ	0	Ⅰ	Ⅰ～Ⅱ	Ⅱ	Ⅱ	Ⅲ	Ⅲ
	Ⅳ	0	Ⅰ	Ⅰ～Ⅱ	Ⅱ	Ⅱ～Ⅲ	Ⅲ	Ⅲ
$10\leqslant M\leqslant 50$	Ⅰ	0	Ⅰ	Ⅰ～Ⅱ	Ⅱ	Ⅱ	Ⅲ	Ⅲ
	Ⅱ	0	Ⅰ	Ⅱ	Ⅱ～Ⅲ	Ⅲ	Ⅲ	Ⅲ
	Ⅲ	0	Ⅰ	Ⅱ	Ⅲ	Ⅲ	Ⅲ	Ⅲ
	Ⅳ	0	Ⅰ	Ⅱ～Ⅲ	Ⅲ	Ⅲ	Ⅲ	Ⅲ
$50<M\leqslant 80$	Ⅰ	0	Ⅰ	Ⅱ	Ⅲ	Ⅲ	Ⅲ	Ⅲ
	Ⅱ	0	Ⅰ	Ⅱ～Ⅲ	Ⅲ	Ⅲ	Ⅲ	Ⅲ
	Ⅲ	0	Ⅱ	Ⅲ	Ⅲ	Ⅲ	Ⅲ	Ⅲ
	Ⅳ	0	Ⅱ	Ⅲ	Ⅲ	Ⅲ	Ⅲ	Ⅲ
$M>80$	Ⅰ	0	Ⅰ	Ⅱ～Ⅲ	Ⅲ	Ⅲ	Ⅲ	Ⅲ
	Ⅱ	0	Ⅱ	Ⅲ	Ⅲ	Ⅲ	Ⅲ	Ⅲ
	Ⅲ	0	Ⅱ	Ⅲ	Ⅲ	Ⅲ	Ⅲ	Ⅲ
	Ⅳ	0	Ⅱ	Ⅲ	Ⅲ	Ⅲ	Ⅲ	Ⅲ

4. 粉尘作业分级控制

应根据分级结果对生产性粉尘作业采取适当的控制措施。一旦作业方式或防护效果发生变化，应重新分级。

(1) 0级(相对无害作业)：在目前的作业条件下，对劳动者健康不会产生明显影响，应继续保持目前的作业方式和防护措施。

(2) Ⅰ级(轻度危害作业)：在目前的作业条件下，可能对劳动者的健康存在不良影响。应改善工作环境，降低劳动者实际粉尘接触水平，并设置粉尘危害及防护标识，对劳动者进行职业卫生培训，采取职业健康监护、定期作业场所监测等行动。

(3) Ⅱ级(中度危害作业)：在目前的作业条件下，很可能引起劳动者的健康危害。应在采取上述措施的同时，及时采取纠正和管理行动，降低劳动者实际粉尘接触水平。

(4) Ⅲ级(重度危害作业)：在目前的作业条件下，极有可能造成劳动者严重健康损害的作业。应立即采取整改措施，作业点设置粉尘危害和防护的明确标识，劳动者应使用个人防护用品，使劳动者实际接触水平达到职业卫生标准的要求。对劳动者及时进行健康体检。整改完成后，应重新对作业场所进行职业卫生评价。

5.3　噪声及其检测

随着现代工业特别是交通运输业的发展，所产生的各种噪声愈来愈强烈，已成为人类工作与生活环境中的主要公害之一。目前对噪声尚没有较确切的定义，通常被解释为“凡是人所不需要的以及对人体有害的声音”都称为噪声。因而噪声是相对的，当你不需要的时候，音乐也就成为噪音。如果较长时间处在很强的音乐环境中，人的健康将不自觉地受到危害。

很多研究结果表明，噪声对人体健康有严重的危害。如果长期受到强噪声的刺激，将会导致听力减弱甚至耳聋，还会造成心血管系统、神经系统和内分泌系统等方面的疾病，甚至死亡。这早已引起各个国家的重视，并相应制定了有关防治和限制噪声的法律。

精确地测定噪声将为控制噪声、改进产品、制定环境保护措施和相应的法律，提供必要的科学依据。噪声的检测实际上就是对声音的检测，而声音是机械振动在弹性介质中传播的波，人耳的可闻域为20～20 000 Hz，而且人的听觉对不同的频率其响应也不一样。因此，在讨论噪声检测之前，首先介绍评价噪声的一些基本参数。

5.3.1　噪声的量度参数

声音和噪声都采用声压级、声强级和声功率级来描述其强弱，用频率或频谱来描述其高低。

1. 声压和声压级

声压是指有声波时介质的压强对其静压力的变化量，是一个周期量。通常以均方根值来衡量其大小并用 p 来表示，单位为Pa(帕)。

正常人耳刚刚能听到的1000 Hz声音的声压为 2×10^{-5} Pa，称为听阈声压，并规定作为声音或噪声的参考声压，用 P_0 表示。

声压级 L_P 的定义为

$$L_P = 10\ \lg\frac{P}{P_0}\ (\text{dB}) \tag{5-11}$$

声压级是相对量，没有量纲，在声学中用“级”来表示相对量。

2. 声强和声强级

由于声音也是一种能量，因而也可以用能量来表示其强弱。声场中某一点在指定方向的声强，就是在单位时间内通过该点并与指定方向垂直的单位面积上的声能，并以 I 表示。其单位为 W/m^2。

与声压相类似，定义声强级也需规定参考声强，通常取为 $10^{-12}\ \text{W/m}^2$，并用 I_0 表示，故声强级 L_I 定义为

$$L_I = 10\ \lg\frac{I}{I_0}\ (\text{dB}) \tag{5-12}$$

声强级亦为无量纲的相对量。

3. 声功率和声功率级

声功率是声源在单位时间内发射出的总能量，用 W 表示，其单位为瓦(W)。通常参考

声功率 W_0 取为 10^{-12} W，声功率级 L_W 定义为

$$L_W = 10\ \lg \frac{W}{W_0}\ (\text{dB}) \tag{5-13}$$

4. 噪声的频谱

声音的高低主要与频率有关。如音乐中的音调，分为 C、D、E、F、G、A、B，其中 C 调最低，频率为 250 Hz，B 调最高，频率为 480 Hz。而噪声的频率成分比这些单一频率的乐音的频率成分要复杂得多，且各频率成分之间还可能产生叠加、调制或卷积等关系。因而在对所测得的噪声进行频谱分析时，多是将其频谱按一定规律分为若干频带，然后分析各个频带对应的声压级。各频带噪声的声压级称为频带声压级。因此，在研究频带声压级时必须指明频带的宽度和参考声压值。

通常各频带的宽度多按倍频程和 1/3 倍频程来划分，现简要说明。每个频带的上限频率为 f_{c2}，下限频率为 f_{c1}，故频带的带宽 $B=f_{c2}-f_{c1}$，频带的中心频率 $f_0=\sqrt{f_{c1}-f_{c2}}$，并规定其上限频率与下限频率之间的关系为 $f_{c2}=2^2 f_{c1}$。根据上述条件可以导出带宽与中心频率的关系为

$$\frac{B}{f_0} = 2^{\frac{n}{2}} - 2^{-\frac{n}{2}} = 常数 \tag{5-14}$$

式(5-14)中，当 $n=1$ 时，$B/f_0=0.71$，称为倍频程；当 $n=1/3$ 时，$B/f_0=0.23$，称为 1/3 倍频程。若采用 1/3 倍频程，每确定一个中心频率 f_0 便可得到相应的带宽。

5.3.2　噪声的主观评价

人类的听觉是很复杂的，具有多种属性，其中包括区分声音的高低和强弱两种属性。听觉区分声音的高低，用音调来表示，它主要依赖于声音的频率，但也与声压和波形有关；听觉判别声音的强弱用响度来表示，它主要靠声压，但也和频率及波形有关。响度的单位为宋(sone)。频率为 1000 Hz，声压比阈值声压大 40 dB 的声音响度定为 1 宋，并规定，在此基础上声音的声压级每增加 10 dB，响度增加 1 倍，即声压级 40 dB 为 1 宋，50 dB 为 2 宋，60 dB 为 3 宋，其余类推。

1. 纯音的响度及响度级

当两个频率不同而声压相同的纯音分别作用于人耳时，感觉到它们并不一样响。英国国家物理实验室鲁宾逊(Robinson)等人，经过大量的试验测得的纯音的等响(度)曲线如图 5-14 所示。它表明了正常的人耳对响度相同的纯音所感受的声压级与频率的关系。这些曲线充分显示出，同样响度不同频率的纯音具有不同声压级。

同样响度的声音称为具有同等的响度级。一个声音响度级就是以与该声音处于同一条等响曲线上的 1000 Hz 纯音对于 2×10^{-5} Pa 的声压级的分贝 n 来表示的，并称其响度级为 n 方(phon)。响度级是表示声音强弱的主观量，它把声压级和频率一起考虑。

以宋为单位的响度，和以方为单位的响度级都是人耳对纯音的主观反应，其两者的关系如图 5-14 所示。具体的表达式为

$$N = 2^{\frac{L_N-40}{10}} \tag{5-15}$$

式中：L_N——响度级(方)；

N——响度(宋)。

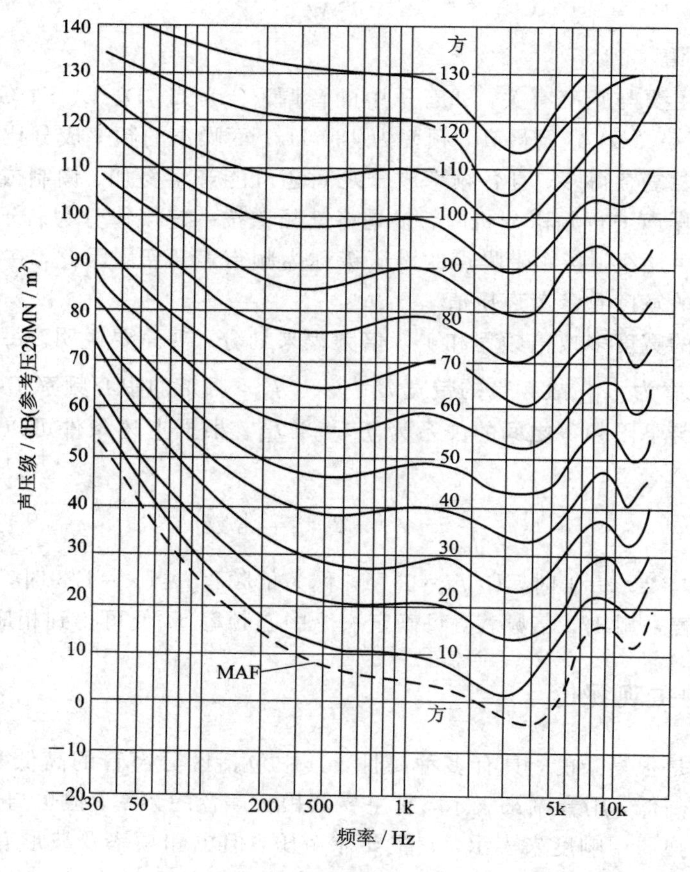

图 5-14　等响曲线

通常，纯音的响度可以通过测定它的声压级和频率，然后利用等响曲线来得到其响度级，再由方-宋关系式或方-宋曲线来确定其响度。

2. 频率计权声级

频率计权声级可以用确定其总声压级的办法较容易地测量出来，但此法既不能表示出频率的分布情况，也没有类似人耳对噪声的那种感觉，尤其是用于环境噪声试验时更是如此。因而从等响曲线出发，设计某种电气网络对不同频率的声音信号进行不同程度的衰减，使得仪器的读数能近似地表达人耳对声音的响应，这种网络称为频率计权网络。

近年来，在噪声测量中多采用声级，特别是用 A 声级来表示噪声的强弱。这种测量方法在比较具有相似频谱的噪声时颇为有效。但应指出，用声级来确定宽带噪声的响度和响度级是不合适的。另外，在考察噪声对人们的危害程度时，除了要分析噪声的强度和频率外，还要注意噪声的作用时间，因为噪声对人的危害程度与这三个因素均有关。为此，提出了等效连续声级的概念。

3. 等效连续声级

等效连续声级是一个用来表达随时间变化的噪声的等效量，其数学表达式为

$$L_{eq} = 10 \lg \frac{1}{T} \int_0^t \frac{P_A(t)}{P_0} dt \tag{5-16}$$

式中：T——总测量时间；

$P_A(t)$——A计权瞬时声压；

P_0——参考声压(20 μPa)。

可以看出，等效连续声级 L_{eq} 与总的时间 T 有关。也就是说，人们在非连续噪声的环境中，所处的时间越长，受到危害的程度也越大。

连续等效声级也是计算日夜平均声级 L_{DN} 和噪声污染级 L_{NP} 的基础，在美国、德国及其他一些国家和国际标准中用来评价某些形式的地区噪声。这个指标的主要用途是评价听力损失的发病率，并已得到国际上的广泛承认。典型噪声及其参数如表5-11所示。

表5-11　典型噪声及其参数

噪声	分贝	对应能量	声压/(N/m²)	典型环境示例
震耳欲聋的轰轰声	120 110 100	10^{12} 10^{11} 10^{10}	20 2	离喷气式飞机150 m，高音喇叭5 m处
甚高声	90 80	10^9 10^8	0.2	地下铁道的火车内，车间内，繁忙的大街，离小汽车7.5 m处
高声	70 60	10^7 10^6	0.02	嘈闹的办公室，小汽车内，大商店，最大音量的收音机
适中声	50 40	10^5 10^4	0.002	距离1 m的一般谈话，城市的屋内，较安静的办公室，农村的房屋内
轻声	30 20	10^3 10^2	0.0002	公共图书馆，低声的谈话，纸的沙沙声，耳语
极轻声	10 0	10^1 1	0.000 02	安静的教堂，乡村的寂夜，隔音室

注：对应能量指当前声音能量与参考声功率 W_0 之比。

5.3.3　噪声测量常用仪器

噪声的测量通常使用声级计，其主要附件包括传声器、校准器、防风锥和三脚架等。若进行噪声频谱分析，尚需配备磁带记录仪及频谱分析仪等，这样便可构成一套较完整的噪声检测系统。

1. 声级计

声级计是按照国际标准和国家标准，按照一定的频率和时间计权测量声压级的仪器。它是声学测量中最基本、最常用的仪器，适用于室内噪声、环境保护、机器噪声、建筑噪声等各种噪声的测量。

一般声级计的性能如表5-12所示。

表 5－12 一般声级计的性能

<table>
<tr><td>型 号</td><td>AWA5661</td><td>AWA5661A</td><td>AWA5661B</td><td>AWA5661C</td><td>AWA5663</td><td>AWA5663A</td></tr>
<tr><td>符合标准</td><td colspan="4">GB/T 3785 1 型 IEC 61672 Class 1</td><td colspan="2">GB/T 3785 2 型
IEC 61672 Class 2</td></tr>
<tr><td>频率范围/Hz</td><td>20～16 000</td><td>10～2000</td><td>16～16 000</td><td>20～125 000</td><td colspan="2">31.5～8000</td></tr>
<tr><td>测量范围/Hz</td><td>27～140 dB(A)
38～140 dB(A)</td><td>25～140 dB(A)
35～140 dB(A)</td><td>20～140 dB(A)
30～140 dB(A)</td><td>50～140 dB(A)
63～140 dB(A)</td><td>28～120 dB(A)</td><td>35～130 dB(A)</td></tr>
<tr><td>传声器类型</td><td>Φ12.7(mm)
自由场(200 V)</td><td>Φ12.7(mm)
自由场</td><td>Φ12.7(mm)
自由场(200 V)</td><td>Φ12.7(mm)
自由场(28 V)</td><td colspan="2">Φ12.7(mm)预极化测试
电容传声器</td></tr>
<tr><td>频率计权</td><td colspan="4">A、C 计权和 Z 不计权</td><td>A</td><td>A、C、Z
(不计权)</td></tr>
<tr><td>时间计权</td><td colspan="4">F(快)、S(慢)、I(脉冲)、Peak(峰值需计算机配合)</td><td colspan="2">F(快)、S(慢)</td></tr>
<tr><td>显示器</td><td colspan="4">3 位半 LCD，有欠压数指示、低限指示、过载指示</td><td colspan="2">3 位半 LCD</td></tr>
<tr><td>测量方式</td><td colspan="6">L_P、L_{max}</td></tr>
<tr><td>滤波器</td><td colspan="4">可外接 AWA5721 型倍频程滤波器或
AWA5722 型分数倍频程滤波器</td><td></td><td>外接 AWA5721
或 AWA5722</td></tr>
<tr><td>输出</td><td colspan="4">AC，RS232C 至计算机</td><td colspan="2">AC、DC</td></tr>
<tr><td>电源</td><td colspan="4">4×LR6 或外接 5～9 V 电源</td><td colspan="2">4×R6 或外接</td></tr>
<tr><td>外形尺寸/mm³</td><td colspan="6">220×72×32</td></tr>
<tr><td>质量/kg</td><td colspan="6">0.3</td></tr>
<tr><td>传感器灵敏度
/(mV/Pa)</td><td>40</td><td>50</td><td>50</td><td>5</td><td>40</td><td>40</td></tr>
<tr><td>检波器特性</td><td colspan="4">数字检波，真有效值，峰数因数容量≥10</td><td colspan="2">真有效值，峰数因数容量≥3</td></tr>
<tr><td>特点</td><td>基本型</td><td>高性能</td><td>低声级测量</td><td>高声级测量</td><td>自动量程转换</td><td>通用型</td></tr>
</table>

1）声级计的分类

按精度来分：根据国际标准《声级计 第一部分：规范》(IEC61672－2013)，声级计分为 1 级和 2 级两种。在参考条件下，1 型声级计的准确度为±0.7 dB，2 型声级计的准确度为±1 dB(不考虑测量不确定度)。

按功能来分：测量指数时间计权声级的通用声级计、测量时间平均声级的积分平均声级计、测量声暴露的积分声级计(以前称为噪声暴露计)。另外，具有噪声统计分析功能的称为噪声统计分析仪，具有采集功能的称为噪声采集器(记录式声级计)，具有频谱分析功能的称为频谱分析仪。

按大小来分：台式、便携式、袖珍式。

按指示方式来分：模拟指示(电表、声级灯)、数字指示、屏幕指示。

2）声级计的构造及工作原理

声级计的构造及工作原理如图 5－15 所示。

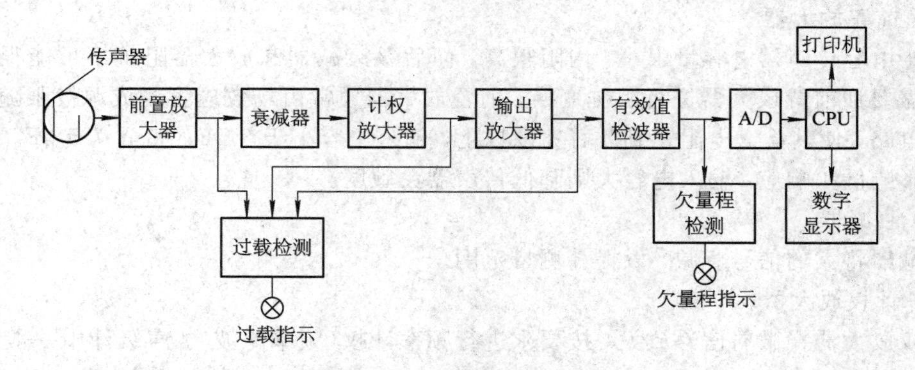

图 5-15　声级计工作原理

(1) 传声器。

传声器是把声信号转换成交流电信号的换能器。在声级计中一般用电容传声器，它具有性能稳定、动态范围宽、频响平直、体积小等特点。电容传声器由相互紧靠着的后极板和绷紧的金属膜片组成，后极板和膜片在电气上互相绝缘，构成以空气为介质的电容器的两个电极。两电极上加有电压(极化电压 200 V 或 28 V)，电容器充电，并储有电荷。当声波作用在膜片上时，膜片发生振动，使膜片与后极板之间的距离发生变化，电容也变化，于是就产生一个与声波成比例的交变电压信号，送到后面的前置放大器。

电容传声器的灵敏度有三种：自由场灵敏度、声压灵敏度和扩散场灵敏度。自由场是指声场中只有直达声波而没有反射声波的声场。扩散场是由声波在一封闭空间内多次漫反射而引起的，它满足下列条件：① 空间各点声能密度均匀；② 从各个方向到达某一点的声能流的概率相同；③ 各方向到某点的声波相位是没有规律的。

传声器自由场灵敏度是传声器输出端的开路电压与传声器放入前该点自由场声压之比值。传声器声压灵敏度是传声器输出端的开路电压与作用在传声器膜片上的声压之比值。传声器扩散场灵敏度是传声器输出端的开路电压与传声器未放入前该点扩散场声压之比值。由于传声器放入声场某一点，声场产生散射作用，从而使实际作用在膜片上的声压比传声器放入前该点的声压大，高频时比较明显。与三种灵敏度相对应，上述自由场灵敏度平直的传声器叫自由场型(或声场型)传声器，主要用于消声室等自由场测试。它能比较真实地测量出传声器放入前该点原来的自由场声压，声级计中就使用这种传声器。声压灵敏度平直的传声器叫声压型传声器，主要用于仿真耳等腔室内使用。扩散场灵敏度平直的叫扩散场型传声器，用于扩散场测量，有的国家规定声级计用扩散场型传声器。

传声器灵敏度单位为 V/Pa(或 mV/Pa)，并以 1 V/Pa 为参考，叫灵敏度级。如 1 英寸(in，1 in=2.54 cm)电容传声器标称灵敏度为 50 mV/Pa，灵敏度级为 −26 dB。传声器出厂时均提供它的灵敏度级以及相对于 −26 dB 的修正值 K，以便声级计内部电校准时使用。

传声器的外形尺寸有 1 in(Φ25.4 mm)、$\frac{1}{2}$in(Φ12.7 mm)、$\frac{1}{4}$in(Φ6.35 mm)、$\frac{1}{8}$in(Φ3.175 mm)等。传声器外径小，频率范围宽，能测高声级，方向性好，但灵敏度低，现在用得最多的是$\frac{1}{2}$in，它的保护罩外径为 Φ13.2 mm。

(2) 前置放大器。

由于电容传声器电容量很小，内阻很高，而后级衰减器和放大器阻抗不可能很高，因此中间需要加前置放大器进行阻抗变换。前置放大器通常由场效应管接成源极跟随器，加上自举电路，使其输入电阻达到几百兆欧以上，输入电容小于 3 pF，甚至 0.5 pF。输入电阻低会影响低频响应，输入电容大则降低传声器灵敏度。

(3) 衰减器。

衰减器将大的信号衰减，以提高测量范围。

(4) 计权放大器。

计权放大器将微弱信号放大，按要求进行频率计权(频率滤波)。声级计中一般均有 A 计权放大器计权，另外也可有 C 计权或不计权(Zero，简称 Z)及平直特性(F)。

(5) 有效值检波器。

有效值检波器将交流信号检波整流成直流信号，直流信号大小与交流信号有效值成比例。

(6) 电表模拟指示器。

电表模拟指示器用来直接指示被测声级的分贝数。

(7) A/D。

A/D 将模拟信号变换成数字信号，以便进行数字显示或送 CPU 进行计算、处理。

(8) 数字显示器。

数字显示器以数字形式直接显示被测声级的分贝数，使读数更加直观。数字显示器件通常为液晶显示器(LCD)或发光二极管显示器(LED)，前者耗电省，后者亮度高。采用数字显示的声级计又称为数显声级计，如 AWA5633 数显声级计。

(9) CPU 微处理器(单片机)。

CPU 微处理器对测量值进行计算、处理。

(10) 电源。

电源一般是 DC/DC，将供电电源(电池)进行电压变换及稳压后，供给各部分电路。

2. 积分平均声级计和声暴露计

积分平均声级计是一种直接显示某一测量时间内被测噪声等效连续声级(L_{eq})的仪器，通常由声级计及内置的单片计算机组成。单片机是一种大规模集成电路，可以按照事先编制的程序对数据进行运算、处理，进一步在显示器上显示。积分平均声级计的性能应符合《声级计　第一部分：规范》(IEC61672－2013)标准的要求。

积分平均声级计通常具有自动量程衰减器，使量程的动态范围扩大到 80～100 dB，在测量过程中无需人工调节量程衰减器。积分平均声级计可以预置时间，可设为 10 s、1 min、5 min、10 min、1 h、4 h、8 h 等，当到达预置时间时，测量会自动中断。积分平均声级计除显示 L_{eq}外，还能显示声暴露级 L_{AE}和测量经历时间，当然它还可显示瞬时声级。声暴露级 L_{AE}是在 1 s 期间保持恒定的声级，它与实际变化的噪声在此期间内具有相同的能量。声暴露级用来评价单发噪声事件，如飞机飞越以及轿车和卡车开过时的噪声。知道了测量经历时间和此时间内的等效连续声级，就可以计算出声暴露级。

积分平均声级计不仅可以测量出噪声随时间的平均值，即等效连续声级，而且可以测出噪声在空间分布不均匀的平均值。只要在需要测量的空间移动积分平均声级计，就可测量出随地点变动的噪声的空间平均值。

积分平均声级计主要用于环境噪声的测量和工厂噪声测量，尤其适宜在环境噪声超标进行排污收费时使用。典型产品有 AWA5610B 型和 AWA5671 型积分平均声级计。它们还具有测量噪声暴露量或噪声剂量的功能，并可外接滤波器进行频谱分析。

作为个人使用的测量噪声暴露量的仪器叫个人声暴露计。另一种测量并指示噪声剂量的仪器叫噪声剂量计。噪声剂量以规定的允许噪声暴露量作为 100%，如规定每天工作 8 h，噪声标准为 85 dB，也就是噪声暴露量为 1 $Pa^2 \cdot h$，则以此为 100%。对于其他噪声暴露量，可以计算相应的噪声剂量值。但是各国的噪声允许标准不同，而且还会修改，如美国、加拿大等国家暴露时间减半，允许噪声声级增加 5 dB，而我国及其他大多数国家仅允许增加 3 dB。因此，不同国家、不同时期所指的噪声剂量不能互相比较。个人声暴露计主要用在劳动卫生、职业病防治所和工厂、企业对职工作业场所的噪声进行监测。典型产品是 AWA5911 型个人声暴露计，它的体积仅为一支钢笔大小，可插在上衣口袋内进行测量，可以直接显示声暴露量、噪声剂量以及瞬时声级、等效声级和暴露时间等。

3. 噪声统计分析仪

噪声统计分析仪是用来测量噪声级的统计分布，并直接指示累计百分声级 L_N 的一种噪声测量仪器，它还能测量并用数字显示 A 声级、等效连续声级 L_{eq}，以及用数字或百分数显示声级的概率分布和累计分布。它由声级测量及计算处理两大部分构成，计算处理由单片机完成。随着科学技术的进步，尤其是大规模集成电路的发展，噪声统计分析仪的功能越来越强，使用也越来越方便，国产的噪声统计分析仪已完全能满足环境噪声自动监测的需要。现以 AWA6218B 型噪声统计分析仪为例进行介绍。

AWA6218B 型噪声统计分析仪是一种内装单片机(电脑)的智能化仪器，其最大优点是采用 120×32 点阵式 LCD，既可显示数据也可显示图表，既有数字显示又有动态条图显示瞬时声级，而且可以同时显示 8 组数据。可以直接显示 L_p、L_{eq}、L_{max}、L_{min}、L_5、L_{10}、L_{50}、L_{90}、L_{95}、SD、T、L_{AE}、E、L_d、L_n、L_{dn}等 16 个测量值以及组号，可以设定 11 种测量时间，从手动、10 s～24 h，既可进行常规单次测量，也可进行 24 h 自动监测，每小时测量一次，每次测量时间可以设定。仪器内部有日历、时钟，关机后时钟仍在继续走动，因此不需每次开机后进行调整。该仪器还具有存储 495 组或 24 h 测量数据的功能，平时只需将主机(仅 0.5 kg 重)带至现场测量，测量结束后，数据自动存储在机内，可将主机带回办公室接上打印机打印或送微型计算机进一步处理并存盘，存储数据可靠，不会丢失。所储数据还可以通过调阅开关调阅任一组，并将其单独打印出来。如发现该组数据不正常，也可通过删除键将其删除，补测一组数据替代。所配 UP40TS 打印机既可仅仅打印数据，也可既打印数据又打印统计分布图、累计分布图或 24 h 分布图。

5.3.4　噪声的检测

1. 噪声的标准

噪声对人的影响与声源的物理特性、暴露时间和个性差异等因素有关，所以噪声标准是在大量实验基础上通过统计分析制订的，主要考虑的是保护听力、噪声对人体健康的影响、人们对噪声的主观烦恼度和目前的经济、技术条件等方面的因素。标准根据不同的场所和时间分别对噪声进行了不同的限制，兼顾了标准的科学性、先进性和现实性。

从保护听力而言，一般认为每天 8 h 长期工作在 80 dB 以下听力不会损失，而根据国际标准化组织(ISO)的调查，在声级分别为 85 dB 和 90 dB 环境中工作 30 年，耳聋的可能性分别为 8%和 18%。在声级 70 dB 环境中，谈话感到困难。而干扰睡眠和休息的噪声值白天为 50 dB，夜间为 45 dB。为了保护人们的听力和健康，通常规定每天工作 8 小时，允许等效连续 A 声级为 85～90 dB，若持续时间减半，则允许噪声提高 3 dB(A)。

环境噪声标准制订的依据是环境基本噪声。各国大都参考 ISO 推荐的基数(例如睡眠为 30 dB)，我国把安静住宅区夜间的噪声标准规定为 35 dB(A)，再考虑到区域和时间因素，制订了城市区域环境噪声标准，如表 5－13 所示。

表 5－13　城市各类区域环境噪声标准值

适用区域	昼间/dB(A)	夜间/dB(A)
特殊住宅区	45	35
居民、文教区	50	40
一类混合区	55	45
商业中心区、二类混合区	60	50
工业集中区	65	55
交通干线道路两侧	70	60

“特殊住宅区”是指特别需要安静的住宅区；“居民、文教区”是指纯居民区和文教、机关区；“一类混合区”是指一般商业与居民混合区；“二类混合区”是指工业、商业、少量交通与居民混合区；“商业中心区”是指商业集中的繁华地区；“工业集中区”是指在一个城市或区域内规划明确确定的工业区；“交通干线道路两侧”是指车辆流量每小时 100 辆以上的道路两侧。

表 5－3 中的标准值指户外允许噪声级，测量点选在受影响的居住或工作建筑物外 1 m，传声器高于地面 1.2 m 以上的噪声影响敏感处(如窗外 1 m 处)。若必须在室外测量，则标准值应低于所在区域 10 dB(A)夜间频繁出现的噪声(如风机等)，其峰值不准超过标准值 10 dB(A)，夜间偶尔出现的噪声(如短促鸣笛声)，其峰值不超过标准值 15 dB(A)。我国工业企业噪声标准如表 5－14 和表 5－15 所示。

表 5－14　新建、扩建、改建企业标准

每个工作日接触噪声时间/h	允许标准 dB(A)
8	85
4	88
2	91
1	94
最高不得超过 115	

表 5-15　现有企业暂行标准

每个工作日接触噪声时间/h	允许标准/dB(A)
8	90
4	93
2	96
1	99
最高不得超过 115	

由于接触噪声时间与允许声级有联系，故定义实际噪声暴露时间 $T_{实}$ 除以容许暴露时间 T 之比为噪声剂量 D：

$$D=\frac{T_{实}}{T}$$

如果噪声剂量大于 1，则在场工作人员所接受的噪声超过安全标准。通常每天所接受的噪声往往不是通过某一固定声级和相应的暴露时间进行计算的，即

$$D=\frac{T_{实1}}{T}+\frac{T_{实2}}{T}+\cdots$$

2. 噪声的测量

城市环境噪声监测包括：城市区域环境噪声监测、城市交通噪声监测、城市环境噪声长期监测和城市环境中扰民噪声源的调查测试等。

1）噪声测量要求

(1) 噪声测点选择。

① 按测量要求选点。按劳动保护和环境要求，考虑到噪声对人们的身体健康影响，测点(传声器)选择在操作者井场工作的位置，高度以人耳为宜，测点数一般不少于四个点(四周均匀布置)。

② 按测量对象选点。

· 机器设备噪声的检测：测点距机器的位置如表 5-16 所示。

表 5-4　测点距机器的位置要求

机器分布	机器最大尺寸/cm	测点距机器的位置/cm
小	＜30	30
中	30～50	50
大	50～100	100
特大	＞100	150(或更远)

由于测量现场情况较复杂，因而需要仔细分析(若周围有无反射面等)，测点要均匀分布。有一些机器属于小型，但噪声很大，故测点距机器的位置宜取在 5～10 m 处。

· 运行车辆噪声检测：测点应该在离车体 7.5 m、高出地面 1.2 m 处。

· 空气动力设备噪声检测：空气动力设备进气噪声的测点应在进气口轴向位置，与管

口平面距离 1 m 左右。排气噪声的测点应选在排气轴线 45°方向上，与管口平面上外壳表面的距离等于管口直径。

(2) 噪声测量场所和环境影响。

① 测量场所影响。在消声室还是在现场或一般实验室进行检测，需考虑它们的结构和基础是否符合自由声场的要求、本底噪声是否低于 10 dB，否则按表 5－17 给予修正。

表 5－17　扣除本底噪声的修正量

所测噪声与本底噪声之差 Δ/dB	3	4～5	6～9
修正量/dB	3	2	1

② 背景噪声的影响。在实际测量中，除了被测声源所产生的噪声外，还可能存在其他噪声，使得待测噪声读数加大而不真实。通常假定所要测量的噪声比背景噪声高，待测的噪声可以利用分贝之差的方法进行修正。

③ 环境温度的影响。环境温度主要影响传声器的灵敏度和干电池的使用寿命。

④ 风和气流的影响。风使空气产生噪声，风速超过 4 级时，可在传声器上带上防风罩或包上一层绸布。在排气口测量时，传声器应避开风口和气流。传声器在管道和管壁口测量时，要带上防风鼻锥。

⑤ 噪声源附近物体的反射影响。噪声源附近的设备、墙壁、地面、工作人员都会引起反射，所以测量时，仪器尽量避免靠近墙壁或墙角，至少应离它们 2～3 m 以上，如果无法避免，则应在噪声附近的设备上铺上一层吸声材料。工作人员不应靠近声级计，传声器一般离开人体 0.5 m 以上较为合适。

(3) 传声器的布置方向。

传声器的布置方向主要根据传声器校准时的频率响应来确定，折射较入射(90°入射)具有较好的频率响应，则传声器的布置方向应为掠入射为宜。

2) 城市环境噪声监测

将要普查测量的城市划分成等距离网格(如 500 m×500 m)，测量点设在每个网格中心，若中心点的位置不宜测量(如房顶、污水沟、禁区等)，可移到旁边能够测量的位置。网格数不应少于 100 个，如果市区面积较小，可按 250 m×250 m 划分网格。

测量时一般应选在无雨、无雪时(特殊情况例外)，声级计应加风罩以避免风噪声的干扰，同时也要保持传声器清洁。四级以上大风天气应停止测量。

声级计可以手持或固定在三脚架上，传声器离地面 1.2 m。如果仪器放在车内，则要求传声器伸出车外一定距离，尽量避免车体反射的影响，与地面距离仍保持 1.2 m 左右。如固定在车顶上要加以注明，手持声级计应使人体与传声器距离保持 0.5 m 以上。

测量的时间是一定时间间隔(通常为 5m)的 A 声级瞬时值，动态特性选择慢响应。测量时间分为白天(6:00～22:00 时)和夜间(22:00～6:00 时)两部分。白天测量一般选在 8:00～12:00 时或 14:00～18:00 时，夜间一般选在 22:00～5:00 时。随着地区和季节不同，时间可以稍作调整。

在每一个测点，连续读取 100 个数据(当噪声起伏较大时，应读取 200 个数据)代表该点的噪声分布，昼、夜间分别测量，测量的同时要判断和记录周围的声学环境，如主要的噪声来源等。

由于环境噪声多是随时间起伏变化的噪声，所以测量结果要用统计值或等效声级表示，将测定数据按相关公式计算 L_{10}、L_{50}、L_{90}、L_{eq}的算术平均值 L 和最大值及标准偏差σ，把全市网点值列表，以便各城市之间进行比较。

3）城市交通噪声监测

在每两个路口之间的交通线上选择一个测点，测点选在人行道上，离马路 20 cm，与马路的距离一般要求大于 50 m，同时注意避开明显的非交通噪声污染源。此测点的监测结果即可代表两路口之间该段道路的交通噪声。

在规定时间内以选取的测点上每隔 5 s 读一瞬时 A 计权声级(慢响应)，连续读取 200 个数据，同时记录下机动车辆的流量(辆/h)，然后用下式计算出等效连续声级 L_{eq}：

$$L_{eq} = 10\lg\left(\sum_{i=1}^{200} 10^{0.1L_i}\right) - 23$$

测量结果一般用统计噪声级和等效连续 A 声级来表示。将每个测点所测得的 200 个数据按从大到 4 顺序排列，第 20 个数据即为 L_{10}，第 100 个数据即为 L_{50}，第 180 个数据即为 L_{90}。因此，可直接用近似公式计算等效连续 A 声级和标准偏差值：

$$L_{eq} \approx L_{50} + \frac{d^2}{60},\ d = L_{10} - L_{90}$$

全市所有测点交通噪声的等效声级 L_{eq}和紧积统计声级 L_{10}、L_{50}、和 L_{90} 的平均值按下式计算：

$$L = \frac{1}{l}\sum_{i=1}^{n} L_i l_i$$

式中：l 代表全市交通干线总长度，$l = \sum_{i=1}^{n} l_i$ (km)；l_i 代表第 i 段交通干线的长度(km)；L_i 代表第 i 段干线上测得的等效连续声级或累积统计声级 dB(A)。

4）工业企业噪声监测

测量工业企业噪声时，传声器的位置应在操作人员的耳朵位置，但人需离开。测点选择的原则：若车间内各处 A 声级波动小于 3 dB，则只需在车间内选择 1～3 个测点；若车间内各处声级波动大于 3 dB，则应按声级大小，将车间分成若干区域，任意两区域的声级应大于或等于 3 dB，而每个区域内的声级波动必须小于 3 dB，每个区域取 1～3 个测点。这些区域必须包括所有工人为观察或管理生产过程，经常工作、活动的地点和范围。

若噪声为稳态噪声，则测量 A 声级，记为 dB(A)；若为不稳态噪声，测量等效连续 A 声级或测量不同 A 声级下的暴露时间，计算等效连续 A 声级，测量时使用慢挡，取平均读数。

测量时要注意减少环境因素对测量结果的影响，如应注意避免或减少气流、电磁场温度和湿度等因素对测量结果的影响。

5.3.5　噪声作业分级与控制

1. 噪声分级

1）分级依据

根据劳动者接触噪声水平和接触时间对噪声作业进行分级。

(1) 噪声作业分级是对噪声暴露危害程度的评价，也是为控制噪声危害及进行量化管理、风险评估提供重要依据。在进行噪声作业分级时，应正确使用国家职业卫生接触限值及测量方法标准。

(2) 当生产工艺，劳动过程及噪声控制措施发生改变时，应重新进行分级。

2) 噪声作业分级

(1) 稳态和非稳态连续噪声。按照《工作场所物理因素测量第 8 部分：噪声》(GBZ/T189.8－2007)的要求进行噪声作业测量，依据噪声暴露情况计算 $L_{EX,8h}$ 或 $L_{EX,w}$ 后，确定噪声作业级别，如表 5－18 所示。

表 5－18　稳态和非稳态连续噪声作业分级

分级	等效声级 $L_{EX,8h}$/dB	危害程度
Ⅰ	$85 \leqslant L_{EX,8h} < 90$	轻度危害
Ⅱ	$90 < L_{EX,8h} < 94$	中度危害
Ⅲ	$95 < L_{EX,8h} < 100$	重度危害
Ⅳ	$L_{EX,8h} \geqslant 100$	极重危害

注：表中等效声级 $L_{EX,8h}$ 与 $L_{EX,w}$ 等效使用。

(2) 脉冲噪声。按照《工作场所物理因素测量第 8 部分：噪声》(GBZ/T189.8—2007)的要求测量脉冲噪声声压级峰值(dB)和工作日内脉冲次数 n，确定脉冲噪声作业级别，如表 5－19 所示。

表 5－19　脉冲噪声作业分级

分级	声压峰值(dB)			危害程度
	$n \leqslant 100$	$100 < n \leqslant 1000$	$1000 < n \leqslant 10\ 000$	
Ⅰ	$140.0 \leqslant n < 142.5$	$130.0 \leqslant n < 132.5$	$120.0 \leqslant n < 122.5$	轻度危害
Ⅱ	$142.5 \leqslant n < 145$	$132.5 \leqslant n < 135.0$	$122.5 \leqslant n < 125.0$	中度危害
Ⅲ	$145.0 \leqslant n < 147.5$	$135.0 \leqslant n < 137.5$	$125.0 \leqslant n < 127.5$	重度危害
Ⅳ	$n \geqslant 147.5$	$n \geqslant 137.5$	$n \geqslant 127.5$	极度危害

注：n 为每日脉冲次数。

3) 分级管理原则

对于 8h/d 或 40h/周噪声暴露等效声级大于等于 80 dB 但小于 85 B 的作业人员，在目前的作业方式和防护措施不变的情况下，应进行健康监护，一旦作业方式或控制效果发生变化，应重新分级。

(1) 轻度危害(Ⅰ级)：在目前的作业条件下，可能对劳动者的听力产生不良影响。应改善工作环境，降低劳动者实际接触水平，设置噪声危害及防护标识，佩戴噪声防护用品，对劳动者进行职业卫生培训，采取职业健康监护、定期作业场所监测等措施。

(2) 中度危害(Ⅱ级)：在目前的作业条件下，很可能对劳动者的听力产生不良影响。针对企业特点，在采取上述措施的同时，采取纠正和管理行动，降低劳动者实际接触水平。

(3) 重度危害(Ⅲ级)：在目前的作业条件下，会对劳动者的健康产生不良影响，除了采取上述措施外，还应尽可能采取工程技术措施，并进行相应的整改，整改完成后，重新对作业场所进行职业卫生评价及噪声分级。

(4) 极重危害(Ⅳ级)：目前作业条件下，会对劳动者的健康产生不良影响，除了采取上述措施外，还应及时采取相应的工程技术措施进行整改。整改完成后，对控制及防护效果进行卫生评价及噪声分级。

2. 噪声控制

噪声控制基本途径可分为声源控制、传播途径控制和个体防护。

1) *声源控制*

工业生产的机器和交通运输的车辆是环境噪声的主要噪声源，控制噪声源是降低噪声的最根本和最有效的办法。降低声源噪声，就是使机器和交通运输车辆发声体变为不发声体或者降低发声体辐射的声功率。

(1) 研制低噪声设备。

① 选用内阻大的材料制造零件。一般金属材料，如钢、铜、铝等，它们的内阻尼、内摩擦较小，消耗振动能量的性能比较差，因此，凡用这些材料做成的机械零件，在振动力的作用下，机械零件表面会辐射较强的噪声。而采用材料内耗大的高阻尼合金就不同了，高阻尼合金(如锰铜－锌合金)的晶体内部存在一定的可动区，当受到作用力时，合金内摩擦将引起振动滞后损耗效应，使振动能转化为热能散掉。

② 改进设备结构降低噪声。通过改进设备的结构减小噪声，其潜力是巨大的。例如，把风机叶片由直片形改成后弯形，可降低噪声 10 dBA 左右；有些电动机设计得比较保守，冷却风扇选得大，噪声也大。试验表明，若把冷却风扇从末端去掉 2～3 mm，可将噪声降低 6～7 dB(A)。

③ 改进舍去装置降低噪声。对旋转的机械设备，采用不同的舍去装置，其噪声大小是不一样的。从控制噪声角度考虑，应尽量选用噪声小的传动方式。实测表明，一般正齿轮传动装置噪声比较大，而用斜齿轮或螺旋齿轮，它啮合时重合系数大，可降低噪声 3～10 dB(A)，若用皮带传动代替正齿轮传动，可降低噪声 16 dB(A)。齿轮类的传动装置，可通过减小齿轮的线速度及选择合适的传动比来降低噪声。试验表明，若将齿轮的线速度降低一半，噪声就会降低 6 dB(A)；若选用传动比为非整数，则噪声可降低 2～3 dB(A)。

(2) 改进生产工艺。改进生产工艺也是从声源上降低噪声的一种途径。比如，对建筑施工的打桩机噪声进行测试表明，柴油打桩机在 10 m 处噪声达 95～105 dB(A)，而钻孔灌注桩机的噪声则只有 80 dB(A)。在工厂里，把铆接改用焊接，把锻打改成摩擦压力或液压加工，均可将噪声降低 20～40 dB(A)。

(3) 提高加工精度和装配质量。机器运行中，由于机件间的撞击、摩擦，或由于动平衡不好，都会导致噪声增大。可采用提高机件加工精度和机器装配质量的方法降低噪声。例如，提高传动齿轮的加工精度，既可减小齿轮的啮合摩擦，也会减小振动，这样就减小了噪声。

2) *传播途径控制*

噪声传播途径控制可分为：吸声隔声和消声。

(1) 吸声：主要利用吸声材料或吸收结构来吸收声能，如图 5－16 所示。

吸声系数 α 是衡量材料吸声性能大小的表征量：

$$\alpha = \frac{E_2 + E_3}{E_0} = 1 - \frac{E_1}{E_0}$$

式中：E_2 为被吸收的声能；E_3 为透射声能；E_0 为入射声能；E_1 为反射声能。

当 $E_1 = E_0$ 时，$\alpha = 0$，表示材料是全反射的；当 $E_1 = 0$ 时，$\alpha = 1$，表示材料是全吸收的；吸声系数越大，材料的吸声效果越好。吸声系数 $\alpha > 0.2$ 的材料，称为吸声材料。光滑水泥地面的平均吸声系数 $\alpha = 0.02$，钢板 $\alpha = 0.01$，均不是吸声材料。

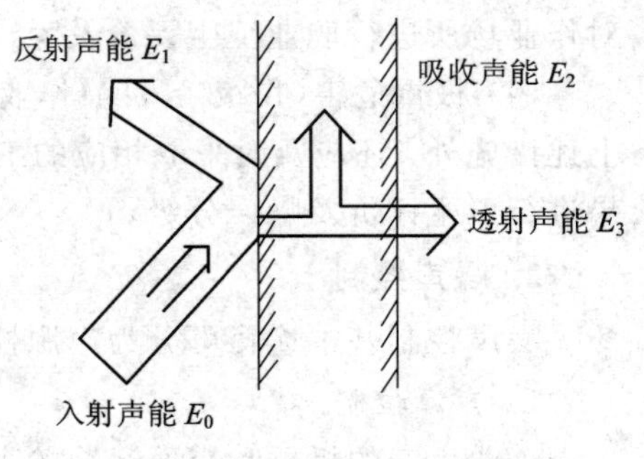

图 5-16　材料吸声原理示意图

(2) 隔声：应用隔声构件将噪声源和接收者分开，使噪声在传播途径中受到阻挡，在噪声的传播途径中降低噪声污染，从而使待控制区域所受的噪声干扰减弱，是控制噪声最有效措施之一。隔声构件有砖墙、混凝土墙、金属板、木板等。

(3) 消声：利用消声器来降低空气中声的传播。

消声器是一种让气流通过使噪声衰减的装置，安装在气流通过的管道中或进、排气口上，可有效地降低空气动力性噪声。消声器的种类很多，按消声原理大致分为阻性消声器(转化为热能)、抗性消声器、组抗复合式消声器、微穿孔板消声器、耗散型及特殊型消声器。抗性消声器与阻性消声器的消声原理是不同的，它不直接吸收声能，而是利用突变的界面或旁接共振腔，使沿管道传播的某些频率声波在突变的界面处发生反射等现象，达到消声的目的。

3) 个体防护

在声源和传播途径上无法采取措施，或采取了声学技术措施仍达不到预期效果，应对噪声环境中的操作人员进行个人防护，让工人戴上个人防噪用品。由于噪声一方面影响人耳听力，另一方面通过人耳将信息传递给神经中枢系统，并对人体全身产生影响，因而，在耳朵上戴上防声用具，不仅保护了听力，而且也保护了人体的各个器官免受噪声危害。常用的防噪用品有耳塞、防声棉、耳罩、防声帽等，主要是利用隔声原理来阻挡噪声传入人耳，使感受声级降低到允许水平(见表 5-20)。

表 5-20　常用防声用具的效果

种类	备注	质量/g	衰减/dB(A)
棉花	塞在耳内	1～5	5～10
棉花涂蜡	塞在耳外	1～5	10～20
伞形耳塞	塑料或人造橡胶	1～5	15～30
柱形耳塞	乙烯套充蜡	3～5	20～30
耳罩	罩壳内衬海绵	250～300	20～40
防声帽	头盔加耳塞	1500	30～50

5.4　泄漏检测

在工业生产过程中，广泛存在着泄漏现象，而且在生产装置的正常运行、启停、装卸物料及检修过程中都有可能发生。当可燃气体、液化烃或可燃液体等危险物质发生泄漏后，遇到点火源就会引起燃烧及爆炸，形成灾害。有些有毒物质泄漏，还会直接危及人身安全。因此，分析研究危险物质泄漏的原因与其危险性，采取有效的泄漏监测和预防措施，对于减少工业企业生产中灾害事故的发生尤为重要。

5.4.1　危险物质的泄漏及危险性

正常情况下，在工业企业中收存、输送危险物质的容器、管道等，是选用最合适的材料、按严格的标准设计制造的，并通过耐压试验是不会发生泄漏的。危险物质的泄漏，一般是由于异常情况使容器或装置的部分构件被破坏和人为误操作造成的，并且主要起因为前者。

1. 危险物质泄漏的原因

容器构件破坏引起危险物质泄漏的原因有如下三方面。

(1) 容器内压异常上升。在工业生产过程和储运过程中，造成容器内压异常上升的原因分为物理原因和化学原因两种情况：① 物理原因使容器内压异常上升，主要表现为容器内物料温度上升产生的热膨胀、机械压缩、冲击压等；② 化学原因使容器内压上升，主要表现在反应体系内反应热蓄积或过热流体液体急剧蒸发，使容器内气体或空气急剧热膨胀或使液体蒸气压剧增。当容器无法承受这些内压异常上升时，其薄弱部分最先被破坏，高压气体或过热液体伴着爆炸声或啸叫声向外喷出，使容器一部分或全部变为碎片飞散，在形成泄漏的同时发生火灾及爆炸。这种破坏泄漏多发生在生产装置中，并且大部分是由于化学反应或相变造成的，瞬间即会造成严重灾害。

(2) 容器构件受到异常外部载荷。强烈的震动、地基下沉、剧烈摇晃、事故相撞或施工不慎等，是引起外部载荷异常的主要原因，可造成裂纹、穿孔、管道弯曲或折断等机械破坏，导致油品、液化烃等液态危险物质因泄漏而着火或形成灾害。

(3) 容器或管道构件材料强度降低。引起构件材料强度降低的主要原因如下。

① 物料的腐蚀或摩擦；

② 材料的低温脆性；

③ 反复应力或静载荷作用；

④ 材料暴露于高温。

这些原因引起的泄漏多发生在石化加氢处理过程、输油管路的氮气置换作业及生产装置中。此外，人为因素造成的泄漏原因，大多是人对管道中阀门或容器上孔盖的操作失误，多发生在生产装置的断流阀、采样阀、排泄阀、空气管道阀等处。

2. 泄漏的危险性

可燃气体、液化烃或可燃液体、有害气体等危险物质泄漏并与空气接触，会表现出火灾危险性和毒害性。下面主要介绍可燃气体、液化烃或可燃液体泄漏的火灾危险性。

1) 可燃气体泄漏的火灾危险性

当纯气体泄漏时，由于气体密度远小于液体密度，即使是高压气体，其密度也相对较低，因此可燃气体泄漏一般仅能形成体积不大的可燃气云或爆炸性混合气。当泄漏的可燃气体比空气轻时，会随扩散范围增大而逐渐稀薄上升，潜在的火灾危险性较小。比空气重的可燃气体泄漏后，会向下风方向和低洼处扩散、积蓄，达到爆炸浓度范围，潜在火灾危险性较大，并具有隐蔽性。

2) *液化烃或可燃液体泄漏的火灾危险性*

由于液体燃烧的机理是其不断蒸发的蒸气在气相中燃烧，同时液化烃或可燃液体在空气中会快速气化蒸发形成较大的蒸气云，因此，这类液体有很强的火灾危险性，并与泄漏当日大气压(通常可近似为标准大气压)下的液体沸点高低、泄漏量与气化量的大小等有关。当可燃液体沸点高于大气温度时，可燃蒸气云的消散与形成存在竞争，低闪点液体露天泄漏能产生较大蒸气云，而高闪点液体则难以产生较大蒸气云。当可燃液体沸点低于大气温度时，或者低于其工作温度并在高于常压的压力下保持蒸气压平衡时，露天泄漏将立即气化并迅速形成蒸气云，尤其是深冷低沸点液体泄漏会产生猛烈的爆沸，过热液体泄漏会引起剧烈的液气相变，甚至无需点火源就会发生蒸气爆炸，具有极强的火灾危险性。

5.4.2　管道泄漏检测技术

管道运输是一种非常经济、有效的方法和工具，广泛地应用于世界各地区及各种行业中。与此同时，管道泄漏也一直是国内外人们非常关注的一个重要问题。通常，管道泄漏的物质是有毒和有害的，因为发生泄漏事故可能会对周围环境及其生态平衡造成严重的破坏或影响，由此造成国家财产的损失并对人民生命的威胁。管道泄漏的预测和诊断方法及其技术与管道泄漏的监测方法及其技术，随着管道运输的发展而逐步地发展并日趋完善，目前已经成为工业、农业、环境生态发展和科学研究等行业中一个重要的研究内容。

迄今为止，管道泄漏检测系统的组成主要分为硬件和软件两种方法和技术。基于硬件的方法和技术主要有声发射、电缆传感器、光纤维、土壤检测、超声波流量测定、蒸气测定、遥感等方法和技术；基于软件的方法和技术有质量(或体积)平衡、实时瞬变模型、压力点分析、神经网络、统计分析等。

1. 基于硬件的方法和技术

1) *声发射技术管道检漏方法*

基于声发射技术的管道泄漏检测系统的声音传感器预先地安装在管道壁外侧，如果管道发生漏点泄漏，就会在漏点产生噪声并被安装在管道外壁上的声音传感器接收、放大，经计算机软件处理成相关的声音全波形，通过对全波形的分析就可达到监测和定位管道泄漏的状况和漏点的位置的目的。此技术特别适合于那些管道内流量低、压力高的情况。为了达到准确地确定一个泄漏点的目的，需要排除外来噪声和确定管道操作噪声。通常，管道的泄漏量与由此引起的噪声波形的幅度具有相关性，噪声信号随着泄漏量增加而增大。泄漏点的位置是通过管道上的三个固定的声音传感器根据泄漏引起的噪声在管道上的传播测量出来并予以确定的。基于声发射技术的管道泄漏检测系统具有可实时和可连续地测定分析、泄漏点定位准确和不必拆卸管道的外部进行测定等优点。但是，对于大流量的管道，背景噪声将会对泄漏噪声产生严重干扰。另外，基于声发射技术的管道泄漏技术检测泄漏量的准确性与其他技术相比还具有较大的误差。

2) *电缆传感器管道检漏方法*

基于电缆传感器的泄漏检测技术的传感器由某些高分子材料制成并具有与碳氢化合物的反应活性，碳氢化合物对这种材料会产生体积的或者电特性的改变，通过测量这些改变可达到监测管道内碳氢化合物泄漏的目的。如果管道或储罐发生泄漏，那么泄漏出的碳氢物质就会不同程度地改变电缆传感器的电容特性或者电阻特性，由此可确定管道的泄漏量状况和泄漏点位置。

基于电缆传感器的泄漏检测技术适合应用于较短的燃料管线，诸如机场或者炼油厂等的燃料站(库)等。Sensor Comm公司已经研制了一种液体传感电缆，应用于管道的泄漏检测。此种技术是一种非金属的测量技术，可应用于极冷的地区和20英尺深度的管道的泄漏检测。通常，电缆传感器经过汽油或者其他的高挥发性碳氢物质暴露之后，必须经空气干燥，以保证电缆传感器的正常应用。此外，传感器可能会干扰管道的阴极保护系统。

3）光纤管道检漏方法

光纤管道检漏是一种有前途的管道泄漏检测技术。光纤传感器可以分散和定点地安装在管线上。光纤可以检测很宽范围的物理和化学特性，既可以检测管道泄漏，也可以定位泄漏点位置。在实验室模拟如下：在一段10米长的埋地氨管道范围内设计了A、B、C、D 4个可控制氨泄漏流量的模拟氨泄漏位置点，氨管道外壁上铺设光纤传感器以测定并记录氨管道上的温度。模拟试验研究结果表明，通过光纤传感器测定关于管道的温度分布状况，在管道泄漏时管道的温度会出现明显下降。在设定的4个泄漏点位置，无论是哪一个位置发生泄漏，此泄漏位置的温度就会下降。这是因为液氨泄漏处管道由于液氨气化产生的吸热作用引起温度下降，由此发出管道泄漏报警信号和确定泄漏点位置。氨气具有刺激性气味，人体感官可以在氨浓度很低时就会感觉出来。但是，此模拟试验表明，在人体还没有感觉到氨气的气味时，光纤传感器就已经将地下的管道泄漏状况测定出来，并确定了修漏点的位置。

4）土壤检测检漏方法

土壤检测方法是一种蒸气检测系统，可以测定出地下管道周围土壤中蒸气相碳氢物质的浓度，由此检测管道泄漏位置和泄漏状况。通常，基于土壤检测的管道泄漏测定和漏点定位技术是通过测定从管道泄漏的示踪气体来完成的。此示踪气体是预先添加到输送管道中的一种惰性的、挥发性的、比较稳定的气体物质，加入到管道中的浓度水平为几个ppm (10^{-6})。如果输送管道发生泄漏，示踪气体与管道中其他物质同时流出管道，示踪气体将优先地扩散到管道周围的土壤中，在管道泄漏点附近的土壤气体取样孔洞中的测定探头就会自动地收集土壤中的示踪气体，然后应用气相色谱方法测定探头收集的示踪气体的含量，由此监测管道泄漏状况和确定管道泄漏点的位置。应用气相色谱方法可测定出示踪气体在土壤中的浓度为ppt(10^{-9})水平。测定结果表明，示踪气体技术可以较准确地确定管道泄漏的位置，误差在数英尺范围内，测定结果与管道的直径和长度无关。

基于土壤检测的管道泄漏测定和泄漏点定位技术通常应用于地下的管道，此技术测定干扰小，具有较高的检漏准确性。但是，对于较长的管线，需要沿管道预先建立许多的探头深孔以便收集示踪气体样品用于气相色谱测定，因此，此技术的测定费用较高，工作负荷也比较大。

5）超声波流量测定检漏方法

超声波测定流量的检漏是一种比较经济、方便且易于安装、维护的技术。首先，将管道分成若干部分，每一部分都安装上超声波流量测定装置以测定这部分管道流进的和流出的体积流量，同时测定管道温度、环境温度、声波在管道内流体的传播速度等参数。然后，根据体积平衡原理，并应用计算机软件模型处理管道各个部分所有参数的测定结果，分析和比较出管道输送中分别在泄漏时和正常运行时的参数状况，由此诊断和确定管道泄漏量和泄漏点位置。通常较短的处理周期表明为一个较大的泄漏点；较长的处理周期表明为一个较小的泄漏点。

超声波测定流量的检漏系统与声发射技术的管道泄漏检测系统类似，都是在管道外部安装非破坏性的设备或器件的检漏技术。超声波测定流量的检漏系统已经成功地应用于城市供水管道系统中的泄漏状况诊断。除此之外，还有便携式的超声波管道检漏系统，可供有经验的技术人员佩戴超声波耳机并在现场沿着地下管道线路巡检使用，同样具有比较准确的漏点定位能力。

6）蒸气测定检漏方法

蒸气测定系统是将传感器管道平行地安装在被测定的管道上，如果管道发生泄漏，泄漏的碳氢物质就会流出管道并通过扩散进入传感器管道，周期地应用气体泵抽取传感器管道内的气体并将此气体输送到检测器进行测定，泄漏的碳氢物质就会被定量测定出来并以出峰的方式随时间进行记录。根据气体泵抽取管内气体的流速、抽取气体的开始时间和碳氢物质在检测器上的出峰时间可计算出被测管道的泄漏点位置，出峰面积的大小表明了管道泄漏量的大小。

蒸气检测技术是一种管道检漏的物理测定方法，与管道内的物质的体积和压力无关。此技术无需软件处理，并且可同时检测出多处泄漏点的状况。但是，该检测技术通常仅限应用于较小泄漏的情况，不适合大的泄漏情况的检测。还有，此系统需要较高的费用投资，但不需要太多的维护工作。另外，此系统的检漏响应时间较长，主要取决于气体泵抽取气体的流速、传感器管线的长短等。

7）遥感检漏方法

遥感检漏方法也是近年来发展迅速和有效的应用技术之一。遥感检漏技术可分成两类。其一是主动检测技术，应用激光源照射被调查的管道线路，发生泄漏的管道就会有气体流出，并扩散到大气环境中形成泄漏出来的气体云团，激光通过这个云团时泄漏的气体分子就会吸收激光，与不通过此云团的激光相比有一个能量差，由此判断管道泄漏和确定管道泄漏的位置；其二是被动检测技术(也叫热辐射检测)，发生泄漏的管道气体在大气环境中形成的云团内部与此云团外部存在着温度差(或者是辐射能力差)，由此可判断管道泄漏状况并确定管道泄漏处的位置。遥感技术与上述的管道泄漏检测技术相比具有许多优点：可应用于大范围管道区域内发生管道泄漏的快速检测和实地调查，可更完整和更有效地覆盖可能发生泄漏的区域；一旦发生管道泄漏，不必通过收集气体样品或者采集土壤样品的测定方法，而是通过可见的完整的泄漏测定结果准确确定管道泄漏的位置；不必依靠有经验人员进入管道输送区域内调查并判断管道泄漏位置，可完成技术人员不能进入的和有危险的区域的管道泄漏调查工作。

2. 基于软件的方法和技术

基于软件的管道检漏方法通常使用管道内流体的流量、压力、温度和其他数据的变化差异，通过数学模型确定管道内流体的运行状态，判断管道是否出现泄漏，确定泄漏量大小和泄漏点位置。因为输入到计算机软件的流量、压力、温度等参数都是应用硬件设备(如上述各种硬件技术)获得的，所以，基于软件的管道检漏方法是通过与其对应的硬件技术共同实现的。

1）质量(或体积)平衡检漏方法

基于质量守恒或者体积守恒原理的软件是指流入和排出一段管道的流体的质量(体积)相等，可通过管道直径以及管道内流体的温度、压力和流量计算出来。如果发生泄漏，那么流出这段管道的流体质量就会比流入的少，管道内的压力就会表明管道内部的充填状况。质量或者体积守恒原理是目前普遍采用的软件技术之一，此软件技术要求硬件能准确地测量出管道内流体的流量、压力和温度，通过软件计算和处理这些参数转化成质量流量或者标准状态下的体积流量。国外已经有此类商品软件，并已经应用于石油行业中输油管道的泄漏检测。质量或者体积守恒方法的检漏准确性取决于安装在管道系统中硬件设备的测量精度，通常不需要额外的设备投资。应用此类软件诊断管道泄漏需要较长的时间，只有在泄漏发生后并通过这段管道两端的压力或流量等参数的波动反映出来时才能够做出判断。泄漏报警所需的响应时间取决于此段管道泄漏量的大小，也取决于此段管道中测量设备的测量灵敏度和精度。

对于石油管道泄漏，多采用流量差检测法，即在管道的流体输入和输出端分别设置流量计，通过监测两端流体的流量差来判断管路是否泄漏，其过程如图5-17所示。

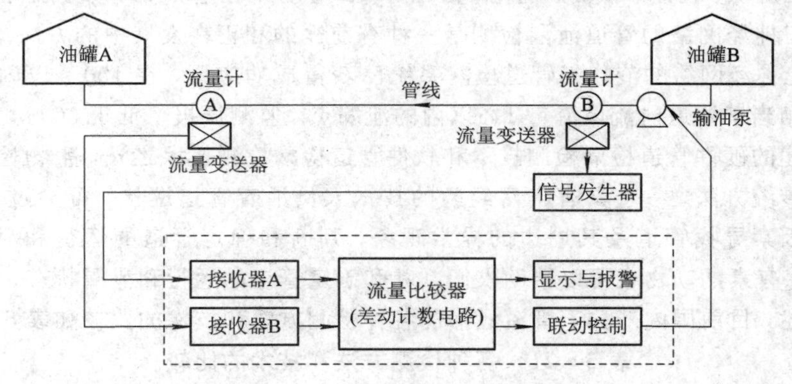

图5-17　管路泄漏的监测

另外，石油管道的泄漏也可以用与管道线平行设置或环绕设置的线状油溶性或渗透性测量电缆来监测，其特点是测量及时并具有覆盖整个管线的能力。

2）实时瞬变模型检漏方法

实时瞬变模型检漏方法应用质量守恒、动量守恒、能量守恒和流体的状态方程计算管道内流体的流量，应用预测值(计算值)和实测值的差异确定管道的泄漏。此技术需要实时地测量管道的流量、压力和温度，同时，应用实时瞬变模型计算这些对应的物理量的数值，通过连续地分析噪声水平和正常的瞬间状态以减少泄漏的误报警，根据管道的流体流量的统计变化量调整软件的管道泄漏报警阈值。通常，此软件可检测出小于管道流体的1%泄漏量的报警。实时瞬变模型检漏软件是一种非常昂贵的技术，它需要大量昂贵的仪器和设备连续地、实时地测量和收集管道系统中的各种物理量。此软件模型也比较复杂，通常要求训练有素的操作人员才能操作。

3）压力点分析检漏方法

压力点分析法(简称PPA)是一种用于气体、液体和某些多相流管道检测泄漏的方法，其原理是对管道的压力和流量闭变化率进行检测。当管道处于稳定状态时，压力和速度以及密度分布不随时间变化。在设备(泵或压缩机)供能增大或减少时，流体的速度、压力和密度分布的变化是连续的。一旦稳定状态受到某一事故的干优，管道将向新的稳定状态过渡。流体经过一定时间将改变其流速和压力。如果在沿线的某点发生事故，其最初的泄漏特征将在一定的时间内传递到管道末端(或其他任何检测位置)，传递时间取决于事故发生地点到检测点的距离和声音在管道流体中传播的速度。当泄漏发生时，管道完成过渡达到新的稳态。过渡时间由动量和冲量定理确定，一般为几分钟至十几分钟。为了解决专用检测仪表检测扩张波峰产生噪声后的可靠性问题，PPA 在检测点检测流体从某一稳态过渡到另一稳态时管道中流体压力和速度的变化情况。PPA 的分析过程不需要在不变的稳态之间过渡，它适合于管道的现行操作。PPA 检测首先分析取自单个测试点的一组数据，然后应用计算机处理这些原始数据，以确定管道是否有泄漏点。

4) 神经网络泄漏检测技术

人工神经网络是以工程技术手段来模拟人脑神经元网络的结构与特点的系统。我们利用人工神经元可以构成各种不同拓扑结构的神经网络，它是生物神经网络的一种模拟和近似。目前，神经网络已逐步发展为一种公认的、强有力的计算或处理模型。神经网络的应用领域包括：辨识、控制、预测、优化、诊断、模式识别、信息压缩、数据融合、风险评估等。基于人工神经网络的管道泄漏检测是一种有前途的和正在发展中的方法。国外已有报道，基于人工神经网络的液化气管道检漏系统已获得成功应用，在 100 s 以内可监测并定位出泄漏量相当于管道内流体流量 1%以内的泄漏点，监测误报率低于 50%。

除了上述的硬件管道检漏检测技术和软件管道检漏检测技术之外，生物检漏技术也是常常使用的传统方法之一。具有丰富经验的技术人员沿着管道巡检，可通过气味、声音、环境状况等因素寻找管道及其周边的异常现象，判断和确定管道的运行和泄漏状态。另外，使用训练有素的动物也可以帮助人们判断和确定管道的运行和泄漏状态。

综上所述，目前国内外关于管道泄漏的各种检测方法和技术的比较如表 5－21 所示。

表 5－21 各种检测方法和技术的比较

泄漏检测方法	检漏检测灵敏度	泄漏点定位能力	操作条件改变	实用性评估结果	误报警率	技术维护要求	检测费用消耗
生物方法	高	好	好	差	低	中	高
光纤方法	高	好	好	差	中	中	高
声学方法	高	好	不好	好	高	中	中
蒸气检测	高	好	好	差	低	中	高
负压方法	高	好	不好	好	高	中	中
流量变化	低	差	不好	好	高	低	低
质量平衡	低	差	不好	好	高	低	低
实时模型	高	好	好	好	高	高	高
压力点分析	差	无	好	好	高	中	中
遥感技术	中	好	好	好	中	高	高

注：表中的检漏技术评估结果是相对的，实际应用中应当综合地考虑提供商、管道操作条件、硬件和软件质量及其供货情况等等。此外，超声波流量技术不适合于燃气管道的检漏。

表5-21的比较结果说明，没有哪一种方法对所有的性能评估具有压倒性的优势，特别是误报警率高是一个普遍存在的问题(除了生物方法和蒸气检测方法之外)。虽然生物方法和蒸气检测方法具有较低的误报警率，但是这两种方法不能连续地进行检测。流量变化、质量或者体积守恒方法、压力点分析方法都具有维护方便和易于安装的优点，但是它们的泄漏点定位能力较差并且不适合于管道操作改变的管道。实时瞬变模型技术可应用于管道操作改变的管道检漏并且具有较好的泄漏点定位能力，但是维护费用和安装费用都很高。

5.5　火灾参数检测与系统

在工业生产储运过程中，一旦发生火灾将造成重大的损失。在火灾初期被及时发现，并立即扑灭火灾，正是人们防火、灭火所期望的。火灾监测仪表是发现火灾苗头的设备，它能测出火灾初期陆续出现的火灾信息，并与控制装置一起构成火灾自动报警和灭火联动控制系统，及时对初期火灾实施灭火，将火灾消灭在萌发阶段。由于初期的火灾信息有烟气、热流、火花、辐射热等，因此探测出这些火灾信息的仪表有感温式、感烟式、感光式和感气式等多种类型。下面就对各种工业火灾监测仪表的探测方法、工作原理及火灾自动报警系统的构成等加以介绍。

5.5.1　火灾探测与信号处理

根据火灾所产生的各种现象，可以选择不同的探测方法来发现早期火灾，从而形成不同类型的火灾探测器。根据对火灾信号采用不同的处理方式，可以构成不同类型的火灾探测与报警系统。

1. 火灾现象

众所周知，燃烧是一种伴随有光、热的化学反应。因此，物质在燃烧过程中一般有下述现象产生。

1) 热(温度)

凡是物质燃烧，就必然有热量释放出来，使环境温度升高。环境温度升高的速率与物质燃烧规模和速度有关。在燃烧规模不大、速度非常缓慢的情况下，物质燃烧所产生的热(温度)是不容易鉴别出来的。

2) 燃烧气体

物质在燃烧的开始阶段，首先释放出来的是燃烧气体。其中有单分子的CO、CO_2等气体，较大的分子团，灰烬和未燃烧的物质颗粒悬浮在空气里，我们将这种悬浮物称为气溶胶，其颗粒粒子直径一般在0.1 μm左右。

3) 烟雾

烟雾没有严格科学的定义，一般是把人们肉眼可见的燃烧生成物，其粒子直径在0.01～10 μm的液体或固体微粒与气体的混合物称为烟雾。不管是燃烧气体还是烟雾，它们都有很大的流动性和毒害性，能潜入建筑物的任何空间，其毒害性对人的生命威胁特别大。据统计，在火灾中约有70%死者是由于燃烧气体或烟雾造成的，所以在火灾中将它们合在一起作为检测参数来考虑，称为烟雾气溶胶或简称烟气。

4）火焰

火焰是物质着火产生的灼热发光的气体部分。物质燃烧到发光阶段是物质的全燃阶段，在这一阶段中，火焰热辐射含有大量的红外线和紫外线。易燃液体燃烧，是其不断蒸发的可燃蒸气在气相中燃烧，其火焰热辐射很强，含有更多的紫外线。

对于普通可燃物质燃烧，其表现形式首先是产生燃烧气体，然后是烟雾，在氧气供应充分的条件下才能达到全部燃烧，产生火焰并散发出大量的热，使环境温度升高。有机化合物及易燃液体的起火过程则不同，它们表面全部着火前的过程甚短，火灾发展迅速，有强烈的火焰辐射，很少产生烟和热。

2. 火灾探测方法

火灾的探测，以物质燃烧过程中产生的各种现象为依据，以实现早期发现火灾为前提。因为火灾的早期发现，是充分发挥灭火措施的作用，减少火灾损失和保卫生命财产安全的重要条件，所以，世界各国对火灾自动报警技术的研究，都着眼于火灾探测手段的研究和实验工作，试图发现新的早期火灾探测方法，开拓火灾自动报警技术的新领域。

根据火灾现象和普通可燃物质的典型起火过程曲线，火灾的探测方法目前主要有以下几种。

1）空气离化探测法

这是以火灾早期产生的烟气为主要检测对象的火灾探测方法。空气离化法是利用放射性同位素^{241}Am所产生的α射线(即带正电的粒子流，也就是氦原子核流，其穿透能力很小，而电离能力很强)，将处于一定电场中两电极间的空气分子电离成正离子和负离子，使电极间原来不导电的空气具有一定的导电性，形成离子电流，当含烟气流进入电离空间时，由于烟粒子对带电离子的吸附作用和对α射线的阻挡作用，使原有的离子电流发生变化(减小)，离子电流变化量的大小则反映了进入电离空间烟粒子的浓度，从而将烟气浓度转化成电信号。据此可探测火灾的发生。显然，空气离化火灾探测方法是放射性同位素在火灾探测技术方面的应用，是原子能和平利用的一个重要方面。

2）热(温度)检测法

这是以火灾产生的热对流所引起的环境温度的上升为主要检测对象的火灾探测方法。该方法主要是利用各种热(温度)敏感元件来检测火灾所引起的环境温升速率或环境温度变化。热(温度)检测方法是最早使用的火灾探测方法，迄今已有一百多年的历史。

3）光电探测方法

这是以早期火灾产生的烟气为检测对象的火灾探测方法。该方法根据光学原理和光电转换机理，利用烟雾粒子对光的阻挡吸收和散射特性来实现对火灾的早期发现。随着近年来微电子技术和光电转换技术的不断发展，光电探测方法在火灾探测领域获得了广泛的应用。

4）光辐射或火焰辐射探测方法

这是以物质燃烧所产生的火焰热辐射为检测对象的火灾探测方法。该方法利用红外或紫外光敏元件来检测火灾产生的红外辐射或紫外辐射，从而达到早期发现火灾的目的。这类探测方法特别适于对火灾起始阶段很短、火灾发展迅速的油品类火灾的探测。

5）可燃气体探测法

这种方法是以早期火灾所产生的可燃气体或气溶胶为检测对象的火灾探测方法。该方法主要利用半导体式和催化燃烧式气敏元件的转化机理来早期探测火灾。由于各种气敏元件用于火灾探测的机理还有待进一步完善，因此这类探测方法尚没有在火灾探测中获得广泛应用。

综合上述各种探测方法，对普通可燃物质燃烧过程，以光电探测法和空气离化法应用最广，探测最及时，热(温度)检测法则相对较迟缓，但它们都是广泛使用的火灾探测方法。其他两种探测方法仅在一定范围内使用。

3. 常用火灾探测器

根据不同的火灾参量响应和不同的响应方法，火灾探测器可分为不同类型，如表 5-22 所示。

表 5-22　火灾探测器的分类

名称		火灾参量	类型	备注
气体探测器	半导体气体探测器	可燃气体	点型	
	催化燃烧式气体探测器	可燃气体	点型	
	电解质气体探测器	可燃气体	点型	
	红外吸收式气体探测器	可燃气体	点型	
感烟火灾探测器	离子感烟探测器	烟雾	点型	
	光电感烟探测器	烟雾	点型	
	红外光束感烟探测器	烟雾	线型	
	线型光束图像感烟探测器	烟雾	线型	
	空气采样感烟探测器	烟雾	线型	
	图像感烟探测器	图像型	点型	
感温火灾探测器	热敏电阻定温探测器	定温	点型	
	双金属片定温探测器	定温	点型	
	半导体定温探测器	定温	点型	
	热敏电阻差温探测器	差温	点型	
	半导体差温探测器	差温	点型	
	热敏电阻差定温探测器	差定温	点型	
	半导体差定温探测器	差定温	点型	
	缆式线型定温探测器	定温	线型	
	分布式光纤感温探测器	定温、差定温	线型	
	光纤光栅感温探测器	定温	线型	
	空气管差温探测器	差温	线型	
火焰探测器	红外火焰探测器	红外光	点型	
	紫外火焰探测器	紫外光	点型	
	双波段图像火焰探测器	图像型	点型	
复合探测器	烟、温复合探测器	烟、温	点型	
	烟、温、CO 复合探测器	烟、温、CO	点型	
	双红外紫外复合探测器	红外、紫外	点型	

1) 感烟火灾探测器

感烟火灾探测器有离子感烟探测器、光电感烟探测器、红外光束感烟探测器、线型光束图像感烟探测器、空气采样感烟探测器、图像感烟探测器等几种形式。在感烟探测器中，目前在我国应用最广的是离子感烟火灾探测器。

(1) 离子感烟火灾探测器。在离子感烟火灾探测器中，利用^{241}Am(Americium，镅)作为α源，使电离室内的空气产生电离，使电离室在电子电路中呈现电阻特性。当烟雾进入电离室后，改变了空气电离的离子数量，即改变了电离电流，也就相当于阻值发生了变化。根据电阻变化大小就可以识别烟雾量的大小，并做出是否发生火灾的判断，这就是离子感烟火灾探测器探测火灾的基本原理。单极型电离室(如图 5 - 18 所示)是指电离室局部被α射线照射，使一部分成为电离区，而未被α射线所照射的部分则为非电离区，称为主探测区。离子感烟火灾探测器的原理方框图如图 5 - 19 所示。它由检测电离室和补偿电离室、信号放大回路、开关转换装置、火灾模拟检测回路、故障自动检测回路、确认灯回路等组成。信号放大回路在检测电离室进入烟雾以后，电压信号达到规定值以上时开始动作，将高输入阻抗的 MOS 型场效应型晶体管(FET)作为阻抗耦合后进行放大。开关转换装置用经过放大后的信号触发正反馈开关电路，将火灾信号传输给报警控制器。正反馈开关电路一经触发导通，就能自我保持，起到记忆的作用。

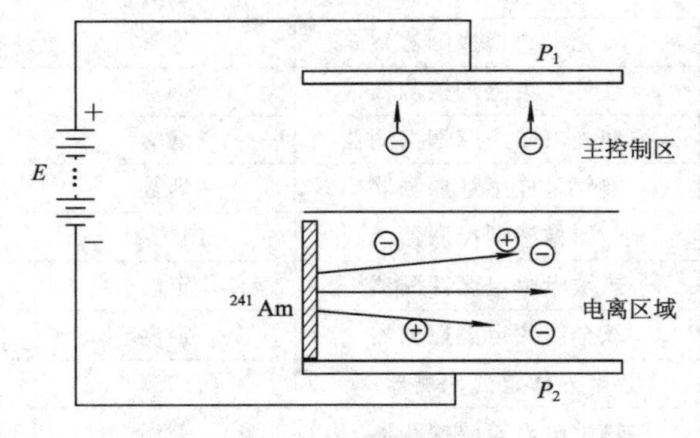

图 5 - 18　单极型电离室

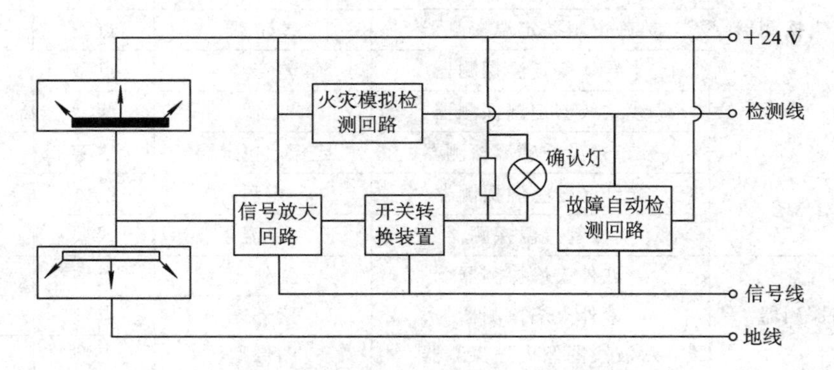

图 5 - 19　离子感烟火灾探测器方框原理图

(2) 光电感烟火灾探测器。光电感烟火灾探测器是利用火灾烟雾对光产生吸收和散射作用来探测火灾的一种装置。在火灾发生发展过程中，烟粒子和光相互作用时，能够发生两种不同的过程。粒子可以以同样波长再辐射已经接收的能量。再辐射可在所有方向上发生，但通常在不同方向上其强度不同，这个过程称为散射。另一方面，辐射能可以转变成其他形式的能，如热能、化学反应能或不同波长的辐射，这些过程称做吸收。在可见光和近红外光谱范围内，对于黑烟，光衰减以吸收为主；而对于灰白色烟，则主要受散射制约。光电感烟火灾探测器就是利用烟粒子对光的散射和吸收的原理研制、发展起来的一种新型的火灾探测器。光电感烟火灾探测器分为减光式和散射光式两类。

① 减光式光电感烟火灾探测器。减光式光电感烟火灾探测器的检测室内装有发光元件和受光元件。在正常情况下，受光元件接收到发光元件发出的一定光量，在火灾发生时，探测器的检测室内进入大量烟雾，发光元件的发射光受到烟雾的遮挡，使受光元件接收的光量减少，光电流降低，降低到一定值时，探测器发出报警信号。原理示意图如图5-20所示。目前，这种探测器应用较少。

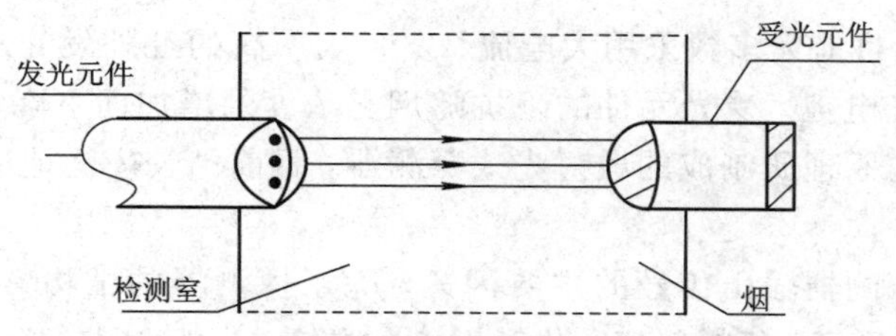

图5-20　减光式光电感烟火灾探测器原理图

图5-21为减光式光电感烟火灾探测器的光路示意图。装于圆形采样室内的发光元件(发光二极管)辐射波长为660 nm的脉冲调制光束，该光束在两个相距140 nm的反射镜间经过5次反射后被光敏元件(光电二极管)接收。光电二极管的输出信号经放大后被分配到两个自保电路上。其中一个电路的时间常数很大(约5 h)，因此，其输出信号缓慢地跟随输入信号(相对于正常房间的环境条件)；另一个电路的时间常数很小，其输出信号迅速地跟随输入信号。因此，如有火灾发生，两个信号差将增大，当信号差超过设定的阈值时，便发生火灾报警信号。

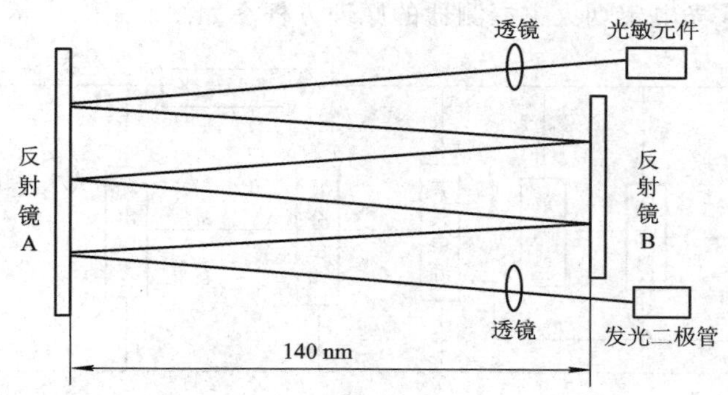

图5-21　减光式光电感烟火灾探测器的光路示意图

② 散射光式光电感烟火灾探测器。目前世界各国生产的点型光电火灾探测器多为散射光式光电感烟火灾探测器。这种探测器的检测室内也装有发光元件和受光元件。在正常情况下，受光元件接收不到发光元件发出的光，因此不产生光电流。在火灾发生时，当烟雾进入探测器的检测室时，由于烟粒子的作用，使发光元件发射的光产生漫射，这种漫射光被受光元件所接收，使受光元件阻抗发生变化，产生光电流，从而实现了将烟雾信号转

变成电信号的功能，探测器发出报警信号。其原理如图 5-22 所示。

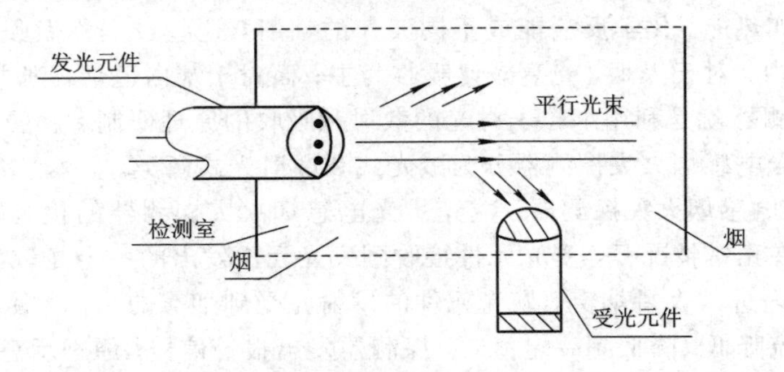

图 5-22 散射光式光电感烟火灾探测器原理图

作为发光元件，目前大多数采用大电流、发光效率高的红外发光二极管；受光元件大多数采用半导体硅光电池。受光元件的阻抗随烟雾浓度的增加而下降。根据电磁波与气溶胶粒子间相互作用的原理研制成的散射光式探测器，目前已较广泛地应用于火灾自动报警系统中。

影响散射光式探测器输出信号的主要因素，除了探测器的结构常数 K 和烟颗粒数浓度 z 以外，还有颗粒尺度、复折射率、散射角和光波长。此外，颗粒形状对其也有一定的影响。一般来说，光散射的基本理论仅仅是根据球形粒子创立的，但对于一些其他形状，如圆柱形和椭球形的颗粒来说，加以某些限制条件的计算也适用。但是，对于形状较复杂的颗粒，则要参考更专业的著作。

由上可见，散射光式探测器光电接收器的输出信号与许多因素有关，其中，除光源辐射功率和波长、颗粒数浓度、粒径、复折射率、散射角等因素外，还与散射体积(由发射光束和光电接收器的“视角”相交的空间区域)、光敏元件的受光面积及其光谱响应等因素有关。因此，在设计探测器的结构形式时，通常要考虑上述有关因素，协调上述相互矛盾的有关参数。散射光式光电感烟火灾探测器的原理方框图如图 5-23 所示。

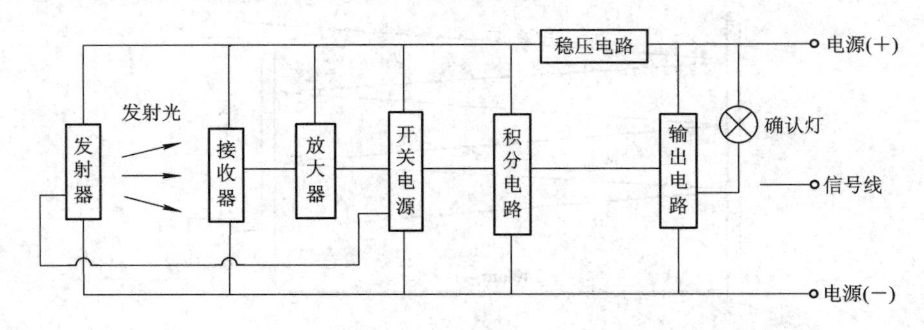

图 5-23 散射光式光电感烟火灾探测器原理方框图

· 发射器。为了保证光电接收器有足够的输入信号，又要使整机处于低功耗状态，延长光电器件的使用寿命，通常采用间隙发光方式，为此将发光元件串接于间隙振荡电路中，每隔 3～5 s 发出脉宽为 100 μs 左右的脉冲光束。脉冲幅度可根据需要调整。

· 放大接收器。光源发射的脉冲光束受烟粒子作用后，发生光的散射作用。当光接收器的敏感元件接收到散射辐射能时，阻抗降低，光电流增加，信号电流经放大后送出。

·开关电路。本电路实际上是一个与门电路，只有收、发信号同时到达时，门电路才打开，送出一个信号。为此，发射器的间隙振荡电路不仅为发光元件间隙提供电源，同时也为开关电路提供控制信号，这样可减少干扰光的影响。

·积分电路。此电路保证连续接收到两个以上的信号才启动输出电路，发出报警信号，大大提高了探测器的抗干扰性能。此外，为了现场判明探测器的动作情况和调试开通的方便，在探测器上均设确认灯和确认电路。

2) 感温火灾探测器

物质在燃烧过程中，释放出大量热，使环境温度升高，探测器中的热敏元件发生物理变化，将物理变化转变成的电信号传输给火灾报警控制器，经判别，发出火灾报警信号。

感温火灾探测器按工作方式分为定温型、差温型和差定温型；按探测器的外形分为点型和线型；按感温元件可分为机械型和电子型。

(1) 定温火灾探测器。当局部的环境温度升高到规定值以上时，才开始动作的探测器，称为定温火灾探测器。

(2) 差温火灾探测器。在较大的控制范围内，温度变化达到或超过所规定的某一升温速率时，才开始动作的探测器，称为差温火灾探测器。

(3) 差定温火灾探测器。图 5-24 是半导体差定温火灾探测器。由图 5-24(*b*)可见，差定温火灾探测器采用两只 NTC 热敏电阻，其中采样电阻 R_M 位于监视区域的空气环境中，参考电阻 R_R 密封在探测器内部。当外界温度缓慢升高时，R_M 和 R_R 均有响应，只有当温度达到临界温度后，由于 R_M 和 R_R 都变得很小，R_A 和 R_R 串联后，R_R 的影响力可以忽略，这样 R_A 和 R_M 就使探测器表现为定温特性。当外界温度急剧升高时，暴露在空气环境中的 R_M 阻值迅速下降，而密封在探测器内部的 R_R 的阻值变化缓慢，那么当阈值电路输入端电位达到阈值时，其输出信号促使双稳态电路翻转，从而发出报警信号，这就是差定温火灾探测器的工作原理。由于这种感温探测器同时具有定温探测器特性和差温探测器特性，因此称之为差定温火灾探测器。

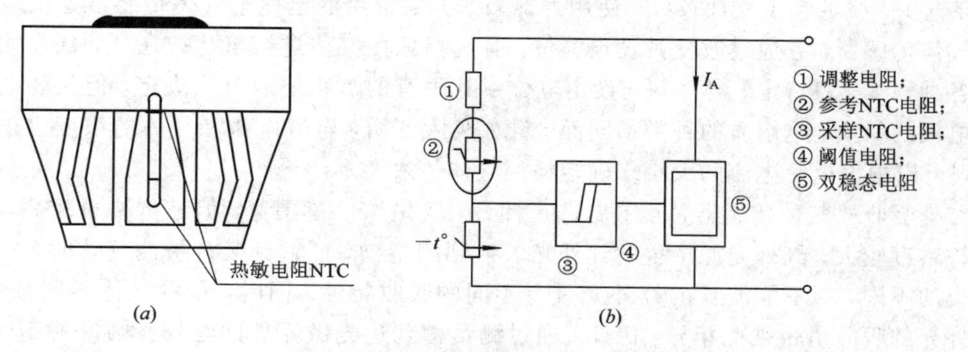

图 5-24　半导体差定温火灾探测器

(*a*) 半导体差定温火灾探测器示意图；(*b*) 半导体差定温火灾探测器电原理图

3) 火焰探测器

火焰探测器一般分为点型火焰探测器、紫外火焰探测器和红外火焰探测器三种。点型火焰探测器是一种响应火灾发出的电磁辐射(红外、可见和紫外谱带)的火灾探测器。因为电磁辐射的传播速度极快，所以这种探测器对快速发生的火灾(譬如易燃、可燃液体火灾)或爆炸能够及时响应，是对这类火灾早期通报火警的理想探测器。响应波长低于400 nm辐射能通量的探测器称做紫外火焰探测器；响应波长高于700 nm辐射能通量的探测器称做红外火焰探测器。火焰探测器极少应用在400～700 nm的可见光辐射谱区，因为在这个谱区难以对环境背景辐射与火灾辐射加以鉴别。而对背景辐射的鉴别是火焰探测器应具备的基本性能之一。采用火焰探测器的目的在于要使它在预定时间内，在给定的距离上可靠地探测出规定规模的火焰。为此，应了解火焰的辐射特性以及探测器对火焰辐射的响应性能，消除在保护场所中或其附近存在的环境干扰源可能对探测器造成误报的影响，从而提高火灾报警系统的准确性。

4) 气体探测器

气体探测技术比感温、感烟的技术要复杂且昂贵。国外从20世纪30年代开始研究、开发气体传感器，早期气体传感器主要用于煤气、液化石油气、天然气及矿井中的瓦斯气体的检测与报警，后来火灾领域的研究人员开始借助这些技术来检测火灾中产生的各种气态产物。近年来，由于气体传感技术有了长足的进步，气体探测技术正面临一个蓬勃的发展时期。气体探测器通常在大气工况中使用，而且被测气体分子一般要附着于气体传感器的功能材料表面且与之发生化学反应。此处仅对半导体气体传感器、电化学气体传感器和红外吸收式气体传感器作简要介绍。

半导体气体传感器是利用半导体气敏元件同气体接触，造成半导体发生变化来检测特定气体的成分或其浓度的。半导体气体传感器大体上分为电阻式和非电阻式两种。电阻式半导体气体传感器是用氧化锡、氧化锌等金属氧化物材料制作的敏感元件，利用其阻值的变化来检测气体的浓度；非电阻式半导体气体传感器主要是利用二极管的整流作用及场效应管特性等制作的气敏元件。半导体气体传感器可用于可燃性气体探测与检漏，以及火灾报警，从而可在灾害事故发生前，给出预警信号，其灵敏度高，响应时间短，得到了广泛应用。

电化学气体传感器采用检测气体在电极上的反应对气体进行识别检测，其特点是体积小，耗电少，线性和重复性较好，使用寿命较长。最常用的电化学气体传感器是恒电位电解式气体传感器，它通过改变其设定电位，有选择地使气体进行氧化或还原，从而能定量检测各种气体。对特定气体来说，设定电位由其固有的氧化还原电位决定，但又随电解时作用电极的材质、电解质的种类不同而变化。实验证明，电解电流和气体的浓度成正比关系，则可以根据电解电流的大小来确定检测气体的浓度。

红外吸收式气体传感器精度高，选择性好，气敏浓度范围宽，但是价格也较高，使用和维护难度较大。红外光源产生的红外光入射到测量槽，照射到某种被测气体时，气体根据种类的不同，对不同波长的红外光具有不同的吸收特性。同时，同种气体不同浓度时，对红外光的吸收量也彼此相异。因此，通过测量槽到达光敏元件的红外光强度就不同。红外光敏元件是将光信号变成电信号的器件。根据红外光源的波长和光敏元件输出电信号的不同就可以知道被测气体的种类和浓度。采用红外滤光片可以提高量子型红外光敏元件的灵敏度，也可以通过更换红外滤光片来增加被测气体的种类和扩大被测气体的浓度范围。

4. 火灾探测器的产品型号

按照GA/T228—1999《火灾探测器产品型号标准方法》中的规定，火灾探测器的产品型号含义如图5-25所示。

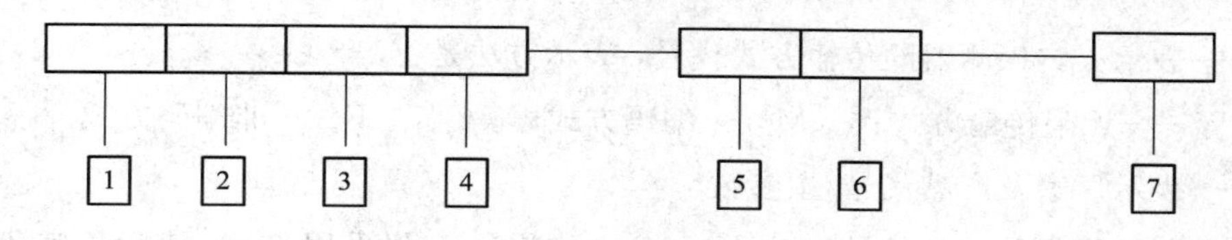

图 5 - 25　火灾探测器的产品型号

图中：

1——消防产品中的火灾报警设备分类代号，采用“J”表示。

2——火灾探测器类型分组代号。各种火灾探测器的具体表示方法是：

Y——感烟火灾探测器；

W——感温火灾探测器；

G——感光火灾探测器；

Q——气体敏感火灾探测器；

T——图像摄像方式火灾探测器；

S——感声火灾探测器；

F——复合式火灾探测器。

3、4——火灾探测器应用范围特征代号。表示方法是：防爆型用 B(在前)，普通型省略；船用型用 C(在后)，普通型省略。

5——火灾探测器中传感器特征代号。常用表示方法如下所述。

(1) 感烟火灾探测器采用如下字符表示：

L——离子；　G——光电；

H——红外光束；　LX——吸气型离子；

GX——吸气型光电。

(2) 感温火灾探测器采用两个字母表示。其中，第一个字母采用如下字符表示：

M——膜盒；　S——双金属；

Q——玻璃球；　G——空气管；

J——易熔金属；　L——热敏电缆；

O——热电偶；　B——半导体；

Y——水银接点；　Z——热敏电阻；

R——易熔材料；　X——光纤。

第二个字母采用如下字符表示：

D——定温；　C——差温；　O——差定温。

(3) 感光火灾探测器采用如下字符表示：

Z——紫外；　H——红外；　D——多波段。

(4) 气体敏感火灾探测器采用如下字符表示：

B——半导体；　C——催化。

(5) 复合火灾探测器采用上述代号组合，图像摄像方式和感声式火灾探测器特征省略。

6——表示火灾探测器的传输方式代号，表示方法是：

W——无限传输方式；　M——编码方式；　F——非编码方式。

7——表示厂家及产品代号/主参数

火灾探测器厂家及产品代号一般是4～6位，前2～3位采用字母，表示厂家代号，其后采用数字，表示产品下列号。

火灾探测器主参数和自带报警声响标志，一般定温、差定温火灾探测器用灵敏度级别表示，差温、感烟火灾探测器无需反映，其他火灾探测器采用能够代表其响应特征的参数表示。

5.5.2　火灾自动报警系统

1. 火灾自动报警系统的组成

火灾自动报警系统由火灾探测器、火灾报警控制器、火灾警报装置、火灾报警联动控制装置等组成，其核心是由各种火灾探测器与火灾报警控制器构成的火灾信息探测系统，如图5-26所示。

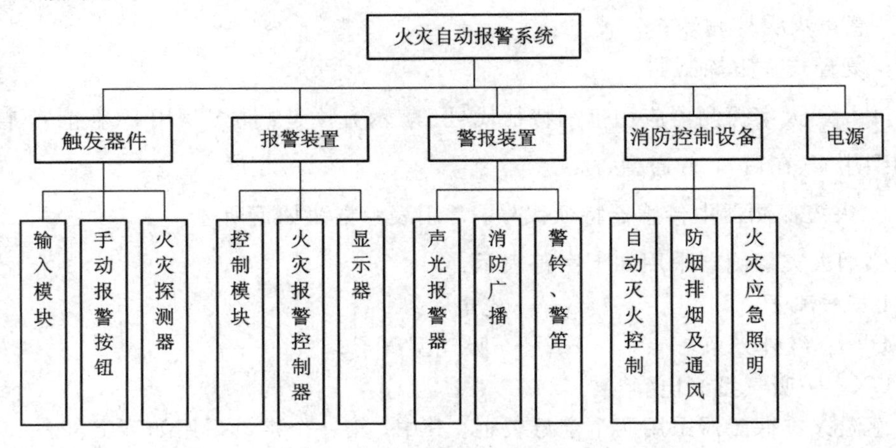

图5-26　火灾自动报警系统的组成

为了达到我国有关消防技术规范提出的火灾自动报警系统的基本要求，并为一些特殊对象中系统的应用提供基础，我国国家标准《火灾自动报警系统设计规范》(GB50116—2013)中还纳入了消防联动控制的技术要求，强调火灾自动报警系统具有火灾监测和联动控制两个不可分割的组成部分，因此，火灾自动报警系统也常称为火灾监控系统。

1）触发器件

在火灾自动报警系统中，自动或手动产生火灾报警信号的器件称为触发器件，它主要包括火灾探测器和手动火灾报警按钮。不同类型的火灾探测器适用于不同类型的火灾和不同的场所，在实际应用中，应当按照现行有关国家标准的规定合理选择。手动火灾报警按钮是用手动方式产生火灾报警信号、启动火灾自动报警系统的器件，也是火灾自动报警系统中不可缺少的组成部分之一。

2）火灾报警装置

在火灾自动报警系统中，用以接收、显示和传递火灾报警信号，并能发出控制信号和具有其他辅助功能的控制指示设备称为火灾报警装置。火灾报警控制器就是其中最基本的一种。火灾报警控制器具备为火灾探测器供电、接收、显示和传输火灾报警信号，并能对自动消防设备发出控制信号的完整功能，是火灾自动报警系统中的核心组成部分。

火灾报警控制器按其用途不同，可分为区域火灾报警控制器、集中火灾报警控制器和通用火灾报警控制器三种基本类型。区域火灾报警控制器用于火灾探测器的监测、巡检、供电与备电，接收火灾监测区域内火灾探测器的输出参数或火灾报警、故障信号，并且转换为声、光报警输出，显示火灾部位或故障位置等。其主要功能有火灾信息采集与信号处理，火灾模式识别与判断，声、光报警，故障监测与报警，火灾探测器模拟检查，火灾报警计时，备电切换和联动控制等。

集中火灾报警控制器用于接收区域火灾报警控制器的火灾报警信号或设备故障信号，显示火灾或故障部位，记录火灾信息和故障信息，协调消防设备的联动控制和构成终端显示等。其主要功能包括火灾报警显示、故障显示、联动控制显示、火灾报警计时、联动联锁控制实现、信息处理与传输等。

通用火灾报警控制器兼有区域和集中火灾报警控制器的功能，小容量的可以作为区域火灾报警控制器使用，大容量的可以独立构成中心处理系统，其形式多样、功能完备，可以按照其特点用做各种类型火灾自动报警系统的中心控制器，完成火灾探测、故障判断、火灾报警、设备联动、灭火控制及信息通信传输等功能。

近年来，随着火灾探测报警技术的发展和模拟量、总线制、智能化火灾探测报警系统的逐渐应用，在许多场合，火灾报警控制器已不再分为区域、集中和通用三种类型，而统称为火灾报警控制器。

在火灾报警装置中，还有一些如中继器、区域显示器、火灾显示盘等功能不完整的报警装置。它们可视为火灾报警控制器的演变或补充，在特定条件下应用，与火灾报警控制器同属火灾报警装置。

3）火灾警报装置

在火灾自动报警系统中，用以发出区别于环境声、光的火灾警报信号的装置称为火灾警报装置。火灾警报器就是一种最基本的火灾警报装置，它以声、光音响方式向报警区域发出火灾警报信号，以警示人们采取安全疏散、灭火救灾措施。

4）消防控制设备

在火灾自动报警系统中，当接收到来自触发器件的火灾报警信号时，能自动或手动启动相关消防设备并显示其状态的设备，称为消防控制设备，主要包括火灾报警控制器，自动灭火系统的控制装置，室内消火栓系统的控制装置，防烟、排烟系统及空调通风系统的控制装置，常开防火门、防火卷帘的控制装置，电梯回降控制装置以及火灾应急广播、火灾警报装置、消防通信设备、火灾应急照明与疏散指示标志的控制装置等十类控制装置中的部分或全部。消防控制设备一般设置在消防控制中心，以便于实行集中统一控制。也有的消防控制设备设置在被控消防设备所在现场，但其动作信号则必须返回消防控制室，实行集中与分散相结合的控制方式。

5）电源

火灾自动报警系统属于消防用电设备，其主电源应当采用消防电源，备用电源采用蓄电池。系统电源除为火灾报警控制器供电外，还为与系统相关的消防控制设备等供电。

2. 火灾报警控制器的功能要求

火灾报警控制器主要包括电源部分和主机部分。火灾报警控制器主机部分承担着对火灾探测器输出信号的采集、处理、火警判断、报警及中继等功能。从原理上讲，无论是区域火灾报警控制器还是集中火灾报警控制器，都遵循同一工作模式，即采集探测源信号→输入单元→自动监测单元→输出单元。同时，为了方便使用和扩展功能，又附加上人机接口-键盘、显示单元、输出联动控制部分、计算机通信单元、打印机部分等。

对火灾报警控制器的主机部分而言，其常态是监测火灾探测器回路的变化情况，遇有火灾报警信号时执行相应的操作。因此，火灾报警控制器主机部分的主要功能如下：

(1) 故障声光报警。当火灾探测器回路断路、短路、出现自身故障和系统故障时，火灾报警控制器均应进行声、光报警，指示具体故障部位。

(2) 火灾声光报警。当火灾探测器、手动报警按钮或其他火灾报警信号单元发出火灾报警信号时，火灾报警控制器应能够迅速、准确地接收、处理火灾报警信号，进行火灾声光报警，指示具体火灾报警部位和时间。

(3) 火灾报警优先。火灾报警控制器在报故障时，如果出现火灾报警信号，应能够自动切换到火灾声光报警状态。若故障信号依然存在，则只有在火情被排除、人工进行火灾信号复位后，火灾报警控制器才能够转换到故障报警状态。

(4) 火灾报警记忆。当火灾报警控制器接收到火灾探测器的火灾报警信号时，应能够保持并记忆，不可随火灾报警信号源的消失而消失，同时应还能够接收、处理其他火灾报警信号。

(5) 声光报警消声及再声响。火灾报警控制器发出声光报警信号后，可通过火灾报警控制器上的消声按钮人为消声。同时，在停止声响报警时又出现其他报警信号，火灾报警控制器应能够继续进行声光报警。

(6) 时钟及时间记录。火灾报警控制器本身应提供一个工作时钟，用于给工作状态提供监测参考。当发生火灾报警时，时钟应能指示并记录准确的报警时间。

(7) 输出控制。火灾报警控制器应具有一对以上的输出控制接点，用于火灾报警时的直接联动控制，如控制警铃、启动自动灭火系统等。

3. 火灾自动报警系统的设计形式

1) 设计选型依据

依据各类火灾参数敏感元件输出的电信号，取不同的火灾信息判断处理方式，可以得到不同形式的火灾自动报警系统，并导致系统在火灾探测与报警能力、各类消防设备协调控制和管理能力以及系统本身与上级网络的信息交换与管理能力等方面产生较大的差别。考虑到火灾自动报警系统的基本保护对象是工业与民用建筑，各种保护对象的具体特点又千差万别，对火灾自动报警系统的功能要求也不尽相同；同时，从设计技术的角度来看，火灾自动报警系统的结构形式可以做到多种多样。但从标准化的基本要求来看，系统结构形式应当尽可能简化、统一，避免五花八门，脱离规范。因此，火灾自动报警系统按国家标准 GB50116－98《火灾自动报警系统设计规范》规定进行设计。一般地，根据火灾监控对象的特点和火灾报警控制器的分类以及消防设备联动控制要求的不同，火灾自动报警系统的基本设计形式有三种，即区域报警系统、集中报警系统和控制中心报警系统。

为了规范火灾监控系统设计，又不限制其技术发展，国家标准《火灾自动报警系统设计规范》(GB50116—2013)对系统的基本设计形式仅给出了原则性规定。设计人员可在符合这些基本原则的条件下，根据消防工程大、中、小的规模和对消防设备联动控制的复杂程度，选用比较好的技术产品，组成可靠的火灾自动报警系统。

2) 区域报警系统设计形式

区域报警系统由火灾探测器、手动报警器、区域火灾报警控制器或通用火灾报警控制器、火灾警报装置等构成，其原理如图 5-27 所示。

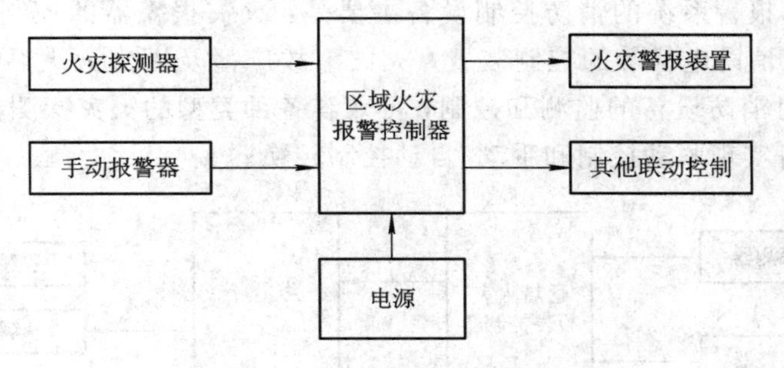

图 5-27　区域报警系统

进行区域报警系统设计时，应符合下列几点要求：

(1) 在一个区域系统中，宜选用一台通用火灾报警控制器，最多不超过两台；

(2) 区域火灾报警控制器应设在有人值班的房间；

(3) 区域报警系统容量比较小，只能设置一些功能简单的联动控制设备。

3) 集中报警系统设计形式

集中报警系统由火灾探测器、区域火灾报警控制器或用做区域报警的通用火灾报警控制器和集中火灾报警控制器等组成。传统型集中报警控制系统应设有一台集中火灾报警控制器（或通用火灾报警控制器）和两台以上区域火灾报警控制器（或楼层显示器，带声光报警），其系统如图 5-28 所示。其中，消防泵、喷淋泵、风机等联动控制部分没有画出。这类系统中的联动控制信号取自集中火灾报警控制器，并且通过消防联动控制台对消防设备进行直接控制。

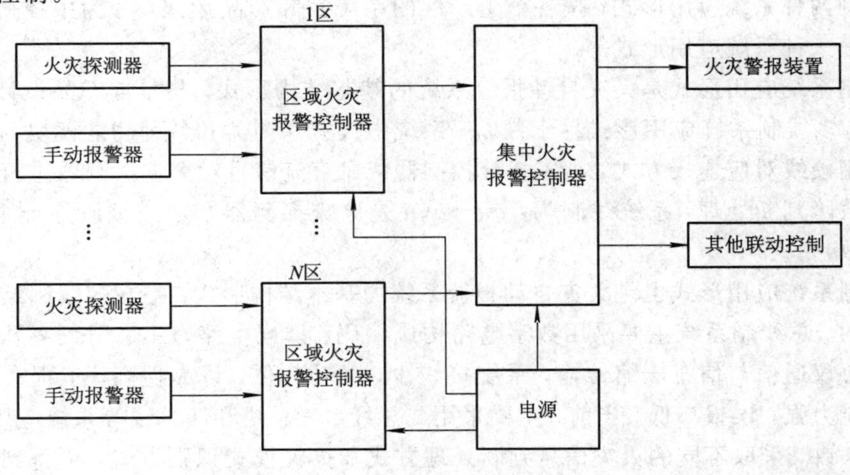

图 5-28　集中报警系统

近几年来，火灾报警采用总线制编码传输技术，形成了由火灾报警控制器、区域显示器（又叫楼层显示器）、声光警报装置及火灾探测器（带地址模块）、控制模块（控制消防联控设备）等组成的总线制编码传输型集中报警系统。

4）控制中心报警系统设计形式

控制中心报警系统由设置在消防控制中心（或消防控制室）的消防联动控制设备、集中火灾报警控制器、区域火灾报警控制器和各种火灾探测器等组成(如图 5－29 所示)，或由消防联动控制设备、环状布置的多台通用火灾报警控制器和各种火灾探测器及功能模块等组成。控制中心报警系统的消防控制设备主要是：火灾报警器的控制装置，火警电话、空调通风及排烟、消防电梯等的控制装置，火灾事故广播及固定灭火系统的控制装置等。它进一步加强了对消防设备的监测和控制，可兼容各种类型的火灾探测器和功能模块，可以对各类消防设备实现联动控制和手动/自动控制转换。

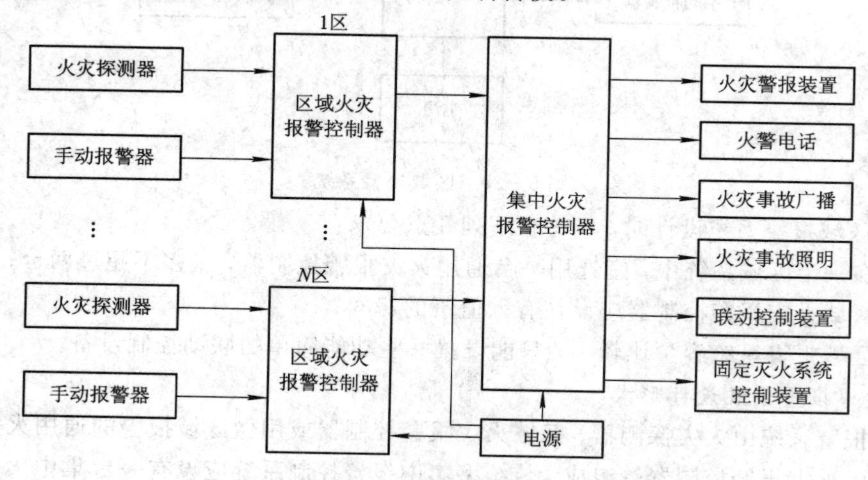

图 5－29　控制中心报警系统

5）火灾监控系统的应用形式

根据火灾自动报警系统的基本结构和设计形式，火灾自动报警系统按照所采用的火灾探测器、各种功能模块和楼层显示器等与火灾报警控制器的连接方式(接线制)，分为多线制和总线制两种系统应用形式；按各个生产厂的系统实际产品形式，分为中控机、主子机和网络通信三种系统应用形式等。

多线制系统应用形式是火灾自动报警系统的基本结构形式，与早期产品设计、开发和生产有关。多线制系统应用形式易于判断，系统中火灾探测器和各种功能模块与火灾报警控制器采用硬线对应连接方式，火灾报警控制器依靠直流信号对火灾探测器进行巡检以实现火灾和故障判断处理，系统线制为：$an+b$(n 是火灾探测器个数或编码地址个数，a、b 是设计系数)。

总线制系统应用形式也是火灾自动报警系统的基本结构形式，是在多线制结构基础上发展起来的。总线制系统主要采用数字电路构成编码、译码电路，并采用数字脉冲信号巡检和数据协议通信与信息压缩传输，系统接线少，总功耗低，可靠性高，工程布线灵活性和抗干扰能力强，误报率低。当前，主要采用二总线、三总线和四总线等系统应用形式。

总的来讲，采取不同的火灾信息判断处理方式和火灾模式识别方式，可得到不同应用形式的火灾自动报警系统。从石油化工生产安全监控要求来看，区域报警系统联动固定灭火装置的模式或集中报警系统形式应用较多，可广泛用于大型化工仓库、输配电站、油库等场所。所用的火灾探测器，除典型感烟和感温探测器外，红外光分离式感烟探测器、紫外火焰探测器、可见光探测器及线缆式火灾探测器广泛应用于石化场所，用于及时探测各种有机物火灾、油品火灾等。

5.6　防雷电安全检测

雷电通过电效应、热效应、机械效应、静电感应、电磁感应等对建筑物、生产设备、人体等造成危害。防雷电的主要措施是人为制造出一条电流通道，将雷电的电流以很小的电阻导入地下，避免对建筑物、生产设备、人体等产生直接的伤害。雷电的电能是否能顺畅地被导入地下，主要与接地装置的接地电阻大小有关。接地电阻与接地装置和土壤的电阻率大小两个因素有关。土壤的电阻率是进行接地装置设计的基础数据之一。因此，防雷电检测主要是检测防雷装置的接地电阻和土壤的电阻率。

5.6.1　接地装置接地电阻检测

无论是建筑物或构筑物，还是化工生产装置，其防雷电装置都主要由接闪器(包括避雷针、避雷带、避雷网、避雷线)、引下线和接地体(接地装置)构成。接地电阻是衡量接地装置性能的主要技术指标，接地电阻越小，将雷电流导入大地的能力越强，防雷电效果越好。应定期检查接地装置各部分的连接和锈蚀情况，并检测其接地电阻。

1. 电流极与电压极的布置

网状接地装置由接地干线(水平接地体)和接地体(垂直接地体)焊接而成，所用材料一般为镀锌钢材料，接地装置剖面图如图 5-30 所示。接地体的接地电阻等于其在散流时出现的对地电位与所泄散电流之比。根据这一定义，测量接地电阻时，要人为地向被测接地体注入一定大小的电流，而要用电流表测出这一电流值，就需要设置一个电流极，形成测量电流的回路。要测出接地体在散流时的对地电位，就还需要设置一个近似无穷远处的零电位参考点，即电压极，这样才能用电压表测出接地体与电压极之间的电压。接地电阻检测原理的接线如图 5-31 所示。

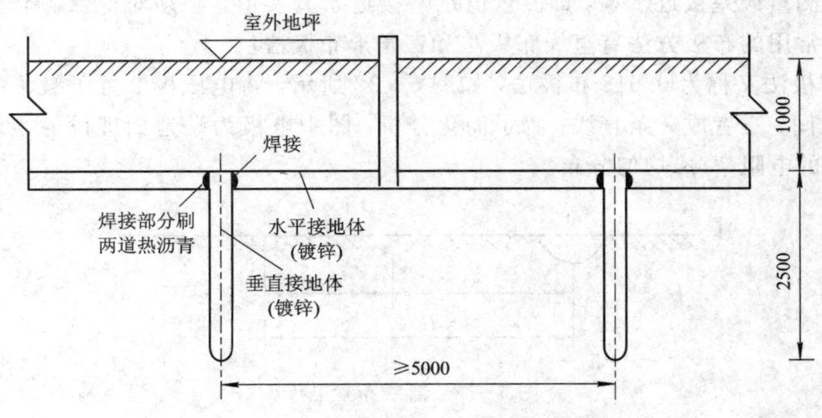

图 5-30　接地装置剖面图

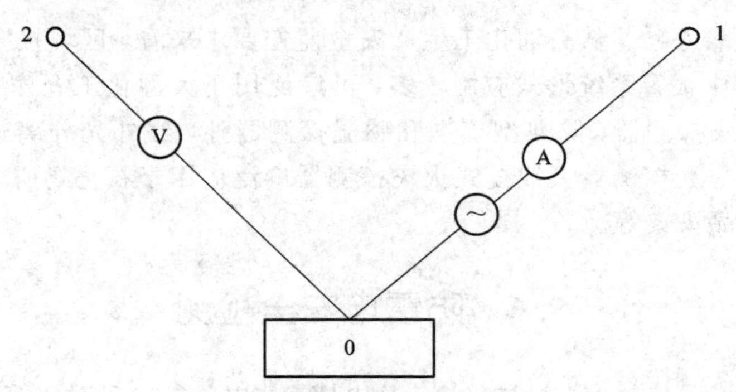

0—接地体；1—电流极；2—电压极

图 5-31　接地电阻检测原理的接线

检测系统是在土壤(不良导电介质)中形成三电极系统，在向接地体施加电压时，就形成稳定的电场。在这三电极系统中，当任意一个电极通电流，而其他两个电极不通电流时，载流的那个电极向大地泄散电流，就会在土壤中形成一个恒定的电流场，使得处在这一电流场中的另外两个无电流电极呈现出电位，无电流电极上的电位与载流电极上的电流之比即为两者之间的互电阻。根据恒定电场的互易原理，电极之间电流方向改变时，互电阻大小不变，即三电极系统有三个互电阻，分别是接地体与电流极、电压极之间的互电阻 R_{01}、R_{02} 和电流极与电压极之间的互电阻 R_{12}。经推导可得出接地体与电压极之间的电位差 U_{02} 为

$$U_{02}=U_0-U_2=I_0(R_0+R_{12}-R_{01}-R_{02})$$

式中：电位差 U_{02} 和电流 I_0 分别由图 5-30 中的电压极和电流极测得，R_0 就是接地体的真实接地电阻。而实际测出的接地电阻 R 为

$$R=\frac{U_{02}}{I_0}=R_0+R_{12}-R_{01}-R_{02} \tag{5-17}$$

由式(5-17)可以看出，实测的接地电阻 R 与真实的接地电阻 R_0 之间存在着一个测量误差，记为 ΔR^*，可表示为

$$\Delta R^*=\frac{R-R_0}{R_0}\times 100\%=\frac{R_{21}-R_{01}-R_{02}}{R_0}\times 100\% \tag{5-18}$$

显然，测量误差是由互电阻造成的。因为互电阻的大小与两电极之间的距离成反比，与土壤的电阻率成正比，所以测量误差取决于各个电极之间的相对位置，也称为布极误差。要想使测量误差接近于零，即测量值足够接近于真实值，必须对电流极和电压极进行优化布置。常用的布极方法有直线布极法和三角形布极法。

直线布极法又称为 0.618 布极法，如图 5-32 所示，将电压极 2 置于被测接地体 0 和电流极 1 之间，三者成一条直线。为了简化分析，图中电极为贴地面埋设的半球形接地电极，且土壤的电阻率(ρ)均匀分布。

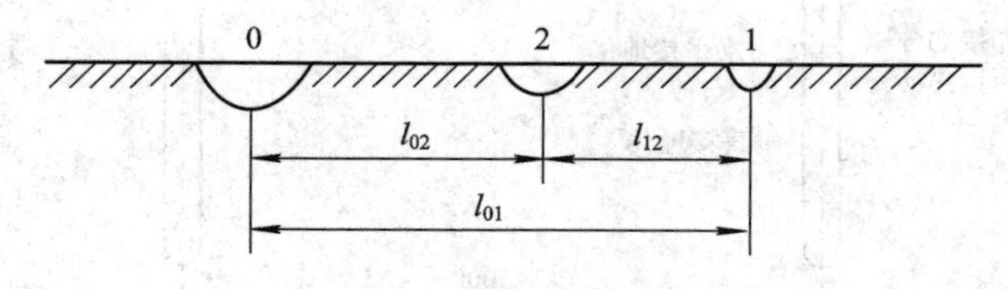

图 5-32　直线布置电极

由式(5-18)可知，要使接地电阻的测量误差 $\Delta R^*=0$，需要满足式(5-19)的要求。

$$R_{12}-R_{01}-R_{02}=0 \tag{5-19}$$

只有当接地体0通过电流 I_0，其他两个电极无电流通过时，I_0 在土壤中产生恒定电场，电场强度为 E，电流从半球形电极泄散，离开接地体0的距离 r 越远，电流密度越小，可表示为

$$J=\frac{I_0}{2\pi r^2} \tag{5-20}$$

电场强度 E 随着 r 的增大而减小。根据电磁理论可知，电流密度 J 等于土壤的电导率 γ 与电场强度 E 的乘积，或等于电场强度 E 与土壤的电阻率 ρ 的比值，即

$$J=\gamma E=\frac{E}{\rho}\quad 或\quad E=J\rho \tag{5-21}$$

这样，I_0 在土壤中产生的恒定电场使电流极1上的电位为

$$U_{01}=\int_{l_{01}}^{\infty}\frac{\rho I_0}{2\pi r^2}\,\mathrm{d}r=-\frac{\rho I_0}{2\pi}\left(\frac{1}{\infty}-\frac{1}{l_{01}}\right)=\frac{\rho I_0}{2\pi l_{01}} \tag{5-22}$$

同理，电压极2所带的电位为

$$U_{02}=\frac{\rho I_0}{2\pi l_{02}} \tag{5-23}$$

则接地体0与电流极1及电压极2之间的互电阻分别为

$$R_{01}=\frac{\rho}{2\pi l_{01}} \tag{5-24}$$

$$R_{02}=\frac{\rho}{2\pi l_{02}} \tag{5-25}$$

同样，当只有电压极2通过电流，其他两个电极无电流通过时，电流极1与电压极2之间的互电阻 R_{12} 为

$$R_{12}=\frac{\rho}{2\pi l_{12}} \tag{5-26}$$

将 R_{01}、R_{02}、R_{12} 代入公式(5-19)，经简化得

$$\frac{1}{l_{12}}-\frac{1}{l_{01}}-\frac{1}{l_{02}}=0$$

如图5-32所示，设 $l_{02}=kl_{01}$，则有 $l_{12}=(1-k)l_{01}$，代入上式得

$$\frac{1}{1-k}-1-\frac{1}{k}=0$$

即

$$k^2+k-1=0$$

解此方程，得 $k=0.618$，即将电压极放在接地体与电流极的连线上，与接地体的距离为接地体与电流极之间距离的0.618倍处，这样可以消除互电阻带来的误差，所测得的接地电阻即为真实值。

在实际工程中，因为接地体通常是管状、棒状、条状、网状等，而不是半球状，接地体周围的等电位面也就不是半球面，且土壤的电阻率也常常是不均匀的，所以直线布极法的使用在不同程度上存在一定的误差。适当增加接地体与电流极之间的距离可减小测量误差。用于接地网的接地电阻测量时，接地体与电流极之间的距离可取 $2.5D$(D 的含义见图

5-33)，电压极的位置距被测地网中心的距离约为 $1.5D=60\%\times2.5D$，与 $0.618\times2.5D$ 的位置比较接近。

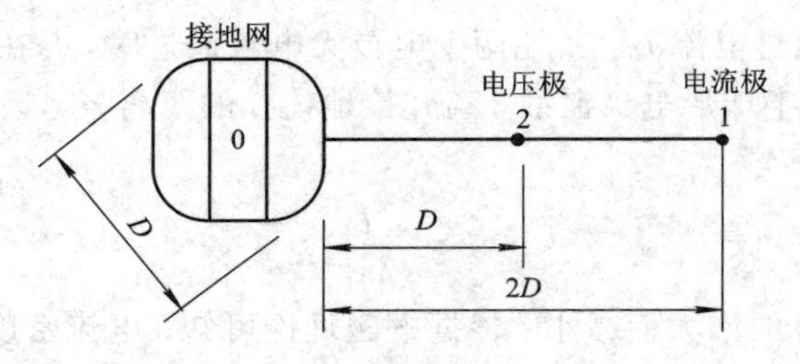

图 5-33　检测接地网接地电阻时的电极布置

另一种布极方法是三角形布极法。

该方法的电流极和电压极与接地极的距离相等，三者的连线呈等腰三角形，如图 5-34 所示。图 5-34 中，$l_{01}=l_{02}$，所以 $R_{01}=R_{02}$。根据式(5-19)，只要 $R_{12}=2R_{02}$，即可使测量误差 $\Delta R^{*}=0$，假设土壤的电阻率是均匀的，各电极之间的距离满足 $l_{12}=2l_{01}=2l_{02}$ 就能达到目的。根据此条件求出等腰三角形的顶角 α，即

$$\alpha = 2\ \arcsin\frac{l_{12}/2}{l_{01}} = 29°$$

为了方便，通常将 α 值取为 30°。用三角形布置电极法测量接地电网的接地电阻时，常取 $2l_{01}(l_{02})\geqslant2D$。

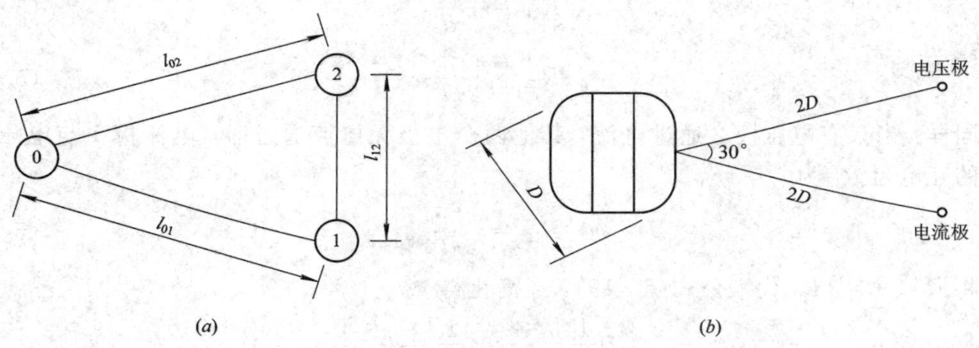

图 5-34　接地网接地电阻测量时三角形布极法

(a) 间距与角度；(b) 三角形布极

向电极施加直流电流时，因为土壤中的某些成分会在电极表面发生电化学反应，产生过电位，对接地电阻的测量结果产生影响，所以应使用交流电流。大地中常常存在各种自然因素和人工因素产生的电场，也对检测产生影响。某些矿物质结构可在大地中产生电化学电场，这属于自然因素。在中性点接地的 TN 供电系统中，经大地返回的零序电流在土壤中产生电场，即使在中性点不接地的电力系统中，经大地返回的不平衡容性电流也会产生磁场。适当增大测试电流，或对检测电压和电流进行校正都可降低其干扰程度。

2. 接地电阻的检测

1) 接地电阻测量仪检测法

常用的接地电阻测量仪有电位计型接地电阻测量仪、流比计型接地电阻测量仪、数字化的接地电阻测量仪等类型，其中电位计型接地电阻测量仪是目前使用最普遍的测量仪器。

电位计型接地电阻测量仪是根据电位差计的原理设计的，其测量原理接线示意图如图5-35所示。检测时，仪器自带的手摇发电机G以120 r/min的转速手摇旋转，产生的约90～98 Hz的交流电压经交流互感器的一次绕组施加到接地体和电流极上，经大地构成的回路形成电流 I_1。I_1 从发电机出发，经交流互感器的一次绕组、接地体、大地和电流极，回到发电机。I_1 流过接地体时，将在接地电阻上产生电压降 I_1R。由于电压极所在位置的电位近似为零，因此该电压实际上是作用在接地体0和电压极2两点之间，即 $U_{02}=I_1R$。在交流互感器的一次绕组中有 I_1 流过的同时，由二次绕组与可变电阻构成的二次绕组回路也将出现电流 I_2，在可变电阻的E、D两者之间的电阻 R_{ED} 上产生的电压降为 $U_{ED}=I_2R_{ED}$，R_{ED} 是个可调节量。当电压 U_{02} 与 U_{ED} 大小不相等时，E02ADE回路中总的电压不为零，回路中出现电流，该电流被整流电路(图中未画出)整成直流后在检流计A上显示出来。逐步调节 R_{ED} 值，使检流计的显示值到达零，这时就达到了 $U_{02}=U_{ED}$，下列关系成立

$$I_1R = I_2R_{ED} \tag{5-27}$$

或

$$R = \frac{I_2}{I_1}R_{ED} = kR_{ED} \tag{5-28}$$

式中：k 表示电流变化比，等于 I_2/I_1。

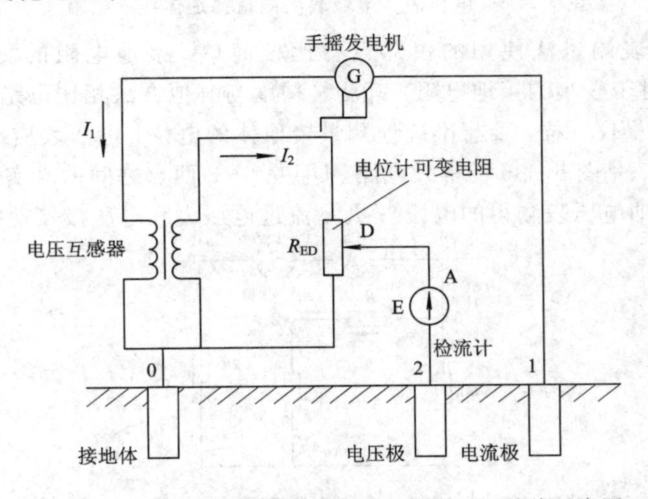

图5-35 电位计型接地电阻测量仪测量原理接线示意图

电流变化比和可调电阻 R_{ED} 由仪器得到，这就是电位计型接地电阻测量仪的测量原理。从工作原理可知，测量时，E02ADE回路中总的电压被调至零，回路中就没有电流，电压极的接地电阻就不会影响测量结果，同时也基本消除了电化学反应的影响。实际的电路中，在电压极与检流计之间还串联着电容和电阻，其可消除直流电流成分。使用电位计型接地电阻测量仪测量时，电流极和电压极与接地体的相对位置布置既可以采用直线布极法，也可以采用等腰三角形布极法。目前，国产的ZC-8和ZC-9两种型号的电位计型接地电阻测量仪使用最广泛，其量程有0～10 Ω、0～100 Ω、0～1000 Ω三挡，还可以用于土壤电阻率的测定。

2）电压表—电流表测量法

在采用电压表—电流表测量法测量接地电阻时，需要电压表和电流表各一只，还需要

一个能够产生足够大电流的交流电源，其线路连接方法如图 5-36 所示。所使用的交流电源应该是独立的电源，如电焊变压器、1∶1 隔离变压器或专用的配电变压器。在接地体与电流极之间施加了交流电源后，同时在电流表和电压表上读出电压值 U 和电流值 I，由欧姆定律关系式(5-29)计算出接地电阻 R。

$$R=\frac{U}{I} \tag{5-29}$$

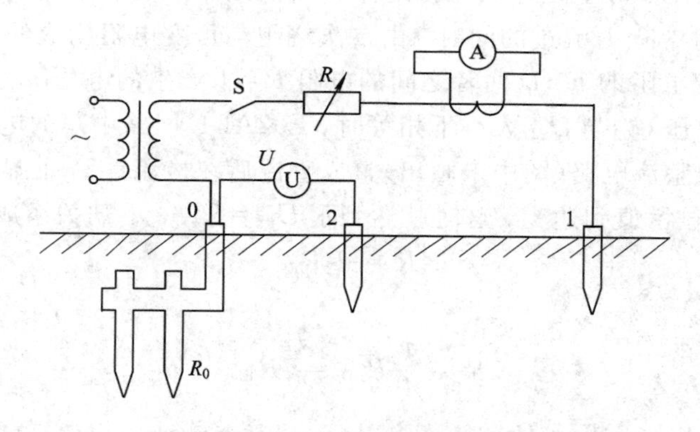

图 5-36　电压表—电流表法测量接地体接地电阻

电压表-电流表测量法使用的仪器设备比较简单，接地电阻的测量范围也比较大(0.1～1000 Ω)，对于较小的接地电阻，其测量精度与其他方法相比也是比较高的。

与其他电位测量仪一样，要想准确地测量接地体的电位，电压表应有足够高的输入阻抗(电阻)。图 5-37 是图 5-36 的等效电路。U_{02}是 0、2 两点之间的真实电压；U_v是电压表内阻 R_v上的电压(即电压表测得的电压)；I_v是流过电压表和电压极接地电阻 R_2的电流。

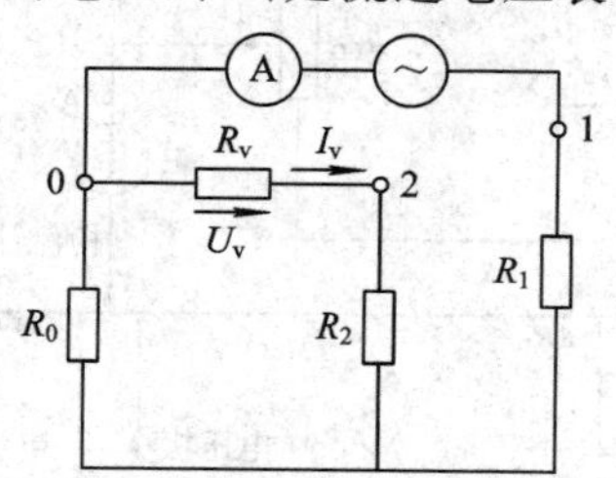

图 5-37　电压表—电流表法测量接线的等效电路

根据电压分配律有

$$U_v=U_{02}-I_vR_2 \tag{5-30}$$

I_v可表示为

$$I_v=\frac{U_{02}}{R_v+R_2} \tag{5-31}$$

将式(5-31)代入式(5-30)得

$$U_v=U_{02}\left(1-\frac{R_2}{R_v+R_2}\right) \tag{5-32}$$

从式(5-32)可以看出，只有电压表内阻 R_v的数值远远大于电压极接地电阻，才能使电压表测得的电压 U_v近似于真实值 U_{02}。因为接地电阻的测量误差与电压的测量误差是相等的，所以电压的测量误差直接导致电阻的测量误差。要使电压表内阻引起的测量误差小于

2%，R_v应不小于R_2的49倍。

5.6.2　土壤电阻率的检测

电阻率是表征材料导电性能的参数，分为体积电阻率和表面电阻率两种。检测土壤电阻率时，测量的是体积电阻率。体积电阻率是描述物体内电荷移动和电流流动难易程度的物理量，定义为材料内直流电场强度和稳态电流密度的比值，在数值上，等于长、宽、高都是1 m的立方体的电阻。施加于被测样品的两个相对表面上的电极之间的直流电压和流经该两电极的稳态电流之比称为体积电阻。体积电阻率与体积电阻的关系为

$$\rho_V = \frac{R_v S}{b} \quad 或 \quad R_v = \frac{\rho_V b}{S} \tag{5-33}$$

式中：ρ_V——体积电阻率(为了简化，后面用10表示)，$\Omega \cdot m$；

R_v——体积电阻，Ω；

S——电极相对面积，m^2；

b——电极间被测土壤的厚度，m。

土壤电阻率大小与土质种类、温度、含水率及含电解质量等因素有关，其值分散性大，实际数据主要靠现场实测获得。在测量土壤电阻率时，先在要埋设接地体的现场打入测量用的接地电极，测出接地电极的接地电阻，然后反推出此处土壤的电阻率。目前比较常用的土壤电阻率测量方法是四电极法。

1. 等距四电极法

将四根测量用电极排列成直线，等距离地打入地中同一深度，如图5-38所示。电极打入地中的深度h通常不大于电极间距离的十分之一，即$h \leqslant a/10$。图5-38中外侧的两个电极0、1为电流极，内侧的两个电极2、3为电压极，交流电源的电压加在两个电流极上，用电流表测出电流极回路中的电流J，用电压表测出两个电压极之间的电压U，根据电极间的距离和电流、电压数据，可计算出土壤的电阻率。

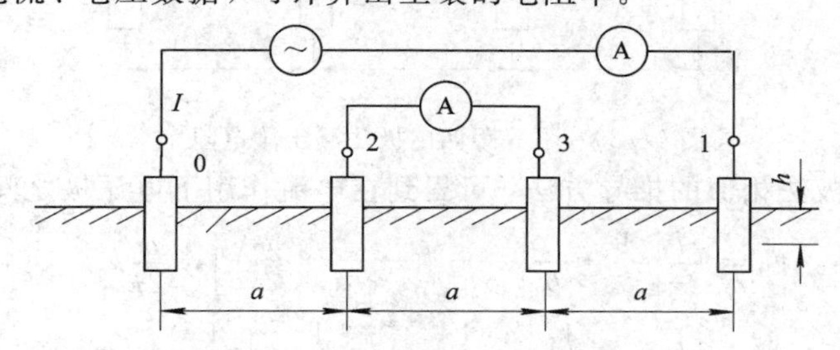

图5-38　等距四电极法测土壤电阻率

根据电位的定义和稳定电场中电场强度E与电流密度J的关系$E=\rho J$，从电流极0流出的电流I使电压极2带上的电位为U_{20}，计算公式推导如下：

$$U_{20} = \int_a^\infty E\ dr = \int_a^\infty \rho J\ dr = \int_a^\infty \frac{\rho I}{2\pi r^2} dr = -\frac{\rho I}{2\pi}\left(\frac{1}{\infty} - \frac{1}{a}\right) = \frac{\rho I}{2\pi a} \tag{5-34}$$

从电流极1流出的电流$-I$使电压极2带上电位为U_{21}，计算公式推导如下：

$$U_{21} = \int_{2a}^\infty \frac{\rho(-I)}{2\pi r^2} dr = -\frac{\rho I}{2\pi}\left(\frac{1}{\infty} - \frac{1}{2a}\right) = -\frac{\rho I}{4\pi a} \tag{5-35}$$

电压极2的电位是二者的作用之和，即

$$U_2 = U_{20} + U_{21} = \frac{\rho I}{4\pi a} \tag{5-36}$$

按照同样的方法可得到电压极 3 的电位

$$U_3 = U_{30} + U_{31} = -\frac{\rho I}{4\pi a} \tag{5-37}$$

电压表的读数 U 是电压极 2、3 之间的电位差，可表示为

$$U = U_2 - U_3 = \frac{\rho I}{2\pi a} \tag{5-38}$$

由式(5-38)得出土壤电阻率的计算式为

$$\rho = 2\pi a\left(\frac{U}{I}\right) \tag{5-39}$$

式中：$(U/I)=R_{23}$，即电压极 2、3 之间的电阻。

由式(5-39)看出，测出电流极之间的电流 I 和电压极之间的电压 U 即可获得土壤电阻率。电压表的内阻与土壤电阻 R_{23} 相比足够高时，则对测量结果的影响可忽略。该方法对测量电极的要求不高。用该方法得到的电阻率值是测量范围内的平均值，所以测量范围受电极间的距离 a 制约。

2. 不等距四电极法

采用不等距四电极法测量土壤电阻率时，测量电极仍然采用线性布置，当各电极之间不再等距布置，用 a、b、c 分别代表电极之间的间距，如图 5-39 所示，各电极间距均不能小于 $10h$。

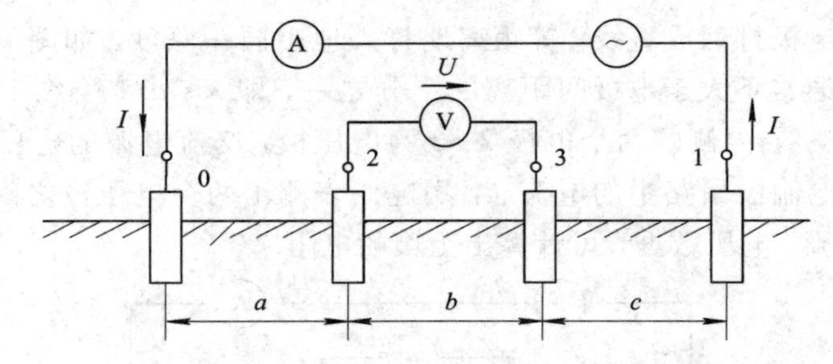

图 5-39　不等距四电极法测土壤电阻率

采用等距四电极法相似的推导方法，可得到在电流作用下电压极之间的电压 U 为

$$U = \frac{\rho I}{2\pi}\left[\frac{1}{a} - \frac{1}{b+c} - \left(\frac{1}{a+b} - \frac{1}{c}\right)\right] = \frac{\rho I}{2\pi}k_{abc}$$

$$k_{abc} = \frac{1}{a} - \frac{1}{b+c} - \left(\frac{1}{a+b} - \frac{1}{c}\right)$$

由于电极间的距离是已知的，因此系数 k_{abc} 可计算获得。根据测得的电压极间的电压 U 和电流极之间的电流 I，由式(5-40)计算出电阻率。

$$\rho = \frac{2\pi}{k_{abc}}\left(\frac{U}{I}\right) \tag{5-40}$$

在实际的设备密集场所，等距法的电极位置可能受到限制，而不等距法可以不受限制，因此可灵活的摆放电极，比等距法更实用。

ZC-8 和 ZC-9 等常用国产接地电阻测试仪，有四个电极接头，具有测量土壤电阻率的能力，其检测接线如图 5-40 所示。

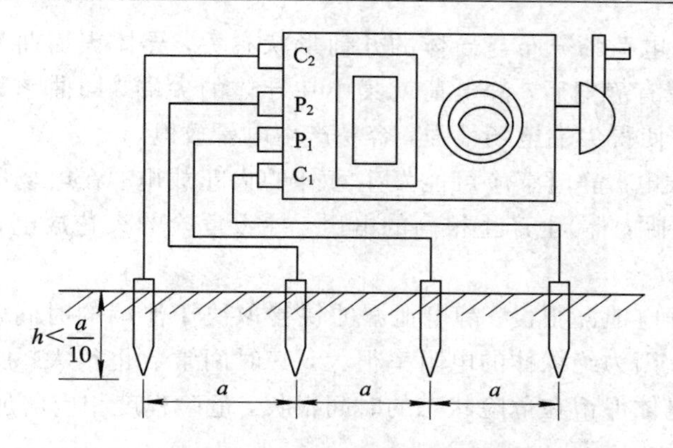

图 5-40　四电极法测土壤电阻率接线示意图

5.7　防静电安全检测

在化工、石油、纺织、造纸、印刷、电子等行业中，传送或分离中的固体绝缘物料、输送或搅拌中的粉体物料、流动或冲刷中的绝缘液体、高速喷射的蒸气或气体都会产生和积累危险的静电。静电的总电量虽然不大，但电压很高，容易发生火花放电，从而引起火灾、爆炸或电击事故。

5.7.1　静电的产生与特性

1. 静电的产生

静电产生的原因有内因和外因两个方面。内因是由于物质的逸出功不同，当两个物体接触时，逸出功较小的一方失去电子带正电，另一方则获得电子带负电。若带电体电阻率高，导电性能差，就使得带电层中的电子移动困难，为静电荷积聚创造了条件。

产生静电的外因有多种，如物体的紧密接触和迅速分离(如摩擦、撞击、撕裂、挤压等)，促使静电的产生；带电微粒附着到与地绝缘的固体上，使之带上静电；感应起电；固定的金属与流动的液体之间会出现电解起电；固体材料在机械力的作用下产生压电效应；流体、粉末喷出时，与喷口剧烈摩擦而产生喷出带电等。需要指出的是，静电产生的方式不是单一的，如摩擦起电的过程中，就包括了接触带电、热电效应起电、压电效应起电等几种形式。

2. 静电的特性

静电的危害是和静电的特性联系在一起的。静电与电流不同，从安全的角度考虑，静电有以下特性。

(1) 静电电压高。化工生产过程中所产生的静电，电量都很小，一般只是微库级到毫库级，但静电电位却可以达到很高的数值，如橡胶带与滚筒摩擦可以产生上万伏的静电位。

(2) 静电能量不大。静电能量 W 与其电压 U 和电量 Q 的关系如下：

$$W = 0.5QU \tag{5-41}$$

虽然静电电压很高，但由于电量很小，它的能量也很小。静电能量一般不超过数毫焦耳，少数情况能达数十毫焦耳。静电能量越大，发生火花放电时的危险性也越大。

(3) 尖端放电。电荷的分布与导体的几何形状有关，导体表面曲率越大的地方，电荷密度越大。当导体带有静电后，静电荷就集中在导体的尖端，即曲率最大的地方。电荷集中，电荷密度就大，使得尖端电场很强，容易产生电晕放电。

(4) 静电感应放电。静电感应可能发生意外的火花放电。在电场中，静电感应和静电放电可能在导体(包括人体)上产生很高的电压，导致危险的火花放电，这是一个容易被人们忽视的危险因素。

(5) 绝缘体上静电泄漏很慢。静电泄漏的快慢取决于泄漏的时间常数，即材料介电常数和电阻率的乘积。因为绝缘体的电阻率很大，其时间常数也很大，所以它们的静电泄漏很慢，这样就使带电体保留在危险状态的时间很长，危险程度相应增加。

3. 静电的危害

(1) 引发火灾和爆炸。火灾和爆炸是静电最大的危害。在有可燃液体的作业场所(如油料装运等)，可能由静电火花引起火灾；在有气体、蒸气爆炸性混合物或粉尘爆炸性混合物的场所(如氧、乙炔、煤粉、铝粉、面粉等)，可能由于静电放电引起爆炸。

(2) 电击。当人体接近带电体时或带静电电荷的人体接近接地体时，都可能产生静电电击。由于静电的能量较小，生产过程中产生的静电所引起的电击一般不会直接使人致命，但人体可能因电击导致坠落、摔倒等二次事故。电击还可能使作业人员精神紧张，影响工作。

5.7.2　静电的检测

由于静电的实质是存在剩余电荷，因此静电电量是所有的有关静电现象的最本质方面的物理量。静电的基本参数一般包括静电电位、静电电量、静电电容、电阻和电阻率等。静电电位是与电荷成正比的物理量，可以反映物体带电的程度。电阻和电容是与静电泄放、静电放电能量紧密相关的电气参数，是静电防护设计要考虑的重要方面。

1. 静电电位的检测

静电场中某点的电位定义为：把单位正电荷从该点沿任意路径移动到参考点时电场力所做的功，当参考点的电位为零时，该点的电位在量值上等于该点与参考点之间的电压。在实际检测中，一般取大地为零电位参考点，故静电电位的检测常常又称静电电压的检测。静电电位的检测通常分为接触式和非接触式两种。

1) 接触式检测

接触式检测法仅适用于对静电导体带电电位的检测，它是利用等电位原理进行检测，把被测物体用对地绝缘的电缆直接连在输入阻抗很高的静电电压表的测试极上，由静电表头直接读出被测量带电体的电位。接触式检测法的工作原理如图 5－41 所示。

当被测带电体与仪表的固定电极 A 相连时，在固定电极 A 与 B 之间建立起静电场，可动电极 C 在静电场力下将发生偏转，带动接收光信号的反射镜偏转。偏转力矩与被测电压的平方成正比，当偏转力矩与挂丝的反作用力平衡时，偏转角即表示被测电压的高低。偏转角度是由固定在挂丝上的反射镜通过光标显示出来的。可见，这种仪表只能检测电位值的大小，无法判断电位的正负极性。接触式静电计的等效电路如图 5－42 所示。C_0为被测带电体对地电容，C 和 R 分别是仪表的输入电容和输入电阻。在检测过程中电量不变，则检测得到的电位值 U 和检测前被测带电体的电位值 U_0 有如下关系。

$$U=\frac{C_0U_0}{C_0+C}e^{\frac{t}{R(C+C_0)}} \tag{5-42}$$

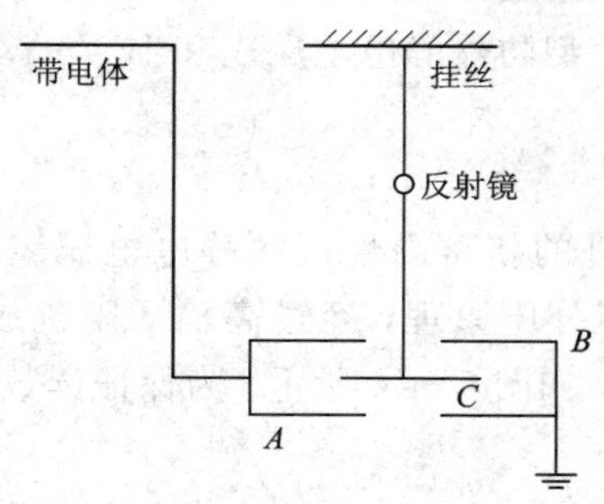

图 5-41　接触式检测法的工作原理

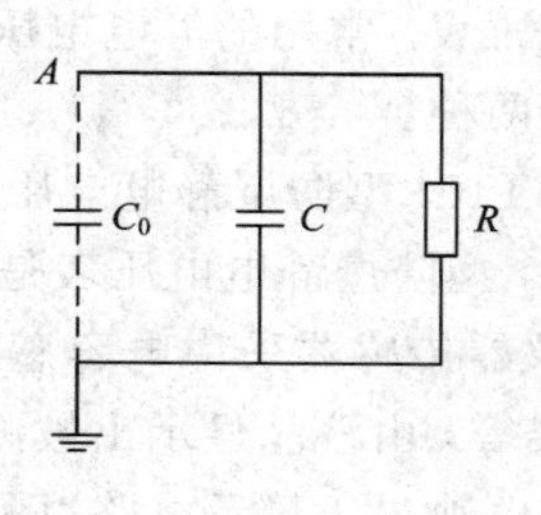

图 5-42　接触式静电计的等效电路

为了减少误差，应尽量减小仪器的输入电容 C，使 $C \ll C_0$，同时仪表中的 R 要尽量地大，这样才能保证检测过程中检测值随时间 t 衰减缓慢。

2）非接触式检测

非接触式检测主要利用静电感应原理，将测试探头靠近带电体，利用探头与被测带电体之间产生的畸变电场检测带电体的表面电位。与接触式检测相比，非接触式检测结果受仪表输入电容、输入电阻的影响较小，但受检测距离、带电体几何尺寸的影响较大。感应式静电电位检测仪的等效电路如图 5-43 所示。T 是仪表的测试探头，L 是仪表的等效输入电路，C_W 是测试探头与被测带电体之间的耦合电容，R_b 和 C_b 分别为仪表的输入电阻和输入电容。由于被测带电体的电场作用，探头 T 上将产生感应电位。由图 5-43 中电路可知，C_W 是与 C_b 串联的，而 R_b 是 C_b 的泄漏电阻。若被测带电体的对地电位为 U，则探头对地电位为

$$U_b=\frac{C_WU}{C_W+C_b}e^{\frac{t}{R_b(C_W+C_b)}} \tag{5-43}$$

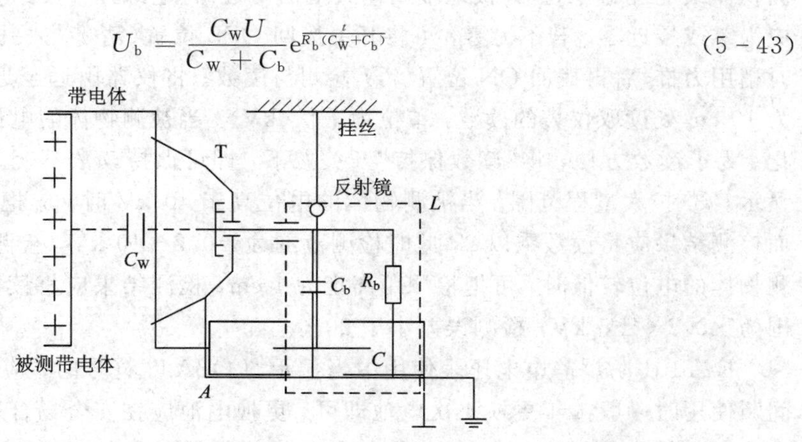

图 5-43　感应式静电电位检测仪的等效电路

由于只要改变探头与被测带电体之间的距离，即可改变两者之间的耦合电容 C_W 的大小，从而使读数改变，那么得到的原始数值就不是带电体表面的对地电位，而必须经过校准，得到一个距离与数值之间的关系，最终确定真实数值；另一方面，得到的数值仅表示探头相对的局部面积上的电位平均值。对绝缘体而言，不同的位置，可以有不同的电位，

不能用检测值代表被测体整体的电位。

3) 基于静电电位检测的常用仪表

用于检测带电物体的静电电压(电位)，如导体、绝缘体及人体所带静电的电压的仪表称为静电电压表。常用的静电电压表主要有 EST101 型防爆静电电压表和 JFV-VR-2 型静电测试仪两种。

(1) EST101 型防爆静电电压表。

EST101 型防爆静电电压表是一种经过多次改进的新型高性能的静电电压表(静电电位计)。此仪器传感器采用电容感应探头，利用电容分压原理，经过高输入阻抗放大器和 A/D 转换器等，由液晶显示出被测物体的静电电压，如图 5-44 所示。为保证读数的准确，此仪表设有电池欠压显示电路以及读数保持等电路。

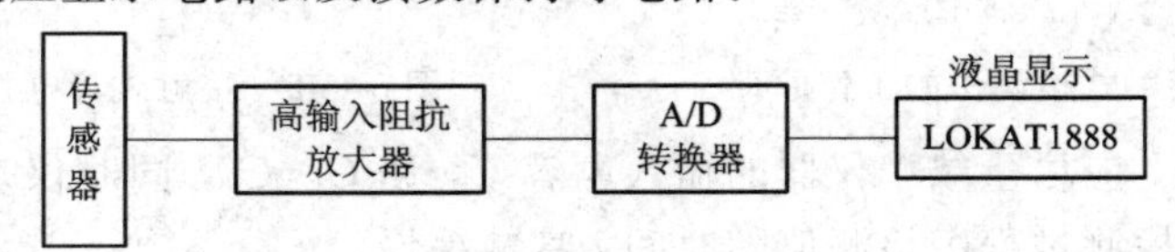

图 5-44　EST101 型防爆静电电压表原理示意图

EST101 型防爆静电电压表防爆性能好，防爆标志为 $iaIICT_5$，能在各类爆炸性气体中使用。适用于测量带电物体的静电电压(电位)，如导体、绝缘体及人体等的静电电位，还可测量液面电位及检测防静电产品性能等。

使用 EST101 型防爆静电电压表检测电压前，检测人员要做好准备工作，如操作人员应穿防静电工作服和防静电鞋，以避免人体静电对检测的影响。在安全场所打开仪器后盖，装入 6F22 型 9 V 叠层电池一节，再将后盖装好。

使用 EST101 型防爆静电电压表检测电压的操作步骤如下：① 开机与清零。在远离被测物体或电位为零处(如接地金属体或地面附近)将电源开关拨到 ON 的位置，此时显示值应为零或接近零。若不为零，可将开关拨回 OFF 位置(清零与关机是在同一位置，往前拨时稍用力推)后再拨回 ON 位置。② 检测与读数。将仪器由远至近移到离被测物体的距离为 10 cm 处读取仪表的读数，单位为千伏(kV)。当被测物体的电位变化时，读数也随之变化。为了读数方便，将“读数保持”开关按下，即可保持读数不变。松手后仪表将自动恢复显示。③ 扩大量程范围。当被测物体的电位高于 40 kV 时，应把检测距离扩展为 20 cm，而检测结果应将读数乘以 2，此时检测范围为±0.2～10 kV，检测误差小于 20%；当被检测物体的电位较低时，可把检测距离定为 1 cm，检测结果应将读数乘以 0.2，此时检测范围为±0.2～±5 kV，检测误差小于 20%。

EST101 防爆静电电压表使用中当显示“LOBAT”符号时，应换电池。该仪表耗电少，间断使用时一般 1 年更换 1 次电池即可。更换电池应在安全场合进行。长期不使用仪表时应将电池取出。当发现故障时，应与有关维修部门联系，勿自行拆卸，以免影响仪表的防爆性能。按要求及时对仪表进行校对。

(2) JFV-VR-2 型静电测试仪。

JFV-VR-2 型静电测试仪如图 5-45 所示。该仪表是一种便携式手枪形静电绝缘电阻综合检测仪，应用范围广泛。凡不良导体产生的静电，都可以快速测得结果，从而可以早期采取消除静电措施，防止由静电放电而引起的火灾事故。该仪器由传感电极、微电荷放大器和电源三部分组成，其工作原理如图 5－46 所示。

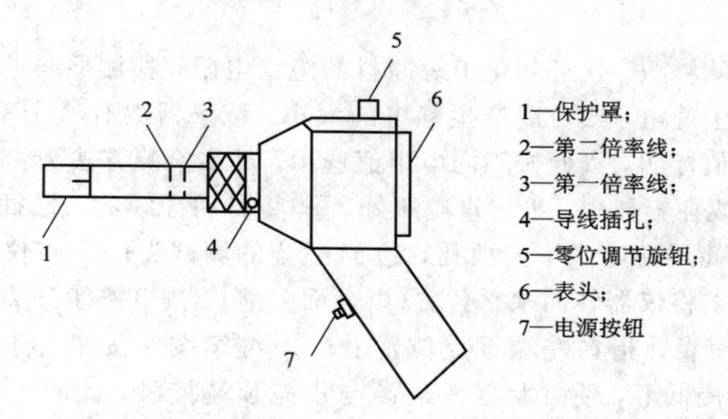

图 5－45　JFV－VR－2 型静电测试仪

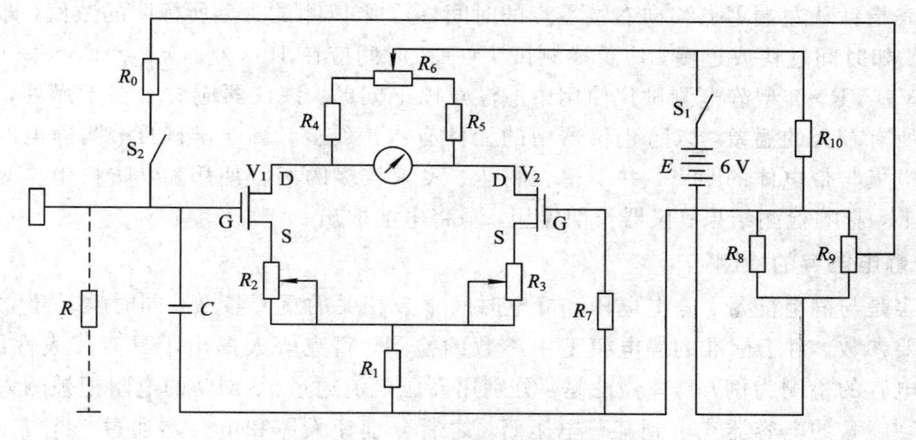

图 5－46　静电测试仪的工作原理图

电极由一个顶端圆面积为 1 cm^2 的金属制成。电极被感应而产生的电荷，由一根封装在检测筒里的粗导线传入微电荷放大器进行电流放大，最后由高灵敏度的仪表指示出来。检测筒上刻有变换量程的刻度线(倍率线)，在检测筒外面套装着一个屏蔽套管，可在一定范围内进出移动，主要起控制量程的作用。在仪表手柄里，装有一块 6 V 叠层电池和一个按钮开关。将按钮开关按下，电源即接通；放开按钮，电源即自行切断。操作时，按预期量程，将套管向外拉，使管的后端对准倍率线，前端对准被测物体。量程×0.1 时，用第一倍率线；量程×1 时，用第二倍率线，这两种情况前端距带电体均为 1 cm。量程×10 时，用第二倍率线，前端距带电体为 10 cm。

因电荷的极性不同，在初测时需先测定其极性。这时可先调整零位调节旋钮，使表指针指在标度中间“3”的位置，将仪器的套管拉在×0.1 线，电极对准被测物，由远而近试测。如果表针向右偏移，则表示带电体为正电压，反之则为负电压。极性确定后，则在检测正电压时，可将表针调至左端零点上；测负电压时，将表针调至右端零点上。

JFV－VR－2 型静电测试仪的使用方法如下：检测静电时，套管的前端电极对准被测带电体，由远而近(为保证距离，可插上小挡块)，至距离为 1 cm 时，即可从标度上读取数据。表针指数乘以倍率，即为实测静电电压值。在检测时，如距离未达到 1 cm，表针已超过满刻度线，则表示带电体电压过高，应改换倍率或增大距离；如至 1 cm，表针指示仍很小，则表示量程倍率太大，应改换小倍率；如果套管已处在最小倍率线上，则表示该物体带电很小或不带电。

该仪器还能检测纺织、化纤和化工等原料的绝缘电阻，检测原料的电阻率，可预测在生产过程中能否产生静电，或可能产生静电的大小。该仪器上有5个不同量程的测试头，在测试头上均由数值标明，以便按不同电阻值选用，具体检测方法为：① 称2 g重量的被测试物体，均匀地放在容器内，再用重砣压好；② 将备用导线的一端插入容器插孔，另一端则插入仪器检测筒尾端座底下的插孔；③ 选适当的测试头；④ 将仪器前端的保护罩取下，插上测试头；⑤ 将仪器转向水平位置(以表面为准)，按下按钮开关，接通电源；⑥ 调整零位调节旋钮，使表针指在左端零点位置上；⑦ 继续按住按钮，将仪器转回到垂直位置；⑧ 将测试头慢慢低下，使针状触头逐渐与重砣顶端接触，此时表针将从零点向右移动；⑨ 右手持仪器，左手持秒表，在电阻测试头刚与重砣接触的同时，启动秒表，观察并记录仪表指针从左端零点移向右端零点的时间(s)，乘以测试头上所标明的数值，即为实测电阻值。如时间过快或过慢，应更换测试头(一般时间应在10 s左右)。

JFV-VR-2型静电测试仪使用中应注意以下问题：该仪器应放置在干燥处，并防止使用场所有较大的温差，以防止仪器中的元件有水汽结露，影响准确度；测静电时，要严格控制电极与带电体的距离，并不得在粉尘、飞絮较多的场合使用，以防粉尘、飞絮附着在电极上，影响检测结果；仪器长期停用，须将电池取出。

2. 静电电容的检测

电容是与静电能量、静电电压和静电时间常数相关的重要参数，同时也是建立静电模型的主要参数。对于标准的静电模型中参数的检测，科克等人提出了具有代表性的方法。以人体电容的检测为例，具体做法是：分别用高压电流通过10 MΩ的电阻把被测人体和电容为2700 pF的电容器充电到某一电压U，之后分别让人体和电容器通过一个1 kΩ电阻对地放电，并用电流探头和示波器采集放电电流波形，通过比较人体和电容器的放电电流的峰值来确定人体放电参数。此时电容器放电电流峰值$I_0=U/1000$，人体放电电流峰值为$I_P=U/(1000+R_b)$，其中，R_b为人体等效电阻，测出I_0和I_p，可得到R_b。通过计算人体放电电流波形的时间常数τ，由τ/R_b可得人体电容C_b，通过这种方法得到人体参数为$C_b=132\sim190$ pF，$R_b=87\sim190$ Ω。

在实际检测过程中，由于条件的限制，往往采用简单的交流测试法和直流测试法，同时考虑到静电现象主要与静电电容的直流特性有关，所以在对静电电容的检测中也可选用数字电容表(如VC6013数字电容表)。电容表的检测采用直流检测法中的“电荷分配法”，其原理如图5-47所示。

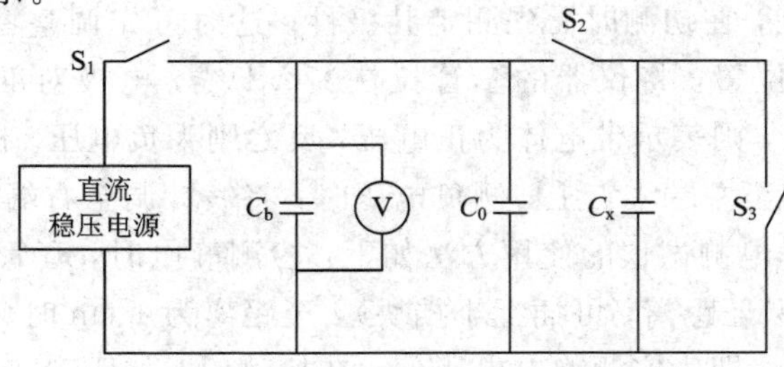

图5-47 电荷分配法检测电容

图中，C_0为标准充电电容，C_b为输入电容，C_x为被测电容，U_0为C_0上初始充电电压，U为C_0上放电后的稳定电压。

具体的检测方法为：① 断开开关S_2合上开关S_1给标准电容C_0充电到电源电压U_0；② 合上开关S_3，把被测电容器上可能残存的电荷放尽后，再断开开关S_3；③ 断开开关S_1，使标准电容C_0脱离电源，迅速合上开关S_2，使C_0向被测电容器C_x充电，稳定后记下电压表 V 的读数U。

根据电荷守恒定律，则有

$$(C_0 + C_b)U_0 = (C_0 + C_b + C_x)U \tag{5-44}$$

由此便可求得被测电容

$$C_x = \frac{(C_0 + C_b)(U_0 - U)}{U} \tag{5-45}$$

3. 静电电量的检测

电荷量是反映带电体情况最本质的物理量，它决定着带电体产生静电放电的概率和危险性。静电电量的检测也就是静电电荷量的检测，一般情况下，电荷量不是直接检测的，而是通过检测其他有关参数来计算电荷量的多少。除了通过检测静电电位来估计静电电量，一般还通过法拉第筒来检测静电电量。因为在工程应用中，需要进行静电电量检测的物体多为带电的绝缘体。绝缘体所带的电荷并不完全分布在表面上，在内部也有电荷存在，而且电荷分布很不均匀，借助法拉第筒可以完成对整个带电体静电电量的检测。

法拉第筒是静电电量检测中最基本的设备之一，它由两个套装在一起又相互绝缘的、带盖的金属筒制成。在静电检测中，一般外筒接地。当静电平衡时，内外筒之间的电场及电压仅仅决定于内外筒中带电体的电量和内外筒之间的几何尺寸。对于确定尺寸的法拉第筒(内外筒之间的电容确定)，只要检测出内外筒之间的电压和电容，根据公式$Q=CU$，就可以求出带电体的电量Q，这就是法拉第筒测电量的一般原理。

在实际检测中要注意，接入接触式静电电压表等电路后，还存在着接触式静电电压表的输入电容或与其并联的电容，如图 5-48 所示，它们的代数和可以用C_b表示。

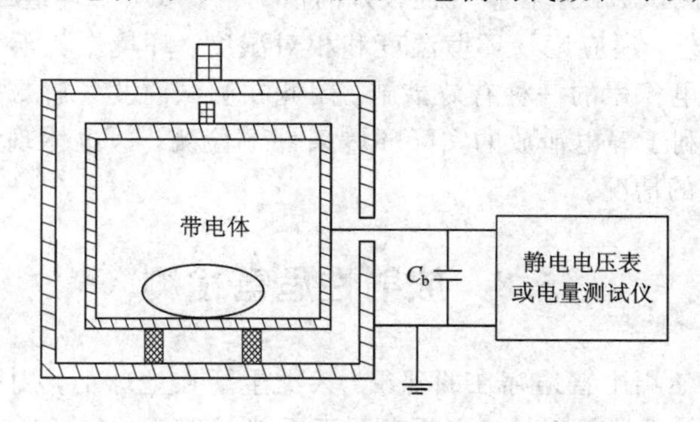

图 5-48　法拉第筒检测静电电量的原理

如果用U表示内外筒之间的电压，C_F表示法拉第筒内筒与外筒之间的电容，带电量Q的计算公式可以表示为

$$Q = (C_F + C_b)U \tag{5-46}$$

利用法拉第筒检测时，所用检测仪表的输入电阻和法拉第筒的泄漏电阻均不应低于

10^{14} Ω，否则应在法拉第筒内筒与外筒之间并联聚苯乙烯或空气介质的高绝缘电容器，以提高系统的放电时间常数，保证检测数据的稳定性。并联电容的大小应能够兼顾放电时间常数和检测仪表的灵敏度。

5.7.3 静电检测的特点及注意事项

1. 静电检测的特点

值得注意的是，静电基本参数的检测与一般电学参数的检测相比，具有以下特点。

(1) 静电能量小，引入测试仪器的同时将对原来的场分布产生较大的影响。为降低测试仪器对被测场的影响，要求测试仪器具有很小的输入电容和极高的输入电阻。

(2) 静电检测涉及高电压和高绝缘材料，检测结果与仪器和检测电压有关。不同的测试方法、不同的检测电压，将导致不同的检测结果，因此，给出检测结果时，必须同时标明其测试方法和检测电压等条件。

(3) 环境条件对检测结果有很大的影响，环境相对湿度对检测结果的影响尤为显著。把握了上述特点，才能选择好适宜的检测仪器，制定出合适的检测方法和程序，得到比较准确的检测结果。

2. 静电检测注意事项

基于静电检测的特点，在实际静电检测过程中应注意以下问题。

(1) 应选用使用方便、可靠性高的检测仪表。在爆炸危险场所检测应选用防爆型仪表。

(2) 检测前仔细阅读仪表使用说明，了解其检测原理和使用范围。

(3) 检测前调零、调整灵敏度并选择量程。

(4) 检测前分析由检测导致引燃的危险性，在排除引燃危险性以后再进行检测，并应事先考虑发生意外情况时的应急措施。

(5) 为防止检测时发生放电，应使检测仪表的探头缓慢接近带电体，防爆型仪表也应如此。

(6) 同一项目应测试数次，在重现性较好的情况下，取其平均值或最大值。

(7) 除记录数据外，还应记录环境温度和相对湿度。环境空气湿度大时，有利于泄放静电，这也是防范静电积累的一种有效措施。因此在测试前要了解带电体通常所处环境的湿度参数，尽量在不利于静电泄放的实际环境条件下检测，这也体现“最大危险原则”，即应考虑最危险条件下的情况。

5.8 放射性危害检测

放射性辐射是自然界中普遍存在的现象，人类生活在地球上，周围物质几乎无不含有放射性元素。环境中的天然放射性，主要来源于天然放射源，包括地球外空间的宇宙射线和地球地壳及大气圈中的放射性元素。

天然放射性物质主要以电离辐射的形式，通过其放射的射线，以内照射、外照射的方式对生物体细胞的基本分子结构产生电离作用，破坏生物体的细胞分子结构，抑制细胞的生物活性，从而造成对生物体的伤害。正常背景剂量的辐射照射不会影响人的健康，但如果长期生活在放射性水平较高的环境中，会出现头晕、眼肿、脱发、四肢乏力、胸闷等症状，引起白血病、肺癌、畸形、白内障、细胞异常、免疫力下降、中枢神经系统变化、寿命缩短、生育能力损伤、基因变异、染色体畸变等。

放射性物质的辐射剂量检测是用以确定剂量量值的一组操作。通常说的辐射剂量包括照射量、比释动能、吸收剂量和剂量当量等。这些量应用于不同领域，其检测原理和方法也不尽相同。辐射剂量检测的特点是，不仅与入射粒子的种类有关，还与入射的能量有关，甚至和粒子入射的方向、受照射物质特性也有关。电离辐射检测的内容涉及记录α、β等带电粒子的数目，X射线、γ射线和中子的强度、能谱、入射率和剂量等。

5.8.1　α放射性样品检测

1. 薄α放射性样品检测

测定α源活度的小立体角法的基本原理是：放射源朝4π立体角各向同性地发射α粒子，在探测效率已知的条件下，记录一定立体角内的α粒子产生的计数率，就可计算出待测样品的α发射率，从而计算样品的活度。这种方法既可用于绝对检测，又可用于相对检测。检测装置如图5-49所示。

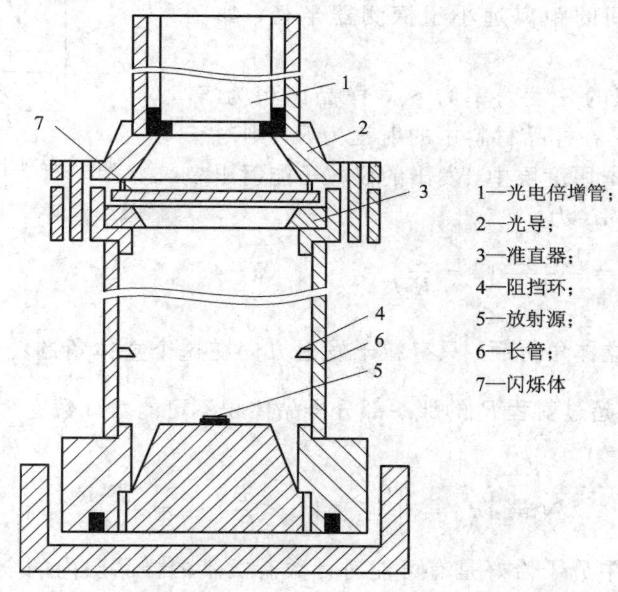

图5-49　测定α源活度的小立体角装置

待测样品和探测器分别置于一个长管的两端，靠近样品一侧，管子内壁上装有一个用低原子序数物质制作的阻挡环。放射源发射的α粒子经准直器打到闪烁体上，为了使源接近于点源几何条件，源与探测器的距离要远些。管子的长度一般为几十厘米，这比α粒子在空气中的射程要大。为了避免空气的吸收和散射，管子内部要抽成真空。准直器孔径的大小是确定立体角用的，为了准确计算立体角，准直孔的轴线必须与发射源的中心线重合。由于立体角很小，从源托板散射的α粒子可不予考虑。探测器可采用ZnS(Ag)，CsI(T1)，或塑料闪烁计数器，也可用Au-Si面垒型半导体探测器及薄窗正比计数器。

待测样品每秒发射的α粒子数目N可用下式计算：

$$N=\frac{n_a-n_b}{f_t f_g} \tag{5-47}$$

$$f_t=1-n_a t$$

式中：n_a——待测样品检测时的计数率；

n_b——本底计数率；

f_g——几何因子；

f_t——分辨时间修正因子；

t——检测装置的分辨时间。

2. 厚 α 放射性样品检测

厚样品是指样品有严重的自吸收，甚至样品底层的 α 粒子不能穿出上表面。具有一定厚度的样品，α 粒子是从样品不同深度发射的，而发射方向是任意的。在计算中认为样品半径远小于探测器半径，忽略样品半径对几何校正因子的影响，并忽略 α 粒子在空气中的吸收，认为探测器与样品之间的距离远小于探测器半径，如图 5-50 所示。

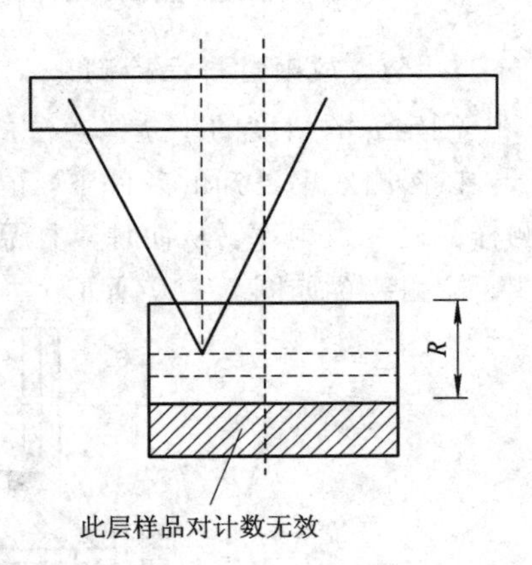

图 5-50　样品厚度对 α 粒子表面发生率的影响

设样品单位体积的 α 发射率为 S_v，样品面积为 S，样品厚度为 d，α 粒子在样品材料中的射程为 R，则对于深度为 x 处的地段 dx 厚度层中，发出的仅粒子能射出表面进入探测器的数目 d_N 为

$$d_N=\frac{SS_v\,dx}{2}\left(1-\frac{x}{R}\right) \tag{5-48}$$

其中，$\frac{1}{2}\left(1-\frac{x}{R}\right)$是立体角份额，只有粒子发射方向在这个立体角的粒子才可能射出样品表面。考虑到深度 x 超过射程 R 的那一部分样品体积不可能对计数有贡献，所以总计数的上限为

$$N=\int d_N=\int_0^R \frac{SS_v}{2}\left(1-\frac{x}{R}\right)dx=\frac{SS_vR}{4} \tag{5-49}$$

由于式(5-49)中分子恰好是有可能对计数有贡献的样品层内的全部发射率，因而式(5-49)表示：由于有自吸收，样品全部发射的 α 粒子，最多有 1/4 粒子能射出表面。

5.8.2　β 放射性样品检测

小立体角法测 β 和测 α 的原理相同，只是在检测 β 时需要考虑更多的修正因子。

对小立体角检测装置的基本要求是尽量消除和减少影响检测准确度的因素。β 粒子与 α 粒子不同，装置结构上也有差异。β 粒子的射程长，源与探测器的距离加大些，这样可以近似于点源几何条件。装置内部要求抽真空，但要对空气的吸收进行修正。典型装置的结构如 5-51 所示。

整个装置的外层是壁厚 5～6 cm 的铅室，用来减小宇宙射线和环境辐射产生的影响。铅室内壁装有 2～5 mm 厚的低原子序数材料(铝、塑料等)制成的衬板，其作用是减小 β 射

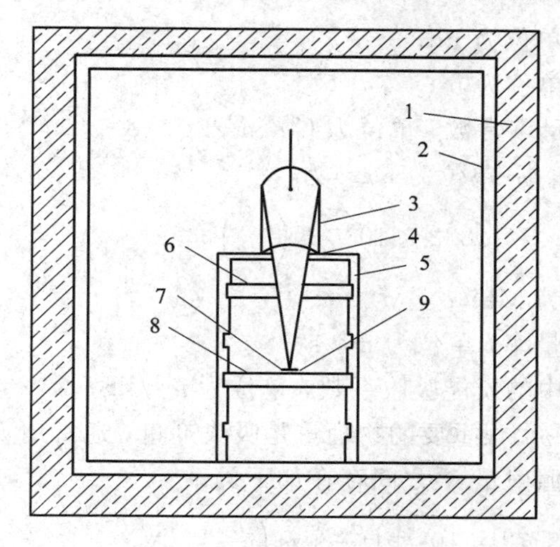

图 5-51　测β放射性的小立体角装置

线在铅中产生的韧致辐射的影响。源的支架也用低原子序数材料制成，而且要尽量空旷，这是为了减小韧致辐射和散射的影响。准直器一般用黄铜制成，厚度要大于β粒子的最大射程。准直孔的大小决定了立体角的大小。

探测器常用钟罩形 G-M 计数器，也可用流气式正比计数器或塑料闪烁计数器。探测器的端窗要很薄，以保证β粒子能够进入探测器的灵敏区。不同能量的β粒子对铝窗的穿透率如表 5-23 所示。

表 5-23　几种不同β粒子对不同厚度铝窗的穿透率

β源	最大能量 E_{max}/MeV	质量系数 (cm^2/mg)	穿透率		
			30 mg/cm^2	4 mg/cm^2	0.9 mg/cm^2
14C	0.154	0.26	0.04	35	79
45Ca	0.250	0.122	3.0	61	89
32P	1.707	0.0078	79	97	99

待测样品每秒发射的β粒子数 N_β 由下式计算：

$$N_\beta = \frac{n_a - n_b}{\varepsilon_\beta} \tag{5-50}$$

式中：ε_β——探测效率；

n_b——本底计数率；

n_a——检测样品时的计数率。

5.8.3　γ射线剂量检测

γ射线穿过空气媒质时，同空气中的原子发生相互作用释放出电子，这些电子会导致空气电离。从致电离本领的角度来描述γ射线在空气中辐射场性质的物理量称为照射量，用 X 表示。一个点状γ源在空间一点处造成的照射量率 X_1(单位为 C/kg·s)为

$$X_1 = A\sqrt{\frac{\delta}{r^2}} \tag{5-51}$$

式中：A——γ源的放射性活度，单位为Bq；

r——检测点到源的距离，单位为m；

δ——γ放射性核素的照射量率常数，单位为$C\cdot m^2/kg$。

γ射线在空气中某点的照射量率(单位为R/s)为

$$X_2 = 1.832\times10^{-8}\varphi E\left(\frac{\mu_{en}}{\rho}\right)_a \tag{5-52}$$

式中：E——γ射线的能量，单位为MeV；

φ——γ射线在检测点的注量率，单位为m^2/s；

$(\mu_{en}/\rho)_a$——γ射线在空气中的质能吸收系数，单位为m^2/kg。

在研究γ射线的剂量时，另一个很重要的物理量是吸收剂量，通常用D_m表示。在带电粒子平衡条件下，吸收剂量D与照射量X之间存在如下关系：

$$D_m = 8.73\times10^{-3}\left[\left(\frac{\mu_{en}}{\rho}\right)_a m\left(\frac{\mu_{en}}{\rho}\right)_a\right]X \tag{5-53}$$

式中：μ_{en}/ρ表示γ射线在物质中的质能吸收系数。

用于γ射线剂量检测的器具有电离室、正比计数器、闪烁计数器、化学剂量计等。检测γ射线照射量的标准器具是自由空气电离室，对于能量较高的γ射线经常采用空腔电离室。

5.8.4　中子剂量检测

中子剂量通常指中子吸收剂量或中子剂量当量，平行中子束垂直入射到一块物质上时，该物质的吸收剂量D随深度的分布如图5-52所示。吸收剂量的最大值并不出现在表面，而是出现在某一深度处，这个深度取决于中子的能量。放射医学治疗上常通过调节中子(或γ、X)辐射的能量，把这个最大值对准病变组织的部位以取得良好的效果。

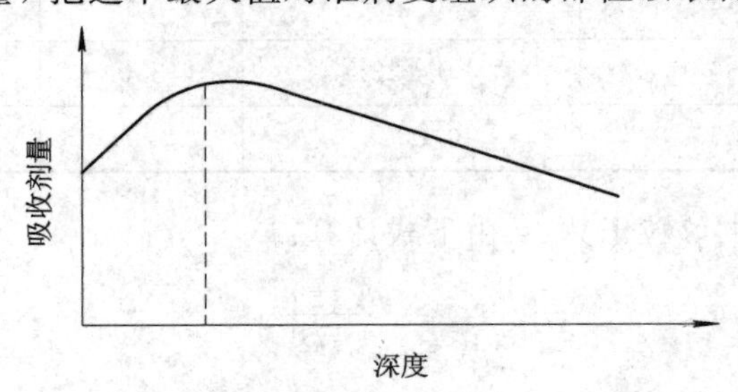

图5-52　中子吸收剂量—深度关系图

通常使用组织等效电离室、聚乙烯正比计数器、硫酸亚铁剂量计以及量热计等检测中子吸收剂量。在多数情况下，组织等效电离室是测定中子吸收剂量最准确的检测器具。剂量当量仪是最常用的辐射防护仪表。

5.9　高温作业检测

高温作业是指作业环境热强度高，劳动强度大，对人体易造成危害的作业。高温是影响范围很广的一种生产性有害因素，在许多生产劳动过程中都有接触机会，常见的产生高温危害作业有：冶金工业的炼焦、炼铁、炼钢、轧钢作业，机械制造工业的铸造、锻造、热处理作业，陶瓷、玻璃、搪瓷、砖瓦等工业的炉窑作业，火力发电厂和轮船上的锅炉作业等高温强辐射作业；纺织、造纸工业的印染、缫丝、造纸等高温高湿作业以及农业、建筑、搬运等行业的夏季露天高温作业。

5.9.1　高温作业的基本类型

高温作业按其气象条件的特点可分为高温强辐射作业、高温高湿作业和夏季露天作业三个基本类型。

1. 高温强辐射作业

高温强辐射作业场所具有各种不同的热源，如：冶炼炉、加热炉、窑炉、锅炉、被加热的物体(铁水、钢水、钢锭)等，能通过传导、对流、辐射散热，使周围物体和空气温度升高；周围物体被加热后，又可成为二次热辐射源，且由于热辐射面扩大，使气温更高。在这类作业环境中，同时存在着两种不同性质的热，即对流热(被加热了的空气)和辐射热(热源及二次热源)。对流热只作用于人的体表，但通过血液循环使全身加热。辐射热除作用于人的体表外，还作用于深部组织，因而加热作用更快更强。

这类作业的气象特点是气温高、热辐射强度大，而相对湿度较低，形成干热环境。人在此环境下劳动时会大量出汗，若通风不良，则汗液难以蒸发，就可能因蒸发散热困难而发生蓄热和过热。

2. 高温高湿作业

高温高湿作业特点是气温、湿度均高，而辐射强度不大。高湿度的形成，主要是由于生产过程中产生大量水蒸气或生产工艺上要求车间内保持较高的相对湿度所致的。若作业场所通风不良，就会形成高温、高湿和低气流的不良气象条件，即湿热环境。人在此环境下劳动，即使气温不高，但由于蒸发散热困难，大量出汗也不能发挥有效的散热作用，易导致体内热蓄积或水、电解质平衡失调，从而发生中暑。

3. 夏季露天作业

夏季露天作业时同时受太阳辐射、地表和周围物体二次辐射源的附加热作用。露天作业中的热辐射强度虽然比高温车间的低，但其持续时间较长，且头颅常受到阳光直接照射，尤其是中午前后气温升高，此时如果劳动强度过大，则人体极易因过度蓄热而中暑。

农业、建筑、搬运等劳动的高温和热辐射主要来源是太阳辐射。此外，夏天在田间作业时，因高大密植的农作物遮挡气流，常因无风而感到闷热不适，若不采取防暑措施，也易发生中暑。

5.9.2　高温作业的测量

1. 测量仪器

WBGT指数测定仪可用于直接测量，其测量范围为21～49℃。辅助设备为三脚架、线缆、校正模块。干球温度计(测量范围为10～60℃)、自然湿球温度计(测量范围为5～

40℃)、黑球温度计(直径为150 mm或50 mm的黑球，测量范围为20～120℃)分别测量三种温度，通过下列公式计算得到WBGT指数：

室外：WBGT＝湿球温度(℃)×0.7＋黑球温度(℃)×0.2＋干球温度(℃)×0.1

室内：WBGT＝湿球温度(℃)×0.7＋黑球温度(℃)×0.3

WBGT(Wet Bulb Globe Temperatureindex)指数亦称为湿球黑球温度，是综合评价人体接触作业环境热负荷的一个基本参量，单位为℃。WBGT是由自然湿球温度(T_{nw})和黑球温度(T_g)，露天情况下加测空气干球温度(T_a)三个部分温度构成的，WBGT综合考虑了空气温度、风速、空气湿度和辐射热四个因素。

2. 测量方法

1) 现场调查

了解每年或工期内最热月份工作环境温度变化幅度和规律，工作场所的面积、空间、作业和休息区域划分以及隔热设施、热源分布、作业方式等一般情况，绘制简图。工作流程包括生产工艺、加热温度和时间、生产方式、工作人员的数量、工作路线、在工作地点停留时间、频度及持续时间等。

2) 测量

测量前应按照仪器使用说明书对仪器进行校正。确定湿球温度计的储水槽注入蒸馏水，确保棉芯干净并且充分浸湿，注意不能添加自来水。在开机的过程中，如果显示的电池电压低，则应更换电池或者给电池充电。测定前或者加水后，需要10 min的稳定时间。

3) 测点选择

测点数量：工作场所无生产性热源的，选择3个测点，取平均值；工作场所存在生产性热源，选择3～5个测点，取平均值。工作场所被隔离为不同热环境或通风环境的，每个区域内设置2个测点，取平均值。测点位置：测点应包括温度最高和通风最差的工作地点。由于劳动者工作是流动的，在流动范围内，相对固定工作地点应分别进行测量，计算时间加权WBGT指数。测量高度：立姿作业为1.5 m；坐姿作业为1.1 m。作业人员实际受热不均匀时，应分别测量头部、腹部和踝部，立姿作业为1.7 m、1.1 m、0.1 m；坐姿作业为1.1 m、0.6 m和0.1 m。

WBGT指数的平均值按下列公式计算：

$$\mathrm{WBGT}=\frac{\mathrm{WBGT}_{头}+2\mathrm{WBGT}_{腹}+\mathrm{WBGT}_{踝}}{4}$$

式中：WBGT为WBGT指数平均值；$\mathrm{WBGT}_{头}$为测得头部的WBGT指数；$\mathrm{WBGT}_{腹}$为测得腹部的WBGT指数；$\mathrm{WBGT}_{踝}$为测得踝部的WBGT指数。

4) 测量时间

常年从事高温作业的，在夏季最热月测量；不定期接触高温作业的，在工期内最热月测量；从事室外作业的，在最热月晴天且有太阳辐射时测量。作业环境热源稳定时，每天测量3次，工作班开始后及结束前0.5 h分别测量1次，工作中期测量1次，取平均值。如在规定时间内停产，测量时间可提前或推后。作业环境热源不稳定，生产工艺周期变化较大时，分别测量并计算时间加权平均WBGT指数。测量持续时间取决于测量仪器的反应时间。

5）测量条件

测量应在正常生产情况下进行。测量期间避免受到人为气流影响。WBGT 指数测定仪应固定在三脚架上，同时避免物体阻挡辐射热或者人为气流，测量时不要站立在靠近设备的地方。当环境温度超过 60℃时，可使用遥测方式，将主机与温度传感器分离。

在热强度变化较大的工作场所，应计算时间加权平均 WBGT 指数。

6）测量记录

测量记录包括：测量日期、测量时间、气象条件(温度、相对湿度)、测量地点(单位、厂矿名称、车间和具体测量位置)、被测仪器设备型号和参数、测量仪器型号、测量数据、测量人员等。

7）注意事项

在进行现场测量时，测量人员应注意个体防护。

5.9.3　高温作业分级与控制

1. 分级原则与基本要求

(1) 应对高温作业的健康危害、环境热强度、接触高温时间、劳动强度和工作服装阻热性能等全面评价基础上进行分级。

(2) 分级前，通过现场巡查，识别工作场所高温的产生过程、分布范围和采取的控制和防护措施，收集既往热损伤发生和事故资料，确定需要进行分级的作业。作业分级应与日常监测相结合。

(3) 对作业分级结果和预防控制措施的效果要定期进行评估，评估结果提示可能与原分级结果不一致的或因生产工艺、原材料、设备等发生改变时应重新进行分级，并提出新的预防控制措施和建议。

(4) 分级结果以分级报告书形式表示，报告书内容包括分级依据、分级结果、预防控制措施和建议、效果评价的方法和应告知的对象。

(5) 分级报告书应告知用人单位负责人、管理者和相关劳动者。分级资料应归档保存。

2. 分级依据及方法

高温作业分级的依据包括劳动强度、接触高温作业时间、WBGT 指数和服装的阻热性。

(1) 高温作业分级时，需确定体力劳动强度分级。体力劳动强度分级按《工作场所物理因素测量第 10 部分：体力劳动强度分级》(GBZ/T189.10－2007)执行。

(2) 高温作业分级时，需确定接触高温作业时间，接触高温作业时间以每个工作日累计接触高温作业时间计，单位为分钟(min)。

(3) 高温作业分级时，需确定作业环境热强度，即 WBGT 指数。WBGT 指数的测定按《工作场所物理因素测量第 10 部分：体力劳动强度分级》(GBZ/T189.10－2007)执行。

(4) 高温作业分级时，需确定劳动者穿着服装的阻热性。

3. 分级

高温作业按危害程度分为 4 级，即轻度危害作业(Ⅰ级)、中度危害作业(Ⅱ级)、重度危害作业(Ⅲ级)和极重度危害作业(Ⅳ级)(见表 5-2)。

表 5－2　高温作业分级

劳动强度	接触高温作业时间/min	WBGT 指数(℃)						
		29～30 (28～29)	31～32 (30～31)	33～34 (32～33)	35～36 (34～35)	37～38 (36～37)	39～40 (38～39)	41～ (40～)
Ⅰ(轻劳动)	60～120	Ⅰ	Ⅰ	Ⅱ	Ⅱ	Ⅲ	Ⅲ	Ⅳ
	121～240	Ⅰ	Ⅱ	Ⅱ	Ⅲ	Ⅲ	Ⅳ	Ⅳ
	241～360	Ⅱ	Ⅱ	Ⅲ	Ⅲ	Ⅳ	Ⅳ	Ⅳ
	361～	Ⅱ	Ⅲ	Ⅲ	Ⅳ	Ⅳ	Ⅳ	Ⅳ
Ⅱ(中劳动)	60～120	Ⅰ	Ⅱ	Ⅱ	Ⅲ	Ⅲ	Ⅳ	Ⅳ
	121～240	Ⅱ	Ⅱ	Ⅲ	Ⅲ	Ⅳ	Ⅳ	Ⅳ
	241～360	Ⅱ	Ⅲ	Ⅲ	Ⅳ	Ⅳ	Ⅳ	Ⅳ
	361～	Ⅲ	Ⅲ	Ⅳ	Ⅳ	Ⅳ	Ⅳ	Ⅳ
Ⅲ(重劳动)	60～120	Ⅱ	Ⅱ	Ⅲ	Ⅲ	Ⅳ	Ⅳ	Ⅳ
	121～240	Ⅱ	Ⅲ	Ⅲ	Ⅳ	Ⅳ	Ⅳ	Ⅳ
	241～360	Ⅲ	Ⅲ	Ⅳ	Ⅳ	Ⅳ	Ⅳ	Ⅳ
	361～	Ⅲ	Ⅳ	Ⅳ	Ⅳ	Ⅳ	Ⅳ	Ⅳ
Ⅳ(极重劳动)	60～120	Ⅱ	Ⅲ	Ⅲ	Ⅳ	Ⅳ	Ⅳ	Ⅳ
	121～240	Ⅲ	Ⅲ	Ⅳ	Ⅳ	Ⅳ	Ⅳ	Ⅳ
	241～360	Ⅲ	Ⅳ	Ⅳ	Ⅳ	Ⅳ	Ⅳ	Ⅳ
	361～	Ⅳ	Ⅳ	Ⅳ	Ⅳ	Ⅳ	Ⅳ	Ⅳ

注：括号内 WBGT 指数值适用于未产生热适应和热习服的劳动者。

4. 分级控制

根据不同等级的高温作业进行不同的卫生学监督和管理。分级越高，发生热相关疾病的危险度越高。

1) 轻度危害作业(Ⅰ级)

在目前的劳动条件下，可能对劳动者的健康产生不良影响。应改善工作环境，对劳动者进行职业卫生培训，采取职业健康监护和防暑降温防护措施，保持劳动者的热平衡。

2) 中度危害作业(Ⅱ级)

在目前的劳动条件下，可能引起劳动者的健康危害。在采取上述措施的同时，强化职业健康监护和防暑降温等防护措施，调整高温作业劳动休息制度，降低劳动者热应激反应及接触热环境的单位时间比率。

3) 重度危害作业(Ⅲ级)

在目前的劳动条件下，很可能引起劳动者的健康危害，产生热损伤。在采取上述措施的同时，强调进行热应激监测，通过调整高温作业劳动休息制度，进一步降低劳动者接触热环境的单位时间比率。

4) 极重度危害作业(Ⅳ级)

在目前的劳动条件下，极有可能引起劳动者的健康危害，产生严重的热损伤。在采取上述措施的同时，严格进行热应激监测和热损伤防护措施，通过调整高温作业劳动休息制度，严格限制劳动者接触热环境的时间比率。

习题与思考题

1. 简述可燃及有害气体的性质及危害。

2. 简述几种可燃和有害气体检测原理的异同。

3. 简述可燃粉尘的爆炸过程，可燃粉尘有哪些重要的爆炸参数。

4. 简述有毒作业分级管理原则。

5. 粉尘检测有哪几种方法？

6. 简述工业生产性粉尘作业分级的依据。

7. 简述噪声测量方法，以及噪声作业评定的要求。

8. 简述光电测尘原理。

9. 为什么会发生危险物质泄漏？

10. 管道泄漏检测有哪几种技术？

11. 危险物质泄漏的安全监测要注意哪些方面？

12. 火灾探测有哪些主要方法？

13. 简述感烟式火灾探测器的分类及各自的工作原理。

14. 感烟探测器响应烟的性能主要体现在哪些方面？

15. 感温火灾探测器主要有哪几种工作方式？

16. 简述火灾自动报警系统的三种基本设计形式。

17. 在三电极接地电阻检测的直线布极法中，是如何消除布极误差的？三角形布极法是否考虑了消除误差的措施？

18. 简述接地电阻检测仪检测法和电压表—电流表检测法的原理。

19. 静电具有哪些特点？与强电及一般的弱电检测相比，静电检测具有哪些特点？

20. 静电电位检测的一次检测持续时间过长有什么后果？说明原因。

21. 简述法拉第筒法检测静电电量的原理。

22. 能否检测油罐车的对地电容？为保证检测的准确度，应注意哪些问题？

23. 有人说：固体或液体的电阻、电阻率及电导率的检测实质上都是电阻的检测。这种说法对否？陈述理由。

24. 检测防静电工作服的电阻，得到的是表面电阻还是体电阻？对同一件工作服，干燥的春季与潮湿的夏季检测结果可能差别较大，最可能的原因是什么？

25. 在静电感应类静电电位检测仪表中，输入电阻都比较高，说明其原因。探头与被测带电体的距离变化为什么会改变显示数值。

26. 感应式静电电位检测仪表及其探头都安装在接地的外屏蔽壳体内。阐述其原因和作用。

27. 放射性检测主要分为哪几类？

28. 简述高温作业的概念及类型。

29. 简述高温作业测量方法与注意事项。

30. 简述高温作业分级依据与方法。

第 6 章 生产装置安全检测

6.1 超声检测技术

6.1.1 超声检测技术概述

超声波是一种频率很高的机械波，能在气体、液体、固体中传播。它的特点是频率高(可高达 10^9 Hz)，因此波长短，绕射现象小，最明显的一个特征是方向性好，能够作为射线而定向传播。超声波在液体、固体中的衰减很小，所以它的穿透力很大，尤其是在对光不透明的固体中，超声波能穿透几十米的长度，碰到杂质成分界面就会有显著的反射。

当超声波在被检测材料中传播时，材料的声学特性和内部组织的变化对超声波的传播产生了一定的影响。通过对超声波受影响程度和状况的探测，了解材料性能和结构变化的技术称为超声检测技术。目前，超声检测技术已被广泛地应用于生产装置的安全检测中。

1. 超声检测的基础知识

1) 超声波的产生与接收

超声波的产生是把电能转变为超声能的过程，它利用的是压电材料的逆压电效应，目前在超声检测中普遍应用的产生超声波的方法是压电法。压电法利用压电材料施加交变电压，它将发生交替的压缩或拉伸，由此而产生振动，振动的频率与交变电压的频率相同。当施加在压电晶体上的交变电压频率在超声波频率范围内时，产生的振动就是超声波振动。如果把这种振动耦合到弹性介质中，那么在弹性介质中传播的波就是超声波。

超声波的接收是把超声能转变为电能的过程，它利用的是压电材料的压电效应。由于压电材料同时具有压电效应和逆压电效应的特性，因此，超声检测中所用的单个探头，一方面用于发射超声波，另一方面用于接收从界面、缺陷返回的超声波。

2) 超声波的种类

超声波在介质中传播有不同的方式，波型不同，其振动方式不同，传播速度也不同。空气中传播的声波只有疏密波，声波的介质质点的振动方向与传播方向一致，叫做纵波。可在固体介质中传播的波除了纵波外还有剪切波，又叫横波。此外，还有在固体介质的表面传播的表面波和薄板中传播的板波。

在超声检测中，直探头产生的是纵波，斜探头产生的是横波。

3) 波速

声波在介质中是以一定的速度传播的，在空气中的声速为 340 m/s，水中的声速为 1500 m/s，钢中纵波的声速为 5900 m/s，横波的声速为 3230 m/s，表面波的声速为 3007 m/s。声速是由传播介质的弹性系数、密度以及声波的种类决定的，它与频率和晶片没有关系。横波的声速大约是纵波声速的一半，而表面波声速大约是横波的 0.9。

4）波的透射、反射与折射

当超声波从一种介质传播到另一种介质时，若垂直入射，则只有反射和透射。反射波与透射波的比率取决于两种介质的声阻抗。例如当钢中的超声波传到底面遇到空气界面时，由于空气与钢的声速和密度相差很大，超声波在界面上接近100%的反射，几乎完全不会传到空气中(只传出来约0.002%)，而钢同水接触时，则有88%的声能被反射，有12%的声能穿透进入水中。计算声压反射率R和声压透射率D的公式为

$$R=\frac{Z_2-Z_1}{Z_2+Z_1} \tag{6-1}$$

$$D=\frac{2Z_2}{Z_2+Z_1} \tag{6-2}$$

式中：Z_1、Z_2为两种介质的声阻抗。

当倾斜入射时，除反射外，投射波会发生折射现象，同时伴随有波形转换。假如介质为液体、气体时，反射波和折射波只有纵波。

斜探头接触钢件时，因为两者都是固体，所以反射波和折射波都存在纵波和横波，如图6-1所示。

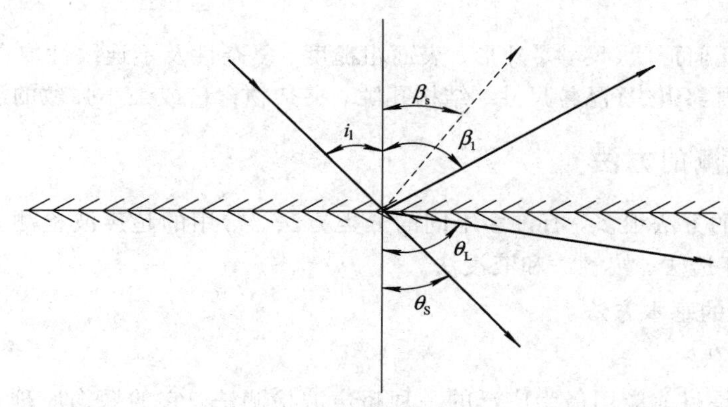

图6-1　固体和固体间的折射和反射

图中：i——入射角；β——反射角；θ——折射角。

此时，反射角和折射角的大小由两种介质中的声速决定。

折射角的计算公式为

$$\frac{\sin\alpha \mathrm{L}}{C_1}=\frac{\sin\gamma \mathrm{L}}{C_{L2}}=\frac{\sin\gamma S}{C_{S2}} \tag{6-3}$$

式中：C_1——入射波声速；

α——入射角；

γ——反射角；

L——纵波；

S——横波。

2．超声检测的优点

(1) 适应范围广。无论是金属、非金属，还是复合材料都可应用超声波进行无损检测。

(2) 不会对工件造成损坏。施加给工件的超声强度低，最大作用应力远低于弹性极限，不会对工件使用造成任何影响。

(3) 仅需从一侧接近被检工件，便于复杂形状工件的检测。

(4) 穿透能力强、灵敏度高。能够检验极厚部件，不适宜检验较薄的工件，能够检出微小不连续性缺陷，对面积型缺陷的检出率较高，而对体积型缺陷的检出率较低。

(5) 对确定内部缺陷的大小、位置、取向、埋深、性质等参量较之其他无损检测方法有综合优势。

(6) 检验成本低、速度快，能快速自动检测。

(7) 检测仪器体积小，质量轻，现场使用较方便。

(8) 对人体及环境无害。

正是由于超声检测技术具有设备简单、成本低、检测灵敏度高且对人体无害等特点，因此它适合在多种工况下工作。随着科学技术的发展和计算机技术的普遍应用，现代的超声检测仪器能够实现各种功能，如检测结果的记录与存储、对数据结果的自动分析、计算缺陷的位置等。超声检测技术已成为生产装置安全检测中应用最为广泛的方法之一。

3. 超声检测技术的局限性

超声检测技术也有一定的局限性。检测条件会限制超声技术的应用，特别在涉及以下因素之一时：

(1) 试件的几何形状(尺寸、外形、表面粗糙度、复杂性及不连续性取向)不合适；

(2) 不良的内部组织(晶粒尺寸、结构孔隙、夹杂物含量或细小弥散的沉淀物)。

6.1.2 超声检测的方法

超声波检测的方法很多，有许多不同的分类方法。常用的超声波检测方法有：脉冲反射法、共振法、穿透法、接触法和液浸法。

1. 超声检测的基本方法

1) 脉冲反射法

脉冲反射法是目前应用最为广泛的一种超声波检测法。它的探伤原理是：将具有一定持续时间和一定频率间隔的超声脉冲发射到被测工件上，当超声波在工件内部遇到缺陷时，就会产生反射，根据反射信号的时差变化及在显示器上的位置就可以判断缺陷的大小及深度。图 6-2 为脉冲反射法原理图。

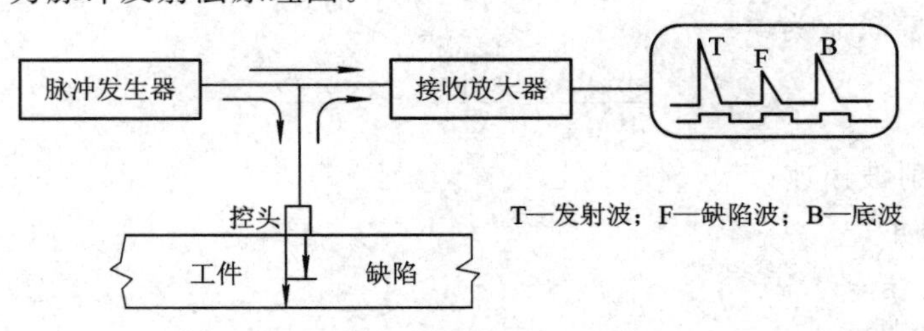

图 6-2 脉冲反射法原理图

该方法的突出优点是通过改变入射角的方法，可以发现不同方位的缺陷；利用表面波可以检测复杂形状的表面缺陷；利用板波可以对薄板缺陷进行探伤。

脉冲反射法又包括缺陷回波法、底波高度法和多次底波法。

2) 共振法

若某一频率可调的声波在被测工件内传播，当工件的厚度是超声波的半波长的整数倍时，将引起共振，检测仪器会显示出共振频率。利用相邻的两个共振频率之差，按下式可计算出被测工件的厚度：

$$\delta=\frac{\lambda}{2}=\frac{c}{2f_0}=\frac{c}{2(f_m-f_{m-1})} \tag{6-4}$$

式中：f_0——工件的固有频率；

f_m、f_{m-1}——相临两共振频率；

c——被检工件的声速；

λ——波长；

δ——工件厚度。

因此，共振法就是指当工件内存在缺陷或工件厚度发生变化时，工件的共振频率将发生改变。依据工件的共振性来判断缺陷情况和工件的厚度变化情况的方法被称为共振法。

共振法设备简单，测量精确，常用于壁厚测量。此外，若工件中存在较大的缺陷或当工件厚度改变时，将导致共振现象消失或共振点偏移，可利用此现象检测复合材料的胶合质量、板材点焊质量、均匀腐蚀量和板材内部夹层等缺陷。

3）穿透法

穿透法又叫透射法，它是根据脉冲波穿透工件后的能量变化来判断工件缺陷情况的。穿透法检测可以用连续波，也可以用脉冲波，常使用两个探头，分别用于发射和接收超声波，这两个探头被放置在工件两侧。若工件内无缺陷，超声波穿透工件后衰减较小，接收到的超声波较强；若超声波在传播的路径中存在缺陷，则超声波在缺陷处就会发生反射或折射，并部分或完全阻止超声波到达接收探头。这样，根据接收到超声波能量的大小就可以判断缺陷位置及大小。

穿透法的优点是适于探测较薄工件的缺陷和检测超声衰减大的匀质材料工件；设备简单，操作容易，检测速度快；对形状简单、批量较大的工件容易实现连续自动检测。

穿透法的缺点是不能探测缺陷的深度；不能检测小缺陷，探伤灵敏度较低；对发射探头和接收探头的位置要求较高。穿透检测法灵敏度低，也不能对缺陷定位。

4）接触法

接触法就是利用探头与工件表面之间的一层薄的耦合剂直接接触进行探伤的方法。耦合剂主要起传递超声波能量的作用。耦合剂要求具有较高的声阻抗且透声性能好，一般为油类，如硅油、甘油、机油。图 6－3 为接触法探伤原理图。

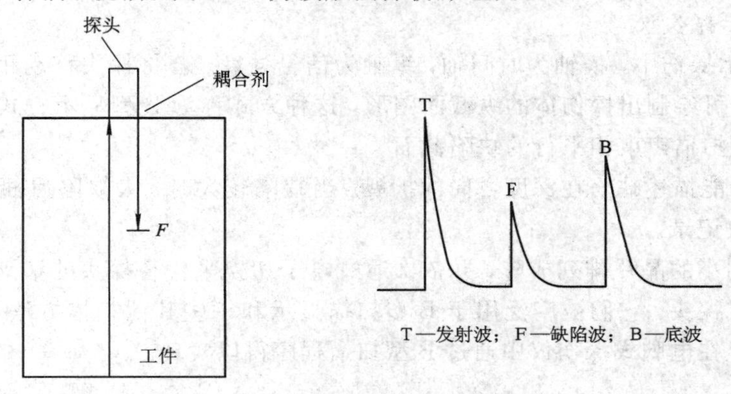

图 6－3　接触法探伤原理图

接触法操作方便，但对被检工件表面粗糙度要求较严。直探头和斜探头(包括横波、表面波、板波)都可采用接触法。

5) 液浸法

液浸法就是将探头与工件全部浸入液体，或将探头与工件之间局部充以液体进行探伤的方法。液体一般用水，故又称水浸法。用液浸法纵波探伤时，当超声束达到液体与工件的界面时会产生界面波，如图 6-4 所示。由于水中声速是钢中声速的 1/4，声波从水中入射钢件时，产生折射后波束变宽。为了提高检测灵敏度，常用聚焦探头。

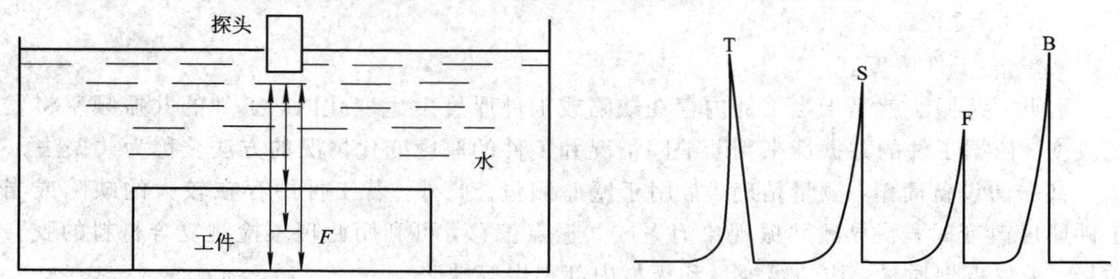

T—发射波；S—界面波；F—缺陷波；B—底波

图 6-4 液浸法探伤

液浸法还适用于横波、表面波和板波检测。由于探头不直接与工件接触，因而易于实现自动化检测，提高了检测速度，也适用于检测表面粗糙的工件。

另外，超声波检测方法还可按所采用的波形分为纵波法、横波法、表面波法、板波法和爬波法；还可按所采用探头数目分为单探头法、双探头法和多探头法。

2. 超声波探伤仪

超声波探伤仪种类很多，按超声波的连续性分为脉冲波探伤仪、连续波探伤仪、共振式连续探伤仪、调频式连续探伤仪；按缺陷的显示方式分为 A 型显示探伤仪、B 型显示探伤仪、C 型显示探伤仪、直接成像探伤仪；按通道分为单通道探伤仪和多通道探伤仪。下面做一简单介绍。

1) A 型显示探伤仪

A 型显示探伤仪可使用一个探头兼作收发，也可使用两个探头，一发一收，使用的波型可以是纵波、横波、表面波和板波。多功能的 A 型显示探伤仪还有一系列附加电路系统，如时间标距电路、自动报警电路、闸门选择电路、延迟电路等。

2) B 型显示探伤仪

在 A 型显示探伤中，横轴为时间轴，纵轴为信号强度。若将探头移动距离作横轴，探伤深度作纵轴，可绘制出探伤体的纵截面图形，这种方式称为 B 型显示方式。在 B 型显示中，显示的是与扫描声束相平行的缺陷截面。

B 型显示不能描述缺陷在深度方向的扩展。当缺陷较大时，大缺陷后面的小缺陷的底面反射也不能被记录。

若将一系列小的晶片排列成阵，并依次通过电子切换来代替探头的移动，即为移相控制式或相控阵式探头，它们被广泛用于 B 型扫描显示和一些其他扫描方法中。近年来，B 型扫描显示已经在电脑式探伤仪中通过 B 型扫描程序得以实现。

3) C型显示探伤仪

C型显示探伤仪使探头在工件上纵横交替扫查，把在探伤距离特定范围内的反射作为辉度变化并连续显示，可绘制出工件内部缺陷的横截面图形。这个截面与扫描声束相垂直。示波管荧光屏上的纵、横坐标，分别代表工件表面的纵、横坐标。

若将B型和C型显示两者结合起来，便可同时显示被检测部位的侧面图和顶视图，此种方法被称为复二维显示方式。在复二维显示中，常用多笔放电式记录仪描绘图形。

近年来，微机控制和由微机进行数据采集、存储、处理、显示的超声C扫描技术发展很快，并且得到了广泛的应用。特别在高灵敏度检测试验中，例如集成电路接点的焊接试验，高强度陶瓷和粉末冶金材料中微裂纹的检测，电子束焊缝和扩散焊接的检测，复合材料层裂的检测，以及其他要求较高的管材、棒材、涡轮盘和零部件的检测等，用微机C扫描系统可以检测到40 μm直径或宽度的裂纹。对于高性能工业陶瓷，已可检测到10 μm宽度的裂纹。实现C扫描的方法主要有探头阵列电子扫描法(如使用128个晶片阵列的相控阵法)和机械法。

4) 连续波探伤仪

对时间而言，连续波探伤仪发射的是连续的且频率不变(或在小范围内周期性频率微调)的超声波。其结构比脉冲波探伤仪简单，主要由振荡器、放大器、指示器和探头组成。检测灵敏度较低，可用于某些非金属材料检测。

5) 调频波探伤仪

对时间而言，调频波探伤仪周期性地发射连续的频率可调的超声波，其工作原理与调频雷达类似，主要由调频器、振荡器、混频器、低频放大器和探头组成，由电表、耳机、喇叭或频率计指示。当调频波进入工件并由缺陷返回后，其反射波与发射波的频率不同，经过混频器输出二者的差频，由指示器显示。此类仪器现在已很少使用。

3. 采用超声波检测技术时应注意的事项

1) 检测条件的选择

在进行超声波检测之前，应了解被检工件的材料特性、外形结构和检测技术要求；熟悉工件在加工的各个过程中可能产生的缺陷和部位，以作为分析缺陷性质的依据。

2) 检测仪的选择

超声波检测仪是超声波检测的主要设备。目前国内外检测仪种类繁多，性能也各不相同。使用时应优先选用性能稳定、重复性好、可靠性高的仪器。此外，检测前也应根据探测要求和现场条件来选择检测仪：

(1) 对于定位要求高的情况，应选择水平线性误差小的仪器；

(2) 对于定量要求高的情况，应选择垂直线性好、衰减器精度高的仪器；

(3) 对于大型零件的检测，应选择灵敏余量低、信噪比高、功率大的仪器；

(4) 为了有效地发现表面缺陷和区分相邻缺陷，应选择盲区小、分辨率好的仪器；

(5) 对于室外现场检测，应选择重量轻、荧光屏亮度好、抗干扰能力强的便携式检测仪。

3) 探头的选择

根据检测目的和技术条件选择合适的探头，从探头的形式、探头的频率以及探头的晶片尺寸三个方面选择。

在选择探头频率时应注意：对同种材料而言，频率愈高，超声衰减愈大；对同一频率而言，晶粒愈粗，衰减愈大。对于细晶粒材料，选用较高频率可提高检测灵敏度，因为频率高，波长短，检测小缺陷的能力强，同时频率愈高，指向性愈好，可提高分辨力，并能提高缺陷的定位精度。但是，提高频率会降低穿透能力和增大衰减，因此，对粗晶和不致密材料及厚度大的工件，应选用较低的探测频率。

4）检测方法和耦合剂的选择

应针对工件的具体情况选择合适的检测方法，常用的检测方法有：脉冲反射法、共振法、穿透法、接触法和液浸法。

探头与试件的耦合方式有：液体耦合、空气耦合等。另外，在一些特殊条件(如高温)下，还需要选择特殊的耦合剂。

对于应用最多的液体耦合，影响声耦合的主要因素有：

(1) 耦合层厚度；

(2) 表面粗糙度；

(3) 声阻抗；

(4) 工件表面形状等。

6.1.3　生产装置的超声检测

超声检测技术适用于各种尺寸的锻件、轧制件、焊缝和某些铸件、各种机械零件、结构件、电站设备、船体、锅炉、压力容器和化工容器、非金属材料等的检测。

在过程设备的定期检验过程中采用超声波检测技术，主要是检测设备构件内部及表面缺陷，或用于压力容器或管道壁厚的测量等，能有效地发现对接焊缝内部埋藏的缺陷和压力容器焊缝内表面的裂纹，而且可测出焊缝内缺陷的自身高度，这些对设备检验中缺陷的安全评定是必不可少的。由于超声波探伤仪体积小、质量轻，便于携带和操作，因此在生产装置安全检测中得到了广泛的使用。

1. 钢壳和模具的超声波检测

大型结构部件钢壳和各种不同尺寸的模具均为锻件。锻件探伤采用脉冲反射法，除奥氏体钢外，一般晶粒较细，探测频率多为 2～5 MHz，质量要求高的可用 10 MHz。锻件通常采用接触法探伤，用机油作耦合剂，也可采用水浸法。在锻件中缺陷的方向一般与锻压方向垂直，因此，应以锻压面作主要探测面。锻件中的缺陷主要有折叠、夹层、中心疏松、缩孔和锻造裂纹等。钢壳和模具探伤以直探头纵波检测为主，以横波斜探头作辅助探测。但对于筒头模具的圆柱面和球面壳体，应以斜探头为主。为了获得良好的声耦合，斜探头楔块应磨制成与工件相同曲率。钢壳的腰部带有异型法兰环，当用直探头探测时，在正常情况下不出现底波，若有裂纹等缺陷存在，便会有缺陷波出现。其探伤情况如图 6-5 所示。

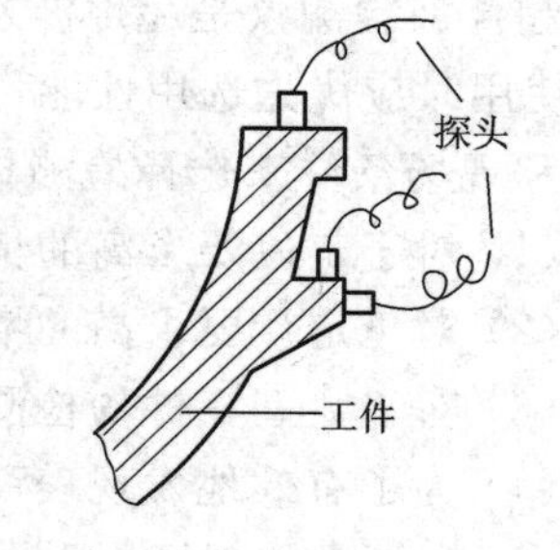

图 6-5　异型法兰探伤

2. 小型压力容器壳体的超声波检测

小型压力容器壳体是由低碳不锈钢锻造成型的，经机械加工后成半球壳状。对此类锻件进行超声波探伤，通常以斜探头横波探伤为主，辅以表面波探头检测表面缺陷。对于壁厚 3 mm 以下的薄壁壳体可只用表面波法检测。探伤前必须将斜探头楔块磨制成与工件相同曲率的球面，以利于声耦合，但磨制后的超声波束不能带有杂波。通常使用易于磨制的塑料外壳环氧树脂小型 K 值斜探头，K 值可选，范围为 1.5～2，频率为 2.5～5 MHz。探伤时采用接触法，用机油耦合。图 6-6 为探伤操作情况。探头一方面沿经线上下移动，一方面沿纬线绕周长水平移动一周，使声束扫描线覆盖整个球壳。在扫查过程中通常没有底波，但遇到裂纹时会出现缺陷波。可以制作带有人工缺陷、与工件相同的模拟件调试灵敏度。

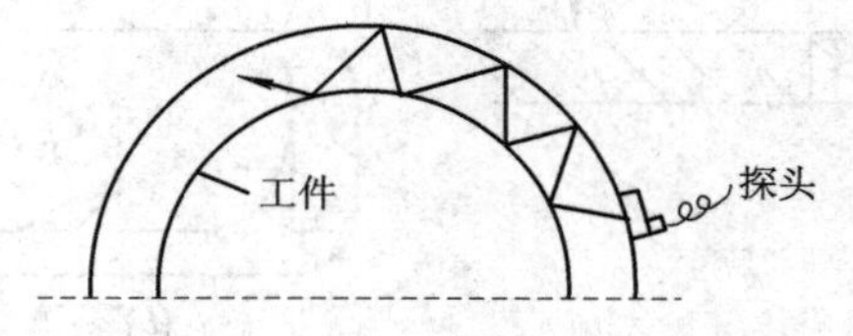

图 6-6　小型球壳的探伤

如果采用水浸法和聚焦探头检测，可避免探头的磨制加工。但要采用专用的球面回转装置，使工件和探头在相对运动中完成声束对整个球壳的扫描。

3. 复合构件检测

某些结构件是将两种材料粘合在一起形成的复合材料。复合材料粘合质量的检测，主要有脉冲反射法、脉冲穿透法和共振法。

两层材料复合时，粘合层中的分层(粘合不良)多与板材表面平行，用脉冲反射法检测是一种有效的方法。用纵波检测时，若两种材料的声阻抗相同或相近，且粘合质量良好，产生的界面波很低，底波幅度较高。当粘合不良时，界面波较高，而底波较低或消失。若两种材料的声阻相差较大，在复合良好时界面波较高，底波较低。当粘合不良时，界面波更高，底波很低或消失。

当第一层复合材料很薄，在仪器盲区范围内时，界面波不能显示。这时粘合质量的好坏主要用底波判别。一般说来粘合良好时有底波，粘合不良时无底波。但第二层材料对超声衰减大时，也可能无底波，如图 6-7 所示。

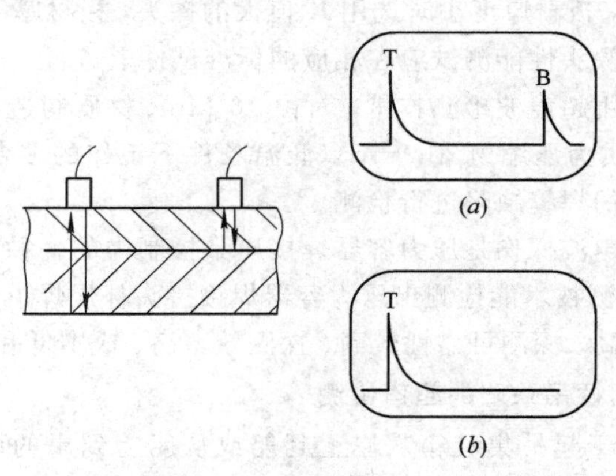

图 6-7　第一层较薄时的探测

(*a*) 粘合良好；(*b*) 粘合不良

当第二层复合材料很薄时，界面波(I)与底波(B)相邻或重合，如图 6-8 所示。对于很薄的复合材料，也可用双探头法检测。如用横波检测，可用两个斜探头一发一收，调整两探头的位置，使接收探头能收到粘合不良的界面波。

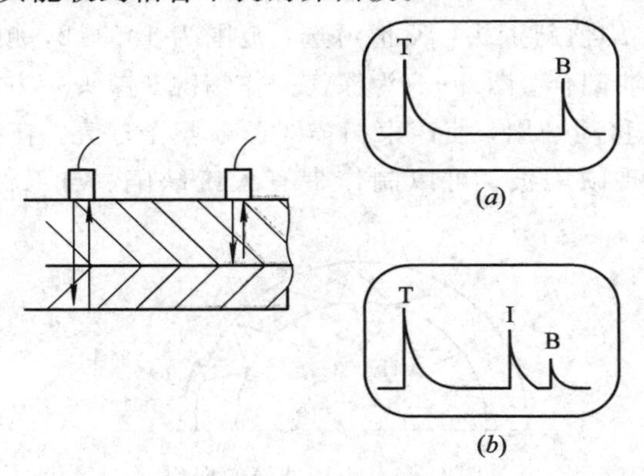

图 6-8　第二层较薄时的探测
(*a*) 粘合良好；(*b*) 粘合不良

若采用穿透法，两个探头分放在复合材料的两相对面，一发一收。当粘合良好时，接收的超声能量大，否则声能减小。此法特别适于检测声阻抗不同的多层复合材料。

共振法适于检测声阻抗相近的复合材料。粘合良好时，测得的厚度为两层之和；粘合不好时，只能测得第一层的厚度。可以使用共振式超声测厚仪进行检测。

4. 结构件焊缝的检测

在科研生产过程中，经常遇到焊接结构件，如试验筒体、大型测试钢架、焊接容器和壳体等。焊缝形式有对接、角接、搭接、丁字接和接管焊缝等。超声波检测常遇到的缺陷有气孔、夹渣、未熔合、未焊透和焊接裂纹等。

焊缝探伤主要用斜探头(横波)，有时也可使用直探头(纵波)。探测频率通常为 2.5～5 MHz。探头角度的选择主要依据工件厚度。在缺陷定位计算中，可以使用探头折射角的正弦和余弦，也可使用正切值，它等于探头入射点至缺陷的水平距离与缺陷至工作表面垂直距离之比。一般说来，板材厚度小时选用 K 值大的探头，板材厚度大时选用 K 值小的探头。仪器灵敏度调整和探头性能测试应在相应的标准试件上进行。

例如：某化工厂采用超声波检测技术，对由 16 MnR 材质制造，壁厚 24 mm，工作压力 12.6 MPa，工作介质为压缩氨气，－5℃低温条件下工作的多台压力容器进行无损检测。主要针对压力容器的焊缝缺陷进行检测。

检测结果表明，超声波探伤是压力容器焊接质量控制中的一种有效的检验技术。通过熟练掌握超声波无损检测技术能检测出压力容器焊接接头补焊焊道中的埋藏缺陷，并且具有指向性较强、灵敏度高、探测可靠性较高、探测效率高、成本低和设备轻便等特点。

5. 港口集装箱龙门桥吊缺陷的超声检测

港口龙门桥吊是用于起吊集装箱从岸上到船或从船上到岸的可延伸、可行走的起重机。港口龙门桥吊主要采用钢板、钢管、法兰盘等进行焊接和拼装而成。主要件之间的连接采用焊接与法兰盘螺栓连接相结合，有的也采用焊接方式进行连接。由于工作环境、运行情况以及本身结构状态的限制，对每条主要焊缝的质量要求都非常严格。

采用超声检测技术对法兰盘与主梁焊接连接处的焊缝缺陷、盘管焊缝缺陷、吊机上行车行驶轨道对接焊缝缺陷进行检测，能够及时发现隐患，预防重大事故的发生。

6.2　射线检测技术

6.2.1　射线检测技术概述

利用射线(X 射线、γ 射线、中子射线等)穿过材料或工件时的强度衰减，检测其内部结构不连续性的技术称为射线检测。它是利用各种射线源对材料的透射性能及不同材料的射线的衰减程度的不同，使底片感光成黑度不同的图像来观察的。射线检测用来检测产品的气孔、夹渣、铸造孔洞等立体缺陷。当裂纹方向与射线平行时就能被检查出来。

射线检测是生产装置安全检测的一个重要的方法，由于具有可自我监控检测工作质量和检测技术正确性的特性，因此在现代工业生产中得到了广泛的应用。

1. 射线检测技术的特点

射线检测诊断使用的射线主要是 X 射线、γ 射线和其他射线。射线检测诊断成像技术主要有实时成像技术、背散射成像技术、CT 技术等。该技术的主要优点如下。

(1) 几乎适用于所有材料，而且对试件形状及其表面粗糙度均无特别要求。对于厚度为 0.5 mm 的钢板等，均可检查其内部质量。

(2) 能直观地显示缺陷影像，便于对缺陷进行定性、定量与定位分析。

(3) 射线底片也就是检测结果可作为档案资料长期保存备查，便于分析事故原因。

(4) 对被测物体无破坏、无污染。

(5) 检测技术和检测工作质量可以自我监测。

2. 射线检测技术的局限性

(1) 射线在穿透物质的过程中被吸收和散射而衰减，使得可检查的工件厚度受到制约。

(2) 难于发现垂直射线方向的薄层缺陷，当裂纹面与射线近于垂直时就很难检查出来。

(3) 对工件中平面型缺陷(裂纹未熔合等缺陷)也具有一定的检测灵敏度，但与其他常用的无损检测技术相比，对微小裂纹的检测灵敏度较低。

(4) 检测费用较高，其检验周期也较其他无损检测技术长。

(5) 射线对人体有害，需作特殊防护。

6.2.2　射线检测的基本原理和方法

1. 射线检测的基本原理

各种射线检测方法的基本原理都是相同的，都是利用射线通过物质时的衰减规律，即当射线通过被检物质时，由于射线与物质的相互作用，发生吸收和散射而衰减。其衰减程度根据其被通过部位的材质、厚度和存在缺陷的性质不同而异。因此，可以通过检测透过被检物体后的射线强度的差异，来判断物体中是否存在缺陷。图 6-9 为射线检测的原理图。

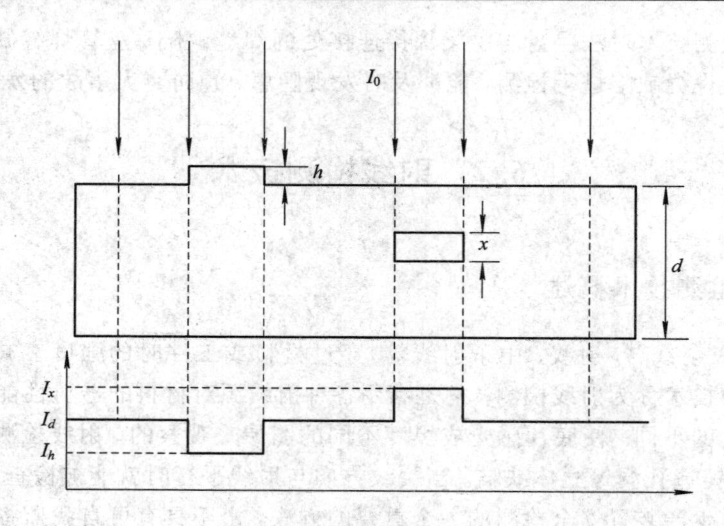

图 6-9 射线检测的原理图

当一束强度为 I_0 的均匀射线通过被检测试件(厚度为 d)后，其强度将衰减为

$$I_d = I_0 \mathrm{e}^{-ud} \tag{6-5}$$

式中：u 为被检物体的线吸收系数。

如果被测试件表面局部凸起，其高度为 h 时，则射线通过 h 部位后，其强度将衰减为

$$I_h = I_0 \mathrm{e}^{-u(d+h)} \tag{6-6}$$

又如在被测试件内有一个厚度为 x 的线吸收系数为 u' 的某种缺陷，则射线通过 x 部位后，其强度衰减为

$$I_x = I_0 \mathrm{e}^{[-u(d-x)-u'x]} \tag{6-7}$$

式中：u' 为被检物体缺陷处的线吸收系数。

由于 $u \neq u'$，则由式(6-5)、(6-6)、(6-7)可得

$$I_d \neq I_h \neq I_x \tag{6-8}$$

因而，在被检测试件的另一面就形成了一幅射线强度不均匀的分布图。通过一定方式将这种不均匀的射线强度进行照相或转变为电信号指示、记录或显示，就可以评定被检测试件的内部质量，达到无损检测的目的。

2. 射线检测的方法

射线检测的方法主要有透视照相法、电离检测法、X 射线荧光屏观察法和电视观察法以及正在发展中的工业射线 CT(计算机层析成像)技术等。

1) 照相法

照相法是指将射线感光材料(通常用射线胶片)放在被透照试件的后面接受来自透过试件后不同强度分布的射线。因为射线强度与胶片乳剂的摄影作用在正常条件下成正比，所以胶片在射线作用下形成潜影，经暗室处理后，就会显示出物体的结构图像。根据底片上影像的形状及其黑度的不均匀程度，就可以评定被检测试件中有无缺陷及缺陷的性质、形状、大小和位置。图 6-10 为射线照相原理示意图。

此法的优点是灵敏度高、直观、可靠、重复性好，是射线检测法中应用最广的一种常规方法。

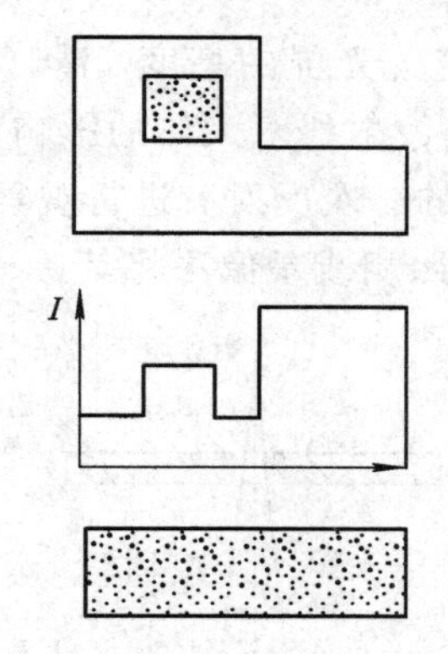

图 6-10 射线照相原理示意图

由于生产和科研的需要，有时还用放大照相法和闪光照相法来弥补常规照相法的不足。

2）电离检测法

X射线通过气体时，撞击气体分子，使其中某些原子失去电子而变成离子，同时产生电离电流。如果让穿过工件的射线再通过电离室，那么在电离室内便产生电离电流。不同的射线强度穿过电离室后产生的电离电流也不相同。电离检测法就是利用测定电离电流的方法来测定X射线强度的，根据射线强度的不同可以判断工件内部质量的变化。检测时，可用探头(即电离室)接收射线，并转换为电信号，经放大后输出。电离检测法检测原理如图 6-11 所示。

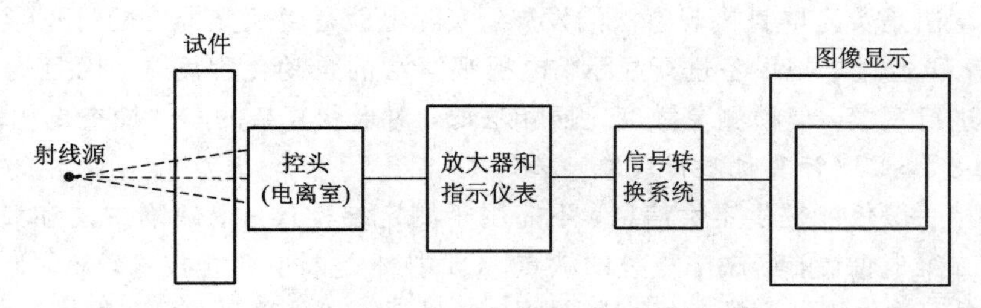

图 6-11 电离检测法检测原理

此法的特点：能对产品进行连续检测，便于自动化操作，可采用多探头，效率高，成本低。但它只适用于形状简单、表面平整的工件，在一般情况下对缺陷性质判别较困难。因此，在探伤方面应用并不广泛，但可研制成各种专用的检测设备，如用于自动检查子弹壳的X射线装置。该装置由德国塞福特公司研制，用于分选子弹壳，每小时可检测的子弹壳达7200个。X射线束通过铅制狭缝后，透过子弹壳的X射线由探头接收。探头采用闪烁探测器，由碘化钠晶体和光电倍增管组成。当遇到子弹壳壁有缺陷时，则壁厚变薄，探头便输出一个较强的电信号，触发分选机构，从而自动将废品分选出来。

3）荧光屏观察法

荧光屏观察法是将透过被检测物体后的不同强度的射线投射在涂有荧光物质的荧光屏上，激发出不同强度的荧光来，成为可见影像，从荧光屏上直接辨认缺陷。它所看到的缺陷影像与照相法在底片上所得到的影像黑度相反。

荧光屏观察法的相对灵敏度大约为7%。它具有成本低、效率高、可连续检测等优点，适用于形状简单、要求不很严的产品探伤。近来，对此装置进一步采用了电子聚焦荧光辉度倍增管配合小焦点的X光机，使荧光屏的亮度、清晰度有所增加，灵敏度达2%～3%。在荧光屏上观察时，为了减少直射X射线对人体的影响，在荧光屏后用一定厚度的铅玻璃吸收X射线，并将图像再经过45°的二次反射后进行观察，如图6-12所示。从荧光屏上观察到的缺陷，如需要备查时，可用照相或录像法将其摄录下来。

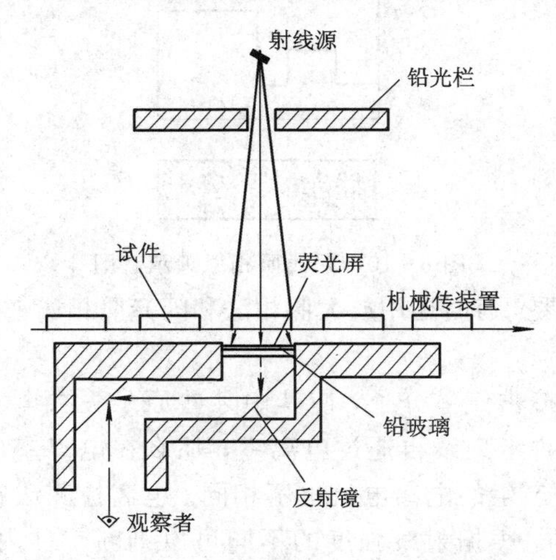

图6-12 荧光屏观察法检测示意图

4）电视观察法

电视观察法是荧光屏直接观察法的发展，实际上就是将荧光屏上的可见影像通过光电倍增管增强，再通过电视设备进行显示。电视观察法的自动化程度高，而且无论静态或动态情况都可进行观察，但检测灵敏度比照相法低，对形状复杂的零件检查也比较困难。

5）工业射线CT(计算机层析成像)技术

射线照相一般仅能提供定性信息，不能用于测定结构尺寸、缺陷方向和大小。它还存在三维物体二维成像、前后缺陷重叠的缺点。CT技术是断层照相技术，又称计算机层析成像技术，它根据物体横断面的一组投影数据，经过计算机处理后，得到物体横断面的图像。所以，它是一种由数据到图像的重建技术。它比射线照相法能更快、更精确地检测出材料和构件内部的细微变化，消除了照相法可能导致的检查失真和图像重叠，并且大大提高了空间分辨力和密度分辨力。

射线CT装置结构主要由射线源和接收检测器两大部分组成。射线源一般是高能X射线或γ射线源，射线透过工件后被辐射探测器接收，检测器信号经过处理后通过接口送入计算机。测量时工件步进旋转，得到一系列投影数据，由计算机重建成剖面或立体图像。

射线CT装置的工作原理如图6-13所示。射线源与检测接收器固定在同一扫描机架上，同步地对被检物体进行联动扫描。在一次扫描结束后，机器转动一个角度，再进行下一次扫描，如此反复下去，即可采集到若干组数据。将这些信息综合处理后，便可获得被检物体某一断面(横截面)的真实图像。

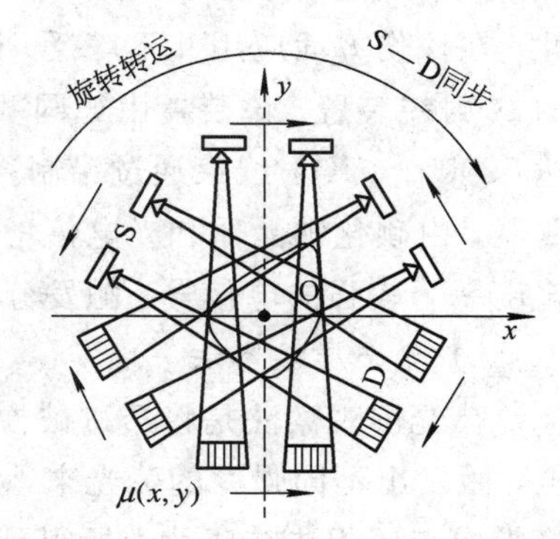

O—被检物体；S—射线源；D—探测器

图6-13 射线CT工作原理示意图

3. 射线检测设备

现代工业射线照相检测设备器材主要由射线源、胶片和金属增感屏组成。

过程设备的射线检测对象主要是材质、壁厚、形状和尺寸不同的容器和管子的对接接头、对接焊缝和其他形式接头，T 形和角接接头则需特殊的透照技术。为保证过程设备的制造质量和安全使用，在制造阶段就要根据容器的结构特点，选用适当的射线设备、器材、几何布置和曝光条件，对被检焊缝进行透照检查。为保证检测结果的有效性和可靠性，通常要对射线透照工艺和透照质量进行适当控制。只有自身质量符合要求的射线底片，才有条件按标准对焊接质量进行评定和验收。

6.2.3　生产装置的射线检测

射线探伤已经是一门比较成熟的检测技术，在生产装置的无损检测中占有重要的地位，主要用于检测设备内部的宏观几何缺陷，而且适用于任何材料，因而在石油、化工、机械、电力、飞机、宇航、核能、造船等工业中得到了极为广泛的应用。其中，应用最为广泛的方面是铸件和焊接件的检验。

1. 射线检测技术在压缩机入口分液罐检测中的应用

采用射线检测技术可以对压缩机入口分液罐进行检测，其中，对容器环焊缝的检测难度相对较大。在实际的检测过程中，可根据现场的具体情况，设计检测方案。

(1) 对接环焊缝进行检测时，采用射线或轴向 X 射线机内透中心法(或偏心法)进行透照。

(2) 容器对接纵缝进行检测时，采用定向射线机进行直缝透照。

2. 射线检测技术在航空航天工业中的应用

射线检测技术中的 CT 技术在航空航天领域不但用来检测精密铸件的内部缺陷、评价烧结件的多孔性、检测复合材料件的结构并控制其制造工艺，而且近年来已将射线 CT 技术引入更高层次的探测对象。美国肯尼迪空间中心就采用射线 CT 装置来检测火箭发动中的电子束焊缝、飞机机翼的铝焊缝。该装置还能发现涡轮叶片内 0.25 mm 的气孔和夹杂物，也可用来检测航天飞机发动机出口锥等。

3. 射线检测技术在核工业中的应用

CT 技术的应用日渐增多，例如用来检测反应堆燃料元件的密度和缺陷，确定包壳管内芯体的位置，检测核动力装置及其零部件的质量，并用于设备的故障诊断和运行监测。中子 CT 技术还可以用来检查燃料棒中铀分布的均匀和废物容器中铀屑的位置。

4. 射线检测技术在钢铁工业中的应用

CT 技术在钢铁工业中的应用已十分广泛，从分析矿石含量到冶炼过程中各项技术标准的实现，以及各种钢材的质量保证程度，都可以通过 CT 扫描进行检测。例如 1989 年美国 IDM 公司研制的 IRIS 系统，用于热轧无缝钢管的在线质量控制，25 ms 即可完成一个截面的图像。它由 1024×1024 图像显示器显示，光盘存储，可以实时测量管子的外径、内径、壁厚、偏心和椭圆度等。它还可以同时测量轧制温度，管子的长度和质量，以及检测腐蚀、蠕变、塑性变形、锈斑和裂纹等缺陷。美国和德国还用中子 CT 装置进行钢管在线质量监测，每隔 1 cm 给出一组层析数据和图像，发现偏心、厚度不均和缺陷时，由计算机自动调整生产工艺参数。

5. 射线检测技术在机械工业中的应用

射线检测技术在机械工业中常用于检测和评价铸件和焊接结构的质量。图 6－14 所示为采用射线 CT 装置在线检测汽缸体铸件的质量。特别是用来检测微小气孔、缩孔、夹杂和裂纹等缺陷，并用于进行精确的尺寸测量，也可用于汽缸盖、铝活塞等铸件的检测。

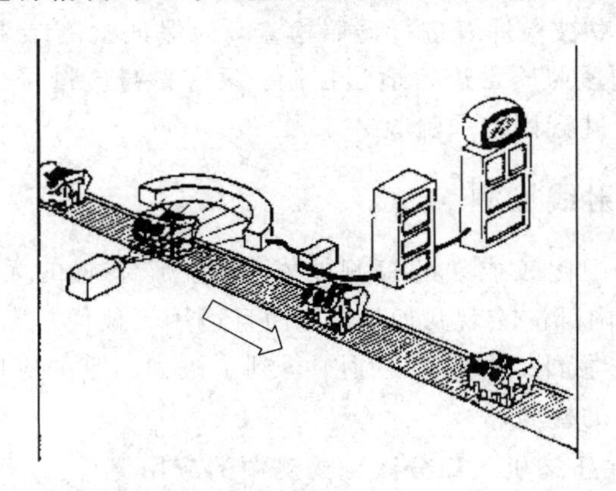

图 6－14　用于汽缸体铸件在线检测的射线 CT 装置

6.3　磁粉检测技术

6.3.1　磁粉检测技术概述

磁粉检测是利用导磁金属在磁场中(或将其通一电流以产生磁场)被磁化，并通过显示介质来检测缺陷特性的一种方法。磁粉检测(探伤)被广泛地应用于探测铁磁材料(例如钢铁)的表面和近表面缺陷(裂纹、折叠、夹层、夹杂物及气孔)。当铁磁材料被磁场强烈磁化以后，如在材料表面或近表面存在与磁化方向垂直的缺陷(如裂纹)，即会造成部分磁力线外溢，形成漏磁场。若在漏磁场施加磁粉或磁悬液，则漏磁场对磁粉产生吸引从而显示缺陷的痕迹。

1. 磁粉检测技术的特点

磁粉检测对工件中表面或近表面的缺陷检测灵敏度最高，对裂纹、折叠、夹层和未焊透等缺陷较为灵敏，能直观地显示出缺陷的大小、位置、形状和严重程度，并可大致确定缺陷性质，检查结果的重复性好。

一般来说，采用交流电磁化可以检测表面下 2 mm 以内的缺陷，采用直流电磁化可以检测表面下 6 mm 以内的缺陷。随着缺陷的埋藏深度的增加，其检测灵敏度迅速降低。因此，它被广泛用于磁性材料表面和近表面缺陷的检测。

对于非磁性材料，如有色金属、奥氏体不锈钢、非金属材料等不能采用磁粉检测方法。但当铁磁性材料上的非磁性涂层厚度不超过 50 μm 时，对磁粉检测的灵敏度影响很小。

虽然磁粉检测技术只适用于检测铁磁性材料及其合金，但由于钢是铁碳合金，它的磁性来自铁元素，加之钢和铁是工业的主要原料，因此磁粉检测适用范围还是比较广泛的。

2. 磁粉检测法的局限性

磁粉检测法只适用于检测铁磁性材料及其合金。另外，磁粉探伤仅局限于对铁磁材料的表面和近表面缺陷进行检测，所以在现代工业中经常遇到的奥氏体不锈钢、铝镁合金制品中的缺陷不能应用磁粉探伤进行检测，而只能使用其他的探伤方法(如渗透检测、射线检测等方法)进行检测。另外，磁粉检测法的局限性还表现在单一的磁化方法检测受工件几何形状影响(如键槽)，会产生非相关显示，通电法和触头法磁化时，易产生打火烧伤。

3. 磁粉检测的适用范围

(1) 未加工的原材料(如钢坯)、半成品、成品及在役与使用过的工件都可用磁粉检测技术进行检查。

(2) 管材、棒材、板材、型材和锻钢件、铸钢件及焊接件都可应用磁粉检测技术来检测缺陷。

(3) 被检测的表面和近表面的尺寸很小，间隙极窄的铁磁性材料，可检测出长0.1 mm、宽为微米级的裂纹和目测难以发现的缺陷。

(4) 可用于检测马氏体不锈钢和沉淀硬化不锈钢材料，但不适用于检测奥氏体不锈钢(如1Crl8Ni9)和用奥氏体不锈钢焊条焊接的焊缝，也不适用于检测铜、铝、镁、钛合金等非磁性材料。

(5) 可用于检测工件表面和近表面的裂纹、白点、发纹、折叠、疏松、冷隔、气孔和夹杂等缺陷，但不适于检测工件表面浅而宽的划伤、针孔状缺陷、埋藏较深的内部缺陷和延伸方向与磁力线方向夹角小于20°的缺陷。

6.3.2　磁粉检测的基本原理和方法

1. 磁粉检测的基本原理

磁粉检测是将铁磁性金属制成的工件置于磁场内，则工件将被磁化，其磁感应强度为

$$B = \mu H \tag{6-9}$$

式中：B——工件的磁感应强度；

H——外加磁场(磁化磁场)强度；

μ——材料的导磁率。

磁感应强度B的大小，不但决定着工件能否进行磁粉检测，而且会对检测灵敏度产生很大的影响。铁磁性物质的导磁率很大，能产生一定的磁感应强度，因而能进行磁粉检测，并能获得必要的灵敏度。铁磁性材料的导磁率$\mu \gg 1$，导磁率高的物质具有低顽磁性，容易被磁化；导磁率低的物质具有高顽磁性，难被磁化。

磁粉检测的三个必要的步骤为：

(1) 被检验的工件必须得到磁化；

(2) 必须在磁化的工件上施加合适的磁粉；

(3) 对任何磁粉的堆积必须加以观察和解释。

当材料或工件被磁化后，若在工件表面或近表面存在裂纹、冷隔等缺陷，便会在该处形成一漏磁场。此漏磁场将吸引、聚集检测过程中施加的磁粉，从而形成缺陷显示。

因此，磁粉检测首先是对被检工件加外磁场进行磁化。工件被磁化后，在工件表面上

均匀喷洒微颗粒的磁粉(磁粉平均粒度为 5～10 μm)，一般用四氧化三铁或三氧化二铁作为磁粉。如果被检工件没有缺陷，则磁粉在工件表面均匀分布。当工件上有缺陷时，由于缺陷(如裂纹、气孔、非金属夹杂物等)内含有空气或非金属，其磁导率远远小于工件的磁导率，因此，位于工件表面或近表面的缺陷处产生漏磁场，形成一个小磁极，如图 6-15 所示。磁粉将被小磁极所吸引，缺陷处由于堆积比较多的磁粉而被显示出来，形成肉眼可以看到的缺陷图像。

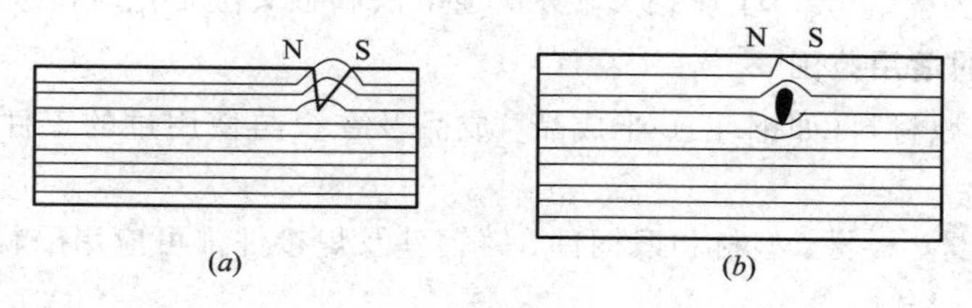

图 6-15 缺陷漏磁场的产生

(a) 表面缺陷；(b) 近表面缺陷

为了使磁粉图像便于观察，可以采用与被检工件表面有较大反衬颜色的磁粉。常用的磁粉有黑色、红色和白色。为了提高检测灵敏度，还可以采用荧光磁粉，在紫外线照射下使之更容易观察到工件中缺陷的存在。

最后需要对检测过程中出现的磁粉堆积加以观察并做出合理的解释。

另外，要增强磁粉检测的有效性，还应安排好磁粉检测的时机。一般来说，磁粉检测时机的安排应遵循以下原则：

(1) 磁粉检测工序应安排在容易产生缺陷的各道工序(如焊接、热处理、机加工、磨削、矫正和加载试验)之后进行，但应在涂漆、发蓝、磷化等表面处理之前进行。

(2) 对于有产生延迟裂纹倾向的材料，磁粉检测应安排在焊接完 24 h 后进行。

(3) 磁粉检测可以在电镀工序之后进行。对于镀铬、镀镍层厚度大于 50 μm 的超高强度钢(抗拉强度等于或超过 1240 hWa)的工件，在电镀前后均应进行磁粉检测。

2. 磁粉检测缺陷发现的条件

1) 取决于工件缺陷处漏磁场强度是否足够大

磁粉检测中能否发现缺陷，首先取决于工件缺陷处漏磁场强度是否足够大。要提高磁粉检测的灵敏度，即提高发现更细小缺陷的能力，就必须提高漏磁场的强度。缺陷处漏磁场的强度主要与被检工件中的磁感应强度 B 有关，工件中磁感应强度越大，则缺陷处的漏磁场强度越大。一般情况下，工件中磁感应强度达到 0.8T(特)左右即可保证缺陷处的漏磁场能够吸附磁粉。

2) 取决于缺陷本身的状况

缺陷处漏磁场的大小还取决于缺陷本身的状况(例如缺陷的宽窄、深度与宽度之比、缺陷埋藏深度以及倾角方向等)，因此，对于具有相同磁感应强度的被检工件，在不同缺陷处的漏磁场强度也有差异。由于空气的磁导率远比工件的磁导率低，因而缺陷孔隙处不容易使磁力线通过，就会产生对原来均匀分布的磁力线的干扰，使一部分磁力线被“挤到”裂纹尖端的下面，一部分穿过裂纹气隙，另一部分被“挤出”工件表面后再进入工件，如图 6-15(a)所示。这后两部分磁力线在工件表面形成漏磁场。有些靠近工件表面的缺陷虽然没有暴露到工件表面，但当工件被磁化时，缺陷处靠近工件表面的受干扰的磁力线有可能被挤出工件表面，如图 6－15(*b*)所示，这样在工件表面上也会有漏磁场产生。但当缺陷离工件表面较深时，受干扰的磁力线没有被挤出工件表面，就不会产生漏磁场。也就是说，离工件表面比较深的缺陷用磁粉检测检查不出来。

3）取决于缺陷的形状和位置

同样深度的缺陷由于形状与位置不同，能检出的程度也不一样。例如，当被检工件近表面缺陷的方向与磁场相垂直时就容易被检出。当然，能检出缺陷的深度与工件的磁感应强度有关，磁感应强度愈大，愈能检出埋藏深度大的缺陷。对于夹杂物，如果它的磁导率与工件材料的磁导率相差不大，缺陷就不容易被显示。这种情况在检测某些合金钢材料工件时有可能会遇到。工件表面缺陷处的漏磁场密度与缺陷深度几乎成正比关系。缺陷深度愈长，愈容易显示。缺陷深度与宽度之比很重要，实践证明，缺陷的深度与宽度之比愈小，则引起的漏磁愈少，两者之比小于或等于 1 时所引起的漏磁极少，不容易引起磁痕。

3. 磁粉检测方法

磁粉检测工艺是指从磁粉检测的预处理、磁化工件(包括选择磁化方法和磁化规范)、施加磁粉或磁悬液、磁痕分析评定、退磁以及后处理的整个过程。

根据磁粉检测所用的载液或载体的不同，可将磁粉检测分为湿法和干法检测；根据磁化工件和施加磁粉、磁悬液的时机不同，又可分为连续法和剩磁法检测；根据硫化硅橡胶液内配与不配磁粉，磁粉检测可分为磁橡胶法与磁粉探伤—橡胶铸型检测。

1）连续法磁粉检测

(1) 定义。在外加磁场磁化的同时，将磁粉或悬磁液施加到工件上进行磁粉检测的方法称为连续法磁粉检测。

(2) 应用范围。连续法磁粉检测适用于所有铁磁性材料的磁粉检测，对于形状复杂以及表面覆盖层较厚的工件，也可以应用连续法进行磁粉检测。另外，当使用剩磁法检验设备功率达不到时，也可以应用连续法磁粉检测。

(3) 操作程序。在外加磁场作用下进行连续法磁粉检测(用于光亮工件)时，操作程序如图 6－16 所示。

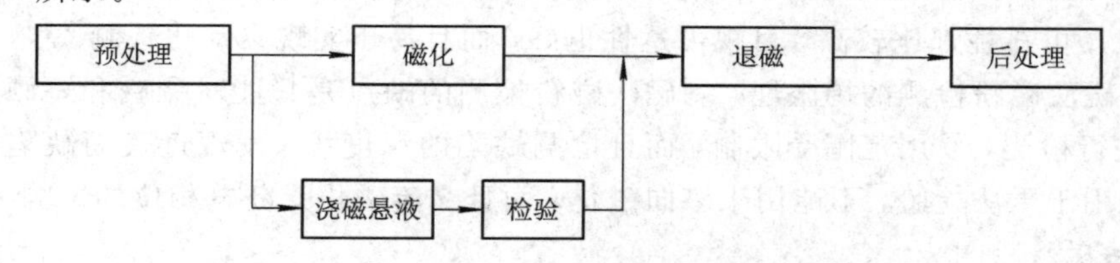

图 6－16　外加磁场作用下的连续法磁粉检测操作程序

在外加磁场中断后进行连续法磁粉检测(用于表面粗糙的工件)时，操作程序如图 6－17 所示。

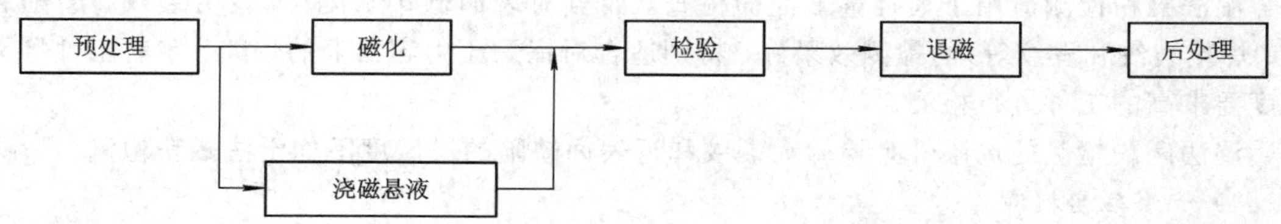

图 6－17　外加磁场中断后的连续法磁粉检测操作程序

(4) 操作要点。湿连续法磁粉检测时，先用磁悬液润湿工件表面，在通电磁化的同时浇磁悬液，停止浇磁悬液后再通电数次，待磁痕形成并滞留下来时停止通电，然后进行检验。

干连续法磁粉检测时，在对工件通电磁化后再开始喷撒磁粉，并在通电的同时吹去多余的磁粉，待磁痕形成和检验完后再停止通电。

(5) 连续法磁粉检测的优点。连续法磁粉检测适用于任何铁磁性材料的检测，无论是湿法还是干法检验，都可以应用，能发现近表面的缺陷，且在各种磁粉检测方法中的检测灵敏度最高。另外，连续法磁粉检测还可用于多向磁化，而且交流磁化不受断电相位的影响。

(6) 连续法磁粉检测的局限性。连续法磁粉检测的缺点是检测效率低，易产生非相关显示，而且目视可达性差。

2) *剩磁法磁粉检测*

(1) 定义。在停止磁化后，再将磁悬液施加到工件上进行磁粉检测的方法称为剩磁法磁粉检测。

(2) 剩磁法磁粉检测的应用范围。凡经过热处理(淬火、回火、渗碳、渗氮及局部正火等)的高碳钢和合金结构钢，矫顽力在1000 A/m以及剩磁在0.8T以上，都可进行剩磁法检验。剩磁法磁粉检测可用来检测因工件几何形状限制而使连续法难以检验的部位，如螺纹根部和筒形件的内表面等。另外，剩磁法磁粉检测还可用于评价连续法检验出的磁痕显示的性质，判断其属于表面还是近表面缺陷显示。

(3) 剩磁法磁粉检测的操作程序。剩磁法磁粉检测的操作程序为：预处理→磁化→施加磁悬液→检验→退磁→后处理。

剩磁法磁粉检测的通电时间为0.25～1 s，磁悬液需浇注2～3遍，以保证工件各个部位的充分润湿。若是将工件浸入磁悬液中，则应在10～20 s后再取出检验。另外，磁化后的工件在检验完毕前，不能与任何铁磁性材料接触，以免产生磁性。

(4) 剩磁法磁粉检测的优点。剩磁法磁粉检测的优点是检测效率、灵敏度、缺陷显示的重复性以及可靠性都比较高，目视可达性也好，而且易于实现自动化检测。

(5) 剩磁法磁粉检测的局限性。剩磁法磁粉检测的缺点是只能对剩磁和矫顽力达到要求的材料进行检测，使用范围受限制，而且检测缺陷的深度小，发现近表面缺陷的灵敏度低，也不适用于干法检验，不能用于多向磁化，而且交流磁化受断电相位的影响。

3) *湿法磁粉检测*

将磁粉悬浮在载液中进行磁粉检测的方法称为湿法磁粉检测。

磁悬液应采用软管浇淋或浸渍法施加于试件，使整个被检表面被完全覆盖。

湿法磁粉检测适用于大批量工件的检查，而且对表面微小缺陷(如疲劳裂纹、磨削裂纹、焊接裂纹和发纹等)的检测效果好，特别适合对锅炉压力容器上的焊缝、宇航工件等灵敏度要求高的工件进行检测。

湿法磁粉检测的局限性是检验大裂纹和近表面缺陷的灵敏度不如干法磁粉检测。

4) *干法磁粉检测*

以空气为载体进行磁粉检测的方法称为干法磁粉检测。

磁粉应直接喷撒在被检区域，并除去过量的磁粉。轻轻地振动试件，使其获得较为均匀的磁粉分布。应注意避免使用过量的磁粉，不然会影响缺陷的有效显示。

干法磁粉检测适用于表面粗糙的大型锻件、铸件、结构件和大型焊接件焊缝的局部检查及灵敏度要求不高的工件的检测，可用于检测大缺陷和近表面缺陷。

干法磁粉检测的优点是适于现场检验，检验大裂纹的灵敏度高，而且当用干法＋单相半波整流电检验工件近表面缺陷时，灵敏度很高。

干法磁粉检测的缺点是检验微小缺陷的灵敏度不如湿法，而且磁粉不易回收，会造成污染和浪费，同时干法也不适用于剩磁法检验。

5）*磁粉探伤—橡胶铸型法*（MT—RC 法）

MT—RC 法是将磁粉检测显示出来的缺陷磁痕“镶嵌”在室温硫化硅橡胶加固化剂后形成的橡胶铸型表面，然后再对磁痕显示用目视或光学显微镜观察，进行磁痕分析。

应用 MT—RC 法可记录缺陷的磁痕，适用于剩磁法检测，可检测工件上孔径不小于 3 mm 的内壁和难以观察到的部位的缺陷。

MT—RC 法的检测灵敏度高，而且能比较精确地测量橡胶铸型上裂纹的长度。同时，MT—RC 法的工艺稳定可靠，不受固化时间的影响，磁痕显示重复性好，而且橡胶铸型可作为永久记录长期保存。

但是，应用 MT—RC 法时，可检测的孔深受橡胶扯断强度的限制，而且整个检验过程相当慢，不适合于大面积检验。同时，对于孔壁粗糙、孔型复杂、同心度差的多层结构的孔，脱膜难度大。

6）*磁橡胶法*（MRI 法）

MRI 法是将磁粉弥散在室温硫化硅橡胶液中，加入固化剂后，再倒入受检部位。磁化工件后，在缺陷漏磁场的作用下，磁粉在橡胶液重新迁移和排列。橡胶铸型固化后即可获得一个含有缺陷磁痕显示的橡胶铸型，用于进行磁痕分析。

MRI 法适用于水下检测，可检测小孔的内壁和难以观测到的部位的缺陷，而且可以间断跟踪检测疲劳裂纹的产生和扩展速度。

MRI 法的局限性也很多，除具有和 MT—RC 法同样的缺点外，MRI 法的固化时间与磁化时间也难以控制，检测灵敏度也要比 MT—RC 低。

4. 磁粉检测设备

磁粉检测设备类繁多，用途各异，但都由主体装置和附属装置所组成。

主体装置也称为磁化装置。磁化装置有多种形式，如降压变压器式、蓄电器充放电式、可控制单脉冲式、电磁铁式和交叉线圈式。目前在固定式磁粉探伤设备中，用得比较多的是降压变压器式；而在携带式小型磁粉探伤设备中，用得比较多的是电磁铁式。

附属装置则包括退磁装置、工件夹持装置、磁悬液喷洒装置、剩磁测定装置和缺陷图像观察装置等。降压变压器式磁化装置已被国内生产的大部分磁粉探伤设备所采用。这种装置一般采用 220 V 或 380 V 交流输入，然后变为低电压大电流输出，最后再经整流器进行单向半波、单向全波或三相全波整流。电力变压器是磁化装置的核心，由于磁粉检测采用的是瞬时功率（也称暂载功率），因此，其结构尺寸比一般变压器要小得多。交叉线圈式磁化装置不仅可以无接触地磁化工件，而且可以同时检测工件上任何方向的表面和近表面缺陷，实现一次全方向磁粉检测。特别是对于批量大的小型工件，配以适当的夹具可大大提高检测效率。

按照不同的分类标准，磁粉检测设备有不同的分类。

1）固定式磁粉探伤机

固定式磁粉探伤机的尺寸和质量都比较大，一般均可对被检工件分别实施轴向磁化、纵向磁化和轴向、纵向联合磁化。还可以进行交流或直流退磁。固定式磁粉探伤机一般都用磁悬液显示工件缺陷。这类探伤机一般也带有一对与电缆相接的磁锥，可用来对大工件局部磁化或绕电缆法检测，使其具有一定的机动性。采用的磁化电流一般为 4000～6000 A 的交流电或直流电，最高可达 20 000 A。

2）移动式磁粉探伤机

移动式磁粉探伤机具有比较大的灵活性和良好的适应性，可在工作场地许可的范围内自由移动，便于检测不容易搬动的大型工件。

3）可携带手提式磁粉探伤机

可携带手提式磁粉探伤机灵活性最大，适用于野外和高空操作，缺点是磁场强度比较小，磁化电流一般为 750～1500 A 的半波整流电或交流电。移动式磁粉探伤机采用的磁化电流大小介于固定式和手提式之间，为 1500～4000 A 的半波整流电或交流电。

6.3.3 生产装置的磁粉检测

磁粉检测目前被广泛地应用于压力容器的在役维修、定期检验及在线监护、监测等方面，主要目的是保障使用安全及预防事故的发生。除此之外，磁粉检测技术在锅炉制造、化工、电力、造船、航空和宇航工业等部门重要的零部件的表面质量检验方面也得到了广泛地应用。

1. 磁粉检测技术在压力容器探伤中的应用

目前磁粉检测技术已成功地应用于压力容器的探伤中。例如对液化气储罐的焊缝进行检测，对丁字口部位作射线检测，对其余焊缝作 100％磁粉检测。从检测的结果来看，应用 X 射线检测没有发现缺陷，用磁粉检测却发现了表面裂纹。而裂纹等开口缺陷是一种危害性最大的缺陷，它除降低焊接接头的强度外，还因裂纹的末端呈尖锐的缺口，在焊接承载后，引起应力集中，成为结构断裂的起源。另外，某化工公司采取荧光磁粉检测，成功地检测出钢制乙烯球罐上的裂缝。这说明，磁粉检测技术在压力容器无损检测中效果非常显著。

2. 磁粉检测技术在锻件探伤中的应用

锻造是当金属加热到极热或软化状态时，用锻锤或锻压机把它加工成为所要求形状的过程。锻造缺陷主要有两类，即锻造折叠和锻裂。

电站用的大型转子，由于锻造时没有墩粗工艺，只有拔长，所以缺陷大都是沿轴向分布的纵向缺陷。磁粉探伤时用产生磁场的清洗干净的胶皮电缆线直接穿入孔内，用直流电进行磁化，磁悬液通过油泵注入铁管，从铁管的铜喷头向上喷出，转子放置时一端稍放低一点，以便多余的磁悬液流出。在逐次连续磁化过程中，把磁悬液喷头从转子一端移至另一端，使整个内孔上半部均匀地喷上磁悬液。取出电缆线后用潜望镜观看。内孔上半部检查后，再将转子旋转 180°，重复上述过程再探一次，这样整个内孔全部检查完了。

磁化电流的选择原则上保持试件内表面磁化强度近 8000 A/m。实际采用的电流是：当中心孔直径为 100 mm 时，磁化直流电流为 2200 A；当中心孔直径为 150 mm 时，磁化直流电流为 2400～2800 A。检查完毕后，必须退磁，并且把剩磁退净。退磁用交流电，电流为 2000～3000 A，通电后把电流慢慢调到零。中心孔磁粉探伤法如图 6-18 所示。

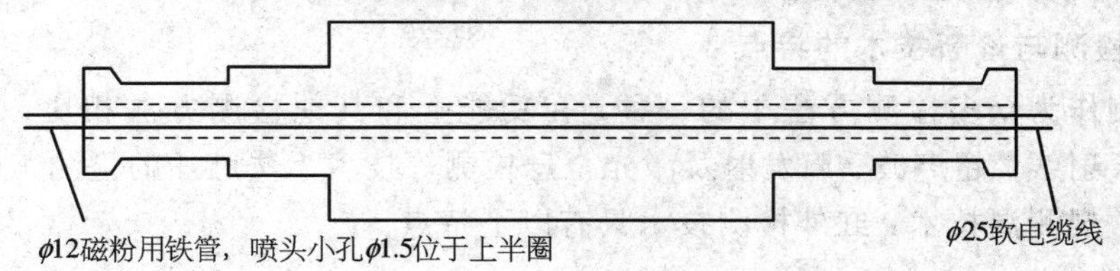

图 6-18　转子中心孔磁粉探伤

湿式连续法的磁化时间为 7 s，断续通电，喷头慢慢从一端移至另一端。120 mL 磁膏溶于 10 L 石油内(二次提炼的石油)。

验收标准是，原则上不允许有任何缺陷。

只是当其他方法发现问题时，转子外圆磁粉探伤检查才作为验证的手段。采用触头刺入局部磁化法，电流为 2000 A。当采用交流电磁化时，两极间距为 200 mm；当采用直流电磁化时，两极间距为 250～300 mm。磁粉探伤用湿法或干法均可。

3. 磁粉检测技术在疲劳缺陷探伤中的应用

在运转中的试件上的疲劳裂纹，一般是出现在与试件运动方向(即受压力的方向)相垂直的方向。如图 6-19 所示的是一个驱动轴上出现疲劳裂缝的情况。有的疲劳裂纹出现在交变应力变化最大的方向。如图 6-20 所示的是承受着复合应力并频繁启停的旋转主轴，其疲劳裂纹又常出现在主轴的轴向。

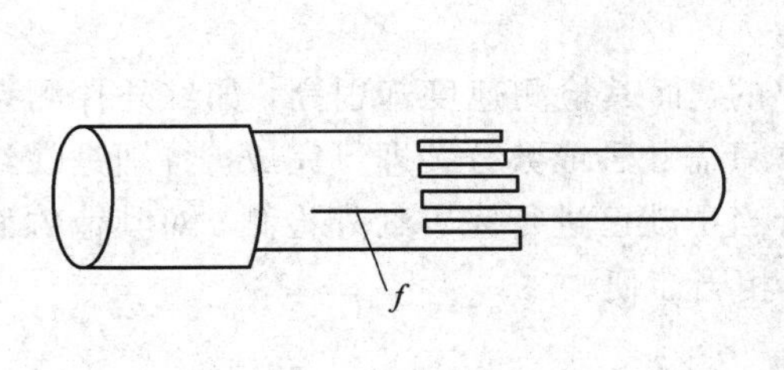

图 6-19　驱动轴上的裂纹

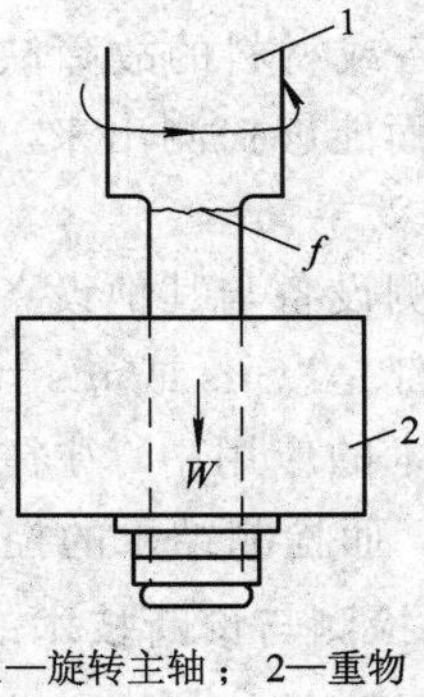

1—旋转主轴；2—重物

图 6-20　复合应力作用下疲劳裂纹的情况

分析总结疲劳裂纹出现的最可能区域，对于选择磁粉探伤的磁化方向是很重要的，也有利于发现和估判缺陷的性质。

6.4　红外检测与红外诊断技术

6.4.1　红外检测与诊断技术概述

红外检测就是利用红外辐射原理对设备或材料及其他物体的表面进行检验和测量的专门技术，也是采集物体表面温度信息的一种手段。红外检测是红外诊断技术的基础，红外诊断技术就是利用红外检测技术监测设备在使用过程中的状态，确定和分析设备的红外辐射特性，早期发现故障并诊断其原因，确诊出设备的故障性质、部位和程度，进而预测故障发展趋势和设备寿命的一门技术。

1. 红外检测与诊断技术的特点

红外检测作为众多检测方法中的一种，在功能上和其他检测方法相比，有其独到之处，可完成X射线、超声波、声发射及激光全息检测等技术无法胜任的检测工作。

相对于常规测温技术，红外检测技术具有以下特点。

1）非接触性

红外检测的实施是不需要接触被检目标的，被检物体可静可动，可以是具有高达数千摄氏度的热体，也可以是温度很低的冷体。所以，红外检测的应用范围极广，且便于在生产现场进行对设备、材料和产品的检验和测量。

2）安全性极强

由于红外检测本身是探测自然界无处不在的红外辐射，因此它的检测过程对人员和设备材料都丝毫不会构成任何危害。而它的检测方式又是不接触被检目标的，因而被检目标即使是有害于人类健康的物体，也将由于红外技术的遥控遥测而避免了危险。

3）检测准确

红外检测的温度分辨率和空间分辨率都可以达到相当高的水平，检测结果准确度很高，无论是国外还是国内，在不少行业中都把红外热像的判读当做“确诊率”的关键。例如，它能检测出0.1℃，甚至0.01℃的温差；能在数毫米大小的目标上检测出其温度场的分布；可以检测小到0.025 mm左右的物体表面，这在线路板的诊断上十分有用。从某种意义上说，只要设备或材料的故障缺陷能够影响热流在其内部传递，红外检测方法就不受该物体的结构限制而能够探测出来。

4）检测效率高

红外检测设备与其他设备相比是比较简单的，而其检测速度却很高，如红外探测系统的响应时间都是以μs或ms计，扫描一个物体只需数秒或数分钟即可完成。特别是在红外设备诊断技术的应用中，往往是在设备的运行当中就已进行完了红外检测，对其他方面很少带来麻烦，而检测结果的控制和处理保存也相当简便。

2. 红外检测与诊断技术的局限性

任何一种先进的技术方法都不可能是完美无瑕的，红外检测也不例外。目前红外检测与诊断技术所存在的主要问题有：

1）温度值确定存在困难

红外检测技术可以检测到设备或结构热状态的微小差异及变化，但很难精确确定被测对象上某一点的确切的温度值。原因是物体红外辐射除了与其温度有关外，还受到其他很多因素的影响，特别是受到物体表面状况的影响。所以，当需要对设备温度状态作热力学温度测量时，必须认真解决温度测量结果的标定问题。

2）物体内部状况难以确定

红外检测直接测量的是被测物体表面的红外辐射，主要反映的也是表面的状况，对内部状况不能直接测量，需要经过一定的分析判断过程。对于一些大型复杂的热能动力设备和设备内部某些故障的诊断，目前尚存在若干困难，甚至还难以完成运行状态的在线检测，需要配合其他常规方法做出综合诊断。

3）价格昂贵

虽然由于技术的发展，红外检测仪器（如红外热成像仪）的应用越来越广泛，但与其他仪器和常规检测设备相比，其价格还是很昂贵。

6.4.2　红外检测与诊断的基本原理和方法

1. 红外检测与诊断的基本原理

任何物体由于其自身分子的运动，不停地向外辐射红外热能。而且，物体的温度越高，发射的红外辐射能量就越强。当一个物体本身具有不同于周围环境的温度时，不论物体的温度高于环境温度，还是低于环境温度，也不论物体的高温是来自外部热量的注入，还是由于在其内部产生的热量造成的，都会在该物体内部产生热量的流动。热流在物体内部扩散和传递的路径中，将会由于材料或设备的热物理性质不同，或受阻堆积，或通畅无阻传递，最终会在物体表面形成相应的“热区”和“冷区”，从而在物体表面形成不同的温度分布，通过红外成像装置以热图像的方式呈现出来，俗称“热像”。

在生产过程及物体运动的过程中，热和温度的变化无处不在，温度检测与控制是生产正常进行的重要保证。当设备产生故障时，如磨损、疲劳、破裂、变形、腐蚀、剥离、渗漏、堵塞、松动、熔融、材料劣化、污染和异常振动等，绝大部分都直接或间接地会引起温度的相关变化。设备的整体或局部的热平衡也同样要受到破坏或影响，通过热的传播，造成外表温度场的变化。因此，不同的温度分布状态与设备运行状态紧密相关，包含了设备运行状态的信息。红外检测诊断技术正是通过对这种红外辐射能量的测量，测出设备表面的温度及温度场的分布，通过对被测对象红外辐射特性的分析，就可以对其热状态做出判断，进而确定被测对象的实际工作状态，这就是红外检测与诊断的基本原理。

红外诊断技术主要完成检出信息、信号处理、识别评估、预测技术等任务。

红外检测与诊断技术的构成如图 6-21 所示。

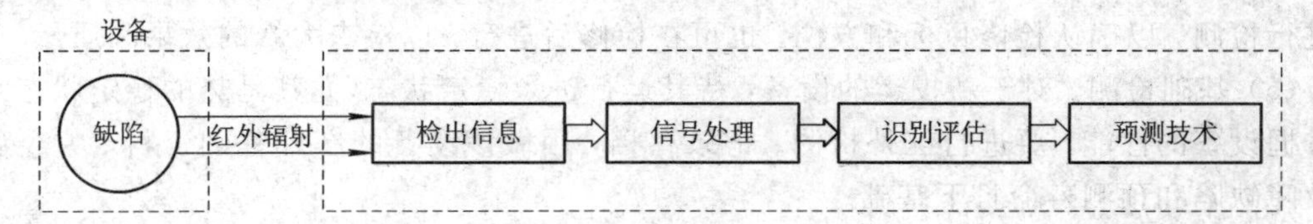

图 6-21　红外检测与诊断技术的构成

运用适当的红外仪器检测设备运行中发射的红外辐射能量，可获得设备表面的温度分布状态及其包含的信息。不同性质的设备、不同部位和严重程度不同的故障，在设备表面会产生不同的温升值，而且会有不同的空间分布特征，通过对这些特征以及对设备结构、运行状况和维修、安装工艺等多种情况的分析概括，并参考专家的经验等，就能够对设备中潜伏的故障性质、部位和严重程度做出定量的判定。

2. 红外检测的基本方法

红外检测的基本方法主要有被动式和主动式两种。

1）被动式红外检测

所谓被动式红外检测，是指进行红外检测时不对被测目标加热，仅仅利用被测目标的温度不同于周围环境温度的条件，在被测目标与环境的热交换过程中进行红外检测的方式。被动式红外检测应用于运行中的设备、元器件和科学试验中。由于它不需要附加热源，在生产现场基本都采用这种方式。

2）主动式红外检测

主动式红外检测是在进行红外检测之前对被测目标主动加热。加热源可来自被测目标的外部或在其内部，加热的方式有稳态和非稳态两种。红外检测根据不同情况可在加热过程当中进行，也可在停止加热且有一定延时后进行。

根据探测形式的不同，主动式红外检测又可分为双面法(透射式)和单面法(后向散射式)两种。

(1) 单面法：对被测目标的加热和红外检测在被测目标的同一侧面进行。

(2) 双面法：相对于上述单面法而言，双面法是把对被测目标的加热和红外检测分别在目标的正、反两个侧面进行。

3. 红外检测工作的内容及要求

1）红外检测的工作内容

在设备故障的红外诊断技术中，其红外检测的工作内容主要包括日常巡检、定期普测、重点跟踪、配合检修和新设备基础检测等。红外诊断技术主要完成检出信息、信号评价、识别评价、预测技术等任务。

(1) 日常巡检。日常巡检由运行人员或红外专责人员进行，即应用简易或便携式的红外检测仪对巡视的运行设备关键部位进行红外测温，并记录存档。

(2) 定期普测。根据设备重要性的大小和新旧程度制定出设备全面普测的周期，使用红外热成像设备对运行设备进行细致而全面的红外检测并记录存档。

(3) 重点跟踪。在日常巡检和定期普测的基础上，对发现有过热疑点的设备要进行重点跟踪检测。对情况比较严重的设备要连续跟踪检测，记录存档，观看发展趋势。

(4) 配合检修。当设备准备检修时，红外检测应配合检修工作进行。如可在停机检修前进行检测，以确认检修目标和方位。也可在检修后进行，以检查大修的效果和质量。

(5) 基础检测。对于新投运的设备，待其运行进入稳定状态(尤其是热的稳定状态)后，为掌握设备的性能，要进行红外检测、记录存档，用做该设备的红外基础资料，为今后分析故障缺陷和预测寿命打下基础。

2）红外检测的基本要求

对红外检测的基本要求分为五个方面，即对红外检测仪器的要求、对被检测设备的要求、对检测环境的要求、对检测周期的要求和对操作方法的要求。

(1) 对红外检测仪器的基本要求。应根据相应的检测内容和要求配备相应的检测仪器。

(2) 对检测环境的要求。进行红外检测时，应考虑被测物周周环境的影响。

① 检测目标及环境温度不宜低于5℃。如果必须在低温下进行红外检测，应注意仪器自身的工作温度范围，还应考虑水汽、结冰等将影响检测结果的可信度。

② 环境湿度不应大于85%，风速不应大于0.5 m/s，不应有雷、雨、雾、雪。若检测中风速变大，应记录风速，必要时应对检测结果按风速加以修正。

③ 户外设备检测宜在日出之前、日落之后或阴天情况下进行。

④ 室内外设备检测要避免灯光的照射。

⑤ 注意其他高温辐射体的干扰，在可能的条件下应采取遮挡措施。

(3) 对检测周期的要求。红外检测的周期取决于检测对象的重要性及其环境条件。对于关键性和枢纽性的设备、运行环境恶劣的设备及老旧设备，检测周期应缩短；对于新建、大修后的设备，要及时进行红外检测；检测中发现热异常的设备，要跟踪检测。

(4) 对操作方法的要求。从全面扫描到局部精确检测。全面扫描有两种方式，一是依靠广大的基层工作人员使用简单的点温仪进行；另一种是由专职人员使用热像仪进行普查。对于大型设备，进行红外检测一般要先用热像检测仪器，对所有应测部位实施全部扫描，找出设备热态异常部位，然后对异常部位和重点设备进行精密红外检测。精密检测有以下几点注意事项。

① 针对不同的检测目标选择不同的温度参照体；

② 检测设备发热点、正常设备的对应点及环境温度参照体的温度值时，应注意使用同一台仪器；

③ 如进行同类设备比较时，应保持各测点的测距、测量方向和测量高度的一致；

④ 注意选择最合适的测温范围，使热像的温度分辨率达到最佳状态，以便于精密诊断设备的故障；

⑤ 要从不同方位对热异常部位进行检测，以找出最热点的温度值。

(5) 对被检测设备的要求。检测时应打开遮挡红外辐射的盖板；设计新设备时应考虑红外检测的可能性。

4. 红外诊断的基本方法

红外诊断技术是设备诊断技术的一种，它是利用红外技术来了解和掌握设备在使用过程中的状态，确定其整体和局部是否正常，早期发现故障及其原因，并能预测故障发展趋势的技术。

红外诊断技术主要包括简易红外诊断技术和精密红外诊断技术。简易红外诊断和精密红外诊断二者的内容和作用是不同的，但它们又有着紧密的联系。简易诊断是精密诊断的基础，无论是从红外诊断技术的发展过程来看，还是在实际应用当中，红外精密诊断都离不开红外简易诊断。红外简易诊断工作是大量普及的，它一般要应用于所有相关的设备，由于面广点多，所以它不可能解决难度大的故障诊断，而难度大的故障诊断正是红外精密诊断技术的工作内容。

1) 简易红外诊断

进行简单红外诊断时，使用各种性能的红外点温仪以及性能结构比较简单的热成像仪器。简易红外诊断的目的和要求主要是：

(1) 设备热异常的早期检出；

(2) 设备热状态监测；

(3) 设备状态劣化倾向的定量管理；

(4) 筛选需要进行精密红外诊断的设备。

红外测温结果依据有关标准进行判定，一般是判定设备状态正常、异常或故障三种情况即可。如果发现有异常，应转入精密红外诊断。

2) 精密红外诊断

精密红外诊断多用在大型、关键设备和要求测温精度较高的设备上进行，主要目的是：

(1) 确定设备热异常发生的部位；

(2) 诊断热异常的原因；

(3) 诊断缺陷性质，预测缺陷的发展趋势和设备的寿命。

常用的红外诊断方法有以下五种。

(1) 表面温度判断法。表面温度判断法是遵照已有的标准，对设备显示温度过热的部位进行检测并按相关的规定判断它的状态正常与否。利用这种方法可以判定设备故障部位的情况，但不可能充分显示红外诊断技术超前诊断的优越性。

(2) 相对温差判断法。相对温差判断法是为了排除设备负荷不同、环境温度不同对红外检测和诊断结果造成的影响而提出的。当环境温度过低或设备负荷较小时，设备的温度必然低于高环境温度和高负荷时的温度。但大量事实说明，此时的温度值没有超过允许值，然而这并不能说明设备没有缺陷存在，因此往往在负荷增长之后或环境温度上升后，就会引发设备事故。“相对温差”是指两台设备状况相同或基本相同(指设备型号、安装地点、环境温度、表面状况和负荷)的两个对应测点之间的温差。

(3) 同类比较法。同类比较是指在同一类型被检设备之间进行比较。所谓“同类”设备，是指它们的类型、工况、环境温度和背景热噪声相同或相近，可以相互比较的设备。具体做法是将同类设备的对应部位温度值进行比较，这样更容易判断出设备状态是否正常。在进行同类比较时，要注意排除它们同时存在热故障的可能性。

(4) 热谱图分析法。热谱图分析法是根据同类设备在正常状态和异常状态下热谱的差异来判断设备是否正常的方法。

(5) 档案分析法。档案分析法是通过将测量结果与设备的红外诊断技术档案相比较来进行分析诊断的方法。这种方法有利于对重要的、结构复杂的设备进行正确的诊断。应用这种方法的前提要求比较高，需要预先为诊断对象建立红外诊断技术档案，从而在进行诊断时可以分析该设备在不同时期的红外检测结果，包括温度、温升和温度场的分布有无变化，掌握设备热态的变化趋势，同时还应参考其他相关检测结果以综合分析判断。

5. 红外仪器简介

红外测量仪器种类繁多、功能各异，根据检测对象和要求的不同，可以设计成不同类型的仪器。一个比较完整的红外仪器通常包括光学系统、调制盘、红外探测器、电子处理线路和显示记录装置等部分。其中，光学系统用于收集目标红外辐射并将它会聚到红外探测器上；调制盘对入射的连续红外辐射进行调制，使直流信号变成交流信号。在一些较精密的红外仪器中，还采用了参考黑体，在调制器阻断目标辐射期间，让探测器接收参考黑体的辐射，以作为辐射测量的基准。红外探测器接收经过调制的红外辐射，并转变成电信号。电子处理线路将来自探测器的电信号进行放大，并进行各种信号处理。显示记录装置将经过处理的信号进行显示和记录。

用于红外检测的仪器目前可分四类。按检测物体的点、线和面分，依次有红外点温仪(又称红外测温仪)、红外行扫仪、红外热电视和红外热像仪。顾名思义，红外点温仪用于检测物体的点温，红外行扫仪用于检测物体的线温，而红外热电视和红外热像仪则可以检测物体的二维温度场。

1）红外点温仪

红外点温仪被用于测量物体的一个点，即相对非常小的面积的温度。毫无疑问，这种红外仪器每次仅可测量物体上极小的部分，很局限。当需要检测物体大面积的温度时，必须进行人工扫描，即按一定的方向和路线在被检测区域内选择多点，实施多次测量才能完成。看起来这是相当麻烦的，但由于红外点温仪的价格低廉、轻巧便携、坚固耐用、使用十分方便，因而成为设备巡察和维护人员的得力工具。所以红外点温仪成为现场检测的通用手段，它是进行红外简易诊断的主要工具，是实施红外诊断技术的基础和必备的手段。

2）红外行扫仪

如果手持红外点温仪对被测物体进行扫描，则可得到被测物体沿扫描线的一维温度分布，这就是红外行扫仪的基本原理。

在实际应用中，红外行扫仪将一条被测物一维温度分布的迹线叠加到目标的可见光图像上。与红外点温仪相比，红外行扫仪虽然结构要复杂些，但功能有明显的提高。与热像仪相比，其功能显然达不到热像仪的水平，但行扫仪结构简单、价格便宜、不需制冷、使用方便。

3）红外热电视

红外热电视是利用热释电(热电转换)效应的原理制成的热成像装置，它接收被测目标物体表面红外辐射，并把目标内热辐射分布的不可见热图像转变成视频信号。它的核心器件是红外热释电摄像管，其次还有扫描器、同步器、前置放大、视频处理及电源、A/D转换、图像处理、显示器等。红外热电视将被测目标的红外辐射线通过透镜聚集成像到热释电摄像管，采用常温热电视探测器和电子束扫描及靶面成像技术来实现其技术功能。红外热电视的基本结构框图如图6-22所示。

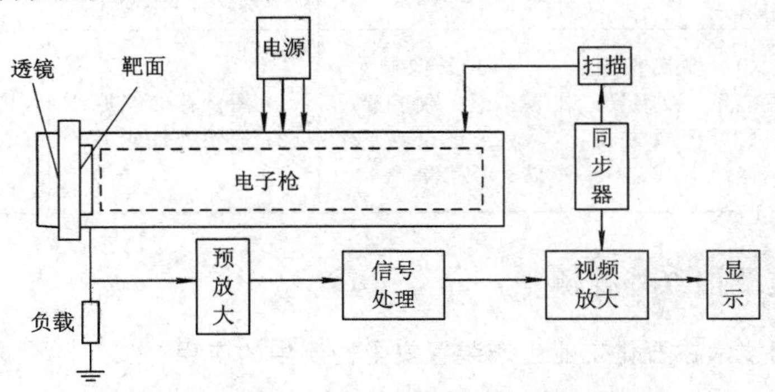

图6-22 红外热电视的基本结构框图

红外热电视是对被检目标进行二维温度场检测的设备，其检测效率要大大超过红外点温仪，而它的价格又比热像仪低得多，虽然它的测温技术指标始终没能达到高性能热像仪的水平，但它不需要致冷，特别是随着器件的发展，其性能指标已得到不断的提高。对于生产现场设备的大面积普测来说，在红外点温仪日常检测的基础上，再进行红外热电视与红外点温仪的配合使用，对提高现场简易诊断的水平和层次，将是一个相当有益的组合。

4）红外热像仪

热成像系统是接收物体发出的热辐射，并将其转换为可见热图像的装置。红外热像仪发展到现在已有两代产品。第一代红外热像仪就是光机扫描热像仪，它通过机械光学系统将被测目标进行二维扫描，达到对目标温度的面检。光机扫描热像仪的成像清晰度相当好，取得的热信息丰富，再加上微机技术的发展，使光机扫描热像仪的功能达到了前所未有的高度，它在红外诊断技术的发展中发挥了相当出色的作用。但是，由于光机扫描热像仪扫描系统的繁杂，对制造、使用和维护都十分不便，为此又研制出了第二代红外热像仪。其特点是革除了高速运动的机械扫描机构，采用自扫描的固体器件做成凝视型的红外焦平面热像仪。到目前为止，红外焦平面热像仪还在发展当中，且不断地从军用转向民用。和接触式测温方法相比，红外热像仪有着响应时间快、非接触、使用安全及使用寿命长等优点。

常见的红外仪器分类及其特点如表 6-1 所示。

表 6-1 常见红外仪器的分类及其特点

类别 性能	红外点温仪	红外热电视	光机扫描热像仪	焦平面热像仪
特点	温度点检、使用便捷、价格低廉、效率较低	(1) 显示二维热像； (2) 价格适中	显示二维热像、热像质量较高、运动部件多	显示二维热像、结构轻巧、热像质量高、价格较高
关键技术指标	距离系数、测温范围	是否具有测温功能	测温范围、温度分辨率、空间分辨率、测温准确度	测温范围、温度分辨率、空间分辨率、测温准确度、功耗使用方便度
形式	(1) 瞄准方式：无瞄准器、望远镜式、激光式； (2) 使用方式：便携式、固定式	(1) 类型：平移式、斩波式； (2) 使用方式：便携式、固定式	按制冷方式分：制冷剂外置、内循环制冷、热电制冷	按制冷方式分：内循环制冷、热电制冷
输出方式	(1) 输出信息：模拟量、数字量； (2) 记录方式：无存储	(1) 图像显示：模拟量、数字量； (2) 记录：无存储、可存储	(1) 图像存储能力； (2) 图像处理能力	(1) 图像存储能力； (2) 图像处理能力

6.4.3 生产装置的红外检测

1. 红外检测技术在石化工业生产装置安全检测中的应用

石化生产的工艺流程大都存在着热交换关系，进行红外检测的石化设备应该是其故障与温度变化密切相关的设备。例如，各种反应器、加热炉、催化装置、烟机等，多是在热状态下工作，其设备外壁表面的温度分布如何，主要是由内部工作温度、设备结构、材料热阻以及壁面环境温度所决定的。当设备内部的温度可以监测、环境影响一定的情况下，设备表面的温度分布变化就直接反映了设备结构热阻的变化。总之，凡是热辐能量和温度与设备故障信息有关的装置、设备、管线、建筑物等，均可采用红外检测。因此，红外检测在石化工业中获得了广泛的应用，并取得了显著的效益。

(1) 石化企业中的催化装置、裂化装置及连接管等都是与热关联的重要生产设备，因此都可以用红外热像仪来监测。热像中明亮过分的区域表明材料或炉衬已因变薄而温度升高，由此可掌握生产设备的现场状态，为维修提供可靠信息。同时也可监视生产设备沉积、阻塞、热漏、绝热材料变质及管道腐蚀等有关情况，以便有针对性地采取措施，保证生产的正常进行。

(2) 用于炉罐容器液面、料位的检测。容器内液面或物料界面的不准确，极大地影响了设备长期满负荷运行，某些检测方法也极不安全。例如，焦炭塔物料界面的高度仅仅根据进料时间估计和控制，由于考虑到物料界面过高会影响生产，因此实际控制的最高界面总大大低于设计允许高度，使塔不能满负荷运行；又如氢氟酸储罐的液面检测，由于所储介质为腐蚀性很强的氢氟酸，其液面高度的检测采用液面计进行，液面观察极不安全。而这些液面或料位都可以采用性能好的热像仪实时地、非接触地安全而准确地检出。

目前，红外检测技术已成功地应用于国内石化生产装置安全检测的以下几方面：

① 石化设备的缺陷检测和故障诊断；

② 加氢反应器缺陷检测；

③ 压力容器内衬里缺陷的定量诊断；

④ 气化炉炉顶故障的诊断；

⑤ 尤里卡装置裂解分馏塔底结焦状况的红外检测；

⑥ 设备衬里损坏状况的热像评估；

⑦ 加氢反应器正常热像与故障热像。

应用红外检测技术对石化生产装置进行安全检测时，应注意以下事项。

(1) 红外检测时间和地点的选择。对于露天设备的检测时间，宜选择日出前、日落后或阴天无太阳光干扰的情况，并且无雨、雪、雾和大风的干扰。检测地点的确定应建立在对被测设备现场认真勘察的基础上，力求位置便于检测，无遮挡物，避开强辐射体的影响。

(2) 红外检测的准备工作。红外检测的准备工作除了配备红外检测仪器外，尚需配备一个精度较高的面接触型点温计、风速仪和激光测距仪(必要时可备有正像经纬仪)。此外，应了解被测设备所在装置的工艺流程和故障史、维修史，掌握设备运行参数，做好与检测有关的情况记录。

(3) 红外检测的实施。红外检测的实施是按照“定设备、定部位、定参数、定标准、定人员、定仪器、定周期、定路径巡检及数据采集”的方针进行的。对被测设备进行红外检测时，一般包括确定表面发射率、确定测温范围、确定适宜的中心温度和扫描方式等内容。

2. 红外检测技术在冶金工业生产装置安全检测中的应用

冶金生产不仅大都与温度有密切关系，而且还是综合性的联合企业，除了冶金炉窑等专用设备外，还有电力和化工的设备。因此，红外检测和诊断技术的应用有着特殊广泛的范围。

冶金专用设备的红外检测的应用范围主要包括：

(1) 内衬缺陷的诊断。包括高炉、热风炉、转炉、钢水包、铁水包和回转窑的内衬缺陷。

(2) 冷却壁损坏的诊断。高炉的冷却壁损坏，过去采用检测冷却水的方法监测，与红外热像检测相比是不直观的。而红外检测可以给出温度的具体分布，因而可以定量地说明冷却壁的损坏程度。

(3) 内衬剩余厚度的估算。

(4) 高炉炉瘤的诊断。

(5) 工艺参数的控制和检测。

(6) 热损失计算。

3. 红外检测技术在电力工业生产装置安全检测中的应用

电力设备在正常运行时，与温度有着密不可分的关系，在其故障发展和形成过程中，绝大多数都与发热升温紧密相连。电力设备到处可见的导线和连接件以及很多裸露的工作部件，在成年累月的运行中，受环境温度变化、污秽覆盖、有害气体腐蚀、风雨雪雾等自然力的作用，再加上人为设计、施工工艺不当等因素，均会造成设备老化、损坏和接触不良，必将导致设备的介质损耗增大或漏电流增大和接触电阻增大等缺陷，从而引起相应的局部发热面温度升高。若未能及时发现、制止这些隐患的发展，其结果必然会因恶性循环而引发连接点熔焊、导线断裂，甚至设备爆炸起火等事故。对于处在设备外壳内部的各种部件，如导电回路、绝缘介质和铁芯等，当它们发生故障时也会产生不同的热效应。

设备因故障而发热异常，致使设备温度升高，并且超过正常值时，就设备材料而言，它的强度、稳定性、导电性或绝缘性能都会降低。同时，随着承受高温的时间增长，其各种有关性能将变差，最终会导致设备的部分功能或全部功能失效。

目前，红外检测技术在电力设备安全检测方面越来越多地发挥着重要的作用。

(1) 发电机故障的诊断。发电机的故障主要包括定子线棒接头、定子铁芯绝缘，电刷和集电环、端盖、轴承和冷却系统堵塞等。

(2) 变压器热故障的诊断。

(3) 断路器内部故障的诊断。断路器内部载流回路接触不良造成过热的故障，采用红外热像方法，一般都可以很方便地确诊。

(4) 互感器内部故障的诊断。

(5) 避雷器内部故障的诊断。

(6) 电力电容器内部故障的诊断。

(7) 电缆内部故障的诊断。

(8) 瓷绝缘故障的诊断。

(9) 导流元件和设备外部故障的诊断。

4. 火车轴箱温度检测

火车车体的自重和载重都是由车辆的轴箱传递到车轮的。在火车运行中，由于机械结构、加工工艺、摩擦及润滑状态不良等原因，轴箱会产生温度过高的热轴故障，如不及时发现和处理，轻则得甩掉有热轴故障的车辆，重则导致翻车事故，造成生命危险和财产的损失。为防止燃轴事故，利用红外测温技术制成了热轴探测仪，可以方便精确地检测轴箱温度。仪器安放在车站外两侧，当火车通过时，探测器逐个测出各个车轴箱的温度，并把探测器输出的每一脉冲(轴箱温度的函数)输送到站内检测室，根据脉冲高低就可判断轴箱发热情况及热轴位置，以便采取措施。

6.5　设备故障专家诊断技术

设备故障诊断专家系统是将人类在设备故障诊断方面具有的知识、经验、推理、技能综合后编制成的大型计算机程序，使计算机系统有了思维能力，能够与决策者进行“对话”，并应用推理方式提供决策建议。故障专家诊断技术已在航天、电力、冶金和石化等领域得到了广泛的应用，设备故障专家诊断技术也已成为热门的研究课题。

6.5.1　设备故障专家诊断系统

1. 设备故障专家诊断系统的结构

专家系统在设备故障诊断领域的应用非常广泛，目前已成功推出的有旋转机械故障诊断专家系统、往复机械故障诊断专家系统、发电机组故障诊断专家系统、汽车发动机故障诊断专家系统等。设备故障诊断专家系统除了具备专家系统的一般结构外，还具有自己的特殊性，其结构框图如图 6-23 所示。

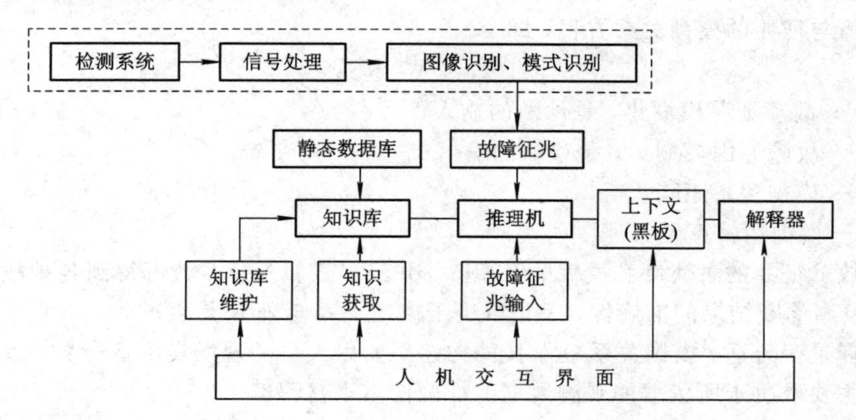

图 6-23　设备故障专家诊断系统结构简图

图中虚线框中的检测部分是故障诊断专家系统特有的部分，对于机械设计专家系统，可以不包括这部分。对设备故障诊断而言，征兆正确是诊断正确的前提，因此，检测系统的设计安装、信号分析与数据处理、专家系统的数据传递和征兆的自动获取都是故障诊断专家系统的重要内容。

2. 设备故障专家诊断系统的诊断推理与控制策略

故障诊断专家系统不但要拥有大量的专业知识，而且还要具有选择和运用诊断知识解决实际问题的能力。把这种选择知识和运用知识的过程称为基于知识的推理。

基于知识的推理以知识表示为基础，知识表示方法的不同，决定了选择知识和运用知识方法的不同。因此，专家系统可以将基于知识的推理方式分为基于规则的推理、基于模型的推理、基于案例的推理和不精确推理等。

在设备故障诊断系统中，借助多种数学原理和系统理论，形成了多种不同的诊断方法。如将模糊数学理论应用于故障诊断，形成了模糊诊断方法；将人工神经网络用于故障诊断，开发了神经网络智能诊断系统；利用灰色系统理论进行故障诊断，形成了灰色诊断方法。

6.5.2　设备故障的模糊诊断技术

模糊故障诊断是一种按照人类自然思维过程进行的诊断方法。所谓模糊，是指在质上没有精确的含义，在量上没有明确的界限，即边界不清晰。这种边界不清晰的模糊概念是事物的一种客观属性。模糊故障诊断主要适用于测量数据较少且无法获得精确模型的诊断问题。将模糊故障诊断与容错控制相结合，可以进一步提高设备对故障的适应能力。

1. 模糊故障诊断原理

设备在运行过程中，故障征兆与引起的原因之间往往并不是一一对应的关系，特别是大型的复杂设备，这种不确定性就显得更加明显。利用故障征兆与引起原因之间的这种不确定性来进行的诊断就是模糊故障诊断。

目前，用于智能故障诊断的模糊技术主要有两种方法：一种是基于模糊理论的诊断方法，它是将模糊集划分成不同水平的子集，以此来判断故障可能属于哪个子集；另一种是基于模糊关系及逻辑运算的诊断方法，即先建立征兆与故障类型之间的因果关系矩阵 $\boldsymbol{R}$，再建立故障与征兆的模糊关系方程，即

$$Y = X \circ \boldsymbol{R} \tag{6-10}$$

式中：X——故障征兆模糊集，是诊断的输入；

Y——故障原因模糊集，是诊断的输出；

$\boldsymbol{R}$——模糊关系矩阵；

$\circ$——模糊逻辑算子。

利用故障征兆的隶属度和模糊关系矩阵，并经过逻辑运算，就可得到各种故障原因的隶属度。模糊诊断结果的准确性，一是取决于模糊关系矩阵 $\boldsymbol{R}$ 是否准确；二是取决于诊断算法的选择是否合适。模糊关系矩阵 $\boldsymbol{R}$ 的构建需要以大量的现场实际运行数据为基础，其精度高低主要取决于所依据的观测数据的准确性与丰富程度。

模糊逻辑运算根据算子的具体含义可以有多种算法，如基于合成算子运算的最大、最小法，基于概率算子运算的概率算子法，基于加权运算的权矩阵法等。其中最大、最小法可突出主要因素；概率算子法在突出主要因素的同时，兼顾次要因素；权矩阵法就是普通的矩阵乘法运算关系，它可以综合考虑多种因素不同程度的影响。模糊故障诊断系统的基本结构如图 6-24 所示。

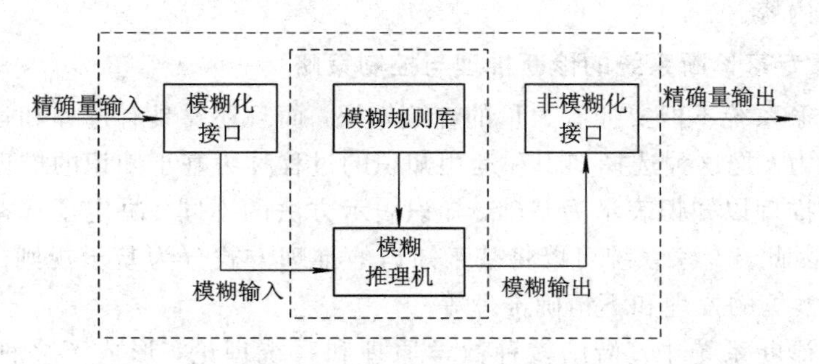

图 6-24　模糊故障诊断系统的基本结构

1）模糊化接口

模糊化接口的作用是将实际工程中精确的、连续变化的输入量转化成模糊量，以便进行模糊推理。模糊化实质上是通过人的主观评价，将一个实际测量的精确数值映射为该值对于其所处域上模糊集的隶属函数。

图 6-25 所示的是以温度为输入模糊变量的隶属函数。温度模糊子集为(很冷、较冷、正好、较热、很热)，其隶属函数为梯形分布。

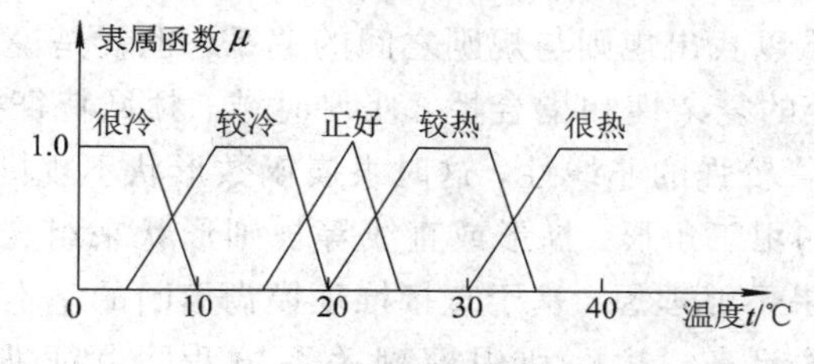

图 6-25　温度模糊子集的隶属函数

2）模糊规则库

模糊规则库由一系列模糊语义规则和事实组成，它包含了模糊推理机进行工作时所需要的事实和推理规则。

3）模糊推理机

模糊推理机是模糊系统的核心，其作用是利用知识库中的规则对模糊量进行运算，以求得模糊输出。它实质上是一套决策逻辑，通过模仿人脑的模糊性思维方式，应用模糊规则库的模糊语言规则，推出系统在新的输入或状态作用下应有的输出或结论。模糊推理机采用基于规则的推理方式，每一条规则可有多个前提和结论，各前提的值等于它的隶属函数值。在推理过程中，对于一条规则取各个前提的最小值为规则的值。结论的模糊输出变量值等于本条规则的最小值，而每一个输出模糊变量的值等于相应结论的最大值。

4）非模糊化接口

非模糊化接口的作用是将模糊推理得到的模糊输出转换成非模糊值(清晰值)，即用来实现从输出域上的模糊子空间到普通清晰子空间的映射。为了便于将输出模糊变量转换成精确量的非模糊化过程，输出变量的模糊子集隶属函数可以采用单点定义法，这样便于采用加权平均进行非模糊化。

2. 模糊故障诊断方法

目前，用于模糊故障的诊断方法很多，主要有基于模糊模式识别的诊断方法、基于模糊推理的诊断方法、基于模糊模型的诊断方法等。

1）基于模糊模式识别的故障诊断方法

在故障诊断范畴里，所谓“模式”，是指反映一类事物特征并能够与别类事物相区分的样板。模式识别就是对故障进行区分和归类，以达到辨识目的的一种科学方法。故障诊断的模式识别由两个过程组成：一是学习过程，即把所研究对象的状态分为若干模式类；二是识别过程，即用模式的样板对待检测状态进行分类决策。在故障诊断的实际问题中，当诊断对象的故障(故障原因、故障征兆等)是明确、清晰和肯定的，即模式是明确、清晰和肯定的，可以应用故障模式识别的诊断方法。当诊断对象的模式具有模糊性时，则可以用模糊模式识别方法来处理。模糊模式识别方法大致可分为两种：一种是模糊模式识别的直接法；另一种是模糊模式识别的间接法。正确地提取状态特征并根据特征量构造判别函数，是模式识别的关键。

2）基于模糊推理的故障诊断方法

基于模糊推理的诊断方法不需要建立被监控对象精确的数学模型，而是运用隶属函数和模糊规则进行模糊推理，就可以实现故障诊断。但是，对于复杂的诊断系统，要建立正确的模糊规则和隶属函数是非常困难的，而且需要花费很长的时间。对于更多的模糊规则和隶属函数集合而言，难以找出规则与规则之间的关系，也就是说规则有“组合爆炸”的现象发生。另外，由于系统的复杂性和耦合性，使得时域、频域特征空间与故障模式特征空间的映射关系往往存在着较强的非线性，这时隶属函数形状不规则，只能利用规范的隶属函数形状来加以处理，如用三角形、梯形或直线等规则形状来组合予以近似代替，从而使得非线性系统的诊断结果不够理想。基于直接推理模糊诊断的基本思想是利用模糊关系矩阵 $\boldsymbol{R}$ 将故障与征兆联系起来，然后利用模糊关系方程，由征兆和模糊关系矩阵求出故障。

6.5.3 设备故障的神经网络诊断技术

神经网络在故障诊断中的应用始于 20 世纪 80 年代。由于神经网络具有容错、联想、推测、记忆、自学习、自适应和并行运算处理等的独特优势，因此在故障诊断中得到了人们的广泛关注。

1. 神经网络简介

人工神经网络 ANN(Artificial Neural Network)简称为神经网络 NN(Neural Network)。它是多年来人们十分关注的热门交叉学科，涉及生物、电子、数学、物理、计算机、人工智能等多种学科和技术，有着十分广阔的应用前景。简单地说，神经网络就是使用物理上可实现的器件、系统和计算机，来模拟人脑结构和功能的人工系统。它由大量简单的神经元经广泛互连，构成了一个计算结构来模拟人脑的信息处理方式，并应用这种模拟来解决工程实际问题。计算机科学与人工智能的发展，以及生物技术、光电技术等的迅速发展，都为人工神经网络 ANN 的发展提供了技术上的可能性。同时，由于人们认识到类似于人脑特性行为的语音和图像等复杂模式的识别，现有的数字计算机难以实现这些大量的运算处理，而神经网络应用大量的并行简单运算处理单元为此提供了新的技术手段，特别是在故障诊断领域，更显示出其独特的优势。

2. 神经网络故障诊断的局限性

神经网络故障诊断也有许多局限性，如训练样本获取困难，网络学习没有一个确定的模式，学习算法收敛速度慢，不能解释推理过程和推理结果，在脱机训练过程中训练时间长，为了得到理想的效果，要经过多次实验，才能确定一个理想的网络拓扑结构。

3. 神经网络故障诊断原理

1) 神经元模型

作为神经网络基本单元的神经元模型如图 6-26 所示。

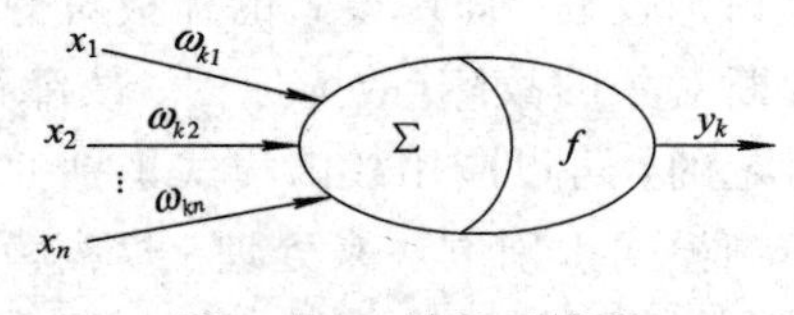

图 6-26 神经元模型

从图中可以看出，神经元模型有三个基本要素：

(1) 一组连接权。连接强度由各连接权值表示，权值为正表示激励，为负表示抑制。

(2) 一个求和单元。用于求取各个输入信息的加权和(线性组合)。

(3) 一个非线性激励函数。非线性激励函数起非线性映射作用，并抑制神经元输出幅度在一定的范围之内。

神经元的输入与输出关系可以表示为

$$y_k = f\left(\sum_{j=1}^{n}\omega_{kj}x_j - \theta_k\right) \qquad (6-11)$$

式中：x_j 为神经元的输入信号；ω_{kj} 为从神经元 k 到神经元 j 的连接权值；θ_k 为神经元的阈值；$f()$为激励函数(或传递函数)；y_k 为神经元 k 的输出。如果采取不同形式的激励函数 $f()$，则将导致不同的模型。

2）网络拓扑结构

神经网络是由大量神经元相互连接而构成的网络。根据连接方式的不同，其拓扑结构可分成层状结构和网状结构两大类。

(1) 层状结构。层状结构的 NN 由若干层构成。其中一层为输入层，另一层为输出层，介于输入层与输出层之间的为隐层。每一层都包含一定数量的神经元。在相邻层中，神经元单向连接，而同层内的神经元相互之间无连接关系。根据层与层之间有无反馈连接，又进一步将其分为前馈网络和反馈网络。

前馈网络(Feedforward Network，FN)也称前向网络。其特点是各神经元接收前一层的输入，并输出给下一层，没有反馈(即信息的传递是单方向)。BP(Back Propagation)网络是一种最为常用的前馈网络。具有两个隐层的前馈网络如图 6-27 所示。

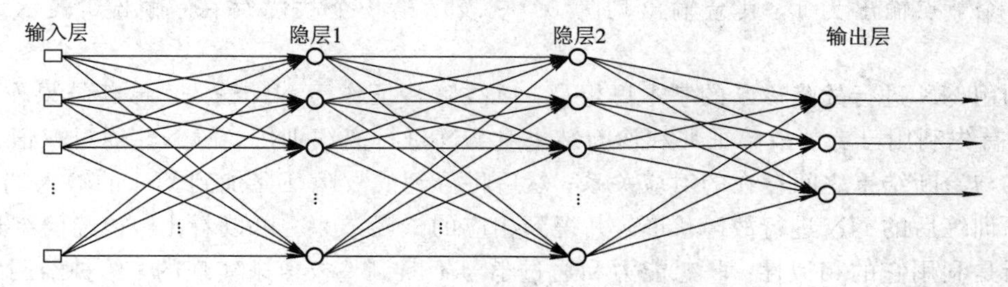

图 6-27　多层前馈神经网络结构

反馈网络 RN(Recurrent Network)在输出层与隐层或隐层与隐层之间有反馈连接。其特点是 RN 的所有节点都是计算单元，同时也可以接收输入，并向外界输出。Hopfield 网络和递归神经网络(Recurrent Neural Network，RNN)是两种最典型的反馈网络。

(2) 网状结构。网状结构是一种互连网络。其特点是任何两个神经元之间都可能存在双向连接关系；所有的神经元既可作为输入节点，也可作为输出节点。这样，输入信号要在所有神经元之间往返传递，直到收敛为止。其结构如图 6-28 所示。

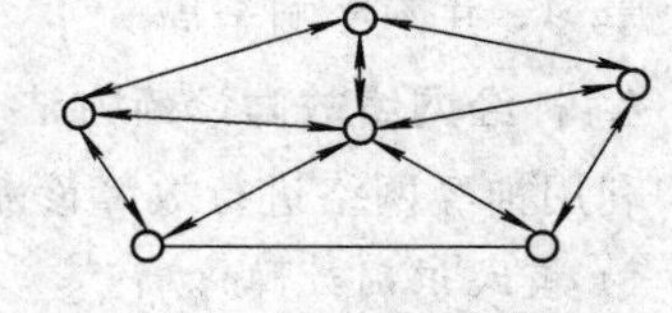

图 6-28　网络结构神经网络

(3) 神经网络(NN)的工作过程。NN 的工作过程可分为两个阶段：第一阶段是学习期，此时各计算单元状态不变，各连线上的权值通过学习来修改；第二阶段是工作期，此时连接权值固定，计算单元状态变化，以达到某种稳定状态。从作用效果看，前馈网络主要是函数映射，可用于模式识别和函数逼近。NN 可用做各种联想储存器和用于求解优化问题。

3）神经网络故障诊断原理

神经网络是由多个神经元按一定的拓扑结构相互连接而成的。神经元之间的连接强度体现了信息的存储和相互关联程度，且连接强度可通过学习而加以调节。三层前向神经网络如图 6-29 所示。

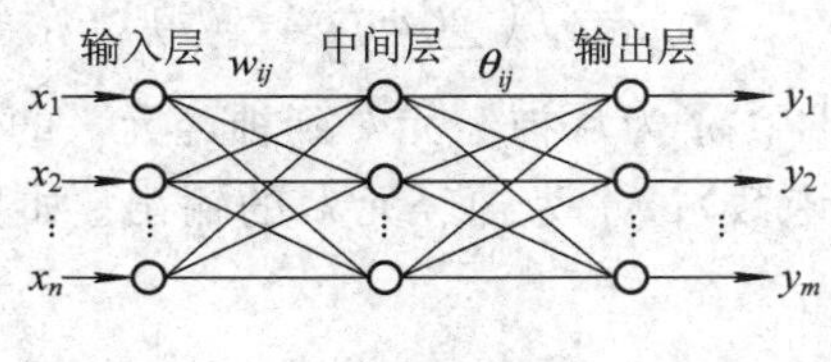

图 6-29　三层神经网络

输入层：从监控对象接收各种故障信息及现象，并经归一化处理，计算出故障特征值为

$$X=(x_1,\ x_2,\ \cdots,\ x_n) \tag{6-12}$$

中间层：从输入得到的信息经内部学习和处理，转化为有针对性的解决办法。中间层可以是一层，也可以根据不同问题采用多层。中间层含有隐节点，它通过数值 ω_{ij} 连接输入层，通过阈值 θ_i 连接输出层。选用 S 型函数，可以完成输入模式到输出模式的非线性映射。

输出层：通过神经元输出与阈值的比较，得到诊断结果。输出层节点数 m 为故障模式的总数。若第 j 个模式的输出为

$$Y=(0\,0\,0\,0\cdots 0\,1\,0\cdots 0\,0) \tag{6-13}$$

即第 j 个节点输出为 1，其余输出均为 0，它表示第 j 个故障存在(输出 0 表示无故障模式)。

利用 NN 进行故障诊断的基本思想是：以故障特征作为 NN 输入，诊断结果作为 NN 输出。首先利用已有的故障征兆和诊断结果对 NN 进行离线训练，使 NN 通过权值记忆故障征兆与诊断结果之间存在的对应关系；然后将得到的故障征兆加到 NN 的输入端，就可以利用训练后的 NN 进行故障诊断，并得到相应的诊断结果。可以看出，神经网络进行故障诊断是利用它的相似性、联想能力和通过学习不断调整权值来实现的。给神经网络存入大量样本，NN 就对这些样本进行学习，当 n 个类似的样本被学习后，根据样本的相似性，把它们归为同一类的权值分布。当第 $n+1$ 个相似的样本输入时，NN 会通过学习来识别它的相似性，并经权值调整把这个样本归入一类。NN 的归类标准表现在权值的分布上。当部分信息丢失时，如 n 个样本中丢失了 n_1 个($n_1<n$)，那么 NN 还可通过另外 $n-n_1$ 个样本去学习，并不影响全局。

4. 神经网络故障诊断方法

利用神经网络进行故障诊断，可将诊断方法分为模式识别和知识处理两大类。

1）模式识别故障诊断

神经网络模式(Pattern)一般指某种事物的标准形式或使人可以照着做的标准样式。模式识别(Pattern Recognition，PR)是研究模式的自动处理和判读的数学技术问题，它既包含简单模式的分类，也包含复杂模式的分析。模式识别故障诊断神经网络就是从模式识别的角度，应用神经网络作为分类器进行故障诊断的。

我们知道，状态监测的任务是使设备系统不偏离正常功能，并预防功能失败，而当系统一旦偏离正常功能，则必须进一步分析故障产生的原因，这时的工作就是故障诊断。如果事先已对设备可能发生的故障模式进行了分类，那么诊断问题就转换为把设备的现行工作状态归入哪一类的问题。从这个意义上讲，故障诊断就是模式的分类和识别。

和传统的模式识别技术相比，人工神经网络作为一种自适应模式识别技术，不需要预

先给出关于模式的先验知识和判别函数，它可以通过自身的学习机制自动形成所要求的决策区域。网络的特性由其拓扑结构、节点特性、学习和训练规则所决定，NN 能充分利用状态信息，并对来自不同状态的信息逐一训练以获得某种映射关系，同时网络还可连续学习。当环境改变时，这种映射关系还可以自动适应环境变化，以求对对象的进一步逼近。例如，使用来自设备不同状态的振动信号，通过特征选择，找出对于故障反应最敏感的特征信号作为神经网络的输入向量，建立故障模式训练样本集，对网络进行训练。当网络训练完毕时，对于每一个新输入的状态信息，网络将迅速给出分类结果。

2）知识处理故障诊断

神经网络知识处理故障诊断，就是从知识处理的角度，建立基于神经网络的故障诊断系统。知识处理通常包括知识获取、知识存储及推理三个步骤。

在 NN 的知识处理系统中，知识是通过系统的权系矩阵加以存储，即知识是表示在系统的权系矩阵之中的。知识获取的过程就是按一定的学习规则，通过学习逐步改变其权系矩阵的过程。由于神经网络能进行联想和记忆推理，因而具有很强的容错性。对于不精确、矛盾和错误的数据，它都能进行推理，并能得出很好的结果。

神经网络故障诊断专家系统是一种典型的基于知识处理的故障诊断神经网络。建立开发神经网络故障诊断专家系统，就是要求将神经网络与专家系统相结合，用神经网络的学习训练过程代替建立传统专家系统知识库的过程。

由于神经网络具有很强的并行性、容错性和自学习能力，因此可建立一个神经网络推理机系统，通过对典型样本(实际生产过程中采集的数据)的学习，完成知识的获取，并将知识分布存储在神经网络的拓扑结构和连接权值中，进而避免了传统专家系统知识获取过程中的概念化、形式化和知识库求精三个阶段的不断反复。神经网络训练完成后，输入数学模式，进行网络向前计算(非线性映射)，就可得到输出模式。再对输出模式进行解释，将输出模式的数学表示转换为认识逻辑概念，即完成了传统专家系统的推理过程，就可得到诊断结果。

在这里，专家系统主要用来存储神经网络的连接权矩阵元素值、训练样本、诊断结果和解释神经网络输出，并做出诊断报告。

总之，基于神经网络的故障诊断专家系统是一类新的知识表达体系。与传统的专家系统的高层逻辑模型不同，它是一种低层数值模型，信息处理是通过大量称之为节点的简单处理单元之间的相互作用来实现的。它的分布式信息保持方式，为专家知识的获取和表达以及推理提供了全新的方式。通过对经验样本的学习，该系统将专家知识以权值和阈值的形式存储在网络中，并且利用网络的信息保持性来完成不精确的诊断推理，较好地模拟了专家凭经验、直觉而不是复杂计算的推理过程。

6.5.4　装置故障专家诊断技术应用

1. 汽轮机叶片脱落故障专家诊断

某石化公司尿素生产装置中的二氧化碳压缩机由一台工业汽轮机驱动。汽轮机与低压缸用齿式联轴节连接，低压缸经增速箱与高压缸连接。汽轮机和低压缸工作转速 7200 r/min，高压缸工作转速 13 900 r/min。某日，该机组运行中汽轮机的振动突然增大。汽轮机入口端Y向轴振动峰-峰值达 77 μm，超过了 66 μm 的报警值；X向轴振动峰-峰值为 63 μm。而此前两个方向的振动峰-峰值分别为 34 μm 和 31 μm。

故障专家诊断系统通过对机组数据进行分析，并利用诊断知识进行推理，判断汽轮机振动增大的主要原因是由于转子上的部件脱落造成的。停机解体抢修，发现汽轮机转子的次末级断了两个叶片。下面具体说明专家系统的诊断过程。

1）启动诊断

状态监测程序负责实时检测机组的各项参数，当发现机组透平入口端转子Y向振动幅值超标后，即向系统发出报警信息，启动专家系统进行故障诊断。

2）征兆自动获取

系统首先对振动较大的测点的振动信号进行频谱分析，得到的分析结果是：振动信号中转子的转速频率成分(倍频)较大，其他频率成分不明显。征兆获取程序将当前各频率成分的幅值与机组正常状态相应频谱的幅值进行比较，利用事先确定的模糊算法，计算出征兆存在的可信度。其中，征兆“机组轴振动一倍频幅值较大”存在的可信度 CF＝0.92。

3）自动诊断

推理机首先采用正向推理，将获取的征兆事实与知识库中的诊断规则进行匹配，激活规则 R012，得到初步诊断结果：存在不平衡故障。

规则 R012　如果机组轴相对振动一倍频幅值较大，那么存在不平衡故障(CF＝0.9)。

根据式 $CF(H)=CF(H, E)\times\max\{0, CF(E)\}$，系统自动计算出不平衡故障存在的可信度为 $0.9\times0.92\approx0.83$。

4）对话诊断

不平衡是一个故障类，包含多种具体故障，如：热态不平衡、初始弯曲、质量偏心、部件结垢、部件脱落等，它们具有一些共性特征，但也具有各自的特点。为了确定究竟是哪种故障原因，系统采用反向推理，通过人机对话获取更多的征兆事实，对初始集中的故障进行验证，提高诊断结果的精确性和准确性。如：通过人机对话得到如下征兆事实：

(1) 转速不变时，转子振动幅值突然变化，CF＝0.90；

(2) 转速不变时，转子振动的一倍频相位突然变化，CF＝0.80。

根据上述征兆事实，系统在验证部件脱落故障时，激活规则 R104 和 R105，给出部件脱落故障存在的可能性较大。

规则 R104　如果存在不平衡故障转速不变时，转子振动幅值突然变化，那么存在部件脱落故障(CF＝1.0)。

规则 R105　如果存在不平衡故障且转速不变时，转子振动的一倍频相位突然变化，那么存在部件脱落故障(CF＝1.0)。

系统利用不精确推理模型，计算出在规则 R104 和 R105 单独作用下，部件脱落故障存在的可信度分别为 0.90 和 0.80，进而计算出在这两条规则综合作用下，部件脱落故障存在的可信度为：$0.9+0.8-0.9\times0.8=0.98$。

2. 旋转机械故障专家诊断

旋转机械是工程中广泛应用的一类机械。旋转机械转子的主要故障有：转子不平衡、转子不对中、油膜振荡、转子裂纹等。通过对转子故障机理的研究，在很多文献中给出了旋转机械常见故障的标准特征谱，如表 6－2 所示(表中数字是指出现的概率)。

表 6-2　旋转机械常见故障的标准特征谱

故障特征 \ 故障类型	振动频率（f代表工频）								
	$0.01f$～$0.39f$	$0.40f$～$0.49f$	$0.50f$	$0.51f$～$0.99f$	$1f$	$2f$	$3f$～$5f$	奇数倍f	$>5f$
不平衡					0.90	0.05	0.05		
不对中					0.40	0.50	0.10		
转子轴向碰磨	0.10	0.05	0.05	0.10	0.30	0.10	0.10	0.10	0.10
亚谐共振			1.00						
推力轴承损坏			0.10	0.90					
轴承座松动	0.90							0.10	
不等轴承刚度						0.80	0.20		
基础共振		0.20			0.60	0.10	0.10		
联轴节损坏	0.10	0.20	0.10		0.20	0.30	0.10		
机壳变形					0.90	0.05	0.05		

下面给出应用BP神经网络实现旋转机械转子故障的诊断方法。

第一步：给出BP神经网络训练的特征频率，如表6-2所示。

第二步：确定BP神经网络的层数。因为一个三层的BP网络可以完成任意维数的映射，所以选用三层BP神经网络系统——输入层、隐层、输出层。

第三步：确定输入层和输出层节点数。BP网络的输入层节点数目选用转子的故障特征频率项数，在本例中输入层为9个节点数（对应表6-2中特征频率）。输出层神经元数目的确定可以采用两种方法：一种是根据输出故障种类而定；另一种是根据故障种类采用二进制编码法。在本例中采用的输出故障种类为10类（表6-2中故障类型），对应的输出层神经元数为10。输出层采用的激励函数为线性函数 $f(x)=x$。

第四步：确定隐层节点数。采用前面介绍的方法，选用不同隐层节点数，采用如图6-30所示的神经网络学习和匹配程序，给出的神经网络学习的误差曲线如图6-31所示。

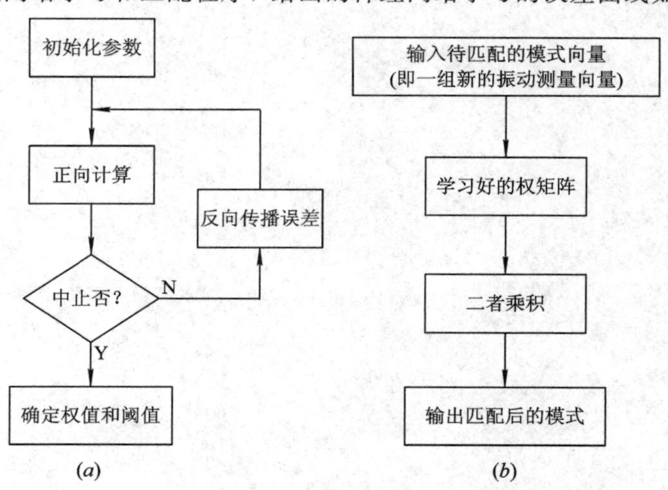

图6-30　神经网络学习和匹配程序框图

(*a*) 神经网络学习；(*b*) 匹配

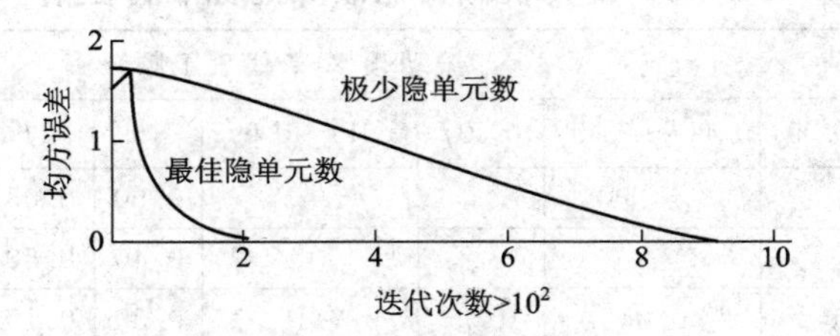

图 6-31　神经网络学习的误差曲线

习题与思考题

1. 试述超声波的特点和超声波检测的适用范围。
2. 简述超声波检测中的脉冲反射法的工作原理。
3. 结合实际说明超声波检测在各类结构件焊缝检测中的应用。
4. X 射线检测的原理是什么?
5. 影响射线检测灵敏度的主要因素有哪些?
6. 射线检测的优点和缺点各是什么?
7. 简述磁粉检测的原理。
8. 磁粉检测能否检验奥氏体不锈钢焊缝中的缺陷?
9. 简述磁粉检测的基本过程与检测灵敏度的评价方法。
10. 磁粉检测的优点和缺点各是什么?
11. 简述红外检测的基本原理。
12. 简述红外检测工作的基本内容和注意事项。
13. 什么是设备故障专家诊断系统?

第 7 章　检测仪表与系统的防爆

在工业生产过程中，安全检测或监测通常都是先对非电量予以转换，然后用电测方法来间接获得测量结果。针对有特殊要求的石油、化工生产过程，尤其是易燃、易爆场所，测量仪表(即检测或监测仪表)在构成和使用上，除了应完成对非电量的转换和比较以获取测量结果之外，还必须对其自身的安全特性给予考虑，达到保障生产安全的目的。从而在仪表的结构方面逐步发展形成了隔爆型、防爆型和本质安全型等防爆结构。

7.1　检测仪表与系统的防爆概述

7.1.1　检测仪表的安全特性

在工业生产，尤其是石化生产中，许多生产过程具有易燃、易爆、高温、高压和有毒等特点，许多工艺介质具有强烈的腐蚀性，有些介质易结晶和堵塞管道。测量仪表在这些特殊的场所中使用时必须采取相应的技术措施，解决仪表的防护问题。

引起燃烧或爆炸的充分必要条件有三条：第一要有可燃性或爆炸性物质；第二要有氧气或空气等助燃气体；第三要有点火源或危险温度。这三条必须同时存在，缺一不可。因此，在有易燃、易爆气体、液体或粉末存在的生产环境中，安装使用测量仪表必须考虑安全防爆措施，以防止产生危险火花，引起燃烧或爆炸事故。换句话讲，这也就是在检测仪表自身特性方面提出了安全要求，以及为达到提出的安全要求应采取何种措施的问题。

为了使检测仪表，尤其是电动测量仪表、电动执行器等直接靠近生产设备或生产环境的仪表单元，能够适用于具有火灾及爆炸危险的生产现场，对检测仪表提出的安全要求通常有如下两种类型。

(1) 检测仪表自身具有本质安全特性，即使在具有爆炸危险的环境中使用，也不会产生可燃物质或可燃性混合物燃烧爆炸所需要的有效点火源或危险火花。

(2) 检测仪表自身具有一定的防爆、隔爆特性，能将检测仪表内部与其外部的易燃、易爆危险环境进行有效的隔离，限制从电动仪表内部进入到危险现场中的火花能量，不向仪表外部的易燃、易爆危险环境提供足以引起燃烧、爆炸的危险火花。

一般地，具有本质安全特性的检测仪表称为本质安全型仪表，也称为安全火花型仪表，其主要特点是仪表自身不会产生危险火花。而具有一定防爆、隔爆特性的检测仪表称为防爆型或隔爆型仪表，它的主要特点是在仪表内部仍有可能产生危险火花，并且该火花能够点燃由仪表缝隙进入其内部的可燃混合气体，但却能阻止仪表内部的燃烧或爆炸通过缝隙传至外部的危险环境。必须指出，防爆或隔爆型的结构不但适用于检测仪表，也适用于电气设备或电动机的安全要求，是先于本质安全型结构之前应用的传统防爆类型。

为了使检测仪表具有本质安全特性或防爆、隔爆特性，长期以来，人们进行了坚持不懈的努力，并在仪表的电路设计和结构设计方面对防爆措施进行了多种尝试和研究，最后逐步发展形成了结构防爆仪表和安全火花防爆仪表两大类。结构防爆仪表是传统的防爆仪表类型，有充油型、充气型、隔爆型等，其基本思想是将可能产生危险火花的电路从结构上与爆炸性气体隔离开来。其设计所依据的基本安全指标是爆炸性混合物或易燃、易爆气体按自燃温度的分组和按最大安全缝隙大小划分爆炸危险性等级。安全火花防爆仪表则是采用截然不同的方法，从电路设计开始就考虑防爆问题，将电路在短路、开路或断路及误操作等各种状态下可能发生的火花都限制在爆炸性混合物或易燃、易爆气体的点火能量之下，是从爆炸发生的根本原因上采取措施来解决防爆问题。安全火花防爆仪表的设计依据是各种爆炸性混合物或易燃、易爆气体按其最小引爆电流分级和按自燃温度分组。显然，与结构防爆仪表相比，安全火花防爆仪表的优点突出，具有本质安全特性，因此也称为本质安全防爆仪表。

7.1.2　检测仪表的防爆结构

对于结构防爆仪表，其安全防护措施是通过使用不同的结构形式来实施的。归纳起来，结构防爆仪表的防爆结构有五种形式，即隔爆型、防爆通风充气型、防爆充油型、防爆安全型和特殊防爆型。

1. 隔爆型

隔爆型将检测仪表及配线完全装在仪表盒、设备盒或管内进行密封，但是无论怎样密封，内外的温差照样能使内部空气膨胀和收缩，通过间隙进行呼吸，因而不可能完全防止爆炸性气体从外部进入结构内部。所以，像隔爆仪表箱、电动机外壳、开关箱、照明灯具玻璃罩等，除了要做成完全密封的结构之外，还要做成即使在结构内部发生电火花引起可燃性气体爆炸，也能耐得住爆炸的结构(其耐压大约为 0.8 MPa)。同时，爆炸生成的气体通过间隙出来时，还要能够冷却到不致对密封结构外部的爆炸性混合气体构成点火源。

必须指出，如果在隔爆型结构的结合面上使用密封填料封闭，那么在隔爆容器内发生爆炸时，爆炸压力会将密封填料挤出去，使它起不到隔爆的作用。因此，通常是将结合面全部加工成光洁面或螺纹进行连接。这样的话，爆炸产生的气体通过金属光洁面或螺纹时，能被冷却到爆炸性混合气体的燃点温度以下，从而阻止燃烧波的传播。这时的气路长度(即金属光洁结合面的间隙深度或者螺纹峰谷面的总长)与间隙或缝隙大小必须符合最大安全缝隙或火焰蔓延极限所规定的具体值。

根据国际电工委员会 79－1A 号文件规定，最大安全缝隙是指受试设备两部分壳体间，在缝隙深度(即气路长度)为 25 mm 时，能够阻止其内部可燃性混合气体被点燃后，通过壳体结合面而将爆炸传至外部可燃混合气的最大间隙值。对各种爆炸性气体混合物而言，都具有其最大安全缝隙，一些可燃物质的最大安全缝隙数据见表 7－1。在国家标准《爆炸性环境》(GB3836—2010)中，最大安全缝隙大小 δ 分别为：$\delta>1.0$ mm、$0.6\ \text{mm}<\delta\leqslant 1.0$ mm、$0.4\ \text{mm}<\delta\leqslant 0.6$ mm 和 $\delta\leqslant 0.4$ mm 四种情况。将可燃气和空气构成的爆炸性混合物按传播爆炸的危险性依次分为 1、2、3、4 级。若再将爆炸性物质按自燃点分组情况给予综合考虑，就可得出可燃气体或蒸汽的分级、分组标准。依照国家标准《爆炸性环境》(GB3836—2010)，一些可燃气体或易燃液体蒸汽的级别、组别情况见表 7－2。这一标准以往是作为可燃气体或易燃液体蒸汽与空气混合物环境中，选用防爆、隔爆检测仪表的主要

依据。隔爆型产品中有适合于爆炸等级1、2、3、4级和燃点组别a、b、c、d的，但对爆炸等级4和燃点组别c的情况仍有一定困难。需说明，当前执行的国家标准《爆炸性环境》(GB3836—2010)采取与国际标准接轨的原则，对爆炸性气体混合物的分级、分组规定进行了适当的调整。

表7-1　可燃物质的最大安全缝隙

可燃物质名称	可燃物含量(体积)/(%)	最大安全缝隙/mm	可燃物质名称	可燃物含量(体积)/(%)	最大安全缝隙/mm
氢(H_2)	27.0	0.29	二硫化碳	8.5	0.34
氢氰酸	18.4	0.80	乙炔	8.5	0.37
一氧化碳	10.8	0.94	甲醚	7.0	0.84
甲烷	8.2	1.14	乙醚	3.47	0.87
乙烷	5.9	0.91	丙醚	2.6	0.94
丙烷	4.2	0.92	甲醇	11.0	0.92
丁烷	3.2	0.98	乙醇	6.5	0.89
戊烷	2.55	0.93	丙醇	5.1	0.99
异戊烷	2.45	0.98	己醇	3.0	0.94
己烷	2.5	0.93	甲基异丁基酮	3.0	0.94
庚烷	2.3	0.91	丁酮	4.8	0.92
辛烷	1.94	0.94	环己酮	3.0	0.95
异辛烷	2.0	1.04	乙腈	7.2	1.50
环己烷	90 mg/L	0.94	丙烯腈	7.1	0.87
环氧乙烷	8.0	0.59	乙酸乙酯	4.7	0.99
环氧丙烷	4.55	0.70	乙酸丙酯	135 mg/L	1.04
二氧杂环己烷	4.75	0.70	乙酸丁酯	130 mg/L	1.02
乙烯	6.5	0.65	乙酸戊酯	110 mg/L	0.99
丙烯	4.8	0.91	丙烯酸甲酯	4.3	0.86
丁二烯	3.9	0.79	丙烯酸乙酯	5.6	0.85
氯乙烯	7.3	0.99	乙烯酸丁酯	4.2	0.88
二氯乙烯	10.5	3.91	氯丁烷	3.9	1.06
1，2—二氯乙烯	9.5	1.80	三氯甲苯	19.3	1.40

表7-2　爆炸性混合气体的分级分组规定

将传播爆炸危险性分级的级别	按自燃温度分组的组别				
	a	b	c	d	e
1	甲烷、氮、乙酸	丁醇、乙酸酐、环己酮、甲基丙烯酸甲酯	环己烷		
2	乙烷、丙烷、苯、丙酮、苯乙烯，氯苯、氯乙烯、丁酮、甲苯、一氧化碳、乙酸乙酯	丁烷、异戊烷、丙烯、甲醇、乙醇、乙酸乙酯、乙酸丁酯、乙酸戊酯、二甲胺、丙烯酸甲酯	戊烷、己烷、庚烷、辛烷、癸烷、硫化氢、汽油、松节油	乙醚、乙醛	
3	二氯乙烯、煤气	环氧乙烷、环氧丙烷、丁二烯	异戊二烯		
4	水煤气，氢气	乙炔			二硫化碳

当检测仪表的供电或配电线路中有必要采用隔爆型结构时，要把电线穿入厚壁钢管中，在钢管之间的连接必须用5扣以上的螺纹紧密咬合，以做到即使在管内产生电火花引起可燃气体爆炸，也不致于波及外面。同时，为了防止爆炸性混合气体通过钢管传到其他设备或相邻房间内，必须在钢管上设置密封配件，充填密封胶堵塞管子。

2. 防爆通风充气型

防爆通风充气型也称为正压型，它与隔爆型一样，需将检测仪表装入全封闭的容器内或外壳中，同时里面充入清洁空气或惰性气体，以稍微提高内部压力来防止危险性气体进入。如果内部压力下降，外部的爆炸性气体有可能进入而发生危险，故一般设有内部压力监测及自动报警或自动停车等装置，监控内部压力下降情况。

对于爆炸危险等级较高(如危险性级别在3和4)和自燃点组别较低的可燃性气体或蒸气，往往隔爆结构制造有困难，对此，采用通风充气型结构是合适的，可以有效地提高仪表和电气设备的安全性。所以，在电动仪表、电气自动控制装置等设备上常采用通风充气型防爆结构。防爆通风充气型电设备的标志为p。

3. 防爆充油型

防爆充油型简称充油型，这种结构主要用于电气设备的防爆。它是将开关、制动器、变压器、整流器等电气主体浸没在绝缘油中，而且从油面高出危险部位的距离至少要保证在10 mm以上。在这种防爆结构中，漏油引起的油面下降是十分危险的。因此，必须用油面计来经常监测油面位置，以确保安全性。此外，在充油型开关中，开关开闭时产生的弧光能使绝缘油热分解，产生以氢气为主的可燃气体，所以要设排气孔以防止由于其中积累分解气体而成为混合气体发生爆炸。防爆充油型结构标志为o。

4. 防爆安全型

防爆安全型结构并不是真正的防爆结构，只是采用辅助性措施，将正常运行中容易过热或产生电火花的仪表或设备部件，在绝缘、温升等方面加以处理，使之比一般要求的部件做得可靠。同时对仪表或设备中的气隙、端子板、连接点等部位严格要求，增加安全度。因此，防爆安全型有时也称为增安型。防爆安全型结构的标志为e。

5. 特殊防爆型

通常，特殊防爆型结构多用在实验测试仪器和安全性检查仪器中，其防爆性能要通过实验被确认之后，才能付诸使用。

以上五种结构防爆形式在检测仪表和电气设备的安全防护中有着广泛的应用。对于检测测量仪表来讲，其中隔爆型、防爆通风充气型(即正压型)和防爆安全型(增安型)用得更多一些，是主要采用的结构防爆类型。但是，在石油、化学工业中，随着自动控制技术、计算机技术的广泛应用，利用电子设备、微电子设备进行各种工艺计量、参数监测和控制愈来愈多，如果原封不动地采用上述防爆结构，则在技术上和经济上都造成一定的困难，因而发展形成了适于低电压、弱电流电子设备和微电子设备的安全防爆型式——本质安全型防爆结构，亦称为安全火花型结构(标志为ia和ib)。

凡具有本质安全型防爆结构的检测仪表，都是安全火花防爆仪表。在这种防爆结构中，仪表的各个电气回路中使用的都是一些很微弱的电压和电流，即使断开通电中的电感回路时，在断开处产生火花或者在间歇接触电容回路或电阻回路时产生小火花和电弧，但这些火花或电弧已经完全小到不能成为爆炸性混合气体的点火源，其极限能量无论如何也达不到可燃气体在空气中最适宜浓度下的最小点火能量，所以，安全火花防爆仪表具有本质安全特性。安全火花（本质安全型）防爆仪表在防爆结构设计中采用的安全防护措施有两方面：一是对送往易燃、易爆危险现场的电信号，经专门的安全保持器，进行严格的限压、限流和电路隔离；二是对危险现场中仪表的高储能危险元件，在线路设计上对其自身能量进行限制，严格防止危险火花的出现。

上述检测仪表安全防爆措施，在有易燃、易爆气体或介质的许多化工及石油生产现场使用检测仪表时，如不采取防护措施，在电路接通、断开或事故状态时，难免会产生火花，引起爆炸或火灾。所以，用于易燃、易爆场所的检测仪表，必须在结构上或电路上采取安全措施。对电动单元组合式仪表而言，在 DDZ－Ⅰ和 DDZ－Ⅱ型仪表中通常是在结构上采取隔爆措施，使仪表内可能产生的火花与外界的易燃、易爆气体相隔离，以实现防爆。在 DDZ－Ⅲ型仪表及智能化仪表中，采取的是安全火花防爆措施，它将仪表分为控制室和现场安装两类，将强电部分安装于远离危险现场的控制室中，而对必须引至危险场所的检测仪表及执行器，则在电路设计和单元划分上给予特别考虑，严格防止危险火花的出现和外部非安全能量的窜入，从而保证那些电路在任何事故状态下，只可能产生所谓的“安全火花”，即这些火花的能量很小，决不会导致易燃、易爆物质的燃烧或爆炸。这种安全火花的概念是从实践中总结出来的。大量的实践表明，即使在易燃、易爆气体中，也不是任何火花都会引起燃烧和爆炸。只有在火花的能量足以在某一点引起强烈的化学反应，形成燃烧并产生连锁反应时，才会形成爆炸事故。例如对最易爆炸的氢、乙炔、水煤气等气体，实验证明，在 30 V 的直流电压下，对纯电阻性电路，电流只要小于 70 mA，便不会发生爆炸。所以，对危险火花的产生及其抑制和安全火花防爆原理还应进一步分析研究，有关内容详见后述。

7.2　检测仪表的本质安全防爆

在具有爆炸危险的工业生产现场进行工艺参数检测或安全性参数监测时，必不可少地要使用相应的检测仪表或监测仪表。而测量仪表（即检测仪表或监测仪表）一旦用于有爆炸危险的场所，就必须对测量仪表自身的安全特性予以充分地考虑，以确保不至于测量仪表引起爆炸危险，从而保证工业生产正常、安全地进行。测量仪表的自身安全性主要是采用结构防爆类型和本质安全防爆类型来加以实现，两者有着根本的区别。本质安全型与其他防爆类型相比，其安全程度较高，防爆等级比结构防爆仪表高 1 级，可以用于结构防爆仪表所不能胜任的氢气、乙炔等最危险的场所。同时，它长期使用不降低防爆等级，还可以在运行中用本质安全型测试仪器进行现场测试和检修，因而被愈来愈多地用于石油、化工等危险场所的测量、报警、自动控制等系统中。

本质安全防爆原理也可称为安全火花原理，它所研究的是电路和电气设备的电火花是否会点燃爆炸性气体混合物的问题。由于本质安全型电路传递的功率很小，因而本质安全防爆原理只能适用于控制、测量、监视、通信等弱电设备和系统。

7.2.1　本质安全防爆的基本原理与措施

从危险火花的分析可得，设计本质安全防爆系统就是要合理地选择电气参数，使系统和设备在正常或故障状态下发生的电火花变得相当小，不会点燃周围环境的可燃性气体混合物。由于本质安全防爆是利用系统或电路的电气参数达到防爆要求的，因而是一种非常可靠的防爆手段。鉴于此，确定什么样的电火花标准才能不点燃周围环境中可燃性气体混合物即成为关键性问题。标准确定得当，既保证了安全，又利于设计制造；标准确定得过严，安全固然得到保证，但设计制造方面会存在困难；标准确定得过宽，安全得不到保证，显然也不合适。因此，必须在实验和理论分析相结合的基础上认识电火花在可燃性气体混合物中的点燃特性，认识影响电火花点燃特性的各种因素。

从燃烧学和点燃爆炸理论知，由电路断路、短路、击穿、电弧等产生的电火花，引起爆炸性混合物的点燃爆炸是一种很复杂的物理化学反应过程。通过对某些给定条件和试验方法及装置的研究，以及各种试验数据的分析，可以得出每种爆炸性混合物都有其最小点燃能量。当小于这个能量时，将不能引起点燃。因此，可以从限制电路的能量入手，采用各种方式使电路中的电压、电流以及电气参数在一个允许的范围内。这时，尽管产生了电火花，也不会点燃爆炸性混合物，从而达到在实际中应用的目的。

此外，由电流产生的热效应也是一种危险的点火源，对此也必须引起足够的注意。合理选择导线的截面积及电气元件参数的额定值，使其表面发热温度在爆炸性混合物的自燃温度以下，也可以避免点燃的可能性。

上述两个方面是本质安全型防爆的基础。本质安全型电气设备的设计制造和检验规程的中心思想，就是严格按照爆炸性危险环境的划分，在电路设计和电气单元划分上给予特别考虑，从限制电路上的能量入手，采取各种方式限定电路中的电压、电流及电气参数，严格防止电气设备及电路出现危险火花和限制外部非安全能量窜入危险场所，从而确保电路在任何事故状态下只可能产生能量很小的安全火花，决不会导致爆炸性危险环境中易燃、易爆物质的燃烧或爆炸。

必须说明，由于在本质安全型电路及电气设备的设计和检验中，对电火花在爆炸性混合物中点燃能力的认识主要是建立在试验测试基础上的，而且目前国标中对爆炸性混合物能否被点燃即点燃能力(亦称点燃特性)的测试有严格的规定，并将爆炸性混合物典型的点燃能力曲线——最小点燃电流和最小点燃电压，作为设计本质安全型电路的基本依据，因此，对本质安全防爆基本原理和本质安全防爆设计依据还需根据国标中的有关规定来加以说明。

1. 影响电火花点燃能力的因素

利用电火花发生装置产生的电火花，在各种爆炸性混合物中进行一系列点燃试验发现，爆炸性混合物能否被点燃，与下列各种因素有关。

(1) 可燃性气体或蒸汽本身的因素，如气体或蒸汽的种类、浓度、温度和压力等；

(2) 电气回路存在的因素，如直流、交流电路，高频、低频信号，电压、电流大小，电路的电感性、电容性和电阻性等；

(3) 产生电火花方面的因素，如产生火花的两个导电极的形状、尺寸、材料、开闭速度、开闭方式和极性等；

(4) 火花次数的影响。

对本质安全防爆设计依据的探讨，来自对爆炸性混合物能否被点燃的分析。虽然影响点燃能力的因素很多，但通过大量的电火花点燃爆炸性混合物的试验研究，目前已基本上摸清了在不同条件下点燃能力的极限值。然而，因影响点燃能力的因素复杂，至今未能确定出一个既简单又实用的由已知条件计算点燃能力的公式。所以，目前国内外都是采取定量、定性分析，以及考虑主要因素的方法，做出多种只有二元函数关系的点燃能力试验曲线，并选择其中最小点燃电流或最小点燃电压曲线作为本质安全防爆的基本设计依据。

由于点燃能力随着产生电火花方面的因素和火花次数、环境温度及压力等因素而变化，因此当采用不同结构的火花发生器做点燃试验时，点燃能力就会有较大的差异。为求得点燃能力试验的一致性，国际电工委员会(IEC)推荐了一套性能稳定、点燃能力重复性好、适用于各种电路参数(电阻性、电感性、电容性)的标准火花发生器，并规定在环境温度为20～40℃、气压为0.1 MPa左右，以及在最易点燃的浓度下做出的曲线点燃概率均为10^{-3}(1000次火花能点燃1次)的试验曲线为典型的点燃能力曲线。目前，国家标准GB3836.4—2010中也采用上述标准火花发生器和规定的试验条件，并提供两种标准试验电路用于对火花试验装置标定灵敏度，然后就可以对各种被试电路进行火花点燃试验。这样，对点燃能力的研究则主要取决于可燃性气体或蒸汽的种类和浓度，以及电路的电气参数。

2. 实现本质安全的基本措施

本质安全防爆是利用系统或电路的电气参数达到防爆要求的，是从电路设计初始就对电路在短、开路或断路以及误操作等各种状态下可能发生的电火花予以限制，使火花能量处在爆炸性混合物或易燃、易爆气体的最小点燃能量之下，使之成为安全火花，从爆炸发生的根本原因上解决防爆问题。通常，本质安全电路和电气设备实现安全火花是从如下几个方面采取措施。

1) 合理选择元件的额定参数

本质安全电路中元件的额定参数，需根据爆炸性混合物的级别和组别进行选择，既应满足电路的本质安全性能设计要求，使电路在任何工作状态下发生的电火花的能量均小于爆炸性混合物分级点燃的最小点燃能量，还应考虑一定的裕量，使电路中所有元件工作时的表面温度低于爆炸性混合物按自燃温度分组所允许的最高表面温度。所以，与本质安全性能有关的元件(变压器除外)在正常工作状态时，其电流、电压或功率不得大于其额定值的2/3。

当电路中由于电流太大而不能达到本质安全性能时，可采用保护性元件串接限流。一般，串接限流用电阻元件的选择，应使其使用功率在正常工作状态下不大于其额定值的2/3，故障状态下不大于其额定值。金属膜电阻、线绕被覆层电阻等可作为限流电阻，不宜采用碳膜电阻，而且限流电阻的装配应防止电阻两端短路，线绕电阻需有防止松脱措施。

当电路中由于电感、电容元件储能太大而不能达到本质安全性能时，可在其两端加保护性元件或组件。根据电容火花和电感火花放电过程的分析结果，电容储能经串联电阻放电可以减小电火花，这时串联放电用电阻的额定功率应符合限流用电阻元件的要求。而电感火花放电能量的减小，可通过对电感元件两端并接分流元件加以实现。电感线圈两端常用的保护性元件或组件(即并接分流元件)是经过老化筛选的电容器和二极管或齐纳二极管，并且需采用双重化措施。桥式连接的二极管组件可作为双重化分流元件。一般，二极管作分流元件时，其承受的最大电压应不大于其额定反向电压的2/3，承受的最大电流应不大于其额定值的2/3；电容器作分流元件时，其所承受的最高电压应不大于其额定值的2/3，且不宜采用电解电容和钽电容。此外，分流元件与被保护元件应连接可靠，当其处于危险环境时应胶封为一体，特殊情况可采用相应的措施。

2) 降低电源的容量

一般降低电压或电流，是减小电路火花，提高本质安全性能的普遍有效的方法。因此，为使爆炸性危险环境所用电气设备达到本质安全型，应在满足电路或电气设备的工作功率和工作性能要求的条件下，把电压、电流或二者都设计成较小的值。换言之，就是要降低电路或电气设备电源的容量，防止电路中出现过高的电压或过大的电流。这也正是本质安全型防爆结构只能适用于测量、监视、通信及控制等弱电设备和系统的原因所在。

根据电火花放电过程分析，对于电感性负载，减小电流比降低电压作用更大，更有利于实现安全火花；同理，对于电容性负载，降低电压比减小电流更有利；对于电阻性负载，多数场合是降低电压。然而，随着电子工业的飞速发展和电子元、器件及电动仪表等在爆炸危险环境中的广泛应用，电路、仪表等的功能增多，电路趋于复杂，对电源容量的要求越来越高，电源容量和电源的本质安全性能之间的矛盾越来越突出。当电路为完成其基本功能而需要较大的电源容量，同时又要考虑其本质安全性能时，解决的办法是在电路中设计并采用专用的装置快速切断负载，人为地缩小电路放电时间，以利于提高电源容量。有关实验表明，当电路放电时间缩短后，电源电压、电流都可以得到很大提高，即允许的安全火花电源容量可以提高很多。而且电路放电时间的缩短，可通过提高保护电路的动作速度加以实现。

3) 机械隔离与电气隔离

对于本质安全型电气设备来讲，要求其中全部电路都是由本质安全型电路组成的，电路中所有的元件应符合本质安全性能所要求的额定参数值，或者元件本身就是可靠元件或组件，在使用中不会影响本质安全电路的防爆性能。对于直接向本质安全型电气设备供电用的电源变压器等，由于很难做成本质安全型的，因而要制成可靠元件或组件，这样就在电气设备的本质安全电路部分与非本质安全电路回路之间有许多电的、磁的联系。在正常情况下，电气设备的本质安全与非本质安全两种回路之间不会短接，但万一发生短接则十分危险，故必须采取可靠措施，对设备的连接部分、端子、导线引入部分、印刷线路板等实现机械隔离，防止非本质安全电路的危险能量窜入本质安全电路中。机械隔离还不能完全解决时，应实行电气隔离，即加设安全栅。

为了防止安全场所中非本质安全电路的能量窜入危险环境中的本质安全电路，确保危险环境中本质安全电路的安全，在本质安全电路与非本质安全电路之间设置一个由保护性元件制成的装置，这种装置就叫做安全栅。本质安全型电气设备中最常用的是二极管安全栅。它是一种可靠组件，由限流元件(金属膜电阻、非线性电阻等)、限压元件(二极管、齐纳二极管等)和特殊保护元件(快速熔断器等)组成，其中，晶体管元件须双重化。有关安全栅的分类及工作原理见后述。

4）关键部位采用不出故障元件设计

本质安全电气设备的一个要点是在关键部位配置不出故障的部件，即可靠元件或组件，如不会短接的电源变压器、具有防止限流电阻短路的措施和隔爆外壳的电池或蓄电池、不会开路的电容器、不会短路的电阻等，其他部件即使出了故障，也无损于电气设备的本质安全性能。有关可靠元件和组件的设计、选型及参数选择等，可根据国家标准《爆炸性环境 第4部分：由本质安全型"1"保护的设备》(GB3836.4—2010)中的有关要求确定。

7.2.2　本质安全防爆系统

本质安全防爆系统由本质安全型仪表、关联设备和安全场所中的非本质安全型仪表或电气设备等组成。在石油、化工生产过程控制系统中，当生产现场具有火灾及爆炸危险时，其现场仪表如测量仪表及其变送器、执行仪表或执行器以及显示仪表等，都要求具备防爆性能，特别是存在易燃、易爆气体、液体或粉末的生产现场，更要求现场仪表具有本质安全防爆性能。而系统的其他组成部分，如系统控制室及其中的调节仪表、显示仪表和主控计算机等，则一般设置在安全场所，并选用非本质安全型设备。由于本质安全型防爆仪表和本质安全防爆系统是两个不同的概念，因此不能认为在生产现场全部使用本质安全型防爆仪表，就组成了本质安全防爆系统。其实，将危险现场本质安全型仪表与控制室简单地直接连接所构成的生产过程控制系统并不能保证安全防爆。来自控制室的电源线及信号线若没有采取限压、限流措施，在变送器的接线端或传输途中发生短路、开路时，会在现场产生危险火花，引起燃烧或爆炸事故。所以，对本质安全防爆系统，尤其是其中危险现场与安全场所之间的关联部分应予以特别重视。

1. 本质安全防爆系统的组成

根据石油、化工生产过程控制要求和仪表的概念，本质安全防爆系统的基本结构（或组成）如图7-1所示。图中，现场仪表与控制室仪表之间通过安全栅相连，对送往现场的电压和电流进行严格的限制，确保各种事故状态下进入危险现场的电功率在安全范围内。安全栅也称为防爆栅或安全保持器，是本质安全防爆系统必不可少的环节。但是，安全栅只能限制进入现场的瞬时功率，如果现场仪表不是本质安全型仪表，其中将有较大的电感或电容储能元件，那么当仪表内发生短路、开路等故障时，储能元件上长期积累的电磁能量完全可能产生危险火花，引起爆炸。所以，构成一个本质安全防爆系统的充分和必要条件是：在危险现场使用的仪表必须是本质安全型的；在危险现场仪表与非危险现场（包括控制室）之间的电路连接必须经过安全栅或关联设备。只有这样，才能保证事故状态下，现场仪表自身不产生危险火花，也不会从危险现场以外引入危险火花。

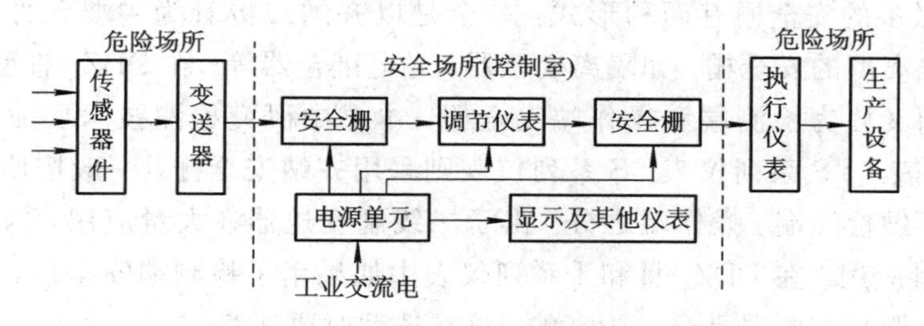

图7-1　本质安全防爆系统的基本结构

按照本质安全防爆系统所应具备的充要条件，在自动化仪表的分类生产中，按功能划分，除设计和生产具有本质安全性能的测量仪表和执行仪表，以适应爆炸性危险场所生产过程控制的需要之外，将安全栅也作为独立的安全单元来设计和生产，从而使组合式生产过程控制系统模式同样可以应用于有爆炸危险的生产控制中。对于具有本质安全性能的测量仪表和执行仪表的结构及其设计问题已在前面给予讨论，这里不再赘述。但从仪表角度考虑，作为独立组合单元的安全栅则有必要进一步分析，以解决生产过程控制系统中危险现场与安全场所关联部分的本质安全性能问题，确保系统具有本质安全性能。

确保本质安全电路安全性的装置，可以说它是在危险场所与非危险场所线路中间的能量限制器，防止非危险场所的危险能量流到危险场所去，其原理如图 7-2 所示。

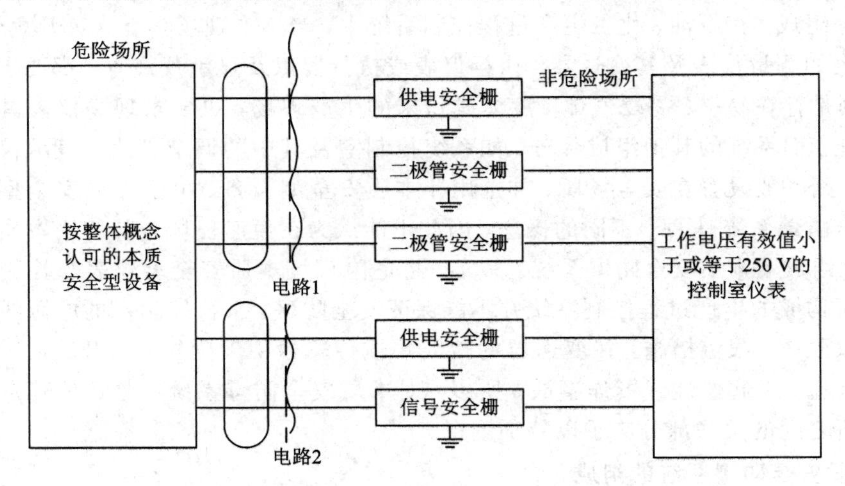

图 7-2　本质安全防爆系统的原理框图

2. 隔离式安全栅及其工作原理

在目前我国生产的单元组合式仪表中，安全栅是独立的仪表单元，用于接收危险场所防爆仪表的标准传输信号，转换产生具有本质安全性能要求的同样的标准传输信号：直流 4～20 mA。在安全栅仪表单元中，一般是采用隔离式的方案，以变压器作为隔离元件，分别将输入、输出和电源电路进行隔离，以防止危险能量直接窜入现场。同时，用晶体管限压、限流电路对事故状态下的过电压或过电流做截止式的控制。虽然采用隔离式方案的安全栅单元线路复杂、体积较大、成本较高，但不要求特殊元件，便于生产，工作可靠，防爆定额较高，交、直流可达 220 V，因此得到广泛的应用。

目前应用最多的安全栅有两种形式：一个是以齐纳二极管为主要元件的二极管齐纳栅；另一个是隔离型的安全栅，如隔离变压器、光电耦合器等。在 DDZ-Ⅲ型仪表及Ⅰ系列仪表中，安全栅又分为检测端和操作端安全栅。本书中研究检测技术要使用检测端安全栅。EK 系列仪表、YS 系列仪表、S 系列仪表则采用齐纳安全栅。一般按使用现场仪表来确定安全栅，不做检测端、操作端之分。由于二线制变送器在大量应用，因此用于供电的配电器也在大量应用。在 DDZ-Ⅲ和Ⅰ系列仪表中如果用了检测端安全栅，就不再用配电器了。因为安全栅与配电器是合二为一的。这在选型时要注意。

图 7-3 和图 7-4 为两种不同形式的安全栅应用。

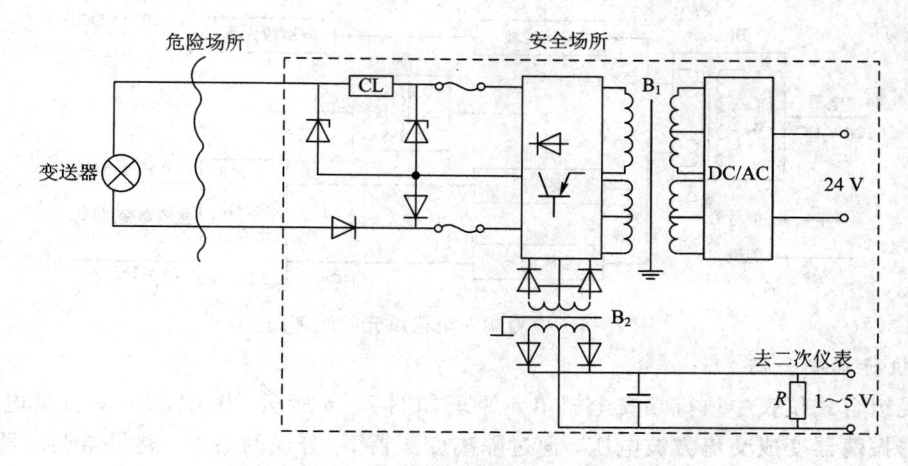

图 7-3　检测端带隔离和齐纳管的安全栅

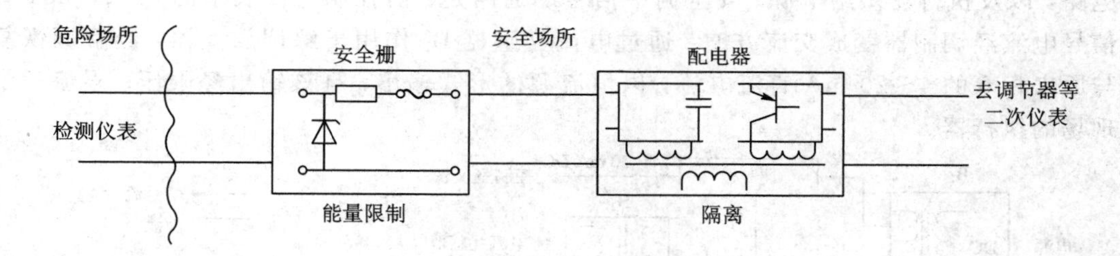

图 7-4　齐纳管安全栅

在非常严格、重要的危险场所，当有工控机等工作时，由于 CRT 显示器内有高压，因此必要时要接入光纤式高压隔离型安全栅，以确保安全。

3. 隔离式安全栅的分类

常用的隔离式安全栅有两种：一种是与测量仪表变送器配用的检测端安全栅；一种是与执行器配用的执行端安全栅。

1）检测端安全栅

检测端安全栅作为现场测量变送器与控制室仪表和电源的联系纽带，一方面要向测量变送器提供电源，一方面要把变送器送来的信号电流经隔离变压器 1∶1 地传送给控制室仪表。在上述传递过程中，依靠双重限压、限流电路，使任何情况下输往危险场所的电压和电流不超过直流 30 V、30 mA，从而确保危险场所的仪器仪表安全。

图 7-5 所示是检测端安全栅单元的原理图。24 V 直流电压经直流一交流变换器后变成 8 kHz 的交流电压，再经变压器 B_1 传递。一路经整流滤波和限压、限流电路为测量变送器提供电源(仍为直流 24 V)；另一路经整流滤波为解调放大器提供电源。而从测量变送器获得的 4～20 mA 信号电流经限压、限流电路进入调制器，被二极管调制器调制成交流后，由变压器 B_2 耦合到解调放大器，经解调后恢复成 4～20 mA 直流信号，输出给控制室仪表。所以，从信号传送角度来看，安全栅是一个传递系数为 1 的传送器。被传送信号经过调制一变压器耦合一解调的过程后，照原样送出。而且在传送过程中，这里的电源、变送器、控制室仪表之间除磁的联系之外，电路上是互相绝缘的。

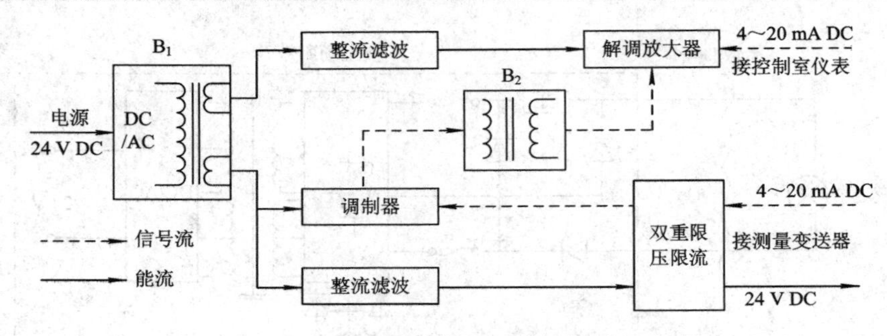

图 7-5　检测端安全栅单元的原理图

2）执行端安全栅

单元组合式仪表中执行端安全栅单元原理如图 7-6 所示。图中，24 V 直流电源经磁耦合多谐振荡器变成交流方波电压，通过隔离变压器 B_1 分成两路，一路供给调制器，作为 4～20 mA 信号电流的斩波电压(调制电压)；另一路经整流滤波，给解调放大器，限压、限流电路，以及执行器供给电源。安全栅中信号的通路是：由控制室仪表来的 4～20 mA 直流信号电流经调制器变成交流方波，通过电流互感器 B_2 作用于解调放大器，经解调恢复为与原来相等的 4～20 mA 直流电流，以恒流源的形式输出，且该输出经限压、限流后供给现场的执行器。

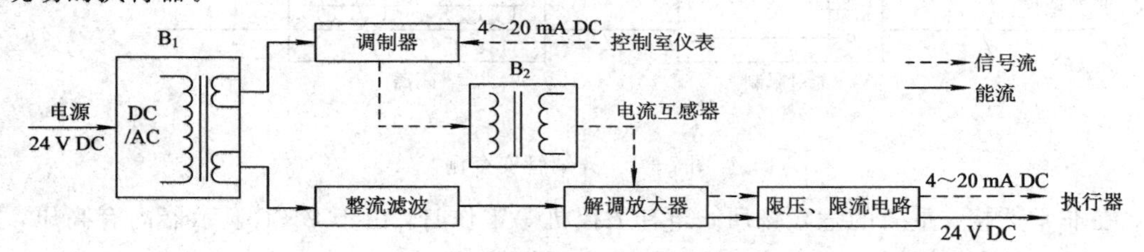

图 7-6　执行端安全栅单元的原理图

从整体功能来看，执行端安全栅与检测端安全栅一样，是一个传递系数为 1 的带限压、限流装置的信号传送器，为了能用变压器实现输入、输出、电源电路之间的隔离，对信号和电源都进行了直流一交流一直流的变换处理。由于执行端安全栅中的各个环节与检测端安全栅大致相同，这里不再对执行端安全栅的线路做具体介绍。

必须说明，并非所有使用单元组合式仪表的场合都要用安全栅单元与本质安全型仪表组成本质安全防爆系统。系统是否需要防爆，必须根据石化生产场所的性质决定。如不认真调查研究，盲目提高防爆要求，必然造成经济上的浪费和维护上的不便。凡没有燃烧、爆炸危险的生产环境，执行端和检测端就不需要安全栅，系统中测量仪表的输出可直接进入调节器，而调节器输出可直接送到执行器。但为了各信号输入回路能互相隔离，以避免共地干扰，以及为防止公共电源给多台变送器供电时，万一其中一台短路造成其他仪表都断电的事故。单元组合式仪表中设有分电盘装置，用于在不要求防爆的场合中取代检测端安全栅，在变压器、电源、控制室仪表之间实现信号和电源的隔离传输，并具有一定的限制过电流能力。由于这种分电盘的电路比安全栅单元要简单得多，因此在不要求防爆的场合中使用可节省投资并达到隔离传输的目的。

4. 外界因素对本质安全防爆系统的影响

本质安全防爆系统构成之后，系统中非本质安全设备、本质安全设备和关联设备之间的连接导线分布参数、设备及电路的接地方式、组合安全栅的使用以及外部电磁干扰等，都有可能对系统的本质安全性能产生影响。为此，有必要对这些因素进行简单的分析。

1）导线分布电感与电容的影响

在本质安全防爆系统中，从关联设备到危险场所的本质安全设备之间，往往有很长的连接电缆，从而存在着分布电感和电容，储有一定的能量。当储能达到一定程度时，电缆短路火花就会酿成点燃的危险，因此必须控制电缆的分布电感和电容，使其储能小于爆炸性混合物的最小点燃能量。

长电缆的分布电感和电容可作为集中参数处理，其值可按照下列公式计算：

$$L_p \leqslant 2\frac{A}{I_k^2}, \qquad C_p \leqslant 2\frac{A}{U_k^2} \tag{7-1}$$

$$\frac{L}{R} \leqslant 8\frac{A}{I_k U_k} \tag{7-2}$$

式中：A——爆炸性混合物的最小点燃能量，单位为 mJ；

U_k——安全栅的最高开路电压，单位为 V；

I_k——安全栅的最大短路电流，单位为 A；

L/R——电缆导线单位电阻的电感值。

按照式(7－1)或式(7－2)，可根据关联设备中安全栅的参数和危险环境爆炸性混合物的最小点燃能量来确定电缆导线的允许电感量和电容量或单位电阻的电感量。由于式(7－2)中 L/R 值是在电缆的最大储能及点燃能力与其长度无关的条件下得出的，因此按 L/R 值选择电缆时，可不考虑长度的影响。但按式(7－1)选择电缆时，必须考虑电缆的长度及其结构，并将借助于理论计算。根据电磁场理论，计算电缆等效电感和电容值的公式如下：

$$L_p = 0.2 \times \ln\frac{2S}{d} + 0.5 \quad (\mathrm{mH/km}) \tag{7-3}$$

$$C_p = \frac{0.024\,13\varepsilon}{\lg\dfrac{D}{d}} \quad (\mu\mathrm{F/km}) \tag{7-4}$$

式中：S——电缆导体间的中心距离，单位为 mm；

d——电缆导体的外径，单位为 mm；

D——电缆导体的绝缘外径，单位为 mm；

ε——绝缘材料的相对介电常数。

这样，按式(7－1)、式(7－3)和式(7－4)也可选择电缆。在设计安装本质安全防爆系统时，应将电缆的分布电感和电容影响考虑进去，才能确保其安全性。

例如，一个安全栅本质安全端最大允许外接电容值由式(7－1)计算得 2 μF，与其相连的本质安全型设备电容为 1.2 μF，则连接电缆的分布电容最大值不得超过 0.8 μF，并按式(7－3)和(7－4)可确定其长度或结构。

2）接地的影响

接地对本质安全防爆系统的防爆安全性影响很大。若不接地或接地方式不对，就会造成隐患，甚至失去防爆能力。接地的目的是消除本质安全电路对地的悬浮电位，保持对地(零电位)稳定性。但有时也不接地，这就必须全面考虑可能发生的对地悬浮电位在极端情况下的危险性。

本质安全防爆系统的接地应遵循下列基本原则。

(1) 安全栅单线限流时，非限流元件端必须接地。隔离变压器(可靠性元件)的屏蔽及铁芯在一点接地，且接地点应在安全场所内，如图 7－7 所示。如果图中 4 端不接地，而 3 端在危险区域接地，则变压器本质安全绕组在安全场所内一旦接地，限流电阻将失去作用，破坏本质安全性能。

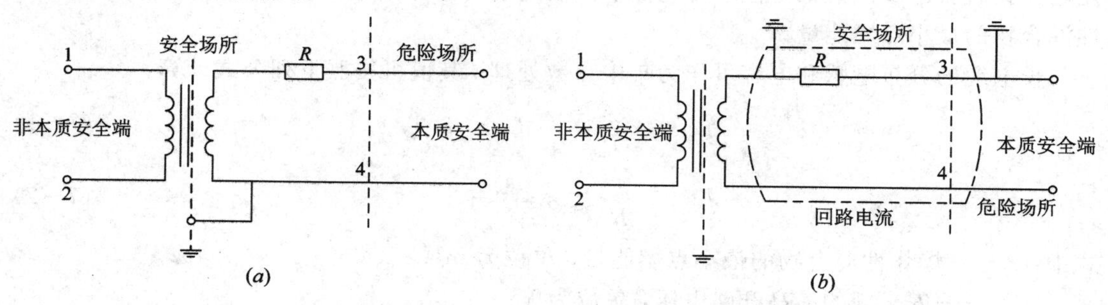

图 7－7　安全栅单线限流时接地与不接地示意

(a) 接地情况示意；(b) 不接地情况示意

(2) 安全栅双线限流时可不接地，如图 7－8 所示。图中 R_1 和 R_2 的选择应使每一个电阻都能承受全部限流作用，即使 R_1 因接地短路，R_2 也能保证 3、4 端的本质安全性能。

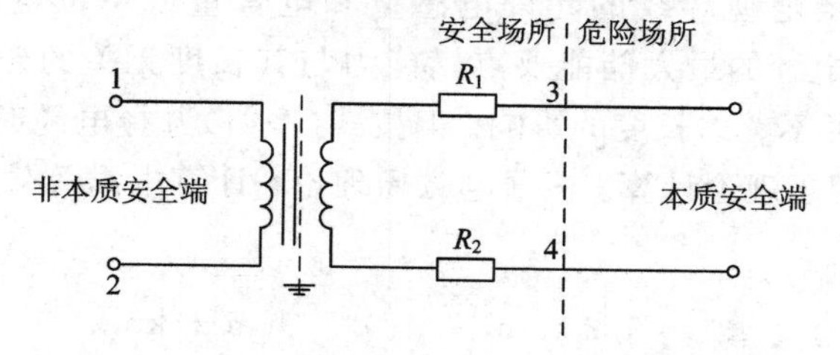

图 7－8　安全栅双线限流不接地示意

(3) 采用正、负端安全栅组合使用时，中心点必须接地，如图 7－9 所示。如果中心点不接地，处于故障状态时，齐纳二极管将失掉设计规定的限压功能，从而发生危险。

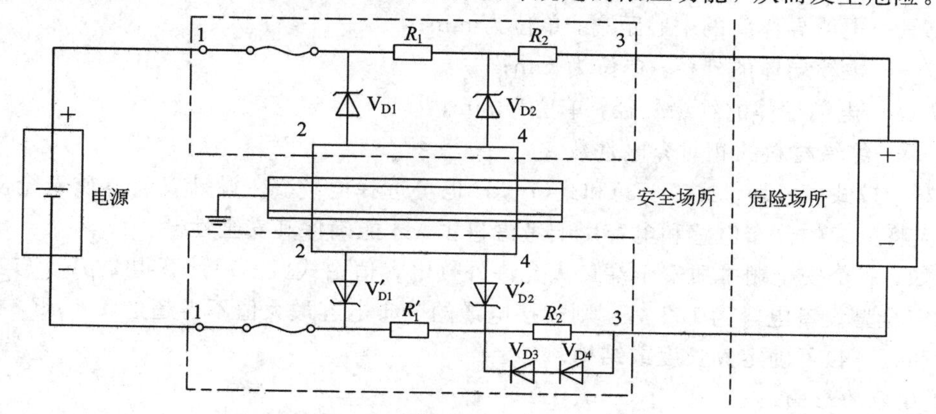

图 7－9　组合式安全栅的接地

(4) 本质安全设备所用的接地母线不能和其他设备动力接地线混触或代替，以避免强电流形成的危险。

(5) 关联设备外壳的保护接地可以接到一般接地线上，但此时它必须与本质安全电路接地端子绝缘。如果外壳与本质安全接地端子一起接地时，那么外壳与其他电气设备金属外壳必须绝缘。危险区域内的本质安全设备金属外壳可以与本质安全电路接地端子一起接地。可见，在关联设备制造时，需根据要求解决其金属外壳保护接地端子与本质安全电路接地端子是否需要互相绝缘分开设置的问题。

本质安全防爆系统接地的基本方式主要有下列两种。

(1) 单独接地。即每个本质安全电路各自接地。在这种方式下，为保证安全，要求每个接地点电阻不大于 1 Ω，否则会在接地电阻上形成较大电位差(事故状态下尤其严重)，破坏本质安全性能。

(2) 等电位线接地。即用一根截面积大、机械强度高、接地可靠的母线将各本质安全电路的接地点连成一体，使各点电位一致。这种接地方式可消除单独接地时各接地点对地的电位差，是比较可靠的方式。

3) 外界电磁场的影响

外界的电磁影响主要来自生产设备的动力线与本质安全系统设备连线混合布置。只要将本质安全系统的布线与动力线分开，就可消除由于外界高压、强电流在空间形成的电磁场对本质安全电路的耦合影响。一般消除外界电磁场影响的方法是本质安全与非本质安全电路分开布线，分开距离应大于 50 mm，或采用金属隔离层分开的办法。特别要指出的是，输送信号用的本质安全与非本质安全导线不能处在同一多心电缆中或互相捆扎在一起，但当采用可靠的金属屏蔽层将本质安全导线全部屏蔽接地之后，则可以将本质安全导线与非本质安全导线使用于同一电缆中。

4) 组合安全栅应用

当许多安全栅组合后对同一个系统共同供电时，应考虑各个安全栅之间在故障状态下影响系统的本质安全性能。如果多个有源本质安全电路被连接在一起，则一般应根据所接入的有源本质安全电路的短路电流之和及最大空载电压之和，规定允许的外部电感和电容；当其接有电阻性负载时，则根据电压及电流的总和来确定它的安全性能，例如图 7-10 所示电路。

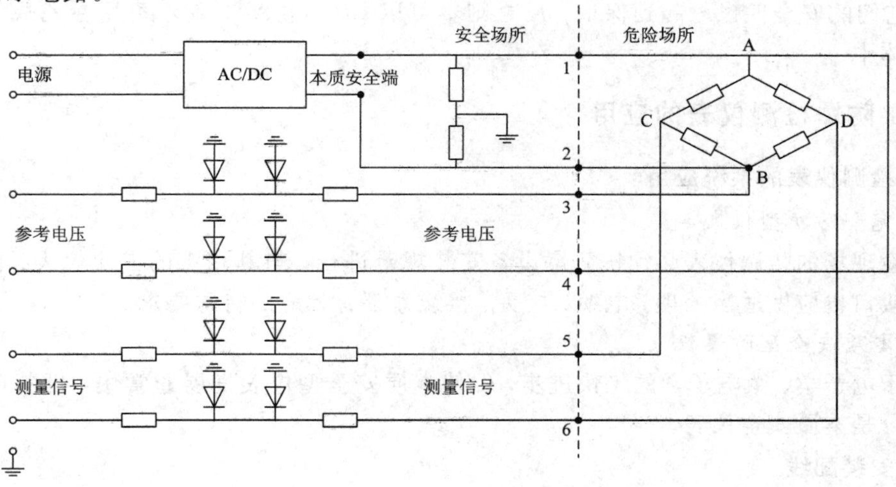

图 7-10　安全栅组合后对本质安全的影响

对其安全性能的考虑应当将流过1-2、3-4、5-6各短路电流之和作为危险电流，将这三个回路最高开路电压之和作为总危险电压，然后根据电阻电路最小点燃电流曲线来确定是否安全。

7.3　防爆检测仪表的选型与应用

7.3.1　防爆检测仪表的选型

防爆仪表选型要根据仪表工作的环境和危险气体的性质来确定。审核防爆仪表，关键是审核其爆炸等级和温度组别。根据危险场所情况选用合适的防爆仪表，所选仪表的防爆等级一定要高于仪表工作环境中的气体爆炸等级和温度组别，但是也不可过高，因为这会增加不必要的投资成本。

还有一个应注意的问题，就是仪表壳体(容器外表面)的温度上升也要有界限，才能保证安全。表7-3就是仪表表面温度上升限度。表中的限度是对应爆炸气体的各温度组别最低值的80%，再扣除电气仪表设备基准环境温度限度40℃之后的数值，即

$$T_{uc} = T_{nl} \times 80\% - 40 \tag{7-5}$$

式中：T_{uc}——温度上升限度，单位为℃；

T_{nl}——温度组别的最低自燃点，单位为℃。

表7-3　温度上升限度

温度组别(发火度)	T_1	T_2	T_3	T_4	T_5
温度上升限度/℃	320	200	120	70	40

目前，各国都有相应的标准，一般分为最高允许表面温度、设备运行环境温度、局部最高表面温度。

在防爆仪表、防爆电器设备中，表示的爆炸等级和温度组别符号，要与仪表电气设备本身的防护等级相对应。也就是说，在该防护等级以下的爆炸等级、温度组别的爆炸性气体，对它们的安全性也可起到保证；反之则不可以。如dⅡAT3就不可用在乙炔、乙烷等危险气体中。

7.3.2　防爆检测仪表的应用

1. 检测仪表的系统应用

1）完全防护型仪表

危险现场的防爆仪表必须按防爆设备安装规范进行，与其相接的二次仪表、供电、控制仪表接口也应做适当处理。电缆、接头、接线盒都有相应的特殊要求。

2）本质安全型防爆仪表

由于电子学、微电子学的飞快进步，促使本质安全型仪表发展非常快，目前现场应用的大部分是本质安全仪表。

2. 安装配线

安装配线必须按防爆仪表安装规范进行。

（1）一般在防爆仪表上包括安全栅本质安全端子，颜色为蓝色，与其相接的线路也是蓝色的，称为本质安全回路，其余称为非本质安全回路。要将它们区别开来，防止混浊短路，并与其他电路分开。

（2）要消除静电及电磁感应的影响，线路电容、电感(包括分布电感、电容)要受限制，其值应在允许值以内。

（3）防止线路、仪表的碰伤。

（4）保证有良好的接地铜排。

（5）在运行中不得进行仪表内部检修。

（6）维护检修必须由具有认证资格的单位和技术人员担任。

对于一般安全栅来讲，其非本质安全回路最大额定电压为 AC/DC 250 V；本质安全回路的开路电压在 45 V 以下，一般为 23 V；短路电流在 35 mA 以下，一般为 23 mA。

3. 配电器的应用

在二线制变送器中，作为供配电仪表，配电器是不可缺少的仪表，正确应用配电器很重要。

配电器有三个主要功能：一是对变送器供电；二是接收在对变送器供电的二线上来的信号；三是作为标准电流、电压信号输出。

配电器有带隔离的，有的是输入回路与输出回路隔离，有的是输入、输出与配电器电源隔离，还有的互相全部隔离。配电器有的是单点单回路，有的是双点双回路，有的是 4 点 4 回路，还有 10 回路的，可根据变送器、检测仪表的多少进行选择。

习题与思考题

1. 测量仪表有哪些防爆措施？
2. 本质安全防爆有哪些基本原理与措施？
3. 本质安全型电气设备是如何分类、分级的？
4. 常用的安全栅有哪几种？
5. 简述隔离式安全栅及其工作原理。
6. 本质安全型检测仪表的防爆类型有哪几种？
7. 防爆检测仪表应如何选用？

第 8 章　安全检测与监控系统

8.1　安全检测与监控系统概述

前面主要讨论了各种工艺参数及环境参数监测仪表及其有关的特性。测量仪表是实现生产过程自动化和安全监测的重要技术工具，但生产过程控制系统由测量仪表、调节器、执行仪表和被控对象组成。实现安全监控必须借助测量仪表及安全联动执行装置。因此，调节器、执行器或执行装置以及被控调节对象等，在生产过程控制和安全监控系统中也占有重要地位。

8.1.1　安全检测与监控的一般步骤

安全检测与监控是一项复杂的系统工程。检测与监控任务的完成，主要由数据采集、数据处理、故障检测与安全决策以及安全措施等四个阶段组成，如图 8-1 所示。其中，数据处理、故障检测与安全决策构成一个集成的整体，其相关理论和方法合称为过程安全监控技术。

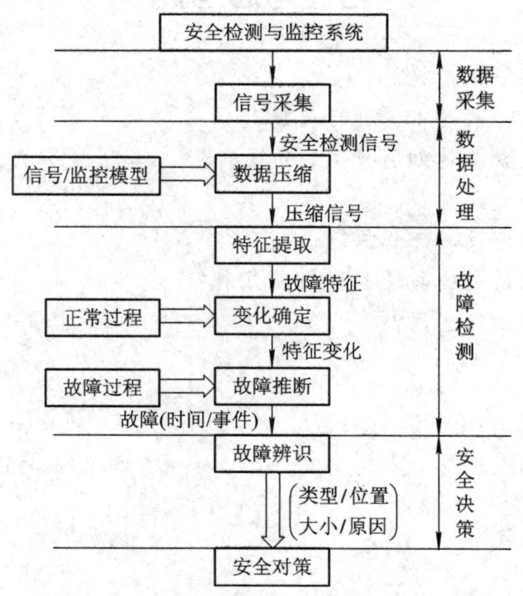

图 8-1　安全检测与监控的一般过程

1. 数据采集

采集数据的主要工具是传感器(或敏感器)。对动态系统运行过程而言，传感器或测量设备输出信息通常是以等间隔或不等间隔的采样时间序列的形式给出的。

监控过程的数据采集必须同时兼顾到采集过程的工程可实现性和采样数据有效性。此处所谓数据有效性，主要是指采样的测量数据与过程系统故障之间必须有内在关联性。

2. 数据处理

一般地，在对过程进行故障检测与诊断之前必须借助滤波、估计或其他形式的数据处理与特征信息技术对过程系统采样时间序列进行信息压缩，使之更适合于故障检测与诊断。

3. 故障检测

简而言之，变化检测就是判断并指明系统是否发生了异常变化及异常变化发生的时间。例如，对于正在运行的系统或按规定标准进行生产的设备，辨别其是否超出预先设定或技术规范规定的无故障工作门限。

监控过程的故障检测的首要任务是依据压缩之后的过程信息或借助直接从测量数据中提取的反映过程异常变化或系统故障特征的信息，判断系统运行过程是否发生了异常变化，并确定异常变化或系统故障发生的时间。

通常，依据处理方式和处理时限的不同，过程监控可分为在线监视和离线检测两大类。其中，在线监视可以对设备运行状况或系统功能进行及时的检测，一旦发现有异常征兆就及时报警，是实时监控系统和过程安全控制系统的核心。

4. 安全决策

所谓安全决策，是指通过足够数量测量设备(例如传感器)观测到的数据信息、过程系统动力学模型、系统结构知识，以及过程异常变化的征兆与过程系统故障之间的内在联系，对系统的运行状态进行分析和判断，查明故障发生的时间、位置、幅度和故障模式。

依据安全决策时所凭借的冗余信息类型的不同，安全决策分为基于硬件冗余、解析冗余和知识冗余，以及基于多种冗余信息融合等不同方式。

5. 安全对策

对具体工程活动而言，分析出故障产生的原因及部位后，下一步必须考虑故障的处理方法。较典型的故障处理方法有顺应处理、容错处理与故障修复等三大类。

在实施过程监控时，必须根据系统具体情况，综合考虑研究对象、故障特点及影响程度等多方面的因素，针对不同故障制定不同的处理对策。

8.1.2　计算机安全检测与监控系统的组成

计算机监控系统的组成可以有多种划分方法。一般地，计算机监控系统由硬件和软件组成。计算机监控系统的组成原理如图 8－2 所示。硬件主要由计算机，输入、输出装置(模块)，检测变送装置和执行机构三大部分组成。软件主要分为系统软件、开发软件和应用软件三大部分。系统软件一般为一个操作系统，对于比较简单的计算机监控系统，则为一个监控程序。开发软件包括高级语言、组态软件和数据库等。应用软件往往可以有输入、输出处理模块，控制算法模块，逻辑控制模块，通信模块，报警处理模块，数据处理模块或数据库，显示模块，打印模块等。各部分详细组成如图 8－2～图 8－6 所示。

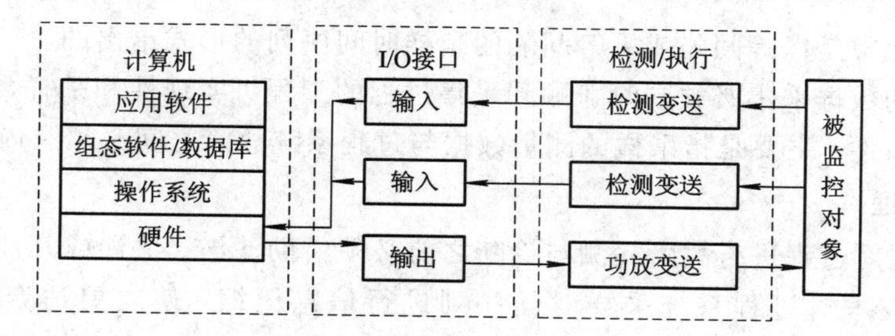

图 8-2　计算机监控系统组成原理图

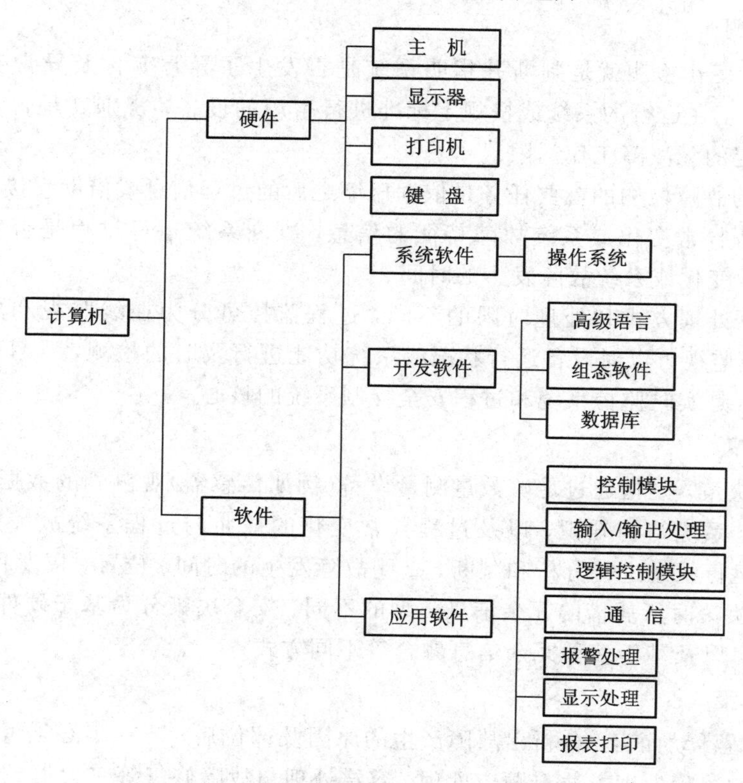

图 8-3　计算机监控系统部分组成图

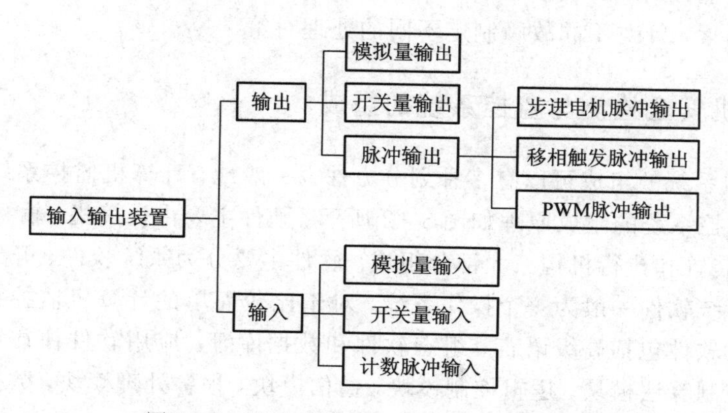

图 8-4　监控系统输入/输出部分组成图

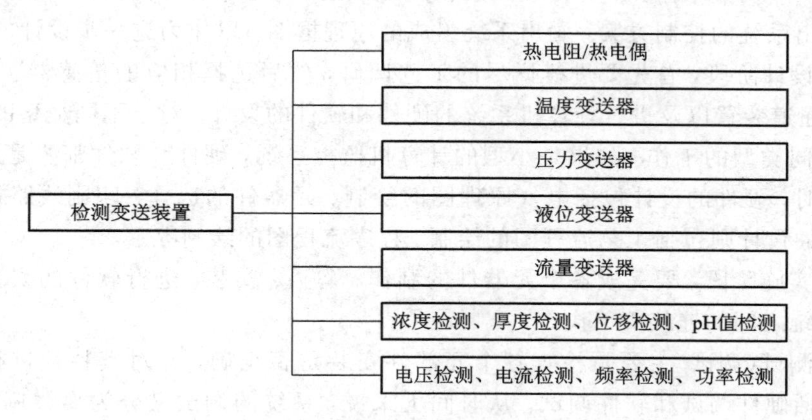

图 8-5　监控系统检测变送部分组成图

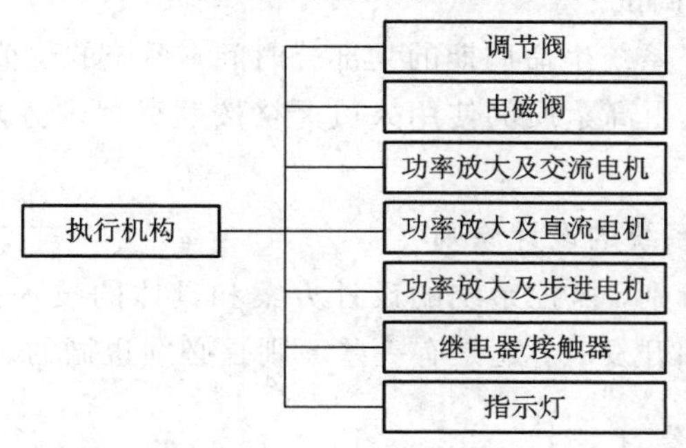

图 8-6　监控系统执行部分组成图

8.2　安全检测与监控系统的设计与开发

8.2.1　安全检测与监控系统的设计过程与原则

1. 安全检测与监控系统的设计过程

任何一个安全检测与监控系统的设计与开发基本上是由六个阶段组成的，即可行性研究、初步设计、详细设计、系统实施、系统测试(调试)和系统运行。当然，这六个阶段的发展并不是完全按照直线顺序进行的。在任何一个阶段出现了新问题后，都可能要返回到前面的阶段进行修改。

在可行性研究阶段，开发者要根据被控对象的具体情况，按照企业的经济能力、未来系统运行后可能产生的经济效益、企业的管理要求、人员的素质、系统运行的成本等多种要素进行分析。可行性分析的结果最终是要确定使用计算机监控技术能否给企业带来一定经济效益和社会效益。

初步设计也可以称为总体设计。系统的总体设计是进入实质性设计阶段的第一步，也是最重要和最为关键的一步。总体方案的好坏会直接影响整个计算机监控系统的成本、性能、设计和开发周期等。在这个阶段，首先要进行比较深入的工艺调研，对被控对象的工艺流程有一个基本的了解，包括要监控的工艺参数的大致数目和监控要求、监控的地理范围的大小、操作的基本要求等。然后初步确定未来监控系统要完成的任务，写出设计任务说明书，提出系统的控制方案，画出系统组成的原理框图，以作为进一步设计的基本依据。

在详细设计阶段，首先要进行详尽的工艺调研，然后选择相应的传感器、变送器、执行器、I/O 通道装置以及进行计算机系统的硬件和软件的设计。对于不同类型的设计任务，则要完成不同类型的工作。如果是小型的计算机监控系统，硬件和软件都要是自己设计和开发的。此时，硬件的设计包括电气原理图的绘制、元器件的选择、印刷线路板的绘制与制作；软件的设计则包括工艺流程图的绘制、程序流程图的绘制等。

在系统实施阶段，要完成各个元器件的制作、购买、安装，进行软件的安装和组态以及各个子系统之间的连接等工作。

系统的测试(调试)主要是检查各个元部件安装是否正确，并对其特性进行检查或测试。调试包括硬件调试和软件调试。从时间上来说，系统的调试又分为离线调试、在线调试，以及开环调试、闭环调试。

系统运行阶段占据了系统生命周期的大部分时间，系统的价值也是在这一阶段中得到体现的。在这一阶段应该由高素质的使用人员严格按照章程进行操作，以尽可能地减少故障的发生。

2. 安全检测与监控系统的设计原则

尽管被控对象千差万别，监控系统的设计方案和具体的技术指标也会有很大的差异，但是在进行系统的设计和开发时，还是有一些原则是必须遵循的。

1) 可靠性原则

为了确保计算机监控系统的高可靠性，可以采取以下措施：

(1) 采用高质量的元部件和电源，所采用的各种硬件和软件，尽量不要自行开发。一般来说，PLC I/O 模块的可靠性比 PC 总线 I/O 板卡的可靠性高，如果成本和空间允许，应尽可能采用 PLC I/O 模块。

(2) 采取各种抗干扰措施。采取各种抗干扰措施，包括滤波、屏蔽、隔离和避免模拟信号的长线传输等。

(3) 采用冗余工作方式。可以采用多种冗余方式，例如，冷备份和热备份。其中，冷备份方式是指一台设备处于工作状态，而另一台设备处于待机状态。一旦发生故障，专用的切换装置就会将原来工作的设备切除，并将备份的设备投入运行。

(4) 对一些智能设备采用故障预测、故障报警等措施。出现故障时将执行机构的输出置于安全位置，或将自动运行状态转为手动状态。

2) 使用方便原则

一个好的监控系统应该人机界面友好，方便操作、运行，易于维护。设计时要真正做到以人为本，尽可能地为使用者考虑。

人机界面可以采用 CRT、LCD 或者是触摸屏，这样操作人员就可以对现场的各种情况一目了然。各种部件尽可能地按模块化设计，并能够带电插拔，使得其易于更换。在面板上可以使用发光二极管作为故障显示，使得维修人员易于查找故障。在软件和硬件设计时都要考虑到操作人员会有各种误操作的可能，并尽量使这种误操作无法实现。

许多大公司在设计操作面板、操作台和操作人员座椅时，采用了现代人机工程学原理，尽可能地为操作人员提供一个舒适的工作环境。

3）开放性原则

开放性是计算机监控系统的一个非常重要的特性。为了使系统具有一定的开放性，可以采取以下措施：

(1) 尽可能地采用通用的软件和硬件。各种硬件尽可能地采用通用的模块，并支持流行的总线标准。

(2) 尽可能地要求产品的供货商提供其产品的接口协议以及其他的相关资料。

(3) 在系统的结构设计上，尽可能地采用总线形式或其他易于扩充的形式。

(4) 尽可能地为其他系统留出接口。

4）经济性原则

在满足计算机监控系统的性能指标(如可靠性、实时性、精度、开放性)的前提下，尽可能地降低成本，保证性能价格比最高，以保证为用户带来更大的经济效益。

5）短开发周期原则

在设计时，应尽可能地使用成熟的技术，对于关键的元部件或软件，不到万不得已不要自行开发。购买现成的软件和硬件进行组装与调试应该成为首选。

8.2.2　安全检测与监控系统的设计步骤

在完成了可行性研究并且确定系统开发确实可行后，即可进入系统设计阶段。设计的结果是要提供一系列的技术文件。这些技术文件包括文字、图形和表格。技术文件主要是为将来的系统实施、运行和维护提供技术依据。设计总是采用结构化的设计方法，即从顶层到底层、从抽象到具体、从总体到局部、从初步到详细。

1. 安全检测与监控系统的总体方案设计

正如前面所言，系统的总体设计是进入实质性设计阶段的第一步，也是最重要和最为关键的一步。总体方案的好坏会直接影响整个计算机监控系统的成本、性能、设计和开发周期等。总体设计基本步骤如图8-7所示。

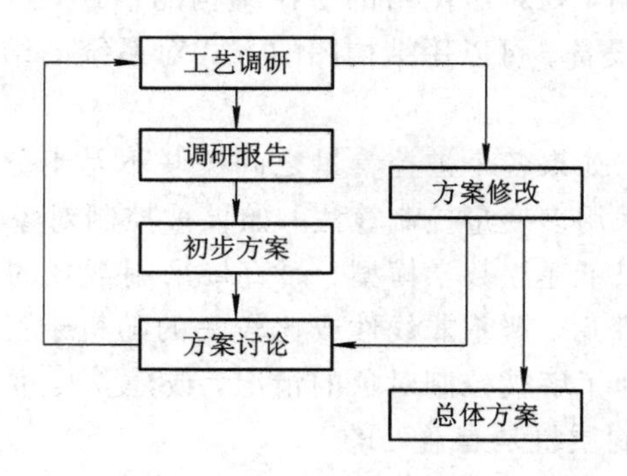

图8-7　总体设计基本步骤

1）工艺调研

总体设计的第一步是进行深入的工艺调研和现场环境调研。经过调研要完成以下几个任务：

(1) 弄清系统的规模。要明确控制的范围是一台设备、一个工段、一个车间，还是整个企业。

(2) 熟悉工艺流程，并用图形和文字的方式对其进行描述。

(3) 初步明确控制的任务。要了解生产工艺对控制的基本要求。要弄清楚控制的任务是要保持工艺过程的稳定，还是要实现工艺过程的优化。要弄清楚被控制的参量之间是否关联比较紧密，是否需要建立被控制对象的数学模型，是否存在诸如大滞后、严重非线性或比较大的随机干扰等复杂现象。

(4) 初步确定I/O的数目和类型。通过调研弄清楚哪些参量需要检测、哪些参量需要控制，以及这些参量的类型。

(5) 弄清现场的电源情况(是否经常波动，是否经常停电，是否含有较多谐波)和其他情况(如震动、温度、湿度、粉尘、电磁干扰等)。

2) 形成调研报告和初步方案

在完成了调研后，可以着手撰写调研报告，并在调研报告的基础上草拟出初步方案。如果系统不是特别复杂，也可以将调研报告和初步方案合二为一。

3) 方案讨论和方案修改

在对初步方案进行讨论时，往往会发现一些新问题或是不清楚之处，此时，需要再次调研，然后对原有方案进行修改。

4) 形成总体方案

在经过多次的调研和讨论后，可以形成总体设计方案。总体方案以总体设计报告的方式给出，并包含以下内容：

(1) 工艺流程的描述。可以用文字和图形的方式来描述。如果是流程型的被控制对象，可以在确定了控制算法后画出带控制点的工艺流程图(又称工艺控制流程图)。

(2) 功能描述。描述未来计算机监控系统应具有的功能，并在一定的程度上进行分解，然后设计相应的子系统。在此过程中，可能要对硬件和软件的功能进行分配与协调。对于一些特殊的功能，可能要采用专用的设备来实现。

(3) 结构描述。描述未来计算机监控系统的结构，是采用单机控制，还是采用分布式控制。如果采用分布式控制，则对于网络的层次结构的描述，可以详细到每一台主机、控制节点、通信节点和I/O设备。可以用结构图的方式对系统的结构进行描述，用箭头来表示信息的流向。

(4) 控制算法的确定。如果各个被控参量之间关联不是十分紧密，可以分别采用单回路控制，否则，就要考虑采用多变量控制算法。如果被控制对象的数学模型虽然不是很清楚，但也不是很复杂，可以不建立数学模型，而直接采用常规的PID控制算法。如果被控制对象十分复杂，存在大滞后、严重非线性或比较大的随机干扰，则要采用其他的控制算法。一般来说，尽可能多地了解被控制对象的情况，或建立尽可能准确反映被控制对象特性的数学模型，对提高控制质量是有益处的。

(5) I/O变量总体描述。

2. 安全检测与监控系统的详细设计

在进行详细设计之前，首先是收集各个I/O点的具体情况。

1) 传感器、变送器和执行机构的选择

传感器和变送器均属于检测仪表。传感器是将被测量的物理量转换为电量的装置；变送器将被测量的物理量或传感器输出的微弱电量转换为可以远距离传送且标准的电信号

(一般为 0～10 mA 或 4～20 mA)。选择时主要根据被测量参量的种类、量程、精度来确定传感器或变送器的型号。

如果在前面总体设计时，已经考虑了使用某种现场总线标准，则可以考虑采用支持该标准的智能仪表。当然，智能仪表的价格相对比较高，设计者可以根据用户的经济能力和现场的实际情况来处理。一般来说，如果用户的经济能力允许，或是智能仪表的价格不超过常规仪表的 20%，都可以考虑采用智能仪表。

执行机构的作用是接受计算机发出的控制信号，并将其转换为执行机构的输出，使生产过程按工艺所要求的运行。常用的执行机构有电动机、电机启动器、变频器、调节阀、电磁阀、可控硅整流器或者继电器线圈。与检测仪表一样，执行机构也有常规执行机构(接受 0～10 mA 或 4～20 mA 信号)与智能执行机构之分。

对于同一物理量的控制，往往可以有多种选择。例如，以前流量的连续控制主要是利用调节阀来实现的，现在也可以使用变频器驱动交流电动机，然后再由电动机驱动水泵来实现。采用变频器的方案，价格比较高，但调节范围宽、线性度好，而且节约能源。

传感器、变送器和执行机构的选择涉及许多具体的技术细节，可以参看有关书籍和手册。

2) 监控装置的详细设计

监控装置是指 I/O 子系统和计算机系统(包括网络)两部分。对于不同类型的设计任务，在详细设计阶段所要做的工作是不一样的。这里只考虑系统的硬件和软件都采用现成产品的情况。在以下各种设计中，显示画面、报表格式的设计应反复与有关使用人员(操作人员、管理人员)交流。

对于小型系统，稳定性要求较低、预算费用较少的系统，一般采用下面介绍的方案 1。

对于中、大型系统，稳定性要求一般、费用预算一般的监测系统，一般采用下面介绍的方案 2。

对于稳定性要求很高、预算费用较高的、并且具有控制要求的系统，一般采用下面介绍的方案 3。

现在流行的监控系统一般是将其中的监测部分采用模块方式采集，工业常见到的 PID 控制一般采用 PID 控制仪表进行控制，而顺序逻辑控制部分采用 PLC 进行控制。这种配置既可以降低系统成本，也可以提高系统的可靠性。

(1) 方案 1：上位机加 I/O 板卡。可以按以下几个步骤进行：

① 选择系统总线。由于 STD 总线已经比较陈旧，可以不考虑，PC 总线也建议不必考虑。然后，根据性能需要和费用，在 ISA 总线与 PCI 总线之间进行选择。

② 选择主机。如果控制现场环境比较好，对可靠性的要求又不是特别高，也可以选择普通的商用计算机。否则，还是选择工控机为宜。在主机的配置上，以留有余地、满足需要为原则，不一定要选择最高档的配置。

③ 根据系统的精度要求、I/O 的类型和数量选择相应的 I/O 板卡。现有的模拟量输入 I/O 板卡，一般都有单端输入与双端输入两种选择。如果费用允许，还是采用双端输入为好，以提高抗干扰能力。除此之外，还应采取多种隔离和滤波措施。例如，使用专门的信号调理板卡或与隔离端子同时使用。

④ 选择操作系统、数据库和组态软件。操作系统可以选择 Windows 2000/XP。数据库

一般采用小型数据库(如 Visual FoxPro),选择小点数并满足需要的组态软件即可,必要时再购买一些特殊组件。

⑤ 确定控制算法参数、显示画面、报表格式。

(2) 方案 2:上位机加 485 总线加 I/O 模块和工业仪表。可以按以下几个步骤进行:

① 选择局域工业网络。如果传输距离不是特别远(1 km 以内),数据传输速率不是特别高,首先可以考虑 485 总线。如果 485 总线不合适,则可以选择一种现场总线,如 CAN、LON、ProfiBus、FF 或以太网。

② 选择主机。如果控制现场环境比较好,对可靠性的要求又不是特别高,也可以选择普通的商用计算机;否则,还是选择工控机为宜。在主机的配置上,以留有余地、满足需要为原则,不一定要选择最高档的配置。

③ 根据系统的精度要求、I/O 的类型和数量选择相应的 I/O 模块。I/O 模块的选择首先是要支持所选的总线,然后根据系统的分散性来考虑。另外还可选用各种工业显示控制仪表。

④ 选择操作系统、数据库和组态软件。操作系统可以选择 Windows 2000/XP。数据库一般采用小型数据库,选择小点数并满足需要的组态软件即可,必要时再购买一些特殊组件。

⑤ 确定控制算法参数、显示画面、报表格式。

(3) 方案 3:上位机加 PLC。可以按以下几个步骤进行:

① 选择特定厂家的 PLC。可根据总线要求、传输距离、可靠性、售后服务、价格等综合因素选定某一厂家的 PLC。可以选择该 PLC 支持的一种现场总线,如 CAN、LON、ProfiBus、FF 或以太网等。

② 根据系统的精度要求、I/O 的类型和数量,以及通信等要求选择相应的 PLC I/O 模块。

③ 选择主机。如果控制现场环境比较好,对可靠性的要求又不是特别高,也可以选择普通的商用计算机。否则,还是选择工控机为宜。在主机的配置上,以留有余地、满足需要为原则,不一定要选择最高档的配置。

④ 选择操作系统、数据库、组态软件和 PLC 编程软件。PLC 编程软件各个厂家都不同,同一厂家如果 PLC 型号不同,那么 PLC 编程软件也可能不同。

⑤ 确定控制算法参数、显示画面、报表格式。

8.2.3 检测仪表的选型

检测仪表和执行器的选型隶属于设备选型范畴,是系统总体设计的重要组成部分。当总体方案确定后,必须进行检测仪表和执行机构的选型工作。有的用户可以自行完成这步工作,即便如此,系统设计者也必须了解用户所选择的检测仪表和执行机构的特性,并论证用户的选择是否满足总体方案中确定的技术要求。

检测仪表包括一次仪表(如传感器等)和二次仪表(如变送器等)。在此主要介绍检测仪表的种类及选型规则。

1. 温度检测仪表的选择

选择温度仪表时主要考虑仪表的类型、量程和精度等级等三方面的因素。温度检测仪表的选择原则如图 8-8 所示。

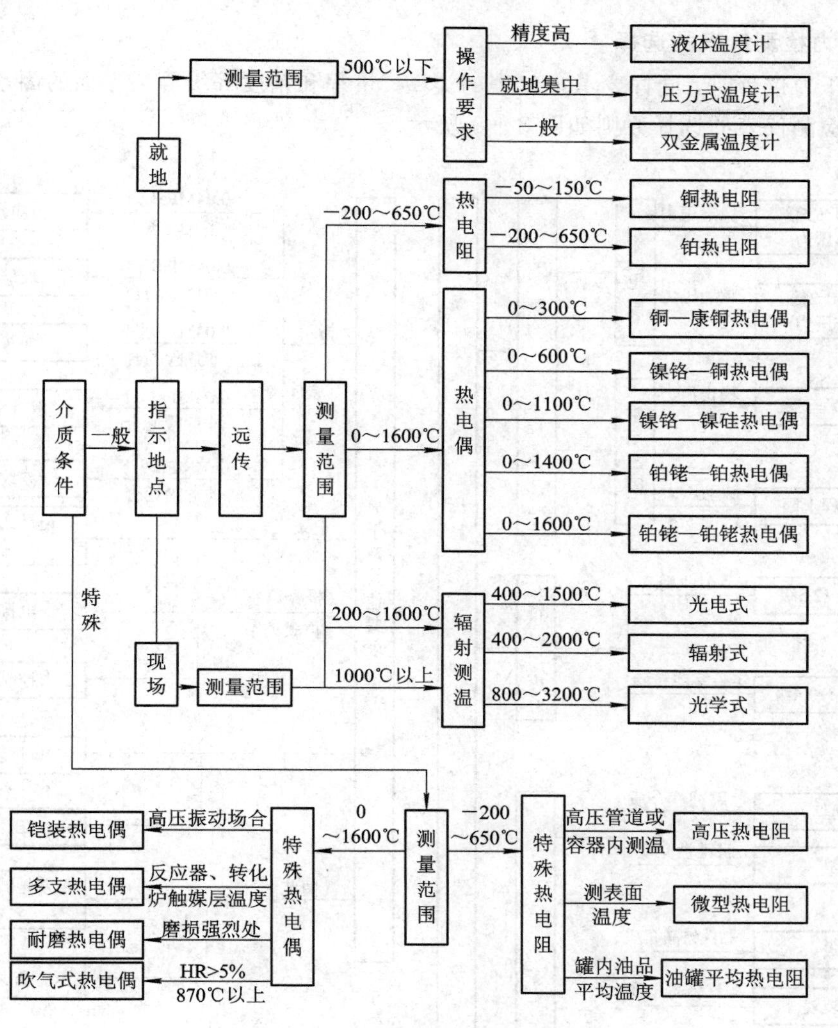

图 8－8　温度仪表选用原则

1）仪表类型的选择

（1）根据生产工艺要求、现场指示、远传、变送、记录、报警和控制等不同方式选择二次仪表的类型。

（2）根据测温参数的变化范围、工艺介质的物化性质和条件、测温对象特点、使用场合、显示仪表类型、安装条件和要求等来选择与温度仪表配套的检测元件（一次仪表）类型、结构形式、连接方式、补偿导线、保护套管和插入深度等。

2）仪表量程的选择

温度仪表的量程上限应保证仪表测量时最高使用温度指示值不超过仪表满量程的 90％，下限应保证最低温度指示值不小于仪表满量程的 30％。温度计正常工作指示值应为仪表满量程的 50％～70％。选用仪表刻度范围应与定型产品的标准系列相符。

3）仪表精度等级的选择

根据所选仪表的量程范围，工艺要求的最大误差及检测元件的误差特性来计算和选择仪表的精度等级。

2. 压力检测仪表的选择

选择压力仪表时，同样要考虑仪表的类型、量程和精度等级等三方面的因素。

压力检测仪表的选择原则如图 8-9 所示。

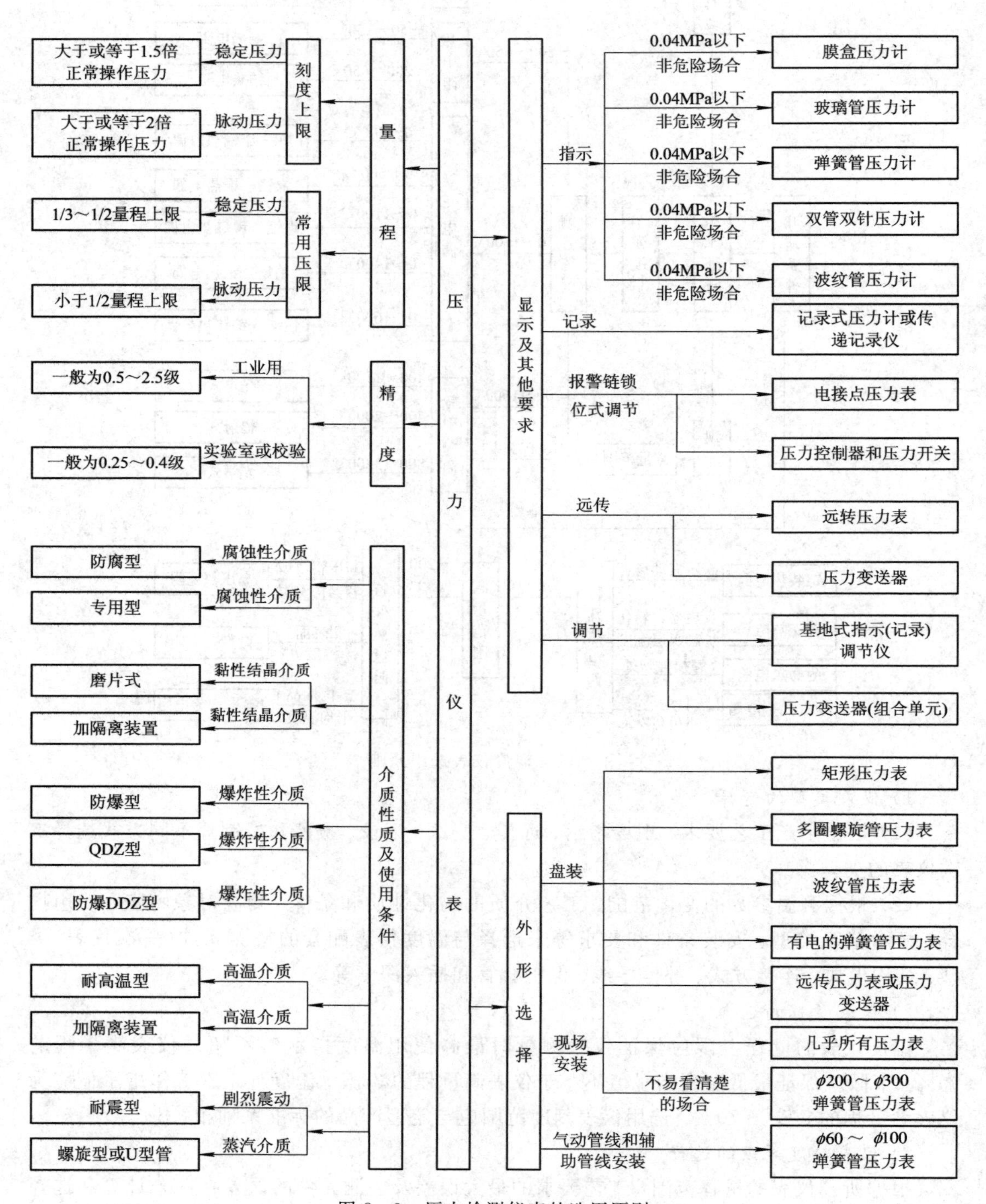

图 8-9　压力检测仪表的选用原则

1）仪表类型的选择

仪表类型选择的原则是必须满足生产工艺的要求，主要考虑以下三个方面：

（1）显示方式的要求。如是否现场指示、远传显示、集中显示、信号报警、自动记录或自动控制等。

（2）被测介质物理化学性质。如介质的压力、温度、粘度的高低，是否腐蚀、结晶，脏污程度，易燃、易爆情况，氧化、还原或特殊介质等。

（3）现场环境条件。如现场安装条件、环境高温或低温、电磁场、振动、腐蚀性、湿度等。

2）压力仪表量程范围的选择

压力仪表量程范围要根据工艺生产过程中操作压力大小变化的范围和保证仪表寿命等方面来考虑。仪表的上限值应大于工艺被测压力变化的最大值。

（1）在测量稳定压力时，仪表的上限值不应小于最大工作压力的3/2或4/3倍。

（2）测量波动大的脉动压力时，仪表的上限值不应小于被测最大压力的2倍或1.5倍。为保证测量的准确度，往往要求被测压力值也不能接近于仪表的下限值。

一般被测压力的最小值不应低于仪表量程范围的1/3。计算出上限和下限后，查仪表产品手册，选择相应量程的压力仪表。

3）仪表精度等级的选择

精度等级是根据已选定的仪表量程和工艺生产上所允许的最大测量误差求最大允许百分误差来确定的。一般来说，仪表精度等级越高，测量结果越精确可靠。但另一方面，精度等级越高，价格也越贵，操作和维护条件越苛刻。因此，在能满足工艺要求的前提下，要尽量选择精度较低的压力仪表。

3. 流量检测仪表的选择

选择流量检测仪表时也要考虑仪表的类型、量程和精度等级三方面的因素。流量检测仪表的选择见表8－1和表8－2。

表8－1　按被测介质和测量条件选取流量检测仪表

仪表＼介质及选用		清洁液体	脏污液体	蒸汽或气体	粘性液体	腐蚀性液体	腐蚀性浆液	含纤维浆液	高温介质	低温介质	低流速液体	部分充满管道	非牛顿液体	开渠流量	大管道	自由落下固体粉粒
差压式流量计	孔板	＋	—	＋	—	±	×	×	＋	—	×	×	—	×	×	×
	文丘利管	＋	—	＋	—	—	×	×	—	—	—	×	×	×	×	×
	喷嘴	＋	—	＋	—	—	×	×	＋	—	—	×	×	×	×	×
电磁流量计		＋	＋	×	×	＋	＋	＋	—	×	±	—	±	×	＋	×
漩涡流量计		＋	—	±	—	±	×	×	±	±	×	×	×	×	＋	×
容积式流量计		＋	×	＋	＋	—	×	×	±	±	±	×	×	×	×	×
靶式流量计		＋	±	＋	±	±	—	×	±	—	×	×	—	×	×	×
涡轮流量计		＋	—	＋	±	±	×	×	—	±	—	×	×	×	×	×
超声波流量计		＋	—	×	—	—	×	×	×	—	—	×	×	—	—	×
转子流量计		＋	—	＋	±	±	×	×	±	×	±	×	×	×	×	×
堰式槽式流量计		＋	±	×	×	—	—	—	×	×	±	—	—	＋	—	×
质量流量计		±	＋	±	＋	＋	＋	＋	＋	＋	＋	＋	＋	＋	＋	×

注：＋表示适用；— 表示在一定条件下可用；×表示不适用。

表 8-2 按特性选择流量检测仪表

检测方式	参数 类别	被测介质	管径/mm	流量/($m^3 \cdot h^{-1}$)	工作压力/MPa	工作温度/℃	精度/%	最低雷诺数/粘度界限	量程比例	压力损失	安装要求	体积质量	价格	使用寿命
节流式	孔板	液体气体蒸汽	50～1000	1.5～9000 16～100 000	20	500	±1～2	5000～8000	3∶1	< 2000	需安装直管段	小	低	中
	喷嘴	液体气体蒸汽	150～400	5～2500 50～2600	20	500	±1～2	> 20 000	3∶1	< 2000	需安装直管段	中	较低	长
转子式	金属管转子流量计	液体气体	15～150	0.012～100 0.4～3000	6.4	150	±2	>100	10∶1	300～600	要垂直安装	中	中	长
容积式	椭圆齿轮流量计	液体	10～250	0.005～500	6.4～10	60	±0.5	500	10∶1	<2000	要安装过滤器	重	中	中
	腰轮流量计	液体气体	15～300	0.8～1000	6.4	60	±0.2～0.5	500	10∶1	<2000	要安装过滤器	重	高	中
	旋转活塞流量计	液体	15～100	0.2～90	6.4	120	±0.2～0.5	500	10∶1	<2000	要安装过滤器	小	低	中
速度式	水表	液体	15～600	0.045～3000	1	40～100	±2	—	大于10∶1	<2000	水平安装	中	较低	中
	漩涡流量计	液体气体	4～500 10～50	0.04～6000 0.2～200	6.4	120	±0.5～1	20	10∶1	<2500	有直管段并装过滤器	小	中	较短
靶式	靶式流量计	液体气体蒸汽	15～200	0.8～400	6.4	2000	±1～4	>2000	3∶1	<2500	需装直管段	中	较低	长
电磁式	电磁流量计	导电液体	6～900	0.1～20 000	1	100	±1	无限制	10∶1	极小	无要求	大	高	长
漩涡式	旋进漩涡型	气体	50～150	10～5000	1.6	60	±1	—	30∶1	11	需较短直管段	中	中	长

注：① 液体流量范围是以 20℃水计算的，气体流量范围是以 20℃及 0.1 MPa 时的空气计算的；
② 节流装置流量范围及压力损失是以液压差选 2500 Pa、气体压差选 1600 Pa 计算的；
③ 表内温度和压力是基本型品种数值。

1）仪表类型的选择

仪表类型的选择应根据生产工艺和控制系统对显示方式的不同要求，被测流体的物化性质和状态，仪表的使用特点，工艺允许的压力损失，生产工况条件，现场安装和环境条件，以及经济性等多方面因素进行综合考虑。

2）流量仪表量程范围的选择

流量检测仪表量程范围的选择主要根据工艺最大和最小额定流量要求，为读数和转换方便，应按整数选用。还要考虑流量检测仪表是线性刻度还是非线性刻度等因素。

3）流量检测仪表的精度选择

流量仪表的精度等级应根据所选量程范围和工艺要求最大允许误差来选择。用于计量的流量检测仪表的精度等级应高于1级(1%)。

4. 物位检测仪表的选择

选择物位检测仪表还是要考虑仪表的类型、量程和精度等级等三方面的因素。物位检测仪表的选用原则如图8-10所示。

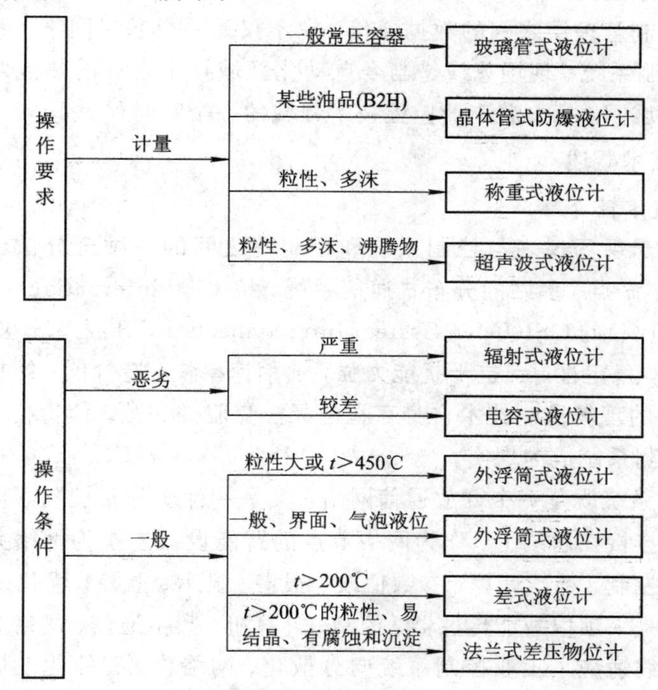

图8-10　物位检测仪表的选用原则

1）类型选择

(1) 根据仪表的显示方式、工艺操作条件及系统组成的要求选择。

(2) 根据工艺介质的性质不同选择。首先选差压式、浮筒式和浮子式仪表，当不满足要求时，可选电容式、电阻式、电接触式、声波式或辐射式仪表。

2）量程选择

一般要求正常液位为最大刻度的50%左右，最高液位或上限报警点为最大刻度的90%左右，最低液位或下限报警点为最大刻度的10%左右。

3) 精度选择

根据仪表量程及测量允许误差要求选择合适的精度。提供容器计量用的液位仪表的精度应在1级(1%)以上。

8.3 新技术在安全监测系统中的应用

8.3.1 现场总线技术

现场总线(Fieldbus)是20世纪90年代初发展形成的，用于过程自动化、制造自动化、楼宇自动化等领域的现场控制通信网络。随着控制、计算机、通信、网络等技术发展，信息通信正在迅速涉及从现场设备到控制、管理的各个层次，逐步形成以网络集成自动化系统为基础的企业信息系统。作为工厂控制通信网络的基础，现场总线实现生产过程现场与控制设备之间及其控制管理层之间的数据通信。它不仅是一个基层网络，而且还是一种开放式、新型全分布控制系统。现场总线是当今自动化领域技术发展的热点之一，被称为自动化领域的计算机局域网，标志着工业监控技术领域的一个新时代。

1. 现场总线技术概述

1) 现场总线技术简介

现场总线是用于现场仪表与控制系统和控制室之间的一种全分散、全数字化的，智能、双向、多变量、多点、多站的分布式通信系统，按ISO(International Standard Organization，国际标准组织)的OSI(Open System Interconnection，开放系统互联)标准提供网络服务，其可靠性高，稳定性好，抗干扰能力强，通信速率快，造价低，维护成本低。该技术的出现解决了传统的现场控制技术自身存在的无法克服的缺陷，使得构成高性能、高可靠的分布式控制、监测系统成为现实。

现场总线控制系统既是一个开放通信网络，又是一种全分布控制系统。它作为智能设备的联系纽带，把挂接在总线上、作为网络节点的智能设备连接为网络系统，并构成自动化系统，实现基本控制、补偿计算、参数值改、报警、显示、监控、优化及控管一体化的综合自动化功能。这是一项以智能传感器、控制、计算机、数字通信、网络为主要内容的综合技术。由于现场总线适应了工业控制系统向分散化、网络化、智能化发展的方向，它一经产生便成为全球工业自动化技术的热点，受到全世界的普遍关注。现场总线的出现，导致目前生产的自动化仪表、集散控制系统(DCS)、可编程控制器(PLC)在产品的体系结构、功能结构方面的较大变革。

2) 基于现场总线构造的网络集成式全分布监控系统

现场总线导致了传统监控系统结构的变革，形成了新型的网络集成式全分布监控系统，即现场总线控制系统(Fieldbus Control System，FCS)。随着计算机可靠性的提高，价格的大幅度下降，出现了数字调节器、可编程控制器计算，形成真正分散在现场的完整的监控系统，提高监控系统运行的可靠性。还可借助现场总线网段以及与之有通信连接的其他网段，实现异地远程检测监控，如检测远在数百公里之外的设备等。

3）现场总线是底层控制网络

现场总线是新型自动化系统，又是低带宽的底层控制网络。它可与因特网、企业内部网相连，它位于生产控制和网络结构的底层，因而有人称之为底层网(Intranet)。它具有开放统一的通信协议，能完成生产运行一线测量控制的特殊任务。现场控制层网段H，H2，LonWorks等，即为底层控制网络。它们与工厂现场设备直接连接，一方面将现场测量控制设备互联为通信网络，实现不同网段、不同现场通信设备间的信息共享；同时又将现场运行的各种信息传送到远离现场的控制室，实现与操作终端、上层控制管理网络的连接和信息共享。值得指出的是，现场总线网段与其他网段间实现信息交换，必须有严格的保安措施与权限限制，以保证设备与系统的安全运行。

2. 几种典型的现场总线技术

目前，典型的现场总线技术是：基金会现场总线、LonWorks、PROFTBUS、CAN以及HART现场总线。

1）基金会现场总线

基金会现场总线(Foundation Fieldbus，FF)是在过程自动化领域得到广泛支持和具有良好发展前景的技术。这项技术的前身是以美国Fisher-Rosemount公司为首，联合Fox-boro、横河、ABB、西门子等80家公司制定的ISP协议和以Honeywell公司为首，联合欧洲等地的150家公司制订的WorldFIP协议。它以ISO/OSI开放系统互联模型为基础，取其物理层、数据铁路层、应用层为FF通信模型的相应层次，并在应用层上增加了用户层。

基金会现场总线分低速H1和高速H2两种通信速率。H1的传输速率为3125 kb/s，通信距离可达1900 m(可加中继器延长)，支持总线供电，以及本质安全防爆环境。H2的传输速率可为1 Mb/s和2.5 Mb/s，其通信距离分别为750 m和500 m；物理传输介质可支持双绞线、光缆和无线发射，协议符合IEC1158-2标准；其物理媒介的传输信号采用曼彻斯特编码。基金会现场总线的主要技术内容包括FF通信协议，用于完成开放互联模型中第二层至第七层通信协议的通信栈(Communication Stack)、用于描述设备特征、参数、属性及操作接口的DDl.设备描述语言、设备描述字典，用于实现测量、控制、工程量转换等应用功能的功能块，实现系统组态、调度、管理等功能的系统软件技术以及构筑集成自动化系统、网络系统的系统集成技术。

2）Lonworks

Lonworks是具有强劲实力的现场总线技术。它由美国Echelon公司推出，并由Motorola、Toshiba公司共同倡导，于1990年正式公布。Lonworks采用ISO/OSI模型的全部7层通信协议，采用面向对象的设计方法，通过网络变量把网络通信设计简化为参数设置支持双绞线、同轴电缆、光缆和红外线等多种通信介质，通信速率从300 b/s至1.5 Mb/s不等，直接通信距离可达2700 m(78 kb/s)，被誉为通用控制网络。Lonworks技术采用的LonTalk协议被封装到Neuron(神经元)的芯片中实现。集成芯片中有3个8位CPU，第一个用于完成开放互联模型中第一层和第二层的功能，称为媒体访问控制处理器，实现介质访问的控制与处理。第二个用于完成第三层至第六层的功能，称为网络处理器，进行网络变量的寻址、处理、背景诊断、路径选择、软件计时、网络管理，负责网络通信控制，收发数据包等。第三个是应用处理器，执行操作系统服务与用户代码。芯片中还具有存储信息缓冲区，以实现信息传递，并作为网络缓冲区和应用缓冲区。Echelon公司鼓励各OEM开发商运用Lonworks技术和神经元芯片，开发自己的应用产品，在开发智能通信接口、智能传感器方面，Lonworks神经元芯片也具有独特的优势。

3) PROFIBUS

PROFIBUS是德国国家标准DIN19245和欧洲标准EN50170的现场总线标准。ISO/OSI模型也是它的参考模型。PROFIBUS由3个兼容部分组成：PROFIBUS-DP、PROFl-BUS-PA、PROFIBUS-FMS。PROFIBUS-DP是一种高速低成本数据通信，用于设备级控制系统与分散式I/O的通信，应用于加工自动化领域。PROFIBUS-PA用于过程自动化设计的总线类型，遵循IEC1158-2标准，可将传感器和执行机构连在一根总线上，并有本质安全规范。PROFIBUS-FMS用于车间级监控网络，是一个令牌结构、实时多主网络，应用于现场信息规范。PROFIBUS-FMS采用了OSI模型的物理层、数据链路层、应用层。其传输速率为9.6 kb/s～12 Mb/s，最大传输距离在12 Mb/s时为100 m，1.5 Mb/s时为400 m，可用中继器延长10 km，其传输介质可以是双绞线，也可以是光缆。它最多可挂接127个站点，能实现总线供电与本质安全防爆。

PROFIBUS采用3种传输技术：RS485传输技术、IEC1158-2传输技术、光纤传输技术。其中PROFIBUS-DP和PROFIBUS-FMS采用RS185传输技术，传输介质为RS485电缆；PROFIBUS-PA采用IEC1158-2传输技术，传输介质为特性阻抗100Q的屏蔽双绞线电缆。PROFIBUS均使用一致的总线存取协议。该协议是通过ISO/OSI参考模型第二层(数据链路层)来实现的。它包括了保证数据可靠性技术及传输协议和报文处理。主站之间采用令牌传送方式，主站与从站之间采用主从方式。

4) CAN

CAN(Controller Area Network，控制器局域网)最早由德国BOSCH公司推出，用于汽车内部测量与执行部件之间的数据通信。目前，它被广泛用于离散控制领域，其总线规范已被ISO国际标准组织制定为国际标准，得到了Intel、Motorola、NEC、Philip等公司的支持。CAN协议分为3层：物理层、数据链路层顶层的应用层。CAN信号传输介质为双绞线，通信速率最高可达1 Mb/s(其传输距离为40 m)，直接传输距离最远可达10 km(其传输速率为5 kb/s)。最多可挂接设备数为110个。

CAN的信号传输采用短帧结构，每一帧的有效字节数为8个，因而传输时间短，受干扰的概率低。当节点严重错误时，具有自动关闭的功能，以切断该节点与总线的联系，使总线上的其他节点及其通信受到影响，具有较强的抗干扰能力。

5) HART

HART(Highway Addressable Remote Transducer，寻址远程传感器高速通道的开放通信协议)由Rosemount公司开发，并成立了HART通信基金会。其特点是在现有模拟信号传输线上实现数字信号通信，属于模拟系统向数字系统转变的过渡产品，其通信模型采用物理层、数据链路层和应用层3层，支持点对点主从应答方式和多点广播方式。由于它采用模拟数字信号混合，难以开发通用的通信接口芯片。HART能利用总线供电，可满足安全防爆的要求，并可用于由手持编程器与管理系统主机作为主设备的双主设备系统。

HART规定了3类命令：第一类称为通用命令，这是所有设备都理解、执行的命令；第二类称为一般行为命令，所提供的功能可以在许多现场设备(尽管不是全部)中实现；第三类称为特殊设备命令，用于在某些设备中实现特殊功能，这类命令既可以在基金会中开放使用，又可以为开发此命令的公司所独有。在一个现场设备中，通常可发现同时存在以上3类命令。HART采用统一的设备描述语言DDL。现场设备开发商采用这种标准语言来描述设备特性，由HART通信基金会负责登记管理这些设备描述并把它们编为设备描述字典，主设备运用DDL技术来理解这些设备的特性参数而不必为这些设备开发专用接口。HART能利用总线供电，可满足本质安全防爆要求，并可组成由手持编程器与管理系统主机作为主设备的双主设备系统。

8.3.2 物联网技术

1. 物联网技术概述

物联网(Internet of Things,IOT)概念于1999年由美国麻省理工学院提出，早期的物联网是指依托射频识别(Radio Frequency Identification，RFID)技术和设备，按约定的通信协议与互联网相结合，使物品信息实现智能化识别和管理，实现物品信息互联而形成的网络。现代意义的物联网可以实现对物的感知识别控制、网络化互联和智能处理有机统一，从而形成高智能决策。

物联网是通信网和互联网的拓展应用和网络延伸，它利用感知技术与智能装置对物理世界进行感知识别，通过网络传输互联，进行计算、处理和知识挖掘，实现人与物、物与物信息交互和无缝链接，达到对物理世界实时控制、精确管理和科学决策目的。物联网发展的关键要素如图8-11所示。

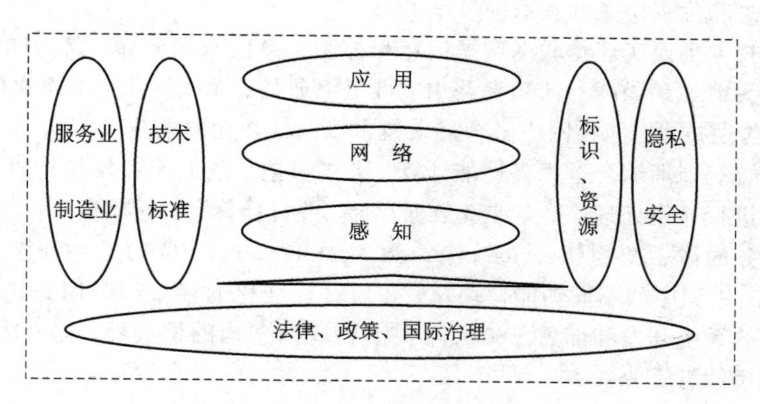

图8-11 物联网发展的关键要素

2. 物联网网络架构

物联网网络架构由感知层、网络层和应用层组成，如图8-12所示。感知层实现对物理世界的智能感知识别、信息采集处理和自动控制，并通过通信模块将物理实体连接到网络层和应用层。网络层主要实现信息的传递、路由和控制，包括延伸网、接入网和核心网，网络层可依托公众电信网和互联网，也可以依托行业专用通信网络。应用层包括应用基础设施/中间件和各种物联网应用。应用基础设施/中间件为物联网应用提供信息处理、计算等通用基础服务设施、能力及资源调用接口，以此为基础实现物联网在众多领域的各种应用。

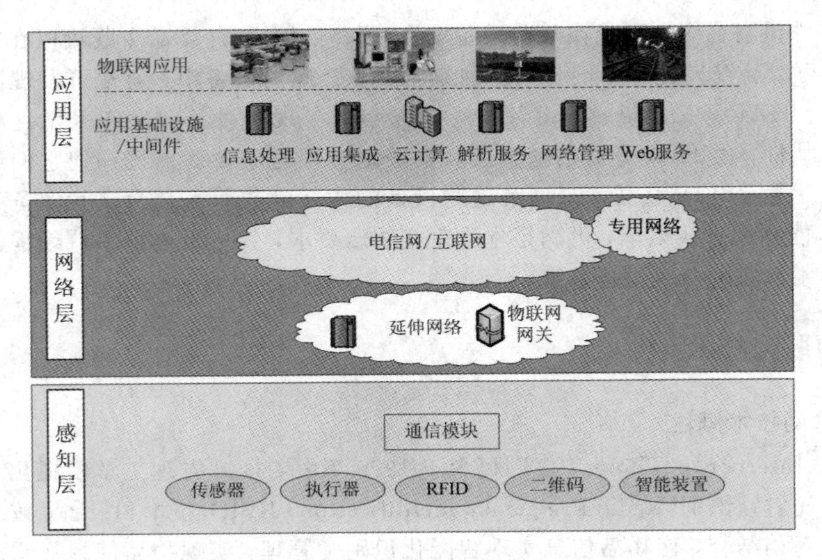

图 8-12　物联网网络架构

物联网技术体系划分为感知、识别关键技术，网络通信关键技术、应用关键技术、支撑技术和共性技术。

1) 感知、识别，网络通信和应用关键技术

传感和识别技术是物联网感知物理世界获取信息和实现物体控制的首要环节。传感器将物理世界中的物理量、化学量、生物量转化成可供处理的数字信号。识别技术实现对物联网中物体标志和位置信息的获取。

网络通信技术主要实现物联网数据信息和控制信息的双向传递、路由和控制，重点包括低速近距离无线通信技术、低功耗路由、自组织通信、无线接入 M2M 通信增强，IP 承载技术、网络传送技术、异构网络融合接入技术以及认知无线电技术。

海量信息智能处理综合运用高性能计算、人工智能、数据库和模糊计算等技术，对收集的感知数据进行通用处理，重点涉及数据存储、并行计算、数据挖掘、平台服务、信息呈现等。面向服务的体系架构(Service-oriented Architecture，SOA)是一种松耦合的软件组件技术，它将应用程序的不同功能模块化，并通过标准化的接口和调用方式联系起来，实现快速可重用的系统开发和部署。SOA 可提高物联网架构的扩展性，提升应用开发效率，充分整合和复用信息资源。

2) 支撑技术

物联网支撑技术包括微机电系统(Micro Electro Mechanical Systems. MEMS)、嵌入式系统、软件和算法、电源和储能、新材料技术等。微机电系统可实现对传感器、执行器、处理器、通信模块、电源系统等的高度集成，是支撑传感器节点微型化、智能化的重要技术。

嵌入式系统是满足物联网对设备功能、可靠性、成本、体积、功耗等的综合要求，可以按照不同应用定制裁剪的嵌入式计算机技术，是实现物体智能的重要基础。

软件和算法是实现物联网功能、决定物联网行为的主要技术，重点包括各种物联网计算系统的感知信息处理、交互与优化软件与算法、物联网计算系统体系结构与软件平台研发等。

电源和储能是物联网关键支撑技术之一，包括电池技术、能量储存、能量捕获、恶劣情况下的发电、能量循环、新能源等技术。

新材料技术主要是指应用传感器的敏感元件实现的技术。传感器敏感材料包括湿敏材料、气敏材料、热敏材料、压敏材料、光敏材料等。新敏感材料的应用可以使传感器的灵敏度、尺寸、精度、稳定性等特性获得改善。

3）共性技术

物联网共性技术涉及网络的不同层面，主要包括架构技术、标志和解析、安全和隐私、网络管理技术等。

物联网需具有统一的架构、清晰的分层，支持不同系统的互操作性，适应不同类型的物理网络，适应物联网的业务特性。

标志和解析技术是对物理实体、通信实体和应用实体赋予的或其本身固有的一个或一组属性，并能实现正确解析的技术。物联网标志和解析技术涉及不同的标志体系、不同体系的互操作、全球解析或区域解析、标志管理等。

安全和隐私技术包括安全体系架构、网络安全技术、“智能物体”的广泛部署对社会生活带来的安全威胁、隐私保护技术、安全管理机制和保证措施等。

网络管理技术重点包括管理需求、管理模型、管理功能、管理协议等。

3. 物联网标准化

物联网涉及不同专业技术领域、不同行业应用部门，物联网的标准既要涵盖面向不同应用的基础公共技术，也要涵盖满足行业特定需求的技术标准；既包括国家标准，也包括行业标准。物联网总体性标准包括：物联网导则、物联网总体架构、物联网业务需求等。

感知层标准体系：主要涉及传感器等各类信息获取设备的电气和数据接口、感知数据模型、描述语言和数据结构的通用技术标准、RFID标签和读写器接口和协议标准、特定行业和应用相关的感知层技术标准等。

网络层标准体系：主要涉及物联网网关、短距离无线通信、自组织网络、简化IPv6协议、低功耗路由、增强的机器对机器(Machine to Machine，M2M)无线接入和核心网标准、M2M模组与平台、网络资源虚拟化标准、异构融合的网络标准等。

应用层标准体系：包括应用层架构、信息智能处理技术以及行业、公众应用类标准。应用层架构重点是面向对象的服务架构，包括SOA体系架构、面向上层业务应用的流程管理、业务流程之间的通信协议、原数据标准以及SOA安全架构标准。信息智能处理类技术标准包括云计算、数据存储、数据挖掘、海量智能信息处理和呈现等。云计算技术标准重点包括开放云计算接口、云计算开放式虚拟化架构(资源管理与控制)、云计算互操作、云计算安全架构等。共性关键技术标准体系包括标志和解析、服务质量(Quality of Service，QOS)、安全、网络管理技术标准。其中，标志和解析标准体系包括编码、解析、认证、加密、隐私保护、管理以及多标志互通标准；安全标准重点包括安全体系架构、安全协议、支持多种网络融合的认证和加密技术、用户和应用隐私保护、虚拟化和匿名化、面向服务的自适应安全技术标准等。

8.3.3　数据融合技术

1. 数据融合技术概述

1）数据融合与多传感器

数据融合最早用于军事，1973年美国研究机构就在国防部的资助下，开展了声响信号解释系统的研究。目前，在 CCCI(Command，Control，Communication and Intelligence)系统中都在采用数据融合技术，工业控制、农业、机器人、空中交通管制、海洋监视和管理、安全监测监控等领域也在朝着数据融合方向发展。

数据融合是针对一个系统中使用多个和(或)多类传感器这一特定问题展开的一种新的数据处理方法，因此数据融合又称为多传感器信息融合或信息融合。随着数据融合和计算机应用技术的发展，根据国内外的研究成果，数据融合比较确切的定义可概括为：充分利用不同时间与空间的多传感器数据资源，采用计算机技术对按时间序列获得的多传感器观测数据，在一定准则下进行分析、综合、支配和使用，获得对被测对象的一致性解释与描述，进而实现相应的决策和估计，使系统获得比它的各组成部分更充分的信息。

多传感器系统是数据融合的硬件基础，多源信息是数据融合的加工对象，协调优化和综合处理是数据融合的核心。数据融合是一个多级、多层面的数据处理过程，主要完成对来自多个信息源的数据进行自动检测、关联、相关、估计及组合等的处理，目的是通过信息组合而不是出现在输入信息中的任何个别元素，推导出更多的信息，得到更加协同作用的结果，即利用多个传感器共同或联合操作的优势，提高传感器系统的有效性，消除单个传感器的局限性。

2) 数据融合结构

按照融合的对象或者过程，数据融合结构可分为 3 个层次：数据层融合、特征层融合和决策层融合。

(1) 数据层融合。数据层融合又称为数据级融合、像素级融合，是指直接将各传感器采集到的原始数据进行融合，进行数据的综合与分析。从融合的数据中提取特征向量，完成对被测对象的综合评价。这种融合在各种传感器的原始观测信息未经预处理，或者只做很小处理后就进行数据综合分析，在传感器水平上完成融合，是最低层次的融合。如成像传感器中通过对包含若干像素的模糊图像进行图像处理来确认目标属性的过程就属于数据层融合。数据层融合能够保持尽可能多的原始信号信息，提供其他融合层次所不能提供的细微信息。但是数据层融合处理的传感器信息量很大，速度慢，抗干扰能力较差。

(2) 特征层融合。特征层融合又称为特征级融合，属于中间层次的融合，是指先对来自各传感器的原始数据进行特征提取，然后将这些特征进行综合分析和处理，融合成单一的特征向量，完成对被测对象的综合评价。特征层融合可划分为目标状态信息融合和目标特性融合两大类，目标状态信息融合主要应用于多传感器目标跟踪领域，目标特性融合就是特征层联合识别，具体的融合方法采用模式识别的相应技术。特征层融合对原始数据进行了一定的压缩，有利于实时处理，并且由于所提取的特征直接与决策分析有关，因而融合结果能最大限度地给出决策分析所需要的特征信息，但由于数据的丢失使得其准确性和系统的容错与可靠性还有待改善。

特征层融合可实现可观的信息压缩，有利于实时处理，由于所提取的特征直接与决策分析有关，因而融合结果能最大限度地给出决策分析所需要的特征信息。特征层融合一般采用分布式或集中式的融合体系。

(3) 决策层融合。决策层融合又称为决策级融合，是指在分别对每一传感器的原始数据独立地完成特征提取和评价后，其中包括预处理、特征抽取、识别或判决，以建立对所观察目标的初步结论，然后通过关联处理进行决策层融合判决，最终获得联合推断结果。

决策层融合是数据融合中的高级融合。这种融合方法的数据通信量小，实时性好，可以处理非同步信息，能融合不同类型的数据，而且在一个或几个传感器失效时，系统仍能继续工作，具有良好的容错性和可靠性。但是，该技术的不足之处在于原始信息的损失、被测对象的时变特征和先验知识的获取困难以及知识库的巨量特性等，难以得到实际应用。

2. 数据融合原理

数据融合能充分利用不同时间与空间的多信息资源，采用计算机技术对按时序获得的多传感器信息，在一定准则下加以自动分析、综合和使用，获得对被测对象的一致性解释或描述，以完成所需的决策和估计任务，使系统获得更优越的性能。

数据融合过程包括多传感器、数据预处理、融合中心和结果输出等，如图8－13所示。由于被测对象多为具有不同特征的非电量，如压力、气体含量、温度等，因此首先要通过传感器转换电路将这些非电量转换成为电信号，然后经过融合中心将它们转换成能由计算机处理的数字量。数字化后的电信号由于环境等随机因素的影响，不可避免地存在一些干扰和噪音信号，通过预处理，采用滤波等方法滤除数据采集过程中的干扰和噪音，得到有用信号。预处理后的有用信号就送入融合中心进行信息融合，经过特征提取，并对某一特征量进行融合计算，最后输出融合结果。

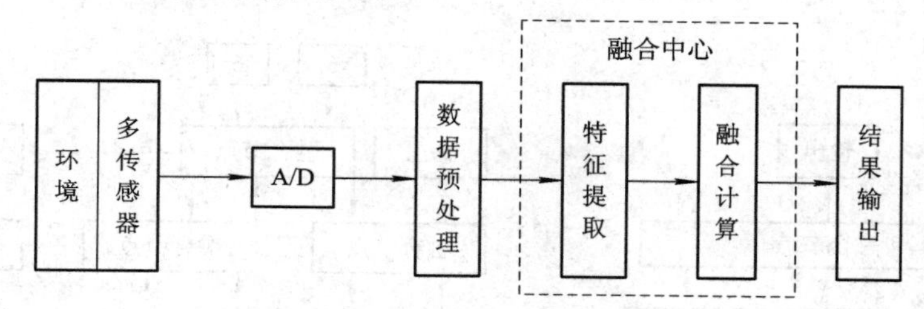

图8－13　数据融合过程流程图

数据融合中心对来自多个传感器的信息进行融合，也可以将来自多个传感器的信息和人机界面的观测事实进行信息融合(这种融合通常是决策级融合)。提取特征信息，在推理机作用下，将特征与知识库中的知识匹配，做出故障诊断决策，提供给用户。在基于信息融合的故障诊断系统中可以加入自学习模块，故障决策经自学习模块反馈给知识库，并对相应的置信度因子进行修改，更新知识库；同时，自学习模块能根据知识库中的知识和用户对系统提问的动态应答进行推理，以获得新知识，总结新经验，不断扩充知识库，实现专家系统的自学习功能。

1）信号的获取

根据具体情况采用不同的传感器可获取被测对象的信号，工程信号的获取一般采用工程上的专用传感器，将非电量信号或电信号转换成A/D转换器或计算机I/O口能接收的电信号，在计算机内进行处理。

2）信号预处理

在信号获取过程中，由于各种客观因素的影响，检测到的信号常常混有噪声。此外，经过A/D转换后的离散时间信号除含有原来的噪声外，又增加了A/D转换器的量化噪音。因此，在对多传感器信号融合处理前，有必要对传感器输出信号进行预处理，尽可能地去除这些噪音，提高信号的信噪比。信号预处理的方法主要有取均值、滤波、消除趋势项等。

3）特征提取

对来自多传感器的原始数据进行特征提取，特征可以是被测对象的各种物理量。例如，在安全监测监控系统中通常需要检测的环境参数很多，包括风速、氧气浓度、瓦斯浓度、温度和粉尘等。

4）融合计算

融合计算是数据融合的关键。实现融合的方法很多，对于不同的应用场合与应用要求，融合方法也不尽相同，主要有数据相关技术估计理论和识别技术等。融合计算主要就是对多传感器的相关观测结果进行验证、分析、补充、取舍和状态跟踪估计，对新发现的不相关观测结果进行分析和综合生成综合态势，实时地根据多传感器观测结果，通过融合计算对综合态势进行修改等。

3. 数据融合算法

1）数据融合结构

数据融合的结构模型应根据应用特性灵活确定，一般有集中式、分散式和分级式结构。分级式结构又有反馈结构和无反馈结构 2 种基本形式。图 8－14 所示为 4 种最基本的融合结构。

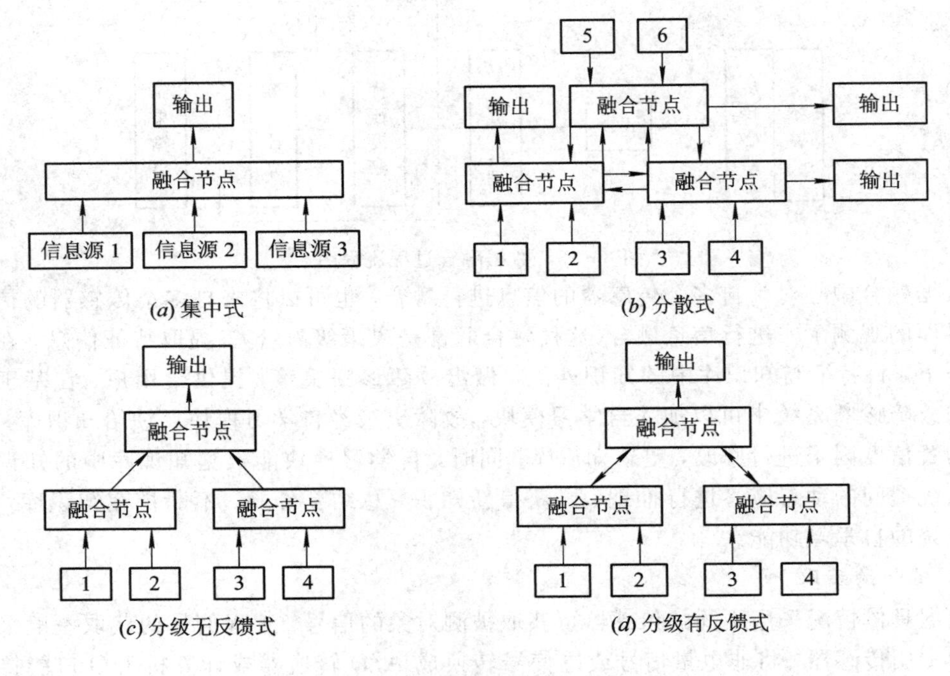

图 8－14　数据融合结构

2）数据融合算法

数据融合涉及多方面的理论和技术，如信号处理、估计理论、不确定性理论、模式识别、最优化技术、聚类分析、模糊推理、小波变换、神经网络和人工智能等。常用的数据融合算法有以下几种：

(1) 加权平均法。加权平均法是最简单、直观融合多传感器低层数据的方法。其基本思想是将一组传感器提供的冗余信息进行加权平均，并将结果作为信息融合值。当每个传感器的测量值为标量，且加权值反比于每个传感器标准差时，加权平均法等效于贝叶斯法。加权平均法的一个应用实例是 HILARE 移动机器人，该机器人由触觉、听觉、二维视觉、激光测距等传感器提供信息，经过集成得到环境物体的分布并确定机器人的位置，其中采用了加权平均法作为信息融合方法对物体轮廓的融合设计。

(2) 卡尔曼滤波。卡尔曼滤波多用于实时融合动态的低层次冗余传感器信息。它利用测量模型的统计特性，经过递推运算，估计出在统计意义下最优的融合数据。当系统具有线性动力学模型，且噪声是高斯分布的白噪声时，该法为融合数据提供了唯一的统计意义下的最优估计。卡尔曼滤波的递推特性使数据处理不需大量的数据存储和计算。在实际应用中，如果数据处理不稳定或者假设系统模型为线性而对融合造成不良影响，则可以采用扩展卡尔曼滤波。卡尔曼滤波的实际应用领域有：采用图像序列的目标识别、机器人导航、目标跟踪、惯性导航和遥感等。

(3) 经典推理法。经典推理法即是对两种假设的检验。对一个给定的先验假设，计算观察值的概率，从而推理出描述一个假设条件下观测到的事件的概率。这种方法的典型应用是，对给定的多个事件进行观测，求出一个假设态势的概率。经典推理法完全依据数学理论，严格地应用需要相应的先验概率分布知识，而这些知识在实际应用中又往往是不知道的，其应用范围较窄，因面对单一事件(主观概率)很大程度上不能用该方法。

(4) 贝叶斯估计。贝叶斯估计是融合静态环境中多传感器低层数据的一种常用方法。其基本思想是，首先对传感器信息进行相容性分析，删除那些可信度很低的信息；然后对保留下来的信息进行贝叶斯估计，求得最优的信息融合。

贝叶斯估计法解决了经典推理方法的某些困难，能在给定一个预先似然估计和附加证据(观测)条件下，更新一个假设的似然函数，当获得测量值后，可以将给定假设的先验密度更新为后验密度。贝叶斯推理的一个重要特点是它适用于多假设情况。贝叶斯估计将信息描述为概率分布，它适用于具有可加高斯噪声的不确定性场合。当传感器组的观测坐标一致时，可以用直接法对传感器数据进行融合；当传感器是从不同的坐标体系对同一对象进行描述时，要以间接方式采用贝叶斯估计进行数据融合。间接法要解决的问题是求出与多个传感器读数相一致的旋转矩阵以及平移向量。

在此基础上，Durrant-Whyte 提出了多贝叶斯估计，即将每一个传感器看做一个贝叶斯估计器，将各单独物体的关联概率分布结合成一个联合的后验概率分布函数，然后通过对联合分布函数的似然函数取极值，以求得传感器信息的最终融合值。

(5) D-S 证据决策理论。1967 年 Dempster 提出 D-S 证据理论的概念，奠定了其数学基础。该理论适用于传感器贡献的信息和它们的输出决策的确定性概率并不完全相关的情况。D-S 证据决策理论可认为是广义贝叶斯理论，它考虑了一般水平的不确定性。在贝叶斯方法中，所有特征被赋予相同的先验概率，当从传感器得到额外的附加信息，并且未知特征的数目大于已知特征的数目时，概率会变得不稳定。在 D-S 理论中，对未知特征不赋予先验概率，而赋予它们新的量度——未知度。只有在获得验证性信息时，才赋予这些未知特征以相应的概率值。这样，D-S 理论避免了贝叶斯方法的不足。D-S 理论采用了概率区间和不确定区间来确定多证据下假设的似然函数。引入了信任度函数，它满足比概率论更弱的公理，能够区分不确定和不知道的差异。当概率值已知时，证据理论就变成了概率论。把证据理论用于多传感器融合时，将传感器信息的不确定性表示为可信度，利用信息可信度合并规则处理各传感器信息。

(6) 熵理论。熵理论是用于数据融合的一种新技术，它从信息论的观点解释数据融合的过程，认为数据融合实质上就是不确定性减少的过程。由熵理论出发，可构造数据融合过程的数学模型，诸如基于熵准则的推理模型或基于熵准则的特征层识别融合。数据融合就是融合输出的不确定性比单一传感器或部分传感器系统输出的不确定性得到更大程度的压缩(或减少)。这种融合所取得的在压缩系统不确定性方面的收益，即融合的有效性，是由信息的关联来保障的。熵理论的研究着眼于融合系统的宏观统计性质，主要关心反映系统整体性质的不确定性变化过程。而对于融合系统的另一重要性质——容错性，则仅仅依靠熵理论来刻画是不够的，神经网络则弥补了这方面的缺陷。

(7) 模糊推理。多传感器系统中各信息源提供的信息都有一定程度的不确定性，对这些不确定信息的融合过程实质上是一个不确定性推理过程。模糊逻辑是典型的多值逻辑，能够方便地表示不确定性。

8.3.4　人工神经网络

1. 人工神经网络概述

人工神经网络(Artificial Neutral Networks，ANN)简称神经网络，是一种通过模仿动物大脑神经系统结构及其信息处理方式，建立的能够实现分布式并行信息处理及非线性转换的数学模型。它由大量的、简单的处理单元——神经元相互连接，形成一个复杂的网络系统。神经网络具有高度的非线性特征、非局限性以及良好的自适应、自组织和自学习能力，能够较轻松地实现复杂的逻辑操作及非线性映射过程。因此，神经网络在模式识别、优化控制、故障诊断、图像处理、预测及经济管理等领域得到广泛应用。

2. 人工神经网络模型

常见的神经网络模型有感知器网络、线性神经网络、前向型神经网络、反馈型神经网络及自组织神经网络等。BP 神经网络作为目前应用最为广泛的神经网络之一，是一种利用误差反向传播(Back Propagation)算法训练的多层前向型神经网络。它采用输入层、隐含层和输出层的模型结构，其中隐含层可包含多层。层与层之间全连接，其间关系通过传递函数描述，各层神经元之间无连接。BP 神经网络结构如图 8－15 所示。

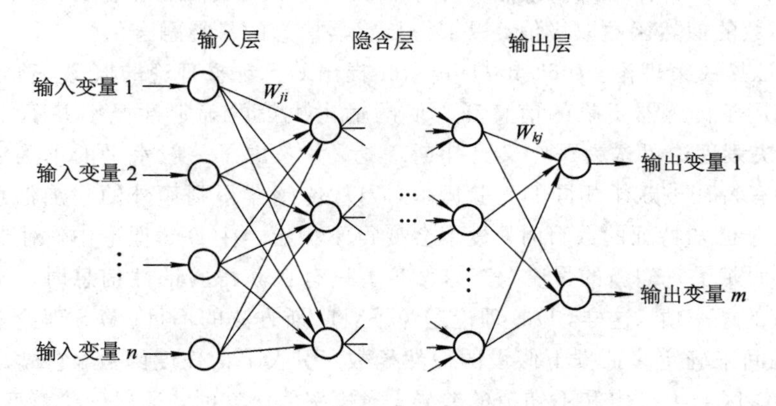

图 8－15　BP 神经网络结构

3. BP 神经网络学习过程

BP 神经网络属于有监督的学习过程，因此存在一个训练集(包括输入样本和期望输出样本)。输入样本数据通过输入层神经元接入，并传递给隐含层神经元；隐含层作为网络内部的信息处理单元，实现信息的变换与处理；输出层神经元获取网络输入响应，并输出到外界。当输出值与期望值有偏差时，误差从输出层向隐含层和输入层反传，按照梯度最速下降法对各层的正向连接权值进行修正，如此反复直至误差不再减少或减少到可接受范围内。因此，BP 神经网络的学习过程可以分为输入样本数据前向传播和误差反向传播两个过程，如图 8 - 16 所示。

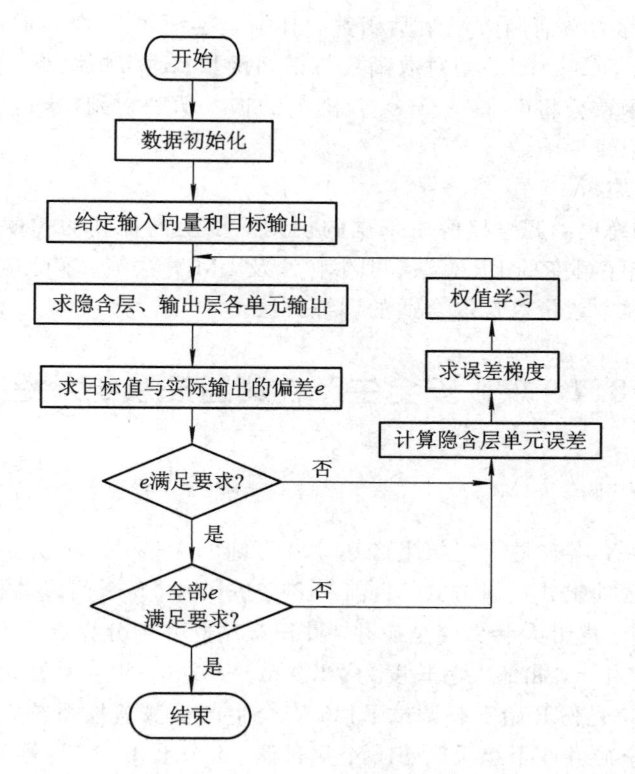

图 8 - 16　BP 神经网络学习流程

4. BP 神经网络设计

BP 神经网络在设计时，通常要考虑以下几方面问题。

1) 输入层与输出层的设计

输入层神经元及输出层神经元的个数通常是根据实际问题中提炼出的抽象模型来确定的。

2) 隐含层的设计

隐含层的设计需要从隐含层个数及隐含层神经元个数两方面考虑。BP 神经网络允许包含一个或多个隐含层，一般来说，单个隐含层就能够满足需求，但如果训练样本较多可适当增加隐含层以减小网络规模。

隐含层神经元个数的选择对网络的性能有极大的影响，较多的隐含层虽能实现较好的网络性能，但会导致网络训练时间过长、容错性差等问题。隐含层神经元个数的确立目前虽没有完全理想的解析式，但可以参考以下三个公式，利用试凑法确立隐含层神经元个数。

$$\sum_{i=0}^{n} C_M^i > k$$

$$M = \sqrt{m+n} + a,\ a \in [1,\ 10]$$

$$M = \text{lb}n$$

式中：M 为隐含层神经元个数；k 为训练集样本数；n 为输入层神经元个数；m 为输出层神经元个数；a 为常数。

3）传递函数的选择

传递函数也可称为激活函数或激励函数，必须是连续可微的。BP 神经网络常用的传递函数有线性函数、S(Sigmoid)型对数函数与正切函数。通常情况下，隐含层多选用 S 型函数，但由于 S 型函数会将(−∞，+∞)范围内的输入值映射到(−1，+1)或(0，1)范围内，因此输出层多用线性函数。

4）训练方法的选择

BP 神经网络训练时，调整权值所依据的规则除了上面提到的梯度最速下降法，还有动量 BP 法、学习速率可变的 BP 算法、拟牛顿法及 LM 算法等。实际应用中，应结合应用问题的类型、训练样本数量等选取合适的训练方法。

8.4 煤矿安全生产检测监控系统介绍

8.4.1 矿井概况

XX 煤矿集团 XX 煤矿是一座年生产达 500 万吨的大型井工矿井，历年鉴定为高瓦斯矿井。矿井采用分区抽出式通风方式，目前有 8 个进风井、5 个回风井，共 5 个生产采区。由 1045 条水平轨道、皮带大巷贯穿全矿井，井田以副立井为分界点分为南北两部分，其中南部大巷长度为 1500 m，北部大巷长度为 7200 m。从 2003 年 8 月开始经过一年多的技术论证，于 2004 年 10 月份开始安装调试 KJ86 安全生产检测监控系统，并于一个月后开始试运行。该系统对全矿井 5 个综采队、16 个掘进队、4 个水仓、18 个主要变电所、5 对主扇和采区回风系统的生产环境情况和生产运行情况进行检测监控。

8.4.2 系统设计原则

XX 煤矿安全生产检测监控系统的设计方案经过多次反复论证，主要体现适用性、节约性、可靠性、可扩展性、先进性、兼容性、可管理性和标准化的指导原则，努力做到该检测监控系统技术先进、功能齐全、维护方便、操作简单、扩展容易和长期可靠、快速、稳定运行。

8.4.3 系统结构

XX 煤矿 KJ86 安全生产检测监控系统由地面中心站，调度中心指挥系统，井上、井下安全生产检测监控系统组成。通过 Web 服务器、终端显示器和 DLP(Digital Light Procession，数字光处理)显示屏等设备，以图形、图像和报表的形式对工控系统的载波信号进行管理。

井下水平大巷利用光纤、采区巷道及工作面采用通信电缆传输数据，通过Web服务器和光纤以IE浏览方式将有关信息上传到集团公司。

1. 地面中心站

地面中心站由1台KJ86主备机、4套干线驱动器、3台数据光端机、14台光接收机和KJ86系统服务器、联网服务器以及其他的辅件构成，完成井上、井下各种传感器数据及摄像机图像的采集、数据分析和实时控制，并通过矿局域网上传。

2. 调度中心指挥系统

调度中心指挥系统由智能调度台、DLP投影单元(6台)、数码显示器(18台)、图形处理器(1台)、图形控制器(1台)、视频服务器(2台)、视频分配器(2台)、图形显示器(4台)等组成。调度员不但可以清晰直观地看到检测监控数据、工业电视图像，而且可以调出历史数据和图像，分析矿井生产过程中存在的各种安全隐患，为矿井科学指挥安全生产提供依据。调度中心指挥系统主屏幕由东芝DLP投影单元组成，整屏分辨率可以达到6144×4608像素。屏幕采用专用树脂屏幕，实现1 mm的光学拼缝，在图形处理器、图形控制器的统一控制下，表格、图形可以灵活显示。

3. 井上、井下安全生产检测监控系统

井上、井下安全生产检测监控系统由KJ86安全生产检测监控系统和生产监视系统两部分组成。KJ86安全生产检测监控系统由48台干线扩展器、25台区域控制器、54台可编程监控器、69台甲烷传感器、41台断电器、20台一氧化碳传感器、13台风速传感器、5台负压传感器、4台水位传感器、131台开停传感器、13台烟雾传感器组成。生产监视系统由13台井下摄像仪和7台地面摄像仪组成。井上、井下安全生产检测监控系统完成矿井内各种环境参数、生产工况数据和图像的采集和上传。XX煤矿安全生产检测监控系统网络拓扑为总线式，通信方式为基带式，介质访问控制方式为“轮叫轮询”，通信接口采用串行口，理论传输速率为4800 b/s。系统结构如图8-17所示。

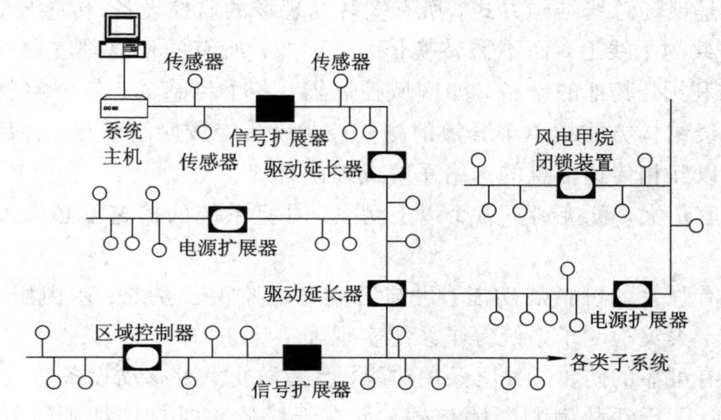

图8-17　XX煤矿安全生产检测监控系统结构示意图

8.4.4　系统功能及特点

1. 系统功能

检测监控系统主要完成各子系统的当前工况和数据采集统计及图形显示、报表显示、系统隐患的语音声光报警。

(1) 检测监控主/备机采集数据、处理数据、与各传感器通信。传感器负责采集环境及工况参数，执行地面中心站和可编程区域控制器发出的控制命令。当传感器采集到有害气体数据超限时，可编程区域控制器能够实现就地自动断电，地面中心站也可人为发出控制命令，实现人工远程断电。通过采区变电所为采掘工作面供电的2台高低压设备BGP6-6高压开关的JDB保护中的监视保护，把2台BGP6-6高压开关联锁，再与KJ86系统进行闭锁，实现采掘工作面的瓦斯、一氧化碳等有害气体超限时全电压断电。

(2) 可编程区域控制器是一种由微处理器控制的自动装置，负责实时信息的采集及预处理，完成与地面中心站的数据通信。有13路开关量输出和5路开关量输入，经开停传感器监测工作面设备的开停状态，经断电器控制开关。当地面中心站主机故障或干线故障时，可编程区域控制器形成独立系统进行监测和控制。

(3) 干线故障隔离器负责判断干线故障，自动隔离故障干线或在地面中心站手动隔离查找干线故障段。

(4) 系统可实现主扇负压和采区回风巷、风井的风速超过设定值时，同时在井下、地面中心站、调度指挥中心、通风调度等相关地点语音声光报警。

(5) 系统中心站能对监测数据进行记录，形成曲线进行分析，并自动生成监测监控日报表。

(6) 矿调度指挥中心的人员通过DLP显示屏对实时监测数据进行观察。实时数据以图、表等直观形式体现，可通过控制器对显示内容进行任意切换、放缩。

(7) 所有相关人员在办公室内通过电脑终端对矿井的实时监测数据进行浏览，共有一表和七种动态系统图，通过表和图能实时检测到矿井的安全生产状况。通风调度人员能通过终端连续监测井下通风状况。

2. 系统特点

(1) 该系统是现场总线结构方式，所有安装在现场的监控设备(传感器、控制器等)都直接接在一条公共的干线上，而不需转换信号。因此，所有的信息都在总线上传输，不但中心站能看到和利用，其他的设备，如区域控制器、各个传感器、各个控制器也都能看到和利用。现场总线结构方式把单个分散的测量控制设备变成网络节点，并用总线把它们连接起来，组成可以互相传递信息的网络系统或控制系统。

(2) 该系统容量大，可接到1万个以上测点，并且系统的扩充不必修改软件和中心站任何设备。

(3) 系统具有强大的可扩展功能，可与工业电视监视子系统、矿山压力检测子系统、皮带控制子系统、火灾检测子系统等子系统实现配接。

(4) 系统具有可靠的防雷、过压保护功能，且有防止意外移动设备造成损坏的功能。

(5) 系统设计了干线故障判断隔离器，可在干线故障时自动把干线的4条线全部断开，同时指出故障的地段，还可以手动控制隔离，使系统故障查寻更加方便快捷。

(6) 中心站软件是在Windows 2000的平台上开发的，用Windows NT把中心站的主机、各图形机连接成实时监控网络，并可以连接到矿局域网和Internet网。图形机以动态方式显示各种实时数据，有转轮转动、皮带运动、小车移动、动态线条、动态字符、动态颜色变化等基本元素。可利用这些基本动态元素和软件携带的丰富的子图库做出各种动态图。

(7) 系统软件采用动态矢量的方式显示，使 XX 矿制作的全矿井通风系统图、安全检测监控系统图、矿井排水系统图、运输系统图等各种图经过几级放大后都不失真，还能保持原有的分辨率。

(8) 各动态图形之间的切换采用浏览器方式，图形机还负责对历史数据进行曲线分析，同一图上可分析 8 条曲线。各个图形机都可以打印报表，也能显示实时曲线(同一屏上 3 条)。

(9) 监控主机可带 2、4、8、16 通道的干线通信板，每个通道可接 128 个地址，平均 300 个测点。因此，当接 8 通道通信板时，可接不少于 2400 个测点，且主机提供的序列软件包为用户提供了以填表方式编制的各种逻辑控制序列程序，从而实现各种自动控制功能。

(10) 所有的传感器、控制器都具有数字通信功能。每一个传感器都采用表面贴片技术，以最新的功能强大微控制器 PIC16F877 为核心。集模拟量到数字量、数字量到模拟量、开关量信号输入输出、脉冲捕捉、串行通信等功能于一身，使电路板结构简化，尺寸减小，功耗降低，可靠性提高。可以在线编程，通过修改程序很容易实现监控器不同的功能和参数。

(11) 采用声光、动感报警和手机短信息报警，能够把系统检测到的危险信号及时发布给相关人员。管理人员可以在地面通过监测监控系统实现远程手动断电，有效防止事故的发生。

8.4.5　系统运行效果

KJ86 安全生产检测监控系统在 XX 煤矿运行一年来，能及时准确地检测到矿井井下有害气体涌出，并实现甲烷、一氧化碳、风速、负压超限报警；能准确地实现瓦斯超限断电功能；能全面反映全矿井的安全状况、生产运行情况，为矿井的安全生产指挥提供了可靠的依据；能将安全生产检测监控系统及工业电视系统的数据及图像准确地传到地面中心站；能将全矿井的各种信息全面反映到调度指挥中心及各终端，并能通过局域网和 Internet 把信息传输到有权限的终端上；系统故障率低、维护量小，能可靠抵御信号干扰和雷电冲击。

8.5　富锰渣安全生产检测监控系统

8.5.1　富锰渣生产概况

1. 项目概况

富锰渣生产以铁锰矿所产矿石为原料，对高铁高磷贫锰矿进行多金属资源综合利用。年处理贫锰矿 30 万吨，主产品为富锰渣，年产能力为 15 万吨；副产品包括生铁(年产 8000 吨)、粗铅锌(年产 900 吨)。项目占地面积达 280 000 平方米，厂区分布有烧结车间、富集炉车间(炉区)、供水、配电等设施。生产区主要由 2 个烧结车间和 3 个火法富集炉车间构成，每个火法富集炉车间均包括 2 台/套富集炉。此外，还分布有原料堆放区、原料加工区、办公区、员工宿舍、绿地等场所。厂区分布示意图如图 8-18 所示。

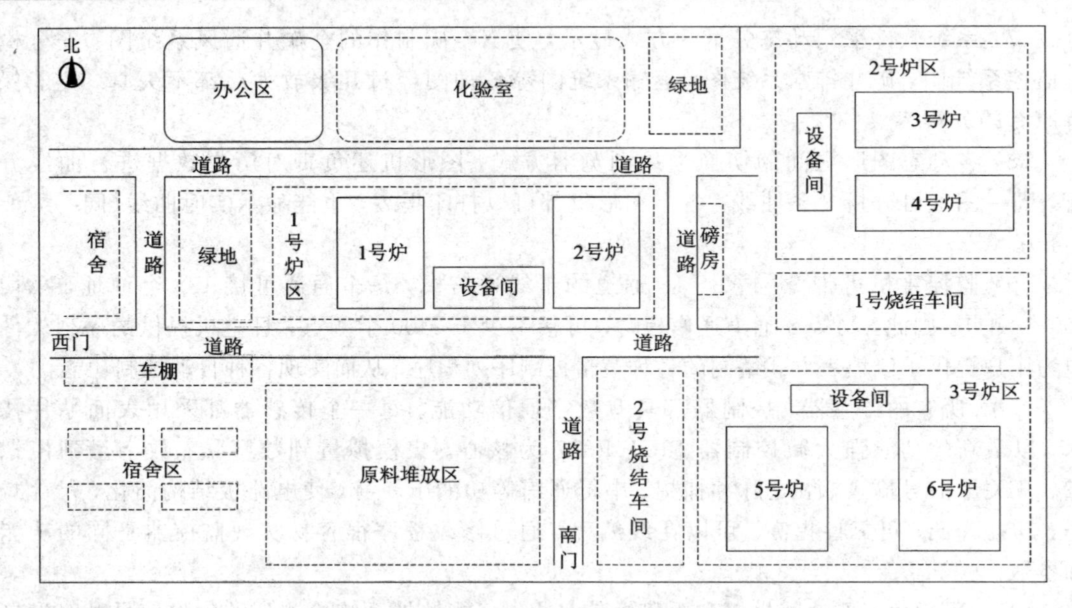

图 8-18 厂区分布示意图

2. 富锰渣生产工艺流程

富锰渣生产是对品位不高的锰矿石中的锰元素进行富集的，使富锰渣中锰元素的含量达到生产使用的要求，其工艺流程如图 8-19 所示。

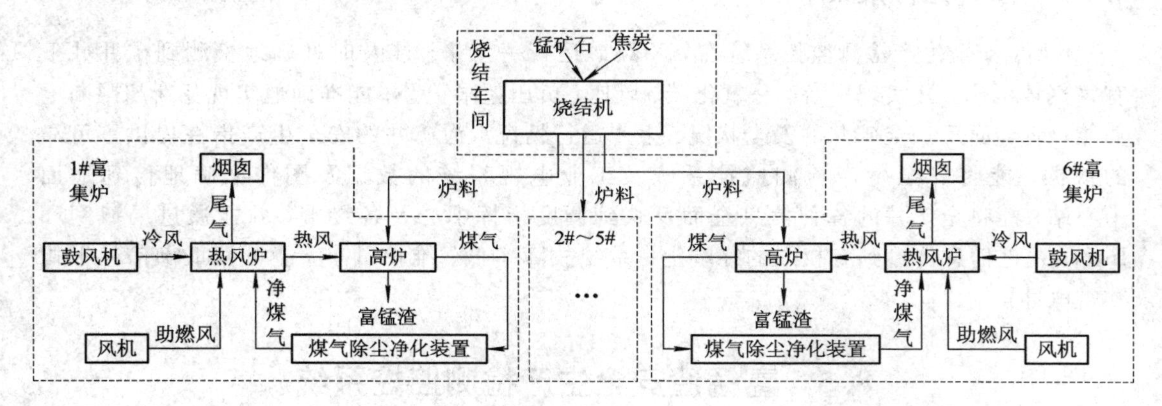

图 8-19 富锰渣生产工艺流程

锰矿石及石灰、萤石等原料经破碎后，送入带式烧结机加工成粒度满足富集炉生产标准的炉料。炉料经上料系统送入富集炉内进行冶炼，热风炉向富集炉内送入热风，使炉内温度达到冶炼所需温度，炉料和焦炭在富集炉内进行一系列的物理变化和化学反应，生成富锰渣、铅、锌、煤气等产品，煤气经过除尘净化后供热风炉燃烧使用。

3. 富锰渣安全生产检测监控需求分析

1）工艺参数统一采集、集中检测

对生产区内 6 套富集炉的工艺参数进行统一采集与集中管理，建立监视监控中心，并采用现场数据和图形界面结合的方式对生产情况进行监控，实现生产过程参数统一监控、设备运行状态监控、生产运行数据统一管理、异常状态报警预警等功能。

2）生产环境安全状态监控

检测监控系统需对生产区环境状况进行监控，主要包括对生产区内可燃体含量、粉尘情况以及火灾和烟雾情况，对生产区安全状况做出准确的判断和预警、报警，以便及时对异常情况做出处理，减少安全事故的发生。

3）生产现场视频监控

采用视频监控替代现有的安全员巡视，实时了解现场情况，如设备运行情况、现场人员生产操作情况、现场环境情况以及突发异常情况等，减少监控死角，提高安全巡视的效率和可靠性。

8.5.2　富锰渣安全生产检测监控系统构成

富锰渣安全生产检测监控系统构成，如图8-20所示。

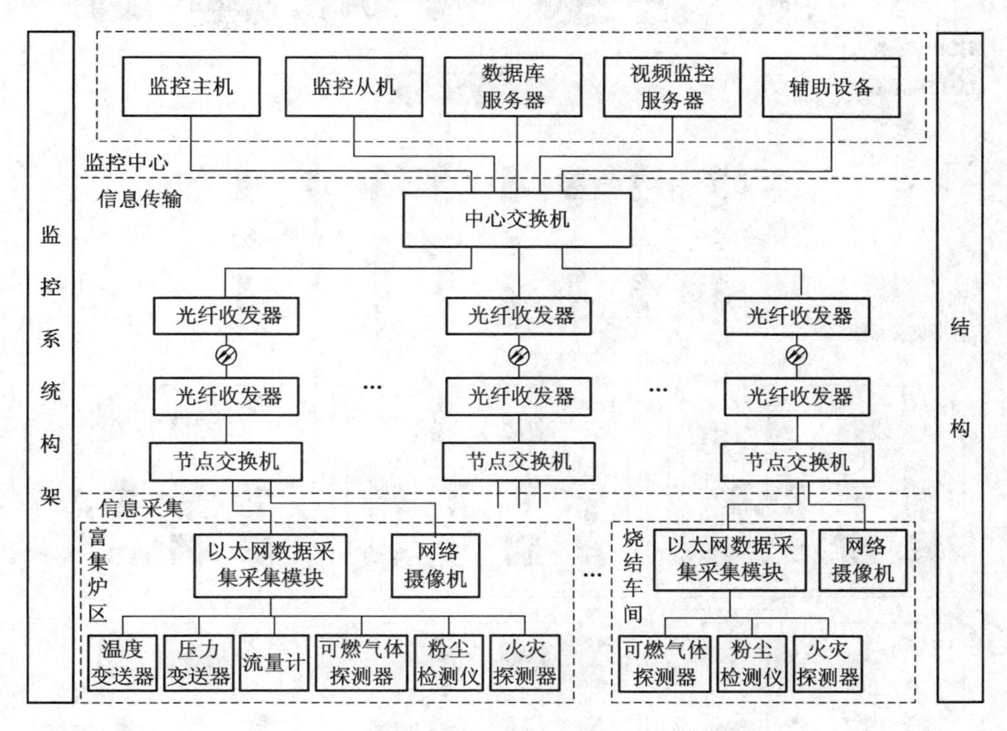

图8-20　富锰渣安全生产检测监控系统构成

富锰渣安全生产检测监控系统结构采用物联网构架，系统可以分为信息采集、信息传输和监控中心三部分。

1）信息采集子系统

信息采集子系统对现场数据、信息进行采集，包括炉顶压力、炉顶温度、净煤气压力、热风温度、热风压力、冷风压力、冷风流量、热风炉温度、热风炉废气温度、布袋除尘系统箱体温度等工艺过程参数，以及生产区环境状态信息（包括可燃气体含量、粉尘含量、火灾信息和现场视频图像信息）。

2）信息传输子系统

信息传输子系统的设计针对项目中监控点分散、传输距离较远、视频信息与数据信息传输速率要求高等特点，采用以太网技术构建数据传输局域网；网络拓扑结构选择星型拓扑结构；考虑到网线传输距离的限制，系统采用光纤作为长距离传输的介质。

3）监控中心

监控中心是富锰渣安全生产检测监控系统物联网构架应用层，是整个实时监视监控系统的“大脑”、安全生产数据应用与管理、安全状态信息融合程序等。

8.5.3 富锰渣安全生产检测监控系统实现

1. 检测监控系统硬件组成

富锰渣安全生产检测监控系统硬件组成，如图 8-21 所示。

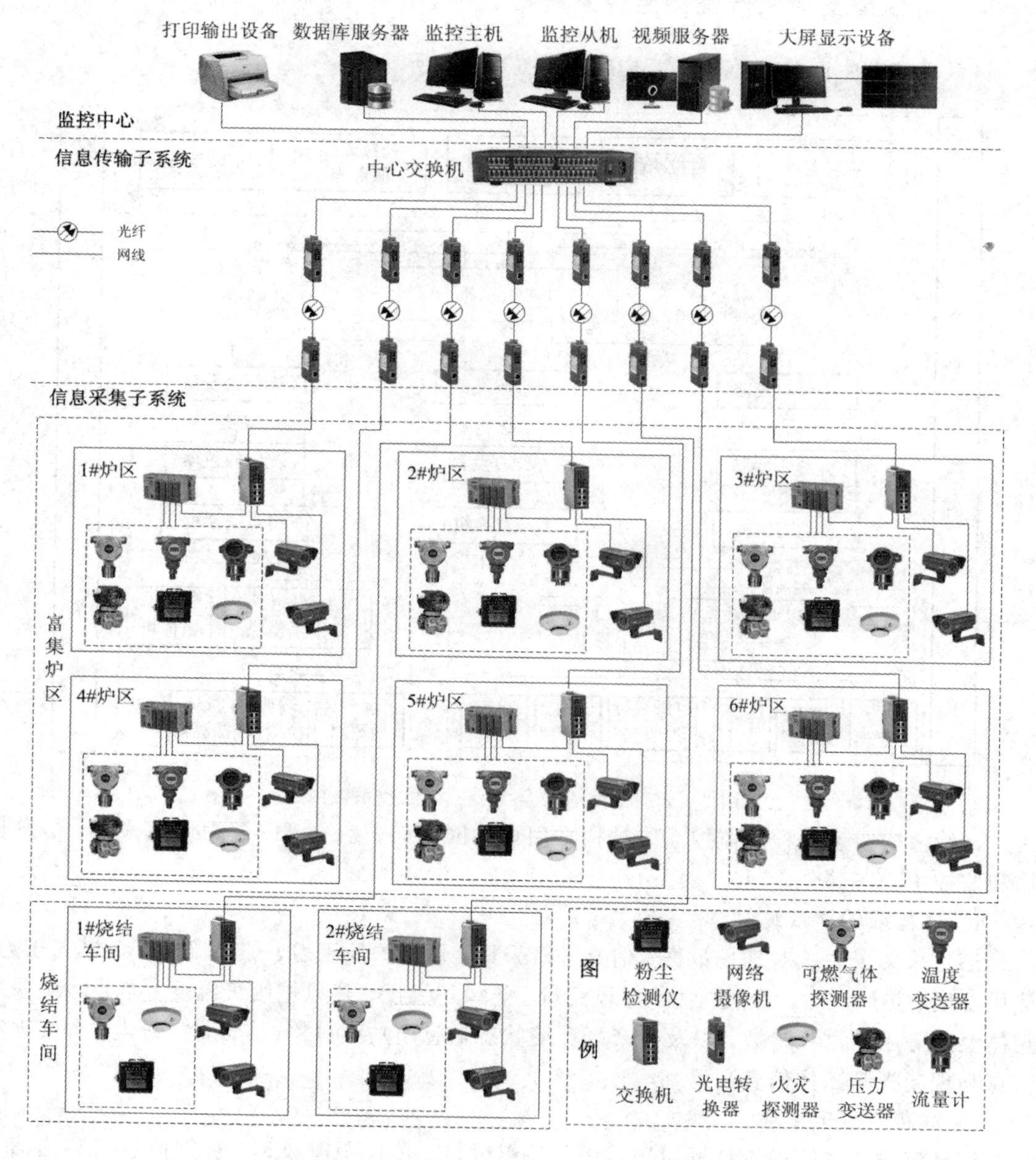

图 8-21 富锰渣安全生产检测监控系统硬件组成

2. 检测仪器与设备选型

(1) 温度变送器。热电偶采用 WRP－331 铠装热电偶，它可以直接测量各种生产过程中从 0℃到 1800℃范围的固体、液体、蒸汽和气体介质的表面温度，热响应时间为 10～30 s，基本误差限为±0.25%t。

(2) 压力变送器。压力变送器选用 SWP-ST61RD 远传压力变送器，测量范围为 0～4 MPa；精度为±0.5%FS；线性为±0.5%；输出 4～20 mA 标准信号。

(3) 流量计。选用型号为 HKB-FGDGDSSDN1000，工作温度为高温，公称直径为 1000 mm，法兰连接，公称压力为 2.0 MPa，精度为±1.5%FS，输出 4～20 mA 标准信号；荒煤气流量计量选用 HKB 混合煤气流量计，选用型号为 HKB-FGAGIDSSDN1500 智能靶式流量计，测量介质为气体，介质温度为高温，输出 4～20 mA 标准信号。

(4) 可燃气体探测器。采用深圳特安 ES3000 系列可燃气体探测器，采用 4～20 mA 输出，防爆等级为 ExidII CT4，防护等级为 IP66，测量范围为 0～100%LEL，0～1000 ppm，精度为±3%FS，可设定报警限。

(5) 粉尘检测仪。粉尘检测仪采用 GCG1000 型粉尘浓度报警器。防爆等级为 Exib I，测量范围为 0.1～1000 mg/m^3，输出 4～20 mA 标准信号，可设置报警点。

(6) 火灾探测器。选用海湾消防 JTF-GOM-GST601 烟温复合型火灾探测器。探测器对自身采集到的数据进行存数和判断，具有自诊断功能，抗干扰能力强。

(7) 以太网数据采集模块。采用 ADAM5000TCP，共有 8 个插槽，可插接模拟量、数字量等不同功能的数据采集模块。

(8) 网络摄像机。采用枪型网络摄像机 DH-IPC-HFW3100P，有效像素达 130 万，分辨率最高可达 1280×960，防护等级达到 IP66 标准，工作环境温度为－20～60℃，工作环境湿度≤90%。

(9) 中心交换机。采用 CISCO WS-C2960-24TC-L 智能以太网交换机，背板带宽为 4.4 Gb/s，包转发率为 6.5 Mb/s，平局无故障时间(MTBF)达 2 349 824 小时。

(10) 节点交换机。采用 MOXA EDS-208A 工业以太网交换机，它是 8 口工业非网管型以太网交换机，支持 IEEE802.3/802.3u/802.3x.10/100M，支持全/半双工自适应。

(11) 光电转换器。采用 MOXA IMC-21 光电转换器，它是工业级 10/100BaseT(X)转 100BaseFX 光电转换器。平局无故障时间(MTBF)达 353 000 小时。

(12) 工控机。选用 2 台研华工控机 IPC-610H，运行内存为 4 GB，硬盘容量为 1 TB，两台设备互为冗余。

(13) 数据库服务器。选用 ThinkServer TS240 S1225v3 4/1TO 塔式服务器，它采用英特尔至强四核处理器，4 GB DDR3 1600 内存，1TB 非热插拔 STAT3.5 寸硬盘，可扩展至 16 TB 存储空间。

3. 检测监控软件构成

富锰渣生产检测监控监控系统软件构成，如图 8－22 所示。

富锰渣生产检测监控监控系统软件包括 KingSCADA 组态软件以及配套的数据采集程序 King IO Server 和数据采集驱动程序、SQL Server 2005 数据库、视频监控软件及图像特征分析组件、安全状态信息融合模型。

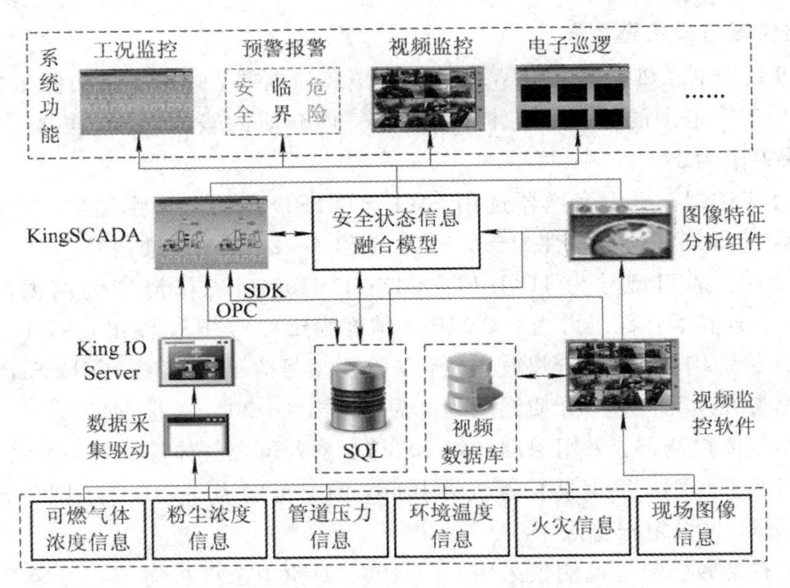

图 8-22　生产检测监控软件构成

4. 检测监控软件功能

检测监控软件功能包括系统管理、工况监控、生产环境监控、视频监控、预警报警、报表与趋势及安全信息融合 7 个功能模块。检测监控软件功能组成，如图 8-23 所示。

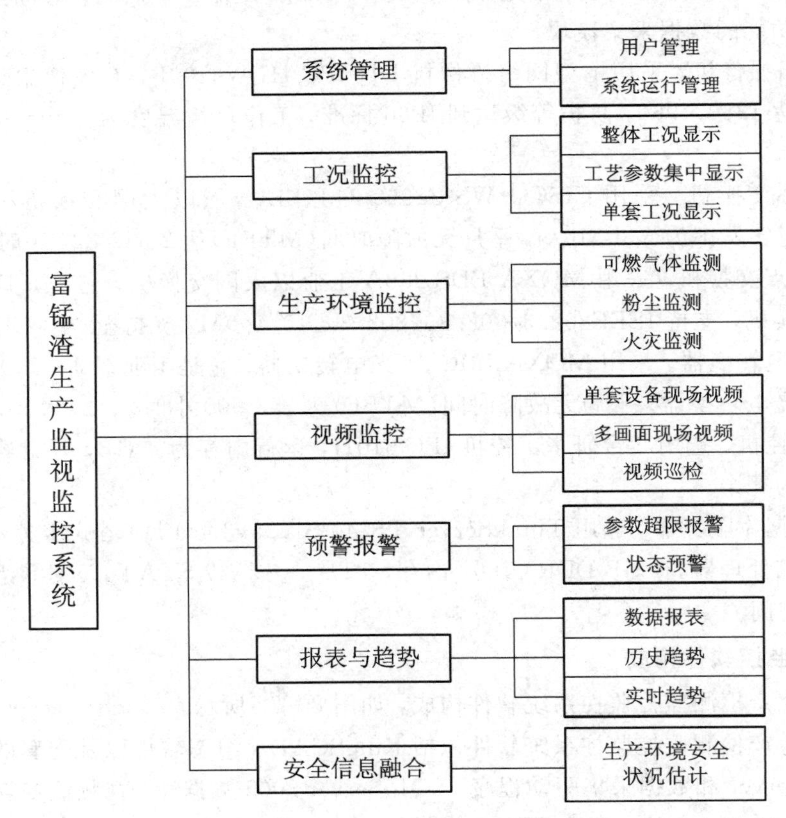

图 8-23　检测监控监控软件功能组成

8.5.4　富锰渣安全生产检测监控系统运行效果

工艺监控界面显示数据包括生产设备各部位参数检测、生产区实时视频图像及工艺参数集中显示等部分。在监控界面中可以直观地获取当前工艺参数情况，包括富集炉各部位温度、压力、煤气流量等重要监控数据。系统监控界面如图 8-24 所示，工艺参数显示界面如图 8-25 所示。

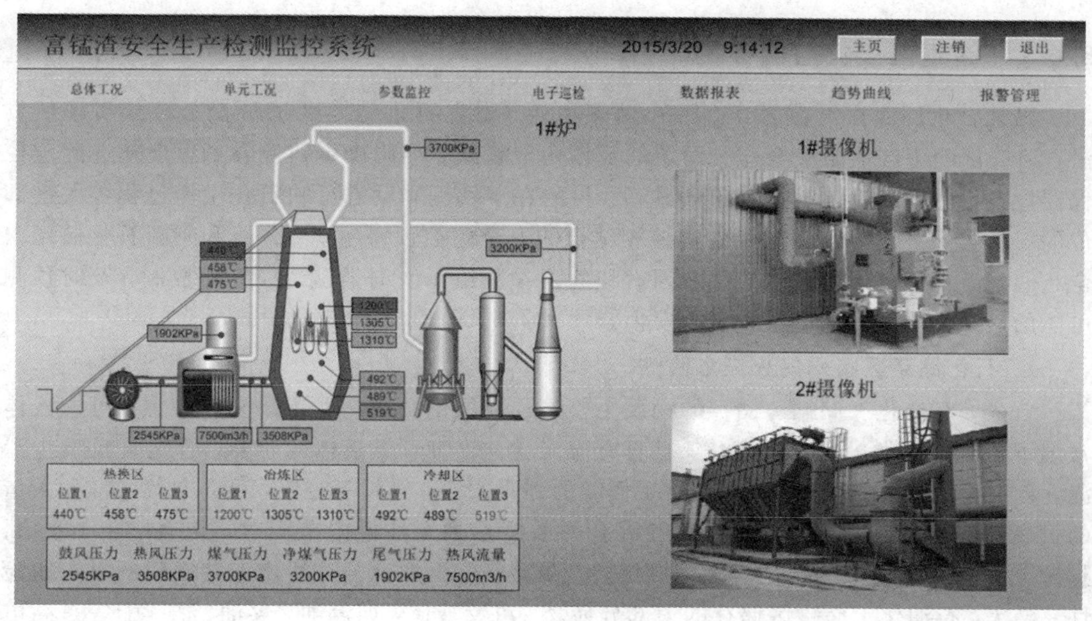

图 8-24　1#炉监控界面

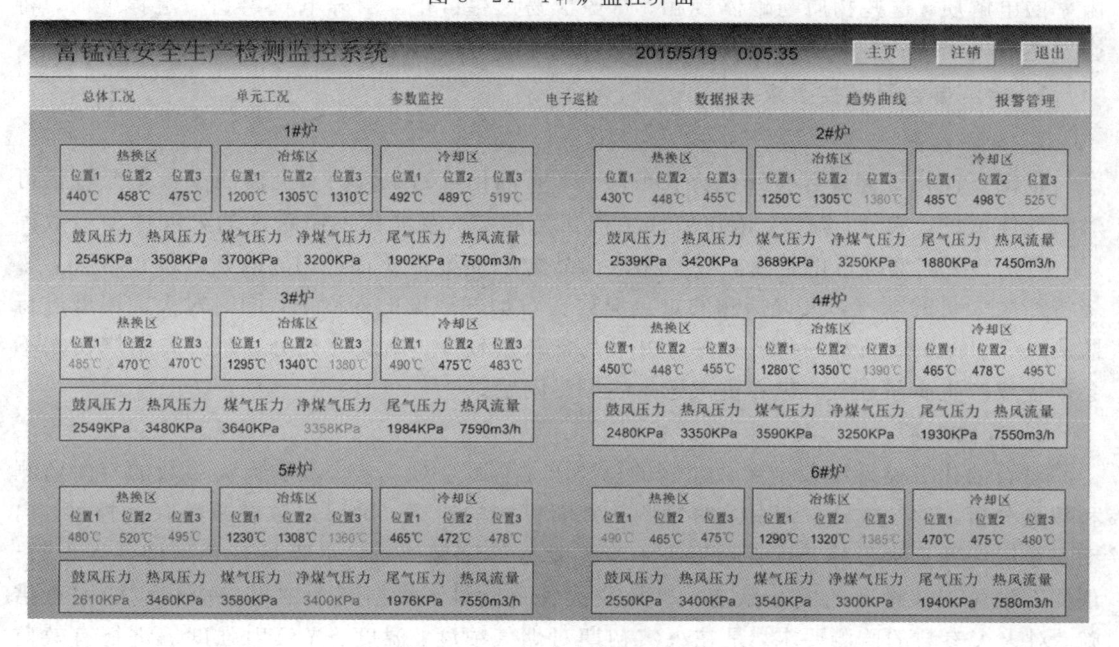

图 8-25　工艺参数显示界面

系统运行表明，富锰渣生产检测监控系统运行取得满意效果，其实时性、准确性和可靠性满足富锰渣安全生产检测监控要求，在富锰渣安全生产管理中发挥重要作用，该系统在安全生产检测监控领域具有一定的应用推广价值。

8.6 石化储罐区火灾监测系统

8.6.1 储罐区火灾监测概况

以某石化厂液化气罐区 2000 m^3 球罐为例，研究石化储罐区消防安全性分析评估方法，和石化储罐区消防安全监测系统的最佳构成模式，准确确定监测参数，合理选配监控仪器设备，严格编制监控系统应用软件。目的在于实测和动态反映石化生产过程各关键部位的安全参数，建立管理与硬件监控相结合的安全监控预警系统，分析和判断石化储罐安全状态，将石化罐区内诸多的危险因素和危险参数给予实时监测、报警和控制，及时预测可能的后果和事故隐患，避免事故发生。

1. 石化储罐区特殊的火灾危险性

首先，石油化工储罐区储存的物质主要是油品及液化气等可燃、易燃液体。可燃液体常温下遇到点火源容易起火燃烧，且具有流淌性。装盛可燃液体的容器、管道一旦发生泄漏，会扩大危险范围。其次，石油化工储罐的呼吸阀、排气阀等装置，可向空气中散发大量的可燃性气体，当可燃性气体与空气混合的浓度达到爆炸极限范围时，如遇撞击、摩擦、热源或火花等点火源的作用会发生燃烧甚至爆炸，这更加大了石油化工储罐区的火灾危险性。再次，石油化工储罐区储存的大部分易燃、可燃液体，如汽油、煤油、醚、酯等是高电阻率的电解质，这些物质与罐体接触、摩擦极易产生静电，当静电积累到一定程度时，将会发生放电产生火花，形成点火源引起燃烧爆炸。

2. 检测参数及监控要求

1）检测参数

根据石油化工储罐区特殊的火灾危险性，石油化工储罐区的安全监测参数主要包括可燃性气体浓度、成分、温度、液位或压力等工艺参数。石油化工储罐区的火灾探测参数确定，应充分考虑储罐区的特点。当储存的油品为原油等重质油品时，因其含碳量较多，燃烧将产生大量的烟气，火灾探测的重点应放在对烟气浓度的探测上，同时对火灾温度进行监测。对于轻质油品及一些成品油，由于其含碳量较少，燃烧较充分，在火灾燃烧初期不会产生或产生少量烟气，应着重考虑火焰探测问题。

2）监控要求

对石油化工储罐区安全参数监测的总要求是：通过对工艺参数和火灾参数的实时监测和数据分析，对参数异常情况及时预测并判断可能的后果，确保采取有效的联动控制，启动安全设施及灭火设施。对监测环境中工艺参数的监测要求，主要是有效测量各类参数，预测石油化工储罐区的安全状态、事故及火灾危险性，根据判断结果采取相应的安全措施。对火灾参数的监测要求，是在火灾初期对烟气浓度、温度、光辐射强度等进行有效监测，综合分析监测数据，及时产生报警信号及联动控制信号，有效启动现场灭火设备。

8.6.2　系统设计及系统构成

1. 石化储罐区火灾监测系统设计原则

石化储罐区火灾监测与灭火联动控制系统的设计思路是：根据石化储罐区消防安全监测要求，采用系统集成设计方法设计构造石化储罐区火灾监测与有效灭火联动控制系统，实现工艺及安全参数的实时监测处理，根据监测数据分析石化储罐区的安全状态，及时预测判断可能的灾害事故后果，并通过远程联动控制装置有效启动现场消防设备或灭火设施。

根据总体设计思路，系统设计应注重两项原则：一是管理软件与硬件监控系统相结合，根据现场实际情况制定安全管理规范和事故处置预案，使用计算机技术将安全管理要求和事故处理预案与硬件监控系统有机结合起来，确保硬件监控的可靠性和联动控制的有效性；二是生产监控与安全监控相结合，通过连锁控制、自动停车及其他参数自动控制等监控措施，使储罐区进出料生产过程与静态安全参数监测控制协调互补，达到安全生产的目的。

2. 石化储罐区火灾监测系统结构形式

根据石化储罐区的特点，考虑到环境工艺参数和火灾参数的监测要求，石化储罐区火灾监测与灭火联动控制系统应采用如图 8-26 所示的系统结构形式，以兼顾工艺监测参数直流 4～20 mA 传输和火灾参数频率量传输的不同要求，以及灭火设备联动控制的信号输出要求。

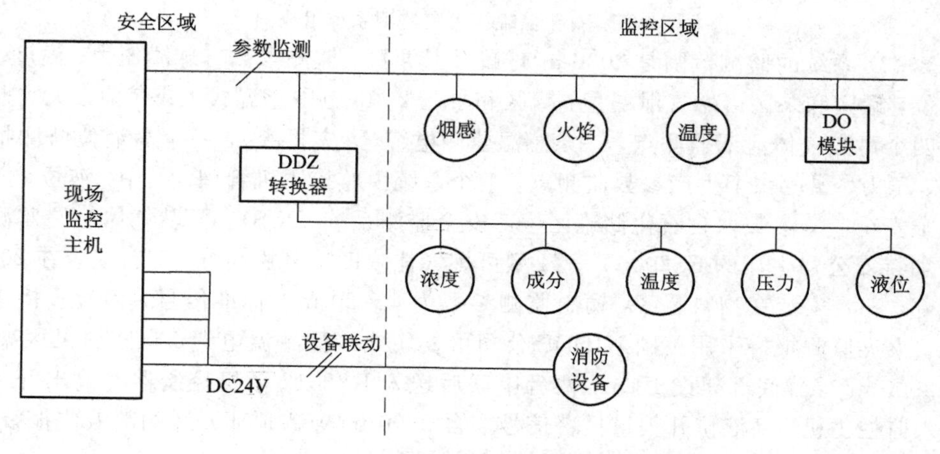

图 8-26　石化储罐区火灾监测系统结构图

在图 8-26 所示的系统中，常规火灾参数的探测采用防爆型火灾探测器，如选用防爆型光电感烟火灾探测器、防爆型电子感温探测器、线缆感温探测装置等。工艺参数的监测采用数据通信转换协议，设计构造防爆型 DDZ 转换器，接收处理 4～20 mA 本质安全型输出信号，如可燃气体浓度、气体成分、储罐温度、液位、压力等工艺参数探测器的输出信号。监控主机主要完成对安全参数及火灾初期参数的连续采集处理，对采集到的信号采用现代信号检测的处理方法，进行状态分析，及时预测并采取措施对事故进行处理，通过直流硬线连接方式和远程联动控制装置有效启动现场消防设备，实施灭火操作。

3. 石化储罐区火灾监测系统组成

依据上述思路，同时考虑该石化厂液化气罐区 2000 m³球罐的实际状况，在重点分析石化储罐区消防安全性、确定监测参数和有效监控方法的基础上，针对生产安全和消防安全要求确定的 2000 m³球罐消防安全监测系统组成，如图 8-27 所示。

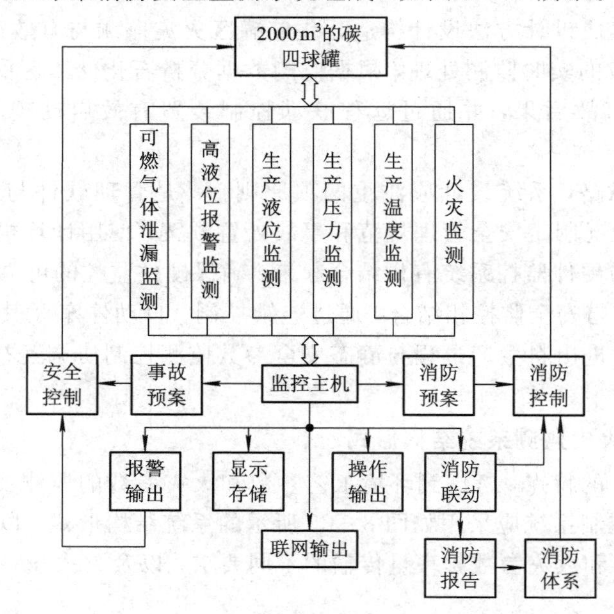

图 8-27　石化储罐区火灾监测系统组成图

图 8-27 系统的监测范围是 2000 m³球罐及其泵区。监测参数有球罐压力、温度、液位和高液位，罐区和泵区可燃气泄漏量，罐区和泵区 20 m 范围感温式火灾信息。火灾监控措施包括四个可燃气体泄漏监测点，一条感温监测电缆(火灾报警)，一个高液位监测报警点和液位、压力、温度三个生产参数监测点，整个系统由监控主机管理。其中，液位、压力和温度三个安全监测参数取自石化储罐区生产安全监测系统(DCS)。可燃气体泄漏监测报警采用深圳特安公司生产的 ES2000T-C4 型可燃气体浓度检测探测器，三台安装在 2000 m³球罐底部，一台安装在物料泵区，输出监测参数为 4～20 mA 标准信号，信号直接送入监控主机。火灾监测报警采用英国 KIDDE 公司可复用式线型感温电缆，在物料泵区架设 10 m，在 2000 m³球罐底部架设 10 m，两者串联后送入 K82012 微机控制器并输出开关量信号，送入监控主机。高液位开关量报警信号取自 2000 m³球罐顶部安装的高液位报警装置，输出直接送入监控主机，液位超高即发出报警。

4. 系统检测仪表选型

1) *雷达液位变送器* FT8210-1200-120

脉冲导波雷达是纯雷达体制的单维脉冲雷达。仪表发射一个较低能量的小脉冲，脉冲以光速沿导体传输，遇到较大阻抗变化时反射一定能量回来，通过超高速器件记录发射与反射之时间差，即可得出二者之间的距离(物位)。

(1) 测量不受被测介质的介电常数、浓度(密度)、压力和温度等技术参数的影响。

(2) 四线制 4～20 mA 输出。

(3) 测量范围可达 65 m。

(4) IP67 防护等级。

(5) Exd(ia)IIBT4 防爆设计。

2) 隔膜密封式压力变送器 EJA118W - EMSG2AA - AA - 03 - 97DA/NF1

密封隔膜用于防止管道中的介质直接进入差压变送器里的压力传感器组件中，它与变送器之间是靠注满流体的毛细管连接起来的。EJA118W 隔膜密封式压力变送器用来测量液体、气体和蒸汽的流量、液位、密度和压力，然后输出与测得的差压相对应的直流 4～20 mA 信号。

输出信号：直流 4～20 mA，带数字通信的两线制。

负载电容：0.22 pF 以下。

负载电感：3.3 mH 以下。

安装：变送器 2 inch 管道安装。

隔膜密封件：法兰安装。

3) 压力变送器 EJA530A - EBS4 - N - 07DN/FF1

EJA510A 绝对压力变送器和 EJA530A 压力变送器用于测量气体、液体和蒸汽的压力，然后将其转变成直流 4～20 mA 的电流信号输出。EJA510A 和 EJA530A 也可以通过 BRAIN 手操器、CENTUM CS/μXL 或 HART 275 手操器相互通信，通过它们进行设定和监控等。

4) 射频导纳物位变送器 FT8051 - 1200 - 185

FT8051 系列为通用型连续物位仪表，适用于大多数场合。仪表由一电路单元和杆式或缆式传感元件组成。传感器可选多种材质，可整体或分体式安装，用于连续测量。

本安设计：两线制本质安全设计，单元和探头都是本质安全的。

安全防护：内置探头输入保护装置，保护能力强，不易受到静电、冲击和电化学现象的影响或损坏。

5) 射频导纳物位变送器 GDSL553 - IADJCAMX

应用：各类工业领域的液位测量。

测量范围：液体 0.5～15 m。

过程连接：法兰或吊架。

换能器外壳材料：PU/PC。

过程温度：－40～70℃。

过程压力：－0.2～1 Pa。

信号输出：两线制/四线制 4～20 mA/HART。

安装仪表时要注意：最高料位不得进入测量盲区；仪表距罐壁必须保持一定的距离；仪表的安装尽可能使换能器的发射方向与液面垂直。安装在防爆区域内的仪表必须遵守国家防爆危险区的安装规定。本安型的外壳采用铝壳。本安型仪表可安装在有防爆要求的场合，仪表必须接大地。

6) 防爆一体化温度变送器 WZPJ - 240 - B

WZPJ 系列一体化温度变送器是两线制现场式仪表，采用先进的检测转换电路及高精度元器件，可将被测介质的温度转换成 4～20 mA 信号输出。产品由温度传感器(热电阻或热电偶)和温度变送器两部分组成，可一体安装也可分离式安装，两者之间由补偿导线(热电偶)或普通导线(热电阻)连接。温度变送器可带模拟式表头，现场显示直观方便。

技术性能和规格如下：

测量范围：铂热电阻－200～500℃，最小量程 50℃。

热电偶：－50～1800℃，最小量程 100℃。

输出信号：4～20 mA(输入、输出不隔离)。

热电阻：输出与温度呈线性。

热电偶：输出与温度呈线性(WZPJX 型)。

输出与热电偶的毫伏数呈线性(WZPJX 型)。

基本误差：0.2％。

7) 可燃气体探测器 ES2000T－C4

检测原理：催化燃烧式。

检测气体：可燃气。

指示范围：0～100％LEL。

输出信号：4～20 mA 三线制。

测量精度：±5％FS。

防爆方式：隔爆型。

防爆标志：ExdⅡCT6。

供电电源：直流 24 V。

电气接口：G3/4 管螺纹。

5. 石化储罐区火灾监测系统功能设计

根据石油化工生产过程控制系统的要求，石化储罐区火灾监测与灭火联动控制系统一般采用系统集成方式构成，在系统硬件结构确定后需编制应用软件实现系统的各种功能。为提高运行效率、方便调试及维护系统，系统主控模块、信息通信模块、消防管理模块等功能模块的功能如下：

(1) 系统主控模块。主要完成数据采集处理、报警判断与联动控制输出、自动与手动控制方式切换、系统管理。

(2) 事故处置模块。根据监测数据完成对监测区域安全状态的事故状态分析预测，对工艺安全进行操作控制和处置紧急情况，实施救灾方案。

(3) 信息通信模块。主要完成通信协议管理、数据通信控制、异地远程联网。

(4) 消防管理模块。主要完成系统操作管理、设备工况管理、防火管理与数据存储。

通常，石化储罐区火灾监测系统应用软件的开发采用 Windows 环境下的 Visual C＋＋ 和 Visual FoxPro 等编程语言，面向对象设计应用界面和数据库；全面支持可视化编程，通过引入全新的数据容器概念，为用户提供集中数据管理功能，便于用户组织、管理数据库，实现表、查询、窗体、报表、菜单等功能。

6. 消防设备联动控制及要求

石油化工储罐区的消防设备主要包括火灾警报装置、灭火设备及安全操作设备。火灾警报装置是为了在安全参数出现异常或火灾发生时，根据火灾探测信号及时报警和采取相应的安全措施，主要设备有警铃、水力警铃、事故广播等。灭火设备是为了在火灾初期有效地控制火势，及时扑灭初起火灾，主要设备有泡沫灭火系统、自动喷淋冷却系统等，具有联动要求的设备有消防水泵、泡沫泵、自动喷淋泵等。安全操作设备是为了在安全参数出现异常时，对输油线路及各种控制阀门进行控制和操作，如压力阀等。

石化储罐区的各种消防设备对联动控制的要求不同，有些设备在出现异常时直接启动，如警铃；有些设备在出现异常后需要延时启动，如消防水泵需在火灾确认后启动；有些设备需要在启动后，对系统返回状态信号，如泡沫泵等。石油化工储罐区具有远程联动要求的设备主要有消防水泵、泡沫泵、安全阀、声光报警器、讯响器、消防电话及消防广播等。在石化储罐区，考虑到消防水泵枪储备数量少，重要性强且分散布置，多采用专线方式直接控制，或专线与总线复合控制方式，使用直流 24 V 标准的驱动信号直接送入现场消防设备配电箱驱动，以确保这些设备动作的高度可靠性。

必须指出，石化储罐区火灾自动监测与灭火联动控制系统是石油化工防火安全基础设施之一。系统安全参数监测的准确程度、固定灭火装置的联动及时性、系统无故障工作时间、系统运行成本等各方面指标需综合考虑，以适应当前我国大型石油化工储罐区的防火安全要求。

8.6.3　系统主要功能

根据当前火灾监控系统技术水平，石化储罐区火灾监测与灭火联动控制系统应用设计和消防设备联动控制需达到如下功能要求：

(1) 安全参数监控与生产过程监控相结合，安全参数监控系统相对独立。

(2) 安全参数监测报警与事故处置预案相结合，实现动态安全监测与管理。

(3) 实现监控主机与各类探测器的直接通信及系统联网，简化系统结构。

(4) 实现系统应用软件结构模块化，达到功能层次清晰，便于操作。

(5) 采用计算机多媒体技术，形象生动地实现监测数据和事故预案显示。

根据罐区监测要求，图 8 - 15 所示的系统还配备了生产安全和消防安全控制装置，用以完成下列设备系统的控制功能。

(1) 由液位参数或人工操作实现球罐进出料阀自动/手动控制，以及进出料泵自动/手动控制；

(2) 由压力参数或人工操作实现放空阀自动/手动控制，以及水喷淋装置自动/手动控制；

(3) 由火灾监测参数或人工操作实现消防水枪自动/手动控制；

(4) 由火灾监测参数或人工操作实现消防泡沫泵自动/手动控制。

石化储罐区 2000 m^3 球罐消防安全监测系统是在消防安全性分析评估基础上设计构成的，设置了高液位、压力、火灾监测和灭火联动方面的手动/自动控制，以及生产安全和消防安全事故处置预案与灭火预案，体现了石化储罐区消防安全监测系统整体设计和工程实际的有机结合，具有下列功能和特点：

(1) 实现球罐压力、温度、液位和高高液位、罐区和泵区可燃气泄漏量、罐区和泵区火灾温度等参数的实时监测。

(2) 监控主机主界面以数字量及棒图、文字或指示灯实时显示：① 储罐液位、压力和温度的实监值及报警状态；② 正常火灾监测及其报警状态；③ 高高液位及其报警状态；

④ 可燃气体泄漏监测值及报警状态；⑤ 各监测参数预置报警值；⑥ 球罐进料阀、放空阀及消防水枪和泡沫灭火枪的关闭和启动状态。

(3) 监控主机主界面通过切换操作，可显示：① 消防预案和消防力量布局图；② 报警处置预案和处置结果；③ 球罐液位和压力、温度的 24 h 实测趋势图。

(4) 具有系统各监控参数手动/自动两种控制功能。监测参数超限报警时，操作人员按相应预案进行有序控制和处理。罐内压力超标报警时，延时 30 s 无人工介入则自动启动放空阀喷淋水阀。罐内高高液位报警时，延时 30 s 无人工介入则自动关闭进料阀。火灾报警时，延时 30 s 无人工介入则自动启动消防水枪和泡沫灭火枪。

(5) 具有球罐液位、压力和温度实测值及趋势图以及每次监控报警的位置、时间和处置情况等的存储和查询功能。存储数据保留 1 个月，存储内容可随时查询。

(6) 实现各监控信号报警值、处置预案及实时操作的密码管理，可通过专用接口进行数据通信。

8.6.4 使用效果

该系统自投入运行以来性能稳定可靠，实时性好，检测精确，监控与报警迅速灵敏，操作简洁方便，有效地降低了劳动强度，减少了事故的发生，达到了预期的安全监控效果，为罐区的安全、稳定和长周期运行发挥了极大的作用，得到了用户的好评。油罐区安全监控系统集安全管理与安全监控于一体，性能稳定，主要功能的实现达到了预期的目的，是油罐区安全防护的重要措施之一。

8.7 基于物联网的油田井场安全检测监控系统

8.7.1 井场安全检测监控系统项目介绍

1. 井场概述

某油田集输站井场由抽油机井场和集输站两部分组成，如图 8 - 28 所示。抽油机井场共有 10 座，15 口抽油机井正常生产，其中单井井场 6 座，丛式井井场 4 座，包括 2 口井丛式井井场 3 座，3 口井丛式井井场 1 座。集输站所属地区地形复杂，十分分散，对井场生产状态的了解主要以人工巡视为主，对井场安全状态的把握有一定的局限性和滞后性，容易造成安全事故的延误，制约着井场的安全生产。

2. 井场安全检测监控需求分析

(1) 井场安全监控参数实时显示与报警。实时显示井场的所有安全参数，并能够根据设定的报警阈值，对超限的安全参数进行报警。

(2) 抽油机井场视频远程监控。可以从监控中心实时视频中监视抽油机的实时运行情况，检查井口是否漏油，抽油机是否非正常停止，井场作业是否符合规范等。

(3) 抽油机井场人体闯入智能识别。检测井场是否有人体闯入，并提醒监控中心人员注意。同时，可以自动对报警事件录像。

(4) 井场安全状态的综合预警。通过对监测到的安全参数进行信息融合，准确可靠地判断井场各个部分的安全状态。

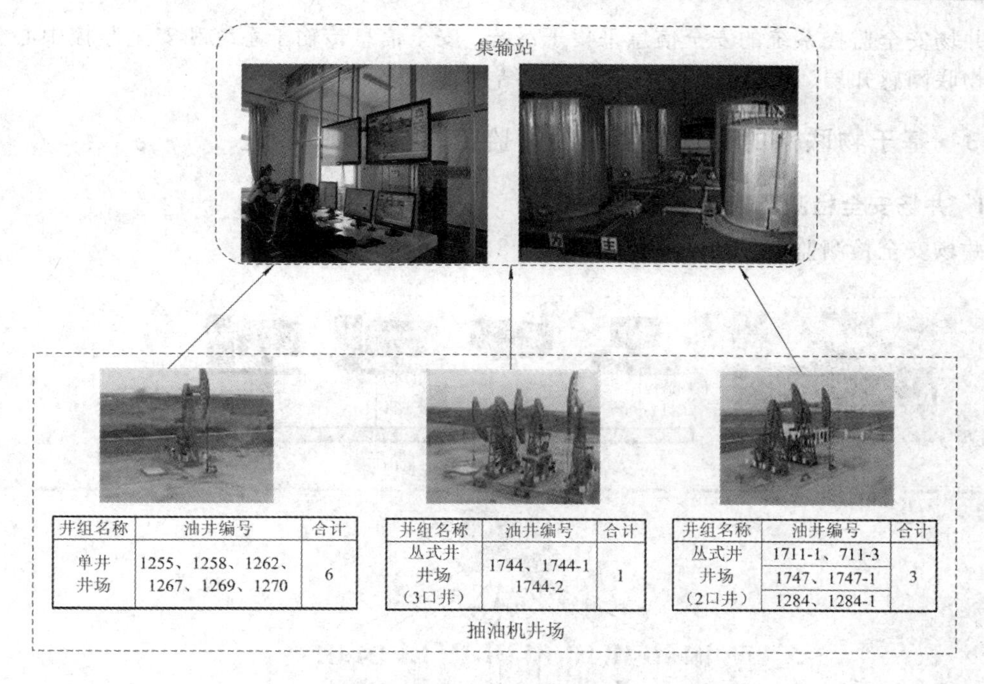

图 8 - 28　集输站井场构成

8.7.2　系统总体方案设计

井场安全检测监控系统物联网构架，如图 8 - 29 所示。

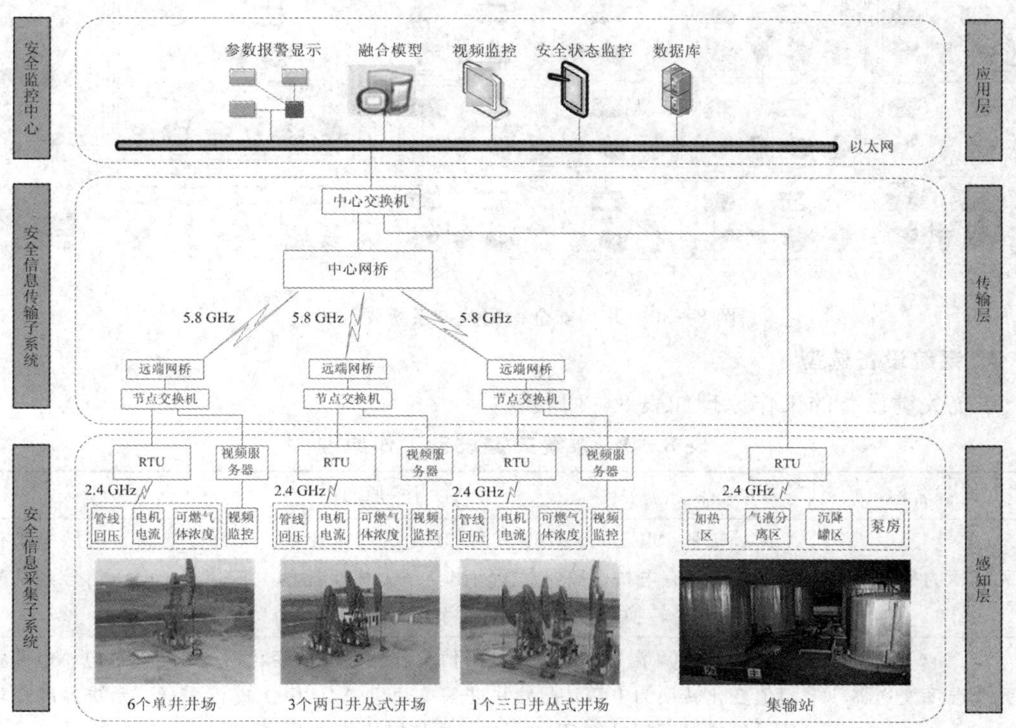

图 8 - 29　井场安全检测监控系统物联网构架

井场安全监控系统的安全信息采集子系统、安全信息传输子系统和安全监控中心分别对应物联网感知层、传输层、应用层的三层结构。

8.7.3　基于物联网的井场安全检测与监控系统实现

1. 井场安全检测监控系统硬件组成

井场安全检测监控系统硬件构成，如图 8-30 所示。

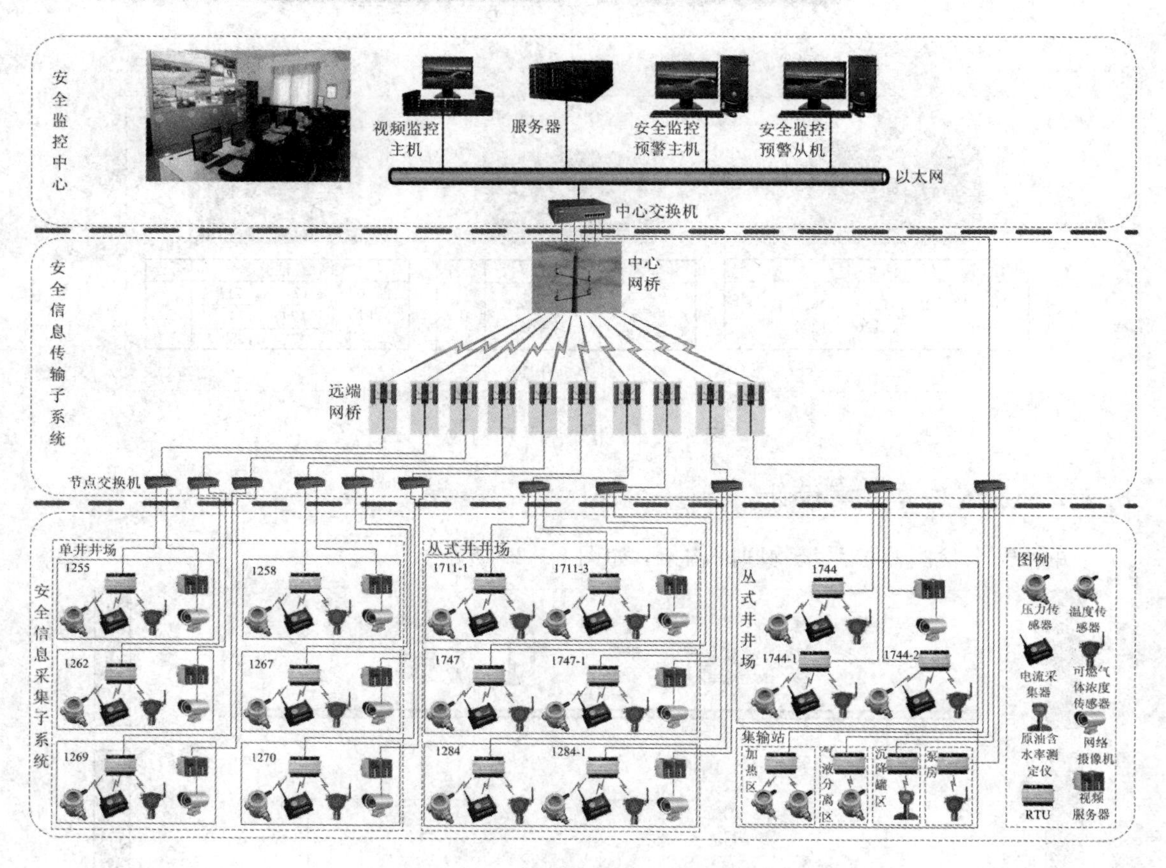

图 8-30　井场安全检测监控系统硬件构成

2. 系统设备选型

系统关键设备的工作原理如表 8-3 所示。

表 8-3　系统关键设备工作原理

设备名称	工作原理
无线压力变送器	微处理器(MCU)为 MSP430 低功耗系列单片机。压力传感器为压敏电阻传感器，内部有电桥电路，直接输出与压力成正比的电压信号，电压信号经信号放大及 A/D 转换后，转换成为数字信号
无线温度变送器	选用 PT100 温度传感器，其阻值会随着温度的变化而变化，通过电桥电路将阻值变化转换为电压信号，并进入单片机 A/D 模块进行采样。无线温度变送器采集的温度信号经 ZigBee 无线通信模块传输至 RTU

续表

设备名称	工作原理
无线电参采集模块	选用 MSP430F149 单片机，电机电流经过电流互感器转换为 1～5 A 的信号，进入电流采集电路进一步经互感器转换为 mA 级信号，然后进入单片机 A/D 模块进行采样。采用 ZigBee 无线通信模块进行传输
无线可燃气体浓度采集模块	传感器根据可燃气体浓度的高低会产生一定的模拟信号。该信号经过电路放大处理后，进入 A/D 模块采样，由单片机经过温度补偿、采样计算后，得出可燃气体浓度的具体值。采用 ZigBee 无线通信模块进行传输
无线原油含水率采集模块	采集模块信号源产生 60 MHz 的超短波。超短波在油水混合物中传播时，会产生相位移和幅度衰减的变化，该变化信号被接收后会被送至幅度相位的测量电路一个输入端。另外一路信号被直接送至幅度相位的检测电路另一输入端。幅度相位测量芯片将两路的输入信号幅度比及相位差转化成电压信号输出，两个电压信号经过单片机内部 A/D 模块转换为数字信号，进入单片机进行数据处理。采用 ZigBee 无线通信模块进行传输
RTU 模块	ARM 微控制器 MCU 是整个电路的核心负责数据处理、计算及外围器件的控制；电源模块为单片机和外围器件提供电源；ZigBee 无线通信模收集井场的压力、温度、可燃气体浓度、原油含水率等井场安全参数；以太网模块将收集到的安全参数数据转换为符合 TCP/IP 协议的数据格式，与交换机进行数据交互

3. 监控中心设备选型

监控中心设备选型如表 8-4 所示。

表 8-4　监控中心设备选型

名　称	型　号	技术要求
网络摄像机	枪型网络摄像机 DH-IPC-HFW3100P	分辨率为 1280×960，像素为 130 万，防护等级为 IP66，工作环境温度范围为 −20℃～60℃，工作环境湿度范围小于等于 90%
视频服务器	AT2201 视频服务器	它的 CPU 为 TMS320DM642，该芯片为 TI 公司的 C6000 系列的最新定点 DSP，核心部件为 C6416 高性能的数字信号处理器
无线网桥	Alvarion 公司 5.8 GHz 无线局域网桥 BreezeACCESS VL	采用点对多点通信方式进行无线组网，实现井场到集输站的网络连接
节点交换机	MOXA EDS-208A 工业以太网交换机	支持 IEEE802.3/802.3u/802.3x.10/100M 协议，支持全/半双工自适应，具有 8 个 10/100 Mb/s 以太网接口
工业控制计算机	研华工控机	内存 4 GB，硬盘 2 TB，互为冗余，用于所辖站点、井场数据及视频实时显示
数据库服务器	ThinkServer TS240 S1225v3 4/1TO 塔式服务器	它采用英特尔至强四核处理器，4 GB DDR3 1600 内存，1 TB 非热插拔 STAT3.5 寸硬盘，可扩展至 16 TB 存储空间
中心交换机	CISCOWS-C2960-24TC-L 智能以太网交换机	采用具备 24 个 10/100 Mb/s 以太网接口及 2 个双介质上行链路端口(10/100/1000BASE-T/SFP)，提平均无故障时间(MTBF) 2 349 824 小时

4. 安全检测监控系统软件构成

井场安全检测监控软件功能架构，如图 8-31 所示。

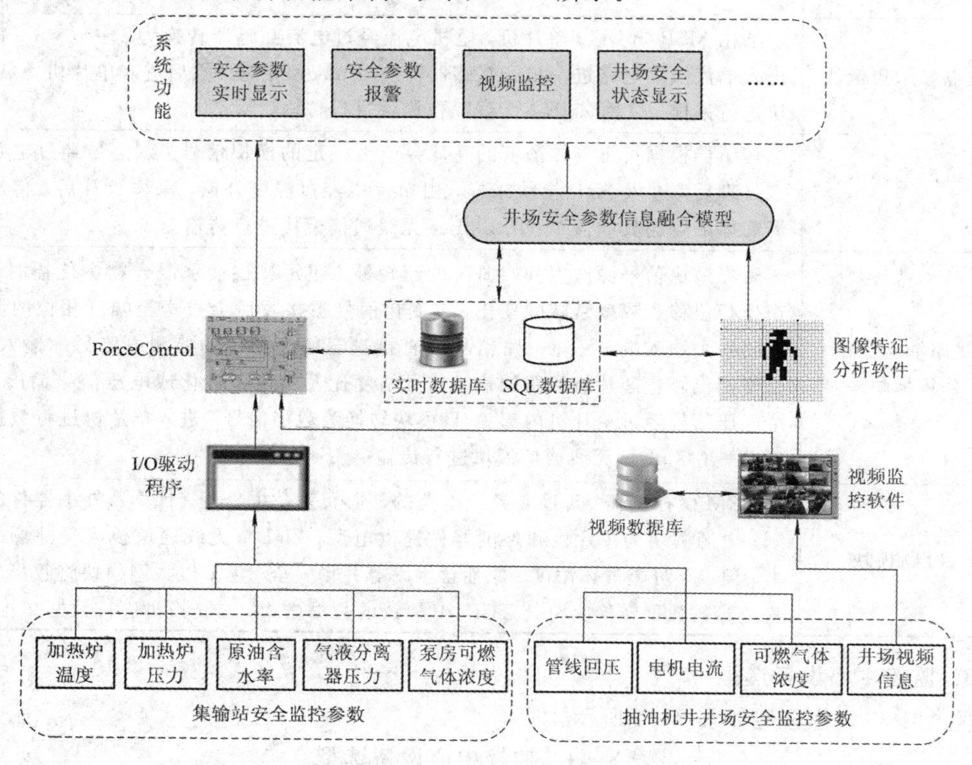

图 8-31　井场安全检测监控软件功能架构

5. 安全检测监控系统软件功能

井场安全检测监控系统软件功能有：系统管理、安全监控参数实时显示、安全监控参数报警、井场视频监控、安全参数融合预警。井场安全监控系统功能组成，如图 8-32 所示。

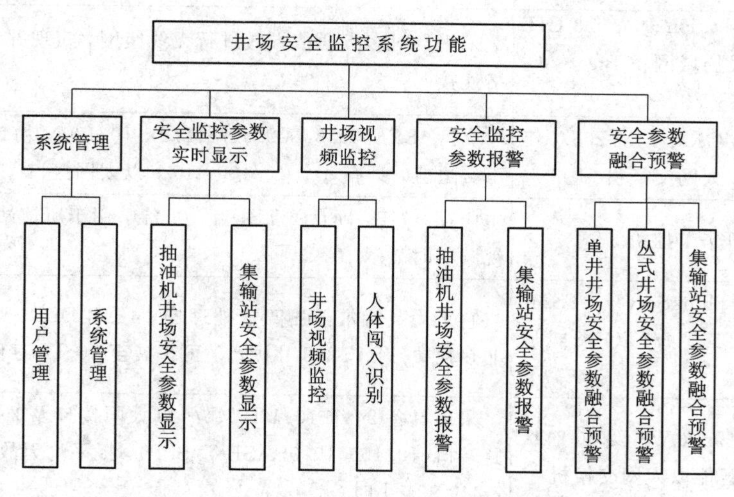

图 8-32　井场安全检测监控系统软件功能组成

8.7.4　系统运行与效果

抽油机井场安全检测监控参数显示界面，如图 8－33 所示。

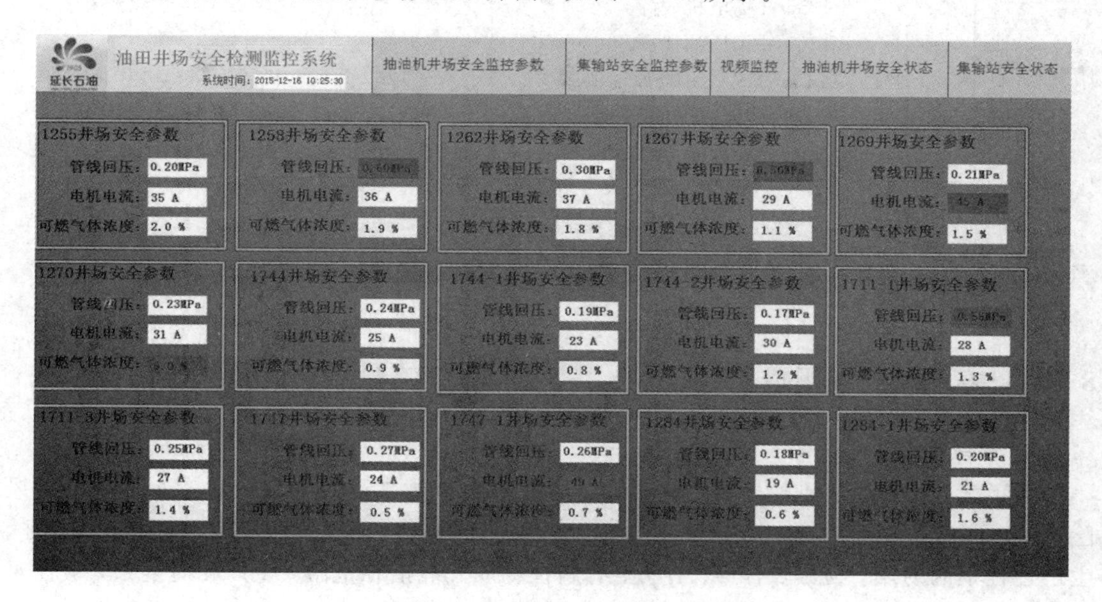

图 8－33　抽油机井场安全检测监控参数显示界面

集输站安全检测监控参数显示界面，如图 8－34 所示。

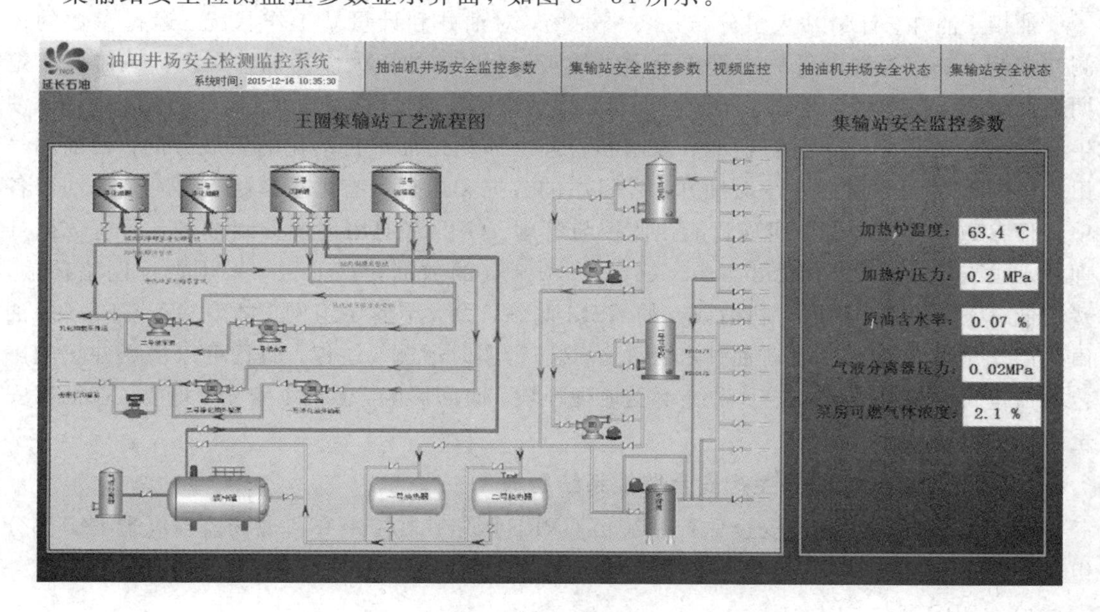

图 8－34　集输站安全检测监控参数显示界面

油田井场安全检测监控系统在集输站井场运行效果良好，调取系统运行前 6 个月与系统投入运行后 6 个月集输站井场发生事故的次数，如表 8－5 所示。可以发现油田井场安全检测监控系统有效地降低了井场事故的发生概率，提高了井场的安全生产管理水平。

表 8-5　井场安全监控系统运行效果对比

系统运行前	系统运行后
1255 井场电机故障 1267 井场原油泄露 1744、1744-1 丛式井场原油泄露 集输站管道腐蚀 集输站气液分离器跑油	1269 井场电机故障

8.8　油田生产安全无线监控系统

8.8.1　系统概述及组成

1. 系统概述

近年来，我国经济迅速发展，石油工业的战略地位越来越重要。石油工业是一个高风险产业，油田安全生产具有十分重要的意义。由于油田生产环境条件苛刻，过程连续性强，生产过程中的易燃、易爆、有毒、有害、有腐蚀物质具有潜在危险，生产相对复杂，被控对象(如油井、计量站等)分布广，相互联系以及一些人为因素，一旦发生事故就会造成巨大的经济损失。

油田、油井、计量站大多分布在各采油场，对油井和计量站工作状况、运行参数的监测与控制，一直是油田的一项重要且困难的工作。以前油田大多为油井巡视员或维修工定期巡回检查，技术十分落后。随着计算机技术、通信技术、检测与控制技术的发展，对原油生产和运输的各个环节进行监测、控制和管理一体化是油田自动化的发展方向。目前油气田正逐渐采用无线监控系统对油井、计量站的数据和运行状态远程监控，实时监控油田各项工作参数和实时故障，实现智能化监控与管理。GPRS(通用无线分组业务，高速数据处理技术，General Packet Radio Service)是一项新兴的数据传送业务，采用数据网络传输，费用低，稳定可靠。同时，利用现有的 GSM 基站，大大节省了组网成本。基于 GPRS 的油田生产安全监控系统不仅对油井和计量站点进行实时遥测、遥控，而且可以根据井场的工艺参数进行预警和安全监控。系统不受地理环境、时间影响，及时、安全、可靠，在油田安全生产中发挥着重要作用。

2. 基于 GPRS 的油田生产安全监控系统组成

基于 GPRS 油田生产安全监控系统由 GPRS 网络、监控中心和现场监控终端三个部分组成。系统组成如图 8-35 所示。

1) GPRS 网络

GPRS 是一种基于 GSM 系统的无线分组交换技术，其核心网络采用 IP 技术，能为用户提供 Internet 所能提供的一切功能。

无线数据终端(监控终端)与基站子系统(BBS)通过给定的接口相连。经过移动业务交换中心，接入数据网。监控中心采用无线网卡接入，实时接收采集监控终端发送的数据，

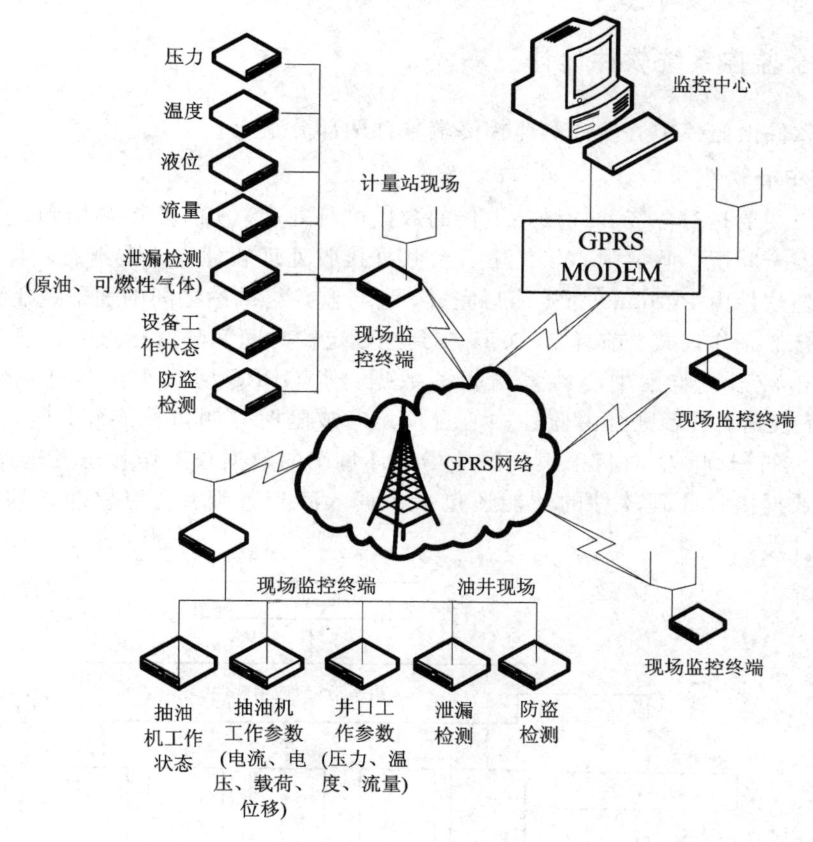

图8-35　监控网络组成图

并对监控终端进行实时监控。各监控终端的现场仪表通过RS-485通信口与监控终端传输模块连接，每一个监控终端传输模块装入一个中国移动的数据SIM卡即可。与此同时，监控中心亦可发送指令或数据给监控终端，达到相互通信。GPRS网络安全性高，可靠性强。

2）监控中心

监控中心主要接收并处理油井和计量站上传的数据，包括系统接收处理装置，数据的存储、实时显示、实时报表、报警曲线、打印、数据库等几部分。它主要实现对井场和计量站所有重要设备的运行参数进行实时监控，并进行状态和故障的预测、预报，同时以图片、文字、声、光的方式报警。安全员可以随时通过数据查询调出数据参数，并打印出来。

3）现场监控终端

系统的现场监控终端分为井场监控终端和计量站监控终端。井场监控终端可以监控10～15个井口，主要包括检测仪表、数据采集系统和无线远传装置三部分，分别实现数据测量、数据采集与发送功能。数据采集系统主要包括传感器接口电路、信号处理、采集芯片和通信接口电路几部分。无线远传装置采用西门子公司的TC45通信模块。监控终端结构如图8-36所示。

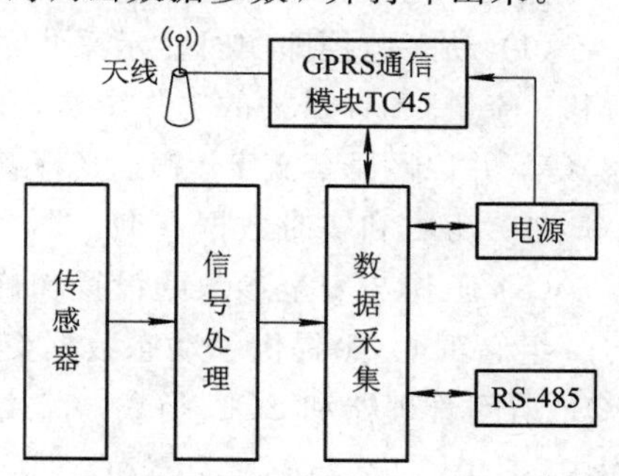

图8-36　监控终端结构图

8.8.2 安全监控系统软件设计

该系统软件由监控中心软件和监控终端软件两部分组成。

1. 监控中心软件

监控中心主要是对井场和计量站上传的数据进行处理，实时监控井场和计量站数据及井场生产的安全状况。监控中心软件由后台数据接收处理软件和前台组态软件构成。后台数据接收处理软件由 Python2.3.4 编写完成，它与监控终端站之间的通信选用自拍式与查询应答式混合的工作模式。前者是 TC45 在到达设定的时间间隔就通过 GPRS 网络自动向始终处于值守状态的监控中心站发送相关数据。当 GPRS 网络无法接通时，自动切换至 GSM 短信发送。后者则是由监控中心自动定时或随时呼叫监控终端，监控终端 TC45 响应监控中心的查询，实时将采集到的井场和计量站的数据与工作状态发送到监控中心。监控中心的数据接收处理软件的功能还包括数据入库和整编。监控软件结构如图 8-37 所示。

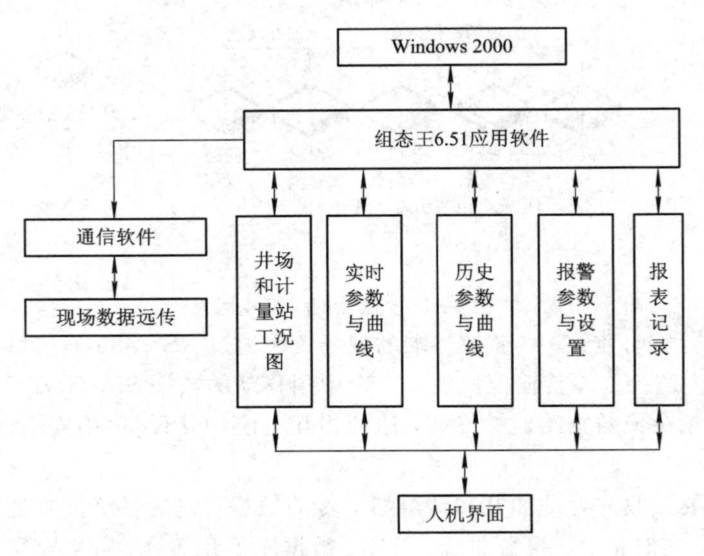

图 8-37 监控软件结构图

监控中心的前台组态软件采用北京亚控公司的组态王 6.51 软件，主要实现以下功能：

(1) 动态监控即实时显示采集的井场抽油机工作状态、工作参数(电压、电流、载荷、位移、流量)和计量站的工作参数(压力、流量、温度、液位)以及安全检测参数(泄漏、防盗)等，并以图形、文字、声、光报警。

(2) 历史和实时数据查询，曲线显示与分析，故障预测预报。

(3) 工作与安全参数的设置和修改。

组态王 6.51 提供了动态数据交换(DDE)和 SQL 访问两种处理数据方式。该系统采用 SQL 访问管理器和 SQL 函数，直接操作后台数据处理软件存储在 Microsoft Access 数据库中。

1）工程变量的设置

由于组态王6.51监控软件针对实时数据库进行操作，而不直接与监控终端TC45发生联系，在组态王工程浏览器的数据词典以设置内存变量为主。数据词典定义了抽油机的工作状态与工作参数、井口工作参数、计量站工作状态和工作参数等变量。同时，设定日期、时间，以便显示、查询。与报警等功能相关的直接变量和中间变量，在组态王命令语言中编写自定义变量来参加运算和赋值等。当该命令语言执行完成后，它们的值可随之消失，相当于局部变量。

2）数据库和记录体的创建

在控制面板(ODBC)中增加一个Microsoft Access Driver数据源，其源名与事先定义好的Access数据库名相同。

在组态王工程浏览器中建立名为“current-volt”、“disp-burt”等的记录体。把数据词典和数据库中与记录同名的表格中所对应的字段名称增加到记录体当中。

3）井场和计量站工况图设计

在画面上设计井场工况和计量站工况画面。井场工况画面上设置抽油机和井口参数动态图，并和数据词典对应的变量连接起来。计量站工况图上设置计量站内的泵阀、罐、设备、检测仪表的动画图，同样连接上数据词典内对应的变量。这些图片由组态王内部的图片库构建起来，并带有动画，形象地模拟出了现场的工作过程。图片旁设置工作状态指示灯，当出现故障时指示灯变成红色并报警，同时切入报警画面和实时参数与曲线画面。

故障原因的分析判断，是画面上的文本对象与组态王变量的报警界限值域之间的动画连接实现。

4）报警与参数修改设计

在工程浏览器中的报警组中定义一个名为油井—计量站的报警组。把需要监控的数据添加到定义好的报警组中，变量的报警定义界面里提供了设定报警的上、下限的报警，变化率报警，可根据需要设定不同的报警方式，报警上、下限可以根据实际情况设定不同的值。

5）曲线与记录打印设计

打开组态王图库中的图库管理器，选择历史曲线、实时曲线。在其“曲线定义”属性画面中定义画面名为“历史曲线”，可供选择的曲线可以和需要显示的变量进行连接，设定曲线的属性：颜色、坐标等。曲线可以同时在画面中显示，直观而且易于比较。

在工程浏览器的打印配置属性内添加需要打印的变量名称，打开变量属性面板在其中选择打印的内容。

2. 监控终端软件

在监控系统中，监控终端只需要把所采集到的数据通过无线模块发送到监控中心的计算机当中。监控软件流程如图8-38所示。

首先对各项参数进行初始化，重点对通信串口进行初始化。设置好对应的波特率及发送格式，然后检测串口是否收到井场数据。如果收到就启动GPRS连接，通过无线网络传送到监控中心的监控画面上；如果没有数据则返回到初始状态。当串口重新接收到数据后，重新对GPRS模块初始化，重新发送。

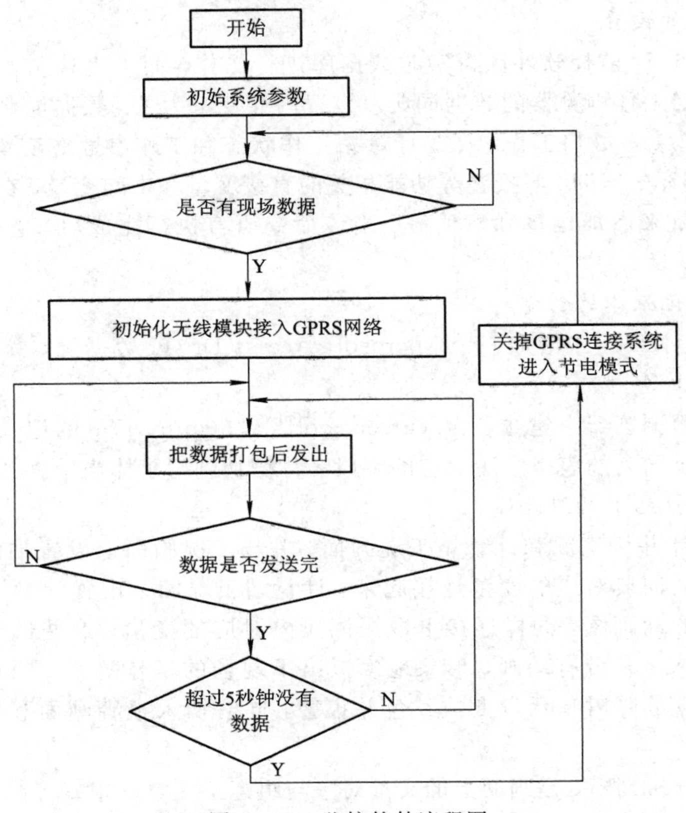

图 8-38 监控软件流程图

8.8.3 系统使用状况

(1) 基于 GPRS 的油田安全生产监控系统已在某油田投入生产运行，为油田安全生产管理和安全监控提供了技术保障，取得了满意效果。

(2) 对油井、抽油机、计量站点远程实时监控，实现油田井场和计量站的工艺参数、设备运行状态及故障预警预报与安全监控，在油田的安全生产中发挥着重要的作用。

(3) 基于 GPRS 的监控系统适应油田生产环境条件差、作业区分布广、生产过程复杂等特点，具有一定的推广应用价值。

习题与思考题

1. 简述安全检测与监控系统的组成。
2. 安全检测与监控系统的设计过程、步骤有哪些？要遵循哪些原则？
3. 什么是现场总线技术？它有哪些具体应用？
4. 简述物联网技术特点与网络架构。
5. 简述常用的几种数据融合方法。
6. 什么是人工神经网络？它有哪些用途？
7. 举例说明新技术在安全检测与监控系统中的应用。

附录 A　热电偶分度表

表 A-1　铂铑 10—铂热电偶(S 型)分度表(ITS—90)(参考端温度为 0℃)

温度/℃	0	10	20	30	40	50	60	70	80	90
	热电动势/mV									
0	0.000	0.055	0.113	0.173	0.235	0.299	0.365	0.432	0.502	0.573
100	0.645	0.719	0.795	0.872	0.950	1.029	1.109	1.190	1.273	1.356
200	1.440	1.525	1.611	1.698	1.785	1.873	1.962	2.051	2.141	2.232
300	2.323	2.414	2.506	2.599	2.692	2.786	2.880	2.974	3.069	3.164
400	3.260	3.356	3.452	3.549	3.645	3.743	3.840	3.938	4.036	4.135
500	4.234	4.333	4.432	4.532	4.632	4.732	4.832	4.933	5.034	5.136
600	5.237	5.339	5.442	5.544	5.648	5.751	5.855	5.960	6.065	6.169
700	6.274	6.380	6.486	6.592	6.699	6.805	6.913	7.020	7.128	7.236
800	7.345	7.454	7.563	7.672	7.782	7.892	8.003	8.114	8.255	8.336
900	8.448	8.560	8.673	8.786	8.899	9.012	9.126	9.240	9.355	9.470
1000	9.585	9.700	9.816	9.932	10.048	10.165	10.282	10.400	10.517	10.635
1100	10.754	10.872	10.991	11.110	11.229	11.348	11.467	11.587	11.707	11.827
1200	11.947	12.067	12.188	12.308	12.429	12.550	12.671	12.792	12.912	13.034
1300	13.155	13.397	13.397	13.519	13.640	13.761	13.883	14.004	14.125	14.247
1400	14.368	14.610	14.610	14.731	14.852	14.973	15.094	15.215	15.336	15.456
1500	15.576	15.697	15.817	15.937	16.057	16.176	16.296	16.415	16.534	16.653
1600	16.771	16.890	17.008	17.125	17.243	17.360	17.477	17.594	17.711	17.826
1700	17.942	18.056	18.170	18.282	18.394	18.504	18.612	—	—	—

表 A-2　铂铑 13—铂热电偶(R 型)分度表(参考端温度为 0℃)

t/℃	−0	+0	100	200	300	400	500	600	700	800
E/mV	0.000	0.000	0.647	1.469	2.401	3.408	4.471	5.583	6.743	7.950
t/℃	900	1000	1100	1200	1300	1400	1500	1600	1700	
E/mV	9.205	10.506	11.850	13.228	14.629	16.040	17.451	18.849	20.222	

表 A-3　R 型热电偶参考端温度非 0℃ 时校正表(修正值加上所查的热电势)

t/℃	0	10	20	30	40	50
E/mV	0.000	0.054	0.111	0.171	0.232	0.296

表 A-4　镍铬硅—镍硅热电偶(N 型)分度表(参考端温度为 0℃)

t/℃	−200	−100	−0	+0	100	200	300	400	500
E/mV	−3.990	−2.407	0.000	0.000	2.747	5.913	9.341	12.974	16.748
t/℃	600	700	800	900	1000	1100	1200	1300	
E/mV	20.613	24.527	28.455	32.371	36.256	40.087	43.876	47.513	

表 A-5　N 型热电偶参考端温度非 0℃ 时校正表(修正值加上所查的热电势)

t/℃	0	10	20	30	40	50
E/mV	0.000	0.261	0.525	0.793	1.065	1.340

表 A-6　铂铑 30—铂铑 6 热电偶(B 型)分度表(参考端温度为 0℃)

温度/℃	0	10	20	30	40	50	60	70	80	90
	热电动势/mV									
0	−0.000	−0.002	−0.003	0.002	0.000	0.002	0.006	0.11	0.017	0.025
100	0.033	0.043	0.053	0.065	0.078	0.092	0.107	0.123	0.140	0.159
200	0.178	0.199	0.220	0.243	0.266	0.291	0.317	0.344	0.372	0.401
300	0.431	0.462	0.494	0.516	0.527	0.596	0.632	0.669	0.707	0.746
400	0.786	0.827	0.870	0.913	0.957	1.002	1.048	1.095	1.143	1.192
500	1.241	1.292	1.344	1.397	1.450	1.505	1.560	1.617	1.674	1.732
600	1.791	1.851	1.912	1.974	2.036	2.100	2.164	2.230	2.296	2.363
700	2.430	2.499	2.569	2.639	2.710	2.782	2.855	2.928	3.003	3.078
800	3.154	3.231	3.308	3.387	3.466	3.546	3.626	3.708	3.790	3.873
900	3.957	4.041	4.126	4.212	4.298	4.386	4.474	4.562	4.652	4.742
1000	4.833	4.924	5.016	5.109	5.202	5.2997	5.391	5.487	5.583	5.680
1100	5.777	5.875	5.973	6.073	6.172	6.273	6.374	6.475	6.577	6.680
1200	6.783	6.887	6.991	7.038	7.096	7.202	7.414	7.521	7.628	7.736
1300	7.845	7.953	8.063	8.172	8.283	8.393	8.504	8.616	8.727	8.839
1400	8.952	9.065	9.178	9.291	9.405	9.519	9.634	9.748	9.863	9.979
1500	10.094	10.210	10.325	10.441	10.588	10.674	10.790	10.907	11.024	11.141
1600	11.257	11.374	11.491	11.608	11.725	11.842	11.959	12.076	12.193	12.310
1700	12.426	12.543	12.659	12.776	12.892	13.008	13.124	13.239	13.354	13.470
1800	13.585	13.699	13.814	—	—	—	—	—	—	—

表 A-7　铬—铜镍(康铜)热电偶(E 型)分度表(参考端温度为 0℃)

温度/℃	0	10	20	30	40	50	60	70	80	90
	热电动势/mV									
0	0.000	0.591	1.192	1.801	2.419	3.047	3.683	4.329	4.983	5.646
100	6.317	6.996	7.683	8.377	9.078	9.787	10.501	11.222	11.949	12.681
200	13.419	14.161	14.909	15.661	16.417	17.178	17.942	18.710	19.481	20.256
300	21.033	21.814	22.597	23.383	24.171	24.961	25.754	26.549	27.345	28.143
400	28.943	29.744	30.546	31.350	32.155	32.960	33.767	34.574	35.382	36.190
500	36.999	37.808	38.617	39.426	40.236	41.045	41.853	42.662	43.470	44.278
600	45.085	45.891	46.697	47.502	48.306	49.109	49.911	50.713	51.513	52.312
700	53.110	53.907	54.703	55.498	56.291	57.083	57.873	58.663	59.451	60.237
800	61.022	61.806	62.588	63.368	64.147	64.924	65.700	66.473	67.245	68.015
900	68.783	69.549	70.313	71.075	71.835	72.593	73.350	74.104	74.857	75.608
1000	76.358	—	—	—	—	—	—	—	—	—

表 A-8　镍铬—镍硅热电偶(K 型)分度表(参考端温度为 0℃)

温度/℃	0	10	20	30	40	50	60	70	80	90
	热电动势/mV									
0	0.000	0.397	0.798	1.203	1.611	2.022	2.436	2.850	3.266	3.681
100	4.095	4.508	4.919	5.327	5.733	6.137	6.539	6.939	7.338	7.737
200	8.137	8.537	8.938	9.341	9.745	10.151	10.560	10.969	11.381	11.793
300	12.207	12.623	13.039	13.456	13.874	14.292	14.712	15.132	15.552	15.974
400	16.395	16.818	17.241	17.664	18.088	18.513	18.938	19.363	19.788	20.214
500	20.640	21.066	21.493	21.919	22.346	22.772	23.198	23.624	24.050	24.476
600	24.902	25.327	25.751	26.176	26.599	27.022	27.445	27.867	28.288	28.709
700	29.128	29.547	29.965	30.383	30.799	31.214	31.214	32.042	32.455	32.866
800	33.277	33.686	34.095	34.502	34.909	35.314	35.718	36.121	36.524	36.925
900	37.325	37.724	38.122	38.915	38.915	39.310	39.703	40.096	40.488	40.879
1000	41.269	41.657	42.045	42.432	42.817	43.202	43.585	43.968	44.349	44.729
1100	45.108	45.486	45.863	46.238	46.612	46.985	47.356	47.726	48.095	48.462
1200	48.828	49.192	49.555	49.916	50.276	50.633	50.990	51.344	51.697	52.049
1300	52.398	52.747	53.093	53.439	53.782	54.125	54.466	54.807	—	—

表 A-9　铁一铜镍(康铜)热电偶(J 型)分度表(参考端温度为 0℃)

温度/℃	0	10	20	30	40	50	60	70	80	90
	热电动势/mV									
0	0.000	0.507	1.019	1.536	2.058	2.585	3.115	3.649	4.186	4.725
100	5.268	5.812	6.359	6.907	7.457	8.008	8.560	9.113	9.667	10.222
200	10.777	11.332	11.887	12.442	12.998	13.553	14.108	14.663	15.217	15.771
300	16.325	16.879	17.432	17.984	18.537	19.089	19.640	20.192	20.743	21.295
400	21.846	22.397	22.949	23.501	24.054	24.607	25.161	25.716	26.272	26.829
500	27.388	27.949	28.511	29.075	29.642	30.210	30.782	31.356	31.933	32.513
600	33.096	33.683	34.273	34.867	35.464	36.066	36.671	37.280	37.893	38.510
700	39.130	39.754	40.382	41.013	41.647	42.288	42.922	43.563	44.207	44.852
800	45.498	46.144	46.790	47.434	48.076	48.716	49.354	49.989	50.621	51.249
900	51.875	52.496	53.115	53.729	54.341	54.948	55.553	56.155	56.753	57.349
1000	57.942	58.533	59.121	59.708	60.293	60.876	61.459	62.039	62.619	63.199
1100	63.777	64.355	64.933	65.510	66.087	66.664	67.240	67.815	68.390	68.964
1200	69.536	—	—	—	—	—	—	—	—	—

表 A-10　铜一铜镍(康铜)热电偶(T 型)分度表(参考端温度为 0℃)

温度/℃	0	10	20	30	40	50	60	70	80	90
	热电动势/mV									
−200	−5.603	—	—	—	—	—	—	—	—	—
−100	−3.378	−3.378	−3.923	−4.177	−4.419	−4.648	−4.865	−5.069	−5.261	−5.439
−0	0.000	0.383	−0.757	−1.121	−1.475	−1.819	−2.152	−2.475	−2.788	−3.089
+0	0.000	0.391	0.789	1.196	1.611	2.035	2.467	2.980	3.357	3.813
100	4.277	4.749	5.227	5.712	6.204	6.702	7.207	7.718	8.235	8.757
200	9.268	9.820	10.360	10.905	11.456	12.011	12.572	13.137	13.707	14.281
300	14.860	15.443	16.030	16.621	17.217	17.816	18.420	19.027	19.638	20.252
400	20.869	—	—	—	—	—	—	—	—	—

附录B　热电阻分度表

表B-1　工业用铂电阻温度计(Pt100)分度表(R_0=100.00 Ω)

温度/℃	0	1	2	3	4	5	6	7	8	9
	电阻/Ω									
−200	18.52									
−190	22.83	22.40	21.97	21.54	21.11	20.68	20.25	19.82	19.38	18.95
−180	27.10	26.67	26.24	25.82	25.39	24.97	24.54	24.11	23.68	23.25
−170	31.34	30.91	30.49	30.07	29.64	29.22	28.80	28.37	27.95	27.52
−160	35.54	35.12	34.70	34.28	33.86	33.44	33.02	32.60	32.18	31.76
−150	39.72	39.31	38.89	38.47	38.05	37.64	37.22	36.80	36.38	35.96
−140	43.88	43.46	43.05	42.63	42.22	41.80	41.39	40.97	40.56	40.14
−130	48.00	47.59	47.18	46.77	46.36	45.94	45.53	45.12	44.70	44.29
−120	52.11	51.70	51.29	50.88	50.47	50.06	49.65	49.24	48.83	48.42
−110	56.19	55.79	55.38	54.97	54.56	54.15	53.75	53.34	52.93	52.52
−100	60.26	59.85	59.44	59.04	58.63	58.23	57.82	57.41	57.01	56.60
−90	64.30	63.90	63.49	63.09	62.68	62.28	61.88	61.47	61.07	60.66
−80	68.33	67.92	67.52	67.12	66.72	66.31	65.91	65.51	65.11	64.70
−70	72.33	71.93	71.53	71.13	70.73	70.33	69.93	69.53	69.13	68.73
−60	76.33	75.93	75.53	75.13	74.73	74.33	73.93	73.53	73.13	72.73
−50	80.31	79.91	79.51	79.11	78.72	78.32	77.92	77.52	77.12	76.73
−40	84.27	83.87	83.48	83.08	82.69	82.29	81.89	81.50	81.10	80.70
−30	88.22	87.83	87.43	87.04	86.64	86.25	85.85	85.46	85.06	84.67
−20	92.16	91.77	91.37	90.98	90.59	90.19	89.80	89.40	89.01	88.62
−10	96.09	95.69	95.30	94.91	94.52	94.12	93.73	93.34	92.95	92.55
−0	100.00	99.61	99.22	98.83	98.44	98.04	97.65	97.26	96.87	96.48
+0	100.00	100.39	100.78	101.17	101.56	101.95	102.34	102.73	103.12	103.51
10	103.90	104.29	104.68	105.07	105.46	105.85	106.24	106.63	107.02	107.40

续表(一)

温度/℃	0	1	2	3	4	5	6	7	8	9
	电阻/Ω									
20	107.79	108.18	108.57	108.96	109.35	109.73	110.12	110.51	110.90	111.29
30	111.67	112.06	112.45	112.83	113.22	113.61	114.00	114.38	114.77	115.15
40	115.54	115.93	116.31	116.70	117.08	117.47	117.86	118.24	118.63	119.01
50	119.40	119.78	120.17	120.55	120.94	121.32	121.71	122.09	122.47	122.86
60	123.24	123.63	124.01	124.39	124.78	125.16	125.54	125.93	126.31	126.69
70	127.08	127.46	127.84	128.22	128.61	128.99	129.37	129.75	130.13	130.52
80	130.90	131.28	131.66	132.04	132.42	132.80	133.18	133.57	133.95	134.33
90	134.71	135.09	135.47	135.85	136.23	136.61	136.99	137.37	137.75	138.13
100	138.51	138.88	139.26	139.64	140.02	140.40	140.78	141.16	141.54	141.91
110	142.29	142.67	143.05	143.43	143.80	144.18	144.56	144.94	145.31	145.69
120	146.07	146.44	146.82	147.20	147.57	147.95	148.33	148.70	149.08	149.46
130	149.83	150.21	150.58	150.96	151.33	151.71	152.08	152.46	152.83	153.21
140	153.58	153.96	154.33	154.71	155.08	155.46	155.83	156.20	156.58	156.95
150	157.33	157.70	158.07	158.45	158.82	159.19	159.56	159.94	160.31	160.68
160	161.05	161.43	161.80	162.17	162.54	162.91	163.29	163.66	164.03	164.40
170	164.77	165.14	165.51	165.89	166.26	166.63	167.00	167.37	167.74	168.11
180	168.48	168.85	169.22	169.59	169.96	170.33	170.70	171.07	171.43	171.80
190	172.17	172.54	172.91	173.28	173.65	174.02	174.38	174.75	175.12	175.49
200	175.86	176.22	176.59	176.96	177.33	177.69	178.06	178.43	178.79	179.16
210	179.53	179.89	180.26	180.63	180.99	181.36	181.72	182.09	182.46	182.82
220	183.19	183.55	183.92	184.28	184.65	185.01	185.38	185.74	186.11	186.47
230	186.84	187.20	187.56	187.93	188.29	188.66	189.02	189.38	189.75	190.11
240	190.47	190.84	191.20	191.56	191.92	192.29	192.65	193.01	193.37	193.74
250	194.10	194.46	194.82	195.18	195.55	195.91	196.27	196.63	196.99	197.35
260	197.71	198.07	198.43	198.79	199.15	199.51	199.87	200.23	200.59	200.95
270	201.31	201.67	202.03	202.39	202.75	203.11	203.47	203.83	204.19	204.55
280	204.90	205.26	205.62	205.98	206.34	206.70	207.05	207.41	207.77	208.13
290	208.48	208.84	209.20	209.56	209.91	210.27	210.63	210.98	211.34	211.70

续表(二)

温度/℃	0	1	2	3	4	5	6	7	8	9
	电阻/Ω									
300	212.05	212.41	212.76	213.12	213.48	213.83	214.19	214.54	214.90	215.25
310	215.61	215.96	216.32	216.67	217.03	217.38	217.74	218.09	218.44	218.80
320	219.15	219.51	219.86	220.21	220.57	220.92	221.27	221.63	221.98	222.33
330	222.68	223.04	223.39	223.74	224.09	224.45	224.80	225.15	225.50	225.85
340	226.21	226.56	226.91	227.26	227.61	227.96	228.31	228.66	229.02	229.37
350	229.72	230.07	230.42	230.77	231.12	231.47	231.82	232.17	232.52	232.87
360	233.21	233.56	233.91	234.26	234.61	234.96	235.31	235.66	236.00	236.35
370	236.70	237.05	237.40	237.74	238.09	238.44	238.79	239.13	239.48	239.83
380	240.18	240.52	240.87	241.22	241.56	241.91	242.26	242.60	242.95	243.29
390	243.64	243.99	244.33	244.68	245.02	245.37	245.71	246.06	246.40	246.75
400	247.09	247.44	247.78	248.13	248.47	248.81	249.16	249.50	249.85	250.19
410	250.53	250.88	251.22	251.56	251.91	252.25	252.59	252.93	253.28	253.62
420	253.96	254.30	254.65	254.99	255.33	255.67	256.01	256.35	256.70	257.04
430	257.38	257.72	258.06	258.40	258.74	259.08	259.42	259.76	260.10	260.44
440	260.78	261.12	261.46	261.80	262.14	262.48	262.82	263.16	263.50	263.84
450	264.18	264.52	264.86	265.20	265.53	265.87	266.21	266.55	266.89	267.22
460	267.56	267.90	268.24	268.57	268.91	269.25	269.59	269.92	270.26	270.60
470	270.93	271.27	271.61	271.94	272.28	272.61	272.95	273.29	273.62	273.96
480	274.29	274.63	274.96	275.30	275.63	275.97	276.30	276.64	276.97	277.31
490	277.64	277.98	278.31	278.64	278.98	279.31	279.64	279.98	280.31	280.64
500	280.98	281.31	281.64	281.98	282.31	282.64	282.97	283.31	283.64	283.97
510	284.30	284.63	284.97	285.30	285.63	285.96	286.29	286.62	286.95	287.29
520	287.62	287.95	288.28	288.61	288.94	289.27	289.60	289.93	290.26	290.59
530	290.92	291.25	291.58	291.91	292.24	292.56	292.89	293.22	293.55	293.88
540	294.21	294.54	294.86	295.19	295.52	295.85	296.18	296.50	296.83	297.16
550	297.49	297.81	298.14	298.47	298.80	299.12	299.45	299.78	300.10	300.43
560	300.75	301.08	301.41	301.73	302.06	302.38	302.71	303.03	303.36	303.69
570	304.01	304.34	304.66	304.98	305.31	305.63	305.96	306.28	306.61	306.93

续表(三)

温度/℃	0	1	2	3	4	5	6	7	8	9
	电阻/Ω									
580	307.25	307.58	307.90	308.23	308.55	308.87	309.20	309.52	309.84	310.16
590	310.49	310.81	311.13	311.45	311.78	312.10	312.42	312.74	313.06	313.39
600	313.71	314.03	314.35	314.67	314.99	315.31	315.64	315.96	316.28	316.60
610	316.92	317.24	317.56	317.88	318.20	318.52	318.84	319.16	319.48	319.80
620	320.12	320.43	320.75	321.07	321.39	321.71	322.03	322.35	322.67	322.98
630	323.30	323.62	323.94	324.26	324.57	324.89	325.21	325.53	325.84	326.16
640	326.48	326.79	327.11	327.43	327.74	328.06	328.38	328.69	329.01	329.32
650	329.64	329.96	330.27	330.59	330.90	331.22	331.53	331.85	332.16	332.48
660	332.79	333.11	333.42	333.74	334.05	334.36	334.68	334.99	335.31	335.62
670	335.93	336.25	336.56	336.87	337.18	337.50	337.81	338.12	338.44	338.75
680	339.06	339.37	339.69	340.00	340.31	340.62	340.93	341.24	341.56	341.87
690	342.18	342.49	342.80	343.11	343.42	343.73	344.04	344.35	344.66	344.97
700	345.28	345.59	345.90	346.21	346.52	346.83	347.14	347.45	347.76	348.07
710	348.38	348.69	348.99	349.30	349.61	349.92	350.23	350.54	350.84	351.15
720	351.46	351.77	352.08	352.38	352.69	353.00	353.30	353.61	353.92	354.22
730	354.53	354.84	355.14	355.45	355.76	356.06	356.37	356.67	356.98	357.28
740	357.59	357.90	358.20	358.51	358.81	359.12	359.42	359.72	360.03	360.33
750	360.64	360.94	361.25	361.55	361.85	362.16	362.46	362.76	363.07	363.37
760	363.67	363.98	364.28	364.58	364.89	365.19	365.49	365.79	366.10	366.40
770	366.70	367.00	367.30	367.60	367.91	368.21	368.51	368.81	369.11	369.41
780	369.71	370.01	370.31	370.61	370.91	371.21	371.51	371.81	372.11	372.41
790	372.71	373.01	373.31	373.61	373.91	374.21	374.51	374.81	375.11	375.41
800	375.70	376.00	376.30	376.60	376.90	377.19	377.49	377.79	378.09	378.39
810	378.68	378.98	379.28	379.57	379.87	380.17	380.46	380.76	381.06	381.35
820	381.65	381.95	382.24	382.54	382.83	383.13	383.42	383.72	384.01	384.31
830	384.60	384.90	385.19	385.49	385.78	386.08	386.37	386.67	386.96	387.25
840	387.55	387.84	388.14	388.43	388.72	389.02	389.31	389.60	389.90	390.19
850	390.48	—	—	—	—	—	—	—	—	—

表B-2 工业用铜电阻温度计(Cu100)分度表($R_0=100.00\ \Omega$)

温度/℃	0	1	2	3	4	5	6	7	8	9
	电阻/Ω									
−50	78.49									
−40	82.80	82.36	81.94	81.50	81.08	80.64	80.20	79.78	79.34	78.92
−30	87.10	86.68	86.24	87.38	85.38	84.95	84.54	84.10	83.66	83.22
−20	91.40	90.98	90.54	90.12	89.68	89.26	88.82	88.40	87.96	87.54
−10	95.70	95.28	94.84	94.42	93.98	93.56	93.12	92.70	92.26	91.84
−0	100.00	99.56	99.14	98.70	98.28	97.84	97.42	97.00	96.56	96.14
+0	100.00	100.42	100.86	101.28	101.72	102.14	102.56	103.00	103.43	103.86
10	104.28	104.72	105.14	105.56	106.00	106.42	106.86	107.28	107.72	108.14
20	108.56	109.00	109.42	109.84	110.28	110.70	111.14	111.56	112.00	112.42
30	112.84	113.28	113.70	114.14	114.56	114.98	115.42	115.84	116.28	116.70
40	117.12	117.56	117.98	118.40	118.84	119.26	119.70	120.12	120.54	120.98
50	121.40	121.84	122.26	122.68	123.12	123.54	123.96	124.40	124.82	125.26
60	125.68	126.10	126.54	126.96	127.40	127.82	128.24	128.68	129.10	129.52
70	129.96	130.38	130.82	131.24	131.66	132.10	132.52	132.96	133.38	133.80
80	134.24	134.66	135.08	135.52	135.94	136.38	136.80	137.24	137.66	138.08
90	138.52	138.94	139.36	139.80	140.22	140.66	141.08	141.52	141.94	142.36
100	142.80	143.22	143.66	144.08	144.50	144.94	145.36	145.80	146.22	146.66
110	147.08	147.50	147.94	148.36	148.80	149.22	149.66	150.08	150.52	150.94
120	151.36	151.80	152.22	152.66	153.08	153.52	153.94	154.38	154.80	155.24
130	155.66	156.10	156.52	156.96	157.38	157.82	158.24	158.68	159.10	159.54
140	159.96	160.40	160.82	161.26	161.68	162.12	162.54	162.98	163.40	163.84
150	164.27	—	—	—	—	—	—	—	—	—

参考文献

[1] 刘国才. 安全科学概论. 北京：中国劳动出版社，1998.

[2] 陆庆武. 事故预防预测技术. 北京：机械工业出版社，1990.

[4] 董文庚. 安全检测与监控. 北京：中国劳动社会保障出版社，2011.

[5] 陈金刚，赵军. 安全检测技术. 北京：中国建筑工业出版社，2018.

[6] 高洪亮，刘章现，徐义勇. 安全检测监控技术. 北京：中国劳动社会保障出版社，2009.

[7] 董文庚，刘庆洲，苏昭桂. 安全检测技术与仪表. 北京：煤炭工业出版社，2007.

[8] 陈海群，王凯全. 安全检测与控制技术. 北京：中国石化出版社，2008.

[9] 李树刚. 安全监测监控制技术. 北京：中国矿业大学出版社，2008.

[10] 陈海群，陈群，王新颖. 安全检测与监控技术[M]. 北京：中国石化出版社，2013.

[11] 国家安全生产监督管理总局职业安全健康监督管理公司，中国安全生产科学研究院. 职业卫生评价与检测：职业病危害因素检测[M]. 北京：煤炭工业出版社，2013.

[12] 徐凯宏，董文庚. 安全检测与智能检测[M]. 北京：中国质检出版社，2014.

[13] 董文庚，苏昭桂，刘庆洲编著. 安全检测[M]. 北京：中国石化出版社，2016.

[14] 周福富，赵艳敏. 职业危害因素检测评价技术(第1版)[M]. 北京：化学工业出版社，2016.

[15] 陈楠，徐小楠. 石化消防安全监测技术. 北京：化学工业出版社，2004.

[16] 金伟，齐世清，吴朝霞，等. 现代检测技术(第3版)[M]. 北京：北京邮电大学出版社，2012.

[17] 李新光，张华，孙岩，等. 过程检测技术. 北京：机械工业出版社，2004.

[18] 吴九辅，汤楠. 现代工程检测及仪表. 北京：石油工业出版社，2004.

[19] 黄仁东，刘敦文. 安全检测技术. 北京：化学工业出版社，2006.

[20] 赵建华，现代安全监测技术. 合肥：中国科学技术大学出版社，2006.

[21] 董文庚，刘庆洲，高增明. 安全检测原理与技术. 北京：海洋出版社，2004.

[22] 罗怀永. 安全检测技术与仪表. 北京：冶金工业出版社，1994.

[23] 刘君华. 现代测试技术与测试系统设计. 西安：西安交通大学出版社，1999.

[24] 梁晋文，陈林才，何贡. 误差理论与数据处理. 北京：中国计量出版社，2001.

[25] 杨惠连，张涛. 误差理论与数据处理. 天津：天津大学出版社，1992.

[26] 张建民. 传感器与检测技术. 北京：机械工业出版社，1997.

[27] 施文康，余晓芬. 检测技术. 北京：机械工业出版社，2000.

[28] 张绍栋，熊文波. 噪声和振动测量技术. 杭州：杭州爱华仪器有限公司，2003.

[29] 侯国章. 测试与传感技术. 哈尔滨：哈尔滨工业大学出版社，1998.

[30] 吴兴惠，王彩君. 传感器与信号处理. 北京：电子工业出版社，1998.
[31] 吴正毅. 测试技术与测试信号处理. 北京：清华大学出版社，1991.
[32] 马明建，周长城. 数据采集与处理技术. 西安：西安交通大学出版社，1998.
[33] 陈裕泉，李光. 现代传感器技术. 杭州：浙江大学出版社，1995.
[34] 常健生. 检测与转换技术. 北京：机械工业出版社，1980.
[35] 张乃禄，薛朝妹，徐竟天，等. 原油含水率测量技术及其进展. 石油工业技术监督，2005.
[36] 中国石油管道公司. 油气管道安全预警泄漏检测技术. 北京：石油工业出版社，2010.
[37] 李良福. 易燃易爆场所防雷抗静电安全检测技术. 北京：气象出版社，2006.
[38] 施文. 有毒有害气体检测仪器原理和应用. 北京：化学工业出版社，2009.
[39] 误龙标，方俊，谢启源. 火灾探测与信息处理. 北京：化学工业出版社，2006.
[40] H. 布拉沃尔，等. 空气污染控制设备. 北京：机械工业出版社，1985.
[41] 纪红. 红外技术基础与应用. 北京：科学出版社，1979.
[42] 刘君华. 现代检测技术与测试系统设计. 西安：西安交通大学出版社，1999.
[43] 王玉田，郭廷荣，王莉田. 差分吸收式光纤甲烷传感器的研究. 传感器技术，2000，19(5).
[44] 张广军，吕俊芳，周秀银. 新型红外二氧化碳分析仪. 仪器仪表学报，1997，18(2).
[45] 张玺林，王文清，刘凯. 大面积可燃气体探测新技术：线型红外可燃气体探测器. 消防技术与产品信息，2000(3).
[46] 袁振明，等. 声发射技术及其应用. 北京：机械工业出版社，1985.
[47] 赵建华. 基于多波长激光散射的火灾烟雾识别研究. 合肥：中国科学技术大学，2000.
[48] 石显鑫，蔡栓荣，冯宏. 利用声发射技术预测预报煤与瓦斯突出. 煤田地质与勘探，1998，26(3).
[49] 安毓英，曾晓东. 光电探测原理. 西安：西安电子科技大学出版社，2004.
[50] Okayama Y. A primitive study of a fire detection method controlled by artificial neural net. Fire Safety Journal，1991，17(6).
[51] 赵建华，方俊，疏学明. 基于神经网络的火灾烟雾识别方法. 光学学报，2003，23(9).
[52] 刘贵民. 无损检测技术. 北京：国防工业出版社，2006.
[53] 盛兆顺，尹琦岭. 设备状态监测与故障诊断技术及应用. 北京：化学工业出版社，2004.
[54] 沈庆根，郑水英. 设备故障诊断. 北京：化学工业出版社，2006.
[55] 戴光，李伟，张颖. 过程设备安全管理与检测. 北京：化学工业出版社，2005.
[56] 刘福顺、汤明. 无损检测基础. 北京：北京航空航天大学出版社，2002.
[57] 陈衡，侯善敬. 电力设备故障红外诊断. 北京：中国电力出版社，1999.

[58] 张松祥，胡齐丰. 光辐射探测技术. 上海：上海交通大学出版社，1996.
[59] 邢冀川，刘广荣，金伟其. 双波段比色测温方法及其分析. 红外技术，2002，24(6).
[60] 施德恒，刘新建，许启富. 利用红外光谱吸收原理的CO浓度测量装置研究. 光学技术，2000，27(1).
[61] Ahangrani M，Gogolla T. Spontaneous Raman scattering in optical fibers with modulated temperature Raman remote sensing. Journal of Light wave Technology，1999，17(8).
[62] 程玉兰. 红外诊断现场使用技术. 北京：机械工业出版社，2002.
[63] 王仲生. 智能故障诊断与容错控制. 西安：西北工业大学出版社，2005.
[64] 张乃禄，石瑞，兰长林，等. 联合站原油计量监控系统[J]. 油气田地面工程，2007，26(1).
[65] 张乃禄，张源，徐竟天，等. 基于通用无线分组业务(GPRS)的油田生产安全监控系统[J]. 中国安全科学学报，2006，16(8).
[67] 张乃禄，李欣妍，胡长岭. 基于 GPRS 的石油钻机远程安全监控系统. 石油仪器，2009，23(3).
[68] 张乃禄，郭晶，徐竟天，等. 基于模糊神经网络的钻机安全监控系统研究. 石油机械，2009，37(2).
[69] 王源，张乃禄，魏磊，等. 油田集输联合站安全监控预警系统的开发. 西安石油大学学报，2010，25(6).
[70] 孙天祥，杜晓毅，张乃禄，等. 基于网络化油田联合站安全监视监控系统. 油气田地面工程，2010，29(10).
[71] 肖志红，胡长岭，张乃禄. 原油涡轮流量计量系统. 油气田地面工程，2008，27(4).
[72] 胡长岭，张乃禄，张家田. 流量计标定系统. 油气田地面工程，2007，26(5).
[73] 张乃禄，石瑞，兰长林，徐竟天. 联合站原油计量监控系统. 油气田地面工程，2007(01).
[74] 张乃禄，杨磊，郑昊，尚飞跃，郭朝阳. 基于物联网的油田井场安全监控预警系统[J]. 油气田地面工程，2016，35(02)：56 - 58.
[75] 农毅. 建筑电气消防安全检测技术的研究[J]. 智能城市，2016，2(02)：192 - 193.
[76] 韩栋. 危险场所开展电气防爆安全检测[J]. 安全，2016，37(01)：31 - 33.
[77] 范红，邵华，李海涛. 物联网安全技术实现与应用[J]. 信息网络安全，2017(09)：38 - 41.
[78] 周海燕. 面向物联网感知层设备的安全检测技术研究[J]. 电子产品可靠性与环境试验，2018(02)：78 - 80.